冶金企业铁路规章汇编

（下　册）

中国钢铁工业协会　编

中国铁道出版社有限公司

2021年·北　京

图书在版编目（CIP）数据

冶金企业铁路规章汇编. 下册/中国钢铁工业协会
编. —北京：中国铁道出版社有限公司，2021.3
　ISBN 978-7-113-27765-9

　Ⅰ.①冶… Ⅱ.①中… Ⅲ.①冶金工业-铁路运输-
规章制度-中国 Ⅳ.①TF086-81

中国版本图书馆 CIP 数据核字（2021）第 034490 号

书　　　名：	冶金企业铁路规章汇编（下册）
作　　　者：	中国钢铁工业协会

策　　划： 熊安春　赵　静

责任编辑： 陈若伟　　　　　　　　　　　编辑部电话：（010）51873179

封面设计： 郑春鹏

责任校对： 焦桂荣

责任印制： 赵星辰

出版发行： 中国铁道出版社有限公司（100054，北京市西城区右安门西街 8 号）

网　　址： http://www.tdpress.com

印　　刷： 三河市兴博印务有限公司

版　　次： 2021 年 3 月第 1 版　2021 年 3 月第 1 次印刷

开　　本： 880 mm×1 230 mm　1/32　印张：27　字数：830 千

书　　号： ISBN 978-7-113-27765-9

定　　价： 60.00 元

《冶金企业铁路规章汇编》编委会

主　任： 况作尧

副主任： 姜　维　林　红　吴忠民　熊安春　王奇夫　刘广有
马首山　韩树森　钱　曦　李大培　范力智　胡　军
张　鹏　申永亮　臧若愚

编　委：（按姓氏笔画排序）

马士勇　王　波　王　磊　王飞虎　王东会　王华东
王和许　王选平　王勇杰　毛雄杰　邓玉红　艾　铁
田发坤　白　洁　朱振哲　邬胜来　刘　凯　刘　彬
刘　强　刘　瑾　刘世刚　刘晓丽　刘德明　闫永强
江登学　孙木亮　李　闯　李元秀　李连俊　李林友
李振江　李道勇　李磊磊　杨　刚　杨　驰　杨　亮
杨绍伟　杨晓山　杨海波　杨殿青　吴　敏　吴旭东
吴志刚　谷　鑫　邹存志　邹德华　汪　成　汪建林
汪道和　沈锦峰　宋时亮　宋德君　张　勇　张冬元
张志强　张丽花　张忠礼　张建光　陆高辉　陈继伟
陈德华　周邦连　周守龙　项克舜　赵　新　赵　静
赵炳利　郝贵翠　胡　浪　胡贵平　查甫周　胥　菲
凌永昌　高义军　高凤家　高恩远　郭宣召　黄礼桥
梅富卿　龚蒋华　常玉涛　梁宏猛　彭　中　董　炜
韩成吉　靖玉利　蔡开云　潘家法　冀爱明

前　　言

中国钢铁工业协会《关于印发〈冶金企业铁路技术管理规程〉的通知》(钢协〔2018〕101号)已于2018年6月5日公布,自2018年7月1日起施行,并报国家铁路局备案。

为进一步加强《冶金企业铁路技术管理规程》的贯彻落实,强化冶金铁路运输企业各项规章制度的建设,在鞍钢、武钢、太钢、马钢、包钢、本钢、莱钢等钢铁企业铁路运输单位的大力支持下,各单位按照专业分工,完成了《冶金企业铁路规章汇编》的编写工作。2018年8月,冶金铁路运输专家组在贵阳组织召开年会,审议通过了《冶金企业铁路规章汇编》。为确保高质量完成《冶金企业铁路规章汇编》的编写任务,2018年11月,中国钢铁工业协会聘请有关铁路规章专家,在北京召开第三方专家终审会,对《冶金企业铁路规章汇编》逐项审查并通过,中国钢铁工业协会关于印发《〈冶金企业铁路技术管理规程〉条文说明》等十二项冶金企业铁路规章的通知(钢协〔2020〕157号),2020年11月14日予以公布,并抄报国家铁路局。

《冶金企业铁路规章汇编》共计12个规章:《〈冶金企业铁路技术管理规程〉条文说明》《冶金企业铁路行车组织规则编写规范》《冶金企业铁路车站行车工作细则编写规范》《冶金企业铁路统计规程》《液力传动内燃机车检修规程》《电力传动内燃机车检

修规程》《韶峰型电力机车检修规程》《GK1C型内燃机车检修规程》《冶金企业铁路车辆检修规程》《冶金企业铁路工务检修规程》《冶金企业铁路通信维护规则》《冶金企业铁路信号维护规则》,分上册、中册、下册进行编制。

本书是《冶金企业铁路规章汇编(下册)》,内容包括:《冶金企业铁路工务检修规程》由内蒙古包钢钢联股份有限公司运输部组织编写;《冶金企业铁路通信维护规则》《冶金企业铁路信号维护规则》由武钢有限公司运输部组织编写。

中国钢铁工业协会组织编写《冶金企业铁路规章汇编》,填补了我国钢铁行业冶金铁路运输规章制度建设的一项空白,对加强企业管理,促进钢铁行业冶金企业铁路运输发展,将发挥重要作用,现由中国铁道出版社有限公司出版发行,供全国钢铁行业冶金企业铁路运输单位使用。

文中需解释或修改之处,由中国钢铁工业协会负责。

2020 年 11 月

目　　录

冶金企业铁路工务检修规程

目　　录

总　　则

铁路运输是冶金生产的重要环节,铁路线路和桥隧是铁路运输的基础,因此,必须做好铁路线、桥隧的检修工作。

在检修中,要贯彻以预防为主的方针,严格执行检修规程,遵守各项规章制度。大力开展技术革新,积极推广先进技术,逐步实现检修机械化,不断提高线路、桥隧质量。要勤俭节约,千方百计延长设备使用寿命,努力降低成本,认真总结经验,不断提高技术业务水平和科学管理水平。

要根据线路状况和运输发展的需要,把检修和设备改造结合起来,全面安排,突出重点,狠抓薄弱环节,确保线路、桥隧状态经常良好,保证机车、车辆按规定的最大载重、最高速度、安全、平稳和不间断地运行。线路设备检修应积极采用新技术、新设备、新材料、新工艺,不断优化劳动组织,逐步实现检修机械化,提高劳动生产率和施工作业质量,降低检修成本。要按规定对线路设备进行检查,并不断改进检修方法,推行应用信息化技术,健全并严格执行安全、质量管理和检查验收制度。

本规则适用于冶金生产场地铺设的 1 435 mm 标准轨距以及厂区外标准轨距的专用线。

第一编　线路检修

第一章　工作与计划

第一节　工作组织及内容

第1条　在运输部领导下,由工务段负责组织线路维修工作。

线路(包括道岔)维修工作分计划维修和紧急补修。计划维修要和紧急补修、重点整治病害、季节性工作及设备改造紧密结合起来,并根据劳力、机具、材料等情况合理安排,经常保持线路良好状态,确保行车安全。

第2条　线路计划维修分类和要求。

1. 全面修:根据线路状态,进行适当起道和全面捣固,并按计划维修的基本内容全面进行综合维修,修完后质量应全面达到验收标准。

2. 重点修:根据线路状态,进行重点起道和重点捣固,主要对轨距、水平、方向、高低及其他需要维修的重点项目进行综合维修,修完后质量亦应达到验收标准。

第3条　线路计划维修周期规定见表1。

表1　线路计划维修周期

铁路等级	全面修	重点修		
		南　方	北　方	
			夏　季	冬　季
特重	半年~1年	半年~1年	—	1年
Ⅰ	1年	1年	—	1年
Ⅱ	2年	2年	※1年	1年
Ⅲ	3年	※1年	※1年	2年
特殊	不定期			

注:※表示当年未进行全面修部分。

第4条 线路计划维修的基本内容：

1. 根据线路状态,适当起道,全面或重点捣固;

2. 改道、拨道;

3. 更换伤损钢轨,矫直硬弯钢轨,综合整治接头病害;

4. 更换、修理、方正轨枕,调整间隔;

5. 调整轨缝,整修、更换和补充防爬设备,锁定线路;

6. 整修、更换和补充联结零件,并有计划地涂油;

7. 整理道床,根据需要清筛不洁道床和补充道砟;

8. 整修路基,整治路基病害,修理排水设施;

9. 加强曲线轨道结构,有计划地进行技术改造;

10. 整修道口和标志,清除废物、杂草,收集旧料;

11. 其他预防和整治病害,延长设备使用寿命的工作。

第5条 道岔计划维修的基本内容：

1. 更换达到磨损限度的构件,整修和补充联接零件;螺栓、扣件涂油;

2. 整正道岔方向(曲股按支距整正);

3. 改正道岔轨距及各部间隔尺寸;

4. 整修尖轨、滑床板、辙叉、连接杆,调整不密贴尖轨;

5. 更换、修理、方正岔枕,调整间隔;

6. 补充、调整防爬设备及轨距杆;

7. 整理道床,根据需要清筛不洁道床和补充道砟;

8. 适当起道,全面或重点捣固,并加强转辙器和辙叉部分捣固;

9. 整修路基、排水设施;

10. 清除废物、杂草,收集旧料。

第6条 线路维修工作,首先要安排足够的紧急补修工时(一般为标准定员的 30% 左右),以便对超过容许限度和危及行车安全的处所及时进行整修,确保行车安全。

特殊线路在遭受砸撞烧泡等损害、严重危及行车安全时,要及时抢修。

第7条 在线路维修中,应针对地区特点,加强季节性工作。

1. 春融时期,应加强线路检查,及时更换和撤除冻害垫板并重点捣固补修,调整轨缝和螺栓涂油,疏通排水设施,整治路基翻浆冒泥处所,消灭失效枕木群,巩固线路质量,防止春融乱道。

2. 雨季,要加强线路及防洪设施的检查,执行雨前、冒雨、雨后三检制,危险处所要派人看守,对路基松软下沉地段和薄弱处所应及时加固修理,出现灾害要及时抢修通车。

3. 天气炎热时期,应注意调整轨缝,锁定线路,防止跑道和轨道绝缘失效。

4. 入冬前,应做好防寒的各项准备工作,加强重点处所的整修,消灭坑洼,拨正曲线,清理排水设施,对过冬用的材料、用具等应及时补充、更换和修理。冬期应着重整治线路冻害,检查、更换伤损钢轨和道岔连接零件改正线路、道岔各部尺寸,整正轨枕扣件和进行螺栓涂油等,保持线路良好状态。

第二节　工　作　计　划

第8条　维修计划安排:

1. 工务段在年末应根据线路状态和维修周期,结合具体情况,制订好下年度计划,其内容包括:计划维修的任务和进度,重点病害整治,劳力组织,成本与节约计划,主要材料、机具的安排,技术革新、技术改造规划及技术组织和安全措施等。

2. 领工区应根据工务段下达的年度计划,结合具体情况,制订年度分月计划及措施。

3. 工区应根据年度分月计划编制好月计划,为保证月计划的完成,工长应负责编制旬计划、日计划。

4. 工务段对计划执行情况应及时进行统计、分析和做合理的调整与修改。

第二章　维修标准和要求

第一节　路　　基

第9条　路基应经常保持干燥、稳固、外观整洁,所有排水设施应保持完好,流水畅通。对各种路基病害还要查明原因,彻底清除。

第 10 条 路肩宽度一般应不小于 0.6 m,困难地段应不小于 0.4 m。根据养路机械的需要,应适当加宽一侧路肩或每隔一定距离设置平台。

侧沟、截水沟及排水沟的深度和底宽均不应小于 0.4 m,土质边坡为 1:1~1:1.5,沟底纵向坡度不应小于 2‰,困难地段不应小于 1‰。横向盲沟应低于道床陷槽以下。

第 11 条 山区线路应整修好排水及防护、加固设施,以防止塌方和泥石流,并及时清除危石、危树。

有水害、雪害和沙害的地段,应因地制宜进行防治,如栽植防护林和铺草皮等;对翻浆冒泥及冻害地段,可采用渗水沟、埋设泄水管和换土等办法防治。

第 12 条 在影响路基及其排水、防护和加固设施的区域内,禁止开荒种地、挖坑取土、开采石料和向线路上排弃废水、垃圾等。在路基上进行任何施工或修理工作时,必须保证路基的稳固和不影响排水。

第二节 道 床

第 13 条 道床应经常保持饱满、均匀、边坡整齐、无杂草,并应根据具体情况有计划地清筛不洁道床和补充道砟。

第 14 条 道床顶面宽度:特重线、Ⅰ级线为 3 m,其他线为 2.9 m,曲线外侧加宽为 0.1 m。道床边坡为 1:1.5,有条件的可为 1:1.75。

木枕道床顶面应低于轨枕顶面 30 mm。混凝土轨枕端部埋入道床深度为 150 mm,轨枕盒内道砟在轨枕中部 0.6 m 范围内应低于枕底 30 mm。铺设轨枕板时,其端部埋入道床深度为 80 mm,中部 0.6 m 范围内道砟应低于板底 50~100 mm。道床横断面图见附录2。

第三节 轨 枕

第 15 条 轨枕配置数量应根据运量、轴重、运行速度及线路设备条件等决定。轨枕间距见表2。

表 2　轨枕间距

钢	轨	轨枕根数		接头间(mm)		1~2 根间(mm)		中间(mm)	
类型(kg/m)	长度(m)	每节轨	每公里	木枕	混凝土轨枕	木枕	混凝土轨枕	木枕	混凝土轨枕
60	12.5	20	1 600	440	520	594	597	640	635
		22	1 760	440	520	524	532	580	575
		23	1 840	440	520	534	544	550	545
		24	1 920	440	—	469	—	530	—
		25	2 000	440	—	479	—	505	—
	25.0	40	1 600	440	520	537	589	635	630
		44	1 760	440	520	497	559	575	570
		46	1 840	440	520	459	527	550	545
		48	1 920	440	—	472	—	525	—
		50	2 000	440	—	440	—	504	—
50	12.5	20	1 600	440	520	594	597	640	635
		22	1 760	440	520	524	532	580	575
		23	1 840	440	520	534	544	550	545
		24	1 920	440	—	469	—	530	—
		25	2 000	440	—	479	—	505	—
	25.0	40	1 600	440	520	537	589	635	630
		44	1 760	440	520	497	559	575	570
		46	1 840	440	520	459	527	550	545
		48	1 920	440	—	472	—	525	—
		50	2 000	440	—	440	—	504	—
43	12.5	18	1 440	500	500	604	669	720	710
		20	1 600	500	500	564	564	640	640
		22	1 760	500	500	541	541	575	575
		23	1 840	500	500	504	504	550	550
		24	1 920	500	—	491	—	525	—
		25	2 000	500	—	449	—	505	—
38	25.0	36	1 440	500	500	621	621	705	705
		40	1 600	500	500	599	599	630	630
		44	1 760	500	500	565	565	570	570
		46	1 840	500	500	537	537	545	545
		48	1 920	500	—	509	—	522	—
		50	2 000	500	—	500	—	500	—

第16条 轨枕(包括岔枕)失效标准：

1. 混凝土轨枕、轨枕板：

(1)环裂或折断,不能保持轨距及两端钢轨的均衡承力；

(2)承轨槽面混凝土压溃,不能保持两股钢轨的均衡支承；

(3)钉孔损坏,挡肩破损无法修理。

2. 木枕：

(1)腐朽失去承压能力,钉孔腐朽无处改钉,不能持钉；

(2)折断或拼接的接合部分分离,不能保持轨距；

(3)机械磨损,经过削平或除去腐朽木质后,厚度不足 100 mm；

(4)严重烧伤或砸坏,不能承压和保持轨距；

(5)劈裂或其他情况不能承压、持钉。

3. 钢枕：

(1)折断、翘头或中间挠曲,不能保持轨距；

(2)两螺栓孔之间裂纹贯穿；

(3)严重锈蚀,不能承压。

第17条 混凝土轨枕或轨枕板的扣件,应按设计规定办理。扣板式扣件在曲线地段必须采用加宽铁座。定期更换失效的 C 型扣件,C 型扣件应弹条无脱落,铁垫板无断裂。原有扣件未加配件者,应在维修中补齐。

扣件应经常保持位置正确,作用良好,顶严、压紧、密贴。螺栓要每年涂油 1～2 次。

标准钢轨使用弹条Ⅰ型扣件轨距挡板及挡板座时,其号码应符合表 3 的规定。

表 3　弹条Ⅰ扣件挡板和挡板座号码配置表

轨型 (kg/m)	轨距 (mm)	左股钢轨				右股钢轨			
		外侧		内侧		内侧		外侧	
		挡板座号	挡板号	挡板号	挡板座号	挡板座号	挡板号	挡板号	挡板座号
60	1 435	2	10	6	4	4	6	10	2
	1 437	4	6	10	2	4	6	10	2
	1 439	4	6	10	2	2	10	6	4
	1 441	2	6	10	4	2	10	6	4
	1 443	2	6	10	4	4	10	6	2

轨型（kg/m）	轨距（mm）	左股钢轨				右股钢轨			
		外 侧		内 侧		内 侧		外 侧	
		挡板座号	挡板号	挡板号	挡板座号	挡板座号	挡板号	挡板号	挡板座号
50	1 435	2	20	14	4	4	14	20	2
	1 437	4	14	20	2	2	14	20	4
	1 439	4	14	20	2	4	14	20	2
	1 441	2	14	20	4	4	14	20	2
	1 443	4	14	20	2	2	20	14	4
	1 445	2	14	20	4	2	20	14	4
	1 447	2	14	20	4	4	20	14	2
	1 449	0	14	20	6	4	20	14	2
	1 451	0	14	20	6	6	20	14	0

标准钢轨使用扣板式扣件时，其号码应符合表 4 的规定。

表 4　扣板式扣件号码配置

轨型（kg/m）	轨距（mm）	左股钢轨		右股钢轨	
		外 侧	内 侧	内 侧	外 侧
50	1 435	10	6	6	10
	1 437	10	6	6	8
	1 439	8	8	8	8
	1 441	8	8	10	6
	1 443	6	10	10	6
	1 445	6	10	12	4
	1 447	4	12	12	4
	1 449	4	12	14	2
	1 451	2	14	14	2
43	1 435	20	14	14	20
	1 437	20	14	16	18
	1 439	18	16	16	18
	1 441	18	16	18	16

轨　型 （kg/m）	轨　距 （mm）	左股钢轨		右股钢轨	
		外　　侧	内　　侧	内　　侧	外　　侧
43	1 443	16	18	18	16
	1 445	16	18	20	14
	1 447	14	20	20	14
	1 449	14	20	22	12
	1 451	12	22	22	12
38	1 435	20	14	12	22
	1 437	20	14	14	20
	1 439	18	16	14	20
	1 441	18	16	16	18
	1 443	18	16	18	16
	1 445	16	18	18	16
	1 447	16	18	20	14
	1 449	14	20	20	14
	1 451	12	20	20	14

注：如按规定的扣板号码安装后轨距不符，可用相邻号码扣板或用轨距调整片调整。

第 18 条　混凝土枕及混凝土宽枕的使用条件。

1. 轻型轨道宜采用 S-1 型轨枕，重型、次重型、中型轨道宜用 S-2、J-2 型轨枕，对于特重型轨道最好采用 S-3 型轨枕。

2. 新线或改建铁路应当选用同一种类型的轨枕，不得混铺不同类型的轨枕。在既有线上大修或单根抽换，除按第一条规定的标准更换外，还应注意，不能把承轨槽坡度不一致的轨枕交杂混铺。

3. 69 型、S-1 型轨枕中部 60 cm 长度下的道床掏空低于道床顶面 3 cm，而 S-2、J-2 型轨枕不掏空，可以浮砟，不得捣实。

4. 路基有翻浆冒泥、不均匀下沉及冻害等病害地段不宜铺设混凝土宽枕。

5. 混凝土宽枕线路与木枕线路之间应有长度不短于 25 m 的混凝土枕过渡。

第 19 条　下列地段不宜铺混凝土枕。

1. 半径 $R<300$ m 的曲线,不建议铺设现在生产的各类型号混凝土枕,因为曲线半径小,横向水平力大,而现在的 S-1、S-2、J-2 型轨枕抵抗横向水平力的能力差;

2. 在木岔枕的道岔前后各 15 根轨枕(后端包括辙叉跟端的岔枕)不得铺混凝土枕,应当用木枕作为弹性过渡;

3. 无砟桥和铺设木枕的有砟桥桥台挡砟墙范围内及两端不小于 15 根轨枕(有护轨时应延至梭头外不少于 5 根轨枕)不能用混凝土枕,应当用木枕过渡;

4. 在木枕线路区段之间铺设混凝土枕,其地段长度不得小于 50 m;

5. 混凝土枕与木枕交界处,如正好是钢轨接头的地方,不得铺设混凝土枕,应当用木枕延至接头外 5 根以上。

第 20 条 如有新技术、新工艺能够满足小半径曲线铁路的使用条件,可以铺设该类型混凝土枕。

第 21 条 使用混凝土轨枕及轨枕板的注意事项。

1. 混凝土轨枕铺设初期,应以捣固、调整扣件、细改方向为重点,逐公里地进行整修。线路基本稳定后,再进行全面维修。捣固要做到承力部分均匀、坚实,并适当加强轨底和接头,防止伤损轨枕。

2. 轨枕板铺设初期,应以全面垫砂起道、调整方向、方正位置、拧紧扣件为重点,全面进行整修。线路基本稳定后,个别坑洼可采用垫砂或垫调整板的方法进行养护(一般在高低、水平误差小于 10 mm 时垫调整板,大于 10 mm 时垫砂)。

第 22 条 混凝土轨枕、轨枕板局部破损,可采用环氧树脂进行修理;木螺栓失效及螺旋道钉松动,应进行硫黄锚固处理。

第 23 条 要合理使用木枕,精心修补,严加管理。

1. 旧枕木要及时回收,分类保管,做到物尽其用。

2. 改道或改动钉孔时应使用木塞,方正木枕和起、打道钉,捣固等作业,均不得伤损木枕。

3. 木枕被铁垫板切压深度达 5 mm 及以上或影响改道时,应进行削平,宽度一般不超过 100 mm,削平面应光滑平整。

4. 线路上劈裂的木枕,应在距木枕端 80 m 处用镀锌铁线捆扎。根据需要可在开裂或铺设前预先捆扎。

5. 铺设枕木应遵守下列规定：

(1)宽面在下，并尽可能使树心面向下；

(2)铺设铁垫板，新枕木一般应钻孔；

(3)钢轨接头处应使用质量好的木枕，并尽量同时更换；

(4)除易损、易烧的特殊线路外，不得使用素枕。

第四节　钢轨及联接零件

第24条　线路上的重伤钢轨应立即更换，换下后要刹上明显标记，堆放整齐，防止再用。轻伤钢轨应注明标记，经常检查。在桥梁上或隧道内的轻伤钢轨应及时更换。

伤损钢轨标准如下：

1. 轻伤钢轨：

(1)钢轨头部磨耗超过表5所列限度之一者；

(2)轨头下腭透锈，其长度不足30 mm；

(3)钢轨低头，用1 m直尺测量超过4 mm(包括轨端踏面压伤和磨损在内)；

(4)轨端或轨头踏面有剥落掉块，其长度超过15 mm，深度超过4 mm；

(5)钢轨检查人员认为可能有伤损的钢轨。

表5　钢轨头部磨耗限度(轻伤)

钢轨类型(kg/m)	总磨耗(mm)		垂直磨耗(mm)		侧面磨耗(一侧)(mm)	
	特重线、正线	其他线	特重线正线	其他线	特重线正线	其他线
50及以上	12	14	8	虽超过左列限度，但在短期内尚不致影响行车安全	12	虽超过左列限度，但在短期内尚不致影响行车安全
50～43(含43)	10	14	7		10	
43～38(含38)	9	14	7		9	
38以下	7	12	6		7	

注：钢轨磨耗计算及测量方法见附录4。

2. 重伤钢轨：

(1)钢轨在任何部位有裂纹(但焊缝裂纹应鉴定后确定)，轨头下腭透锈，其长度超过30 mm；

（2）轨端或轨头踏面剥落掉块，其长度超过 30 mm，深度超过 8 mm；

（3）钢轨头部磨耗超过表 6 所列限度之一者；

表 6　钢轨头部磨耗限度（重伤）

钢轨(kg/m)	垂直磨耗(mm)	侧面磨耗(mm)
60 及以上	11	19
60～50(含 50)	10	17
50～43(含 43)	9	15
43 以下	8	13

（4）钢轨在任何部位变形（轨头扩大，轨腰扭曲不直或鼓包等），经判断确认内部有暗裂；

（5）钢轨锈蚀除去铁锈后，轨底厚度小于 5 mm（在轨底边缘处测量）或轨腰厚度小于 8 mm；

（6）钢轨检查人员确认为有危及行车安全的其他缺陷（含黑核、白核）。

第 25 条　伤损的夹板要及时更换。各种联接零件应数量齐全，连接严密，作用良好，对失效或不良者要进行修理或更换。

伤损夹板的标准如下：

1. 折断；

2. 中间裂纹（指中间两螺栓孔范围内），平直及异形夹板超过 5 mm，双头及鱼尾型夹板超过 15 mm；

3. 其他部位裂纹发展到螺栓孔。

第 26 条　线路上铺设短轨的规定。

线路上个别插入短轨时，其长度：正线、联络线应不短于 6 m，其他线应不短于 4.5 m。

第 27 条　轨缝。

1. 钢轨接头应根据钢轨的长度和温度，设置适当的轨缝。除无缝线路、长钢轨及用高强度螺栓等冻结接头的线路外，轨缝的标准尺寸按下列公式计算：

$$a = 0.011\,8(T-t)L - C$$

式中　a——轨缝尺寸(mm)；

　　　T——当地最高轨温(℃)；

t——计算轨缝时的轨温(℃);

L——线路上单根钢轨长度(m);

C——接头及钢轨基础阻力限制钢轨自由伸缩的数量(mm)。C 值取值:12.5 m 钢轨为 1~2 mm;25 m 钢轨使用二级螺栓,暂定为 7 mm;使用三级螺栓,暂定为 3~4 mm。

为便于现场使用,轨缝尺寸可根据当时气温,参照表 7 设置。

表 7　轨缝尺寸

钢轨长度(m)	夏季(mm)	冬季(mm)
12.5	2~6	6~14
25.0	2~10	10~15

2. 维修时要注意调整轨缝,消灭连续三个及以上的瞎缝和超过表 8 规定的大轨缝。

表 8　大轨缝限度

钢轨长度(m)	夏季(mm)	冬季(mm)
12.5	10	16
25.0	12	17

3. 绝缘接头轨缝,在当地最高温度时不得小于 6 mm。

第 28 条　木枕钉道钉的规定。

每块铁垫板应钉 3 个道钉(内侧钉 2 个,外侧钉 1 个),在曲线地段,应根据需要适当加强,每块铁垫板钉 4 个或 5 个道钉。

第 29 条　线路维修时,要适当加强接头,综合整治接头病害。小半径曲线上磨耗严重的地段应进行钢轨涂油或使用耐磨钢轨。轨头侧面、夹板、螺栓等涂油时,严禁使用废机油。

第 30 条　严禁用气焊割轨烧眼。因抢修事故等紧急情况用气焊烧割的钢轨,必须限期在较短时间内从线路上换下,不得长期使用。

第五节　轨 道 加 强

第 31 条　根据线路条件、运量大小、列车制动情况,安装足以锁定线路、道岔的防爬设备。不足或失效者要进行补充、更换或修理。

第 32 条 木枕线路 12.5 m 钢轨配置穿销式防爬器组数应按下列规定安装。

1. 特重线、正线、联络线按表 9 的规定。

表 9   特重线、正线、联络线安装防爬器组数

线路特征		制动地段	非制动地段
两方向运量大致相同		4/2	2/2
两方向运量显著不同	重车方向	4/1	3/1
	轻车方向	4/2	

注：1. 在制动地段，分子表示制动方向的安装对数；
　　2. 在非制动地段，分子表示运量大的一方的安装对数。

2. 主要站线按表 10 的规定。

表 10   主要站线安装防爬器组数

站　线　类　型	每节轨安设防爬器对数
双方向使用的到发线、到达线、出发线、编组线、牵出线	2/2
单方向使用的到发线、到达线、出发线	3/1
单方向使用的(或主要为单方向使用的)进站方向有长大下坡的到发线、到达线	4/1
驼峰线路及主要道岔、绝缘接头、地磅、翻车机、桥梁两端各 75 m 的线路	4/2

3. 其他线路，一般可不安装，必要时，可根据爬行情况安装。

4. 道岔上使用穿销式防爬器：5、6、7 号单开道岔安装 3 组；8、9、10 号单开道岔安装 4 组；12 号单开道岔安装 5 组。

第 33 条 防爬支撑断面一般不小于 120 cm²，安设在轨底或距轨底边缘 300～350 mm 的道心内。

每组穿销式防爬器安装防爬支撑数量：碎石道床为 3 对，砂子、卵石道床为 4 对。

穿销式防爬器与轨枕之间应设承力板。防爬设备安装方法示意图见附录 5。

第 34 条 混凝土轨枕线路坡度为 6‰及以下时，一般可不安装防爬设备；坡度大于 6‰，制动地段，驼峰线路及主要道岔、绝缘接头、地磅、翻

车机、桥梁两端各 75 m 的线路,可比照木枕地段安装。

第 35 条 重载线路及小半径曲线地段应予以加强,加强的办法如下。

1. 增加轨枕配置,提高轨道框架横向稳定性。

2. 安装轨距杆或轨撑,提高钢轨水平方向的稳定性,防止轨距扩大。对于 $R \leqslant 300$ m 的曲线和道岔导曲线,可根据需要安装轨距杆和轨撑两种加强设备。

第六节 轨　距

第 36 条 线路轨距在两股钢轨头部内侧顶面下 16 mm 处测量。直线规定为 1 435 mm,曲线轨距加宽按表 11 的规定。

表 11　曲线轨距加宽

曲线半径(m)	轨距(mm)	加宽值(mm)
350(含)以上	1 435	0
300~350(不含)	1 440	5
250~300(不含)	1 445	10
200~250(不含)	1 450	15
200(不含)以下	1 455	20

半径在 150 m 以下的曲线,根据实际情况,可采用轨距 1 460 mm(加宽值 25 mm),必要时应设护轨,其轮缘槽宽度为 70 mm。

计划维修验收时,按上述标准,轨距容许误差为 $^{+6}_{-2}$ mm,每米容许变化值为 2 mm。

在日常养护中,按上述标准,轨距容许误差不得大于表 12 的规定。

表 12　轨距容许误差

线　路　类　别	容许误差(mm)	每米容许变化值(mm)
正线、联络线及桥梁上线路	+6 −2	3
其他线路	+8 −4	3

第 37 条 曲线轨距加宽的递减。

1. 曲线轨距加宽应在缓和曲线全长范围内递减;如没有缓和曲线,

应以圆曲线始终点向直线方向递减,递减率为1‰;如因条件限制,最大不超过3‰。

2. 复心曲线的两曲线轨距加宽不相等时,应在正矢递减及超高顺坡范围内,由较大轨距加宽向较小轨距加宽递减。

3. 两相邻曲线间的距离不能满足两端轨距加宽均按2‰递减时,允许保留剩余的加宽量,或将两曲线的轨距加宽直接连接。

曲线轨距加宽递减示意图见附录6。

第七节　水　　平

第38条　线路两股钢轨顶面在直线地段应保持同一水平。曲线地段外轨超高度按下列公式计算。

一般采用公式

$$h = \frac{7.6 v_{最高}^2}{R}$$

有条件的可采用公式:

$$h = \frac{11.8 v_{均}^2}{R}$$

式中　h——外轨超高度(mm);

　　　R——曲线半径(m);

　$v_{最高}$——该曲线的最高行车速度(km/h);

　$v_{均}$——实测该曲线的平均行车速度(km/h)。

根据计算结果,超高度取 5 mm 的整倍数。最大限度不得超过125 mm。

曲线外轨超高度表见附录7、附录8。

允许通过曲线的最高行车速度,按下列公式检算:

$$v_允 = \sqrt{\frac{(h + h_0)R}{11.8}}$$

式中　$v_允$——允许的最高行车速达(km/h);

　　　h——实设的超高度(mm);

　　　h_0——允许最大未被平衡超高度(mm),一般为 60～70 mm,特殊情况允许达到 90 mm。

当行车速度或线路发生变化,出现钢轨偏磨,木枕切压严重时,应根据实际情况,调整超高。

计划维修验收时,按上述标准,容许误差为 6 mm,在 18 m 范围内容许最大三角坑为 6 mm。

在日常养护中,按上述标准,容许误差不得大于表 13 的规定。

表 13　水平容许误差

线路类别	容许误差 (mm)	在 18 米范围内容许 最大三角坑(mm)	每米容许变化值 (mm)
正线、联络线及桥梁上线路	6	8	3
其他线路	8	10	3

第 39 条　曲线超高度的顺坡。

1. 曲线超高度一般应在整个缓和曲线内顺完,顺坡坡度应不大于 1‰;如缓和曲线长度不足,顺坡可延至直线上。

如没有缓和曲线,则在直线上顺坡,其顺坡坡度为 1‰;如因条件限制,最大不超过 3‰;仍不能满足时,顺坡可延至圆曲线内或适当减少超高度,必要时,限制行车速度。

2. 复心曲线的两曲线超高度不等时,应在正矢递减范围内由较大超高度向较小超高度均匀顺坡。

3. 两同向曲线超高度均按不大于 2‰顺坡后,顺坡终点间的直线长度应不小于 25 m,不足 25 m 时,则在不小于 25 m 的直线部分可保留按 2‰顺坡后剩余的相等超高度。当直线长度过短时,则在直线部分从较大超高度向较小超高度均匀顺坡。

4. 两反向曲线超高度均按不大于 2‰顺坡后,顺坡终点间的直线长度应不小于 25 m,困难地段,两顺坡终点间可直接连接,仍不能满足时,超高顺坡可延至圆曲线内或适当减少超高度,必要时,限制行车速度。

曲线外轨超高顺坡示意图见附录 9。

第八节　方向与高低

第 40 条　直线要求直顺。计划维修验收时,用 10 m 弦量,容许误差为 6 mm;在日常养护中,容许误差为 8 mm。

曲线要保持圆顺。按正矢进行检查(在轨面下 16 mm 处测量),正矢大小根据曲线半径及测量的弦长计算确定。

圆曲线正矢按下列公式计算：

$$f = \frac{L^2}{8R} \times 1\ 000$$

式中　f——圆曲线正矢（mm）；

　　　L——测量正矢的弦长（m）；

　　　R——曲线半径（m）。

一定弦长的简化计算公式如下：

$L=20$ m：　　　　$f = \dfrac{50\ 000}{R}$

$L=10$ m：　　　　$f = \dfrac{12\ 500}{R}$

$L=5$ m：　　　　$f = \dfrac{3\ 125}{R}$

曲线正矢表见附录 10。

曲线正矢容许误差，在计划维修验收时不得大于表 14 的规定，在日常养护中不得大于表 14 规定的一倍。

表 14　曲线正矢容许误差

曲线半径（m）	10 m 弦			20 m 弦		
	曲线正矢连续差（mm）	圆曲线正矢最大最小差（mm）	缓和曲线实测正矢与计算正矢差（mm）	曲线正矢连续差（mm）	圆曲线正矢最大最小差（mm）	缓和曲线实测正矢与计算正矢差（mm）
650（含）以上	—	—	—	8	12	4
450～650（不含）	—	—	—	10	15	5
350～450（不含）	—	—	—	12	18	6
250～350（不含）	6	9	3	14	21	7
150～250（不含）	8	12	4	16	24	8
150（不含）以下	10	15	5	—	—	—

在复心曲线大小半径连接处，实测正矢与计算正矢的允许误差按大半径曲线中的缓和曲线规定办理。曲线与直线连接处不得有反弯或"鹅头"。

第 41 条　高低。

直线地段线路轨面要保持平顺。计划维修验收时，用 10 m 弦量，容许误差为 6 mm;在日常养护中,容许误差为 10 mm。

起道时,要注意保持变坡点处的竖曲线。竖曲线表见附录11。

第九节　道　　岔

第42条　单开道岔各部轨距加宽,按表15的规定设置,其他型号道岔按铺设图或设计图办理。

直尖轨在第一连接杆处的标准动程为 152 mm,最小动程为 142 mm;曲尖轨最小动程为 152 mm。旧型号道岔不符合本规定的暂准保留。

表15　单开道岔各部轨距加宽

钢轨类型	辙叉号	尖轨直曲	各部轨距加宽(mm)					
			尖轨尖端	尖轨跟端		导曲中间	辙　叉	
				直向	侧向		直向	侧向
50、43	5~8	直尖轨	0	4	4	20	0	0
50、43	9~10	直尖轨	15	4	4	15	0	0
50、43	12	直尖轨	10	4	4	10	0	0
50、43	5	曲尖轨	20	0	20	20	0	20
50、43	6	曲尖轨	20	0	20	20	0	15
50、43	7	曲尖轨	15	0	15	20	0	10
60	8	曲尖轨	15	0	15	20	0	10

注:1. 其他钢轨类型可参照本表;

2. 旧型号道岔,如间隔铁未改造,在尖轨跟端和辙叉部分的轨距仍按原设计加宽。

第43条　各部分轨距的递减。

1. 尖轨尖端轨距加宽部分按不大于6‰的递减率向外方递减。

2. 尖轨跟端直向轨距加宽部分递减距离:向辙叉方向为1.5 m(加宽10 mm者为4 m)。

3. 导曲线向两端的轨距递减距离:5~7号道岔:至导曲线始点为2.5 m,至导曲线终点为3 m;8~12号道岔:至导曲线始点为3 m,至导曲线终点为4 m。

曲尖轨道岔、双开道岔等按铺设图或设计图办理。

4. 辙叉侧向轨距有加宽时,按不大于6‰的递减率向岔后递减。

5. 对口道岔:两尖轨尖端轨距均按不大于6‰的递减率递减,但中间应有不短于 6 m 的相等轨距地段,不足 6 m 时,则将两尖轨尖端轨距直接连接。

6. 道岔前段与另一道岔的后端连接时,尖轨尖端轨距递减率原则上不应超过 6‰,如不能按 6‰ 递减时,可将前面道岔的辙叉部分轨距适当加宽。现有设备有困难时,尖轨尖端轨距递减率允许超过 6‰。

7. 道岔与曲线连接时,在直线长度较短的困难条件下,曲线至辙叉的轨距递减率不得大于 3‰,仍不能满足时,可参照道岔前端与另一道岔后端连接时的规定办理。

第 44 条 导曲线圆度。

导曲线圆度应按支距设置;如因数据不足,计算有困难时,也可按正矢设置。

支距(在轨距线处测量)的容许误差:在计划维修验收时为 ±3 mm;正矢以 5 m 弦测量,连续差不得超过 3 mm,最大最小差不得超过 5 mm。

第 45 条 有下列缺点之一的道岔,应及时整治或更换。

1. 道岔两尖轨互相脱离;

2. 尖轨尖端与基本轨在静止状态不密贴,间隙超过 2 mm;

3. 尖轨被轧伤,轮缘有爬上尖轨的危险;

4. 在尖轨顶面宽 50 mm 以上的断面处,尖轨顶面低于基本轨顶面超过 2 mm;

5. 基本轨垂直磨耗,在正线超过 8 mm,其他线超过 10 mm;

6. 在辙叉心宽 40 mm 的断面处,辙叉心垂直磨耗在正线超过 8 mm,其他线超过 10 mm;

7. 辙叉心作用面至护轨头部外侧距离小于 1 391 mm,或翼轨作用面至护轨头部外侧距离大于 1 348 mm;

8. 辙叉(辙叉心、翼轨)损坏;

9. 尖轨或基本轨损坏;

10. 护轨螺栓折断,危及行车安全。

第 46 条 轮缘槽宽度。

1. 护轨平直部分(与辙叉咽喉至心轨宽 50 mm 对应处)的轮缘槽宽度,标准为 42 mm,缓冲转折点处为 68 mm,开口处为 90 mm;侧向轨距有加宽时则为标准宽加上加宽量;

2. 辙叉理论尖端至心轨宽 50 mm 处,轮缘槽宽度为 45～48 mm,标准为 46 mm。

第 47 条 道岔应在同一水平面上,但导曲线允许从尖轨跟端起设置 6 mm 的超高度,并在轨距加宽递减范围内顺坡。导曲线不允许有反超高。

第 48 条 道岔前后的曲线半径,不得小于该道岔导曲线半径,附带曲线半径不宜大于导曲线半径的 1.5 倍。道岔与曲线连接时,其直线长度:在困难条件下不得小于 6 m,特殊困难条件下不得小于 3 m。

第 49 条 道岔是线路中的薄弱环节,应按技术标准和要求精心检修,对构造上不合要求的道岔,要有计划地通过检修逐步加以改造,并尽量采用锰钢整铸辙叉,积极推广混凝土枕道岔的使用。

第 50 条 高锰钢辙叉产生裂纹后可以继续使用的条件。

辙叉水平和纵向裂纹在以下范围内可以继续使用:

1. 在心轨宽 0～50 mm 范围内不超过 60 mm;

2. 心轨宽 50 mm 以后部分不超过 130 mm;

3. 翼轨部分不超过 100 mm。

高锰钢辙叉产生裂纹后可以焊修再用的条件:

1. 心轨宽 50 mm 以后部分虽未超过 130 mm,但已发展到轨面;

2. 翼轨部分裂纹虽超过 100 mm,但已发展到轨面;

3. 辙叉垂直部分裂纹超过 30 mm。

高锰钢辙叉发生裂纹不能使用的规定:

1. 辙叉水平、垂直裂纹超过焊修再用规定的范围及长度会危及行车安全的;

2. 辙叉螺栓孔裂纹延伸到轨头下腭或轨底时,施焊或焊后打磨都很困难,并因焊修不当容易造成行车事故的;

3. 达到重伤标准的。

第十节 道口与标志

第 51 条 道口应按标准铺设,平整牢固。原则上道口宽度应与道路路面宽度相同,铺面与轨面相平。

第 52 条 道口轮缘槽宽度为 70～110 mm,曲线下股为 95～110 mm,

深度不小于45 mm,两端应做成喇叭口,距终端300 mm处弯向线路中心,其终端距钢轨作用面不小于150 mm。

第53条 道口应设道口警示标识,其位置应设在通向道口道路的右侧,距道口最近钢轨外侧不小于20 m处,因条件限制时,可设在明显处。

第54条 道口上不应有钢轨接头,不能避开接头时,应采用焊接或冻结接头等措施加以消除。推广整体道床式钢筋混凝土铺面道口的应用。

进行线路维修时,一般应同时翻修道口,清筛铺面下的不洁道床,加强捣固,做好排水。

第55条 线路标志和信号标志的样式应符合标准图规定,要状态完整,油漆鲜明,字迹清晰,位置正确。

各种标志的安设位置规定如下:

1. 线路标志:顺计算里程方向设于线路左侧。

2. 信号标志:顺列车运行方向设于线路左侧。

3. 各种标志的位置,距钢轨不得小于2 m(警冲标除外),但高度不超过轨面的标志,可不小于1.35 m。

4. 警冲标应设在两汇合线路间距为4 m的中间处,其顶面比轨面高150~200 mm。场内有调车作业的线路应按矮型设置。

5. 不能埋设曲线标的曲线,应用油漆在钢轨内侧腹部注明曲线始、终点位置、曲线半径及轨距加宽等数据。

第十一节 冻害作业

第56条 整治线路冻害时,顺坡长度一般应为冻起高度的400倍,不得小于200倍。冻起高度超过20 mm以上,两端顺坡中间应有不小于10 m的平台。

整治道岔冻害时,顺坡长度不得小于冻起高度的300倍,辙叉及转辙部分不得有变坡点。

第57条 整治冻害,在放行列车前必须以临时顺坡小垫板做好顺坡。整治直线冻害时,应先将冻起较高的一股钢轨垫起,以此股为准,矫正另一股。曲线应先垫好外股,但为保证行车安全,两股钢轨应同时进行。

冻害回落撤板落道时,要先做回落少的一股钢轨,后矫正另一股,曲线先落里股。

冻害垫板应垫在铁垫板下面,但垫起高度为 6 mm 及以下时,可垫在铁垫板上面。垫板重叠使用不得超过 3 块,较厚的应放在下层。

第58条 冻害垫板的类型。

1. 顺垫板:长度为 200 mm,宽度与轨底相同,厚度分为 3 mm、6 mm 2 种。

2. 横垫板:宽度与铁垫板相同,厚度和长度如下:

(1)小型垫板的厚度分为 6 mm、9 mm、12 mm、15 mm、18 mm、21 mm 6 种,长度与铁垫板相同;

(2)中型垫板的厚度分为 25 mm、30 mm、40 mm、50 mm 4 种,长度为 300 mm;

(3)大型垫板的厚度分为 40 mm、50 mm、60 mm、70 mm、80 mm、90 mm 6 种,长度为 400 mm;

(4)通长垫板的厚度分 50 mm、60 mm、70 mm、80 mm、90 mm、100 mm、110 mm 7 种,长度为 2 300 mm。

第59条 使用冻害垫板及道钉应符合表 16 的规定。

表 16 使用冻害垫板及道钉的规定

冻起高度 (mm)	线路条件	冻害垫板种类	道钉长度 (mm)	安全道钉		每节钢轨(12.5 m)使用通长垫板数量
				长度 (mm)	钉法	
25 及以下	直线和曲线	顺垫板和小型垫板	165	—	—	—
26~50	直线	中型垫板	185 205	165	每隔一根枕木	—
	曲线	中型垫板	185 205	165	每根枕木	—
51~75	直线	大型垫板	205 230	165	每隔一根枕木	—
	曲线	大型和通长垫板	205 230	165	每根枕木	接头处二块,中间部分三块
76~90	直线	大型和通长垫板	230 255	165	每根枕木	接头处二块,中间部分四块
	曲线	大型和通长垫板	230 255	165	每根枕木	接头处二块,中间部分五块
90 以上	直线和曲线	通长垫板	255 280	230	每根枕木	每根枕木一块

第三章　检验制度

第一节　设备检查

第 60 条　工长要熟悉管内设备状态,对特重线、特殊线、正线、联络线、主要站线及道岔,每半月检查一遍,其他线路每月检查一遍。对水害、冻害、下沉等薄弱处所,要经常检查并做好记录,作为制订工作计划和研究分析病害的依据。

第 61 条　领工员要经常掌握设备状态,每季全面检查一遍线路、道岔。对薄弱处所要加强检查,发现问题及时处理。

第 62 条　工务段负责人每季要有计划地对主要线路、道岔、小半径曲线及长大坡道、桥涵、路基病害等薄弱处所进行检查。每年组织好春秋两季设备大检查,全面掌握设备状态,合理安排检修计划。

第 63 条　钢轨检查。

1. 特重线、正线、联络线等主要线路的钢轨,每年至少要进行一次详细检查,冬季及钢轨不良地段,应根据具体情况适当增加检查次数,发现折断钢轨要及时处理。

2. 线路伤损钢轨的标记见表 17。

表 17　线路伤损钢轨的标记

伤损种类	标　记	附　注
轻伤	△	用白铅油标记
轻伤有发展	△△	用白铅油标记
重伤	△△△	用白铅油标记

第 64 条　工区使用的水平、道尺等量具,要经常检查核对。工务段每年要全面鉴定一次。不合格者不准使用。线路、道岔验收时,均以合乎标准的水平道尺为准。

第二节　质量检查及验收

第 65 条　对计划维修的线路、道岔必须坚持"互检、自检、联检"的制度,确保检修质量。

1. 互检:每日收工前,各作业小组间应进行互相检验。

2. 自检:每月 25 日前,工区对维修完工的线路、道岔,经自检合格后,报工务段进行验收。

3. 联检:由质量验收员会同有关人员进行联合检查、验收。有关领导及技术人员应重点参加。工区应提供自检记录。

第 66 条 质量应按验收标准进行检查,并对超限处所按评分标准进行评定;严重超限(超过日常养护标准)处所应及时进行整修;不合格者应进行返修,但原评定分数不变。

质量评定是以线路 100 m(道岔 1 组折合线路 100 m)为评分单位,超限处所按评分标准实行加分制:

0~30 分　　为优良;

31~80 分　　为合格;

81 分及以上　　为不合格。

根据本单位所管线路情况可采取全面查看、重点抽查评定的方法(至少要包括道岔 1 组),或采取全面检查评定的方法,但均以检查的数量和评定的总分,折合为线路 100 m 的分数计算。

计划维修验收记录格式见附录 18、附录 19。

重点修的具体检查项目及评定办法由各单位制定。

第 67 条 线路和道岔计划维修验收标准及超限处所评分标准规定见表 18、表 19。

表 18　线路计划维修验收标准及超限处所评分标准

顺序	验收项目	验收标准	超限评分		备　注
			计分单位	加分	
1	轨距	1. 误差不超过 $\pm^6_2$ mm	$^{+7}_{-3}$~$^{+8}_{-4}$ mm 每处	10	
			超过 $^{+8}_{-4}$ mm 每处	50	
		2. 变化率不大于 2‰(规定递减部分除外)	每超限一处	10	
2	水平	1. 误差不超过 6 mm	7~10 mm 每处	10	
			超过 10 mm 每处	50	
		2. 在延长 18 m 的距离内无超过 6 mm 的三角坑	7~10 mm 每处	10	
			超过 10 mm 每处	50	

顺序	验收项目	验收标准	超限评分		备注
			计分单位	加分	
3	方向	1. 直线:用 10 m 弦量,误差不超过 6 mm	7～10 mm 每处	5	
			超过 8 mm 每处	20	
		2. 曲线:正矢误差符合第 40 条的规定	每超限一处	5	
			超过规定一倍每处	20	
		3. 曲线头尾无反弯或"鹅头"	每有一处	20	
4	高低	用 10 m 弦量,误差不超过 6 mm	7～10 mm 每处	5	
			超过 10 mm 每处	20	
5	捣固	1. 空吊板不超过 10%	每超过一块	5	铁垫板与轨底或轨枕有 2 mm 以上的间隙为吊板
		2. 连续空吊板不超过三块	每超过一块	10	
6	钢轨及接头	1. 无重伤	每有一根	50	
		2. 轨面或内侧错牙不超过 2 mm	每超限一处	10	
		3. 相对式接头误差不超过 60 mm(大修不超过 30 mm)	每超限一处	10	轨长不标准时,有缩短轨时,另加缩短量的一半
		4. 相互式接头相错不小于 3 m	每超限一处	20	
		5. 大轨缝(按第 30 条规定)不超过二个(25 m 轨为一个)	每超过一个	10	
		6. 无连续三个以上瞎缝	每超过一个	10	
7	连接零件	1. 夹板无伤损	每有一块	50	
		2. 夹板螺栓松动、未涂油、缺垫圈各不超过 5%	每超过一个	3	
		3. 浮离 2 mm 以上的道钉不超过 10%	每超过一个	1	
		4. 混凝土轨枕扣件不符合下列要求者各不超过 10%: (1)螺旋道钉锚好、拧紧、涂油、弹簧垫圈良好、有平铁圈; (2)铁座平贴轨枕、顶紧挡肩; (3)扣板顶严、压紧、密靠; (4)胶垫无缺损,不歪斜	每超过一个	1	扭力应达 78.4 N 以上

30

顺序	验收项目	验收标准	超限评分		备 注
			计分单位	加分	
7	连接零件	5. 铁垫板无伤损,不歪斜	每有一块	3	
		6. 轨距杆不松动,螺栓涂油	每有一根	3	
		7. 护轨螺栓松动,轨撑不密贴各不超过5%	每超过一个	3	
8	轨枕	1. 接头处无失效,其他处无连续失效	每有一根	5	
		2. 间距或偏斜误差不超过60 mm	超过时每有一根		
		3. 木枕切压超过5 mm者应削平	未削时每头	1	
9	防爬设备	1. 防爬器及支撑齐全,失效不超过5%	每超过一个	3	
		2. 爬行量不超过30 mm	每超过1 mm	1	每100 m中任量一处
10	路基	1. 排水及防护设施完整,排水畅通	不良时每米	1	其他病害按整治计划验收
		2. 路肩平整	不良时每米	1	
		3. 无翻浆冒泥	有病害时每米	5	
11	道口	1. 铺面平整牢固	不良时每节	5	每节为2.5 m
		2. 轮缘槽宽符合规定	不符时每处	10	
12	外观	1. 道床整齐、均匀	不良时每米	1	混凝土轨枕按规定扒空
		2. 标志弯正、字迹清晰,钢轨上符号齐全	不良或不符时每个或每处	5	
		3. 无杂草、无废物	不符时每米	1	规定不清理处除外
		4. 料具堆放整齐	不良时每米	1	

注:1. 每100 m线路中,轨距、水平、方向、高低各检查10处,每处在相距5 m以外的任何地点检查。凡按"%"检查的项目,可只连续检查100个(块)。

2. 每种零件缺少1个,按失效5个计算。

表19 道岔计划维修验收标准及超限处所评分标准

序号	验收项目	验收标准	超限评分		备 注
			计分单位	加分	
1	轨距	误差不超过$^{+3}_{-2}$ mm(连接部分按线路标准)	$^{+4}_{-3}\sim^{+6}$ mm 每处	10	
			超过$^{+6}_{-3}$ mm 每处	50	

序号	验收项目	验收标准	超限评分		备注
			计分单位	加分	
2	水平	误差不超过 6 mm,导曲线无反超高	7~10 mm 或反超高 1~2 mm 每处	10	
			超过 10 mm 或反超高超过 2 mm 每处	50	
3	方向	1. 直线:用 10 m 弦量误差不超过 6 mm	7~8 mm 每处	5	
			超过 8 mm 每处	20	
		2. 支距误差不超过 3 mm	每超限一处	5	
4	高低	用 10 m 弦量误差不超过 6 mm	7~10 mm 每处	5	
			超过 10 mm 每处	20	
5	查找间隔	1. 心护距离不小于 1 391 mm	每超限一处	20	菱形部分暂不检查
		2. 翼护距离不大于 1 348 mm	每超限一处	20	
6	钢轨及联接零件	1. 构件磨损及尖轨低于基本轨等应符合第 45 条的规定	不符时每件	50	
		2. 两尖轨相错不大于 20 mm	每超限一处	10	
		3. 尖轨尖及竖切部分与基本轨不密贴,间隙不超过 2 mm	每超限一处	10	
		4. 基本轨不落槽或滑床板不密贴每侧不超过二块	每超过一块	3	间隙超过 2 mm 为不密贴
		5. 基本轨轨撑不密贴每侧不超过二个	每超过一个	3	
		6. 连接杆、轨距、顶铁等零件不缺少,作用良好	不良时每件	10	
		7. 尖轨、辙叉护轨部分螺栓松动,未涂油各不超过一个	每超过一个	3	

注:捣固、接头、其他零件、岔枕、防爬设备、路基、外观等项目,均参照线路部分执行。

第四章 巡 道 工 作

第 68 条 巡道人员,要时刻提高警惕,加强工作责任心,认真巡查线路设备,保证行车和人身安全。

第 69 条 巡道工作,应选择有独立工作能力并熟悉线路状况的人员担当。在巡查时,要细看、勤回头。发现危及行车安全的故障,要立即采取措施,进行处理,如不能马上处理,应先设好防护,保证行车安全,并迅速向工长、车站值班员或有关人员报告。

每日巡查后应及时向工长汇报,并填写巡查记录本(样式见附录17)。

第70条 巡道人员应着重检查以下地点。

1. 运输液体金属及炉渣和铸锭的特重线;
2. 经常遭受砸撞烧泡的特殊线;
3. 正线、联络线及主要道岔;
4. 曲线、道口、桥梁及其两端线路。

第71条 巡道人员主要应检查以下项目。

1. 钢轨、道岔及主要联接零件有无折损,伤损标记有无变化;
2. 路基沉陷、塌方、落石、水害、雪害、砂害等情况;
3. 有无侵入限界,影响行车的故障(如厂房、货场、施工场地的建筑物、材料的堆放和废物等);
4. 未经主管部门和工务段同意或未采取必要的措施而擅自进行有损于线路的施工;
5. 轨距、水平等有无严重超限处所(规定不由巡道人员负责检查者除外)。

第72条 巡道人员应进行下列小补修工作。

1. 打紧浮起道钉,拧紧螺栓,整修道岔零件、防爬设备和混凝土轨枕扣件等,缺少和损坏的应补充和更换;
2. 疏通侧沟和排水沟;
3. 清扫无人看守的道口轮缘槽。

第五章 特 殊 线

第一节 厂区易损线

第73条 对经常遭受砸撞烧泡不能进行正常检修的易损线,必须加强巡查工作,超限处所要及时整修。

第74条 对净空高度、平面位置有特殊要求的线路,在起道、拨道作业时要注意保持原设计标高和坐标,防止影响限界,必要时应先进行检查和测量。

第 75 条　对轨枕易受损伤的线路,可用砂子将轨枕覆盖。

第 76 条　易损线在日常养护中,其轨距、水平的容许误差与移动线相同。

第二节　移　动　线

第 77 条　矿渣排弃线和矿山采掘、排弃等各种移动线,其纵断面和平面应符合下列规定。

1. 曲线半径一般不小于 200 m,在困难条件下可采用 150 m,在行驶固定轴距小于 3 500 mm 机车的线路上,可采用 120 m。只是在特殊困难条件下,方可采用机车、车辆设计所允许通过的最小半径。

2. 翻卸作业的停车线,应铺设在平道或坡度不大于 2.5‰ 的坡道上,当机车不摘钩作业时,坡度一般不得大于 10‰,在困难条件下不得大于 15‰。

运输液体炉渣的走行线,最大坡度容许为 15‰。

第 78 条　钢轨与轨枕。

1. 钢轨类型应采用 50～43 kg/m;

2. 轨枕配置每公里按 1 760～1 680 根设置。

第 79 条　翻卸作业线的中心线至翻卸侧边缘的距离不得小于 1.4 m,但路基为不稳定的矸石或砂土时,应不小于 1.7 m,在有条件的情况下要合理搭配岩土比例(一般为 2∶1)防止线路严重下沉。抬道时,应根据土质情况,预留适当的沉落量。

第 80 条　翻卸作业线翻卸侧的枕木头长度,自轨底外侧边缘起必要时可缩短为 300 mm,最短为 150 mm,但不得连续 3 根。

第 81 条　使用短轨时,直线和曲线里股不得短于 1 m,曲线外股不得短于 3 m。

使用短轨头(长度为 50～170 mm)时,必须上好一个螺栓,在一个接头处不得连续使用,相对使用应错开 1 m 以上。

第 82 条　轨距。

在曲线半径不易确定,按《冶金企业铁路工务检修规程》设置轨距加宽有困难时,应符合下列规定:

直线及半径在 300 m 以上的曲线轨距为 1 445 mm;半径在 300 m 及

以下的曲线轨距为 1 455 mm。

移道后验收时,轨距容许误差为 $_{-4}^{+10}$ mm。变化率不得大于 3‰。

第 83 条 水平。

翻卸作业线翻卸侧的钢轨要适当抬高,根据路基土质和翻卸车的实际情况确定超高度,在直线地段不得大于 80 mm,一般可采用 60 mm;在曲线地段向曲线外侧翻卸时,最大不得大于 125 mm,最小不得小于 40 mm,一般可采用 80 mm;向曲线内侧翻卸时,根据情况也可以设置 60 mm 以内的反超高,一般可采用 20 mm(上述超高度均不包括预留的沉落量)。当翻卸作业线变为走行线时,则应按一般线标准改设超高。

移动后验收时,水平容许误差为 10 mm,水平变化率及所有超高顺坡均不得大于 3‰。在延长 18 m 的范围内不得有 10 mm 以上的三角坑。在日常养护中,水平容许误差为 15 mm,变化率为 5‰,在延长 18 m 的范围内不得有 15 mm 以上的三角坑。

第 84 条 方向。

曲线目视圆顺,用 10 m 弦量正矢连续差不得超高 20 mm。

第 85 条 各种移动线在移道后,要进行试运和验收,质量验收标准见表 20 及表 21。

表 20 移动线线路验收标准

序号	项　目	验收标准
1	轨　距	1. 误差不超高 $_{-4}^{+10}$ mm; 2. 变化率直曲线均不得大于 3‰
2	水　平	1. 误差不超高 10 mm; 2. 所有超高顺坡坡度不得大于 3‰; 3. 在延长 18 m 的范围内不得有 10 mm 以上的三角坑
3	方　向	1. 直线用 10 m 弦量误差不超过 15 mm; 2. 曲线用 10 m 弦量正矢连续差不超过 20 mm; 3. 最小曲线半径应符合第 77 条的规定
4	高　低	1. 用 10 m 弦量误差不超高 20 mm; 2. 尽头线末端 20 m 范围内应当抬高
5	捣　固	空吊板不超高 20% 连续不超高 3 块
6	钢轨及接头	1. 无重伤; 2. 短轨及短轨头应符合第 81 条的规定; 3. 内侧错牙不超高 3 mm

序号	项　目	验收标准
7	联接零件	1. 无严重伤损，无缺少，作用良好； 2. 每个接头不少于 4 个(钢轨每端两个)螺栓； 3. 浮离 2 mm 以上的道钉不超过 15%； 4. 轨距杆无失效
8	轨　枕	1. 接头处无失效，其他处无连续失效(包括枕木头距翻卸侧轨底外侧不足 150 mm 者)； 2. 间隔不超过 700 mm，偏斜误差不超过 100 mm
9	道　床	枕木盒内道砟不少于半槽
10	路　基	应符合第 79 条的规定
11	标　志	1. 尽头线应设置好车挡和停车信号牌； 2. 警冲标完整，位置正确
12	旧料回收	收集运回或分类堆码整齐

注：翻卸侧钢轨的超高值按第 83 条的规定。

表 21　移动线道岔验收标准

序号	项　目	验收标准
1	轨　距	转辙器及辙叉部分误差不超过 $^{+3}_{-2}$ mm，连接部分误差不超过 $^{+6}_{-2}$ mm
2	水　平	误差不超过 10 mm，导曲线无反超高
3	方　向	直线用 10 m 弦量误差不超过 8 mm，导曲线支距误差不超过 5 mm
4	高　低	用 10 m 弦量误差不超过 10 mm
5	捣　固	空吊板不超过 15%，连续不超过 3 块
6	查照间隔	心护距离不小于 1 391 mm，翼护距离不大于 1 348 mm
7	钢轨及联接零件	钢轨无伤损，联接零件齐全，作用良好
8	轨　枕	接头处无失效，其他处无连续失效间距及偏斜误差不超过 100 mm
9	道　床	枕木盒内道砟不小于半槽
10	路　基	应符合第 79 条的规定

第二编　线路设备大修

第六章　大修周期及工作范围

在安排大修时,要全面规划,突出重点,有步骤地解决线路设备的薄弱环节,要采用新技术、新设备,适应运输发展的需要。

第一节　大修周期

第86条　线路(包括道岔)的平均大修周期按铁路等级区分:特重线为4～6年;Ⅰ级线为8～12年;其他线为15～20年。特殊线,由于砸撞烧泡而需要提前大修时,应由使用单位根据设备状态和检修单位意见提出申请,报上级批准,另行办理委托。

第87条　符合下列条件之一的线路方可进行大修:

1. 使用年限已到大修周期,线路状态严重不良者。

2. 设备损坏有下列情况之一者:

(1)钢轨伤损、磨耗大部分达到轻伤标准;

(2)轨枕(包括岔枕)失效率超过15％,预计更换率超过40％;

(3)正线、联络线等主要干线的道床严重不洁,线路状态不良;

(4)道岔伤损,磨耗达到或接近限度;

(5)路基有严重坍塌、翻浆冒泥、下沉、排水不良等病害。

3. 由于运量、轴重、车速或机车型号增大,原有设备与新的运输要求不相适应而需要改造者。

第二节　工作范围

第88条　线路大修分为换轨大修与不换轨大修,包括以下主要内容。

1. 按设计校正、改善线路纵断面和平面;

2. 换轨大修时,全面更换新钢轨或再用轨及其联接零件,不换轨大

修时,抽换伤损的钢轨并更换、修理、补充联接零件;

3. 更换失效的轨枕和补足轨枕配置根数;

4. 根据需要清筛道床,补充道砟,全起全捣,改善道床断面;

5. 综合整修线路,加强小半径曲线轨道;

6. 整修大修地段的道岔和抽换失效岔枕(成组更换新道岔和岔枕另列大修项目);

7. 整修路基及其排水和防护加固设施,整治翻浆冒泥、冻害及下沉等病害(工作量大的另列大修项目);

8. 整修道口(道口改善另列大修项目);

9. 安装防爬设备;

10. 补充和修理线路标志;

11. 清除废物杂草,收集旧料。

第89条 单项大修。

1. 成段更换混凝土轨枕(应尽量结合线路大修同时进行),包括以下主要内容:

(1)全面更换混凝土轨枕及其扣件;

(2)根据需要清筛不洁道床,补充道砟,全起全捣,整修线路;

(3)安装防爬设备。

2. 成段更换新钢轨或再用轨,包括以下主要内容:

(1)全面更换新钢轨或再用轨及损伤或类型不合适的联接零件;

(2)整修线路,更换、方正并修理轨枕,调整轨枕间隔;

(3)安装防爬设备。

3. 成组更换新道岔或新岔枕(最好同时进行),包括以下主要内容:

(1)成组更换新道岔或新岔枕;

(2)整理或根据需要清筛不洁道床,做好排水;

(3)安装防爬设备;

(4)整修道岔及其前后影响范围内的线路。

4. 路基大修包括以下主要内容:

(1)整治崩塌落石、溜塌滑坡、泥石流、沉陷、翻浆冒泥、冻害及河岸冲刷等路基病害;

(2)加宽路基或改善边坡坡度;

（3）整修、改善和增建排水、防护和加固设施。

第90条　其他大修包括以下主要内容：

1. 改善道口，列道口大修；

2. 工务机具设备进行拆卸修理、更换或增加部件、配件以及局部改善时，列机具设备大修。

第91条　由于进行各项线路设备大修而需要其他设备变动时，应由工务段提出要求，运输部在各有关部门的计划内统一安排。

第七章　基本技术条件

第一节　线路纵断面、平面

第92条　线路大修纵断面设计，应尽可能改善原有坡度，但不应超过原线路限制坡度。在改善原有坡度时，应符合《冶金企业铁路技术管理规程》并参照《工业企业标准轨距设计规范》的有关规定。

变坡点处应设竖曲线。采用圆曲线形竖曲线时，两相邻坡段的坡度代数差在4‰以上时，半径为5 000 m（Ⅲ级线在5‰以上时，半径为3 000 m）。

第93条　大修地段与非大修地段的连接顺坡，原则上应设在大修地段以外。顺坡率应为1‰，困难地段不大于2‰。

第94条　线路大修平面设计，应尽可能改善平面条件，如：增大不适应运输的小曲线半径、夹直线的改善、曲线增设或加长缓和曲线等，应符合《冶金企业铁路技术管理规程》《工业企业标准轨距设计规范》的有关规定。

第二节　路　　基

第95条　路基大修应符合下列条件。

1. 整治路基病害时，对复杂的病害，须加强调查研究，在可能情况下要进行挖探或钻探，以期彻底清除。

2. 改善排水设施时，应考虑区域性的排水系统。根据现场情况和条件，尽可能采取圬工或砌石的排水设施（厂区里必要时应加盖），其断面尺寸及坡度，应满足最大流量的需要。

3. 路基加宽及改善边坡时：

(1)填平并夯实路基边坡裂缝和沟穴；

(2)加宽后的路肩宽度应符合《冶金企业铁路技术管理规程》的规定，尽可能满足养路机械的需要；

(3)加宽后的边坡坡度，根据路基高度及土质，在设计中具体规定，加宽时应将原路堤边坡挖成台阶，分层填土夯实；

(4)翻卸土石加宽路基时，应保证路基在边坡稳定后有足够的宽度，并整平路肩。

第三节　道　　床

第 96 条　线路大修时，对正线、联络线等主要干线和其他有必要的线路，要清筛不洁道床，补充道砟，进行全起全捣。对翻浆冒泥地段要进行整治，并采用垫床。清筛后的枕下道砟厚度不得少于 150 mm。

第 97 条　在厂区铺设明道床有困难时，可采用有横向坡度和纵向排水的暗道床；道床顶面与地平面相同，其边缘或排水沟内侧边缘距线路中心为 2。

暗道床断面样式见附录 2。

第四节　轨　　枕

第 98 条　线路大修或更换钢轨时，除更换或修理失效及伤损的轨枕外，并应根据运输发展的需要，按《冶金企业铁路技术管理规程》规定的标准，补足配置根数。

第 99 条　线路大修采用混凝土轨枕时，下列地段暂不宜使用（特殊设计者除外）。

1. 道岔、道口、无砟桥的挡砟墙范围以内和设有护轮轨的有砟桥面以及上述地段两端各 15 根轨枕；

2. 半径在 300 m 以下的正线、联络线的曲线和半径在 200 m 以下的其他线的曲线；

3. 砸撞烧泡的易损线；

4. 严重冻害及翻浆冒泥地段。

混凝土轨枕与木枕不得交杂混铺，分界处应距钢轨接头 5 根轨枕以外。

第 **100** 条　木枕应注油防腐,除易燃、易损的线路外,不准用素枕。大修完的线路不应留有次年内即需更换的木枕。

第 **101** 条　混凝土轨枕螺旋道钉锚固推广采用专用锚固剂,当采用硫黄锚固时,有关要求如下:

1. 熬制时,最高温度不应超过 180 ℃,最佳温度为 160 ℃左右;

2. 严格按配比配制〔重量比为:硫黄∶砂子∶水泥∶石蜡＝1∶(1～1.5)∶(0.3～0.6)∶0.03〕;

3. 锚固时,不宜在雨雪天进行,冬季低温锚固时(0 ℃以下),应将螺纹道钉预热;

4. 锚固时,要严格掌握工艺过程。螺旋道钉要正直,位置正确(道钉孔中心线距离要符合标准,螺纹道钉平台底面距承轨槽面应为 5～8 mm;使用弹条扣件时,不得大于 2 mm)。

第五节　钢轨及联接零件

第 **102** 条　特重线及主要干线,应采用 60 kg/m 及以上的重轨,并尽可能采用一级轨。对容易损伤的线路、曲线和道口的护轨,应尽量使用再用轨。

第 **103** 条　大修换轨时,直线应采用对接,如钢轨长度不标准采用对接有困难时,亦可采用错接。曲线一般采用错接,如半径较大条件允许时,亦可采用对接。采用错接的线路,接头相错量应不小于 3 m(绝缘接头可为 2.5 m)。使用的短轨应设在曲线始终点附近直线部分的里股,长度不小于 4.5 m。

第 **104** 条　半径在 150 m 及以下的曲线地段,应在里股内侧安装护轨,并每隔 2 m(特重线为 1.5 m)安设一组间隔铁。

第 **105** 条　半径在 400 m 及以下的曲线地段,每根钢轨(12.5 m)应安装轨距杆 3～5 根或安装轨撑 5～7 对。

第 **106** 条　特重线应采用加厚加宽的铸钢垫板。必要时,可增设胶垫。

第六节　道岔、道口及其他

第 **107** 条　线路大修通过道岔时,要求如下。

1. 保留原道岔时,需更换伤损部件、抽换失效岔枕,对原道岔进行全面整修;

2. 更换道岔时,除特殊困难处所外,要符合国家标准型号,采用与线路相同或高于线路的轨型(同时应设置引轨);

铁路道岔号数系列见附录1。

3. 调整道岔位置,拨正道岔前后线路方向。

4. 推广使用混凝土枕道岔。

第108条 线路大修经过道口时,应同时整修道口。道口大修时,应根据需要加以改善。

第109条 厂区及站内线路进行大修时,应清除线路两侧的废物,整修排水设施。

第110条 凡本章未规定的其他技术条件,均以第一编中所规定的有关技术标准为依据。

第八章 线路设备大修管理

第一节 计划、设计与施工

第111条 大修计划的编制和安排,应结合设备大检查进行。有运输部主管单位及工务段组织有关人员,深入现场调查,根据线路大修周期和线路状态,共同确定后,报上级批准。

第112条 大修设计是指导大修施工的重要依据,应根据上级批准的计划会同施工、维修单位共同调查后进行。在设计中,应采用先进的施工方法和新技术,保证质量。

设计文件内容包括:

1. 设计图表;

2. 工程说明书:一般应说明大修位置,原有设备状态及其病害情况,技术标准及竣工后的设备改善情况,采用的新技术,旧料处理,安全设施及其他有关事项;

3. 预算。

第113条 大修工程施工,应以批准的设计文件为依据。施工单位在施工前,应组织有关人员,做好调查研究,编制施工方案,其主要内容:

1. 设备现状,施工技术条件和技术标准;

2. 按照工序编制施工进度;

3. 劳动组织,机具使用,施工方法和技术作业过程;

4. 施工用的临时设施;

5. 保证质量和安全的制度及措施;

6. 职工生活的安排。

第 114 条　施工现场应本着节约的精神,建立与健全主要材料、工具的领发及机具的保管和检修制度。工程竣工时,要收回旧料并清点交有关单位,做到工完料净现场清。

第二节　质 量 验 收

第 115 条　线路大修工作可按下列单位进行分段验收。

1. 正线、联络线为 500 m(不足时,按实际长度);

2. 站线及其他线为一股道;

3. 道岔为一组。

第 116 条　大修工程每完成一个单位工作量时,由施工、接管单位及质量验收员组成验收小组,共同进行交验工作。

第 117 条　施工单位在交验时需提出下列竣工资料。

1. 质量自检记录;

2. 工程数量表及材料使用数量表;

3. 线路大修地段竣工后的平面图和纵横断面图;

4. 隐蔽工程记录;

5. 附属设施及其他有关技术资料。

第 118 条　线路及道岔大修工程,除应符合设计文件规定外,并按第三章的验收标准进行验收(不采用评分办法)。所有项目,一次达到标准的为"优良",部分项目超过限度,经整修复验后达到标准的为"合格"。

第三编 桥隧建筑物

第九章 技术标准和要求

第一节 基本技术要求

第 119 条 桥隧建筑物包括桥梁、涵渠、隧道等大型建筑物。

凡运营铁路上的桥隧建筑物,根据《冶金企业铁路技术管理规程》第27 条规定,均须按标准进行检修(包括大修和维修),经常保持其完好状态。

第 120 条 桥涵分为永久性桥涵和临时性桥涵,永久性桥涵有钢桥、圬工桥、有基础的涵渠等;临时性桥涵有木桥、木墩台钢桥梁、圬工墩台轨束梁桥或木梁桥等。

永久性铁路上不应修建临时性桥涵。除临时铁路和运量极小的永久性铁路外,现有的临时性桥涵,应有计划地改建成永久性桥涵。

第 121 条 使用中的桥涵孔径及净空,应能安全通过规定的洪水频率(干线桥梁为百年一遇,次要线桥梁及各线涵洞为五十年一遇)及历史上最大洪水。如实际发生的洪水位距梁底不足 0.25 m,超过 3/4 拱矢高(倒灌水位除外)或 1.2 倍涵洞高(有压涵洞除外)时,应有计划地扩孔或改建。

第 122 条 桥涵的承载能力,应能满足可能通行的最大类型机车车辆安全运行的要求。对于现有桥涵的载重等级,应参照国铁集团的有关规范进行验算,等级不足的须进行加固或改建,或者指定运用条件,限制使用。

第 123 条 实测梁跨在受竖向静活载作用下产生的弹性挠度,应与计算挠度相校核,并不得超过表 22 的规定。

表 22　桥梁弹性挠度容许限度

梁　式			挠度/跨度（伸臂长）
钢梁	简支桁梁,悬臂梁桥的自由梁及连梁的端孔	桥梁钢	1/1 000
		低合金钢	1/900
	简支板梁	桥梁钢	1/800
		低合金钢	1/700
	悬臂梁桥的悬臂端		1/300
	桁拱		1/800
钢筋混凝土梁	简支梁		1/800
	悬臂梁端		1/300
	拱桥的 1/4 跨度处		1/800
	钢筋混凝土低高度梁		1/1 000
临时桥梁	圆木束梁		1/300
	轨束梁		1/250
	工字钢束梁		1/400

动活载所产生的挠度,也可先测,进行分析比较,必要时再复测静活载所产生的挠度。如实测挠度超过计算挠度或表 22 规定时,应全面分析梁的状态,必要时,应采取处理措施。

第 124 条　一般情况下,墩台基础埋置深度符合下列条件之一而又未进行有效防护时,即为浅基墩台。

1. 未嵌入岩层的基础:

(1)扩大基础的基底在最大冲刷线下(计算的或实测的,以下同)不足 2.5 m;

(2)低桩承台的承台地面在最大冲刷线下不足 1.5 m(桩入土深度不明时),或桩在冲刷线下的入土深度不能保证稳定及不足 4 m;

(3)沉井基础及高桩承台在最大冲刷线下的埋置深度不足以保证墩台稳定。

2. 嵌入岩层的基础:

墩台基础嵌入坚固的不易冲刷磨损的基本岩层不足 0.25 m(嵌入风化、破碎、易冲刷磨损岩层的深度,按未嵌入岩层计)。

墩台基础深度不明时,应认真挖验或钻探,查清情况。浅基墩台应根据水文地质条件,尽快地采取立体或平面防护的办法,进行加固或予以根本改善。如根据多年使用的经验判断,确认无危险时,可不算作浅基,但须注意观察。

第125条 跨度大于 30 m 的简支钢梁,在动活载作用下,其横向自由震动周期,数值应不大于 0.01L(L 为跨度,以 m 计)(单位:s),并不大于 1.5 s。超时时,应加强观察或采取改善措施。

第126条 为了使高度大于 30 m,梁跨大于 24 m 的墩台具有一定的刚度和稳定性,保证行车安全,墩台顶市场纵横向水平位移,与计算位移相比较,如超时计算数值,应进行检查分析,必要时采取改善措施或规定运用条件。

第127条 桥隧建筑物的各部分,必须满足《冶金企业铁路技术管理规程》规定的限界要求。限界不足时,应有计划扩大。如实际建筑限界超过铁道部规定的最大级超限货物的装载限界(见图1)并有 70 mm 以上的净距时;或复线区段,有一线桥隧限界能满足要求时,可暂缓扩大。

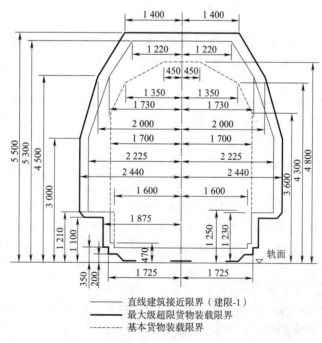

———— 直线建筑接近限界(建限-1)
━━━━ 最大级超限货物装载限界
- - - - 基本货物装载限界

图 1　超限货物装载限界(单位:mm)

第二节　桥　面

第 128 条　跨度在 30 m 及以上的钢梁桥,桥上线路应按现行最大动活载作用下实测或计算的弹性挠度的一半设置上弯度。如实测或计算(恒载及活载产生的)挠度小于梁跨的 1/1 600 或新换钢梁已按设计设有上拱度者,可不再设上弯度。

第 129 条　桥上线路纵断面要符合线路坡度和上弯度的要求,防止桥梁上与桥梁两端的线路衔接处发生突变。

桥梁上与桥梁两端的线路,在平面上的衔接应符合设计要求,做到直线顺直,曲线圆顺。

第 130 条　桥上线路中心线与梁跨中心线应在一个竖直面内,其容许偏差:钢梁不超过 50 mm,圬工梁不超过 70 mm。超过时,应检算梁的受力情况。如影响规定的载重等级、侵入限界或线路方向不正时,须进行调整。

第 131 条　桥梁两端的线路必须彻底锁定,防止线路爬行传至桥上。

跨度在 5 m 及以上的钢梁,每孔梁端安装一对防爬角钢,必要时在梁的中部每隔 5～10 m 再安装一对。有桥面系的钢梁,每个节间纵梁两端各安装一对;如节间长度在 4 m 以下时,可在每两个节间纵梁的两端各安装一对。

防爬角钢的最小尺寸为 120 mm×80 mm×12 mm。钢梁两端防爬角钢的水平肢应按相反方向安装,并用直径 19～22 mm 螺栓与桥梁联接牢固。

第 132 条　明桥面上的曲线外轨超高可采用下述方法。

1. 在桥枕挖槽限度内调整;

2. 在墩台顶面做成超高,但应验算钢梁斜放后的应力和稳定性,并注意钢梁排水;

3. 使用楔形枕木;

4. 在曲线外侧的桥枕下加垫木垫板,用木螺钉或螺栓联结牢固如图 2 所示。

第 133 条　明桥面的基本轨、护轨、护木、桥枕、钢梁间的联结,应牢固紧密,相互位置正确,整体性良好。其铺设规定见图 3 及图 4。

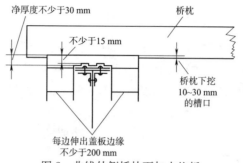

图 2 曲线外侧桥枕下加木垫板

第 134 条 在下列位置不应有钢轨接头。

1. 钢梁、钢筋混凝土梁及木梁的端部,拱桥温度伸缩缝及拱顶各前后 2 m 范围内;

2. 横梁顶上;

3. 桥梁长度(挡砟墙间的距离,以下同)在 20 m 及以内的明桥面上。

桥上钢轨接头的位置,可用在桥头线路上设置短轨来调整。调整不了的个别接头,应当焊接或用月牙铁挤严轨缝。焊接和挤严的接头不得连续超过三个。

桥上钢轨接头采用相对式。明桥面上的钢轨接头应设在桥枕间,当桥枕净距小于 150 mm 时,也可设在桥枕上。

第 135 条 下列桥上应铺设护轨。

1. 桥梁长度在 20 m 以上者;

2. 桥梁长度在 10~20 m 间,而桥上曲线半径小于或等于 600 m 或桥高(轨底至河床最低点)大于 6 m 者;

3. 跨越铁路、重要公路、城市交通要道的立交桥。

护轨顶面不应高于基本轨顶面,低于基本轨顶面不超过 25 mm。护轨与基本轨头部间的净距为 200 mm,容许增减 10 mm。

护轨应伸出桥台挡砟墙外,直轨部分长度一般应不小于 5 m,但拱梁长度在直线上大于 50 m、曲线上大于 30 m 时则为 10 m。

护轨下可加垫厚度不大于 30 mm 的纵向长垫板(道砟桥面也可使用横向垫板)。每股护轨应在每隔一根桥枕上钉两个道钉(内外侧各一个);在道砟桥面上、桥头线路上及使用厚度为 20~30 mm 垫板时的明桥面上,每股护轨应在每根枕木上钉两个道钉(内外侧各一个)。

48

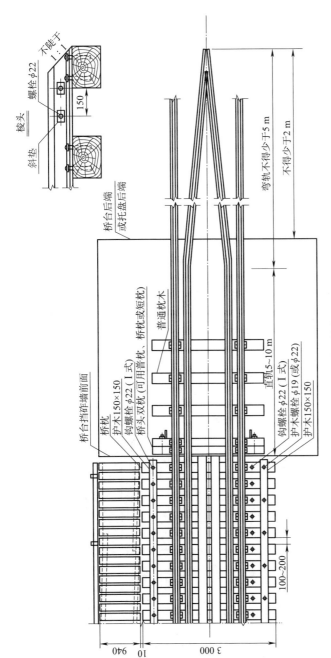

图 3　明桥面布置

附注：1.钢梁活动端处护木、人行道栏杆，步行板需断开使梁能自由伸缩；
　　　2.所有尺寸除注明者外均以毫米计。

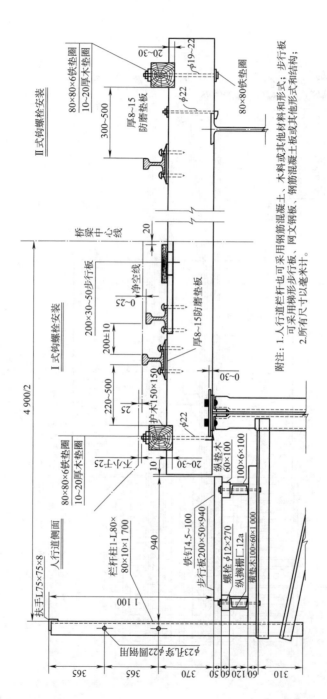

图 4 人行道及钩螺栓安装

附注：1. 人行道栏杆也可采用钢筋混凝土、木料或其他材料形式；步行板可采用梯形步行板、网纹钢板、钢筋混凝土板或其他形式和结构；
2. 所有尺寸以毫米计。

50

每个护轨接头至少安装 4 个螺栓(每端 2 个),螺帽安装在中心一侧。

两股护轨端应当闭合;如遇道岔等情况不能闭合时,应在护轨端 300 mm 一段以 1:5 的斜度向内弯折,并牢固地钉在枕木上。在自动闭塞区,护轨闭合处应安装绝缘衬垫。

第 136 条 桥枕规格见表 23。

表 23　钢梁上使用的桥枕规格

主梁及纵梁中心距(m)	桥枕标准断面(mm)		长度(mm)	附　　注
	宽度	高度		
1.5	200	220	3 000	双腹板或多腹板的主梁按内侧腹板间距为准
1.5~2.0(含)	200	240	3 000	
2.0~2.2(含)	220	260	3 000	
2.2~2.3(含)	220	280	3 200	
2.3~2.5(含)	240	300	3 200 或 3 400	

两桥枕间净距为 100~200 mm,钢轨接头处一般为 100 mm,横梁处可放宽到 300 mm。

特种线的桥枕断面、长度和净距,应通过计算确定。

桥枕不准铺设在横梁上。如横梁两侧桥枕净距大于 300 mm 时,且桥枕顶面距横梁顶面大于 50 mm 时,应在横梁顶上垫短枕承托,并与护轨牢固连接。短枕顶面与基本轨底面应留有间隙如图 5 所示。

有桥面的上承钢梁,桥枕只准铺设在纵梁上。在行车情况下,不容许桥枕压着钢梁联结系。

桥台挡砟墙上,一般应铺设双枕,并固定在桥台上。

桥枕容许挖深 30 mm 以内的槽口。与铆钉接触处,可再挖纵槽,其大小和深度均不应大于铆钉头 4 mm。

桥枕应钻道钉孔,其直径为 12.5 mm,深度为 110 mm。道钉孔内应注氟化钠粉或防腐浆膏。

每根桥枕应用两根直径不小于 22 mm 的钩螺栓固定在梁上。

第 137 条 使用的桥枕必须经过注油防腐,加工的新枕面应涂防腐油,腐朽、裂纹或伤损的桥枕,应及时进行灌缝、捆扎、削平、挖补等修理工作。

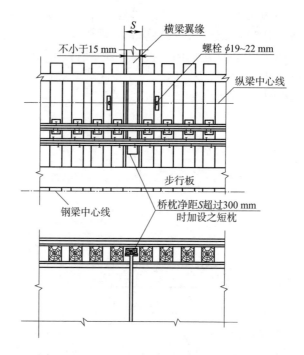

图 5　横梁上铺设短枕(钩螺栓、护木螺栓未表示)

状态达到下列条件之一时,即为失效桥枕:

1. 标准断面桥枕因腐朽、挖补、削平和挖槽累计深度超过 80 mm;

2. 道钉孔周围腐朽而无处改孔,不能满足持钉和保持轨距的要求;

3. 桥枕内部严重腐朽。

有连续两根及以上的桥枕失效,须立即抽换,净距大于 150 mm 时,钢轨接头处 4 根桥枕不准有失效。当一孔梁上的桥枕,净距小于或等于 150 mm,失效达到 30% 及以上或净距大于 150 mm,失效达到 25% 及以上时,应进行整孔桥枕更换。

第 138 条　护木断面为 150 mm×150 mm。在每隔一根桥枕上,以及主梁或纵梁两端、安装防爬角钢处及护木连接处的桥枕上,均用直径 19~22 mm 的螺栓串联牢固。

护木接头可用半木搭接形式,设在桥枕上。

护木内侧与基本轨头部外侧的净距为 220~500 mm。

第 139 条 无砟无枕的桥面上,钢轨与梁联接应采用直径不小于 22 mm 的螺栓,并尽可能使用弹性扣件。

第 140 条 道砟桥面应采用坚硬、耐冻和不易风化的石砟,并做到线路稳定和排水良好。

道砟桥面的道床厚度(轨枕底至防水层上保护层的最高点):用钢筋混凝土轨枕时,应不小于 300 mm;在困难情况下,亦不得小于 200 mm。

第 141 条 明桥面可根据需要设置单侧或双侧人行道,道砟桥面应设置双侧人行道。为适应养路养桥机械的发展,应有计划地适应加宽一侧人行道或扩大避车台。

第三节 钢 梁

第 142 条 钢结构的各部分,应经常保持清洁和不积水。应根据结构的形式,加强各部联结点、杆件、铆钉、销栓和焊缝的养护工作,使其经常处于良好的状态。

第 143 条 钢梁伤损容许限度见表 24。

表 24 钢梁伤损容许限度

序号	伤损类别		容许限度
1		上下平顺弯曲	弯曲失度小于跨度的 1/1 000
2		左右平顺弯曲	弯曲失度小于自由长度的 1/500,并在任何情况下,不得超过 20 mm
3	板梁及工字梁	盖板在翼缘角钢以外的弯曲 	$f<d$ 或 $a<B/4$
4		盖板上有洞孔,但边缘无伤损	洞孔小于 30 mm
5		腹板上有洞孔	工字梁的洞孔小于 50 mm,板梁小于 80 mm,边缘须完好
6		腹板拉力部位有弯曲,但无裂纹及劈开	凸出部分直径小于断面高度的 0.2 倍或深度不大于腹板厚度
7		同上,但在压力部位	凸出部分直径小于断面高度的 0.1 倍或深度不大于腹板厚度

序号		伤损类别	容许限度
8		主梁压力杆件弯曲	弯曲失度小于杆件自由长度的 1/1 000
9		主梁压力杆件弯曲	弯曲失度小于杆件自由长度的 1/500
10		主梁副杆或联结杆件弯曲	弯曲失度小于杆件自由长度的 1/300
11	桁梁	洞孔,但边缘无伤损	洞孔小于杆件宽度的 0.15 倍,但不得大于 30 mm
12		弦杆盖板在角钢范围以外的弯曲	$f<d$ 或 $a<B/4$

超过限度者,应及时修理、加固或更换(经检定许可或其他局部硬弯,不影响钢梁的正常使用者除外)。

第 144 条 使用中的钢梁,只个别杆件或联结处的承载能力不足时,可进行局部加固。当整个钢梁或多数杆件的承载能力不足时,应予更换或全面加固。

钢梁加固办法,参照国铁集团的有关规范办理。

第 145 条 对使用年久,且钢质及技术状态不良和经过多次加固的 32 m 以下的小跨度钢梁,应有计划地更换。

第 146 条 用焊接方法修理或加固钢梁杆件时,应严格按焊接工艺进行操作。焊接钢结构须用镇静钢,焊条要经过鉴定或试验。对有纵横裂纹、伤损钢板的焊缝以及焊缝过薄、漏焊等处所,应进行修整重焊。

第 147 条 用矫直法修理的杆件上必须是无裂纹、劈裂、压损或缺口等伤损。为避免裂纹或折断,矫直变形杆件时,应尽量使力量逐渐增加。当变形消失后,使压力保持 10~15 min。在拆除受压组合杆件的角钢或缀条进行整直时,必须逐个进行或用临时缀条代替。

杆件矫直后,应用放大镜检查有无裂纹,特别要注意原损伤部位有无新的裂损。

第 148 条 钢梁杆件主要联结处的铆钉松动,必须立即更换。次要联结处的铆钉松动,钉头裂纹、偏心、烂头、过小或浮离等,应做好标记,有计划地更换。

不良铆钉容许限度见表 25。

第 149 条 在行车线上更换桥梁铆钉时，应铲除一个铆钉立即上紧一个精制螺栓，必要时可使用 30% 以下的冲钉。

表 25 不良铆钉容许限度

序号	不良名称	形　状	容许限度
1	松动铆钉		无
2	钉头裂纹		无
3	烂头		$D \geqslant d + 8\ mm, h \geqslant 0.7\ mm$ 标准钉头高
4	钉头全周浮离(用后 0.2 mm 塞尺检查)		无
5	钉头部分浮离(用后 0.2 mm 塞尺检查)		无
6	钉头偏心(拉绳检查钉头与铆钉线位置或观察铆钉两头)		$b \leqslant 0.1d$
7	钉头局部缺边		$a \leqslant 0.15d$
8	钉头全周缺边		$a < 0.1d$
9	钉头过小(用样板检查)		$(a+b) < 0.1d$ 或 $c < 0.05d$

55

序号	不良名称	形　状	容许限度
10	钉头周围有飞边		$a\leqslant1.5$ mm,$b=1.5\sim3$ mm
11	铆钉壳打伤钢板		$\delta\leqslant0.5$ mm
12	埋头铆钉钉头全部或局部缺边		$a\leqslant0.1d$

说明:(1)表中 1、2、4、5 项的不良铆钉应予更换,其他不良铆钉可根据不良程度确定是否更换;

(2)更换 $\phi19$、$\phi22$、$\phi25$ mm 铆钉时,所需铆钉长度可参照下列公式估算:铆钉长度＝握距×1.1＋直径×1.5＋旧眼调整数 2～6 mm。

禁止使用大锤或锛斧铲除铆钉。

每次更换铆钉的部位、数量和施工方法等应记入登记簿内。

第 150 条　凡钢结构部应及时进行涂漆防锈工作。涂漆层数原则上应为底、面漆各两层,对容易遭受损坏或工作条件苦难的部位应多涂一层面漆,漆膜总厚度至少应为 0.15 mm。

第 151 条　钢料涂漆之前,除锈应彻底。除锈后应检查钢料有无裂纹等缺陷。杆件可能存水的缝隙,应清除污垢后和铁锈,在第一层底漆干燥后,用油性泥子腻塞。

注:泥子一般可使用重钡石粉(或白垩粉)、干红丹粉及清亚麻仁油,按重量比 4：2：1 配置或用石膏粉及底漆按重量比 3：2 配置。

第 152 条　漆料应有良好的防锈、耐候性和物理性能。禁止将不同品种和牌号的漆料掺和使用。

领用漆料时,应了解其名称、牌号、规格、性能和出厂日期,确认符合规定的技术条件后才能使用。过期的漆料应经过检验合格后,方准使用。

油漆过稠时,可掺入不超过油漆重量 2% 的稀释剂。稀释剂应使用与漆料配套生产者,一般醇酸漆料使用松节油或松香水,油性漆料使用按 1：1 混合的清油和松节油(或松香水)稀释。禁止用汽油、煤油、柴油等作为稀释剂。

第 153 条　涂漆工作应在天气干燥和温暖季节(不低于＋5 ℃)进行。风沙大、雾气、雨天及潮湿的钢料表面,不得进行涂漆工作。对经常受烟熏、落煤灰和蒸汽影响的部位,涂漆工作应在列车间隔较长时间内进行。

第 154 条　钢梁上盖板防锈应选用耐潮、耐磨、耐酸碱的涂料,定期进行除锈涂油工作,或采用金属喷镀和加盖防尘板等措施。

第四节　支　　座

第 155 条　支座应处于完好状态。如有损坏或安装不符合要求时,应进行改装或更换。新设或更换支座时,应符合表 26 规定。

表 26　各类支座使用范围

支座类别 梁的种类	无支座	平板 (厚 20 mm 以上)	弧形	铰式摇轴	铰式辊轴
钢梁	—	跨度 10 m 以内	跨度 10～25 m	跨度 25 m 以上	跨度 48 m 以上
圬工梁	跨度 6 m 以内的简支梁用沥青麻布或石棉板垫片	跨度 8 m 及以上	连续梁及跨度 8 m 以上的简支梁	跨度 18 m 以上的简支梁及连续梁	—

第 156 条　固定支座应设在纵向水平作用力的前端,一般规定如下。

1. 在坡道上,设在较低的一端;

2. 在车站附近,设在靠车站的一端;

3. 在平道上,设在重车方向的前端。

如遇上述条件不一致时,应该水平力作用影响较大的情况设置,一般先满足坡道要求。

除特殊设计外,不许将相邻两孔梁的固定支座安设在同一个桥墩上。

第 157 条　支座锚栓直径:钢梁一般为 32 mm,至少 25 mm(现有 22 mm 直径的锚栓,可保留到更换支座时处理);圬工梁为 25 mm。锚栓埋入墩台至少 250 mm。

第 158 条　辊轴(或摇轴,以下同)的实际纵向位移,应与计算的正常位移相符。如实际纵向位移大于容许偏差或有横向位移时应加以修正。

注:辊轴构造上的最大容许纵向位移(一般为:圆辊轴边缘超过底板达辊轴直径的 1/4 或削扁辊轴的倾斜角达 14°,摇轴倾斜角达 7°)扣除活

57

载及温度差尚可能产生最大纵向位移即为容许偏差。

辊轴实际纵向位移量和正常位移量的计算详见附录 20。

第 159 条 支座必须清洁完整,平稳密贴,保证梁跨自由伸缩,如有缺陷应及时修理或更换。

1. 滚动面不平整,轴承座有裂纹以及个别辊轴大小不适合时,必须更换;

2. 钢梁支点有承压不均现象时,应把个别支点适当抬高或降低;

3. 支座座板翘起或缺少时,应予以更换或补充,焊补开裂应予以整修。

第 160 条 支座四周的排水应当良好,防止雨水进入底板内。上下摆应涂漆。辊轴和滚动面应定期擦拭、涂油,但不得涂漆。

活动支座不活动时,应找出原因,进行修理,必要时予以更换。

第 161 条 支座位置不正,可顶起梁身进行修理,或移正梁身重新安装。顶梁所用千斤顶的能力,必须超过荷载的 $50\% \sim 100\%$。

沥青麻布或石棉板支座上的梁发生横移时,除顶起移正梁身外,还应在墩台顶上靠梁两侧埋设角钢或加筑挡墙。

第五节 圬工梁拱及墩台

第 162 条 凡能积水的圬工表面,均应设纵横向排水坡及泄水管(槽),并保持排水畅通。桥台背后应设盲沟,圬工结构的隐藏面应设防水层。防水层的设置办法按附录 22 办理。

第 163 条 圬工梁端应留出供梁自由伸缩的缝隙(其宽度:当跨度小于或等于 16 m 时,一般为 60 mm;跨度等于或大于 20 m 时,一般为 100 mm),缝隙上加盖板。拱桥跨度大于 10 m 的混凝土边墙或跨度大于 15 m 的石砌边墙,应在拱脚附近设温度伸缩缝;相邻孔的拱上钢架间及拱上钢架与墩台间也应设伸缩缝;缝宽 10~20 mm,缝内用浸过沥青的麻筋塞紧。

所有缝隙应经常保持完好状态,消除缝内的砟石和泥土,修整不严或损坏的盖板。如两梁顶死,须进行调整。

第 164 条 拱桥拱顶上的填充物连同道砟在内的厚度,自轨底起应不小于 1.0 m,在特殊情况下也不得小于 0.7 m。

梁上道砟不清洁和拱上填充物风化,应及时清筛或更换。

第 165 条 桥台台尾上部应伸入路堤至少 0.75 m。桥台两侧应设有锥体护坡(或翼墙),并用浆砌或干砌片石防护;防护应高出最高水位(包括壅水高和波浪高,以下同)0.25 m。锥体坡面至支承垫石后缘的最小距离不小于 0.3 m,与桥台相交线的坡度一般规定:路堤高度 0~6 m 时为 1:1,6~12 m 时为 1:1.25,大于 12 m 时为 1:1.5。

第 166 条 圬工梁拱及墩台应具有要求的强度、稳定、抗裂和整体性。应加强监视、检查和保养工作,经常保持其良好状态。如有裂损、倾斜、下沉、滑动、冻害等病害,应视不同情况采用:环氧树脂腻补;压力喷浆或压注灰浆;墩台躯体包箍;固化土壤,加深或扩大基础;换填卸载等办法进行处理。

环氧树脂修补圬工的配合比及工艺见附录 22。

对病害严重、危及行车安全而又不堪加固的梁拱及墩台,应予更换或重建。

第 167 条 水泥砂浆一般不低于 100 号。除严寒地区外,砌筑次要结构也可使用 75 号。砂浆中水泥和砂的配合比应通过试验确定,零小工程可采用表 27 的体积比。

表 27 零小工程水泥砂浆配合比

水泥标号	砂浆标号	
	100	75
500	1:3.5	1:5
400	1:3	1:4
300	1:2.5	1:3
250	—	1:2.5

说明:本表为中砂,如使用细砂应酌量减砂,使用细砂可酌量加砂。

第 168 条 混凝土强度应符合设计要求,一般应不低于 140 级,严寒地区不低于 170,墩台顶帽、支撑垫石应不低于 200 级,无砟无枕的承轨部分应不低于 400 级。混凝土的配合比和水灰比应通过试验确定,次要结构零小工程可采用附录 23 中的经验配合比。水灰比一般应控制在 0.65 以内。

混凝土预制构件,应在达到设计强度的 70% 以上时方可搬运、吊装和安装;达到 100％时方可承受活载(混凝土强度发展速度见附录 24)。在行车线上灌注的混凝土,可在强度达到现行活载要求时,提前使用。

钢筋混凝土构件,禁止使用腐蚀钢材的速凝剂。

第六节　涵　渠

第 169 条　涵渠必须经常处于完好状态;对于裂纹、变形、脱节等病害,应定期检查观测,严重者及时处理。

第 170 条　涵洞直径或方涵净空应不小于 0.75 m,调车场和厂区的涵洞孔径应加大一级。现有涵洞孔径过小者,应逐步改造。

各式涵洞的容许长度应按表 28 规定设置。

表 28　涵洞长度的限制

净高或直径(m)	容许长度(m)
≥0.75～1.00	10
1.00	15
1.25	25
>1.25	不限

第 171 条　涵洞应有防水层和沉落缝。防水层、沉落缝、管节接缝的设置按附录 21 办理。

第 172 条　涵渠应有基础,自洞口起向内 2 m 范围内的基础须埋入冻结线以下 0.25 m。

第 173 条　涵洞顶至轨底的填土高度应不小于 1.0 m。对填土高度不足者,要注意观察其状态,如有严重裂损,应加以改善。

第 174 条　涵渠出入口与路堤连接应完好,河道应直顺。一般应有防冲铺砌。山区的涵渠出入口应视其纵坡设置引水槽和缓流井。洞内及上下游河道要及时清理淤积物,保持一定的孔径和流水纵坡。

第七节　临 时 性 桥

第 175 条　抢修桥梁或进行梁拱及墩台加固时,可设临时桥。对临时桥应特别注意结构的强度,刚度和稳定性。

临时性桥枕可用普枕代替。

第 176 条　临时性桥梁在使用中要经常检查,发现病害及时修理。桥梁两端的线路应特别注意平顺,尽可能减少对桥梁的震动。

第 177 条　木桥各杆件应使用经过防腐处理的木材制成。如使用素材,应进行防腐处理。挡土板、接桩部分、木桩在地面附近和水位变化范围应做防腐裹缠层。

主要杆件表层腐朽深度小于 20 mm 或断面的 15% 时,应削去腐朽部分再做防腐处理;如超过上述限度,以及重要的接榫部位或杆件内部腐朽较严重时,应予以更换。

第 178 条　木梁(叠合梁、组合梁等)各部应联结紧密,受力均匀,符合设计要求。

轨束梁钢轨间、轨束间应联结牢固无串动,支撑平稳。扣轨根数应满足现行活载要求。

第 179 条　排架必须保持稳定,倾斜度小于 1/150,排架间纵向联结牢固。基底及接桩位置,须在冻结线以下,否则应采取防冻措施。

第 180 条　搭设枕木垛的基底应平整夯实,软弱层应用片石或碎石换填;浅水地基可用片石或草袋砂土填出水面。

搭设枕木垛应选择高度一致和顺直的枕木。枕木垛底层应满铺,最上一层与桥梁中心线垂直。

枕木垛相邻两层枕木应纵横交错放置,上下对齐,用扒钉联牢,各接触面间应密实,如有下沉须用单层木板垫平垫实;个别或大量枕木腐朽时应予抽换或全部更换。

第 181 条　木质杆件裂缝可用铁线、钢箍或螺栓扣紧,严重裂缝者应予更换;对继续使用的杆件上的裂缝都要用泥子填塞。

杆件联结部分的榫头、吊杆、夹板、螺栓和铁箍要经常拧紧并涂油,接触处离缝可用木楔或木垫板塞紧,个别弯曲、裂纹或损伤的铁件要及时修理或更换。

第八节　防护设备及调节河流建筑物

第 182 条　为了保证洪水和流冰的正常通过必须消除桥涵附近河道的淤土杂物;并防止漂浮物、流木、流冰、泥石流柱塞涵洞、桥孔和撞击墩台。

对有泥石流的桥涵可在上游修建拦沙坝、拦石栅、跌水坝或加陡桥涵下游河道的坡度等方法进行整治。

对河床有冲刷的桥涵,应根据实际情况采取河床加固、减缓流速等措施进行处理。

有流冰的河流,在墩台(特别是木墩台)前,应设有破冰和其他防冰措施。

第183条 遇有下列情况时,应修建或加固防护设备和调节建筑物,也可根据具体情况,对河道作适当的截弯取直。

1. 水流威胁桥台、桥头路基或掏刷桥头路基坡脚;

2. 河道变迁,流向不顺,造成集中冲刷,影响墩台的稳定;

3. 防护设备或调节河流建筑物的位置不当,数量不够,强度不足,可能造成冲毁或损坏者。

第184条 桥涵防护设备(如护锥、翼墙、护基、护底等)必须经常保持完好状态,不能有倾斜、滑动、下沉及冲空等现象存在。护锥和翼墙的基础深度要满足防冲刷的要求。护锥及涵洞上边破的防护高度至少高出最高水位 0.25 m。干砌片石护锥须设碎石或卵石垫层。

不没水的调节建筑物的顶面,须高出最高水位至少 0.25 m,迎水面全部铺砌,基脚和头部应加厚铺砌。

丁坝群的位置、方向、坝距和坝长应符合导治线的要求。

第九节 隧 道

第185条 隧道、明洞应经常保持完好状态。发现裂纹、变形,应设测标,测量衬砌横断面,必要时应进行加固改善。对无衬砌地段如实质风化、堕落,应有计划地进行喷浆或补做衬砌。洞内线路如经常变化应检查洞底,必要时增设或加固仰拱。洞口仰坡应经常检查,发现病害,及时处理,防止塌方落石。

第186条 隧道内必须保持干燥。发现漏水时,应查清工程地质和水文地质情况,进行分析,采用"截、堵、排"等办法进行内外综合整治。

对于隧道防水应做到下列几点:

1. 洞顶地面应整平,并做好流水坡,堵塞裂缝,防止积水和渗水;

2. 洞顶渗水严重时,可覆盖一层黏土;渗水较小时,可在渗水范围喷

撒水泥砂浆;

3. 覆盖土不厚的洞顶,可挖开填土重做防水层;

4. 疏通和增设洞内排水孔,接上泄水管,引水向下至侧沟。

洞内可设双侧排水沟,并有足够的断面和纵坡。及时清理淤积物。

隧道内结冰时,须及时刨除。在寒冷地区,洞内排水沟应有防寒措施。

第 187 条 蒸汽或内燃机车牵引地段,隧道内应保持良好的通风。通风井的衔接须圆顺,外口应有防护设施。长大隧道(单线:蒸汽牵引隧道长≥1.5 km,内燃牵引隧道长≥2.5 km。双线:蒸汽牵引隧道长≥3.0 km,内燃牵引隧道长≥4.0 km)和通过渣罐车、矿粉车等的隧道,应定期进行空气化验,测定有害气体浓度。

下列隧道应设置机械通风设备或适当增加通风井:

1. 有害气体浓度,在列车驶出隧道后 15 min,一氧化碳大于 30 mg/m³;氮氧化合物(以 N_2O_5 计)大于 5 mg/m³;丙烯醛大于 0.7 mg/m³;

2. 虽未大于上述容许浓度,但行车密度较大;

3. 瓦斯隧道;

4. 通行热车(热锭、焦炭、钢铁渣罐车等)。

通风机械必须保持良好。如有损坏或效果不良时,应及时修理或更换。

第 188 条 隧道内及洞口外各 100 m 的线路须铺设坚硬碎石道床,其厚度不小于 250 mm,并须防止地下水侵害。

第十节 栈　桥

第 189 条 原料、燃料、材料装卸桥(以下简称栈桥),其轨距、水平在日常养护中的容许误差,按《冶金企业铁路技术管理规程》第 52 条、第 53 条中其他线路的规定办理。

第 190 条 无砟、无枕梁或钢枕与钢轨联结的螺栓作用必须良好,不容许连续缺少或失效。

螺栓埋置深度不少于 200 mm。

第 191 条 根据《冶金企业铁路技术管理规程》第 49 条的规定,栈桥的梁、墩台及基础有损伤(包括烧、砸、撞等损伤)时,应根据伤损程度进行分析,必要时进行验算,不能满足现行活载要求时,应予加固或更换。

第**192**条 栈桥应有足够的安全设备,包括走行台、梯子、安全笾子等。安全设备应经常保持完好状态。

第十一节 附 属 设 备

第**193**条 明桥面应按表29设置防火水桶或砂箱。有枕木垛的桥梁,须按具体情况增设水桶或砂箱。防火水桶冬季应换装砂子。重要的桥梁,视实际情况再配备化学灭火器、水枪、抽水机等防火用具。

表29 明桥面防火水桶和砂箱的设置

类别	桥长(m)	水桶或砂箱安设位置
钢桥	30～60 以内	桥头设置一个
	60～120 以内	桥头各设置一个
	120 以上	除桥两头各设置一个外,并每隔60 m交错设置一个
木桥	15～30 以内	桥头设置一个
	30～60 以内	桥两头各设置一个
	60 及以上	除桥两头各设置一个外,并每隔约30 m交错设置一个

注:水桶容量一般为0.15～0.2 m³并备提水桶;砂箱容量约0.1 m³并备砂铲或将砂装袋存放。

第**194**条 为便于涵洞、护锥、桥下及隧道顶部维修,应在路堤和路堑边坡上设置简单台阶。

墩台高度在3 m以上时,其顶部周围应设置栏杆。桥面至墩台顶应设置梯子。

钢梁、圬工梁拱应根据结构形式和需要,分别安装,吊篮和检查板、滚动检查小车、栏杆和梯子。重要和长大桥梁、应设置专门检查设备。

隧道、明洞,应备有拆装方便的检查设备。

凡桥隧长度在60 m及以上者,一般每隔约30 m交错设置避车台或避车洞(涂成白色)一处。隧道全长超过300 m,应每隔约150 m交错设置大避车洞(涂成白色)一处。

第**195**条 重要的和全长在100 m以上的桥梁,300 m以上的隧道,应设置电力照明设备,并安装电话和音响信号。

第**196**条 较大的钢梁桥,应在桥头设置固定动力站,并在桥上安装风管、水管、电力动力线设备。

第 197 条　厂内外其他部门，需要通过桥隧安装高压电线、电缆、各种管路等必须经过运输部许可。在任何情况下，上项设备的安装，必须确保安全，并不得侵入限界及妨碍桥梁的检查和修理工作。

厂内外单位需要通过路基增设涵管等设备，须经运输部门许可，并按有关规范进行设计。

第十二节　防洪、防寒

第 198 条　对大、中桥的墩台冲刷、河床变化、流速、流量等，均应认真做好河床断面、水位、流速、流量、洪水通过情况的观察，其他涵桥如有必要，亦须进行同样的工作。一般桥涵须观测常水位及最高水位。寒冷地区应做好结冰、流冰的观测工作。

水标尺设在桥涵上游，应稳固垂直，或用油漆画在墩台侧面的上游及涵洞的进口处。水标尺应与水准基点标高相联系。

第 199 条　洪水季节前，应对桥涵本身、防护设备和调节河流建筑物进行认真的检查。根据历史资料、气象及水情预报和实地检查的结果，编制桥涵防洪措施。

洪水期间，要密切注意洪水通过桥涵的情况，发生险情应立即采取有效措施，进行抢险。

第 200 条　严寒地区为防止涵洞内发生冻害，冬季应当用挡雪板挡住小孔径涵洞的洞口。对基底在冻结线以上和翼墙后为渗水不良土壤而有冻害的涵洞、墩台、翼墙等应尽快整治。在未彻底整治前须采取培土、培草、挂帘、临时抬高水位、填平冲刷坑等防护措施。

在春融期间，除设置破冰凌外，应视冰清采取凿冰沟，破冰引凌的措施。

第十章　维　修　管　理

第一节　维　修　组　织

第 201 条　在运输部领导下，由工务段负责组织桥隧维修工作，并按维修长度折算成桥隧换算米，来设置工区和配备检修人员。各种建筑物换算成钢梁桥的换算系数见表 30。

第 202 条 凡桥隧建筑物换算长度在 500 m 以上者,一般应设置桥隧维修工区;换算长度为 5 000 m 以上者,应设置领工区或桥隧工段;换算长度在 500 m 以下者,可在养路工区内设置桥隧工班。

全长在 500 m 以上的钢桥或全长在 1 500 m 以上的桥隧,可单独设立一个桥隧工区。

表 30　各种建筑物换算系数

序号	种　类	单　位	规　格	换算系数(m)
1	钢梁桥	m	—	1.00
2	圬工桥	m	—	0.30
3	临时桥	m	—	1.50
4	隧道	m	全长<1 500	0.40
5	隧道	m	全长≥1 500	0.50
	涵洞	轴向米	孔径≥1.0	0.20
6	涵洞	轴向米	孔径<1.0	0.25
	栈桥	m	无砟无枕	0.50
7	栈桥	m	明桥面	0.75
	明渠	轴向米	—	0.20
8	挡土墙	m³	石砌	0.025
	挡土墙	m³	混凝土	0.02
9	圬工水沟	延长米	—	0.02
10	圬工护坡	m²	—	0.02
11	调节建筑物	m³	—	0.025

注:1. 维修长度指建筑物的全长;单线桥等于全长(两台尾之间的距离),多线桥等于各线桥全长之和,单孔涵渠等于轴线长,多孔涵渠等于各孔轴线长之和。隧道不论单线或多线均等于全长。挡土墙和护坡等的体积数量都包括基础;

　　2. 混合桥按类分别计算,公路、铁路两用桥的公路桥部分比照栈桥换算长计算;

　　3. 凡栈桥维修,均不包括梁及以下部分。

第 203 条 工务段应把计划维修同紧急补修、整治病害、季节性工作及设备改造等紧密结合起来,合理调配劳力和使用材料、机具,做到桥隧设备经常良好。

桥隧工区的基本任务是经常保持桥隧建筑物的完好状态，保证机车车辆按规定的速度安全、不间断地运行，并最大限度地延长建筑物的使用寿命。

第二节　检　查

第 204 条　桥隧建筑物的检查分为：经常监视，经常检查，春秋季大检查和特别检查四种。

1. 经常监视：由巡守工（或临时指派的巡守工）或巡道工（没有设巡守工的建筑物）担任，经常不断地检查每座建筑物的状态，及时发现和处理一切危及行车安全的病害，并向桥隧工长报告。

2. 经常检查：桥隧工长每月对管内建筑物全面检查一次，检查结果记入登记簿内。

3. 春秋季大检查，春汛前或雨季前和秋季洪水以后，工务段长组织技术人员、工长和其他有关人员，对管内桥隧建筑物全面细致地检查。大桥和长度大于 500 m 的隧道以及重要的或病害严重的建筑物，段长要亲自检查。

4. 特别检查，由运输部根据需要临时组织。

第 205 条　钢结构应重点检查：杆件排水、油漆和弯曲、裂纹、损伤的情况，联结处的铆钉、螺栓、焊缝是否裂纹、松动和开焊，钢梁平面及纵断面的位置和挠度、下承梁的限界、结合梁的联接部位是否良好。

第 206 条　对圬工梁拱及墩台应重点检查：钢筋混凝土梁及预应力钢筋混凝土梁顺主筋方向的水平裂纹，缝宽超过 0.3 mm 的垂直裂纹及斜裂纹的变化和发展。并绘制裂纹展示图。

悬臂梁应注意观测锚梁和集梁在动荷载作用下的技术状态，并检查受拉部位有无裂纹。

连续梁和钢架桥应特别注意墩台有无不均匀下沉、支座及铰接的状态。

无砟无枕预应力钢筋混凝土梁，因横向刚度较小，摆动较大及因混凝土徐变，可能影响桥上线路的平衡，应加强观察。

拱桥则应检查系杆和吊杆因受拉力而产生的裂纹。

第 207 条　支座应重点检查：支座下有无不平、不实、吊空、存水及冒浆现象，捣垫砂浆有无破碎或下沉，锚栓有无锈死、拔起或折断，活动端支座有无锈死、压凹,辊轴有无失灵、爬行和歪斜,轴承座是否紧托梁部,轴承座、底板和辊轴(或摇轴)间有无缝隙。

第 208 条 临时桥要重点检查:轨束梁有无串动,卡箍、螺栓、铁件等有无松动、脱落和弯曲,枕木垛或排架有无串动、下沉及冻害。

第 209 条 隧道要着重检查:衬砌有无剥落、风化、裂纹和离缝,衬砌背后有无空隙,是否漏水、渗水,通风设备是否良好,避车洞是否完整。

第 210 条 特别检查包括:桥梁载重等级的检定,用仪器检查杆件受力情况,桥址河床勘测,基础钻探等。

第三节 维 修 计 划

第 211 条 编制维修计划,首先要安排足够的紧急补修工时(一般为标准定员的 30% 左右),以便对超过容许限度和危及行车安全的处所及时进行整修,确保行车安全。

第 212 条 桥隧建筑物的计划维修周期。

1. 所有桥隧建筑物,每年应进行一次综合性维修,内容根据具体情况确定;

2. 桥面维修,一般地区、一般线路每年一次,Ⅰ级线路一年两次;

3. 钢梁及墩台顶面清扫,每季度进行一次。

第 213 条 工务段应在年度前根据桥隧状态和维修周期,结合具体情况制定好下年度维修计划。计划应详细列出项目、工作数量,按季节初步安排进度。

工区根据工务段的年度计划和季度计划,编制月份计划。

工务段应将计划完成情况及时进行统计分析。

第 214 条 桥隧建筑物的计划维修工作项目主要包括:

1. 桥面作业:整平桥上线路,调整接头和轨缝,桥枕、护木、步行板、人行道栏杆和木桥杆件的部分更换以及防腐、灌缝、镶补和捆扎,桥面、人行道和木枕上各种螺栓和铁件的防锈涂油、修理、补充和更换;

2. 支座的修理、整平和正位,活动部分涂油,锚栓的补充和更换,小跨度梁支座的更换;

3. 钢结构局部除锈涂漆(包括上盖板),填腻缝隙,修理积水处所,更换铆钉及联系的个别杆件,杆件裂纹、损伤和弯曲的就地修理,结构不

良的小型改造以及增设防爬角钢;

4. 圬工建筑物表面的勾缝、抹面、小量喷浆和压浆,疏通排水,局部翻修和加固,支座垫石的整治,梁拱防水层的局部修理,整治小跨度圬工梁的移动,增设或更换挡砟墙等;

5. 防护设备及调节建筑物的局部修理;

6. 防火用具、检查设备、护轨、支座防尘罩、水位标和桥隧标志的修理、更换和增设(检查设备的更换和增设,指零小项目);

7. 桥隧建筑物发生病害危及行车安全的临时性加固和处理;

8. 桥隧建筑物各部分的清扫,桥涵上下游 30 m 范围内的河床小量清理,隧道排水沟(管)的清理、疏通机洞内危石处理;

9. 防洪、防汛和防寒工作;

10. 其他工作。

第四节 技术管理

第 215 条 工务段应有桥隧建筑物汇总表,汇总表内列有类型、座数、长度等项目。

汇总表每年按 12 月末的状态修正一次。

第 216 条 工务段应建立大桥、中桥、隧道的技术履历书。技术履历书分静态和动态两部分,静态部分记载建筑物的基本资料和主要特征,动态部分记载技术状态的变化。动态部分应每年修正一次。

第 217 条 工务段和工区应建立桥隧建筑物检查登记簿。大桥、中桥和隧道每座一本。其他建筑物分类型各建立一本。登记簿记载各部分检查机观测的结果。登记簿应由工长填写。

第五节 质量检查及状态评定

第 218 条 桥隧建筑物维修质量,按表 31 规定进行检查评定。每个工序完成后,工区应进行自检。月末由质量验收员定。

按当月计划数量,进行全面检查评定。

质量评定按不良分数计算。当月所有工作项目的不良分数合计在 100 分以内为优良,100~299 分为合格,300 分及以上为不合格。

质量不合格的应返修,返修达到标准评为合格,但分数不变。

桥隧建筑物大修、维修验收标准及超限评分标准。

表31　桥隧建筑物大修、维修验收标准及超限评分标准

分类	项　目	验收标准	超限评分标准		附　录
			计分单位	加分	
桥上线路	1. 轨距	①误差不超过$\pm_{2}^{6}$ mm	$+5_{-2}^{+6}$ mm 每处	20	
			超过$\pm_{2}^{6}$ mm 每处	300	
		②变化率不大于2‰	每超限一处	10	
	2. 水平	①误差不超过4 mm	超过5 mm 每处	20	
			超过6 mm 每处	300	
		②在延长18 m 的距离内无超过4 mm 的三角坑	每超限一处	20	
			超过8 mm 每处	300	
	3. 方向	①直线:用10 m 弦量误差不超过4 mm	每超限一处	10	
		②曲线:正矢误差符合第37条的规定	每超限一处	10	
		③曲线头尾无反弯或"鹅头"	每超限一处	10	
	4. 高低	用10 m 弦量误差不超过4 mm	每超限一处	10	
	5. 吊板	上下吊板(悬空在2 mm 及以上)不超过5%	每超限一处	5	
	6. 钢轨及接头	①无重伤	每有一根	300	
		②无轻伤	每有一根	100	
		③轨面及内侧错牙不超过2 mm	每超限一处	10	
		④相对式接头误差不超过60 mm	每超限一处	20	
		⑤相错式接头相错不小于3 m	每超限一处	20	
		⑥大轨缝按第27条规定不超过10%	每超限一处	10	
		⑦不应设接头的处所,轨缝未挤严或未焊接	每有一根	20	
		⑧无连续三个以上的瞎缝	每超过一处	10	

70

分类	项目	验收标准	超限评分标准		附录
			计分单位	加分	
桥上线路	7. 连接零件	①夹板无损伤	每有一块	100	
		②螺栓松动、未涂油、缺垫圈不超过5%	每超过一个	3	
		③浮离2 mm以上的道钉不超过10%	每超过一个	1	
		④铁垫板无伤损,无歪斜	每有一块	3	
桥面	1. 安装及整修护轨	①与基本轨间距离和轨顶高差符合明桥面布置图的规定	不符时每处	50	
		②轨底悬空大于5 mm处所不超过5%	每超过一处	5	
		③梭头各部联结牢固,尖端悬空小于5 mm	不符时每个	10	
	2. 修理桥枕及护木	①腐朽或垫板切入深度超过3 mm处所漏修不超过5%	每超过一处	3	
		②镶板联结牢固	不符时每处	3	
		③顶面2 mm以上裂缝漏灌或缝口凹陷深度超过3 mm处所不超过5%	每超过一处	3	
	3. 更换桥枕	①树心向下,槽口大小不超过3 mm	不符时每根	5	
		②与钢梁联结系间的空隙不小于3 mm	不符时每处	20	
	4. 更换护木、步行板、栏杆及人行道	联结牢固,梁端断开,铺设顺直	不符时每孔	50	铆钉和油漆质量按钢结构及油漆的验收标准进行
	5. 安装及修理各种螺栓	①螺栓及垫圈符合标准	不符时每个	5	
		②松动不超过2%	每超过一个	5	
涂漆	1. 除锈	①旧漆、铁锈等清除彻底	不符时每平方米	10	
		②钢料表面无伤损	不符时每处	100	

分类	项目	验收标准	超限评分标准		附录
			计分单位	加分	
涂漆	2.涂漆	①层数、厚度符合规定	不符时每孔	300	
		②无漏涂、斑点、脱皮及鼓泡。漆膜均匀,清洁	不符时每平方米	10	
		③涂面漆时,旧漆表面打磨彻底	不符时每平方米	10	
		④腻缝无开裂,无漏腻	不符时每处	10	
钢结构	1.加固	部位及尺寸符合设计	不符合时每处	300	
	2.铆合	符合第143条规定	不符时每个	20	
	3.焊接	符合第141条规定	不符时每处	50	
	4.更换及拨正钢梁	中心线与设计位置偏差小于15 mm	不符时每孔	100	
	5.钢梁支点高差	更换钢梁后,每端两支点的高差小于2 mm,每片主梁两端支点的高差小于5 mm	不符时每孔	50	
支座	1.修理或更换支座	①锚栓:无松动,无缺少,安装符合第152条规定	不符时每个	20	
		②支座:位置正确,偏差小于3 mm,各部分相互密贴,活动部分灵活	不符时每个	50	
		③无翻浆	每有一处	50	
	2.支座垫砂浆	①捣固密实	不良时每处	50	
		②与座板间缝隙宽小于0.5 mm,深度小于30 mm	不符时每处	50	
圬工梁拱及墩台	1.勾缝抹面	①勾缝:压实。断道,空响处所不超过5%	每超过1 m	20	
		②抹面:平顺。裂纹、空响面积不超过2%	每超过1 m²	20	
	2.压浆喷浆	①裂纹和空隙内灰浆注满	不良时每处	20	验收时提出压浆记录
		②与原圬工联结牢固,厚薄均匀。裂纹、空响、脱落面积不超过2%	每超过1 m²	20	

72

分类	项 目	验收标准	超限评分标准		附 录
			计分单位	加分	
圬工梁拱及墩台	3. 灌注混凝土及钢筋混凝土	①配合比,水灰比及各部分尺寸符合要求	不符合每项	300	重要项目应有施工记录;试块强度及钢筋组配、弯曲尺寸符合设计要求;主筋和非主筋的位置误差分别不大于±5 mm 及±10 mm
		②分层灌注,捣固密实,施工接缝牢固,保护层厚度符合要求	不符合每项	300	
		③无裂缝,无蜂窝	每有一处	20	
	4. 浆砌料石块石	①砌体尺寸、砂浆标号符合要求;石质洁净,无风化、裂纹	不符时每项	100	
		②新旧圬工联结牢固	不符时每处	50	
		③分层砌筑,丁顺相间,砂浆饱满;垂直错缝;块石不小于100 mm。如超限每10 m² 不超过3处	不符时每处	10	
	5. 修理防水层	无漏水及渗水	不符时每平方米	10	新设防水层符合设计要求
	6. 更换及拨正圬工梁拱	中心线与设计位置偏差小于20 mm	不符时每孔	100	
	7. 灌注梁拱	①高度、宽度、长度及跨度误差不超过20 mm	不符时每孔	300	
		②同一端两块支座板地面高差不超过2 mm	不符时每个	50	
	8. 灌注墩台	①基础平面误差不大于±50 mm	不符时每个	100	
		②墩台顶面标高误差不大于±10 mm,支承垫石标高误差在0~4 mm 内	不符时每个	100	
		③墩台全高范围内前后、左右距中心线之误差不大于±20 mm	不符时每个	300	
		④顶面排水坡不小于3‰	不符时每处	20	
临时性桥	1. 杆件修理及更换	①榫头、键、槽口等各部联结紧密	不良时每个	50	其他木料修理参照桥面标准
		②联结零件无松动裂损	不良时每个	20	
		③防腐浆膏涂刷均匀、裹缠层紧密	不良时每处	10	

分类	项目	验收标准	超限评分标准		附 录
			计分单位	加分	
临时性桥	2. 排架组合	①各桩接头不在同一平面上,联结牢固	不良时每个	20	
		②单排架顶端前后倾斜不大于 1/4;倾斜小于 1/150	不符时每个排架	100	
		③排架间纵向联结牢固	不良时每个	50	
	3. 轨束梁整修	①每组轨束梁的钢轨间及轨束间联结牢固	不良时每组	300	
		②枕木、轨束及支撑面支垫平稳	不良时每处	100	
防护设备及调节河流建筑物	1. 浆砌及干砌片石	①砌体尺寸、砂浆标号符合要求,石质无风化、裂纹	不良时每项	50	
		②基底夯整密实。干砌垫层厚度不小于 100 mm,铺设均匀	不良时每项	50	
		③表面平顺,凸凹不超过 ±50 mm,咬接紧密	不符时每处	10	用 2 m 弦测量
		④浆砌:片石洁净砂浆饱满。面层缝宽大于 40,小于 20 mm 处所每平方米不超过 5 处	不符时每处	5	
		⑤干砌:垫层稳固	不良时每处	50	
	2. 铁线石笼	断面、长度、标高、构造符合设计要求	不符时每项	100	
涵渠	1. 更换	①孔径、标高、位置及各部分尺寸与设计基本相符	不符时每项	300	圬工质量、防水层参照有关项目标准,基础应有施工检查记录
		②基础无沉陷变形	不良时每座	100	
		③沉降缝压实抹平,无漏水	不良时每处	50	
	2. 修理加固	①节缝无漏水	不良时每处	50	圬工部分修理加固参照圬工梁拱墩台标准
		②清除淤积,排水畅通	每座	100	
隧道	1. 整治漏水	整治后无成线滴水	不良时每处	50	圬工质量、防水层参照有关项目标准,应有施工检查记录

续上表

| 分类 | 项 目 | 验收标准 | 超限评分标准 | | 附 录 |
			计分单位	加分	
隧道	2. 加固更换衬砌	限界及各部分尺寸与设计相符	不符时每处	300	圬工质量、防水层参照有关项目标准
	3. 增设及清理排水沟	①水沟位置、断面、坡度符合设计要求	不符时每项	100	
		②排水畅通	不良时每处	50	
栈桥	无砟无枕桥面	①各部联结螺栓和扣件齐全，无失效	不良时每个	5	有枕桥面的钢枕、木枕均按本标准桥面项目规定执行
		②桥上线路无爬行，防爬设备齐全，无失效	不良时每个	5	
附属设备	1. 安全检查设备	安全牢固	不良时每处	300	参照桥面木质部分及钢结构、圬工部分有关标准
	2. 照明设备	完整、良好	不良时每座	100	

第六节 桥隧巡守

第219条 凡长大、重要或病害严重的桥隧建筑物,应设桥隧巡守工。巡守工要提高警惕,护好桥、养好桥。

第220条 巡守工应按工务段的规定,巡回检查桥隧建筑物的各个部分、河道及两端线路的状态;监视机车车辆通过建筑物的情况。经常观测水位、洪水、流冰、漂流物通过桥孔的情况,并将发现的病害、处理结果及观测资料记入交接记录簿(或巡守记录簿)内。

第221条 巡守工发现危及行车安全的处所(如钢轨或夹板折断、梁部裂纹、护锥滑动、基础冲空、路基沉陷、桥面变化等)应立即采取确保行车安全的措施,并立即报告车站值班员和工长。

第222条 巡守工应做好下列保养工作。

1. 保持桥隧清洁,清除积水、冰雪、煤烟、污垢、尘土及清理排水沟(管)等;

2. 保养各种螺栓,打紧道钉和防爬器;

3. 添换防火用的砂水;

4. 保养标志;

5. 整修外观。

第 223 条 实行连续巡守的桥隧,巡守工要互通情报,执行交接班制度。保养计划由工长会同巡守工编制。

第十一章 大 修 管 理

第一节 大 修 范 围

第 224 条 桥隧建筑物大修,包括工作量较大的修理和加固,部分更新以及设备改善等工程,分为周期性大修和不定期大修。

周期性大修:钢梁涂漆 4~6 年;桥枕更换 10~15 年。

其他为不定期大修。

第 225 条 桥隧建筑物大修主要包括以下项目。

1. **桥梁大修**(座/千元):

(1)整孔更换桥面(孔/m),包括整孔更换桥枕、护木、步行板和上盖板涂漆;

(2)更换人行道(孔/m),包括整孔更换托架、栏杆、避车台及防火设备,更换时可变更材料及式样;

(3)整修钢轨涂漆(孔/t);

(4)修理或加固钢梁(孔/t,以被修理或被加固的数量计),包括修理损伤杆件,提高载重等级,改善并控限界,更换大量铆钉和更换支座等;

(5)拨正钢梁(孔/t);

(6)更换个别钢梁(孔/t);

(7)更换或增设圬工梁拱防水层(孔/m²);

(8)修理或加固圬工梁拱(孔/m³,以修理或增设的数量计),包括大量压注灰浆,表层动力压浆和增设衬拱等;

(9)更换个别圬工梁(孔/m³),更换时可变更材料和式样;

(10)修理或加固墩台及基础(个/m³,以修理或增设的数量计),包括加高、凿低或包箍墩台,后台更换土壤,动力压注灰浆,表层动力喷浆及加固基础等;

(11)更换个别墩台(个/m³),包括更换单孔桥的两个台,更换时可适

76

当扩大孔径或净空,可变更材料及式样;

(12)加固或增设护锥、护基及护底(处/m³,以增加数量计);

(13)修理、加固或增设调节河流建筑物(处/m³),包括加高、接长或增设中小桥护坡或导流设备,以及清理中小桥河道。

2.涵渠大修(座/千元):

(1)修理、加固涵洞或明渠(座/轴长米,以增加或修理数量计),包括更换或修理防水层,明渠加盖板,拱涵加衬拱,接长涵渠等;

(2)增设、更换涵洞或明渠(座/轴长米),更换时可变更材料、式样、孔径和位置。

3.隧道大修(座/千元):

(1)修理、加固或部分更换衬砌(座/m),包括动力压注灰浆,表面喷浆,局部改善净空限界和增设避车洞等;

(2)成段修理或增设洞内及洞顶排水设备(座/m);

(3)增设、修理或更换隧道内照明或通风设备(座/m);

(4)增设护坡(处/m³),包括增设天沟,浆砌水沟或水沟加盖板等;

4.其他大型建筑物修理、加固或改建等(座/m³)。

第二节 计划、设计与施工

第226条 年度大修计划应结合秋季大检查进行编制。由运输部主管单位组织有关人员、深入现场调查,根据建筑物的状态,共同确定项目及内容,报上级审批。

第227条 大修设计是指导大修施工的重要依据,应根据批准的项目进行。在设计中应采用新技术和先进的施工方法,提高检修设备质量。

设计文件内容如下。

1.设计图纸;

2.工程说明书,一般应说明:大修设备地点及名称,原有状态,大修内容,施工质量要求,竣工后的设备改善情况,采用的新技术,安全措施及其他有关事项等;

3.预算。

第228条 大修工程施工,应以批准的设计文件为依据。开工前,施工单位应编制施工方案,其主要内容如下。

1. 工程量；

2. 施工技术条件和技术标准；

3. 按照工序，编制施工进度；

4. 劳动组织，机具使用和施工方法；

5. 保证质量和安全的制度和措施；

第 229 条 施工现场应本着节约的精神，建立材料和机具的领发、使用、保管及检查制度，竣工时旧料要回收入库，做到工完料净场地清。

第三节　质量检查验收

第 230 条 大修施工除按设计文件要求外，使用的材料、施工方法和工程质量要符合有关施工技术规范的规定。较复杂的工程应进行技术交底和经常的技术指导。主要结构所用材料和构件要进行检验。

第 231 条 大修施工过程中，要始终贯彻质量自检制度，特别对隐蔽工程，如钢梁除锈，铺设防水层，绑扎钢筋，支立模板及开挖基础等都要经过检查合格后，方可进行下道工序的施工。

第 232 条 工程验收时施工单位必须提出下列竣工资料。

1. 质量自检记录；

2. 隐蔽工程检查记录；

3. 材料和构件检验记录；

4. 竣工平剖面图；

5. 工程数量表；

6. 其他有关资料等。

第 233 条 桥隧大修工程，除应符合设计文件和有关施工技术规范规定外，并按第十章第五节规定的验收标准进行验收。不采取评分办法，所有项目，一次检查达到标准的为"优良"，部分项目超过限度，经整修复检达到标准的为"合格"。

第四编 安　全

第十二章　行车安全

在施工中要正确处理施工与运输、安全与生产的辩证关系,保证行车安全。

第一节　施工组织领导

第 234 条　进行线路施工时,应根据工作繁简和影响行车程度,由领工员、工长担任施工现场领导人;必要时由工务段领导临时指定。

第 235 条　凡设置停车信号防护的施工,施工领导人应指派业务熟悉的人担任防护员,并做好下列工作。

1. 施工前,要落实施工计划和安全措施,合理安排人力,备齐防护信号和机具材料,办好封锁、慢行手续,确认设好防护后才能开工;

2. 施工中要随时掌握好进度和质量,及时消除不安全因素;

3. 施工完毕,要认真组织检查,确认线路状态达到放行列车条件,材料和机具不侵入限界后,才能撤除防护开通线路。

第 236 条　对进行有碍线路、桥涵、通信、信号等设备正常使用的施工,施工领导人必须事先联系,有关单位应积极协作配合。

第 237 条　未办验收的线路,由施工单位负责巡查养护。

第二节　放行列车条件

第 238 条　施工地段临时放行列车时,应根据情况限速并达到下列最低要求。

1. 线路(含道岔)几何尺寸达到铁路技术要求。

2. 轨枕盒内及轨枕头部道砟不少于 1/3。

3. 枕底道砟串实、捣固良好。

4. 铁水运输轨枕不允许有失效;其他线路每隔 6 根可空 1 根。

5. 道钉或扣件

(1)钢轨接头两根轨枕和桥枕上道钉、扣件齐全；

(2)半径小于或等于800 m的曲线地段,铁水运输线路扣件不允许有失效;其他线路混凝土轨枕可每隔1根拧紧3根,木枕可每隔1根钉紧6根；

(3)半径大于800 m的曲线及直线地段,铁水运输扣件不允许有失效;其他线路混凝土轨枕可每隔1根拧紧1根,木枕可每隔1根钉紧1根。

6. 接头螺栓:每个接头至少拧紧4个螺栓(每端2个)。

7. 钩螺栓:每隔3根桥枕拧紧1根。

8. 起道(含垫砟)顺坡率不小于200倍。

9. 冻害垫板平台两端的顺坡率不小于200倍。

10. 材料机具等不得侵入限界。

11. 特殊情况及故障处理后放行列车条件和限速数值由工务段现场负责人决定。

第239条 施工地段放行列车或机车车辆时,应根据情况限速并达到下列最低要求。

1. 轨枕盒内道砟不低于轨枕底；

2. 捣固或串实轨枕下的道砟；

3. 起道部分做好顺坡,顺坡长度不短于起道高度的200倍；

4. 冻害平台两端的顺坡长度,不短于冻起高度的200倍；

5. 接头螺栓不少于两个；

6. 钉道、直线上每隔两根枕木钉一根,曲线上每隔一根枕木钉一根(钢轨内外侧各钉一个道钉)。

第240条 施工封锁前,允许每隔四根轨枕挖开一根轨枕底的道砟至计划深度,但必须保持两侧轨枕底下的道砟不松动。

第241条 进行线路作业时,应遵守下列要求。

1. 改道、整治冻害、更换或增铺铁垫板时,直线允许一处连续起下7个枕木头上的道钉,曲线允许一处连续起下5个枕木头上的道钉。来车钉不齐道钉时,直线允许连续3个、曲线允许连续2个枕木头不钉(整治冻害垫起高度超过30 mm时,则按第239条第6项办理)；

2. 更换轨枕,来车时穿不全,准许每隔四根轨枕有一根未穿;

3. 混凝土轨枕螺栓比照道钉办理。

第 242 条 在自动闭塞、电气化区段内施工时,工作人员应熟悉贵轨道电路。机具设备应有绝缘措施。作业时,不应搭接钢轨、轨距杆等,防止导电。

第 243 条 在电气化线路上施工,工务、电务段必须互相配合。

1. 每年进行一侧接触网各部分与线路相互位置的测量与校核工作;

2. 线路拨道、年度累计拨道量不得大于 120 mm;

3. 作业,单股起高不得超过 30 mm。

第 244 条 调整轨缝时,直线与曲线里股轨缝不得超过 50 mm,超过时应在轨缝中插入短轨头,并穿上螺栓。曲线外股轨缝不得超过 30 mm。天气炎热起道时,应事先检查、调整好轨缝,防止跑道。

第 245 条 垫砂起道抬高轨面不得超过 60 mm,一次垫砂不得超过 20 mm。

第 246 条 在明桥面上施工,放行列车或机车车辆时应达到下列最低要求。

1. 不减速通过施工地段,每根桥枕上每根钢轨至少钉 2 个道钉,钢轨接头上紧 4 个螺栓(每端 2 个),每隔一根桥枕上安装一对钩螺栓和每股护轨钉 2 个道钉,起道顺坡不大于 3‰;

2. 减速通过施工地段,每隔一根桥枕上每股钢轨钉 2 个道钉,钢轨接头上紧 4 个螺栓(每端 2 个),每隔 2 根桥枕上安装一对钩螺栓,起道顺坡不大于 5‰;

3. 桥枕状态良好,桥枕移动后,其中心间距一般不应超过 550 mm,个别情况下也不得超过 600 mm,必要时衡量上可增设临时支承,但钢轨接头处桥枕净距不得超过 210 mm。每根桥枕上均应上齐钩螺栓,钉齐道钉。

第三节　防护条件

第 247 条 下列工作必须按规定提前办理封锁手续,设置停车信号防护;开通时,根据具体情况限速和设置减速信号牌防护。

1. 成段更换钢轨；

2. 成段更换(清筛)轨枕底下的道砟；

3. 成段更换混凝土轨枕；

4. 成组更换道岔或岔枕；

5. 起道高度超过 100 mm 或一次使用冻害垫板总厚度超过 40 mm；

6. 一次拨道量超过 100 mm；

7. 改建工程接点。

第 248 条　下列工作应经车站值班员或调度员承认利用行车间隔时间施工,设置停车信号防护,开通时不限速。

1. 单根或一次连续更换钢轨不超过 50 m；

2. 拆开接头,成段整正轨缝；

3. 同时拆开两个及以上接头的夹板；

4. 更换尖轨、辙叉等道岔主要部件；

5. 在线路上焊接钢轨；

6. 清理有碍行车的危石；

7. 使用不能撤下线路的重型线路机械。

第 249 条　下列工作必须和车站值班员联系,掌握行车情况,利用行车间隔施工,工地用红旗防护,开通时不限速。

1. 个别更换接头夹板；

2. 使用弯轨器整直钢轨；

3. 使用轨缝调整器而不拆开接头整正轨缝；

4. 在视线不良地段使用起道机起道；

5. 使用能撤下线路的线路机械。

第 250 条　下列桥隧作业应办理封锁手续,设置停车信号防护,开通时限速 15 km/h。

1. 架设或拆除轨束梁；

2. 更换或整正整平支座或更换支承垫石；

3. 更换钢梁、圬工梁或钢梁主要杆件；

4. 抬高或降低桥梁；

5. 更换桥上基本轨；

6. 整孔更换桥枕。

第 251 条 下列桥隧作业应办理封锁手续设置停车信号防护,开通时不限速:

1. 桥上焊接钢轨或挤严轨缝;

2. 起动钢轨,单根抽换桥枕;

3. 更换钢梁的联结杆件;

4. 刨除隧道内侵限的冰块;

5. 拆除或安装侵限的脚手架;

6. 搬运重大物件过桥;

7. 隧道内使用移动脚手架(不包括使用轻便梯子)。

第四节 防护办法

第 252 条 在区间线路上施工,使用移动停车信号的防护,单线按图 6、复线中一线施工按图 7、复线两线同时施工按图 8、施工地段在站外距进站信号机小于 400 m 时按图 9 办理。

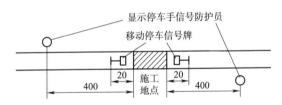

图 6 单线区间施工设置停车信号(单位:m)

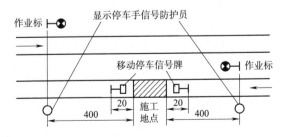

图 7 复线区间一线施工设置停车信号(单位:m)

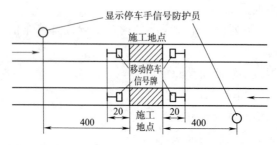

图 8 复线区间两线同时施工设置停车信号(单位:m)

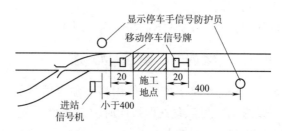

图 9 距进站信号机小于 400 m 时设置停车信号(单位:m)

第 253 条 在站内进行有碍行车的施工,应将通向施工地点的道岔,置于使机车车辆不能通往该地点的位置,并加以锁闭或钉固。如不能做到此点,则应按下列办法防护。

1. 在站内线路上施工,应在施工地段两端各 50 m 处,设置停车信号防护。如施工地段距离该线路与道岔衔接的接头不足 50 m 时,则在衔接接头处设置停车信号防护;

2. 在进站道岔地点及进站道岔至进站信号机间线路上施工,除在施工地点设置停车信号防护外,尚应利用关闭进站信号机防护;

3. 在站内其他道岔上施工,应在施工地点设置停车信号防护。

第 254 条 慢行地段应设置减速信号:单线区间按图 10 设置减速信号;站内正线或正线道岔两端进站信号机处、站线在与道岔衔接处,均用黄色减速信号牌防护;其他道岔在道岔中部的路肩上,用两面黄色的减速信号牌防护。区间复线中,一线或两线同时施工时,均应在施工地点两端各 200 m,列车正方向运行的左侧路肩上,设置减速信号牌防护。

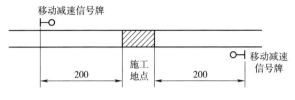

图 10　单线区间设置减速信号(单位:m)

第 255 条　在区间线路上进行一般施工作业无专人瞭望时,应在两端各 200～400 m 处设置作业标防护。

第 256 条　施工现场的移动信号牌亦可由施工领导人指派防护人员用手信号代替。

施工防护员应根据施工领导人的信号设置或撤出防护信号。联络信号规定如下:

设置停车信号防护为展开的红旗作圆形转动;

撤除停车信号防护为卷起的红旗或黄旗在头上左右摇动。

第 257 条　进行下列不影响桥隧建筑物完整的工作时,可设置作业标防护。

1. 起下道钉连续不超过 3 根枕木,瞭望条件好时连续不超过 5 根枕木;

2. 抬高钢轨在垫板下垫木垫板(须先打好保险楔后方准撤除或加垫垫板);

3. 拆除护木(当护木螺栓与钩螺栓合用时,如无安全措施,按拆除钩螺栓办理);

4. 在不抬高钢轨,脚手架及抽换机具不侵限的情况下,进行单根抽换桥枕及桥面维修;

5. 在脚手架不侵限的情况下,进行涂漆、抹灰和铆合等作业;

6. 在隧道内进行不影响行车安全的其他工作。

第 258 条　开挖护锥或墩台基础,加固或改建钢梁、圬工梁拱及墩台,更换或修理防水层、隧道衬砌等,拆除便线便桥和其他较复杂的工程施工,其防护办法和机车车辆通过施工地段的速度,均应在施工组织设计中规定,如无施工组织设计时,施工领导人可根据具体情况确定。

第五节　专用车辆的使用

第 259 条　使用轻型车辆(指线路平车及随乘人员能撤出线路的机动车)时,应遵守下列规定。

1. 抬上线路前,须取得车站值班员(调度员)的承认。在区间不按列车办理,利用列车间隔运行;

2. 有使用负责人和足够的随车人员,备有防护信号(在区间应备有电话机等);

3. 有制动装置,在降雾、暴风雨雪天气及进出站时,应设置减速;线路平车在坡道上运行若无制动装置时,应有防止跑道的安全措施;

4. 通过道岔,应由扳道员扳道。无扳道员时,应由熟练的人员扳道,通过后恢复原位;

5. 两台线路平车在同一条线路运行时,必须保持 30～50 m 的距离。

在区间使用各种下车(指轨道检查、钢轨探伤及单轨小车)时,负责人应了解列车情况,列车到达前撤除线路以外。

第 260 条　使用轻型车辆及各种小车时,应按下列规定防护。

1. 运行中均应显示停车信号,并注意瞭望(在复线地段遇有邻线来车,应暂停显示);

2. 在区间使用的线路平车、装载较重的单轨车、在瞭望条件不良区段内使用的各种小车,应派防护员在车辆前后各 200 m 处显示停车手信号,随车移动防护。瞭望条件困难区段,应增设中间防护员。

第 261 条　轻型车辆及各种小车应存放在固定地点并加锁。使用时应事先检查,确认性能良好时,方可使用。

第六节　材料装卸及堆放

第 262 条　各种车辆装载材料、工具应稳固,不得偏载、超载和超出限界。装载危险物品时,应有可靠的安全措施。

区间装卸材料时,应配足人力、工具等,每辆车指定专人负责,负责人应向装卸、调车人员交代装卸计划。钢轨、轨枕等笨重材料,禁止边走边卸。

摘机装卸时,应拧紧车辆手闸并将手轮掩住,卸完后,关好车门,及时清道。

第 263 条 使用卸砟车应遵守下列规定。

1. 卸砟车应事先检查,确认良好状态;

2. 除卸砟时间外,车底门应关闭好;

3. 如用机车牵引卸砟时,不得突然停车,卸车人员要适时开关底门,不使道砟成堆和造成车辆偏载。

第 264 条 靠近线路堆放材料、机具等,不得侵入建筑接近限界。线路用料如道砟、片石等可按图 11 堆放。

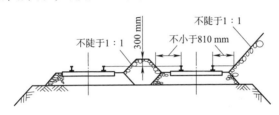

图 11 靠近线路堆放材料限界

第 265 条 钢轨组在线路上放置时,每个接头要上紧两个螺栓,钢轨组两端各钉两道道钉,中间适当钉固,两相邻长轨组的轨端应错开,尺寸规定见图 12。

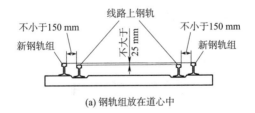

(a) 钢轨组放在道心中

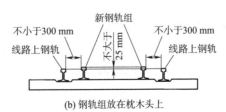

(b) 钢轨组放在枕木头上

图 12 线路上放置钢轨组

第十三章　人身安全

第一节　一般要求

第266条　各单位应经常对职工进行安全教育,组织学习有关安全操作技术。作业时,应按规定使用劳动保护用品。

第267条　机具设备要经常检修,保持完好。动力机械必须由考试合格并经领导批准的人员操纵。

第268条　储藏易燃、有毒、爆炸等危险物品,必须有专人妥善保管,存放时应与住房、烟火、水源隔离,并备有消防设施。搬运装卸和使用时,防止起火、爆炸、中毒。

第269条　在酷暑、严寒季节,应采取措施,防止中暑和冻伤。六级以上的大风天气,禁止在3 m以上的高空作业。

第270条　在厂房内、高炉下作业,应注意防止天车吊件及其他物品落下打伤、烧伤。双层作业应有安全措施。

第271条　接近易燃、易爆处所工作时,禁止吸烟或带引火种,防止起火。在明电处所工作时,应采取有效防护措施,防止触电。

第272条　在电动、联动道岔上作业时,要防止手脚被尖轨挤伤。

第273条　在道口上作业时,除注意机车、车辆外,还应设专人对公路进行防护。

第274条　夜间工作,应设置足够照明。

第二节　避　　车

第275条　在线路上行走、作业和桥上巡查,必须熟悉管内设备情况及信号显示方式,注意瞭望,来车时及时下道。

1. 在复线区间行走时,应面向来车方向。通过桥隧时应先确认两端无车。在区间作业时,应在列车距离300 m以外(在站内及厂区线路上作业时为100 m以外),及时下道,下道后应距近处钢轨2 m以外,面向来车方向,并注意车上洒落货物、绳索、活动车门等,以免碰伤;

2. 如遇热熔货车通过时,应距近处钢轨4 m以外,以防烧伤。多线地区要注意邻线来车;

3. 在调车繁忙和驼峰线路、道岔群、长大桥隧、视听作业不良处所及使用机械作业时,应设专人瞭望;

4. 禁止钻车、扒车、跳车或由车底下递送料具。

第 276 条 横越线路时,应先确认两端无车,不得脚踩钢轨和道岔拉杆,以防滑倒。从停止的车辆两端通过线路时,应至少离开 5 m。

第 277 条 休息时应到安全的地方,禁止在线路上和停留的车辆下坐卧。

第三节 材料装卸及搬运

第 278 条 列车运行时,负责人应确认有关人员已上车坐稳,方准通知开车。卸车人员在列车未停稳前,不得打开车门及做其他影响安全的准备工作,开车门时,车上人员应离开车门附近,车下人员不能站在车门下面。

第 279 条 搬运及装卸重物时,应尽量使用机具。吊车作业时,应指定专人负责指挥。人力操作时,要统一指挥,行动一致。

第 280 条 使用线路平车运料时,车上不准坐人,推车人应注意脚下障碍物,以防跌倒摔伤。

第 281 条 使用单轨车运料时应遵守下列规定:

1. 各种单轨车不准坐人;

2. 单轨吊车运轨时,外侧推车人员应距吊运的钢轨 0.2 m 以外,防止钢轨脱落压脚;

3. 单轨车运料时,要注意装牢,外侧不准有人,以免翻车砸人。

第 282 条 轨道车及拖车的随车人员应坐稳扶牢,不准坐在堆放较高的物件上,车未停稳时禁止上下。

第 283 条 搬运材料。

1. 扛枕木时,要前轻后重,用手把住,注意脚下障碍物,搭肩和扛运者要密切配合。确认放枕处无人时方可放下。扛运油枕时,还要做好防护,防止沥青中毒;

2. 抬运混凝土轨枕时,应行动一致,防止扭倒摔伤;

3. 搬运钢轨时,要配足人力,行动一致;

4. 从线路平车上卸钢轨时,可用粗绳由两端往下拉,行动要一致,卸

下地点不得有障碍物,防止崩起伤人;

5. 用撬棍翻动钢轨,须由熟练人员操作,撬棍对面不准有人;

6. 抬钢轨,要先检查好夹子和绳子是否良好,同组抬轨人高矮要调整好,抬轨时动作一致,注意脚下障碍物。

第四节 线 路 作 业

第 284 条 起道机应由有经验的人员换作,起道时对面不准有人,要安放牢固,抬压一致,防止反力伤人。

第 285 条 捣固。

1. 二人不得在同一个轨枕空的道心同时扒砟;

2. 前后捣固人员至少要相隔三根轨枕,转镐须在举镐时进行并保持正直;移动时要行动一致,防止碰上左右人员;

3. 捣固时应先用镐尖将枕底道砟串实,以防石砟飞起伤人;

4. 清除轨枕吊板尘土时,禁止把手伸入轨底。

第 286 条 拨道。

拨道时撬棍要插牢,与地面的角度为 $40°\sim60°$,不准骑撬棍拨道。行走时,撬棍应顺着线路,不准肩扛,前后人员要互相照护。

第 287 条 改道与钉道。

1. 禁止在钢轨上直钉,以免崩起伤人;

2. 用撬棍起钉时,禁止脚踩、腹压或用其他物品敲打。后手应错过钢轨面。外侧起钉时要防止障碍物碰手;

3. 用起钉器起钉时,头部应偏向两侧,用道钉穿钉时,必须用撬棍爪夹住;

4. 两股钢轨同时起里股道钉时,至少要相隔两根轨枕;

5. 打钉时,将钉栽牢后再重打,同时作业时,至少相隔五根轨枕;

6. 压撬棍时,禁止坐撬棍,顺轨压撬棍时,头部要与打钉人错开。

第 288 条 更换轨枕。

1. 使用枕木钳要夹住,不要用力过猛,防止闪倒;

2. 使用木槌方正枕木时,应注意不要碰伤左右人员。

第 289 条 更换钢轨和联结零件。

1. 安设各种垫板时,禁止用手在轨底下清除轨枕上的尘土,用撬棍

撬轨时防止滑撬,放下时要应答招呼,以防压手;

2. 上夹板时,禁止将手伸入接缝和螺栓孔内,以防钢轨错动挤伤手指;

3. 曲线上卸螺栓和夹板时,要站在曲线内侧,以免崩伤;

4. 铲、刹锈死的夹板螺栓或钢轨飞边时,打锤与把刹人要错开,不得对面作业,以防铁屑伤人;

5. 拆卸钢轨前要注意检查轨缝,以免崩伤。

第 290 条　防爬作业。

1. 打紧、松动防爬器时,要注意瞭望,防止打伤附近作业人员;

2. 起、安防爬支撑时,两人不得同时在一组范围内进行作业。

第 291 条　使用工具。

1. 工作前,应对使用的工具进行检查,不良者禁止使用;

2. 抬钢轨的夹子应用绳索栓,不准用铁丝拴;

3. 起道机的大小千斤顶磨损严重时,禁止使用;

4. 镐把、锤把须结实光滑,安装牢固;

5. 使用垛子时,须戴防护面罩,垛子头部有裂纹和飞刺时禁止使用;

6. 撬棍长度不足 1.5 m 时禁止使用。

第 292 条　使用电动机具。

1. 要有专人使用与保养,要熟悉机具的性能及安全操作规程;

2. 接电人员必须掌握一般应用电工知识,并具备必要的安全保护用品;

3. 休息时应关闭电门,不得将电动机触地,雨天停止露天作业;

4. 工作休息时应切断电源。

第 293 条　土石方作业。

1. 挖土作业应从上而下,禁止掏洞,以免塌方;

2. 在高坡作业时要时刻注意土石滚动;

3. 填土打夯时,要动作一致,同起同落;

4. 利用铁钎和铁楔开挖冻土或岩石时,应用钳子将其夹住,防止伤人;

5. 休息时,不得坐在容易滑落的边坡和掉废物的地方;

6. 禁止上下同时施工;

7. 在靠近建筑物挖掘路基时,应视开挖深度做好安全防护,如发现地下设施(电缆、管道等),及时报告。

第 294 条 巡道工作。

1. 巡道人员应时刻注意来往车辆,勤回头,发现来车立即下道,在视听条件不良处所和在暴风、雨、雪、雾等天气,更应注意;

2. 巡查时,不得用衣帽等遮住两耳,以利听觉;

3. 做小补修工作时,要掌握列车的运行情况。

第 295 条 其他作业。

1. 锯轨时,脚不准伸入轨下,防止断轨压脚;

2. 枕木削平时,两腿应叉开,注意脚下和相邻人员,禁止两人对面作业。

第 296 条 硫黄锚固。

1. 融化硫黄应选择距易燃物较远的安全地点,以防引起火灾;

2. 融化硫黄人员要站在上风头,防止中毒;

3. 融化硫黄时,要防止溢出烫伤。

第五节 桥 隧 作 业

第 297 条 在电气化铁路上作业时,人员、工具距离接触网不得少于 1.0 m;如因作业需要不足 1.0 时,须先通知电务部门停电。雷雨天气,工作人员必须离开接触网的立柱、接地网等带电设备。

第 298 条 多人在一起作业时,相互间应保持一定的距离,双层作业时,必须有隔离措施。

第 299 条 在离地 3 m 以上的高空或陡坡作业时,必须戴安全帽、系安全带或安全绳。

对于安全带和安全绳,每次使用前,使用者必须详细检查,每半年由工长全部鉴定一次,签订方法:

静荷试验:用静荷载 300 kg 拉 5 min;

冲击试验:用 80 kg 重物由 3 m 高处自由坠落悬空。

第 300 条 桥面作业。

1. 起道机应由有经验的人使用,抬起钢轨后,手脚不得伸入轨底或枕底。

2. 打、起道钉时,防止撬棍滑动和飞钉伤人。无人行道的桥上,禁止用普通撬棍起钢轨外侧道钉,严禁在钢轨上直钉。

3. 拧螺栓时,扳手不得向外使劲,以防扳手滑脱摔倒。

4. 在桥上作业,不得穿带钉和易于滑溜的鞋;桥面及人行道上不得有露尖的铁钉。

5. 上盖板作业时,两脚不得插入枕木空里。

第 301 条 钢梁作业。

1. 来车时,应立即躲避,不得露头张望;

2. 喷砂除锈时,喷砂嘴不准对人和车、不准带风带砂修理喷砂设备或更换零件;

3. 更换铆钉时,避免在同一垂直面中上下两层同时作业;递送铆钉时,应先规定接送地点及方法;铆钉枪不准在脚手架上试打。

第 302 条 圬工作业。

1. 打锤人不准戴手套,并防止锤击工具碰伤附近人员;

2. 拌和混凝土或砂浆人员应穿胶靴;

3. 搬砌石料人员应戴手闷子。

第 303 条 开挖基坑或刷坡时,禁止掏底挖;边坡应视土质而定,必要时应设支撑。靠基坑边缘 1 m 以内不得堆放料具及弃土。

第 304 条 深水作业应有救生设备。下水前应先观测水深及流速,水下工作时间不宜太长。水害抢险时,要检查工地有无冲空、塌陷和其他异状,及时采取安全防护措施。冰上作业应在冰层有足够厚度的时期进行。破冰作业应由专门的安全措施。

第 305 条 打桩架各部及脚手架必须连接牢固,并用缆风绳拉紧(缆绳最少不得少于 5 根)。移动桩架时,头和手不得伸入桩锤导向架内。打桩作业要有专人指挥。

用串心锤打桩时,工作人员不得站在桩架上,绳子不得缠在手上,桩锤升起高度严禁过钎子头。钎子必须正直,以免打锤时将钎子带出槽口砸伤人。

用动力绞车打桩时,制动机构必须灵活准确。打桩时,禁止跨越钢丝绳。

用蒸汽锤打桩时,应注意锅炉的气压表及水位标,严禁过压和缺水。

管路中,防止漏气及软管爆破伤人。

打桩人员应戴安全帽具、其余人员不得逗留在桩架附近。

第 306 条　脚手架必须搭设牢固(立杆应插入土内,不得用拧过的或锈蚀的铁线绑扎),脚手板要伸出杆外,要有专人负责经常检修。

脚手架所用的材料必须坚韧耐用,立杆有效部分的小头直径:木杆不得小于 70 mm,竹杆不得小于 80 mm;横杆有效部分的小头直径:木杆不得小于 80 mm,竹杆不得小于 90 mm。脚手板的厚度不得小于 50 mm,铺设坡度不得陡于 1:3,陡坡部分应加钉防滑木条,两端必须固定在横杆上。脚手架间距不应大于 1.5 mm(经检算许可者除外)。

脚手架上的荷载不得超过 270 kg/m²。

第 307 条　隧道检修作业。

1. 多人作业时,负责人应事先分配好避车位置,来车时,有秩序地进入避车洞;

2. 两端应设专人防护,必要时可增加中间防护员;来车时,迅速将料具移出限界,进行避车;

3. 在长大隧道内作业时,应备有防护面毒和急救药品;在光线或通风不良的隧道内作业时,应有足够个数的照明和通风设施;

4. 在隧道内处理松动衬砌、危石及翻修砌衬时,必须有防止塌方的措施。

第 308 条　在栈桥上作业时,应先检查安全设备是否完好,并选择好避车地点。工作人员应佩戴好防尘帽和防尘眼镜,并携带抢救用的安全绳。

第六节　桥隧机具使用

第 309 条　露出机体的传动部分应有防护罩。在线桥旁设置的动力机械,应在靠近线路一侧设置安全栅栏。

机械发生故障停车时,应立即切断电源、风路;修理时,应在停车后进行。

动力机械必须由考试合格和领导批准的人员操作。

第 310 条　对一般工具的要求。

1. 锤击和冲击工具,应以一块整钢制造,表面不应有缺口、裂纹和凹陷,并淬火适当。

2. 大锤、手锤、道钉锤、钎子及冲子等锤击工具劈裂、毛刺及堆边,应在使用前除去,锤击面及锤柄不应沾染油脂。

3. 扳手的扳口尺寸应与螺帽尺寸相符,不得在扳口内加垫垫片使用;扳口磨损或扳手扭曲,应及时修理,但不应进行焊补。

4. 砂轮、钢丝刷、圆锯要有安全罩,头部的固定螺栓要拧紧。

第 311 条 使用风动工具。

1. 工具柄上的活门要严密,关闭时不得漏气;活门应操纵灵活,易于开启和关闭。

2. 风动工具应由保安套(环),保证工具头连接牢固。试风或放出残余冷风时,工具头必须向下;过冲或打击栓销时,两侧应联系好,防止冲头伤人。

3. 有压容器必须经过水压试验合格后才能使用;每隔三年试验一次,试验压力不得低于最高工作压力的 1.5 倍;压力表和安全阀每隔单个月试验一次,安全阀应保证有压容器具有 1.5 倍的安全系数。

第 312 条 使用电气设备和电动工具。

1. 必须绝缘良好,并有接地或接零措施。

2. 所有插销、开关和电缆线,应经常保持良好,不漏电。一切电器开关,均应设在加锁的保安箱内,并有专人负责。

3. 利用移动变压器临时变压时,应按电源电压强度使用绝缘工具和劳动保护用品;挂线时,人员和携带的导电物不能进入电力危险区内;雨天应停止作业。

第 313 条 各种起重工具,应按其规定荷载使用,使用前应详细检查有无伤损及磨耗。

使用千斤顶时,底座应平整、坚实,顶面与较滑物接触时,应加木垫防止滑动。如两台同时使用,应使每台受力均匀。

第 314 条 抽换枕木的机具,结构上应充分保证安全,并经过计算或试验合格后,方准使用。

第 315 条 电焊作业应有接地装置,工作前应检查设备及电线。

乙炔发生器和氧气瓶与工作地点,三者相互间隔应不少于 10 m。如因条件限制,应有隔离措施。

乙炔发生器必须有防止回火和爆炸的安全装置,禁止在浮筒及筒盖上加重物。乙炔发生器和安全阀冻结时,应用热水解冻,严禁火烤。发生回火时,应立即关闭气阀。

附录1　铁路道岔号数系列

准轨铁路道岔号数系列(TB/T 3171—2007)

道岔号数		6	7	9	12	18	24
辙叉角度		$9°27'44''$	$8°07'48''$	$6°20'25''$	$4°45'49''$	$3°10'47''$	$2°23'09''$
道岔类型	单开道岔	用	用	用	用	用	用
	对称道岔	用	不用	用	不用	不用	不用
	三开道岔	不用	用	用	用	不用	不用
	交叉渡线	用	用	用	用	不用	不用
	复式交分道岔	不用	用	用	用	不用	不用

附录2　道床横断面图

道床横断面图

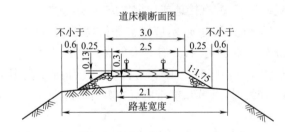

附图2-1　木枕(Ⅰ级线普通土路基直线单线单层)(单位:m)

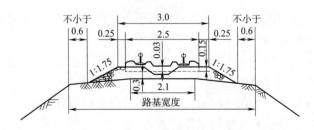

附图2-2　混凝土(Ⅰ级线普通土路基直线单线单层)(单位:m)

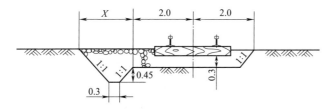

附图 2-3　暗道床(I 级线普通土路基木枕单线)(单位:m)

附录3　轨枕间距计算公式

$$a=\frac{L-c-2b}{n-3}$$

式中　L——每节钢轨长度(包括一个轨缝);

　　　b——a 与 c 之间的过渡间距;

　　　n——每节钢枕下的轨枕根数;

　　　c——接头轨枕间距,其值根据螺栓孔位置,轨枕配置根数及夹板类型而定。

一般应　　　　　　　　$a>b>c$

如采用　$b=\dfrac{a+c}{2}$,则 $a=\dfrac{L-2c}{n-2}$

将计算所得的 a 值,采用整数,再根据 a 及 c,求出 b 值。

$$b=\frac{L-c-(n-3)a}{2}$$

附录4　钢轨磨耗计算及测量方法

1. 总磨耗=垂直磨耗+$\dfrac{侧面磨耗}{2}$

2. 垂直磨耗等于钢轨标准高度减去钢轨实际高度。

实际高度一般在钢轨中心处测量;偏磨地段在轨顶宽 1/4 处测量。

3. 侧面磨耗等于轨头标准宽度减去轨头实际宽度。

实际宽度一般在钢轨踏面(以标准断面为准)下 10 mm 左右处测量。

如果钢轨曾调边,两侧均有磨耗,应为两侧磨耗量之和;如果钢轨有肥边,应减去肥边的宽度计算侧面磨耗量。

附录5 防爬设备安装方法示意图

穿销式防爬器一般安装方法如下:

一、线路(钢轨长为12.5 m,碎石道床,每千米轨枕为1 760根)

1. 两方向运量大致相同时为2/2

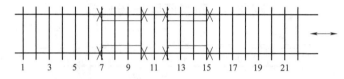

2. 两方向运量显著不同时为3/1

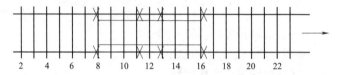

3. 两方向运量显著不同的制动地段,制动与重车方向相同为4/1

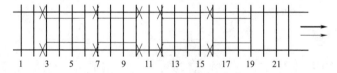

4. 两方向运量显著不同的制动地段,制动与轻车方向相同为4/2

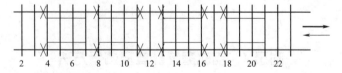

二、道岔(43 kg/m 1/7)

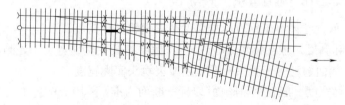

注:1. x为防爬器;—为防爬支撑;——为运量方向;——为制动方向。

2. 当钢轨长为 25 m 时,可按上述标准增加一倍,非标准长时可参照安装。

3. 当轨枕根数不同时,以集中安装在钢轨中部为原则,接头处 1~2 根不安装,不要时可减少支撑根数。

附录6　曲线轨距加宽递减示意图

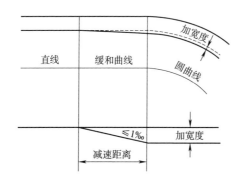

附图 6-1　有缓和曲线时轨距加宽递减

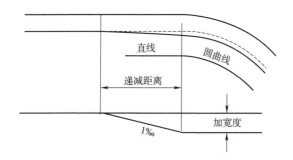

附图 6-2　无缓和曲线时轨距加宽递减

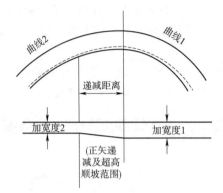

附图 6-3 复心曲线轨距加宽递减

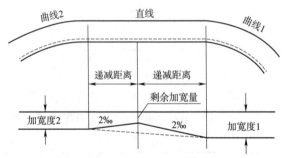

附图 6-4 相邻曲线间的轨距加宽递减

附录7 曲线外轨超高度表（按最高速度）

计算公式：
$$h = \frac{7.6 v_{最高}^2}{R}$$

式中 h——外轨超高度（mm）；

R ——曲线半径（m）；

$v_{最高}$——该曲线的最高行车速度（km/h）。

单位：mm

最高速度(km/h) 曲线半径(m)	10	15	20	25	30	35	40	45	50	55	60
50	15	35	60	—	—	—	—	—	—	—	—
60	10	30	50	80	—	—	—	—	—	—	—

最高速度(km/h) 曲线半径(m)	10	15	20	25	30	35	40	45	50	55	60
70	10	25	45	70	100	—	—	—	—	—	—
80	10	20	40	60	85	115	—	—	—	—	—
90	10	20	35	55	75	105	—	—	—	—	—
100	10	15	30	50	70	95	120	—	—	—	—
110	5	15	30	45	60	85	110	—	—	—	—
120	5	15	25	40	55	80	100	125	—	—	—
130	5	15	25	35	55	70	95	120	—	—	—
150	5	10	20	30	45	80	105	125	—	—	—
160	5	10	20	30	45	60	75	95	120	—	—
180	5	10	15	25	40	50	70	85	105	125	—
200	5	10	15	25	35	45	60	75	95	115	—
250	5	5	10	20	25	35	50	60	75	90	110
300	—	5	10	15	25	30	40	50	65	75	90
350	—	5	10	15	20	35	45	55	65	80
400	—	5	10	10	15	25	30	40	50	55	70
450	—	5	5	10	15	20	25	35	40	50	60
500	—	—	—	10	15	20	25	30	40	45	55
600	—	—	—	5	10	15	20	25	30	40	45
700	—	—	—	5	10	15	15	20	25	30	40
800	—	—	—	5	10	10	15	20	25	30	35
900	—	—	—	5	10	10	15	15	20	25	30
1 000	—	—	—	5	5	10	10	15	20	25	25

附录8　曲线外轨超高度表(按平均速度)

计算公式：

$$h = \frac{11.8 v_均^2}{R}$$

式中　h——外轨超高度(mm)；

　　　R——曲线半径(m)；

　　　$v_均$——该曲线的平均行车速度(km/h)。

平均速度（km/h） 曲线半径（m）	10	15	20	25	30	35	40	45	50	55	60
50	25	55	95	—	—	—	—	—	—	—	—
60	20	45	80	125	—	—	—	—	—	—	—
70	15	40	65	105	—	—	—	—	—	—	—
80	15	35	60	90	125	—	—	—	—	—	—
90	15	30	50	80	120	—	—	—	—	—	—
100	10	25	45	75	105	—	—	—	—	—	—
110	10	25	40	65	95	125	—	—	—	—	—
120	10	20	40	60	90	120	—	—	—	—	—
130	10	20	35	55	80	110	125	—	—	—	—
150	5	15	30	50	70	95	125	—	—	—	—
160	5	15	30	45	65	90	120	—	—	—	—
180	5	15	25	40	60	80	105	125	—	—	—
200	5	15	25	35	55	70	95	120	125	—	—
250	5	10	20	30	40	55	75	95	120	125	—
300	5	10	15	25	35	50	65	80	100	120	125
350	5	5	15	20	30	40	55	70	85	100	120
400	—	5	10	20	25	35	45	60	75	90	105
450	—	5	10	15	25	30	40	55	65	80	95
500	—	5	10	15	20	30	35	45	60	70	85
600	—	5	5	10	15	25	30	40	50	60	70
700	—	5	5	10	15	20	25	35	40	50	60
800	—	5	5	10	15	20	25	30	35	45	55
900	—	—	5	10	10	15	20	25	30	40	45
1 000	—	—	5	5	10	15	20	25	30	35	40

附录9 曲线外轨超高顺坡示意图

曲线外轨超高顺坡示意图

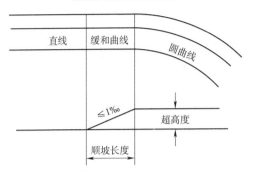

附图 9-1 有缓和曲线时超高顺坡

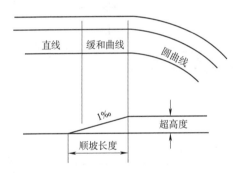

附图 9-2 缓和曲线长度不足时超高顺坡

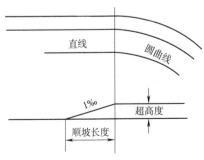

附图 9-3 无缓和曲线时超高顺坡

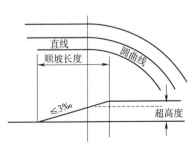

附图 9-4 直线长度不足时超高顺坡

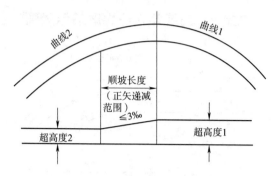

附图 9-5　复心曲线超高顺坡

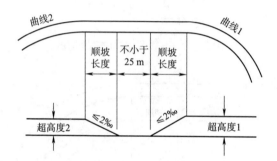

附图 9-6　同向曲线超高顺坡(一)

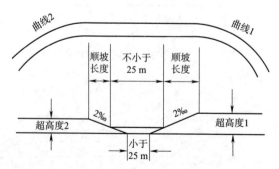

附图 9-7　同向曲线超高顺坡(二)

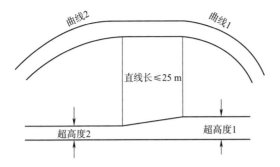

附图 9-8 同向曲线超高顺坡(三)

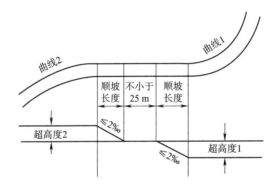

附图 9-9 反向曲线超高顺坡(一)

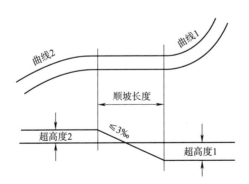

附图 9-10 反向曲线超高顺坡(二)

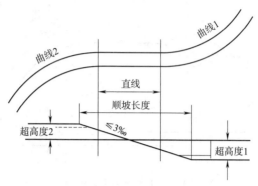

附图 9-11　反向曲线超高顺坡（三）

附录 10　曲线正矢表

计算公式：
$$f = \frac{L^2}{8R} \times 1\,000$$

式中　f——圆曲线正矢（mm）；

　　　L——测量曲线的弦长（m）；

　　　R——曲线半径（m）。

曲线半径（m）	正矢（mm）		曲线半径（m）	正矢（mm）	
	10 m 弦	20 m 弦		10 m 弦	20 m 弦
50	250	—	240	52	208
60	208	—	260	48	192
70	179	—	280	45	179
80	156	—	300	42	169
90	139	—	320	39	156
100	125	500	340	37	147
110	114	455	360	35	139
120	104	417	380	33	132
150	83	333	400	31	125
180	69	278	420	30	119
200	63	250	440	28	114
220	57	227	460	27	109

曲线半径(m)	正矢(mm)		曲线半径(m)	正矢(mm)	
	10 m 弦	20 m 弦		10 m 弦	20 m 弦
480	26	104	600	21	83
500	25	100	650	19	77
520	24	96	700	18	71
540	23	93	800	16	63
560	22	89	900	14	56
580	22	86	1 000	12	50

附录 11　竖 曲 线 表

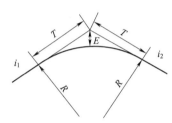

附图 11-1　竖曲线

$$T = R\frac{i_1 \pm i_2}{2} \qquad E = \frac{T^2}{2R}$$

式中　T——变坡顶点至竖曲线终点距离(m)；

　　　E——边坡顶点至竖曲线中心点距离(mm)；

　i_1 和 i_2——两个相邻的坡度(‰)；

　　　R——竖曲线半径(m)。

$i_1 + i_2$(‰)	R=3 000 m		R=5 000 m		R=10 000 m	
	T(m)	E(mm)	T(m)	E(mm)	T(m)	E(mm)
3	4.5	3	7.5	6	15	11
4	6.0	6	10.0	10	20	20
5	7.5	9	12.5	16	25	31
6	9.0	14	15	23	30	45
7	10.5	18	17.5	31	35	61
8	12.0	24	20.0	40	40	80

i_1+i_2(‰)	$R=3\,000$ m		$R=5\,000$ m		$R=10\,000$ m	
	T(m)	E(mm)	T(m)	E(mm)	T(m)	E(mm)
9	13.5	30	22.5	51	45	101
10	15.0	38	25.0	63	50	125
11	16.5	45	27.5	76	55	151
12	18.0	54	30.0	90	60	180
13	19.5	63	32.5	106	65	211
14	21.0	74	35.0	123	70	245
15	22.5	84	37.5	141	75	281

附录12 标准钢轨重量及主要尺寸

钢轨类型	长度(m)		每米重量(kg)	轨头宽(mm)	轨腰厚(mm)	轨底宽(mm)	钢轨高(mm)	螺栓孔直径(mm)	轨端~1孔中心(mm)	1孔中心~2孔中心(mm)	2孔中心~3孔中心(mm)
	标准长	标准缩短轨长									
60	12.50	12.46 12.42 12.38	60.35	73.0	17.0	152.0	176.0	31.0	76.0	140.0	140.0
	25.00	24.96 24.92 24.84									
50	12.5	12.46 12.42 12.38	51.514	70.0	15.5	132.0	152.0	31.0	66.0	150.0	140.0
	25.00	24.96 24.92 24.84									
45	12.5	12.46 12.42 12.38	45.110	67.0	14.5	126.0	145.0	29.0	76.0	140.0	140.0
	25.00	24.96 24.92 24.84									

钢轨类型	长度(m)		每米重量 (kg)	轨头宽 (mm)	轨腰厚 (mm)	轨底宽 (mm)	钢轨高 (mm)	螺栓孔直径 (mm)	轨端～1孔中心 (mm)	1孔中心～2孔中心 (mm)	2孔中心～3孔中心 (mm)
	标准长	标准缩短轨长									
43	12.5	12.46 12.42 12.38	44.653	70.0	14.5	114.0	140.0	29.0	56.0	110.0	160.0
	25.00	24.96 24.92 24.84									
33	12.5	12.46 12.42 12.38	38.733	68.0	13.0	114.0	134.0	29.0	56.0	110.0	160.0
	25.00	24.96 24.92 24.84									

附录 13　混凝土轨枕主要规格尺寸

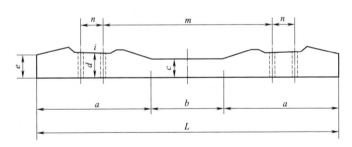

附图 13-1　混凝土轨枕主要规格尺寸

附表 13-1　五种混凝土轨枕主要规格尺寸

单位：mm

型号	轨枕长度			底 宽		轨枕厚度			承轨槽坡度	两螺栓孔中心间距离		螺栓孔直径		每根轨枕重量
	L	a	b	两端	中部	c	d	e	i	m	n	顶面	底面	(kg)
弦69 筋69	2 000	950	600	292	250	155	196	170	1：40	1 303	214	45	56	
弦65B	2 500	950	600	294.5	250	175	196	175	1：40	1 303	214	45	56	
弦II61-A	2 500	950	600	291.5	250	145	195	155	1：20	1 310	214	木栓		
弦61	2 500	950	600	291.5	250	155	197.5	155	1：40	1 303	214	木栓		

附录 14 木枕规格尺寸

1. 木枕断面图

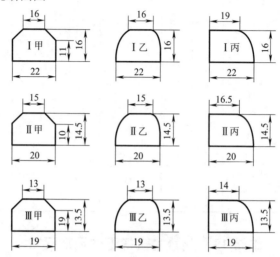

附图 14-1 木枕断面图(单位:mm)

2. 木枕规格及允许误差

附表 14-1 木枕规格及允许误差表   单位：mm

种 类		长度	厚度	面宽	底宽	侧高
普通木枕	Ⅰ类	250	16	16～22	22	11～16
	Ⅱ类	250	14.5	15～20	20	10～14.5
	Ⅲ类	250	13.5	13～19	19	9～13.5
道岔木枕		260～485 每 15 进一级	16	16	22	11～16
尺寸允许误差		±6	+1 −0.5	+以底宽为限， −0.5	+2 −1	+以枕厚为限， −3

附录 15 碎石、矿渣道砟的主要技术条件

1. 碎石道砟

碎石道砟根据颗粒大小,按适用范围,可分为下列三种：

标准道砟:20～70 mm(适用与新建、大修和维修);

110

中道砟:15～40 mm(适用于维修);

细道砟:3～20 mm(适用于垫砂起道);

碎石颗粒大于或小于上述规格,各不得超过总重量的5%。标准道砟中大于100 mm的颗粒,中道砟中大于70 mm的颗粒和细道砟中大于40 mm的颗粒应除去。碎石中小于0.1 mm的尘末,不得超过总重的1%,如在技术经济上有适当的根据时,允许采用尘末含量不大于总重的1.5%的碎石(细道砟容许不大于2%)。

碎石应该清洁,不得含有黏土块和其他杂物。

2. 矿渣道砟

(1)颗粒分级

20～70 mm(亦可用30～60 mm代替);

20～40 mm。

大于或小于所规定尺寸的颗粒均不得超过总重量的5%,20～70 mm的道砟中大于100 mm的颗粒和20～40 mm的道砟中大于70 mm的颗粒应除去。

矿渣道砟中小于0.1 mm的粉料含量不得超过总重量的1%,并应清洁,不得混入钢渣、泥块以及有机物等其他有害杂质。

(2)稳定性经试验合格。

(3)松散容重不小于1 200 kg/m³。

(4)玻璃体含量不大于10%。

(5)磨耗率不大于35%。

(6)坚固性重量损失不大于5%。

(7)在电气集中或自动闭塞的区段使用时铁块含量不大于2%。

附录16　站场股道长度计算方法

1. 站线由各股道始端道岔尖轨尖端至终端道岔尖轨尖端沿线路中心线的长度。

2. 岔线道岔尖轨尖端至车挡沿线路中心线的长度。

附录 17 巡道工检查线路病害记录

月日	时分	公里股道或道岔号	轨号	不良病害情况	处理办法	工长检查签字及修复办法额、日期	修复后巡道工签认	附注

附录18 线路计划维修验收记录

工区　　　　　　　　　　　　　　　　　　　　　年　　月　　日

检查地点					R—	c—		h—	
轨距						变化率			
水平						三角坑			
方向						反弯或"鹅头"			
高低						空吊板			

钢轨及接头					联接零件失效					防爬件失效	爬行量超限
重伤	相错	错牙	大缝	瞎缝	夹板	螺栓	道钉	垫板	轨撑	轨距杆	

轨枕			混凝土轨枕扣件失效						路基不良		道口不良	
失效	间隔偏斜	未削平	道钉	弹簧	垫圈	铁座	扣板	胶垫	排水	翻浆	铺面	槽宽

外观不良				附注	
道床	标志	杂草废物	料具		

评分		检查		记录	

附录 19 道岔计划维修验收记录

工区　　　　　　　　　　　　　　　　　　年　月　日

检查地点						道岔型号					
项目	递减终点	尖轨尖端	尖轨跟		直股中间	导曲			辙叉直股		辙叉尾股
			直	曲		前	中	后	中	尾	中 尾
轨距											
水平											

方向		尖轨跟距	支距								空吊板
1	2		0	2	4	6	8	10	12	14	终点

高低		1 391		1 348		基本轨			尖轨		
1	2	直	曲	直	曲	磨损	轨撑不密贴	相错	轧伤	不密贴	低于基轨	滑板不贴

辙叉			钢轨及接头				联接零件失效					
损坏	磨耗	磨损	错牙	大缝	瞎缝	夹板	螺栓	道钉	垫板	轨撑	轨距杆	长螺栓

岔枕			防爬件失效	爬行量超限	排水不良	外 观				
失效	间隔偏斜	未削平				道床	标志	杂草废物	料具	

评分	检查	记录

附录 20 辊轴实际纵向位移量及正常位移量的计算

一、辊轴实际纵向位移量可按附图 20-1 及下式求得：

$$\delta' = \frac{1}{2}(a_0 - a)$$

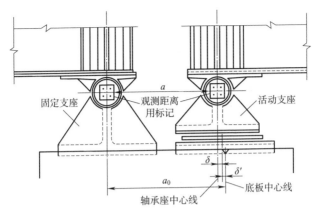

附图 20-1 支座正常偏移

削扁辊轴及摇轴也可测量其倾斜角。

辊轴两端距底板边缘实测距离不相等时,说明辊轴倾斜(或底板不正)。

二、辊轴的正常位移量可按下列公式计算:

$$\delta = \frac{1}{2}(t-t_0)al$$

式中　δ——辊轴的正常位移(mm)(+)号表示伸向跨度以外;

　　　a——钢线胀系数=0.000 011 8;

　　　l——钢梁跨度(mm);

　　　t——测量时的钢梁温度(℃),可用温度计放在钢梁下弦杆处,上用锡箔纸盖住,然后测定;

　　　t_0——设计时支座底板、轴承座和辊轴中心线一致是的温度,可用下列公式求出:

$$t_0 = \left(t_{GP} \pm \frac{\Delta K}{2\alpha t}\right)$$

　　　t_{GP}——年度中最高和最低温度的平均值;

　　　ΔK——钢梁端因活载所产生的纵向位移(mm);主梁下弦杆支承在支座上的用(+)号;上弦杆支承在支座上的用(—)号;$\frac{\Delta K}{2\alpha t}$ 的近似值板梁为 20,桁梁为 16。

冶金企业铁路工务检修规程

附录 21 桥涵圬工防水处理办法图

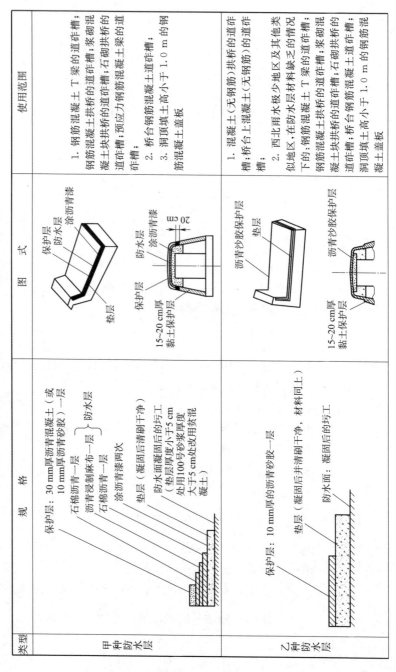

类型	规 格	图 式	使用范围
甲种防水层	保护层：30 mm厚沥青混凝土（或10 mm厚沥青砂胶）一层 石棉沥青一层 沥青浸制麻布一层 石棉沥青一层 涂沥青漆两次 防水层 垫层（凝固后清刷干净） 防水面凝固后的圬工（垫层厚度小于5 cm处用100号砂浆厚度大于5 cm处改用贫混凝土）	保护层　防水层　涂沥青漆 垫层 保护层　防水层　涂沥青漆 15~20 cm厚 黏土保护层 20 cm	1. 钢筋混凝土T梁的道砟槽；钢筋混凝土拱桥的道砟槽；浆砌拱桥的道砟槽；石砌拱桥的道砟槽；预应力钢筋混凝土T梁的道砟槽； 2. 桥台钢筋混凝土道砟槽； 3. 洞顶填土高小于1.0 m的钢筋混凝土盖板
乙种防水层	保护层：10 mm厚的沥青砂胶一层 垫层（凝固后并清刷干净，材料同上） 防水面：凝固后的圬工	沥青砂胶保护层 垫层 沥青砂胶保护层 15~20 cm厚 黏土保护层	1. 混凝土（无钢筋）拱桥的道砟槽；桥台上混凝土（无钢筋）的道砟槽； 2. 西北雨水极少地区及其他类似地区，在防水层材料缺乏的情况下的：钢筋混凝土T梁的道砟槽；钢筋混凝土拱桥的道砟槽；浆砌拱桥的道砟槽；石砌拱桥的道砟槽；桥台钢筋混凝土道砟槽；洞顶填土高小于1.0 m的钢筋混凝土盖板

116

类型	规 格	图 式	使 用 范 围
丙种防水层	不透水土壤做成15~20 cm厚通长保护层 涂沥青两次 防水面，凝固后的圬工	 15~20不透水土壤通长保护层 涂沥青两次 20 cm	钢筋混凝土的各式涵洞（圆形涵洞除外）在基础襟边以上所有被土掩埋部分仅须涂沥青两次，均不抹砂浆，外包以不透水土壤做成的15~20 cm厚通长保护层
不做防水处理	桥台被土掩埋部分之表面不应有凹入存水的缺点，石砌圬工的砂浆缝应使密实平贴，但不另作防水层处理	 不做防水层处理 背面 不做防水层处理	1. 桥台及明渠被土掩埋部分； 2. 混凝土及石砌各式涵洞（包括其端墙及翼墙）被土掩埋部分，但在襟边以上部分应用不透水土壤做成15~20 cm厚通长保护层

附注：1. 防水层施工应按《铁路桥涵防水层施工细则（草案）》及《沥青砂胶施工细则（草案）》办理；
　　　2. 西北雨水极少地区及其他类似地区系指历年年平均降雨量在200 mm以下同时历年年日平均降雨量在30 mm以下地区。

117

涵洞沉落缝及管节接缝处理办法

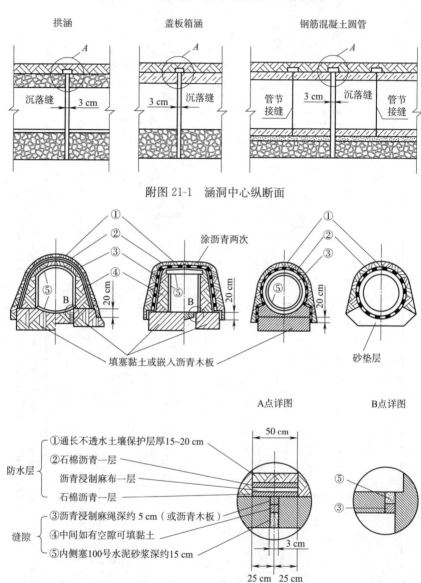

附图 21-1　涵洞中心纵断面

附图 21-2　涵洞沉落缝及无基圆管接缝断面

使用范围:

1. 拱涵、盖版箱涵,钢筋混凝土圆形水管的沉落缝。

2. 按标准设计规定的无基圆形涵管接缝,钢筋混凝土圆管接缝。

说明:

1. 钢筋混凝土圆形水管管节接缝处,不论有基或无基均不留空隙,施工时应将管节顶紧,内侧抹 100 号水泥砂浆;外侧与沉落缝相同,需铺设一层沥青麻布两层石棉沥青防水层,若为无基涵管此防水层须做成封闭式的。

2. 在西北雨水极少地区和其他类似地区,各式有基涵洞的沉落缝及无基涵洞的管节接缝,其外侧 50 cm 宽防水层在材料缺乏情况下,可免作。

3. 设在黏性土壤上的无基圆管,其管节长度与 50 cm 差不多时,其外侧防水层可做出通长的。

4. 基础部分沉落缝所用之木板可将原施工时所嵌之沥青木板留作防水之用,如施工时不用木板,也可用黏土或亚黏土填塞。

5. 当缺乏不透水的土壤时,厚 15～20 cm 的通长保护层可以免设。

附录22 环氧树脂修补巧工

附表22-1 环氧树脂补巧工的配合比及工艺

用途	材料	单位	青灰色（普通水泥）			灰色泛红（矿砟水泥）			红色（火山灰水泥）		
	被修旧混凝土颜色		树脂涂料	树脂砂浆	湿拌树脂浆	树脂涂料	树脂砂浆	湿拌树脂浆	湿拌树脂浆	湿拌树脂浆	湿拌树脂浆
胶凝	环氧树脂	g	100	100	100	100	100	100	100	100	100
稀释	磷苯二甲酸二丁脂（可用丙酮或二甲苯代替）	g	<20	<20	<20	<20	<20	<20	<20	<20	<20
硬化	乙二胺（甲苯二胺）	g	8(15)	8(15)	8(15)	8(15)	8(15)	8(15)	8(15)	8(15)	8(15)
细料填充	普通400号水泥	g	30(20)	100	400	30(20)	100	400	30(20)	100	400
	立德粉	g	10(20)	50(60)	100(120)	10(20)	50(60)	100(120)	10(20)	50(60)	100(120)
	红丹粉	g	—	—	—	0.6	2	8	1.2	4	16
粗填充料	0.5～0.7 mm 细砂	g	—	450(480)	1 200(1 250)	—	450(480)	1 200(1 250)	—	450(480)	1 200(1 250)
其他	水	g	—	—	180	—	—	180	—	—	180

说明：1. 当采用同苯二作硬化剂是，均用表中括号内数量，其余材料数量不论采用乙二苯或同苯二胺均相同；
2. 立德粉（即锌钡白，铅粉）如缺货，可用水泥代替，唯外观颜色不一；
3. 环氧树脂可采用 #634，#6101，#618，#101。

一、配合工艺：

1. 按比例先将细填充料拌和均匀。拌和时，成团的粉块应先压碎。如需掺入红丹粉时，则应先将红丹粉与少量立德粉、水泥拌和，然后继续徐徐加入立德粉、水泥拌和均匀。

2. 将砂加入拌好的细填充料中，拌和均匀。

3. 将环氧树脂与稀释剂搅拌均匀。当环境温度低于 20 ℃时，可用温水浴法（将拌和物装入器皿，置于水中加温）使树脂熔化，加热温度不超过 40 ℃。

4. 将硬化剂加入已稀释的树脂溶液中，迅速搅拌均匀。如使用间苯二胺作硬化剂时，应用温水浴法预先将间苯二胺加热熔化，但温度不得超过 65 ℃。

5. 将加好硬化剂的树脂浆倒入拌和好的粗细填料中，边拌边压成均匀的树脂涂料或砂浆。

6. 如采用湿拌砂浆时，应先将水泥、砂与水湿拌均匀。

7. 加入硬化剂后的树脂料，一般不宜加热。如气温过低影响操作或拌和时，间苯二胺产生结晶有渐出现象时，可用温水浴法稍微加热，但禁止局部加热及加热过高，以防止拌和物早期凝固。

8. 环氧树脂应在浅盘中拌和，使及时散除化学热。每次拌和树脂量，使用乙二胺时不超过 0.5 kg，使用间苯二胺时不超过 1 kg。拌和物应在半小时内用完。

二、方法选用：

1. 裂纹宽小于 0.15 mm，一般不做修补，必须进行封闭时，可涂二层树脂涂料。

2. 裂缝宽 0.15～0.3 mm 时，沿裂纹凿一条外口宽 20 mm，深约 3 mm 的"V"形槽，然后涂一层厚约 0.2 mm 的树脂涂料，再用树脂砂浆修补平整。

3. 裂纹宽大于 0.3 mm 时，沿裂纹凿一条外口宽 20 mm，内口宽 6 mm，深约 7 mm 的梯形槽，修补办法同第 2 款。

4. 圬工处理表皮剥落或大块混凝土脱落时，应凿除松散砂浆料或混凝土，涂一层厚约 0.2 mm 树脂涂料，用树脂砂浆或湿拌树脂砂浆修补平整。

附录 23　小量混凝土成分配合比参考表

各种等级的混凝土使用的水泥标号，在正常条件下，应当为混凝土标号的 1.5～2.5 倍，一般可采用附表 23-1。

附表 23-1　混凝土与水泥标号对照表

混凝土标号	110	140	170	200	250	300	350
水泥标号	300	300～400	300～400	400～500	500	500～600	500～600

灌注混凝土时，应有适当的和易性，可使用圆锥形金属标准衡器三次测定坍落度，取其平均值。各类混凝土结构适宜的坍落度见附表 23-2。

附表 23-2　各类混凝土结构适宜的坍落度比较

结构种类	坍落度（mm）	
	人工捣实	震动器捣实
无钢筋或钢筋很少的实体混凝土	40～60	5～30
普通的钢筋混凝土	60～120	30～50
有稠密钢筋，断面较小的钢筋混凝土	120～160	50～70
水中混凝土	120～200（一般为160）	

各种标号混凝土的成分配合比和水灰比要通过实验确定，但对少量的混凝土，一般可根据坍落度并按附表 23-3 配合比进行灌注。

附表 23-3　不同种类混凝土坍落度比较

混凝土种类 / 坍落度 / 混凝土等级	卵石混凝土			碎石混凝土		
	10～30	60～90	120～160	10～30	60～90	120～160
110	236	257	272	244	264	277
	1：3.44：4.93	1：3.02：4.4	1：2.8：4.2	1：3.32：4.58	1：2.95：4.16	1：2.68：3.96
140	266	290	306	273	295	312
	1：2.90：4.44	1：2.56：3.96	1：2.43：3.70	1：2.89：4.08	1：2.57：3.70	1：2.32：3.47
170	300	328	345	305	334	351
	1：2.47：3.93	1：2.17：3.50	1：2.06：3.29	1：2.53：3.64	1：2.2：3.22	1：2.08：3.04
200	330	360	380	338	367	386
	1：2.22：3.52	1：1.94：3.15	1：1.82：2.96	1：2.21：3.25	1：1.92：2.92	1：1.74：2.80

说明：1. 水下混凝土，250 级及以上的混凝土应通过实验确定；

2. 表中横线以上的数值为每立方米混凝土需要的水泥重量（kg），横线以下为水泥、砂、石子的重量比；

3. 表中比例以使用中砂及中粒石子为准，如改用细砂应酌量减砂增石，改用粗砂应酌量增砂减石；如改用细石子应酌量减石增水泥，改用粗砂子应酌量增石减少水泥。增减数量可为表列用量的 2%～5%。

附录24 混凝土强度发展速度参考表

(以温度 15 ℃,龄期 28 天的强度为 100% 计)

水泥种类	龄期	养护温度(℃)							
		1°	5°	10°	15°	20°	25°	30°	35°
普通水泥	2 日	—	—	—	25	30	35	40	45
	3 日	10	15	25	33	39	45	50	55
	5 日	20	28	38	50	55	60	65	70
	7 日	30	39	48	60	68	75	80	85
	10 日	38	49	6	72	80	85	89	92
	15 日	50	60	70	82	90	95	97	100
	28 日	65	80	90	100	105	110	—	—
火山灰质水泥或矿渣水泥	2 日	—	—	—	15	18	24	30	35
	3 日	6	8	13	21	25	32	42	50
	5 日	10	16	22	32	37	42	55	65
	7 日	16	24	30	42	46	54	67	80
	10 日	25	34	42	53	62	70	82	90
	15 日	35	45	55	70	78	85	92	100
	28 日	55	70	85	100	105	110	115	—

附录 25　桥隧建筑物汇总表

单位：　　　　　　　　　　　　年　月　日

顺序	类别	规格	主要建筑材料	座数	长度(m)	面积(m²)	体积(m³)	换算系数	换算长度(m)	附注

段长　　　　　　　　（签章）　　　　　　填表人

附录 26　桥隧巡守工交接簿

年月日	巡守时间	隧道不良里程	发现桥隧不良情况记录	工长检查签字	修复后巡守工签字	附注或抽查记载
1	2	3	4	5	6	7

附录 27　铁路桥梁技术履历表

资产编号＿＿＿＿＿＿＿＿＿＿＿＿　　　填写日期＿＿＿＿＿＿＿＿＿＿＿＿

区域、线名			建造年月			
桥名及编号			开始使用年月			
桥梁类别			有效使用年限			
设备原值			折旧率		净值	
主要技术数据						
梁或拱	式样		主梁中心线间距			
	材料		主梁高或拱顶厚			
	跨度		设计载重等级			
	孔数		梁重			
	净空		制造厂			
	孔径		支座类型			
	梁全长		油漆面积			
墩台	基础类型		材料			
	基础深度		圬工体积			
	台形式及数量		墩形式及数量			
桥面及其他	基本轨类型		人行道构造			
	护轨类型及长度		翼墙或锥体护玻			
	桥枕尺寸及数量					
	护木长度					

单位＿＿＿＿＿＿＿＿＿＿＿＿　　　　主管＿＿＿＿＿＿＿＿＿＿＿＿

附录28 ××桥(隧)检查登记簿

区域: 线名:

年月日	部位	病害名称	检查分析	处理办法	检查者签字	审查者签字	附注

附录29 涵渠检查登记簿

年月日	区域及线名	涵渠编号	病害名称	检查分析	处理办法	检查者签字	审查者签字	附注

冶金企业铁路通信维护规则

目　　录

设备维护篇

1　通　信　线　路

1.1　一般规定

1.1.1　通信线路包括光缆、电缆、明线线路及附属设施。附属设施主要包括：交线箱、终端盒以及光纤监测系统、电缆充气设备、气压监测设备等。

1.1.2　为预防自然灾害、人为施工等外界因素以及通信线路自身劣化等内部因素对通信线路的影响，应重点加强可能发生灾害区段和薄弱环节的维护工作，加强季节性检查，及时排除故障隐患，以增强抗灾和抗干扰能力。

1.1.3　通信线路附近遇有外界施工时，应及时与施工单位联系，并增加巡视次数。对危及通信线路安全的地段应派专人配合施工，并采取防护措施。极端天气和施工期间，应加强通信线路的监测工作，发现异常及时处理。

1.1.4　通信线路中严禁设置影响通信传输质量和危及人身、设备安全的非通信回线。在不影响通信质量、不危及安全的条件下接入时，必须经过全面鉴定，并履行批准手续。

1.2　设备管理

1.2.1　通信线路与其他专业的维护分界。

1.2.1.1　通信线路与其他通信专业的维护分界，以引入室内的第一连接处为分界点，并作以下规定。

（1）通信电缆及架空明线，以保安器、分线箱（盒）、总配线架的外线端子为分界点，其外线端子属于室内设备。

（2）光缆线路，以第一个尾纤活动连接器为分界点，其活动连接器属于室内设备。

（3）对于引入室内的光缆、成端电缆以及配线的日常清扫、整理和其裸露端子配线焊接、根部强度的检查等工作，均由机房维护部门负责。

1.2.2　维护部门应根据线路维护工作的需要，配备仪表、工器具和必要的通信联络器材,并建立管理制度,由专人负责管理,经常保持状态良好。

主要仪表包括:光电缆径路探测仪、光源、光功率计、光时域反射仪(OTDR)、光纤熔接机、振荡器、电平表、串音衰耗测试器、可变衰耗器、兆欧表、直流电桥、接地电阻测试仪、气压表、查漏仪、电缆故障测试仪、光纤端面显微镜、光纤识别器、有害气体探测仪等。

主要工器具包括:维修车、应急照明用具、帐篷、发电机、抽水机、上杆工具、光缆夹持台钳、假纤、纵剖工具、光纤清洁器等。

1.2.3　维护部门应具备下列技术资料。

(1)相关工程竣工资料、验收测试记录;

(2)光电缆平面示意图;

(3)光电缆径路(坐标)图、明线杆位(坐标)图、管道图;

(4)光、电缆端面图;

(5)光电缆芯线运用台账、架空明线运用台账;

(6)交接、分线箱(盒)运用台账;

(7)电缆充气设备台账;

(8)光纤监测系统示意图,运用台账;

(9)抢修及备用器材、仪表、工具的台账;

(10)定期测试记录,设备检查记录;

(11)设备仪表技术资料(含维护手册、说明书等);

(12)应急预案。

1.3　设备维护

1.3.1　维修项目与周期。

1.3.1.1　冶金铁路通信线路的维修项目与周期见表 1-1。

表 1-1　冶金铁路通信线路的维修项目与周期

类别	序号	项目与内容	周期	备　注
日常检修	1	巡视线路周围有无异状和外界影响,发现问题及时处理	1～2次/月	1. 应根据实际情况确定各巡视区段的周期,巡视工作可采用车巡和徒步相结合的方式;
	2	巡视检查标桩、警示牌,人(手)孔,桥、隧线路防护设备及线路附属设备	月	
	3	巡视检查杆路、导线、光缆、电缆及线路附属设备,清除异物		

类别	序号	项目与内容	周期	备 注
日常检修	4	查测电缆气门、气压并作记录	月	2. 防护栅栏外的路线,徒步巡视每月不少于1次,防护栅栏内的线路; 3. 车巡检查宜由设备维护单位集中组织,按区段进行; 4. 对故障因素较多地区以及特殊季节应适当调整巡视次数
	5	检查充气设备、充气系统以及气体干燥度		
	6	检查清扫光缆接线箱、终端盒,电缆断开装置、电缆交接、分线箱、转换箱		
	7	电气化区段机房电缆接头盒屏蔽地线连接处温度和强度的检查		
	8	标桩、警示牌扶正、培固,清除周边杂草		
	9	通过光纤监测系统分析光纤特性变化		
集中检修	1	径路探测确认及埋深检查,培土捣固		
	2	电气化区段电缆屏蔽保护地线测试、整治、检查		每年雨季前
	3	光、电缆标桩、警示牌补充		逐公里、逐段进行,特殊地段根据需要可适当调整次数
	4	设施加固,桥隧涵水泥槽、防护钢管整修		
	5	气门嘴、气门桩、撑杆及防雷装置等		
	6	整正电杆、去腐涂油、整修帮桩、接腿、拉线、地线、护杆桩、撑杆及防雷装置等		逐杆、逐段进行,重点季节可适当加强,无侵线危险区段可适当延长周期
	7	检修线伤,整修线担、绑线、光缆预留架、试验螺丝等,清扫及更换绝缘子、紧固配件及铁担、铁配件锈蚀的一般处理		
	8	整理、更换杆路挂钩、检修吊线		
	9	整修进局引入、介入电缆及线路附属设备		
重点整修	1	整修光缆特性不合格点或区段	根据需要	
	2	整修电缆、明线电特性		
	3	整修光、电缆埋深不够及护坡		
	4	径路塌陷填充		
	5	整修漏气段查漏		
	6	充气设备主要配件更换		
	7	电缆接头腐蚀检查整改		
	8	保安装置及地线补充和整修		
	9	整修光缆接头盒、交接箱、终端盒、电缆接头盒、交接、分线箱、转换箱		

冶金企业铁路通信维护规则

类别	序号	项目与内容	周期	备　注
重点整修	10	标柱、警示牌油饰	根据需要	
	11	整修抽除积水、渗水、漏水		
	12	管孔检查疏通，人(手)孔、槽道杂物清理		
	13	人(手)孔井盖和槽道盖板更换、补充		
	14	更换电杆，新设、更换帮柱及接腿，钢筋混凝土电杆纹裂加固，新设、更换拉线、地锚和撑杆，更换线担，光缆预留架，调整垂度，整修终端、分歧、引入杆		
	15	电杆基础及防洪处所加固		
	16	架空线路砍伐树枝，电杆培土、除草(木杆)		

1.3.1.2　光缆线路的测试项目与周期见表1-2。

表 1-2　光缆线路的测试项目与周期

类别	序号	测试项目	周期	备　注
集中检修	1	光纤通道后向散射信号曲线	半年	仪表测试，有光纤监测系统的区段可适当延长测试周期
	2	光缆线路光纤衰弱		
	3	直埋接头盒监测电极简绝缘电阻	半年	本地网按需要测试

1.3.1.3　电缆线路的测试项目与周期见表1-3。

表 1-3　电缆线路的测试项目与周期

类别	序号	测试项目	周期	备　注
集中检修	1	防护接地装置地线电阻	半年	雷雨季节前、后各一次
	2	绝缘电阻	年	
	3	环路电阻、不平衡电阻		

1.3.1.4　明线线路的测试项目与周期见表1-4。

表 1-4　明线线路的测试项目与周期

类别	序号	测试项目	周期	备　注
集中检修	1	绝缘电阻	年	
	2	环路电阻、不平衡电阻		

1.3.2 通信线路定期测试中,对不合格回线,应由维护部门查明原因解决。

1.3.3 通信线路中修。

1.3.3.1 通信线路中修周期为7年,遇以下情况可酌情调整周期:

(1)架空线路采用钢筋混凝土电杆、铁担或电缆线路为铅护套、铠装时,可延长中修周期。

(2)木杆在白蚁地带、水泥杆在盐碱地区或光电缆护套有腐蚀时,可缩短中修周期。

1.3.3.2 通信线路中修项目与内容:

(1)光电缆埋深不够、径路塌陷地段整修填充,桥槽、水泥槽、钢管等防护设施补强,不安全地段光电线路移设或防护。

(2)光电缆标桩、警示牌整修、补充、油饰及喷写标志。

(3)人(手)孔的渗水、漏水整修。

(4)光缆衰耗测试、光缆衰耗不合格点处理、光缆接头盒检查整修、短段光缆的整治或更换。

(5)电缆交接箱、分线盒整修或更换,电缆接头腐蚀检查、整修,漏气段查漏整修,电缆电特性检查整修。

(6)架空线路、线杆的检查整修、基础加固、地面硬化,拉线、承力索、支架、吊夹、防火夹的整修、更换,紧固件加固、除锈、更换。

(7)保安装置及地线补充和整修。

1.3.3.3 中修竣工后,应执行施工单位自验、设备维护单位复验、设备管理部门抽验的中修三级验收制度。中修交验要建立完整的中修资料。

1.3.4 通信线路大修。

1.3.4.1 通信线路大修的项目和内容:

(1)改善径路;

(2)更换特性不合格线路区段;

(3)更换电杆及其附属配件;

(4)处理电缆漏气段及护套损伤,更换或增补充气维护设备;

(5)处理手孔、人孔的渗水、漏水,以及管道破损。

1.3.4.2 大修竣工后,应进行验收以确认符合设计文件和工程质量标准。全部竣工验收应按工程验收标准的规定办理。形成局部运用能力的,可分段验收。

1.4 质量标准

1.4.1 光缆线路的质量标准。

1.4.1.1 通信光电缆最小埋深应符合表 1-5 的规定。

表 1-5 站场通信光电缆最小埋深

序号	敷设地区及土壤分类	最小埋深(m)	附加规定
1	普通土、硬土、半石质	0.7	因条件所限达不到规定深度时,应加防护; 采用电缆槽防护时,电缆槽盖板距地面的埋深不小于 0.2 m
2	全石质	0.5	
3	水田	1.2	
4	穿越主要公路(距路面基底)、铁路(距路基面)	0.7	

1.4.1.2 直埋光电缆与其他设施的最小接近限界应符合表 1-6 的规定。

表 1-6 直埋光电缆与其他设施间的最小接近限界

序号	相关设施名称		最小间距		附加规定
			平行(m)	交叉(m)	
1	电力电缆	电压小于 35 kV	0.5	0.5(0.25)	光电缆采用外加防护措施时,可采用括号内的数值
		电压不小于 35 kV	2.0(1.0)	0.5(0.25)	
2	市话管道边线		0.5(0.25)	0.25(0.15)	
3	给水管	一般地段	1.0(0.05)	0.5(0.15)	1. 第 3~6 项光电缆特殊困难地段采用外加防护措施时,可采用括号内的数值; 2. 第 5 项还应考虑防腐蚀的距离要求或采取有效的防腐蚀措施; 3. 光电缆与热力管靠近时应采取隔热措施
		特殊困难地段	0.5	0.5(0.15)	
4	燃气管	管压小于 300 kPa	1.0(0.5)	0.5(0.15)	
		管压 300~1 600 kPa	2.0(1.0)	0.5(0.15)	
5	高压石油、天然气管		1.0	0.5	
6	热力管、排水管		1.0(0.5)	0.5(0.25)	
7	污水沟		1.5	0.5	

序号	相关设施名称		最小间距		附加规定
			平行(m)	交叉(m)	
8	房屋建筑红线(或基础)		1.0	—	
9	水井		3.0	—	
10	粪坑、积肥池、厕所等		3.0	—	
11	大树树干边	市内	0.75	—	大树指直径为30 cm及以上的树木

1.4.1.3　特殊地段管道顶距地面最小接近限界应符合表1-7的规定。

表1-7　特殊地段管道顶距地面最小接近限界

序号	管道种类	路面至管顶的最小深度(m)		路面(或基面)至管顶的最小深度(m)	
		人行道下	车行道下	与电车轨道交叉跨越	与铁路交叉跨越
1	混凝土管或塑料管	0.5	0.7	1.0	1.3
2	钢管	0.2	0.4	0.7(加绝缘)	0.8

注:通信管道顶部至道路路面的埋深一般地段不小于0.8 m,特殊地段管道顶部至道路路面的最小埋深符合表1-7要求。

1.4.1.4　架空线路与其他设施、树木间最小水平接近限界应符合表1-8的规定。

表1-8　架空线路与其他设施、树木间最小水平接近限界

序号	其他设备名称	最小水平净距(m)	备　注
1	消火栓	1.0	指消火栓与电杆距离
2	地下管、缆线	0.5～1.0	包括通信管、电缆与电杆间的距离
3	人行道边石	0.5	
4	地面上已有其他杆路	地面杆高的4/3倍	以较长标高为基准
5	市区树木	0.5	缆线到树干的水平距离
6	郊区树木	2.0	缆线到树干的水平距离
7	房屋建筑	2.0	缆线到房屋建筑的水平距离

冶金企业铁路通信维护规则

137

1.4.1.5 架空线路与其他设施、树木间最小垂直接近限界应符合表1-9的规定。

表1-9 架空线路与其他设施、树木间最小垂直接近限界

序号	名　称	与线路方向平行时		与线路方向交叉跨越时	
		最低架设高度（m）	备　注	最低架设高度（m）	备　注
1	市内街道	4.5	最低缆线到地面	5.5	最低缆线到地面
2	市内胡同	4.0	最低缆线到地面	5.0	最低缆线到地面
3	铁　路	3.0	最低缆线到地面	7.5	最低缆线到轨面
4	公　路	3.0	最低缆线到地面	5.5	最低缆线到地面
5	土　路	3.0	最低缆线到地面	5.0	最低缆线到地面
6	房屋建筑物	—		0.6	最低缆线到屋脊
				1.5	最低缆线到房屋平顶
7	河　流	—		1.0	最低缆线到最高水位时的船樯顶
8	市区及郊区树木	—		1.5	最低缆线到树枝的垂直距离
9	其他通信导线	—		0.6	一方最低缆线到另一方最高线条
10	与同杆已有缆间隔	0.4	缆线到缆线	—	

1.4.1.6 架空通信线路交越其他电气设施的最小垂直接近限界应符合表1-10的规定。

表1-10 架空通信线路交越其他电气设施的最小垂直接近限界

序号	其他电气设施名称	最小垂直净距（m）		备　注
		架空电力线路有防雷保护设备	架空电力线路无防雷保护设备	
1	10 kV 以下电力线	2.0	4.0	最高缆线到电力线条
2	35～110 kV 电力线（含 110 kV）	3.0	5.0	最高缆线到电力线条
3	110～220 kV 电力线（含 2 200 kV）	4.0	6.0	最高缆线到电力线条
4	220～330 kV 电力线（含 330 kV）	5.0	—	最高缆线到电力线条
5	330～500 kV 电力线（含 500 kV）	8.5	—	最高缆线到电力线条
6	供电线接户线	0.6		
7	霓虹灯及其铁架	1.6		

1.4.1.7　线路标桩、警示牌埋设位置准确、标志清楚、正直完整。线路标桩偏离光缆的距离不大于 10 cm,周围 0.5 m 范围内无杂草、杂物。在站台、路肩等不宜设置独立标桩的地段,可在护网围栏、附近房屋等永久性建筑物(构物)上喷涂相应标志,或在地面喷涂管道、光缆路径标志,注明通信线路管道位置,样式由各单位自定。独立线路标桩、警示牌的埋设与内容标准见附录 A。

1.4.1.8　光缆径路应稳固,槽道盖板平整稳固无缺损,隧道口两端各 5 m 槽道盖板应用水泥勾缝。桥涵应有防护、防盗措施,严禁防护钢管外露(钢槽入地处应砌护墩)。穿越渠栏、河流、上下坡、岸滩和危险地段采取片石覆坡(护坡)加固措施。

1.4.1.9　人(手)孔引上管、管(槽)道、通道的进出口防护设施齐全、稳固、整齐、美观。

1.4.1.10　光电缆的防护。

(1)穿越铁路、通车繁忙或开挖路面受到限制的公路,采用下穿方式,并采用钢管等保护措施。

(2)埋设在路肩或埋设达不到表 1-5 要求的困难地段,设水泥槽或阻燃复合材料槽防护。

(3)跨越断沟而无法直埋时,采用钢管防护。

(4)穿越居民密集的城镇及动土较多的地段,采用砖或水泥槽防护。

(5)穿越或沿靠山涧、水溪等易受冲刷的地段时,根据具体情况设置漫水坡、挡土墙或水泥槽防护。

(6)通过无预留沟槽的铁路桥梁时,可根据情况选择钢槽或钢管防护,并考虑对环境温度变化和震动影响的防护。在桥上敷设时,严禁使用强度不足、非阻燃性的复合材料槽。

(7)直埋光电缆接头采用水泥槽防护。

(8)架空光电缆经电杆或墙壁引入地下直埋时,采用涂塑钢管防护,钢管露出地面不低于 3 m。架空光电缆在可能遭到撞击的局部地段采用塑料管保护。

(9)架空光缆在不可避免跨越或靠近易失火的建筑物时,采取防火保护措施。

(10)寒冷、严寒地区光缆防护时应采取防冻害措施。

1.4.1.11 通信光缆线路技术维护的项目、指标应符合表 1-11 的规定。

表 1-11 通信光缆线路技术维护的项目、指标

序号	项目测试	维护指标
1	中继段光纤通道后向散射信号曲线检查	≤竣工值+0.1 dB/km （最大变动量≤5 dB）
2	光缆线路光纤衰减	≤竣工值+0.1 dB/km （最大变动值≤5 dB）
3	直埋接头盒监测电极间绝缘电阻	≥5 MΩ

注：中继段光纤通道后向散射信号曲线检查时，仪表的测试参数应与前次的测试参数相同，要求如下：
    1. 发现光缆某中继段中有多根光纤的衰减值大于竣工值+0.1 dB/km（最大变动量≤5 dB）时，应及时进行处理；
    2. 发现光纤后向散射曲线上有单点衰耗≥0.5 dB时，应增加测试次数，观察光缆衰耗点变化趋势，组织技术人员进行分析，适时处理。

1.4.1.12 光电缆中的弯曲半径应符合下列要求：

(1)光缆接头处弯曲半径不小于护套外径的 20 倍，其他位置光缆弯曲半径不应小于光缆外径的 15 倍。

(2)铝护套电缆弯曲半径不应小于电缆外径的 15 倍。

(3)铅护套电缆弯曲半径不应小于电缆外径的 7.5 倍。

1.4.1.13 接续后的光纤收容余长单端引入引出不应小于 0.8 m，两端引入引出不应小于 1.2 m，对水底光缆不应小于 1.5 m。光纤收容时的弯曲半径不应小于 40 mm。

1.4.1.14 G.652 光纤接头衰减限值最大值不大于 0.12 dB，平均值不大于 0.08 dB；G.655 光纤接头衰减限值最大值不大于 0.14 dB，平均值不大于 0.08 dB。

1.4.1.15 在光缆迁改、整修时，新敷设光缆宜布放至原光缆最近接头盒处，原则上只允许增加 1 个光缆接头。

1.4.1.16 G.652(B1.1,B1.3)单模光纤的主要特性应符合表 1-12 的规定。

表 1-12　G.652(B1.1,B1.3)单模光纤的主要特性

序号	项　目	技术指标	
		Ⅰ级	Ⅱ级
1	1 310 nm 衰减系数最大值(dB/km)	0.35	0.38
2	1 550 nm 衰减系数最大值(dB/km)	0.21	0.24
3	1 625 nm 衰减系数最大值(dB/km)	0.24	0.28
4	零色散波长范围(nm)	1 300～1 324	
5	零色散斜率最大值[ps/(nm²·km)]	0.092	
6	1 550 nm 色散系数最大值[ps/(nm·km)]	18	
7	PMD 系数	M(光缆段数)	20 段
		Q(概率)	0.01%
		未成缆光纤链路最大 PMD$_Q$	A、C 类:0.5ps/$\sqrt{\text{km}}$
			B、D 类:0.2ps/$\sqrt{\text{km}}$

注:ITU-T 建议的 G.652 光纤分四类:G.652A、G.652B、G.652C、G.652D,其中:G.652A、G.652B 类型光纤对应 B1.1 类单模光纤,G.652C、G.652D 类型光纤对应 B1.3 类单模光纤。

1.4.1.17　G.655(B4)单模光纤的主要特性应符合表 1-13 的规定。

表 1-13　G.655(B4)单模光纤的主要特性

序号	项　目	技术指标	
		Ⅰ级	Ⅱ级
1	1 460 nm 衰减系数最大值(仅对 D 类和 E 类)	0.28	0.31
2	1 550 nm 衰减系数最大值(dB/km)	0.22	0.25
3	1 625 nm 衰减系数最大值(dB/km)	0.27	0.30
4	C 波段色散特性	非零色散区:$\lambda_{\min}$～$\lambda_{\max}$(nm)	A、B、C 类:1 530～1 565
5		非零色散区色散系数绝对值:$D_{\min}$,$D_{\max}$[ps/(nm²·km)]	A 类:0.10～6.0 B、C 类:1.0～10.0
6		色散符号	A、B、C 类:正或负
7		$D_{\max}$～$D_{\min}$	B、C 类:≤5.0
8	PMD 系数	M(光缆段数)	20 段
9		Q(概率)	0.01%
10		未成缆光纤链路最大 PMD	A、B 类:PMD$_Q$0.5ps/$\sqrt{\text{km}}$ C、D、E 类:PMD$_Q$0.2ps/$\sqrt{\text{km}}$

注:ITUT 建议的 G.655 光纤分为:A、B、C、D、E 类,对应 B4 类单模光纤。

1.4.2 电缆线路的质量标准。

1.4.2.1 电缆线路的埋深应符合表 1-5 的规定，与其他线路的最小接近限界应符合表 1-6～表 1-10 的规定。

1.4.2.2 直流电特性应符合表 1-14 的要求。

表 1-14 直流电特性

序号	标　准	标　准
1	绝缘电阻(两线间)	≥5 MΩ
		≥10 MΩ
2	环路电阻	不超过标准值的 10%
3	不平衡电阻	≤3 Ω

1.4.2.3 光电缆防雷。

(1)两条以上的电缆同沟敷设时，在相距较近的接头处应做横向连线。

(2)电缆应做防雷保护接地，其接地间距宜为 4 km 左右对于雷害严重的地段，防雷保护接地的间距宜适当缩短。电气化铁路区段，通信电缆的屏蔽地线可以代替防雷地线。

(3)防雷保护接地装置应与电缆垂直布置，接地体与电缆的间距不宜小于 10 m，接地标石上应有地线断开测试的条件。

(4)在落雷较广的地带，宜设防雷屏蔽线。防雷屏蔽线不宜与光电缆的金属护套连通，也不另作接地，但应将防雷屏蔽线延至土壤电阻率较小的地方。

(5)雷害严重地段，可采用非金属加强构件的光缆。

(6)直埋光缆不设屏蔽地线，但接头两侧的金属护套及金属加强件应相互绝缘。

(7)光电缆距离孤立的高大树木、杆塔或高耸建筑物及其保护接地装置的防雷最小间距应符合表 1-15 的规定。

表 1-15 光电缆与树木、杆塔、建筑物等的防雷最小间距

序号	土壤电阻率(Ω·m)	与高度在 10 m 及以上树木(m)	与高度在 6.5 m 及以上的杆塔、高耸建筑物及其保护接地装置(m)
1	≤100	15	10
2	101～500	20	15
3	>500	25	20

1.4.2.4　电缆防电磁干扰。

(1)受电气化铁路影响的通信电缆,其金属护套应设屏蔽接地;长途电缆接地间距不宜大于 4 km,地区(站场)电缆与电气化铁路平行接近长度超过 2 km 时,其主干电缆(或平行接近段)两端应设电缆屏蔽接地。

(2)引入变电所或分区亭的电缆,应有绝缘外护套。

1.4.2.5　电缆线路的防护接地电阻标准。

(1)具备贯通地线或电气化区段电缆屏蔽地线的接地电阻值应不大于 1 Ω。其他电缆的防雷接地电阻值应不大于 4 Ω,困难地区不大于10 Ω。

1.4.3　明线线路的质量标准。

1.4.3.1　电杆标准。

1.4.3.1.1　电杆应正直,歪斜程度根部偏移不应超出根径的 1/4,顶部倾斜不应超出梢径的 1/2;角杆根部应向内缩入一个根径宽,终端杆顶部向外部拖出一杆至一杆半宽。

1.4.3.1.2　电杆牢固整洁、电杆周围培土坚实牢固。木杆杆根周围500 mm 内无杂草,无积水坑。钢筋混凝土电杆,由于外力损伤造成横向裂纹宽度不超过 0.2 mm,长度不超过 2/3 圆周长。纵向裂纹宽度不超过1 mm,长度不大于 1 m。裂纹宽度在 0.21～1.0 mm 的应进行修补或加强处理。

1.4.3.1.3　新设及更换电杆的埋深应符合表 1-16 的规定。但石质地带,用钢钎或爆破方法凿成圆坑,坑壁垂直者,埋深可按表 1-16 减少100 mm。13～15 m 电杆深度,可按 12 m 电杆的规定增加 200 mm。

表 1-16　新设及更换电杆的埋深

土壤分类	松土地带					普通土地带					硬土及石质地带			
杆高(m)	6～6.5	7～7.5	8～8.5	9～10	11～12	6～6.5	7～7.5	8～8.5	9～10	11～12	6～6.5	7～8.5	9～10	11～12
16 及其以下导线数埋深(m)	1.5	1.6	1.7	1.8	2	1.3	1.4	1.5	1.6	1.9	0.9	1.1	1.3	2

1.4.3.1.4　电杆防腐规定如下。

(1)钢筋混凝土电杆在盐碱酸性土质地带,应在电杆出土处上下各500 mm 涂以沥青。

（2）木杆无空心，杆身、杆根腐朽部分刮除干净，涂油防腐；杆顶及槽口处要涂有防护油；杆上残留无用的穿钉孔、步钉孔、弯角孔等应用浸过防腐油的木屑堵塞。

（3）木杆根部腐朽的，去腐后剩余心材的圆周围长不小于表 1-17 的规定。

表 1-17 木杆去腐后剩余心材

序号	杆 高（m）	导线数（条）	电杆剩余心材的圆周围长(cm)				
			轻便型杆距 50 m	普通型杆距 50 m	加强型杆距		特强型杆距 40 m
					50 m	40 m	
1	6～6.5	9～16	42	52	58	48	54
2	7～7.5	9～12	41	51	57	47	53
		13～16	46	56	62	52	57
3	8～8.5	9～12	46	54	60	51	56
		13～16	49	59	66	55	61

（4）如果小于表 1-17 规定，须设帮桩加固。

（5）杆身或杆身局部腐朽，去腐后净剩直径不小于表 1-17 中数据换算的杆径。

（6）有双方拉线的电杆根部围长可按表 1-17 规定值小 15%。

（7）高于 8.5 m 的电杆，其长度每增加 1 m 电杆根部最小容许围长，应按表 1-17 数值增加 6%。

（8）有被碰撞、水冲可能的电杆，或基础不稳的电杆，均应设有防护加固装置。

（9）杆号清楚、正确、无缺；接线盒整洁完好，指示箭头完整、正确。

1.4.3.2 拉线的维护标准应符合表 1-18 的规定。

表 1-18 拉线的维护标准

序号	项 目	标 准
1	强 度	1. 拉线上、中、下把缠绕紧密完好，各股张力平衡无断股，无跳股，不松缓； 2. 地锚培土坚实、不浮起，拉线上无攀藤植物； 3. 钢筋混凝土电杆拉线抱箍配套适宜，吻合牢固

序号	项　目	标　　准
2	位置	拉线地锚位置正确、左右位移不得大于 150 mm,拉线与线条间距离一般应在 75 mm 以上
3	防蚀	拉线无严重锈蚀,在易锈蚀或盐碱地区的地铺,应用浸过防腐油的麻片包扎,包扎部位自地面上下约 300～500 mm
4	调整螺丝	拉线调整螺丝不锈死,能起调整作用,并用铁线封固

1.4.3.3 线担的维护标准应符合表 1-19 的规定。

表 1-19　线担的维护标准

序号	项　目	标　　准
1	强度	1. 线担无严重变形,弯曲不超过 1/2 担头宽; 2. 木担无横向裂纹,木担头部纵向劈裂的,均应缠绑
2	防腐	木担任何部位的腐朽断面不大于截面的 1/3,要清除腐朽部分,涂防护油;铁担锈蚀部分应涂漆防锈
3	位置	线担上下,前后偏移不大于 1/2 线担头
4	配件	拉板、撑角、穿钉等配件齐全,安装牢固,不松动,无严重锈蚀,螺帽涂厚漆

1.4.3.4 吊线的维护标准应符合表 1-20 的规定。

表 1-20　吊线的维护标准

序号	项　目	标　　准
1	强度	无锈蚀,吊挂牢固,挂钩间距均匀无脱落,一般为 0.5 m;各股张力平衡无断股,无跳股,不松缓
2	位置	架空光(电)缆吊线夹板距电杆顶的距离一般情况下距杆顶大于或等于 500 mm,在特殊情况下应大于或等于 250 mm;双层吊线间距应为 400 mm;光电缆和明线混合杆,吊线应在明线下方,不得在线担中间穿挡

1.4.3.5 架空明线线路的电特性应符合表 1-21 的规定。

表 1-21　架空明线线路的电特性标准

序号	项　　目		标　　准	备　　注
1	绝缘电阻	导线对地	≥2 MΩ·km	在潮湿天气即空气湿度大于 75％时
		两导线间	≥4 MΩ·km	

冶金企业铁路通信维护规则

序号	项 目		标 准	备 注
2	环路电阻	铜线、铜芯铝绞线	≤5%	实测换算值与计算值的比率;导线锈蚀线径变化时,可按净剩的平均线径计算
		钢线	≤10%	
		铜包钢线	≤7%	

1.4.4 主要附属设备的质量标准。

1.4.4.1 电缆充气设备技术性能应符合以下要求。

(1)充气机保气量,高压 600 kPa 时,24 h 气压下降量应不大于 20 kPa。分路在 200 kPa 时,24 h 气压下降量应不大于 10 kPa。

(2)控制部分,应保证自动及手动供气系统正常,不正常时能强制停止工作。

(3)空压机可采用无油空压机或有油空压机加滤油罐,启动与停止应能控制;输出压力大于 700 kPa 时能自动停止工作并发出声光报警。

(4)除湿装置主要采用分子筛吸附剂,干燥露点优于 40 ℃。气水分离器游子有自动排水功能。

(5)储气罐应有 700 kPa 安全阀,超限时自动放气并能发出报警、自动停止充气,罐上装有气压表。

(6)低压分路应装有可调告警性能的流量计、减压阀 0~200 kPa、单向阀、压力表、截止阀等,性能稳定、良好。

1.4.4.2 电缆的充气维护:

(1)充入电缆的气体,应经过过滤与干燥,对电缆无化学反应,不降低电特性。

(2)温度为 20 ℃时,充入电缆气体的含水量不得超过 1.5 g/m^3。

(3)在充气端充入电缆的最高气压标准为:在 20 ℃时,铅护套电缆应小于 100 kPa,铝护套电缆应小于 150 kPa。

(4)主干电缆和长度在 50 m 以上的分歧电缆,以及各种密封式机箱均应充气,气路应具备相互连通的条件。50 m 以下的区间分歧电缆视具体情况,可单独充气。

(5)充气维护有关气压标准(在 20 ℃时)应符合表 1-22 的规定。

表 1-22　电缆充气气压维护限值

序号	电缆种类		日常保护气压（kPa）	气压下降允许范围		开始补气气压（kPa）
				天数	气压（kPa）	
1	电缆	架空	40～60	5	10	≤40
		地下	50～70	5	10	≤50

1.4.4.3　光电缆交接箱维护应符合以下要求。

(1)交接箱内布线规范,干净整齐。

(2)应标明光电缆去向、纤芯或回线数量、使用情况等信息。

(3)引入、引出钢管应牢固并进行防腐油饰处理。工作台牢固可靠,交接箱门锁齐全,开关灵活。

(4)交接箱防尘密封胶条密封良好无老化,交接箱进、出光电缆孔密封,防潮符合要求。

(5)光缆交接箱跳线长度选择合适,未使用的法兰应将端冒盖好。

(6)电缆交接箱线对有序,无接头,无裸露现象。跳线穿放走径合理,须穿跳线环,且松紧适度,跳线与接线端子连接牢固无松动。

1.4.4.4　管槽道的维护应符合以下要求。

(1)人(手)孔及槽道盖板齐全,无破损。

(2)人(手)孔及槽道内无积水、石块及其他杂物。

(3)人(手)孔内的光缆应固定牢靠,宜采用塑料软管保护,并有醒目的识别标志或光缆标牌。

(4)光缆接头盒在人(手)孔内宜安装在常年积水水位以上的位置,采用保护托架或其他方法承托,人孔内光缆托架、托盘完好无损、无锈蚀。

(5)人孔内走线合理,排列整齐,孔口封闭良好,保护管安置牢固,预留线布放整齐合格。

(6)光电缆在槽道内摆放整齐,槽内同时敷设多条光电缆时,应避免交叉。

附录 A　线路标桩、警示牌标准

A.1　线路标桩。

A.1.1　光电缆标桩埋设位置按有关技术规范的要求执行,标桩表面平整无缺陷,做到尺寸、强度符合要求。标桩尺寸建议:山区 140 mm×

140 mm×1 500 mm(见图 A-1);平原 140 mm×140 mm×1 000 mm(见图 A-2)。受地理环境、埋设位置等特殊因素制约时,可根据现场情况调整标桩尺寸,正面向铁路。

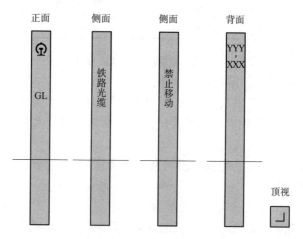

图 A-1 140 mm×140 mm×1 500 mm 尺寸标桩示例

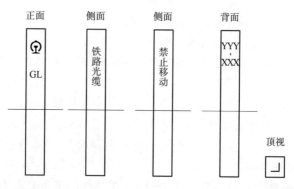

图 A-2 140 mm×140 mm×1 000 mm 尺寸标桩示例

A.1.2 间距:直线标以 50 m 距离为宜,拐弯、过轨、过沟、上下坡视地形而定,不宜过于密集。

A.1.3 埋深:140 mm×140 mm×1 500 mm 的标桩埋深 500 mm;140 mm×140 mm×1 000 mm 的标石埋深 450 mm。标桩地面要有 500 mm×500 mm×100 mm 混凝土卡盘。

A.1.4 编号。

A.1.4.1 径路标:光电缆径路标应从上行至下行方向顺序编号(为3位数),以车站区间为编号单位。

A.1.4.2 接头标:光电缆接头标从上行至下行以车站区间为单位顺序编号(车站区间编号为3位数,接头编号为3位数)。

A.1.4.3 光电缆径路相同的,其径路标可统一流水编号。

A.1.5 标志:标桩正面(朝向铁路侧)的上部喷厂标,下部喷光(电)缆符号。标桩两侧喷"铁路光缆,禁止移动"或"铁路电缆(铁路光电缆),禁止移动"(在标桩两侧分别各喷4~5个字)。在标桩背面,距顶面100 mm处,喷光(电)缆编号,上下坡标识喷于编号下端。拐弯、过轨、直通、分歧、预留标识喷于标桩顶部,厂标面向铁路。

A.1.6 颜色:厂标喷成红色,其他文字和符号喷黑色油漆,标体为白色油漆。

A.1.7 光电缆标石应按表 A-1 规定的符号标示。

表 A-1 光电缆标石的符号

序号	标　志	符　号	备　注
1	光缆	GL	光缆径路的标石,正面喷 GL
2	电缆	DI	电缆径路的标石,正面喷 DL
3	光电缆	GDL	光电缆同一径路时,在标石正面喷 GDL
4	标石两侧	铁路光(电)缆;禁止移动	
5	光电缆直通	—	喷于顶部
6	光电缆预留	Ω	喷于顶部
7	电缆过轨、拐弯	⌐	喷于顶部
8	光电缆分歧	⊥	喷于顶部

冶金企业铁路通信维护规则

序号	标　志	符　号	备　注
9	光电缆接头	→　　←	喷于顶部
10	光电缆上、下坡	╱￣　￣╲	喷于编号下方
11	光缆接头	YYY-×××	YYY-为管内区间编号,从上行到下行×××-为接头号
12	电缆接头	YYY-×××	YYY-为管内区间编号,从上行到下行×××-为接头号

A.2　宣传警示牌。

光电缆径路过平交道口、路、便道、水渠、农田菜地、人口居住密集点、施工点、公路边等以及有可能被动土的地方,应设置宣传警示牌。

A.2.1　宣传警示牌面向行人、行车方向。

A.2.2　宣传警示牌与地面垂直,立柱油漆白色。

A.2.3　玻璃钢或搪瓷材料的警示牌面板尺寸建议为 1 000 mm(长)×800 mm(宽)×2 mm(厚),支架为直径 150 mm、高 2500 mm 的水泥杆或 2500 mm×150 mm×150 mm 的水泥柱,埋深 800 mm。

A.2.4　水泥材料的警示牌面板尺寸建议为 600 mm(长)400 mm(宽)×100 mm(厚),支架为 2500 mm×150 mm×150 mm 的水泥柱,埋深 800 mm。

A.2.5　警示牌主体内容建议为:通信光电缆径路 2 m 内禁止取土施工。联系举报电话:×××××××。

附录B　线路的图例符号

B.1　地形地物图例(表 B-1)。

B.2　杆路图例(表 B-2)。

B.3　路由图图例(表 B-3)。

B.4　维护图、线路图图例(表 B-4)。

B.5　管道、人孔图例(表 B-5)。

表 B-1　地形地物图例

序号	名　称	图　例	序号	名　称	图　例
1	山　岳		15	深沟(渠)	
2	河　流		16	城　堡	
3	湖　塘	××湖（塘）	17	坟　墓	
4	沙　渠		18	房屋或村镇	
5	沼泽地		19	街　道	
6	树　林		20	铁路及车站	站名
7	树　木		21	双轨铁路	
8	经济林园		22	电气化铁路	
9	旱　田		23	拟建铁路	
10	水　田		24	桥　梁	
11	草　地		25	横过铁路的桥梁	
12	凹　地		26	在铁路下的桥梁	
13	高　地		27	在铁路桥梁支架上的通信线路	
14	堤　岸		28	公　路	

序号	名　称	图　例	序号	名　称	图　例
29	大车路		47	污水地	
30	小　径		48	下水道	
31	隧　道		49	自来水管路	
32	盐碱地		50	煤气管管路	
33	陡　坡		51	电力电缆	
34	苇　塘		52	暖气管道	
35	砖田墙		53	电力线路	
36	刺丝掰		54	高压输电线	
37	篱　笆		55	明　堑	
38	自动闭塞信号线路		56	里程碑	
39	涵　洞		57	飞机场	
40	木　桩		58	靶　场	
41	水准点		59	邮　筒	
42	地下水位标高		60	砖　厂	
43	消火栓		61	变压器	
44	自来水闸		62	指　向	
45	井		63	图纸衔接法	
46	雨水口		64	加油站、加气站	

表 B-2　杆路图例

序号	名　称	图　例	序号	名　称	图　例
1	普通电杆		15	电力杆	
2	L形杆		16	铁路杆	
3	H形杆		17	军方杆	
4	品接杆		18	分界杆(地区长线局维护段落分界)	
5	单接杆		19	单方拉线杆	
6	井形杆		20	双方拉线杆	
7	装有避雷线电杆		21	三方拉线杆	
8	引上杆		22	四方拉线杆	
9	撑　杆		23	铁地锚拉线	
10	高桩拉线		24	石头拉线	
11	杆间拉线		25	横木拉线	
12	打有帮桩的电杆		26	起讫杆号	P_1 ▶ P_{128}
13	分线杆		27	承接上页杆	
14	长途市话合用杆				

表 B-3　路由图图例

序号	名　称	图　例	序号	名　称	图　例
1	埋式缆(无保护)		18	监测标石	
2	埋式缆(砖保护)		19	路由标石	
3	埋式缆(钢管保护、水泥管保护)		20	防雷排流线	
4	预　留		21	防雷消弧线	
5	S弯预留		22	防雷避雷针	
6	架空缆		23	加固地段	
7	通信线		24	加铠	
8	其他地下管线		25	光分配架	ODF
9	管道缆(虚线代表人孔)		26	波分复用器	WDM
10	水底缆		27	滤光器	O˚F
11	水底缆S弯		28	地下缆引至墙上	
12	水底缆8字弯		29	缆往楼上去A(管径)	
13	梅花桩或S弯		30	缆往楼下去A(管径)	
14	直通接头		31	缆由楼上引来A(管径)	
15	分歧接头		32	缆由楼下引来A(管径)	
16	开天窗接头		33	拆除(画在原有设备上)	
17	电台、铁塔				

表 B-4 维护图、线路图图例

序号	名 称	图 例	序号	名 称	图 例
1	公司通信枢纽	◎	8	二级光缆	×芯/二级
2	通信枢纽	◉	9	拟拆除线路	×——×——×
3	地区通信站	⊙	10	利用其他单位电杆挂线的线路	———
4	有人通信站	◎	11	跨越其他杆线	
5	无人通信站	●	12	电力线路	
6	光中继站	▷	13	局 界	—·—·—
7	一级光缆	X芯/一级	14	省 界	——×——×

表 B-5 管道、人孔图例

序号	名 称	图 例	序号	名 称	图 例
1	直通型人孔		7	埋式手孔	
2	局前人孔		8	地下光缆管道	D－%－AB×C－%－
3	拐弯型人孔		9	在原有管道上加新管道	D＝%＝AB×C＝%＝
4	扇型人孔		10	暗渠管道	$\frac{D}{A \backslash B}$
5	十字型人孔		11	引上的支管道	
6	手 孔		12	管道断面（粗线表示管道着地一面）	

155

序号	名　称	图　例	序号	名　称	图　例
13	人孔内引上管(A与人孔壁距离)	<TO A	17	大型人孔(系统图用)	◎
14	现有管道和光缆占用管孔 新设管道和光缆占用管孔		18	局前人孔(系统图用)	◉
15	人孔一般符号:A位置表示形状,B位置表示编号	A○B	19	人孔展开图表示地下光缆在人孔中穿放的位置(人孔按形状绘出)	
16	小型人孔(系统图用)	①			

注:地下管路标注方法:A—材质;B—个数;C—孔数;D—长度。

2　传　输　网

2.1　一般规定

2.1.1　冶金铁路传输网是冶金铁路各种语言、数据和图像等通信信息的基础承载平台。

2.1.2　传输网主要采用环型网和链接网的拓扑结构。

2.1.3　传输网主要设备包括:基本传输设备、监控设备(网管系统)及配套设施(列头柜、ODF、DDF、EDF等)。

2.2　网络管理

2.2.1　传输网维护机构的设置及主要职责。

2.2.1.1　在通信中心设置传输网管。

2.2.1.2　网管机构的主要职责。

(1)负责传输网设备告警监控、性能监控;

(2)向维护班组派发的障碍和告警工单,指挥现场处理,跟踪处理过程直至障碍处理结束;

(3)为网络维护及障碍处理提供技术支持;

(4)负责骨干传输网的数据配置和备份;

(5)定期对传输网的运用质量和资源运用情况进行汇总分析,提出网络优化建议；

(6)组织和实施传输网系统软件更新和版本升级；

(7)针对传输网维护中的疑难问题,开展网络组织培训和克缺；

(8)组织编制传输网应急预案；

(9)配合传输设备的维修作业计划；

(10)配合传输系统的施工和确认。

2.2.1.3　传输设备维护单位的主要职责。

(1)负责设备的日常巡视,受理业务电视障碍申告并进行业务疏通；

(2)负责通信设备的障碍处理；

(3)执行传输设备维修作业计划；

(4)负责工单的配线(纤)和电路的端开通测试验证；

(5)负责管理日常施工、确认施工安全；

(6)掌握设备的运用质量和资源运用情况,定期完成设备质量分析,提交设备检修计划及更新改造建议；

(7)负责编制设备的应急预案。

2.2.2　电路管理。

2.2.2.1　传输网电路资源管理由设备管理部门负责,日常管理由设备维护单位负责。

2.2.2.2　业务电路开通前,设备管理部门要了解业务属性和组网方式,合理安排传输电路,形成有效保护。

2.2.2.3　网管严格执行工单内容,数据配置实行"一人操作、一人复核"制度。

2.2.2.4　电路开通投入使用前,由工单指定单位按规定项目进行测试,其他单位做好电路测试配合工作。

2.2.2.5　电路开通投入使用后,相关单位应及时更新相关台账。

2.2.3　在业务开通、电路测试、障碍处理等作业过程中,应树立"全程全网"和"端到端"的工作理念。

2.3　设备管理

2.3.1　传输专业与其他专业的维护分界。

2.3.1.1　传输专业与其他通信专业的维护分界。

(1)与光缆线路专业分界:以光缆进入传输机房第一个尾纤连接器为

界,连接器(含)至传输设备由传输专业负责;

(2)与电源专业分界:以电源馈电线进入传输机房第一端子为界,接线端子(不含)至传输设备由传输专业负责;

(3)与通信其他专业分界:以传输设备所在机房的配线架上的连接器为界,连接器(含)至传输设备由传输专业负责。

2.3.1.2 传输专业与非通信专业的维护分界,以进入传输机房的第一个连接器为界,连接器(含)至传输设备由传输专业负责。

2.3.2 维护单位应根据维护需要,配备下列维护仪表和工器具。

光谱分析仪、光波长针、SDH 传输分析仪、误码测试仪、以太网测试仪、稳定光源、光功率计、光可变衰器、频率计、光回损测仪、色散测试仪、光时域反射仪(OTDR)、PCM 音频话路测试仪、电平振动器、电平表、示波器、杂音器、法兰盘、跳纤等。

2.3.3 维护单位应具备下列主要技术资料。

(1)相关工程竣工资料、验收测试记录;

(2)传输网系统资料,包括传输系统图/网络拓扑图、时钟同步图、机架面板布置图、设备连纤图;

(3)室内布线系统图,包括通信线缆(室内及楼层间)、电源、地线等各种布线系统图;

(4)机房平面布置图,表明所装设备位置,注明相互间隔;

(5)设备技术资料,包括说明书、维修手册、操作手册等;

(6)设备检修记录,包括年度/月度检修、设备鉴定、电路测试记录等;

(7)仪表、仪器的说明书和使用手册;

(8)各类传输统计分析表及安全分析记录;

(9)应急预案。

2.3.4 维护单位应建立传输系统运用台账,设专人负责,每月至少核对一次,有变动时及时更新。台账资料应具备电子和纸面两种形式,实现各级维护单位信息共享。主要台账应包括以下内容。

(1)系统台账(含波道/通道分配图、时隙及端口运用台账、ODF/DDF架台账等);

(2)设备台账(含传输设备及网管系统型号、软硬件版本、配置、数量、生产厂家、开通时间等);

（3）电路台账（含开通时间、电路的起点和终点、速率、电路名称、详细径路和 DDF/ODF 接口位置、所属传输系统等）；

（4）业务台账（含应急通信网、电视会议网、数字调度系统、TDCS、CTC 等系统的全程电路构成示意图等）。

2.4　设备及网络维护

2.4.1　SDH/MSTP 设备维修项目与周期见表 2-1。

表 2-1　SDH/MSTP 设备维修项目与周期

内别	序号	项目与内容	周期	备　注
日常检修	1	设备状态检查	日	网管和机房
	2	告警、误码性能等事件检查、分析和处理		网管
	3	线路板发送、接收光功率	季	网管
	4	网元时间检查调整		网管
	5	系统数据备份并转储		网管
	6	设备、DDF/ODF 架标签、配线检查		机房
	7	设备表面清扫、防尘网检查清洗		机房，有施工、人员进出频繁或防尘未达标机房要适当增加防尘网清洗次数
	8	电源熔丝、空开检查		机房
集中检修	1	备用电路误码测试	半年	始端站和终端站机房
	2	VC-4、VC-12 误码性能检测		网管，每个 STM-16 抽测一个 VC-4，每个 VC-4 抽测一个 VC-12，在线测试 24 h
	3	以太网电路丢包率测试		机房
	4	设备地线检查		机房
	5	电源输入输出电压测试		机房
	6	时钟跟踪状态检查	季	网管
	7	保护倒换检查		网管
	8	风扇清扫		机房
重点整修	1	版本升级	根据需要	
	2	疑难问题处理		
	3	设备、网络优化调整		

2.5 质量标准

2.5.1 传输网运用质量。

2.5.1.1 传输电路可用率。

(1)定义

$$传输电路可用率=\left(1-\frac{各传输障碍导致等效155\,M电路中断总时}{各传输系统等效155\,M电路数×月总时长}\right)×100\%$$

(2)指标

传输电路可用率≥98%。

3)说明

分母中各传输系统等效155 M电路数系统实开的等效155 M电路，时长以分钟为最小单位统计。

2.5.1.2 业务电路通率。

(1)定义

$$业务电路畅通率=\left(1-\frac{传输障碍导致业务中断的等效2\,M总时长}{各类型业务开通电路等效2\,M总数×年总时长}\right)×100\%$$

(2)指标

业务电路通畅率≥99%。

(3)说明

此项指标仅统计为CTC专业提供的电路,时长以分钟为最小单位统计。

2.5.2 误码标准。

2.5.2.1 光通道误码性能投入业务限制应符合表2-2的规定。

表2-2 光通道性能投入业务限值

STM-16、STM-16	15 min			2 h			24 h		
配额	ES	SES	BBE	ES	SES	BBE	ES	SES	BBE
A	S15	S15	S15	S2	S2	S2	S24	S24	S24
0.2%	0	0	0	0	0	0	NA	0	23
0.5%	0	0	0	NA	0	2	NA	0	68

2.5.2.2 光通道误码性能的降质限值应符合表2-3的规定。

表 2-3　光道误码性能的降质限值

STM-16、STM-64		BBE($p_o=5\times10^{-5}$)		SDE($p_o=0.1\%$)	
距离(km)	配额	2 h	24 h	2 h	24 h
≤500	0.2%	0	37	0	0
>500	0.5%	4	106	0	0

注:本表是根据 M.2101 规定的原则和方法导出的,p_o 为端到端维护性能指标。

2.5.2.3　电路投入业务前对同一高阶通道中的多个低阶通道,应至少选 1 个低阶通道进行 24 h 的投入业务(BIS)测试,其相同起止点的通道应进行 2 h 的 BIS 测试。对于同一个 STM-N 中的多个高阶通道,应至少选 1 个高阶通道进行 24 h 的 BIS 测试,其余的相同起止点的高阶通道应进行 2 h 的 BIS 测试。

(1)通道误码指标通过配额值 A 查询表 2-4~表 2-6 获得。其中 A 由以下公式计算得出,公式中 d 为通道距离。对于维护指标,可以 50 km 为单位,并采用只入不舍的办法计算。

$$A=d\times0.001\,2\%$$

表 2-4　SDH 系统 VC-12 通道误码性能投入业务限值

时间	15 min		2 h		24 h		时间	15 min		2 h		24 h	
配额	ES	SES	ES	SES	ES	SES	配额	ES	SES	ES	SES	ES	SES
A	S15	S15	S2	S2	S24	S24	A	S15	S15	S2	S2	S24	S24
0.2%	0	0	0	0	0	0	5.5%	0	0	0	0	0	0
0.5%	0	0	0	0	0	0	6.00%	0	0	0	0	0	0
1.00%	0	0	0	0	0	0	6.5%	0	0	0	0	0	0
1.5%	0	0	0	0	0	0	7.00%	0	0	0	0	0	0
2.00%	0	0	0	0	0	0	7.50%	0	0	0	0	0	0
2.5%	0	0	0	0	0	0	8.00%	0	0	0	0	0	0
3.00%	0	0	0	0	0	0	8.50%	0	0	0	0	0	0
3.5%	0	0	0	0	0	0	9.00%	0	0	0	0	0	0
4.0%	0	0	0	0	0	0	9.50%	0	0	0	0	0	0
4.5%	0	0	0	0	0	0	10.0%	0	0	0	0	0	0
5.0%	0	0	0	0	0	0							

表 2-5 　SDH 系统 VC-4 通道误码性能投入业务限值

时间	15 min		2 h		24 h		时间	15 min		2 h		24 h	
配额	ES	SES	ES	SES	ES	SES	配额	ES	SES	ES	SES	ES	SES
A	S15	S15	S2	S2	S24	S24	A	S15	S15	S2	S2	S24	S24
0.2%	0	0	0	0	2	0	5.5%	0	0	8	0	163	0
0.5%	0	0	0	0	9	0	6.00%	0	0	9	0	179	0
1.00%	0	0	0	0	23	0	6.5%	0	0	10	0	195	0
1.5%	0	0	0	0	37	0	7.00%	0	0	11	0	211	0
2.00%	0	0	1	0	52	0	7.50%	0	0	12	0	227	0
2.5%	0	0	2	0	68	0	8.00%	0	0	13	0	243	0
3.00%	0	0	3	0	83	0	8.50%	0	0	15	0	259	0
3.5%	0	0	4	0	99	0	9.00%	0	0	16	0	276	0
4.0%	0	0	5	0	115	0	9.50%	0	0	17	0	292	0
4.5%	0	0	6	0	131	0	10.00%	0	0	18	0	308	0
5.0%	0	0	7	0	147	0							

表 2-6 　SDH 系统 VC-4-4c 和 VC-4-16c 通道误码性能务限值

时间	15 min			2 h			24 h		
配额	ES	SES	BBE	ES	SES	BBE	ES	SES	BBE
A	S15	S15	S15	S2	S2	S2	S24	S24	S24
0.2%	0	0	0	0	0	0	NA	0	23
0.5%	0	0	0	NA	0	2	NA	0	68
1.00%	0	0	0	NA	0	7	NA	0	147
1.5%	0	0	0	NA	0	12	NA	0	227
2.00%	0	0	0	NA	0	18	NA	0	308
2.5%	0	0	0	NA	0	24	NA	0	390
3.00%	NA	0	1	NA	0	30	NA	0	473
3.5%	NA	0	1	NA	0	36	NA	0	556
4.00%	NA	0	2	NA	0	42	NA	0	639
4.5%	NA	0	2	NA	0	49	NA	0	722
5.00%	NA	0	3	NA	0	55	NA	0	805
5.50%	NA	0	4	NA	0	61	NA	0	889
6.00%	NA	0	4	NA	0	68	NA	0	972

时间	15 min			2 h			24 h		
配额	ES	SES	BBE	ES	SES	BBE	ES	SES	BBE
A	S15	S15	S15	S2	S2	S2	S24	S24	S24
6.50%	NA	0	5	NA	0	74	NA	0	1 056
7.00%	NA	0	6	NA	0	81	NA	0	1 140
7.50%	NA	0	6	NA	0	87	NA	0	1 224
8.00%	NA	0	7	NA	0	94	NA	0	1 308
8.50%	NA	0	7	NA	0	100	NA	0	1 392
9.00%	NA	0	8	NA	0	107	NA	0	1 476
9.50%	NA	0	9	NA	0	113	NA	0	1 561
10.0%	NA	0	10	NA	0	120	NA	0	1 645

（2）当通道实际距离未知时，d 可以由以下公式计算得出。

$$d = L \times r_f$$

式中，L 为空中距离；r_f 为路由系数。空中距离和路由系数须符合表 2-7 的规定。

表 2-7　空中距离和路由系数要求

空中距离	系数
$L < 1\,000$ km	$r_f = 1.5$
$1\,000$ km$\leqslant L < 1\,200$ km	$d = 1\,500$ km
$L \geqslant 1\,200$ km	$r_f = 1.25$

2.5.2.4　SDH 系统各级通道误码性能不可接受和恢复业务限值应符合表 2-8 规定。

表 2-8　SDH 系统各级通道误码性能不可接受和恢复业务限值（15 min）

端到容虚容器	数字通道不可接受门限			数字通道恢复业务门限		
	ES	SES	BBE	ES	SES	BBE
VC-12	80	10	200	1	0	6
VC-3	100	10	700	1	0	25
VC-4	120	10	700	1	0	25
VC-4-4c	120	10	700	1	0	25
Vc-4-16c	120	10	700	1	0	25

冶金企业铁路通信维护规则

2.5.2.5 SDH 传输网的同步与定时功能，由传输网管负责维护，监视所辖网络的指针活动。SDH 传输系统可分为两类：第一类 SDH 传输系统承载时钟同步的定时信息，即 SDH 传输系统属于时钟同步定时链接的一部分；第二类 SDH 传输系统不承载时钟同步的定时信息，即不属于定时链接。

第一类 SDH 传输系统任何网元的 AU 指针调整事件数应不大于 5 次/天。如有超过该计值的情况应即时协同时钟同步共同处理。

第二类 SDH 传输系统可通过网管的性能管理功能，监视管理单元指针调整事件计数（AU-PJE）来了解系统同步状况。任何一个复用器（TM、ADM）的指针调整次数（正或负调整次数之和），应大于表2-9 中所列数值，否则视为同步状态不良，应加强观测，限时查明予以改善。

表 2-9   指针调整次数维护告警限值

统计时间	AU-PJE
1 h	225 次
1 天	5 400 次

3 接 入 网

3.1 一般规定

3.1.1   冶金企业铁路通信接入网用于将用户信息接入到相应的通信业务网络节点，主要实现电话的远程接入，同时为用户提供点对点数据和音频电路的接入。

3.1.2   冶金企业铁路通信接入网设备主要包括线路终端（OLT）、网络单元（ONU）、网管设备；配套设备包括数字配线架（DDF 音频配线架（VDF）等附属设备。

3.2 设备管理

3.2.1   网管的主要职责。

（1）负责接入网的运行状态监测，指挥并协调设备维护单位进行设备维护和障碍处理；

（2）负责接入网设备的集中配置；

（3）负责网管设备的维护；

（4）定期对网络性能和设备性能进行汇总分析，提出优化建议；

（5）掌握资源运用情况。

3.2.2　接入网专业与其他专业的运行维护分界

（1）与传输专业的分界

以传输设备所在机房配线架上的连接器为界，连接器（不含）至接入网设备由接入网专业负责。

（2）与交换专业的分界

以程控交换机 DDF 架外侧端子为界，端子（不含）至接入设备由接入网专业负责。

（3）与其他专业的分界

以接入网设备的 VDF 为界，端子（含）至接入网设备由接入网专业负责。

3.2.3　维护单位应根据测试检修工作需要，配备下列主要仪器仪表。

电平振荡器、电平表、杂音计、PCM 话路特性分析仪 2 Mbit/s 数字数据性能分析仪。

3.2.4　维护单位应具备下列技术资料。

（1）相关工程竣工资料，验收测试记录系统组网；

（2）系统组网图；

（3）机房平面布置图；

（4）机房内布线图，包括通信设备、通信电源、动力及照明布线图；

（5）各节点设备硬件配置及端口运用台账；

（6）设备技术资料（含说明书、维护手册、操作手册等）；

（7）仪器仪表说明书；

（8）应急预案。

3.3　设备及网络维护

3.3.1　接入网 OLT 设备维修项目与周期见表 3-1。

表 3-1 OLT 设备维修项目与周期

类 别	序号	项目与内容	周期	备 注
日常检查	1	设备运行状况巡视	日	网 管
	2	设备告警监控	实时	发现问题及时处理
	3	信令链路运用情况检查	月	
	4	设备告警记录统计		
	5	设备表面清扫及状态检查	季	
	6	附属设备及缆线、标签检查		
	7	设备配置数据的备份并转储		遇有修改及时备份
集中检修	1	双备份设备板卡的倒换功能测试	年	双备份设备板卡指主控板、电源板,测试前先做好数据备份
重点检修	1	系统隐患整治、调整及更换部件	根据需要	
	2	系统版本升级		
	3	网络优化调整		

3.3.2 接入网 ONU 设备维护项目与周期见表 3-2。

表 3-2 ONU 设备维护项目与周期

类 别	序号	项目与内容	周期	备 注
日常检修	1	设备表面清扫、运行状态检查	季	
	2	附属设备及缆线、标签检查		
	3	保安单元检查		
集中检修	1	音频电路通路电平测试	年	
	2	音频电路净衰耗频率特性测试		
	3	音频电路空闲信道噪声测试		
重点检修	1	整机检查、调整及更换部件	根据需要	
	2	网络优化调整		

3.4 质量标准

音频电路特性标准规定。

(1)通路电平

使用 PCM 通路测试仪在设备端口测量时,标称测试频率为 1 020 Hz 的正弦波信号。

①音频二线端

发信 0 dBr,600 Ω(平衡型);

收信－7 dBr,600 Ω(平衡型);

二线接收电平偏差应为±0.8 dB。

②音频四线端

发信－14 dBr 或－4 dBr,600(平衡型);

收信＋4 dBr 或－4 dBr,600n(平衡型);

四线接收电平偏差应为±0.6 dB。

(2)净衰耗频率特性见表 3-3。

表 3-3　音频电路净衰耗频率特性

频率(Hz)	300	600	800	1 020	2 040	2 400	3 000	3 400
四线指标(dB)	+0.5 －0.5	+0.5 －0.5	+0.5 －0.5	0 0	+0.5 －0.5	+0.5 －0.5	+0.9 －0.5	+1.8 －0.5
二线指标(dB)	+2.0 －0.6	+1.5 －0.6	+0.7 －0.6	0 0	+0.7 －0.6	+0.7 －0.6	+1.1 －0.6	+3.0 －0.6

(3)空闲信道噪声

衡重噪声≤－65 dBm0p(话路音频输入端终接 600 Ω 阻抗)。

4　监控监测系统及网管设备

4.1　一般规定

4.1.1　监控监测系统一般由监控监测中心设备、前端采集设备以及连接网络等组成。主要有通信电源及机房环境监控系统、光纤监测系统、铁塔监测系统和漏缆监测系统等。

4.1.2　网管设备一般由服务器、监控终端、编解码器、存储设备、网络交换机等组成。主要有传输网、数据网等通信系统的网管。

4.1.3　通信电源及机房环境监控系统用于对铁路通信机房的通信电源设备、空调设备以及机房环境进行遥测、遥信、遥控,实时监视其工作状态,传送告警信息,记录和处理相关数据通信电源及机房环境监控系统由监控中心、监控站、监控终端和通信通道组成。监控中心设备包括服务器、网络通信设备等;监控站设备包括监控单元监控模块、通信单元、传感器等。

4.1.4　光纤监测系统用于光纤维护及管理,能实现自动、实时地监测光缆中被监测光纤的状况,及时反映被监测光纤的衰耗变化及变化趋势,准确定位光缆障碍点。光纤监测系统由区域监测中心和监测站组成。区域监测中心设备包括监测终端(MT)、服务器、打印机及通信模块等。监测站设备包括通信模块、控制模块、光功率监测模块(OPM)、光源、光时域反射仪(OTDR)、光开关(OS)、波分复用器(WDM)、显示屏、光纤线路自动切换保护装置(OLP,可选)等。

4.1.5 铁塔监测系统用于对通信铁塔的状态、环境等参数进行实时检测,对异常状态进行告警、预警,记录和分析相关数据铁塔监测系统包括监测中心、监测单元、采集单元、监测终端等。

4.1.6 漏缆监测系统用于对铁路无线调车系统的漏泄同轴电缆进行实时监测,对漏缆异常状态进行告警预警,记录和分析相关数据。漏缆监测系统包括监测中心、监测单元、采集单元和监测终端等。

4.2 设备管理

4.2.1 监控监测系统和网管设备必须完好可用,失效时应采取必要的应急措施。

4.2.2 监控监测系统和网管设备的使用和维护人员应严格执行操作规则,未经批准不得进行超越职责范围的操作。

4.2.3 在设置多个终端的网管系统中,应对各终端配置不同的管辖范围与权限,实现分权分域管理。

4.2.4 维护单位应建立完善的网管、监控监测系统的运用管理制度,合理设置网管、监控监测系统的告警级别和告警门限值,系统发生告警时,应及时处理,并按程序报告。

4.2.5 监控监测专业与通信其他专业的维护分界。

(1)监控监测专业与传输专业的分界:以传输设备所在机房的配线架上的连接器为界,连接器(不含)至监控监测设备由监控监测系统维护单位负责。

(2)监控监测专业与数据专业的分界:以数据通信设备的配线架上的连接器为界,连接器(不含)至监控监测设备由监控监测系统维护单位负责。

(3)与电源等其他专业分界由维护单位自行确定。

4.2.6 设备维护单位应具备下列主要技术资料。

(1)工程竣工相关资料、验收测试记录;

(2)系统结构总图、监控通道路由图；

(3)监控中心设备、监控站设备、被监控设备安装位置图、布线图；

(4)IP 地址分配表或接入号码表；

(5)设备技术资料(含设备操作手册、安装维护手册、使用说明书等)；

(6)操作系统软件光盘、配套(杀毒)软件光盘、系统安装光盘等软件；

(7)设备台账；

(8)应急预案。

4.3 设备维护

4.3.1 值班人员应实时监视系统的运行状况,对各种异常信息和声光报警,立即处理。对于紧急告警,应立即通知维护单位及相关人员进行处理,并按照规定及时上报。

4.3.2 网管设备。

4.3.2.1 网管服务器维修项目与周期见表 4-1。

表 4-1 网管服务器维修项目与周期

类 别	序号	项目与内容	周期	备 注
日常检修	1	设备运行状态巡视	日	
	2	附属设备及缆线、标签检查	月	
	3	设备表面清扫		
	4	设备防尘滤网清洁		
	5	系统时间校核		
	6	服务器(含客户端)CPU 利用率、内存利用率、硬盘资源占用率检查		
	7	后台日志信息查看		
	8	设备运用台账核对	季	
	9	防火墙检查,系统杀毒软件升级、杀毒		
	10	IP 地址校对		
	11	网管服务器设备配置数据整理与备份		
	12	系统口令修改		
	13	设备地线连接状况检查		雷雨等特殊天气后重点巡查
重点整修	1	系统软、硬件升级	根据需要	

4.3.2.2 网管交换机路由器及其他附属设备维修项目与周期见表 4-2。

表 4-2 网管交换机路由器及其他附属设备维修项目与周期

类别	序号	项目与内容	周期	备　注
日常检修	1	设备运行状态巡视	日	
	2	附属设备及缆线、标签检查	月	
	3	设备表面清扫		
	4	设备端口运用台账核对		
	5	IP 地址校对		
	6	配置数据整理与备份		
	7	高级口令修改		
	8	设备地线连接状况检查	季	
	9	附属设备检查、测试		
	10	数据链路延时、丢包率测试		

4.3.3 监控监测系统维修项目与周期见表 4-3。

表 4-3 监控监测系统维修项目与周期

类别	序号	项目与内容	周期	备　注
日常检修	1	告警实时监控、分析、处理	日	记录误告警、检测数据异常、传输中断等异常情况
	2	巡检监控中心服务器、主机、音箱、显示设备等		
	3	主要软件状态检查		
	4	设备表面清扫检查	月	
	5	系统时间同步检查并校准		
	6	查看系统日志是否有违规操作和错误发生		包括监控监测系统日志、数据库日志和操作系统日志
	7	整理分析告警数据和重要监测数据		统计分析各类告警、设备障碍情况,分析电池特性变化、光纤特性变化、铁塔基础沉降情况等

170

类别	序号	项目与内容	周期	备注
日常检修	8	铁塔监测数据采集单元、监测单元的巡视	月	
	9	日常数据备份		
	10	设备标签及线缆标签检查	季	
	11	前端传感器外观及安装和连接强度检查		
集中检修	1	监控功能验证及监测数据校对	年	可结合现场设备计表进行,检测过程以不影响监控监测系统正常工作为原则。重要功能和指标,应结合现场情况缩短校验校对周期
	2	监控监测系统管理功能校验		告警过滤、查询功能参数配置功能、用户权限配置功能等
	3	整理分析全年的告警数据和重要监测数据		统计分析各类告警、设备障碍情况,分析电池特性变化、光纤特性变化铁塔基础沉降情况等
	4	系统参数校对、调整及数据备份		进行系统门限值等配置参数校对、核实调整,并备份核实调整后的数据
	5	电路(链路)测试		评测中心与监控站间通信通道
	6	检查系统中设备接地状况以及各接口防雷器的外观和连接状况		接地连接应良好,具备防雷器的,外观和连接良好
重点检修	1	系统软、硬件升级	根据需要	
	2	整机检查、调整及更换部件		

4.4 质量标准

4.4.1 服务器。

服务器运行正常、散热良好;按设计要求能完成对设备的故障定位、告警管理、参数配置、用户权限认证等工作;配置数据准确并有备份,CPU利用率应小于80%,内存利用率应小于80%,硬盘空间利用率应小于70%。

4.4.2 显示器及客户端(监控终端)。

显示器显示状态正常,客户端(监控终端)设备运行正常散热良好;能按设计要求完成对网络设备(被监控设备)的故障。定位、告警管理、参数配置、用户权限等各项管理;配置数据准确并有备份。

4.4.3 网络设备。

网络设备运行正常、散热良好;配置数据准确并有备份,CPU利用率应小于 50%,内存利用率应小于 70%。

4.4.4 存储设备。

运行正常、散热良好、存储功能正常。

4.4.5 各类传感(采集)器、监控模块。

4.4.5.1 各类传感(采集)器、监控模块外观完好,安装、连接牢固,功能正常。

4.4.5.2 电源及机房环境监控系统。

(1)遥测量精度:直流电压优于 0.5%;2 V 单体蓄电池电压测量误差 $|u-v| \leqslant 5$ mV;12 V 单体蓄电池电压测量误差 $|u-v| \leqslant 20$ mV;温度测量误差不大于 ± 1 ℃;在环境温度为 25 ℃湿度范围为 30%～80% RH 时,湿度测量误差不大于 5%。

(2)RH:湿度超出 30%～80% RH 时,湿度测量误差不大于 10% RH;其他电量测量误差优于 2%;其他非电量测量误差优于 5%。

(3)门禁(磁):正确显示门的开关状态,遥控、告警等功能正常。

(4)水浸、烟感、红外等:告警功能正常。

(5)灯控:遥控、联动功能正常。

4.4.5.3 光纤监测系统。

(1)对被监测光纤进行 10 次周期(点名)检测,检测结果应全部回传,检测数据偏差和准确性符合以下要求:

①数据偏差

测试的数据偏差以均方差体现,应符合表 4-4 的要求。

表 4-4 光纤监测系统检测数据偏差指标

项 目	稳 定 性	
全程传输损耗	≤0.25 dB(无活动连接器)	≤0.5 dB(有活动连接器)
接续损耗	≤0.25 dB(无活动连接器)	≤0.5 dB(有活动连接器)
长度测试	≤25 m	

②准确性测试

用 OTDR 仪表对监测光纤进行人工测试,记录测试长度传输衰耗和接头衰耗,以此作为参考标准均方值,与周期(点名)测试数据比较,周期(点名)测试的均方差应符合表 4-5 的要求。

表 4-5　光纤监测系统检测数据准确性指标

项　　目	稳　定　性	
全程传输损耗	≤0.25 dB+基准值×5%(无活动连接器)	≤0.5 dB+基准值×5%(有活动连接器)
接续损耗	≤0.025 dB+基准值×5%(熔接接头)	≤0.5 dB+基准值×5%(活动接头)
长度测试	≤25 m+基准值×1%	

(2)告警监测要求

①缓慢变化故障告警

采取人工方法,在监测系统所接入的光路中选择备用光纤,以弯曲方式人为制造衰耗增大,事件点衰耗控制在 0.1~5 dB、活动接头事件点衰耗控制在 0.5~5 dB、任意一点衰耗控制在 1.5~5 dB 范围,监测系统应能以周期测试或点名测试的方式检测出故障并发出告警。

②断纤故障告警

人为断其光路(拔掉活接头),模拟外线突发阻断故障,监测系统应能检测出故障并发出告警。

4.4.6　网络性能指标。

监控中心与监控站间网络时延≤400 ms,网管系统端到端的包时延≤150 ms;端到端的丢包率≤$1×10^{-3}$;端到端的包时延变化≤50 ms,设备编解码时延不大于 500 ms,每一级转发时延不大于 50 ms。

4.4.7　监控监测系统功能性能质量标准。

4.4.7.1　采用有线组网方式的系统,从设备告警发生到监控中心显示出告警信息的时间应小于 4 s(如使用 PSTN 网,则注意要排除连接时间)。

4.4.7.2　监控监测系统不应影响被监测设备的正常运行。系统局部功能模块发生故障时,不影响其他模块的正常运行。

4.4.7.3　监控监测系统处于任何界面,均能自动提示、显示告警信息,并能查询告警的详细情况。

4.4.7.4 系统监测准确性要求。

(1)电源及机房环境监控系统遥信量准确率不小于98%;遥控量准确率不小于98%。

(2)接口监测系统、铁塔监测系统、漏缆监测系统数据采集、解析准确率不小于98%。

4.4.8 铁塔监测系统告警门限值。

4.4.8.1 铁塔水平位移告警门限应符合表4-6的要求。

表4-6 铁塔水平位移告警门限参考值

结构类型	水平位移极限值	
自立塔	u/H_i	1/75
桅杆	u/H_i	1/75
单管塔	u/H_i	1/40

4.4.8.2 铁塔基础沉降变形告警门限应符合4-7的要求。

表4-7 铁塔基础沉降变形告警门限参考值

铁塔高度 H(m)	沉降量允许值(mm)	倾斜允许值 $\tan\theta$	相邻基础间沉降差允许值
$H\leqslant20$	400	$\leqslant0.008$	
$20<H\leqslant50$	400	$\leqslant0.006$	$0.005\times l$
$50<H\leqslant100$	400	$\leqslant0.005$	

注:$\tan\theta=(S_1-S_2)/b$,$\Delta=S_1-S_2$。其中:

S_1、S_2——基础倾斜方向两边缘的最终沉降量(mm);

b——基础倾斜方向两边的距离(mm);

l——相邻基础中心间的距离(mm)。

5 专线电路及接入设备

5.1 一般规定

5.1.1 专线电路是指为冶金铁路运输生产及管理信息化组网或接数据通信网所提供的各种电路。

5.1.2 专线电路接入设备主要包括:传输网、数据网、接入网至用户侧的 XDSL、调制解调器、协议转换器、光电转换器等各类设备。

5.1.3 为加强专线电路及接入设备的维修,设备维护单位应明确专线电路的业务处理及牵头维护单位。

5.1.4　维护单位要建立与用户的定期联系沟通制度。

5.1.5　设备维护单位应合理优化网络结构,将重要专线电路安排在有保护的传输系统上。

5.2　电路管理

5.2.1　设备维护单位宜安排用户中心设备机房所在地的维护单位牵头负责以下工作:

(1)全程电路测试、调整;

(2)指挥、处理电路障碍;

(3)备用电路测试。

5.2.2　专线电路的运用应符合以下规定。

(1)电路各连接点的阻抗应保持匹配状态,音频电路电平和数据通道比特误码率应在规定范围内;

(2)采取双路由自愈环电路或迂回保护电路等安全保护措施,确保重要专线电路的畅通。

5.2.3　若遇通信设备正常计表检修和要点施工,需要中断电路时,应采取相应措施,通知有关用户单位配合。业务恢复后要进行确认。

5.3　设备管理

5.3.1　通信线路与专线电路接入设备的维护分界,以业务端接入通信设备的线路侧接口为分界点,引入线由线路维护单位负责。

5.3.2　维护单位应具备下列主要技术资料。

(1)全程电路和业务系统构成示意图;

(2)专线电路回线和光纤运用台账、径路图;

(3)接入设备及主要仪表的说明书设备维护。

5.4　设备维护

5.4.1　一般要求。

(1)在防洪、防寒季节及遇有重要繁忙运输任务期间,应加强有关通信设备的检查,监视设备的运用状态;

(2)在日常检修中,应与用户单位加强联系,检修工作以不影响用户使用为原则,检修后应对设备运用性能进行全面试验;

(3)在电路测试和障碍处理时,发现的问题应及时处理或纳入重点整修中解决;

(4)定期对设备、电路出现的障碍进行分析、汇总,消除障碍隐患,保证运用良好。

5.4.2 专线电路的维修项目与周期见表5-1。

表5-1 专线电路的维修项目与周期

类别	序号	项目与内容	周期	备 注
日常检修	1	访问用户	月	
集中检修	1	备用电路全程测试	半年	结合传输备用电路测试
	2	专线电路运用台账、标签核对、修改		
	3	保护电路倒换试验	年	配合业务用部门试验
重点检修	1	在用专线电路指标全程测试	根据需要	

5.4.3 接入设备的维修项目与周期见表5-2。

表5-2 接入设备的维修项目与周期

类别	序号	项目与内容	周期	备 注
日常检修	1	设备表面清扫	季	
	2	设备运用状况检查		
重点整修	3	设备性能整治提高,部件更换	根据需要	

5.5 质量标准

5.5.1 数字专线电路(端到端)质量标准。

(1)64 kbit/s 专线电路端到端数据传输时间:$\leqslant$40 ms;2 Mbit/s 专线电路端到端数据传输时延$\leqslant$(0.5N+0.005G)ms,其中 N 是电路含交换机和交叉连接设备的数量,G 是电路长度(km);

(2)端到端数据传输比特差错率$\leqslant 10^{-7}$;

(3)60 min 端到端数据传输误码秒为 0;

(4)60 min 端到端数据传输严重误码秒为 0;

(5)60 min 端到端数据传输滑码秒为 0;

(6)60 min 端到端数据传输同步丢失次数为 0。

5.5.2 数字专线电路误码性能投入业务限值应满足传输网部分

表 2-4～表 2-6 的规定,误码性能不可接受和恢复业务限值应满足表 2-8 的规定。

5.5.3 模拟音频电路传输电路质量标准。

(1)传输电平:二线接口间发送:0 dBr;接收:−7 dBr。

(2)音频口相对电平偏差(二线):±0.8 dB;长期稳定度:±0.6 dB。

(3)四线接口间发送:−14/−3.5 dBr;接收:+4.0/3.5 dBr。

(4)音频口相对电平偏差(四线):±0.8 dB,长期稳定度:±0.5 dB。

5.5.4 开通数字专线的模拟线路质量标准。

(1)线路环阻不超过标准值的 5%;

(2)不平衡绝缘电阻率≤30%;

(3)不平衡电阻≤3 Ω;

(4)线路衰耗不大于标准值的 10%;

(5)杂音电压不大于 2.5 mV。

6 数据通信网

6.1 一般规定

6.1.1 冶金铁路数据通信网设备包括网络设备、网管设备和配套设备。网络设备由路由器、交换机、域名系统、网络安全设备、DSLAM 等组成。配套设备包含光纤配线架(ODF)、以太网配线架(EDF)、数字配线架(DDF)等附属设备。

6.1.2 数据网设置网管系统,并根据需要设置网管终端。

6.2 网络管理

6.2.1 网络管理采用"集中管理、集中监控、集中维护"的方式。

6.2.2 网管职责。

(1)负责网络的集中配置、集中监控;

(2)负责网络数据的统一管理;

(3)负责指挥和处理网络障碍;

(4)负责网络网管设备和域名系统等的日常维护和障碍处理;

(5)定期对全网网络状态、性能、质量进行汇总分析,提出建议;

(6)参与全网性重大疑难问题的分析,提出解决建议;

(7)负责组织网络设备的软件更新、版本升级。

6.2.3 网络安全管理。

6.2.3.1 充分利用网络(系统)提供的安全性措施,保证网络通信和网络管理的安全。

6.2.3.2 严格执行各级管理员口令管理制度。做到分级管理、定期修改。定期分析系统日志文件,检查是否有非法访问系统的情况。各级维护单位必须有相应的网络安全防范措施与应急处理方案,出现非法攻击时,要及时处理、上报。

6.3 设备管理

6.3.1 数据通信专业与其他通信专业的维护分界。

(1)与传输专业分界:以传输机房(或传输设备所在机房)的配线架上的连接器为界,连接器(不含)至数据通信设备由数据通信专业负责;

(2)与通信其他专业分界:以数据设备连接的配线架上的连接器为界,连接器(含)至数据通信设备由数据通信专业负责维护。

6.3.2 数据通信专业与非通信专业分界。

以数据设备连接的配线架上的连接器为界,连接器(含)至数据通信设备由通信专业负责维护。

6.3.3 维护单位应根据测试检修工作需要,配备下列主要仪表和工具:数据网络综合分析仪、网络性能测试仪、光万用表、线缆合测试仪、网线钳等。

6.3.4 维护单位应具备下列技术资料。

(1)相关工程竣工资料、验收测试记录;

(2)系统组网图;

(3)各节点设备硬件配置、使用情况;

(4)机房平面布置图;

(5)机房内布线图,包括通信设备、通信电源、动力及照明等布线图;

(6)设备配置数据台账、IP地址台账、承载业务台账;

(7)设备技术资料(含说明书、维护手册、操作手册等);

(8)软件版本登记表,软件版本的升级资料;

(9)仪表说明书;

(10)应急处理预案;

(11)检修测试记录。

6.4 设备及网络维护

6.4.1 数据网的维护工作要严格执行维护工作计划,按照设备维护操作手册进行维护,发现问题及时处理并详细记录。

6.4.2 路由器、交换机、网络安全设备、DSLAM 的维修项目与周期见表 6-1。

表 6-1 路由器、交换机、网络安全设备、DSLAM 的维修项目与周期别序号

类别	序号	项目与内容	周期	备 注
日常检修	1	设备运行状态巡视	日	网管
	2	设备告警监测	实时	网管,其中对路由器、交换机、网络安全设备的 CPU 和内存占用率采样间隔设为 30 min
	3	日志信息的检查分析	月	网管
	4	设备 CPU、内存占用率监测结果分析		网管对异常情况进行分析,不含 DSLAM
	5	设备时间核对、校准		网管检查设备时间同步配置或时间的校准
	6	DSLAM 的端口状态检查		网管
	7	设备表面清扫、状态检查	季	机房环境未达标时,适当增加频次
	8	附属设备及缆线、标签检查		
	9	防尘滤网的清洁		有施工、人员进或达的机房要适当增加尘网清洁次数
	10	设备配置数据备份并转储		遇有修改及时备份
	11	汇聚层及以上路由器光口的发送光功率、接收光功率检查		网管
集中检修	1	风扇的清洁	半年	
	2	更改设备的各级登录口令	年	网管
	3	设备软件版本核对	年	网管
	4	设备主控板倒换功能检测		网管、现场
重点检修	1	设备版本升级	根据需要	
	2	设备重点问题处理		

6.4.3 网络维护项目与周期见表 6-2。

表 6-2　网络维护项目与周期

类别	序号	项目与内容	周期	备　注
日常检修	1	网络运行状态监	实时	网管,其中对 2、3、4、5、6、7 项的数据间隔设为 30 min。本表 3、4、6、7 项的测试包大小分别为 64 字节和 1 400 字节
	2	网络链路流量监测结果分析	月	网管统计、分析网络链路带宽峰值月平均利用率、最大峰值利用率
	3	网络的点路由器至接端端时		网管统计、分析月超标情况
	4	网络接入路由器的丢试分析		网管统计、分析月超标情况
	5	汇聚层以上链路流量监测结果分析		网管统计分析网络内汇聚层以上链路带宽峰值月平均利用率、最大峰值利用率
	6	网络核心路由器至接入路由器的端到端时延、时延变化测试结果分析		网管统计、分析月超标情况
	7	网络核心路由器接入路由器的丢包率测试结果分析		网管统计、分析月超标情况
	8	流量监测系统的采集结果		网管
集中检修	1	汇聚层以上冗余链路切换试验	年	网管
重点检修	1	网络优化调整	根据需要	

6.5　质量标准

6.5.1　路由器、交换机、网络安全设备指标。

(1)CPU 利用率<50%;

(2)内存利用率<70%。

6.5.2　网络性能指标。

(1)端到端主要性能指标:

网络端到端的包时延≤50 ms;

网络端到端的丢包率≤0.5×10^{-3};

网络端到端的包时延变化≤25 ms。

(2)互联链路带宽峰值月平均利用率指标:

在采用主备疏通方式时,链路带宽峰值月平均利用率小于 10%;在采用分担疏通方式时,链路带宽峰值月平均利用率小于 45%。

计算方法:互联链路带宽峰值月平均利用率＝(当月互联链路带宽每日峰值利用率之和/当月的天数)×100％。

7 电话交换

7.1 一般规定

7.1.1 冶金铁路电话交换设备包括数字程控交换机、软交换机、智能人工交换系统、网管和配套设备。其中,智能人工交换系统包括智能人工交换设备、智能座席设备和电话所录音设备。配套设备包含 DDF、MDF 架等附属设备。

7.2 设备管理

7.2.1 电话交换专业与其他专业的维护分界。

(1)与用户线维护部门的分界:以 MDF 的外线侧接入端子为界,接入端子(含)至数字程控交换机由电话交换专业负责。

(2)与传输专业分界:以传输设备 DDF 连接器为界,连接器(不含)至电话交换设备由电话交换专业负责。

(3)与数据通信专业分界:以接入的网络交换机为界,网络交换机端口(不含)至软交换机由电话交换专业负责。

(4)与运营商设备的分界:以维护协议为准。

7.2.2 网管主要职责。

(1)实时监控电话交换设备的运行状况,收集各种告警信息,发现障碍及时处理。

(2)按照作业计划,完成各种维护测试。

(3)按要求完成局数据、用户数据的增、删、改和备份工作,软件版本的升级和管理工作。

(4)负责备品、备件、技术资料、图纸、台账、仪表的管理。

(5)对告警、设备运行等信息进行统计分析,及时发现问题,提出改进意见,并组织落实。

(6)按要求完成话务数据(话务量、接通率、重要告警、处理机占用率等)的采集分析和处理,定期上报运行质量情况。

(7)负责交换机计费信息的收集。

7.2.3 维护部门应根据测试检修工作需要配备下列主要仪器仪表。

信令分析仪、2 Mbit/s数字数据性能分析仪。

7.2.4 维护部门应具备下列主要技术资料。

(1)相关工程竣工资料、验收测试记录；

(2)系统组网图(含中继方式)；

(3)机房平面布置图；

(4)机房内布线图(包括通信设备、通信电源、动力及照明等布线图)；

(5)各节点设备硬件配置及使用情况；

(6)设备台账、端口运用情况；

(7)局数据和用户数据；

(8)MDF运用图；

(9)设备技术资料(含说明书、维护手册、操作手册等)；

(10)仪器仪表说明书；

(11)应急预案。

7.2.5 特种业务号码分配应符合表7-1的规定。

表7-1 特种业务号码分配表

号码	用 途	号码	用 途
112	电话障碍受理	114	查号、问询

7.3 设备维护

7.3.1 电话交换机维修项目与周期见表7-2。

表7-2 电话交换机维修项目与周期

类别	序号	项目与内容	周期	备 注
日常检修	1	设备运行状态巡视	日	
	2	设备告警监测	实时	发现问题及时处理
	3	忙时话务量统计分析	月	
	4	忙时接通率统计分析		
	5	交换机忙时负荷检查		
	6	磁带机、光盘驱动器清洁及诊断测试		
	7	硬盘空间检查		
	8	基本呼叫拨测		

类别	序号	项目与内容	周期	备 注
日常检修	9	系统时间核对、校准	月	以北京时间为基准
	10	交换机例行测试		
	11	计费数据的制作		
	12	设备表面清扫及状态检查	季	
	13	附属设备及缆线、标签		
	14	系统后备磁带（光盘）		
	15	防尘滤网的清洁或更换		有施工、人员进出频繁或未达标的机房要适当增加防尘网清洁次数
集中检修	1	信号音、通知音检查	半年	
	2	交换机连选功能数据检查		
	3	局数据核对检查	年	
	4	主控板、信令链路的冗余切换试验		

7.3.2 智能人工交换设备维修项目与周期见表 7-3。

表 7-3 智能人工交换设备维修项目与周期

类别	序号	项目与内容	周期	备 注
日常检修	1	系统时间核对、校准	月	以北京时间为基准
	2	铃流及信号音测试检查	季	
	3	系统数据的备份		
	4	设备表面清扫、运行状态检查		
	5	附属设备及缆线、标签检查		
集中检修	1	局数据的维护核对检查	年	

7.3.3 智能座席设备维修项目与周期见表 7-4。

表 7-4 智能座席设备维修项目与周期

类别	序号	项目与内容	周期	备 注
日常检修	1	主机、键盘表面清扫	月	
	2	显示器表面清扫		

冶金企业铁路通信维护规则

类别	序号	项目与内容	周期	备　　注
日常检修	3	外部接口清扫、测试	月	
	4	显示器灰色度检查、调整		
	5	设备配线整理		
	6	驱动器检查清洁		
集中检修	1	内外部清扫、检查	年	
	2	主机电源、风扇清扫、检查		
	3	软盘驱动器清洗、检查		
	4	系统备份文件管理		
重点整修	1	更换、整修零部件	根据需要	
	2	更换配线		

7.3.4　电话所录音设备维修项目与周期见表 7-5。

表 7-5　电话所录音设备维修项目与周期

类别	序号	项目与内容	周期	备　　注
日常检修	1	录音设备的功能试验	月	
	2	设备时间核对、校准		以北京时间为基准
	3	设备表面清扫、运行状态检查	季	

7.4　质量标准

7.4.1　电话交换机维护指标。

(1)硬盘空间占用率应低于硬盘容量的 70%。

(2)忙时话务量统计分析：

用户线话务量<0.2 erl/线,中继线话务量<0.7 erl 线。

(3)忙时接通率统计分析：

局内接通率>99.96%,局间接通率>98%。

(4)交换机忙时负荷检查：

CPU 占用率<70%。

7.4.2　智能人工交换设备维护。

(1)铃流输出

①铃流输出频率为(25±3)Hz;

②铃流输出电压为(75±15)V;

③振铃采用5 s断续,即1 s振,4 s断。

(2)信号音

①信号音频率为(450±25)Hz,在零相对电平点信号功率电平为(-10±3)dBm;

②回铃音为5 s断续音,即1 s振,4 s断;

③长忙信号为0.7 s断续音,即0.35 s振,0.35 s断。

(3)传输指标

①出局电路来话、去话净衰耗≤-7 dBm;

②话务员电路介入衰耗≤0.3 dBm。

(4)电路、中继可用率维护指标

①出局电路可用率≥97%;

②中继可用率≥98%。

8 调度通信

8.1 一般规定

8.1.1 冶金铁路调度通信系统是各级调度室与其所管辖区内运输生产人员之间业务联系使用的专用电话通信系统。

8.1.2 冶金铁路调度通信系统主要设备包括:中心调度交换机、车站调度交换机、调度台、值班台、语音记录仪、网管设备等。附属设备包括:光纤配线架(ODF)、数字配线架(DDF)、音频配线架等。实现站场通信、站间通信、区间通信等与运输指挥相关的通信业务。

8.2 设备管理

8.2.1 调度通信系统的维护分界。

(1)调度通信专业与传输专业的界面:以传输设备所在机房配线架上的连接器为界,连接器(不含)至调度通信设备由调度通信专业负责。

(2)调度通信专业与通信线路专业的界面:以引入室内第一连接处VDF保安器外线端子为界,外线端子(含)至调度通信设备由调度通信专业负责。

(3)调度通信专业与语音记录仪维护单位的界面:以VDF外线端子或语音记录仪输入插座为界,VDF外线端子(含)或语音记录仪输入插座

(不含)至调度通信设备由调度通信专业负责;VDF 外线端子(不含)或语音记录仪输入插座(含)至语音记录仪由设备管理部门指定单位负责。

8.2.2 通信维护单位应根据测试检修需要,配备下列主要仪表和专用工具。

2 Mbit/s 误码仪、信令分析仪、频率计、失真仪、杂音计信号发生器、电平表、卡线刀和剥线钳等。

8.2.3 维护单位应具备下列主要技术资料。

(1)相关工程竣工资料、验收测试记录;

(2)调度通信系统网图;

(3)各类图纸,包括设备平面布置图、机房布线图、设备面板图等;

(4)各类台账,包括设备、端口、线路运用台账(含各处配线端子台账)以及网管、主控板版本台账等;

(5)调度通信系统局向号码,调度台、值班台用户统计以及用户编号台账;

(6)设备技术资料(含说明书、维护手册、操作手册等);

(7)仪器仪表说明书;

(8)应急预案。

8.3 设备维护

8.3.1 调度通信系统的维护主要依靠网管进行,现场维护人员必须在网管值班人员指导下进行维护操作和障碍处理。

8.3.2 网管值班人员应具有全程全网的观念,熟知管内调度通信系统的网络结构和设备运行状态,并具备网管操作、维护指挥和应急处理的能力。

8.3.3 维修项目与周期。

8.3.3.1 中心调度交换机维修项目与周期见表 8-1。

表 8-1 中心调度交换机维修项目与周期

类别	序号	项目与内容	周期	备　　注
日常检修	1	设备巡检:运行指示灯、告警指示灯,每日2次	日	
	2	网管巡视:告警实时监控、分析、处理		
	3	设备外部清扫及缆线检查	月	
	4	网管及设备时间核对调整		

类别	序号	项目与内容	周期	备 注
日常 检修	5	防尘滤网、风扇检查清洁或更换	季	设备时钟跟踪状态检 查通过网管完成
	6	数据核对备份、无效数据清理		
	7	设备时钟跟踪状态检查		
集中 检修	1	设备输入电压测试	年	用户接口电气性能测 试:每套设备按运用用 户板的类型,各抽测一 块用户板中的一个用户 接口
	2	电源板主备用倒换试验		
	3	主控板主备用倒换试验		
	4	数字环板主备倒换试验		
	5	数字环环头、环尾人工切换试验		
	6	地线测试、保安单元调整检查(雷雨季前进行)		
	7	调度电路主备冗余通道试验		
	8	主备调度交换机切换试验		
	9	用户接口电气性能测试		
	10	呼叫优先级、强插、个别呼叫、紧急呼叫、组呼和会议呼叫等主要功能试验		
重点 整修	1	整机清扫、检查及更换部件	根据需要	
	2	检查、调整、更换配线电缆、用户线		

8.3.3.2 车站调度交换机维修项目与周期见表8-2。

表8-2 车站调度交换机维修项目与周期

类别	序号	项目与内容	周期	备 注
日常 检修	1	时间核对调整	月	时间核对、时钟跟踪状 态检查及调整通过网管 完成
	2	设备外部清扫	季	
	3	附属设备及缆线检查		
	4	防尘滤网、风扇检查清洁或更换		
	5	时钟跟踪状态检查		

冶金企业铁路通信维护规则

类别	序号	项目与内容	周期	备注
集中检修	1	输入电源电压测试	年	用户接口电气性能测试:抽测的数量不少于设备数量的5%,每套设备按运用用户板的类型各抽测一块用户板中的一个用户接口
	2	电源板主备用倒换试验		
	3	主控板主备用倒换试验		
	4	数字板主备倒换试验		
	5	配合数字环环头、环尾人工切换试验		
	6	地线测试、保安单元调整检查(雷雨季前进行)		
	7	用户接口电气性		
	8	呼叫优先级、强插、个别呼叫、紧急呼叫、组呼和会议呼叫等主要功能试验		
重点整修	1	整机清扫、检查、调整及更换部件	根据需要	
	2	检查、调整、更换配线电缆、用户线缆		

8.3.3.3 调度台、值班台维修项目与周期见表8-3。

表8-3 调度台、值班台维修项目与周期

类别	序号	项目与内容	周期	备注
日常检修	1	访问用户	日或月	1、2项,调度台每日2次;值班台每月1次
	2	设备巡视		
	3	设备表面清扫、麦克风及连线检查	月	
	4	设备状态、按键灵敏度、时间显示等检查、调整		
	5	主备通道(双接口)、主辅通道呼叫、通话、切换试验		
	6	站间行车电话备用通道(实回线)呼叫通话试验		
	7	调度业务、区间业务、站间业务、站场业务呼叫通话试验		
	8	应急分机呼入、呼出通话试验		
	9	标签核对、更新		

类别	序号	项目与内容	周期	备注
集中检修	1	保安装置及地线测试、检查、调整（雷雨季前进行）	年	具备条件的应入所集中检修
	2	整机清扫、检查、修理更换部件		
	3	检查、调整或更换麦克风		
	4	呼叫通话、通话记录与查询、开机自检等主要功能试验		

8.3.3.4 语音记录仪维修项目与周期见表 8-4。

表 8-4 语音记录仪维修项目与周期

类别	序号	项目与内容	周期	备注
日常检修	1	设备表面清扫、状态检查	月	通信维护单位每月抽查的数量不少于设备总数的 10%
	2	缆线及连接部件检查		
	3	日期、时间核对调整		
	4	调听试验		
	5	标签核对、更新		
	6	记录仪显示功能检查：待机状态、录音状态、播放记录状态	季	
	7	记录仪告警功能试验		
	8	录音文件检查、整理		
	9	地线测试、检查、调整（雷雨季前进行）		
集中检修	1	整机清扫、检查及更换部件	年	具备条件的应入所集中检修
	2	更换老化配线		
	3	调听、监听、转储、显示、时间同步等功能试验		
	4	整机测试（输入信号动态范围、启动录音灵敏度、全通道频率响应、通道信噪比、失真度等）	3 年	

8.4 质量标准

8.4.1 调度通信系统运用质量标准。

8.4.1.1 呼叫准确率。

（1）定义

呼叫准确率＝（呼叫正确的次数/呼叫的总次数）×100％。

（2）指标

呼叫准确率98％。

（3）说明

用户编号与实际一致。

8.4.1.2　听音合格率。

（1）定义

听音合格率＝（声音质量合格的数量/听音总数量）×100％。

（2）指标

呼叫准确率≥95％。

（3）说明

单次听音4分及以上为合格。

8.4.1.3　语音记录仪录音合格率。

（1）定义

录音合格率＝（调听录音合格的数量/调听录音的总数量）×100％。

（2）指标

录音合格率≥98％。

（3）说明

声音质量3分及以上为合格。

8.4.1.4　语音记录仪时间准确率。

（1）定义

时间准确率＝（抽查合格的数量/抽查的总数量）×100％。

（2）指标

时间准确率≥95％。

（3）说明

设备时间与北京时间误差在30 s以内。

8.4.2　调度通信系统设备的外观强度标准。

（1）设备安装牢固、位置适当，使用维修方便；

（2）引入线、配线整齐合理，焊接良好；

（3）各零部件坚固、完整无缺，机内外金属器件无明显锈蚀；

（4）按键、扳键、话机叉簧接点、调度台、值班台键盘操作良好，动作正确灵活，自复及可锁性能良好；

（5）触摸屏表面清洁，无明显划痕，透明度、透光率好，显示内容完整清晰可辨，操作响应灵敏，触摸无漂移；

（6）插接件接触良好，压力适当，动作灵活，印制电路板面无严重损坏或浮起现象；

（7）话筒、耳机绳、软线表皮无破损，芯线无损伤。

8.4.3　调度交换机的质量标准应符合表 8-5～表 8-7 的规定。

表 8-5　调度交换机质量标准（1）

序号	项 目	接口类型和标准					备 注
		2 M 数字接口	Z 接口	磁石接口	下行区间接口	上行区间接口	
1	标称阻抗(Ω)	73/120	(200＋680)/0.1 μF	600	—	—	1. 用户接口含共线接口； 2. 上行区间接口其他特性同磁石接口； 3. 下行区间接口其他特性同磁石接口
2	两线接口电平(dBr)	—	发 0 收－3.5	发 0 收－3.5	5.2±0.9	—	
3	远距离用户环路电阻(Ω)	—	≤3 000	—	—	—	
4	接收灵敏度	—	—	(25±10)Hz ≥30 V 持续 0.5 s	—	－10 dB(5 kHz±100 Hz)	
5	发送频率准确度	—	—	—	(5 kHz±100 Hz)	—	
6	发送信号时长	—	—	(3±0.3) s	—	—	
7	发送铃流	—	—	(25±10)Hz (75±15)V	—	—	

表 8-6　调度交换机质量标准（2）

序号	项　目	接口类型和标准		备　注
		总机音频选号接口	分机音频选号接口	
1	标称阻抗(Ω)	600 或 1 400	≥20 000	
2	两线接口电平(dB)	发送电平 5±2	发送电平 2.6±2.6	
3	接收灵敏度(dB)	—	—34	
4	发送频率准确度(%)	≤±0.4	≤±0.1	
5	接收频率范围(%)	—	±10	
6	Ⅰ/Ⅱ选叫信号持续时间(s)	Ⅰ选叫 2±0.2 Ⅱ选叫 2±0.2		
7	发送信号时长(s)		2±0.2	

表 8-7　调度交换机质量标准（3）

序号	项　目	接口类型和标准			备　注
		音频 2/4 线接口	环路接口	E/M 接口	
1	标称阻抗(Ω)	600	600(摘机)	600	环路接口的其他特性同磁石接口
2	两线接口电平(dBr)	发 0 收—3.5		发 0 收—3.5	
3	四线接口电平(dBr)	发—3.5 收—3.5	—	发—14 收+4	

8.4.4　语音记录仪的质量标准应符合表 8-8 的规定。

表 8-8　语音记录仪质量标准

序号	项　目	标　准	备　注
1	全通道频率响应	电平差—3～+2 dB	
2	通道串音防卫度	≥46 dB	
3	信号失真度	≤10%	
4	查询响应时间	≤6 s	带宽不小于 128 kbit/s
5	声控启动录音灵敏度	应比额定输入信号电平低 10 dB	
6	输入阻抗	(600±30) Ω 或≥15 kΩ	平衡输入
		≥47 kΩ	不平衡输入
7	放音输出功率	≥500 mW	
8	时间精度	≤20 s/月	

9 会 议 通 信

9.1 一般规定

9.1.1 冶金铁路会议通信系统包括电视会议系统和电话会议系统。

9.1.2 电视会议设备包括:多点控制单元(MCU)、电视会议终端(以下简称会议终端)、网管以及摄像机、图像显示设备、视频矩阵、调音台、话筒、会场扩音、网络交换等附属设备,基于 IP 技术的电视会议系统等设备。

9.1.3 电话会议设备包括:会议总机、会议分机、会议汇接架以及调音台、话筒、会场扩音等附属设备。

9.2 电路管理

9.2.1 会议电路和数据链路的定义。

电视会议电路:承载网为传输网时,MCU—MCU 以及 MCU—会议终端之间的电路。

电视会议数据链路:承载网为数据网时,MCU—MCU 以及 MCU—会议终端之间的数据链路。

电话会议电路:电话会议总机(汇接机)间以及电话会议总机—电话会议分机之间的电路。

9.2.2 MCU 间的电路必须具有不同路由。

9.2.3 MCU 至会议终端间的电路必须具有不同路由。

9.3 设备管理

9.3.1 新增会议系统或升级既有设备,要将技术方案报上级主管部门,批准后方可实施。

9.3.2 会议专业与通信其他专业的维护分界。

(1)会议专业与传输专业的维护分界:以传输设备所在机房的配线架上的连接器为界,连接器(不含)至会议设备由会议专业负责。

(2)会议专业与数据通信专业的维护分界:以数据通信设备的配线架上的连接器为界,连接器(不含)至会议设备由会议专业负责。

9.3.3 设备维护单位应根据工作需要配备下列主要仪表:视频信号发生器、视频信号分析仪、分辨率测试标板(ISO 12233)、高清监视器、

2 Mbit/s 数字数据性能分析仪、网络性能测试仪、网络仿真仪、电平表、电平振荡器、兆欧表、噪声信号发生器、测试功率放大器、200 Ω 等效电阻、混响时间、声压计、照度计等。

9.3.4 设备维护单位应具备下列主要技术资料。

（1）相关工程竣工资料、验收测试记录；

（2）全程组网构成示意图；

（3）机房布线系统图（包括传输电缆、网线、外围设备与主机的连接、设备电源线）；

（4）电路（链路）台账，IP 地址台账，DDF 架、VDF 架台账；

（5）MCU 端口运用台账；

（6）设备技术资料（含说明书、维护手册、操作手册等）；

（7）主要仪器、仪表的说明书和使用手册；

（8）应急预案。

9.4 设备维护

9.4.1 会议设备会前检查、试机内容见表 9-1。

表 9-1 会议设备会前检查、试机的内容

序号	设备名称	项目与内容	时间要求	备 注
1	电视会议设备	检查电视会议 MCU、会议终端和附属设备状态、连接线，以及网管告警情况；图像、送受话声音调整	开机后	
2	电话会议设备	检查电话会议总机、分机和附属设备状态、连接线；各路送受话声音调整	开机后	
3	会场准备	1. 通话质量检查	开机后、会前 30 min 及 5 min 各一次	
		2. 图像质量检查		
		3. 双流功能检查	开机后	根据会议需要
		4. 摄像机控制功能检查		
		5. 会议控制功能检查		主席控制或导演控制
		6. 会议接线范围确认		

194

9.4.2 电视会议 MCU 设备维修项目与周期见表 9-2。

表 9-2 电视会议 MCU 设备维修项目与周期

类别	序号	项目与内容	周期	备　注
日常检修	1	设备表面清扫、状态检查	月	
	2	连接线缆、标签检查		
	3	会议控制功能试验		开会频次超过每月 1 次，此项可结合会前检查、试机一并完成
	4	双向音视频功能试验		
	5	双流功能试验		使用频次超过每月 1 次，此项可结合会前检查、试验一并完成
	6	时间检查核对		MCU 和网管
	7	会议模板定制设置校对		网管操作
	8	远端闭音功能试验		
	9	MCU 关机重启	季	
	10	会议参数设置检查、系统日志检查和备份、版本核对		
	11	增减会议点功能试验		网管操作
	12	清洁设备防尘滤网和风扇		
集中检修	1	地线连接检查测试	年	雷雨季前进行
	2	主备电源模块切换试验		
	3	主备主控板切换试验		
	4	热备用业务板切换试验		
	5	主备网口切换试验		
	6	主备用 MCU 倒换试验		
	7	电视会议系统性能测试		
重点整修	1	软件版本升级	根据需求	

9.4.3 电视会议终端设备维修项目与周期见表 9-3。

表9-3　电视会议终端设备维修项目与周期

类别	序号	项目与内容	周期	备　注
日常检修	1	设备表面清扫及状态检查	月	
	2	连接缆线、标签检查		
	3	遥控器功能检查		
	4	图像、通话试验:音频输出、音频输视频输出、视频输入		
	5	软件设置检查:会议名称、入会方式	季	
	6	视频源切换功能试验		
	7	双流功能试验		
	8	会议控制功能试验(主席控制)		
重点整修	1	软件版本升级	根据需要	

9.4.4　电话会议总机的维修项目与周期见表9-4。

表9-4　电话会议总机的维修项目与周期

类别	序号	项目与内容	周期	备　注
日常检修	1	设备表面清洁及状态检查	月	
	2	连接线缆、标签检查		
	3	全程通话试验		
	4	外线电阻检测(本地实回线用户)	季	
集中检修	1	整机清扫、检查	年	
	2	质量标准测试、调整		
	3	保安装置及地线测试、调整		雷雨季前做

9.4.5　电话会议分机的维修项目与周期见表9-5。

表9-5　电话会议分机的维修项目与周期

类别	序号	项目与内容	周期	备　注
日常检修	1	设备表面清扫及状态检查	月	
	2	全程通话试验		
集中检修	1	整机清扫、检查	年	
	2	质量标准测试、调整		
	3	保安装置及地线测试、调整		雷雨季前做

9.4.6 会议附属设备的维修项目与周期见表9-6。

表 9-6　会议附属设备的维修项目与周期

类别	序号	项目与内容	周期	备　注
日常检修	1	设备表面清扫及状态检查	月	
	2	连接线缆检查		
	3	图像、通话试验:音频输出、音频输入、视频输出、视频输入		
	4	摄像机设置及控制检查		
	5	调音台功能检查		
	6	电视墙(显示器等)功能检查		
	7	功放功能检查		
	8	视频矩阵功能检查		
	9	话筒功能检查		
	10	清扫附属设备防尘滤网和风扇	季	
集中检修	1	会场及扩音系统声学特性测试	年	

9.5　质量标准

9.5.1　电视会议质量评定采用主观评价,五分制评定标准。

5 分标准:声音、图像清晰可辨。

4 分标准:图像基本无拖尾、方块效应现象;声音较清晰无回声及自激现象。

3 分标准:图像有跳跃或重影现象;声音有干扰但能勉强听清;图像和声音不同步。

2 分标准:图像方块效应现象严重;声音严重断续或音质辨别困难。

1 分标准:图像冻结,无声音。

9.5.2　电视会议 MCU 设备的质量标准应符合表 9-7 的规定。

表 9-7　电视会议 MCU 设备的质量标准

序号	项　　目	标　　准	备　　注
1	会议控制功能试验	主席、导演控制功能正常;其他会议终端在主席、终端释放主席前不能申请主席	主席、导演控制功能:广播会场,点名发言,自由讨论,终端列表,挂断、增加、删除会场,轮询会场,观察会场,结束会议

序号	项 目	标 准	备 注
2	双向音视频功能试验	主观评价 4 分及以上	
3	双流功能试验	在正常进行会议时,各终端间实现电子白板、文件传输和播放影音文件、PPT 功能	
4	远端闭音功能试验	在正常进行会议时,可通过网管关闭任意会场的声音输入	
5	会议模板定制设置校对	校对会议范围、视频格式、音频协议是否符合会议要求	
6	增减会议点功能试验	在正常进行会议时,可通过网管增加和删除会场,且会议不会中断	
7	主备电源模块切换试验	切断主用电源模块,设备应能自动启动备用电源模块,且会议不会中断	
8	主备主控板切换试验	拔掉主控板或主控板线,设备应能自动启动备用主控板,且会议不会中断	
9	热备用业务板切换试验	拔掉某一块业务板,设备应能将业务处理切换到其他业务板上,且会议不会中断	
10	主备网口切换试验	拔掉主用网口网线,设备应能自动把通信线路从主用网口线路切换到备用网口线路	
11	主备用 MCU 倒换试验	模拟主用 MCU 故障后,系统应能立即将会议切换到备份 MCU 上	

9.5.3 电视会议终端设备的质量标准应符合表 9-8 的规定。

表 9-8 电视会议终端设备的质量标准

序号	项 目	标 准	备 注
1	图像、通话试验	主观评价 4 分及以上	
2	双流功能试验	在正常进行会议时,各终端间实现电子白板、文件传输和播放影音文件、PPT 功能	
3	会议控制功能(主席控制)试验	主席控制功能正常	主席控制功能:广播会场,点名发言,自由讨论,终端列表,挂断、增加、删除会场,轮询会场,观察会场,结束会

9.5.4 电视会议系统性能质量标准应符合表9-9的规定。

表 9-9　电视会议系统性能质量标准

序号	项　目	标　　准	备　　注
1	视频信号分辨率测试	达到系统标称的分辨率,如 CIF(352×288)、4CTF(704×576)、D1(720×576)、720P(1 280×720)、1080P(1 920×1 080)	使用信号发生器接入发送端会议终端,发送标准分辨率视频信号,将监视器接入接收端会议终端,观察视频画面分辨率
2	视频信号电平测试	全电视信号:V_{PP}±0.1 V;RGB信号:700 mV(PAL-D 制式);714 mV(NTSC 制式)	使用信号发生器将标准的 1 V_{PP}送入发送端会议终端,在接收端会议终端视频输出接口用音视频信号分析仪测量视频信号幅度和 RGB信号幅度
3	视频信号灰度等级测试	视频信号灰度等级没有损失	使用信号发生器将测试信号送入发送端会议终端,测试信号灰度等级不小于 10 级,在接收端会议终端视频输出接口用音视频信号分析仪测量接收信号灰度等级
4	视频信号几何失真测试	显示图案没有几何失真	使用信号发生器将测试信号(圆形图案)送入发送端会议终端,将监视器接入接收端会终端,观察所显示的图形
5	抗网络损伤测试(承载网为数据网)	图像和声音质量应基本保持不变,在网络损伤结束后应能迅速恢复	将网络仿真仪接在发送端会议终端和 MCU 间,分别模拟以下网络:1. 丢包率 1%、3%、5%;2. 时延 60 ms、100 ms、200 ms;3. 抖动 20 ms、600 ms、800 ms,时延为 100 ms
6	电视会议电路传输性能测试	1. 比特误码率小于 $1×10^{-6}$;2. 无误码秒 EFS 大于 92%	端对端测试
7	电视会议数据链路性能测试	1. 端到端时延小于 200 ms;2. 丢包率小于 1%;3. 网络时延抖动不超过 50 ms	

9.5.5 电话会议总机的质量标准应符合表9-10的规定。

表 9-10　电话会议总机的质量标准

序号	项　目	标　准	备　注
1	各点电平偏差	±2.0 dB	与规定电平比
2	输入输出阻抗	(600±120) Ω	800 Hz 时
3	幅频特性	+1.0 dB	在 300～3 400 Hz 频带内与 1 000 Hz 规定电平比
		−2.0 dB	
4	非线性失真	送信<4%	测试频率为 400 Hz,测试电平比额定电平提高 7 dB 时
		收信<5%	测试频率为 400 Hz,接收放大器输出功率为 3 W 时(8 Ω 负载)
5	杂音防卫度	>48 dB	
6	四线收发信间串音防卫度	>48 dB	测试频率为 1 000 Hz,电平比额定电平提高 7 dB 时
7	绝缘电阻(外线端子对地)	>10 MΩ	用 500 V 兆欧表测量

9.5.6　电话会议分机的质量标准应符合表 9-11 的规定。

表 9-11　电话会议分机的质量标准

序号	项　目	标　准	备　注
1	各点电平偏差	±2.0 dB	与规定电平比
2	幅频特性	+1.0 dB	在 300～3 400 Hz 频带内与 1 000 Hz 规定电平比
		−2.0 dB	
3	增益	发信 5 dB	当传声器的输入电平为 −43 dB(高阻)时
		收信>500 mV	当二线端输入电平为 −17 dB(600 Ω)时,扬声器输出电平
4	杂音防卫度	>52 dB	去掉传声器
5	绝缘电阻(外线端子对地)	>10 MΩ	用 500 V 兆欧表测量

9.5.7　会场及扩音系统声学特性标准符合表 9-12 的规定。

表 9-12 会场及扩音系统声学特性标准

序号	项 目	标 准	备 注
1	声扬不均匀	1 kHz、2 kHz 和 4 kHz 时≤10 dB	1. 测试声源采用噪声信号发生器和测试功率放大器（或一组独立扩声系统），测试信号采用 1/3 倍频程粉红噪声，频率为 1 kHz 和 4 kHz； 2. 测试音源放置在离话筒 0.5 m 处，打开扩声系统，使场内达到一定声压级（选取 85～90 dB 左右）； 3. 根据会场面积，选取多点使用声级计测试声压级
2	最大声压级	额定通带内的有效值≥90 dB	1. 测试声源采用噪声信号发生器和测试功率放大器（或一组独立扩声系统），测试信号采用 1/3 倍频程粉红噪声； 2. 测试音源放置在离话筒 0.5 m 处，调节噪声源及扩声系统输出，使扬声器系统的输入电压相当于系统 1/10～1/4 设计使用功率的电平值，当声压级接近 90 dB 时，可用小于 1/10 的设计使用功率； 3. 根据会场面积，选取多点使用声级计，在系统的传输频率范围内，测出每个 1/3 倍频程频带声压级； 4. 经过计算求出相应频带的平均声压级及设计使用功率时的最大声压级
3	混响时间测试	≤1.9 s	1. 测试声源采用噪声信号发生器和测试功率放大器（或一组独立扩声系统），测试信号采用 1/3 倍频程粉红噪声； 2. 测试音源放置在离话筒 0.5 m 处，调节扩声系统输出，使测点处的信噪比满足不低 35 dB 要求； 3. 测量频率包括 6 个倍频程中心频率：125 Hz、250 Hz、500 Hz、1 kHz、2 kHz、4 kHz，在会场听众区内选取 5 个测试点进行测量
4	总噪声级	<NR35	1. 扩声系统增益控制置于最高可用增益位置，系统传声器不接，以 200 Ω 等效电阻代替，接入调音台的传声器输入端口； 2. 根据会场面积，选取多点使用声级计在 63～8 000 Hz 范围内按倍频程带宽取值； 3. 经过计算求出噪声声压级的平均值，以 NR 曲线评价； 4. 测量时，厅堂内的设备（如通风、空调、调光等产生噪声的设备）全部关闭

9.6 运行管理

9.6.1 设备管理部门负责组织相关维护单位进行设备维护与障碍处理，以及负责会议系统值机保障工作。

9.6.2 会议期间的障碍处理应遵循分级负责和尽量缩小影响范围的原则。当会议系统发生障碍影响会议时,应迅速启动应急预案,恢复会议,并及时逐级上报。

9.6.3 值机人员应由专职人员负责会议值机工作,遇重要会议应双人值机。值机人员必须严格按照操作规则履行职责。

9.6.4 值机人员应按照要求接线,不得随意接入与本次会议无关的终端设备。

9.6.5 会前 30 min 开机试线期间,值机人员应监听、监视主会场播放的音视频信号,以便确认通道和本端音视频设备运行状态良好,发现问题及时处理。

9.6.6 会议期间(含会前试机时间)值机人员应严守工作岗位,认真监听和监视,严禁脱岗和在岗期间办理与会议无关的事项,随时根据主会场和用户要求切换音视频信号。

9.6.7 会议结束后,值机人员应填写日志,对本次会议的试机情况、发言与收听收看效果,以及突发情况进行登记。

9.6.8 所有运行维护管理人员,均应熟悉并严格执行安全保密制度。

(1)外部人员进入机房,应经上级批准,方可入内。值班人员应对外来人员的工作内容进行有效监督。

(2)根据会议主办方要求进行录音、照相、录像,不得任意复制。音视频会议设备的资料以及会议的音像资料不得擅自携带出机房,防止失密。

9.7 会议室环境要求

9.7.1 会议室在召开电视会议时应全部采用灯光照明,避免自然光进入室内。灯光应充分漫射,使与会者面部得到均匀的光照,主席区的平均照度应不低于 800 lx,一般区域的平均照度应不低于 500 lx。光源宜采用三基色灯(色温 3 200 K)。

9.7.2 会议室应有会场名称标志牌。

10 铁塔、机房空调、箱式机房

10.1 一般规定

10.1.1 铁塔、机房空调、箱式机房是冶金铁路通信网重要的配套设备,维护工作应突出其专业特点,确保设备的安全、可靠运行。

10.1.2 铁塔作为无线网和机车无线调度通信系统天线以及视频监控设施的安装载体,包括钢管塔、角钢塔、单管塔的类型。一般由塔体、基础、防雷接地和平台、爬梯、防护网、电线支架等附属设施组成。

10.1.3 机房空调一般由空气处理机、冷凝器、加湿器、压缩机、电气控制部分及管路等组成。

10.1.4 箱式机房主要由箱体、房内配套设备、电磁屏蔽、防雷及接地等组成。房内配套设备主要包括动力配电设备、照明系统、空气调节系统、防静电地板、消防系统等。

10.2 设备管理

10.2.1 铁塔投入使用后,任何单位和个人不得随意附挂其他设施。确需附挂的由专业技术部门对铁塔载荷等技术性能进行评估,满足铁塔安全条件,经设备管理部门同意后方可实施。

10.2.2 铁塔维护检测单位应配备下列仪表、工器具。

电子经纬仪、接地电阻测试仪、磁性覆层厚度测量仪、超声波探伤仪、水准仪、混凝土回弹仪、混凝土碳化深度测量仪、非金属超声测检测仪、裂缝宽度观测仪、水平尺、扭矩扳手、普通塞尺、放大镜等。

10.2.3 箱式机房及机房空调维护单位应根据维护需要,配备下列仪表、工器具:

万用表、钳形电流表、兆欧表(耐压 500 V)、接地电阻测试仪、温湿度测试仪、风速仪、高低压压力表、空调查漏仪、真空泵、高压水洗机等。

10.2.4 铁塔维护单位应具备下列技术资料。

(1)铁塔地质勘探资料(建于地面上的通信铁塔),铁塔与支撑铁塔基础的建筑物相关的受力分析及计算报告(建于建筑物上的通信铁塔);

(2)设计文件和图纸;

(3)铁塔施工质量控制的技术资料,包括施工记录、基础隐蔽工程记录、铁塔出厂合格证和材质质量证明材料、产品质量检验检测报告、施工监理记录;

(4)竣工验收资料;

(5)铁塔工程质量验收时专业技术机构出具的检验检测报告;

(6)设备台账(主要包括类型、规格、高度、生产厂家、施工单位、竣工时间等内容);

（7）应急预案。

10.2.5　机房空调、箱式机房维护单位应具备下列技术资料。

（1）竣工资料、验收测试记录；

（2）机房设备分布平面图；

（3）供电系统径路图和配线表（应标明电缆型号、规格、长度条数、路径）；

（4）防雷、接地装置安装、埋设位置图，接地线分布图；

（5）机房空调上下水系统图，空调管道走向分布图；

（6）设备技术资料（含设备及仪表说明书、维护手册、操作手册等）；

（7）设备台账（主要包括类型、规格、生产厂家、施工单位、竣工时间等内容）。

10.3　设备维护

10.3.1　铁塔。

10.3.1.1　铁塔由铁路通信维护单位负责维护。对于维护单位无法自行完成的维护项目，可委托具有相应资质的单位承担。

10.3.1.2　从事铁塔登高作业维护人员应按照国家法律法规规定，经过专业机构培训，考试合格，取得国家特种作业操作合格证书后方可上岗作业。

10.3.1.3　铁塔应设置防攀爬、防拆盗等防护措施，临近公路、交通要道设置的铁塔，宜采取防冲撞措施。

10.3.1.4　铁塔维修项目与周期见表 10-1。

表 10-1　铁塔维修项目与周期

类别	序号	项目与内容	周期	备　　注
日常检修	1	铁塔监测告警、倾斜度及基础沉降情况检查	日	利用铁塔监测系统进行此项检查
	2	铁塔倾斜度、基础沉降告警分析	月	监测铁塔监测系统，发现问题及时分析处理
	3	铁塔外观结构，地锚、螺栓检查		1. 巡视检查，发现问题及时处理； 2. 对于具有铁塔监测系统的检修周期可调整为每季检查1次； 3. 发生台风地震等自然灾害后，应及时检查铁塔工作状态
	4	铁塔平台、爬梯、防护网、天线支架等附属构件外观检查		
	5	铁塔基础状态及周围环境检查		
	6	检查地线连接情况		
	7	航空标志灯、安全警示标志牌检查		

类别	序号	项目与内容	周期	备　注
集中检修	1	铁塔外观结构强度及裂纹检查，各构件、部件固定螺栓检查，全塔螺栓紧固	半年	登塔检查、紧固螺栓，发现问题及时处理
	2	铁塔平台、爬梯、防护网、天线支架等附属构件安装牢固度检查，螺栓紧固		
	3	塔底垂直度检测	年	应在小于二级风、阴天或清晨阳光未照射塔体时，用经纬仪在两个互相垂直的方向对塔体结构进行垂直度检测，具有监测系统的可进行监测准确性校验
	4	铁塔主要构件的焊缝检查、处理	年	对一、二级焊缝进行超声波探伤检测，发现焊缝有开裂情况应对开裂位置做好记录并及时处理
	5	地线测试、整修、避雷针及雷电引下线检查、整修		发现连接不良应重新焊接，发现缺失及时补齐
	6	检查塔体构件、焊缝、锚栓、螺栓、螺母等防腐涂层及锈蚀情况		发现镀锌层有局部破损，应将破损部位清理干净，涂防锈底漆两次，面漆两次
	7	铁塔基础及周围地质结构检查、处理		基础或周围发生开裂、下沉、塌陷突起时，应对基础进行加固整修，恢复原有水平
重点检修	1	塔体垂直度问题处理	根据需要	超过标准应进行矫正处理
	2	全塔结构件形变及裂纹处理；塔体锚栓、螺栓、螺母整修；塔体构件、焊缝、法兰等问题整修；铁塔平台、爬梯、防护网、天线支架等附属构件整修		发现问题及时处理
	3	塔体构件、焊缝、锚栓、螺栓、螺母等防锈处理，涂漆整修		油漆工作宜在环境温度5℃～38℃之间，相对湿度不大于85%，条件下进行
	4	塔基混凝土裂缝、基础变形和损伤检测处理		发现问题及时处理
	5	塔基混凝土强度、碳化深度检测		
	6	塔基周围地质结构或塔基相关建筑物结构损伤处理		发现问题及时处理
	7	防雷地线与接地体检查整修，避雷针与引下线的连接、强度、锈蚀问题处理		

10.3.1.5 铁塔重点整修竣工后,应严格按照自验、维护单位验收方式进行验收。涉及主要结构强度或工作量较大的铁塔重点整修应交验下列技术资料。

(1)工程施工记录;

(2)检查、验收记录(包含隐蔽工程);

(3)竣工、验收资料。

10.3.2 机房空调

10.3.2.1 维护单位应定期对空调的工作状况进行专业的检查测试,及时掌握设备状态,并对空调进行有针对性的整修和调测,保证系统运行稳定。

10.3.2.2 机房空调维修项目和周期见表 10-2。

表 10-2 机房空调维修项目与周期

类别	序号	项目与内容	周期	备 注
日常检修	1	检查空调工作状况	月	周期可根据季节适当调整
	2	检查空调的回风温度、湿度显示值及设定值		
	3	检查空调给、排水管路		
	4	清洁或更换空气过滤装置		
	5	核对空调的回风温度、湿度显示值	季	用仪表测量;周期可根据季节适当调整
	6	遥测、通信、遥控功能及数据核对试验		与电源及机房环境监控系统配合完成;周期可根据季节适当调整
集中检修	1	检测空调系统功能、性能及参数设置值	年	
	2	检查设备保护接地、导线绝缘以及管路防护措施状况		
	3	紧固接点螺丝,检查和处理室外空调机架或风道的腐蚀情况		
重点整修	1	更换风扇、皮带等老化部件	根据需要	
	2	补充制冷剂		
	3	整修管路等		

10.3.3　箱式机房。

10.3.3.1　箱式机房维修项目与周期见表 10-3。

表 10-3　箱式机房维修项目与周期

类别	序号	项目与内容	周期	备　　注
日常检修	1	机房地面清洁	月	遇有台风、地震等自然灾害后及时检查
	2	机房外观和房门状况检查		
	3	机房密封状况和通风设施检查		
	4	机房照明检查	季	室内温湿度与机房环境监测系统核对
	5	机房室内温湿度检查		
集中检修	1	接地装置检查和接地电阻测试	年	雷雨季节前
	2	房屋基础检查		
	3	防静电地板接地检查		
重点整修	1	房屋基础、防静电地板整修	根据需要	
	2	箱式机房除锈油饰、破漏修补		
	3	消防、接地装置等设施整修		

10.4　质量标准

10.4.1　铁塔。

10.4.1.1　铁塔构件牢固,无缺损、扭曲、弯折、裂缝、塑性变形,焊缝无开裂、无严重锈蚀;各部位螺栓、螺母齐全、无松动;法兰盘连接牢固、平整,法兰实际接触面与设计接触面之比不少于 75%;塔脚底板与基础面接触良好。

10.4.1.2　铁塔基础牢固可靠,无沉降、偏移,混凝土无裂缝、酥松,塔脚周围地质结构或土体无开裂、塌陷、下沉、滑移、突起、积水,塔基周围防洪设施或边坡无坍塌或损坏,塔基相关建筑物结构牢固、无损伤。

10.4.1.3　铁塔拉线及部件无锈蚀、松弛、断股、抽筋,拉线及地锚受力均衡,地锚无松动。铁塔爬梯、工作台牢固可靠、无松动、无结构损伤。

10.4.1.4　螺栓紧固力矩应满足表 10-4 的要求。

表 10-4　普通螺栓紧固力矩

螺栓规格	M12	M16	M20	M24
扭矩值(N·m)	40	80	100	250

注:表中数值按 4.8 级螺栓确定,8.8 级、10.9 级螺栓的紧固力矩可乘 1.5 倍。

10.4.1.5 在小于 2 级风、阴天或清晨阳光未照射塔体的天气下,自立式铁塔身中心垂直度偏差不大于 1/1 000;单管塔、桅杆中心垂直度偏差不大于 1/750。

10.4.1.6 铁塔基础沉降变形允许值见表 10-5。

表 10-5 铁塔基础沉降变形允许值

铁塔高度 H （m）	沉降量允许值 （mm）	倾斜允许值 $\tan \theta$	相邻基础间沉降 差允许 Δ
$H \leqslant 20$	400	$\leqslant 0.008$	0.005×l
$20 < H \leqslant 50$	400	$\leqslant 0.006$	
$50 < H \leqslant 100$	400	$\leqslant 0.005$	

注:$\tan \theta = (S_1 - S_2)/b$,$\Delta = S_1 - S_2$。

其中:S_1、S_2——基础倾斜方向两边缘的最终沉降量(mm);

　　　b——基础倾斜方向两边缘的距离(mm);

　　　l——相邻基础中心间的距离(mm)。

10.4.1.7 塔体结构构件的弯曲矢高允许偏差应小于构件长度的 1/1 000,且不大于 5 mm。

10.4.1.8 对于生锈面积超过构件面积 40% 的构件应对整个构件进行除锈并油漆防锈处理;对于生锈构件数量超过全塔构件数量 50% 的铁塔,应对全塔进行除锈并油漆防锈处理,油漆涂层的干漆膜厚度不小于 150 μm,允许偏差 ±25 μm。

10.4.1.9 除锈质量应符合表 10-6 的规定。

表 10-6 除锈质量标准

涂料品种	除锈等级
油性酚醛、醇酸等底漆或防锈漆	St2
高氯化聚乙烯、氯化橡胶、氯磺化聚乙烯、环氧树脂、聚氨酯等底漆或防锈漆	Sa2
无机富锌、有机硅、过氯乙烯等底漆	Sa2 $\frac{1}{2}$

10.4.1.10 与机房地网相连的铁塔接地电阻不大于 1 Ω,不与机房连接的铁塔单独设置防雷接地体时,接地电阻不大于 10 Ω。

10.4.2 机房空调。

10.4.2.1 运行中的空调设备应无异声、异味，无告警。

10.4.2.2 空调设备应外观清洁，冷凝器翅片、蒸发器翅片清洁，加湿罐或加湿水盘内无水垢。

10.4.2.3 制冷、制热、加湿、除湿以及显示和告警等各项功能正常。

10.4.2.4 给、排水管路和制冷管道均应畅通、无渗漏、堵塞；保温层无破损；导线无老化现象。

10.4.2.5 风机、风扇转动正常，皮带、轴承状态良好，出风口风速正常。

10.4.2.6 设备保护接地连接牢固可靠，各电气元件外观正常，各接点螺丝连接牢固。

10.4.2.7 空调工作电压应在额定值的±10％以内；压缩机、风机、加湿器、加热器以及冷凝器的工作电流不应超过额定值。

10.4.2.8 空调回风温度设置值在 17～28 ℃范围时，温度控制精度为±1 ℃；空调相对湿度设定在 40％～60％范围时，相对湿度控制精度为±10％。

10.4.2.9 空调压缩机压力应符合产品技术手册中的要求。

10.4.3 箱式机房。

10.4.3.1 机房涂层表面应无起皱、起泡、粉化、脱离、分层、生锈等缺陷。

10.4.3.2 箱体及部件不应出现以下问题：

(1)影响正常使用的永久变形或异状；

(2)内部装饰面板严重翘曲、戳穿、碎裂等；

(3)密封橡胶、密封胶膨胀、开裂、脱落等；

(4)房门、门锁等活动部件不灵活，关(锁)不住、卡死等；

(5)安装件位移超过公差或损坏。

10.4.3.3 房间内照明灯具完好，照度能满足设备安装、操作、维护要求，应急照明时间不小于 120 min。

10.4.3.4 房门、开孔格栅等与钢制箱体间、箱式机房基本单元间电气连接良好。设置避雷针、带装置的厢房，避雷装置与箱体间连接良好。

11　应急通信

11.1　一般规定

11.1.1　冶金铁路应急通信(以下简称应急通信)是当发生自然灾害或突发事件等紧急情况时,为确保铁路运输实时救援指挥的需要,在突发事件救援现场内部、现场与应急救援指挥中心之间以及各相关救援中心之间建立的语音、图像和数据的通信。

11.1.2　应急通信设备包括应急中心通信设备和应急现场通信设备。

(1)应急中心通信设备包括应急中心主设备、应急指挥台、应急操作台、应急值班台、音视频终端、显示设备和网管终端等。

(2)应急现场通信设备分为 A、B、C、D 四类。

A 类设备是搭载在应急通信车以及救援车上的应急通信设备,提供图像(动图、静图)、数据、多路语音、内部通信、视频会议等业务,主要设备有:电视会议终端以及显示器等。

B 类设备是用于现场指挥通信的应急通信设备,提供图像(动图、静图)、数据、多路语音、内部通信等业务,主要设备有:现场通信平台、图像采集设备、接入设备以及移动、固定语言终端等。

C 类设备是便携应急通信设备,提供语音、静图等业务,主要设备有:静图终端、照相机、公网移动终端、GSM-R 移动终端等。

D 类设备提供语音业务,主要设备有自动电话机、磁石电话机、区间复用设备及区间引入线缆等抢险设备器材等。

11.1.3　现场设备数量及配置地点,应根据厂内铁路线路和交通情况,按照《铁路交通事故应急救援规则》规定的各项时限要求确定。

11.1.4　应急通信现场设备的配置地点,应在通信维护部门、设备管理部门备案。

11.1.5　维护单位应定期组织应急通信演练,保证响应时间、话音与图像的通信效果,满足使用要求。

11.2　设备管理

11.2.1　应急通信的维护应纳入计表。应急通信物资、器材、工具等,应储备足够数量并固定存放,设专人保管,保证处于良好状态,不得挪作他用。

11.2.2 应急通信的维护部门应根据工作需要,配备下列主要仪表和专用工器具。

2M 误码测试仪、线缆综合测试仪、交通工具、帐篷、折叠桌椅、照明器材等。

11.2.3 应急中心设备维护部门应具备下列主要技术资料。

(1)相关工程竣工资料、验收测试记录;

(2)应急通信系统网图、区间电缆回线运用台账和基站分布位置图;

(3)各类图纸,包括设备平面布置图、机房布线图、设备面板图等;

(4)各类台账,包括设备、端口、线路运用台账(含各处配线端子台账)、IP 地址以及系统、主要板件的软硬件版本台账等;

(5)应急通信现场设备配置以及现场设备号码分配表;

(6)设备技术资料(含说明书、维护手册、操作手册等);

(7)仪器仪表说明书;

(8)应急预案。

11.2.4 应急现场设备维护部门应具备下列主要技术资料。

(1)应急现场设备连接示意图;

(2)基站分布位置图;

(3)各类台账,包括设备、端口、线路运用台账(含各处配线端子台账);

(4)现场设备 IP 地址及号码分配表;

(5)现场设备技术资料(含说明书、维护手册、操作手册等);

(6)应急预案。

11.2.5 每次应急救援、应急通信演练后,设备管理部门、应急中心通信设备维护人员应及时对图像资料整理归档,救援图像保留 1 年,演练图像保留 3 个月。

11.3 设备维护

11.3.1 应急通信设备、器材按照日常检修、集中检修、重点整修三种方式纳入维修体系。防洪、防寒季节及遇有重要繁忙通信保障任务期间,应增加检查频次。

11.3.2 光电缆线路以及传输、接入等应急通信经由的设备按各专业维修项目周期执行计表,发现问题时应及时通知相关部门处理,确保应急通信系统畅通。

11.3.3 应急设备的维修项目与周期。

应急通信设备的维修项目与周期见表 11-1。

表 11-1 应急通信设备的维修项目与周期

类别	序号	项目与内容	周期	备　注
日常检修	1	设备巡检	日	
	2	告警实时监控、分析、处理		网管
	3	设备(含网络设备及附属设备)外部清扫检查	月	
	4	连接缆线、连接件检查		
	5	设备风扇和防尘滤网清洁		
	6	系统数据检查及数据备份		
	7	各种终端设备(应急指挥台、应急值班台、音视频终端等)清扫检查、数据核对及功能试验		
集中检修	1	输入电压测试	年	
	2	主备冗余通道切换试验		
	3	主备冗余板件切换试验		
	4	应急通信设备功能试验		
	5	各种终端、附属设备检修、调整		
	6	地线测试、保安单元检查调整(雷雨季节前)		
	7	应急 2M 电路、数据链路检查试验以及数据链路的性能测试		
	8	中继线检查,呼叫通话试验		
重点装修	1	整机检查、调整及更换部件,软件升级,IP 地址核对	根据需求	
	2	更换老化配线		

11.4 质量标准

11.4.1 应急通信设备的质量标准应符合表 11-2 的规定。

表 11-2 应急通信设备的质量标准

序号	项　目	标　准	标注
1	设备安装	牢固、位置适当、维护方便	
2	设备部件连接	部件紧固,完整,接触良好	

序号	项　目	标　准	标注
3	触摸屏	表面清洁,无明显划痕,透明度、透光率好,显示内容完整清晰可辨,操作响应灵敏	
4	话音质量(MoS)	≥4	
5	语音呼叫接通率	≥99%	
6	应急指挥台、应急操作台保持的路数	≥4 方	
7	同时接入现场设备数量	≥3	
8	支持的会议组数	≥4	
9	音视频终端与应急现场固定用户的呼叫响应时延	≤2 s	
10	视频的分发和转发	分发≥30 路 转发≥4 路	

12　广播与站场通信

12.1　一般规定

广播与站场通信是指为冶金铁路运输进行作业指挥、业务联系的通信设备。

广播设备主要指站场扩音对讲设备(或广播)。

站场通信设备包括站场电话集中机、道口值守电话、桥隧守护电话以及其他有关设备及附属设备等。

12.2　设备管理

12.2.1　站场扩音对讲设备(或广播)、站场通信设备和站场通信线路的维护分界,以光、电缆引入通信机械室的 ODF、VDF 架(盒)、电缆分线箱外线端子为分界点。

12.2.2　设备维护部门应根据测试检修工作需要,配备下列主要仪表:电平振荡器、选频电平表、杂音计。

12.2.3　设备维护部门应具备下列主要技术资料。

(1)相关工程竣工资料、验收测试记录;

(2)系统网络构成示意图;

(3)各类图纸,包括设备平面布置图、机房布线图、设备面板图、站场通信网图和站场光、电缆径路示意图及变更记录等;

(4)各类台账,包括设备、端口、引入光电缆芯线运用台账(含各处配线端子台账)以及音频分机的呼叫信号频率运用台账等;

(5)设备技术资料(含说明书、维护手册、操作手册等);

(6)仪器仪表说明书;

(7)应急预案。

12.3 设备维护

12.3.1 一般要求。

12.3.1.1 防洪、防寒季节及遇有重要运输任务期间,应加强有关设备的检查,必要时加强巡视,监视设备的运用状态。

12.3.1.2 在维修中,应与使用部门加强联系,检修工作以不干扰运输作业为原则。检修后应对设备运用功能进行全面试验。

12.3.1.3 对模拟设备的重点整修,应采用系统更新的方式进行,以数字化设备取代。

12.3.1.4 集中检修时,对分散和能替换的设备如电话集中机、各种电话机等,应采取入所(工区)集中修;对扩音机(站场广播主机)、广播机等一般可采用倒机修。

12.3.2 维修项目与周期。

12.3.2.1 电话集中机(总机)的维修项目与周期见表12-1。

表 12-1 电话集中机的维修项目与周期

类别	序号	项目与内容	周期	备 注
日常检修	1	机械外部清扫、检查	月	包括 BD 振铃器等属设备
	2	呼叫、通话试验		
	3	交直流电源电压测试及电源转换试验		
	4	备用电池螺丝检查紧固		
集中检修	1	整机清扫、检查及更换部件	年	
	2	维修质量标准测试调整		
	3	整机性能指标测试		
	4	保安装置及地线测试、调整、修理		
重点检修	1	整机检查及更换部件	根据需要	
	2	更换配线		

12.3.2.2 自动、共电、磁石电话机的维修项目与周期见表12-2。

表12-2 自动、共电、磁石电话机的维修项目与周期

类别	序号	项目与内容	周期	备 注
日常检修	1	磁石电话电池电压、铃流电压测量	月/故障修	行车、应急抢险每月一次,其他电话故障修
	2	电话机各部接点及部件检查、清扫、注油、调整		
	3	清扫检查及振铃、通话试验		
重点整修	1	维修质量标准测试、调整	根据需要	
	2	加固及调整话机安装位置		
	3	室内配线整理,更换室内配线、槽板		

12.3.2.3 音频调度、养路、各站电话分机的维修项目与周期见表12-3。

表12-3 音频调度、养路、各站电话分机的维修项目与周期

类别	序号	项目与内容	周期	备 注
日常检修	1	清扫检查及呼叫、通话试验	月/季	
	2	电源电压测试		
重点检修	1	维修质量标准测试、调整	根据需要	
	2	加固及调整话机安装位置		
	3	室内配线整理,更换室内配线、槽板		
	4	更换保安器及保安器箱、电池箱		
	5	检查、修理及更换部件		

12.3.2.4 站场广播设备的维修项目与周期见表12-4。

表12-4 站场广播设备的维修项目与周期

类别	序号	项目与内容	周期	备 注
日常检修	1	机械外部清扫检查	月	
	2	功能试验		
	3	电源电压测量		
	4	扬声器/音箱检查、巡视、试验		
	5	杆上盒/地上盒清扫、检查、整理		

类别	序号	项目与内容	周期	备 注
重点检修	1	各部检查、调整、修理	根据需要	
	2	维修质量标准测试、调整		
	3	加固及调整安装位置		
	4	更换主要配件		
	5	更换、整修配线		

12.4 质量标准

12.4.1 广播机、集中机、各种话机的外观强度标准规定如下。

(1)设备安装牢固、位置适当,使用维修方便;

(2)引入线、配线整齐合理,焊接良好无损伤、无半断;

(3)各零部件紧固,完整无缺,机内外金属件无严重锈蚀,油饰良好;

(4)按键、扳键、话机叉簧接点断续良好,动作正确灵活,自复及可锁性能良好;

(5)插接件接触良好,压力适当,动作灵活,印制电路板板面无严重损坏及浮起现象;

(6)各部件活动部分无严重磨耗旷动,转动部分注油适当,动作灵活,清洁;

(7)话筒、耳机绳,软线表皮无破损,芯线无半断线。

12.4.2 电话集中机、共电、磁石电话机的质量标准规定如下。

(1)电话集中机的质量标准应符合表 12-5 的规定。

表 12-5 电话集中机的质量标准

序号	项 目		标 准	备 注
1	共总、组呼分盘允许外线环路电阻		$400\sim600\ \Omega$	拿起电话手机(不含实线环路电阻)
2	选号盘输入阻抗		$\geqslant10\ \mathrm{k\Omega}$	受话状态时
3	发信电平	选号外线端	$3.0\ \mathrm{dB}\pm2\ \mathrm{dB}$	话筒输入$-39\ \mathrm{dB}$,送话器输入 $800\ \mathrm{Hz}$、$0\ \mathrm{dB}$
		共总、共分、磁石、组呼外线端	$2.0\ \mathrm{dB}\pm2\ \mathrm{dB}$	

序号	项目		标准	备注
4	开关灵敏度	送信	−58～−61 dB	800 Hz
		受信	−27～−30 dB	
5	非线性失真		≤10%	800 Hz 额定输出电平时
6	受话灵敏度	扬声器	≥60 mW	选号盘输入 800 Hz、−14 dB 时
		耳机	听话清晰	串接 30 dB 衰耗时
7	共、分磁石分盘振铃输入灵敏度		≤30 V	频率 16～50 Hz
8	主通、助通回路间串音衰耗		≥56 dB	在外线端测
9	绝缘电阻(单线对机壳)		≥10 MΩ	用 500 V 兆欧表测

(2)共电、磁石电话机的质量标准应符合表 12-6 的规定。

表 12-6　共电、磁石电话机的质量标准

序号	项目		标准	备注
1	共电电话机直流电阻	回线环路电阻≥500 Ω 时	≤300 Ω	外线要求:实线环路电阻≤2 000 Ω
		回线环路电阻<500 Ω 时	≤500 Ω	
2	送话输出电平		≥0 dB	话机的外线端接 600 Ω 测试,共电话机不测
3	受话灵敏度		听话清晰	加 30 dB 衰耗时,共电话机不测
4	手摇发电机输出电压	区段电话	≥60 V	以正常速度,加 1 000 Ω 负载测
		站场电话	≥30 V	
5	绝缘电阻(单线对机壳)		≥10 MΩ	用 250 V 兆欧表测

12.4.3　音频调度、养路、各站电话分机的质量标准应符合表 12-7 的规定。

表 12-7　音频调度、养路、各站电话分机的质量标准

序号	项目		标准	备注
1	外线端阻抗	定位	≥15 kΩ	800 Hz 时
		受话	≥8.6 kΩ	

冶金企业铁路通信维护规则

序号	项 目		标 准	备 注
2	受话输出电压		0.5~1 V	终端阻抗 300 Ω 测试
3	呼叫信号	信号电压	0.2~0.4 V	终端阻抗 300 Ω 测试
		频率准确度	(2 150± 6.45) Hz	
4	受信放大器	增益特性	(520±120) mV	输入 800 Hz,20 mV 时,500~2 500 Hz 与 800 Hz 的电压差
		幅频特性	±0.1 V	
5	选大器频放	增益特性	(1.4±0.2) V	在 820 Ω 负载上测 500~2 500 Hz 与 800 Hz 的电压差
		幅频特性	±0.15 V	
6	受话灵敏度		听话清晰	加 20 dB 衰耗时
7	信号接收槽路调谐偏差		≤0.6%	
8	信号接收灵敏度		≤20 mV	
9	绝缘电阻(单线对机壳)		≥10 MΩ	用 250 V 兆欧表测

12.4.4 广播扩音设备的质量标准规定如下。

(1) CY 型 2×275 W 有线广播机的质量标准应符合表 12-8 的规定。

表 12-8 CY 型 2×275 W 有线广播机的质量标准

序号	项 目	标 准	备 注
1	输入阻抗	(600±120) Ω	
2	输入电平	(0±2) dB	
3	额定输出功率	275 W	每个单元输出功率不低于额定功率80%
4	输出电压	120/240 V	定压式
5	幅频特性	±2 dB	在 200~5 000 Hz 范围内与 400 Hz 比较
		±3 dB	在 150~10 000 Hz 范围内与 400 Hz 比较
6	非线性失真	≤4%	400 Hz 时
7	杂音电平	≤−60 dB	以额定输出为参考电平
8	过负荷装置	>550 mA	功率放大管 FU-5×2 的屏流超过 550 mA 时,过负荷继电器应启动,能自动切断高压电源

(2)KZ-2 型扩音转接机的质量标准应符合表 12-9 的规定

表 12-9　KZ-2 型扩音转接机的质量标准

序号	项 目		标 准	备 注
1	对讲盘输入电平	(6 000±120) Ω	−2.0 dB	最大输出电平 26 dB±2 dB
	扩音盘输入电平	(0±2) dB	−4.0 dB	输出电平 10 dB±2 dB
2	对讲盘特性	陷波特性	≥2.5 dB	加入 LC 槽路时在(2 000±200) Hz 处输出电平比 800 Hz 低的数值
		平衡度	≥34 dB	
		受话通路衰耗	≤6.0 dB	
3	幅频特性		≤3.0 dB	在 300～3 400 Hz 范围内与 800 Hz 的电平差
4	非线性失真	对讲盘	≤5%	400 Hz
		扩音盘	≤3%	
5	杂音防卫度		≥55 dB	

12.4.5　数字广播扩音设备的质量标准规定如下。

300 W 站场扩音机的质量标准应符合表 12-10 的规定。

表 12-10　300 W 站场扩音机的质量标准

序号	项 目		标 准	备 注
1	信源输入、输出阻抗		(600±120) Ω	
2	信源输入、输出接口电平	额定输入	−4 dB	
		额定输出	0 dB	
		最大输出	(10±2) dB	
3	非线性失真	扩音	≤1%	400 Hz 额定输出
		对讲	≤2%	
		功放	≤4%	
4	频率特性		≤3 dB	60 Hz～15 kHz,参考频率 800 Hz 正弦波
5	杂音防卫度		≥55 dB	
6	输入灵敏度		(0±2) dB	
7	输出功率		300 W	
8	输出电压		120 V/240 V	平衡定压式

13 综合视频监控

13.1 一般规定

13.1.1 冶金铁路综合视频监控系统(以下简称综合视频系统)由视频节点、视频汇集点、视频采集点、承载网络和终端设备组成。其中,视频节点包括视频核心节点、视频区域节点、Ⅰ类视频接入节点和Ⅱ类视频接入节点,视频终端包括用户终端(含显示设备)和管理终端。

13.1.2 视频节点设备包括服务器、存储设备、网络交换设备、解码设备等;视频汇集点设备包括编码设备、视频光端机、网络交换设备等;视频采集点设备,即前端采集设备,包括摄像机、镜头、视频光端机,以及与之配套的云台、防护罩、室外设备箱、视频杆塔等附属设备;终端设备包括计算机、通信接入设备等。前端采集设备、编码设备及视频接入设备等设备总称前端设备。

13.2 设备管理

13.2.1 综合视频系统的维护分界。

13.2.1.1 综合视频专业与通信其他专业分界。

(1)与传输专业分界:以连接传输设备的第一连接端子为界,连接器(不含)至视频监控设备由视频监控专业负责。

(2)与数据网专业分界:以数据网设备所在机房配线架的连接器(或第一端子)为界,连接器(不含)至视频监控设备由视频监控专业负责。

(3)与通信线路专业分界:以进入综合视频系统的第一连接处为分界点,连接处至视频监控设备由视频监控专业负责。

13.2.2 接入综合视频系统的视频终端应进行存储介质封闭处理;严禁在视频终端上进行与视频监控系统无关的操作;严禁在视频终端上安装、运行与视频监控系统无关的软件;未经批准,严禁擅自接入视频终端。

13.2.3 维护人员不得擅自改变综合视频系统的系统数据,对确实需要改动的系统数据,需报上级主管部门审批。

13.2.4 设备管理部门应做好综合视频系统用户及设备编码规划、分配和管理工作。

13.2.5　维护单位根据测试检修工作需要，应配备下列主要仪器仪表和专用工具。

视频测试卡、视频信号发生器、视频信号分析仪、图像质量分析仪、视频监控测试仪、网络仿真仪、照度计。

13.2.6　维护单位应具备下列主要技术资料。

（1）相关工程竣工资料、验收测试记录；

（2）视频监控系统组网图；

（3）传输通道、路由径路图；

（4）室内设备布置和配线图；

（5）IP 地址分配表；

（6）设备运用台账（含路由交换设备、编码器端口运用台账、存储设备存储容量台账、摄像机运用及管理台账、用户及用户终端台账、设备编码台账等）；

（7）设备技术资料（含说明书、维护手册、操作手册等）；

（8）仪器仪表使用说明书；

（9）应急预案。

13.3　设备维护

13.3.1　前端设备的维修项目与周期见表 13-1。

表 13-1　前端设备的维修项目与周期

类别	序号	项目与内容	周期	备　注
日常检修	1	摄像机、云台、防护罩、红外灯等设备安装状况的现场巡视	季	目视，特殊天气前后增加巡视次数
	2	室外设备箱安装状况现场巡视		特殊天气前后增加巡视次数，发现问题及时处理
	3	视频杆（塔）垂直度、基础状态及周围环境等现场巡视		
	4	编解码器、视频光端机、网络交换设备等设备状态检查、清洁		
	5	防雷、接地检查		

类别	序号	项目与内容	周期	备 注
集中检修	1	摄像机、云台、防护罩、红外灯等设备外观，强度、连接线的检查、加固	半年	
	2	摄像机镜头前遮挡物清除		
	3	摄像机预置位校准		网管与现场配合
	4	视频杆(塔)外观结构强度检查,各构件、部件固定螺栓检查,全杆(塔)螺栓紧固	年	对一、二级焊缝进行超声波探伤检测,发现焊缝有开裂情况应对开裂位置做好记录并及时处理
	5	视频杆(塔)主要构件的焊缝检查、处理		
	6	视频杆(塔)构件、焊缝、螺栓、螺母等防腐涂层及锈蚀情况检查、处理		
	7	视频杆(塔)基础及周围地质结构检处理		
	8	视频杆(塔)垂直度检测		应在小于二级风、阴天或清晨阳光未照射视频杆(塔)体时,用经纬仪在两个互相垂直的方向对视频杆(塔)体结构进行垂直度检测
	9	室外设备箱(含内部附属设备)现场检查、加固、整理		
	10	编解码器、视频光端机、网络交换设备等设备检修		
重点整修	1	整体或部分更换系统内老化设备	根据需要	
	2	视频杆(塔)油饰、整修		

13.3.2 接入节点、区域节点、核心节点设备的维修项目与周期见表 13-2。

表 13-2　接入节点、区域节点、核心节点的维修项目与周期

类别	序号	项目与内容	周期	备　注
日常检修	1	设备运行状态巡视	日	网管
	2	设备告警监控	实时	发现问题及时处理
	3	实时视频(含 PTZ、夜视功能)巡视检查	周	网管巡视。重点区域所有摄像头每日检查,其他摄像头按 1/3 比例抽查,有人值守的接入节点执行;区域节点和核心节点抽查,抽查数量每天不少于 50%
	4	历史视频(含告警视频)检查	月	网管巡视,重点区域每日检查,检查数量每天不少于 30%,有人值守的接入节点执行;区域节点和核心节点抽查,抽查数量每天不少于 30%
	5	系统时间校核		
	6	视频网络性能质量测试		区域节点测试到每个接入节点;核心节点测试到每个区域节点
	7	服务器、存储、网络交换设备等设备表面清洁、风扇清扫及运行状态检查	季	
	8	网管日志信息整理		
	9	防火墙检查、系统杀毒		
	10	台账和 IP 地址校核		
	11	服务器磁盘空间维护及系统垃圾清除		
	12	系统数据备份		
	13	防雷、接地检修		
集中检修	1	监控图像预置位校准	年	
	2	服务器、存储、网络交换设备等设备性能测试		

类别	序号	项目与内容	周期	备 注
重点整修	1	整修服务器、存储设备等,更换整机或部件	根据需要	
	2	整体或部分更换系统内老化设备		
	3	软件版本升级		
	4	系统口令修改		含监控终端、服务器、编码器等设备,不可使用缺省(初始)密码

注:重点区域包括咽喉区、公跨铁、隧道口、疏散通道以及企业指定的其他监控点等。

13.4 质量标准

13.4.1 综合视频系统维护质量标准应符合表 13-3 的规定。

表 13-3 综合视频维护质量标准

序号	项 目	质量标准	备 注
1	实时视频	音视频清晰、流畅、稳定,没有干扰抖动、遮挡、丢帧、跳帧等现象,色彩不失真;PTZ 控制功能良好,对焦清晰,光圈开关正常;预置位功能良好	
2	历史(告警)视频	音视频清晰、流畅、稳定,没有干扰、抖动、遮挡、丢帧、跳帧等现象,色彩不失真;存储时间满足系统设计要求及相关技术标准;系统响应时延满足技术规范要求;抽取录像时间与存储录像时间相符。告警图像预录时间不小于 10 s	
3	视频内容分析	告警信息及时、准确。漏报率为 0,误报率不高于 20%(暂定)	误报率为具备视频内容分析的视频错误报警次数/报警总次数×100%
4	联动功能	联动功能满足系统设计要求,系统响应时延满足 13.4.4 要求	
5	预置位(守望位)功能	视频监视图像与守望位、预置位重合,无偏差	守望位应参考主要用户需求进行设置,预置位可参考其他用户需求进行设置
6	时间同步功能	系统内所有设备应保持时间同步,相对精度误差≤1 s	
7	设备接地	服务器、磁盘阵列、交换设备等室内设备接地电阻≤1 Ω;视频杆、视频控制箱等室外设备接地体与机房地网相连时的接地电阻≤1 Ω,未与机房地网相连时的接地电阻≤4 Ω	特殊条件下应满足机房管理中的电阻要求

13.4.2　系统图像质量。

13.4.2.1　摄像机在标准照度下,图像质量应符合下列要求。

(1)在对图像画面进行切换时,不影响画面质量;

(2)实时音视频和回放音频清晰、稳定。

图像质量按照主观评价体系进行评价,白天单项评分和综合评分均不应小于4.0分,夜晚单项评分和综合评分均不应小于3.5分。

13.4.2.2　主观评价指标体系和评价指标。

主观评价指标体系系统图像质量主要采用主观评价的方法。根据冶金视频监控的特殊要求,有两种主观评价指标体系。两种评价体系均采用5级评分制。评价实时图像和回放图像所采用的显示设备的成像面积应相同。

在实验室内进行测试时,宜采用主观评价指标体系一,见表13-4。

表 13-4　主观评价指标体系一

编号	项　　目	评　　分					加权值
		5分	4分	3分	2分	1分	
1	马赛克效应	无	有,不严重	较严重	严重	极严重	0.3
2	边缘处理	优	良	中	差	极差	0.05
3	颜色平滑度	优	良	中	差	极差	0.05
4	画面还原清晰度	优	良	中	差	极差	0.35
5	快速运动图像处理	优	良	中	差	极差	0.1
6	复杂运动图像处理	优	良	中	差	极差	0.1
7	低照度环境图像处理	优	良	中	差	极差	0.05

注:主观评价指标说明。

(1)马赛克效应

视频编码过程中出现数据流丢失,特别是某些关键帧的丢失,会造成视频编码信息不全面导致画面中出现方块现象;或是清晰度不够造成方块现象。

(2)边缘处理

指为避免视频处理时物体边缘出现抖动、云雾、模糊等情况,造成图像轮廓的不清晰而进行的编码处理方法。

边缘处理的好坏主要体现为物体轮廓的清晰和逼真。

(3)颜色平滑度

指图像经过压缩再还原后,颜色过渡处理的好坏程度。一般采用色带或色彩变化较为丰富的标准视频源进行主观对比测试。

(4)画面还原清晰度

指图像经过压缩再还原后,画面还原质量的好坏程度。一般画面还原清晰度监测环境宜选用对清晰度要求较高的应用场合。

(5)快速运动图像处理

指对快速运动图像编码时,为提高每帧图像的压缩效率,保证解码端图像质量的处理方法。一般是在记录快速运动图像时,图像清晰且不出现丢帧现象作为衡量标准。

(6)复杂运动图像处理

指对复杂运动环境中物体形状进行有效提取的处理方法。一般复杂运动图像处理是以能识别、区分物体的特征及动作来衡量。

(7)低照度环境图像处理

指对低照度环境产生的噪声进行最低抑制处理。

低照度情况下,视频信号噪声的主要表现方式是雪花亮点,一般通过雪花亮点的多少来衡量低照度处理效果。

在现场环境进行测试时,应采用主观评价指标体系二(见表 13-5)。

表 13-5　主观评价指标体系二

编号	项　　目	评　　分					
		5分	4分	3分	2分	1分	加权值
1	室内多人运动	能看清人员面部、衣着,及动作	良	中	差	极差	0.2
2	室外多人、物运动	应分清各人员的动作,衣着;看清车辆运动情况	良	中	差	极差	0.2
3	低照度环境(2 lx)	基本分清人员的面部特征及衣着	良	中	差	极差	0.1
4	运行环境低速 (40 km/h)	能分清车型,并看清车号、货车篷布苫盖、车窗关闭等	良	中	差	极差	0.15

13.4.2.3　模拟复合视频信号应符合表 13-6 的要求。

表 13-6　模拟复合视频信号要求

序号	项　　目	指　　标	备　　注
1	视频信号输出幅度	1 V_{p-p}±3 dB VBS	
2	实时显示黑白电视水平清晰度	不小于 420 TVL	
3	实时显示彩色电视水平清晰度	不小于 400 TVL	

序号	项 目	指 标	备 注
4	回放图像中心水平清晰度	不小于 300 TVL	
5	黑白电视灰度等级	不小于 8	
6	随机信噪比	不小于 45 dB	

13.4.2.4 数字视频信号应符合表 13-7 的要求。

表 13-7 数字视频信号要求

序号	项 目	指 标	备 注
1	单路画面像素数量	(1)CIF：352×288； (2)4CIF：704×576； (3)D1：720×576； (4)720 P：1 280×720； 1 080 P：1 920×1 080	
2	1 080 P 及以下的图像显示帧率	不小于 25 帧/s	
3	单路画面光学有效像素总数检测值	不低于标称值的 90%	
4	视觉分辨率	4CIF(或 D1)：中心不低于 200 Lw/PH； 720 P：中心不低于 200 Lw/PH； 1 080 P：中心不低于 500 Lw/PH	针对不同有效像素总数的摄像头，其中心视场的水平、垂直分辨率
5	白平衡	偏差不大于 20	在 3 400 K 和 6 500 K 色温光源照明条件下,所得图像 RGB 的三色值
6	动态范围	能区分灰阶测试图卡上从黑到白 10 级不同灰度,并且全部 20 个色块灰度值单调递减	
7	色彩还原准确度	R、G、B 三个色块的色彩还原误差不超过 30%,平均色彩还原误差不超过 20%	
8	几何失真	摄像机所摄图像周边的枕形或桶形畸变绝对值不大于 2%	

13.4.3 综合视频系统网络性能指标。

核心节点到局域节点,以及区域节点到接入节点间网络传输质量要求:

冶金企业铁路通信维护规则

（1）网络时延不大于 400 ms；

（2）时延抖动不大于 50 ms；

（3）丢包率不大于 1×10^{-3}。

13.4.4　系统时延。

13.4.4.1　综合视频系统的端到端时延应符合下列要求。

（1）音视频失步时间不大于 300 ms；

（2）端到端的双向信息延迟时间不大于 3 s，每级转发时延不大于 50 ms。

13.4.4.2　端到端的双向信息延迟时间是指从用户发起请求到在用户终端上呈现音视频的时延，主要包括请求消息处理、发送端信息编码、网络传输（不大于 150 ms）、接收端信息解码、显示等过程需要的时间。

13.4.5　视频图像资源命名和时间显示要求。

13.4.5.1　视频图像资源命名应符合下列要求。

图像命名使用中文，反色显示，在图像左上角宜用一行，不超过 64 字符。

13.4.5.2　时间显示应符合下列要求。

（1）时间宜在视频图像的右下角显示；

（2）时间显示格式应符合 yyyy-mm-dd；hh：mm：ss。

13.4.6　主要设备质量标准。

13.4.6.1　摄像机。

13.4.6.1.1　摄像机守望位准确；摄像机镜头清洁，摄像机视野没有异物遮挡；摄像机与云台、防护罩连接牢固，没有螺丝松动现象；支架焊接无开裂；摄像机视频线、电源线、控制线绑扎整齐，接头牢固。

13.4.6.1.2　模拟摄像机。

（1）通用质量标准

①带有电子曝光、多种白平衡以及自动增益控制功能；

②特殊场合使用的摄像机具有防抖动、图像增强功能；

③应用于光线对比强烈的监视场所的摄像机具有宽动态、强光抑制及逆光补偿功能；

④图视频输出接口为 BNC，阻抗为 75 Ω，幅值 1 V_{P-P}；

⑤室内环境防护等级不低于 IP54 标准，室外露天环境防护等级不低于 IP66 标准。

（2）各类模拟摄像机质量标准应符合表 13-8 的规定。

表13-8　模拟摄像机质量标准

序号	项目	彩色枪型摄像机	昼夜转换型摄像机	低照度摄像机	一体化球型模拟摄像机	半球模拟摄像机	模拟红外热像仪（非制冷微量型探测器）	激光模拟摄像机
1	分辨率	不小于510 TVL（室内）；不小于540 TVL（室外）	不小于530 TVL（室内）；不小于510 TVL（彩色）	不小于540 TVL	不小于480 TVL	不小于480 TVL	—	不小于530 TVL
2	电子快门范围	$1/50 \sim 1/10\,000$ s	$1/50 \sim 1/10\,000$ s	$1/50 \sim 1/10\,000$ s	$1/50 \sim 1/10\,000$ s	$1/50 \sim 1/10\,000$ s	—	—
3	最低照度	室内:1 lx,F1.2,30IRE,AGC开,75%反射;室外:0.8 lx,F1.2,30IRE,AGC开,75%反射	彩色:0.8 lx,F1.2,40IRE,AGC开,75%反射;黑白:0.08 lx,F1.2,40IRE,AGC开,75%反射	0.01 lx,F1.2,40IRE,AGC开,75%反射	0.8 lx,F1.2,30IRE,AGC开,75%反射	1.0 lx,F1.2,30IRE,AGC开,75%反射	—	—
4	信噪比	不小于50 dB	不小于50 dB	不小于50 dB	不小于50 dB	不小于50 dB	不小于50 dB	不小于50 dB
5	其他	—	支持昼夜自动和手动转换;具备帧积累功能	具备帧积累功能	一体化球型模拟摄像机转动范围:水平360°,垂直90°;支持编程预置功能;室外设备支持室外设备彩色转黑功能	室外设备支持自动彩色转黑功能	启动时间:小于30 s;光谱范围:714 pm;热灵敏度:不大于0.1 ℃	具有彩色转黑功能;激光束和摄像机变焦同步激光器:无红暴、波长不小于940 nm;支持光控功能,光照度低于10 lx时自动开启

13.4.6.1.3　IP摄像机。

(1)通用质量标准

①IP摄像机的标称像素为500万(2 592×1 944,1 944 P)、200万(1 920×1 080,1 080 P)、100万(1 280×720,720 P)、40万(704×576,DI)等,在标称像素以下可分挡配置,最低可至40万像素(704×576),IP摄像机支持不同码率的设定,支持多码流输出;

②带有电子曝光、多种白平衡以及向动增益控制功能;

③支持昼夜自动转换功能;

④具有双向语音交互功能;

⑤特殊场合应用时具有防抖动功能;

⑥特殊场合应用时支持16∶9显示功能;

⑦应用于光线对比强烈的监视场所的摄像机具有宽动态、强光抑制及逆光补偿功能;

⑧枪机最大功率不大于30 W,球机不大于60 W,支持电压波动范围为标称电压的±25%;

⑨室内环境防护等级不低于IP54标准,室外露天环境防护等级不低于IP66标准。

(2)各类IP摄像机质量标准应符合表13-9的规定。

13.4.6.2　防护罩。

(1)外观良好无破损,玻璃无破碎裂纹现象;

(2)安装、连接牢固,没有螺丝松动现象,支架焊接无开裂;

(3)室内环境防护等级不低于IP54,室外露天场所防护等级不低于IP66;

(4)防冻、防热、防霜、防雨、防逆光等配件功能良好(如配备)。

13.4.6.3　云台。

(1)外观良好无破损;

(2)安装、连接牢固,没有螺丝松动现象,支架无锈蚀,焊接无开裂;

(3)连接缆线整齐牢固、无破损和严重老化;

(4)云台水平度及垂直度符合要求;

(5)水平旋转角度0~355°,垂直旋转角度+20°~-70°;

(6)水平旋转角速度不小于6°/s,垂直面旋转角速度不小于3°/s;

(7)室内环境防护等级不低于IP54,室外露天环境不低于IP66;

表 13-9　IP 摄像机质量标准

序号	项目	摄像机类型					
		彩色枪型 IP 摄像机	宽动态枪型 IP 摄像机	低照度 IP 摄像机	一体化球型 IP 摄像机	半球 IP 摄像机	IP 红外热像仪(非制冷微量型探测器)
1	分辨率	1 080 P,720 P,4CIF					—
2	电子快门范围	1/6~1/10 000 s					—
3	最低照度	室内:彩色 0.5 lx,黑白 0.1 lx,F1.2,30IRE,AGC 开,75%反射;室外:彩色 0.3 lx,黑白 0.06 lx,F1.2,30IRE,AGC 开,75%反射	室内:彩色 0.5 lx,黑白 0.1 lx,F1.2,30IRE,AGC 开,75%反射;室外:彩色 0.3 lx,黑白 0.06 lx,F1.2,30IRE,AGC 开,75%反射	室内:彩色 0.2 lx,白 0.04 lx,F1.2,30IRE,AGC 开,75%反射;室外:彩色 0.1 lx,黑白 0.02 lx,F1.2,30IRE,AGC 开,75%反射	彩色 0.8 lx,F1.0,30IRE,AGC 开,75%反射;黑白 0.08 lx,30IRE,F1.0,AGC 开,75%反射	彩色 0.4 lx,F1.0,30IRE,AGC 开,75%反射;黑白 0.08WIRE,30,F1.0,AGC 开,75%反射	—
4	宽动态范围		不小于 120 dB				
5	室外设备自动彩转黑功能	支持	支持	支持	支持	支持	
6	其他				转动范围:水平 360°,垂直 90°;支持编程预置位功能		

(8)内置自动加热功能良好(如具备);

(9)自定义巡视及多种扫描模式功能良好;

(10)预置位功能良好。

13.4.6.4　红外灯。

(1)红外灯正常工作;

(2)支架无锈蚀,设备安装牢固,连接缆线整齐牢固、无破损和严重老化;

(3)照射距离不小于 100 m;

(4)照射角度不小于 30°;

(5)波长 850 nm(有红暴)、940 nm(无红暴);

(6)光控功能或外部控制功能良好,使用光控功能光照度低于 10 lx 时自动开启。

13.4.6.5　室外设备箱。

(1)箱内干燥、清洁;

(2)各线缆标签规范、连接整齐牢固、无破损和严重老化;

(3)连接器密封良好,防雷和保安装置连接良好;

(4)各设备指示灯正常,外部走线口密封良好、控制箱门牢靠、箱体安装牢固无破损;

(5)电源、视频信号、控制信号防雷保护功能良好;

(6)箱体无锈蚀,标识清楚,箱体与箱门展开大于 120°;

(7)箱门锁功能良好;

(8)防护等级:不低于 IP66。

13.4.6.6　视频光端机。

(1)设备表面清洁,出风口无明显积尘;

(2)连接线缆标签规范、连接整齐牢固、无破损和严重老化;

(3)设备运行正常,无告警;

(4)视频输入、输出 BNC 接口阻抗为 75 Ω;

(5)视频信噪比不小于 67 dB;

(6)视频传输标准应超过 EIA RS-250C 短程视频传输要求。

13.4.6.7　音视频编码设备。

(1)设备表面清洁,出风口无明显积尘;

(2)连接线缆标签规范、连接整齐牢固、无破损和严重老化;

(3)设备运行正常,无告警;

(4)编码时延不大于 500 ms。

13.4.6.8　音视频解码设备。

(1)设备表面清洁,出风口无明显积尘;

(2)连接线缆标签规范、连接整齐牢固、无破损和严重老化;

(3)设备运行正常,无告警;

(4)解码时延不大于 500 ms。

13.4.6.9　以太网交换机。

(1)设备运行正常,散热良好,表面清洁,出风口无明显积尘;

(2)连接线缆标签规范、连接整齐牢固、无破损和严重老化;

(3)设备运行正常,无告警;

(4)二层以太网交换机技术指标符合 YD/T 1099;

(5)三层以太网交换机技术指标符合 YD/T 1255。

13.4.6.10　磁盘阵列。

(1)设备运行正常,散热良好,表面清洁,出风口无明显积尘;

(2)连接线缆标签规范、连接整齐牢固、无破损和严重老化;

(3)设备运行正常,无告警;

(4)硬盘支持在线热插拔;

(5)端口速率不小于 1 Gbit/s;

(6)存储模型应设置在 30%读、70%写的情况下(含 20%随机读写),读写能力不小于 120 Mbit/s。

13.4.6.11　服务器。

(1)设备运行正常,散热良好,表面清洁,出风口无明显积尘;

(2)连接线缆标签规范、连接整齐牢固、无破损和严重老化;

(3)设备运行正常,无告警;

(4)CPU 利用率≤80%;

(5)内存利用率≤80%;

(6)防病毒软件客户端运行正常,病毒库及时更新;

(7)数据库定期备份;

(8)应用程序进程正常;

(9)管理、数据库、告警存储等服务器主备倒换正常(如设置了主备倒换功能)。

13.4.6.12　视频监视器。

(1)视频带宽:不小于 10 MHz;

(2)水平分辨率:不小于 540 TVL;

(3)非线性:不大于 2%;

(4)视频输入:75 Ω,BNC,具有环通功能;

(5)分辨率:不小于 1 024×768 像素;

(6)对比度:500∶1;

(7)亮度:400 nit。

13.4.6.13　终端设备。

(1)检索视频响应时间不大于 3 s;

(2)查询输入的时间与视频显示的时间差不大于 5 s;

(3)最大调阅路数≤4 路;

(4)外连接口封闭,防病毒软件客户端运行正常,病毒库及时更新。

13.4.6.14　视频杆(塔)。

(1)杆(塔)体无变形,镀锌层均匀光滑,无开裂、翘皮、锈蚀;

(2)杆(塔)体基础底部水泥包封完整、无开裂;

(3)杆(塔)体基础 1 m² 范围内硬面化或土质地面无开裂、沉降;

(4)杆(塔)体垂直无倾斜。

14　通信地理信息管理系统

14.1　一般规定

14.1.1　冶金铁路通信地理信息管理系统(以下简称 GIS 系统)是通信地理信息基础数据的集中存储、管理系统。

14.1.2　GIS 系统主要设备组成。

(1)数据采集设备:GIS 手持数据采集终端、GIS 自动数据采集终端。

(2)数据管理设备:采集管理器、数据管理器、数据库服务器。

(3)数据网络设备:核心路由器、汇聚路由器、接入路由器、交换机。

14.2　设备管理

14.2.1　管理分工。

数据采集设备、数据管理设备、数据网络设备由设备维护单位负责日常维护管理。

14.3 设备维护

14.3.1 维护单位应加强对 GIS 系统进行巡检、监测,减少障碍的发生。

14.3.2 数据采集设备、数据管理设备应有专人保管,定期检查。

14.3.3 数据采集设备维修项目与周期见表 14-1。

表 14-1　数据采集设备维修项目与周期

类别	序号	项目与内容	周期	备　注
日常检修	1	设备清扫除尘	季	清洁无灰尘
	2	电池检查		仅针对 GIS 手持数据采集终端,对电池进行充电或更换,电池使用时间应保证 3 h 以上
	3	功能试验	季	GIS 自动数据采集终端应采集不少于 50 km 线路的数据,GIS 手持数据采集终端应采集不少于 20 个信息点的数据。采集完成后,采集设备与电脑连接、同步、读取数据功能正常

14.3.4 数据管理设备维修项目与周期见表 14-2。

表 14-2　数据管理设备维修项目与周期

类别	序号	项目与内容	周期	备　注
日常检修	1	数据备份	月	仅针对数据库服务器,备份地理信息数据
	2	防病毒软件升级、杀毒		病毒库离线升级,对全机进行杀毒
	3	设备清扫除尘		清洁无灰尘
	4	电池检查	季	仅针对采集管理器,电池使用时间应保证 2 h 以上
	5	功能试验		数据管理设备可正常接收数据采集设备上传的采集数据,进行编辑处理;数据管理器可正常登录系统

14.3.5 数据网络设备维修项目及周期按数据通信网设备有关规定执行。

14.4 质量标准

14.4.1 设备外观和机械强度质量标准如下。

(1)设备内外各部清洁整齐,无污垢,无明显脱漆,色泽光亮,面板字迹清晰。

(2)设备内外各部安装牢固,机壳、面板无变形或破损,各部螺丝和螺母齐全,紧固。

(3)各部按键位置适中,动作灵活,无明显磨耗旷动。

(4)各部电缆连接正确,紧固,无明显破损。

14.4.2 GIS 手持数据采集终端性能标准应符合表 14-3 的规定。

表 14-3 GIS 手持数据采集终端性能标准

序号	项 目	指标要求
1	GPS 性能	1. 并行 12 通道; 2. GPS 天线精度(RMS):6 m; 3. 可外接高精度测量型天线、标准 MCX 天线接口; 4. 支持 NMEA0183 标准输出协议
2	工作电源	1. 电池使用时间 3 h 以上; 2. 功耗:0.6~1 W(视工作状态而定)
3	工作环境	1. 工作温度:0 ℃~+60 ℃; 2. 工作湿度:95% 无冷凝; 3. 防振:抗 1.5 m 自然杆跌落; 4. 防水防尘:IPX7 标准设计
4	通信及存储	1. 数据通信接口支持:RS232、USB; 2. 数据存储:64 M 内存

14.4.3 GIS 自动数据采集终端性能标准应符合表 14-4 的规定。

表 14-4 GIS 自动数据采集终端性能标准

序号	项 目	指标要求
1	GPS 性能	1. 工作频率:1 575.42 MHz(L1); 2. 带宽:±5 MHz; 3. 极化:右旋圆极化; 4. 阻抗:50 Ω; 5. 增益:(26±2) dB; 6. 驻波比(VSWR):小于 1.5
2	工作电源	不大于 0.20 A/15 V DC
3	工作环境	1. 工作温度:−25~+55 ℃; 2. 振动:各向 6g,10~55 Hz; 3. 冲击:35g
4	接口性能	1. 与 TAX2 的接口:28.8 kbit/s; 2. 与计算机的接口:38.4 kbit/s

15 通信电源

15.1 一般规定

15.1.1 通信电源应为通信设备提供稳定、可靠、不间断的供电,其容量及各项指标应能满足通信设备对电源的要求。

15.1.2 通信电源设备包括交直流配电设备、高频开关电源、UPS电源、逆变器、蓄电池组、发电机组、供电线路、防雷及接地装置等。

15.1.3 通信机房应保证可靠的电力供应。安装有通信行车设备的通信机房按照一级负荷供电,应由两路相对独立电源分别供电至用电设备或低压双电源切换装置处。

15.1.4 具备二次下电功能的高频开关电源设备,须完善二次下电功能,维护部门应根据负载重要性、电池后备时间以及外供电源稳定性等因素确定一次下电和二次下电所接的负载类别,合理设置动作门限值。

15.1.5 通信机房应安装具有分路功能的交流引入配电箱(配电柜)。机房内高频开关电源、UPS、空调、照明等负载应从配电箱内不同分路开关引接。

15.1.6 通信机房接地应采用共用接地方式,即将防雷系统的接地装置、建筑物金属构件、低压配电保护线、等电位连接端子板或连接带、设备保护接地、屏蔽体接地、防静电接地、功能性接地等相互连接在一起构成共用的接地系统。采用综合接地系统的铁路,距贯通地线 20 m 范围以内时,机房的接地装置应与综合接地系统等电位连接。

15.2 设备管理

15.2.1 电源设备的进出配线应整齐、牢固,必须绝缘良好。应采用具有阻燃绝缘层的铜芯软电缆。馈电线应按以下规定颜色配置。

交流电缆(线):A 相:黄色;B 相:绿色;C 相:红色;零线:天蓝色或黑色;保护地线:黄绿双色。

直流电缆(线):正极:红色;负极:蓝色。

15.2.2 交流电源的电缆(线)在机房内必须与通信线缆分开布放。交流电源电缆在 5 kV·A 以上时,与通信线缆分开布放的间隔应不小于 600 mm;在 2～5 kV·A 之间时,间隔应不小于 300 mm;在 2 kV·A 以下时,间隔应不小于 130 mm。交流电缆(线)与直流电缆(线)应分开布放,间隔不小于 100 mm。不具备分开布放的条件时,交流电源电缆(线)

应采用屏蔽绝缘线或穿入钢管进行敷设,电缆屏蔽层或钢管应一端接地。

15.2.3　直流电源仅允许供给通信设备及机房内事故照明使用。

15.2.4　电源设备的维护分界。

15.2.4.1　电源专业与其他通信专业的维护分界。

(1)通信电源机房至各专业通信机房的交、直流馈电线缆,以引入专业通信机房的进线第一端子或主干汇流排末端分界,进线第一端子由电源专业维护。

(2)馈电缆线进入(或通过)各通信机房,其清扫、整理工作由相关通信机房责任单位负责。

15.2.4.2　交流供电引入线路的维护分界。

交流供电引入线路一般以进线第一端子分界,端子以下由通信维护单位维护;当机房内设有电力、房建部门专属配电柜(箱、盒)时,以该配电柜(箱、盒)的出线端子分界,出线端子(不含)以下部分由通信维护单位维护。

设备维护单位与供电部门签有维护协议的按照协议执行。

15.2.5　维护单位应根据维护需要配备仪表和工器具。

主要仪表有:数字式万用表(四位半)、数字式交、直流钳形电流表(三位半)、蓄电池综合测试仪(包括蓄电池容量、放电、充电、内阻等测试仪表或设备)、接地电阻测试仪、兆欧表、外线测温仪、杂音计、电力谐波分析仪、相序表、防雷元件测试仪等。

主要工器具有:开线钳、压接钳、活动扳手、套筒扳手、呆扳手、各种锉刀、电烙铁、吸尘器、手提式应急灯等。

15.2.6　设备维护单位应具备下列主要技术资料。

(1)相关工程竣工资料、验收测试记录;

(2)交、直流供电系统图;

(3)电源设备安装位置平面图;

(4)供电系统径路图和配线表(应标明电缆型号、规格、长度、条数、路径);

(5)防雷、接地装置安装、埋设位置图、接地线分布图;

(6)设备技术资料(含高频开关电源、UPS设备参数设置表、说明书、维护手册、操作手册等);

(7)仪器仪表使用说明书;

(8)设备台账;

(9)应急预案。

15.3 设备维护

15.3.1 高频开关电源设备。

15.3.1.1 高频开关电源柜的交流电源应采用三相五线制或单相三线制供电,当接入两路交流电源时,必须具有可靠的电气联锁和机械连锁装置,严禁并路使用。

15.3.1.2 设备的外壳及防雷保护单元必须接保护地线,保护地线截面积可参见表 15-22。

15.3.1.3 高频开关电源的直流配电柜(或直流配电单元),应能同时接入两组蓄电池,并满足并组均充、浮充、放电的要求,操作时必须保证不中断供电。

15.3.1.4 高频开关电源柜应设有停电、交流输入过压、欠压等声光报警装置,依据供电情况合理设置告警门限值,并保证有效。

15.3.1.5 高频开关电源必须设置直流输出欠压告警,具备二次下电功能的设备,应确保直流输出欠压告警先于一次下电(又称负载下电保护)动作,二次下电(又称电池低电压保护)动作电压设置值宜为43.2 V。

15.3.1.6 高频开关电源维修项目与周期见表 15-1。

表 15-1　高频开关电源维修项目与周期

类别	序号	项目与内容	周期	备　注
日常检修	1	运行情况巡检:检查指示灯、输出电压电流、告警信息等	日	无人值守机房可通过电源及机房环境监控系统巡视
	2	表面清扫及防尘滤网清洁		洁净度好的机房,周期可延长为季度
	3	检查运行情况,记录输出电压、电流	月	
	4	转换开关、熔断器、断路器、接触器、防雷保护单元、风扇等元件外观及状态检查		
	5	输出电压、电流测试	季	并与设备监控单元、电源及机房环境监控系统显示数据核对
	6	时间检查校对		
	7	各整流模块并机工作均分负载性能检查		
	8	交流停电告警试验		
	9	两路交流电源转换功能试验		具备功能的进行测试

类别	序号	项目与内容	周期	备　注
集中检修	1	风扇清洁	半年	
	2	各连接处强度检查、配线整理、标签核对检查		
	3	直流工作地线、保护地线外观及连接强度检查	年	雷雨季节前
	4	限流功能试验		
	5	直流负载电流测试及熔丝容量核对检查		纳入电源及机房环境监控系统的应与监控系统核对
	6	直流供电回路全程电压降测试		结合电池容量试验测试
	7	系统参数设置值检查核对		
	8	告警功能试验		与电源及机房环境监控系统核对,直流输出欠压告警可结合电池容量测试试验
重点整修	1	输出杂音电压测试	根据需要	
	2	更换老化模块、元器件		
	3	更换老化配线		

15.3.2　UPS电源和逆变器。

15.3.2.1　UPS电源和逆变器的交流输入和输出均应采用三相五线制或单相三线制供电。

15.3.2.2　重要通信机房的UPS电源应冗余配置,根据系统重要程度,可采用 $N+1$ 并联冗余供电、单机双总线供电或双系统双总线供电方案。

15.3.2.3　为提高系统供电的可靠性,应选用在线式UPS电源和逆变器。

15.3.2.4　对于并联冗余供电的UPS及逆变器系统,应在并机均分负载的方式下运行。

15.3.2.5　UPS电源和逆变器应设有停电,缺相,输入、输出电压过高、过低,蓄电池电压低,旁路失效以及输出熔丝熔断(断路器跳闸)声光报警装置,并保证有效,告警参数设置值应合理。

15.3.2.6 UPS 电源和逆变器的维修项目与周期见表 15-2。

表 15-2 UPS 电源和逆变器的维修项目与周期

类别	序号	项目与内容	周期	备　注
日常检修	1	运行情况巡检：检查指示灯、输出电压电流、告警信息等	日	无人值守机房可通过电源及机房环境监控系统巡视
日常检修	2	表面清扫及防尘滤网清洁	月	洁净度好的机房，周期可延长为季度
日常检修	3	检查运行情况，记录输出电压、电流	月	
日常检修	4	断路器、风扇、防雷保护单元等元件的外观及状态检查	月	
日常检修	5	输出电压、电流、频率测试	季	与设备监控单元、电源及机房环境监控系统显示数据核对
日常检修	6	时间检查校对	季	
日常检修	7	并机系统均分负载性能检查	季	
日常检修	8	两路交流电源转换功能试验	季	具备功能的进行测试
集中检修	1	风扇清洁	半年	
集中检修	2	各连接处强度检查、配线整理、标签核对检查	半年	
集中检修	3	保护地线外观及连接强度检查	年	雷雨季节前
集中检修	4	系统参数设置值检查核对	年	
集中检修	5	负载容量核对检查	年	
集中检修	6	告警功能试验	年	试验停电、旁路、电池供电等告警，并与电源及机房环境监控系统核对
集中检修	7	逆变及旁路转换试验	年	与电源及机房环境监控系统配合核对
集中检修	8	测试输入电流谐波成分、输入功率因数、效率	年	一类机房执行
重点整修	1	并机系统单机运行测试，双总线系统单系统运行测试	根据需要	
重点整修	2	更换老化模块、元器件	根据需要	
重点整修	3	更换老化配线	根据需要	

15.3.3 阀控式密封铅酸蓄电池。

15.3.3.1 在维修工作中,阀控式蓄电池的外观、极柱,出现下列情况之一时,必须及时更换:

(1)电池槽、盖发生破裂;

(2)电池槽、盖的结合部渗漏电解液;

(3)极柱周围出现爬酸现象或渗漏电解液。

15.3.3.2 阀控式密封铅酸蓄电池组符合下列条件之一时,应整组更换。

(1)阀控式密封铅酸蓄电池组实存容量低于80%标称容量;

(2)多块单体电池出现跑酸漏液、外壳膨胀等质量强度下降情况,通过单体电池更换不能恢复整组电池质量强度时。

15.3.3.3 不同规格、型号、设计使用寿命的电池禁止在同一直流供电系统中使用,新旧程度不同的电池不宜在同一直流供电系统中混用。

15.3.3.4 UPS 等使用的高电压电池组的维护通道应铺设绝缘胶垫。

15.3.3.5 阀控式密封铅酸蓄电池的维修项目与周期见表15-3。

表15-3 阀控式密封铅酸蓄电池的维修项目与周期

类别	序号	项目与内容	周期	备 注
日常检修	1	电池组表面清扫	月	洁净度好的机房,周期可延长为季度
	2	检查外壳是否有膨胀变形或破裂		
	3	检查是否有渗漏电解液或极柱周围爬酸现象		
	4	检查连接有无松动		
	5	电池组浮充总电压测试		
	6	电池组浮充电流测试		纳入电源及机房环境监控系统的,每月可通过监控终端检查并记录一次,每季应现场测试一次,并与监控系统核对
	7	全组各电池单体浮充电压及温度测试		
	8	电池组均衡充电	季度	周期可根据电池特性适当调整

类别	序号	项目与内容	周期	备注
集中检修	1	连接排电压降测试	年	
	2	核对性放电试验		2 V 电池投入运行的前 5 年；12 V 电池投入运行的前 2 年
	3	容量测试		2 V 电池投入运行第 6 年起；12 V 电池投入运行第 3 年起
重点整修	1	落后电池处理	根据需要	

15.3.4　配电柜(箱)。

15.3.4.1　当交流配电柜(箱)同时接入两路以上交流电源时,必须具有可靠的电气联锁和机械连锁装置,严禁并路使用。当任何一路发生停电或缺相时应发出告警信号。外部交流电源不能保证的地区,配电柜(箱)应预留油机接入端子。

15.3.4.2　交流配电柜(箱)在接入电源时,其相序应连接正确,备用发电机与外供电源相序应一致。

15.3.4.3　交流配电柜(箱)的外壳及避雷保护装置必须接保护地线,保护地线的截面积可参见表 15-22。

15.3.4.4　直流配电屏应具有输出过电压、输出欠电压、输出熔断器(断路器)熔断(跳闸)声光报警装置,并保证有效。

15.3.4.5　电源机房至通信设备的直流供电线路,应分级设置保护装置(如熔断器、断路器),一般不宜多于四级。直流电源配电回路中应使用直流断路器(熔断器),不宜使用交流断路器替代直流断路器。

15.3.4.6　交流配电柜(箱)及电源配线的维修项目与周期见表15-4。

表 15-4　交流配电柜(箱)及电源配线的维修项目与周期

类别	序号	项目与内容	周期	备注
日常检修	1	表面清扫	月	洁净度好的机房,周期可延长为季度
	2	仪表显示、指示灯状态及转换开关位置检查		
	3	断路器、接触器外观状态检查		

类别	序号	项目与内容	周期	备注
日常检修	4	停电告警试验	季	具备告警功能的进行试验,并与电源及机房环境监控系统核对
	5	两路交流电源转换功能试验		
	6	电缆架(沟)清扫及电源线外观检查		
集中检修	1	各连接处强度检查、配线整理、标签核对检查	半年	
	2	接地线外观及连接强度检查	年	雷雨季节前
	3	显示仪表校对		
	4	负荷电流测量及开关容量检查		纳入电源及机房环境监控系统的还应与监控系统核对
重点整修	1	更换熔断器、断路器	根据需要	
	2	更换老化配线		
	3	馈电线绝缘测试		
	4	仪表修理		
	5	内部检查清扫(停电进行)		

15.3.4.7 直流配电柜(箱)及电源配线的维修项目与周期见表15-5。

表 15-5 直流配电柜(箱)及电源配线的维修项目与周期

类别	序号	项目与内容	周期	备注
日常检修	1	表面清扫	月	洁净度好的机房,周期可延长为季度
	2	仪表显示及指示灯检查		
	3	断路器、熔断器外观状态检查		
	4	电缆架(沟)清扫及电源线外观检查	季度	
集中检修	1	各连接处强度检查、配线整理、标签核对检查	半年	
	2	接地线外观及连接强度检查	年	雷雨季节前
	3	负荷电流测试及熔丝容量检查		纳入电源及机房环境监控系统的应与监控系统核对
	4	显示仪表校对		
	5	直流配电柜(箱)电压降测试		

类别	序号	项目与内容	周期	备　注
重点整修	1	更换熔断器、断路器	根据需要	
	2	馈电线绝缘测试		
	3	更换老化配线		
	4	仪表修理		

15.3.5　油机发电机组。

15.3.5.1　油机发电机组应保持清洁,保证无"四漏"(漏油、漏水、漏气、漏电)现象。机组各部件应完好无损,仪表齐全指示准确,螺丝无松动。

15.3.5.2　油机发电机组维护注意事项如下。

(1)保持油机发电机组以及燃油及其容器的清洁,定期清洗或更换(燃油、机油、空气)滤清器。

(2)检查和保持油箱中的燃油充足。柴油机应添加静置 12～24 h 后的清洁柴油,加油时要经过过滤。应根据地区及其气候的变化,选用适当标号的燃油和机油。

(3)冷却水箱内的水量应充足,不足时应添加清洁的软水。

(4)油底壳内的机油存量应达到静满刻度,加注的机油一定要根据季节气候、机器类型按规定选择,如发现机油变质、变脏、变色,须查明原因进行更换。

(5)启动电池应经常处于稳压浮充状态。线路及接线端子应紧固、接触良好。

(6)发电机和控制配电屏各部分接线应正确可靠,熔丝规格与电机铭牌上的标定电流相适应。

(7)保护接地应完好。

15.3.5.3　油机室内的温度应不低于 5 ℃,若冬季室温过低(0 ℃以下),油机的水箱内应添加防冻剂,否则,在油机停用时必须放出冷却水。

15.3.5.4　油机发电机组开机前的检查。

(1)机组周围是否放置工具、零件或其他物品,在开机前应进行清理,以免发生意外。

(2)机油、冷却水的液位是否符合规定要求。

(3)燃油箱中的燃油量是否充足。

(4)启动电池的电压是否正常。

(5)风冷机组的进、排风风道是否畅通。

(6)环境温度过低时应给机组加热。

15.3.5.5 油机发电机组启动及运转应注意以下事项。

(1)注意各种仪表、指示灯指示是否正常。

(2)倾听机器在运行时内部有无异常的敲击声,观察机组运转时有无剧烈振动。

(3)观察排烟是否正常。

(4)当电压、频率(转速)达到规定要求并稳定运转后,方可供电。

(5)柴油机在较长时间连续运转中,应以90%额定功率为宜,最大功率运转时间不得超过1 h,并且必须在90%额定功率运转1 h后方可运行。额定功率运转时间不得超过12 h。柴油机不宜低速长时间运转,禁止油机慢车重载和超速运转。

(6)注意检查油箱内的油量,不要用尽。

(7)各人工加油润滑点应按规定时间加油。

15.3.5.6 油机发电机组的维修应根据厂家说明,按规定运转时数进行技术保养,以尽量延长其使用寿命和充分发挥效能。

15.3.5.7 机组应每月空载试机一次,每半年加载试机一次。当外供电源停电时,油机发电机组应能迅速启动。

15.3.5.8 新装或实施专业技术保养后的机组应先试运行,当各项性能指标均合格后,方可投入运行。

15.3.5.9 油机发电机组的维修项目与周期见表15-6。

表15-6 油机发电机组的维修项目与周期

类别	序号	项目与内容	周期	备 注
日常检修	1	各部清扫及螺丝检查	月	
	2	启动系统检查及启动电池补充充电		
	3	润滑油液位及油质检查、补充		
	4	燃油系统及油箱存油量检查及补充		
	5	冷却水箱及存水量检查及补充		
	6	空载运行5~10 min,检查交流电压、频率及漏水、漏油、漏气、漏电		
	7	发电机系统的检查(包括配电屏、开关、熔丝、导线)		

类别	序号	项目与内容	周期	备　注
集中检修	1	加载运行试验 15～30 min	半年	或按产品使用说明书规定周期进行
	2	更换三滤	每累计运转 100 h 进行一次	
	3	检查调整风扇皮带松紧度		
	4	清洗燃油箱、输油管	每累计运转 150～300 h 进行一次	
	5	更换润滑油		
重点整修	1	调速机构全部运动部分检查及注油	按产品使用说明书规定	
	2	检查气门、排气管，调整气门间隙，清除积炭、烟灰		
	3	检查调整喷油泵、喷油器运转情况，更换喷油头		
	4	检查连杆轴承配气机构、冷却水泵等		
	5	检查发电机换向器、集流环及带负载运用时碳刷的火花		
	6	其他专业性保养		

15.3.6　通信设备雷电综合防护装置。

15.3.6.1　通信设备雷电综合防护系统包括避雷网(带、针)、引下线、接地装置、线缆屏蔽、等电位连接、合理布线以及安装浪涌保护器(SPD)等防护措施和装置。

15.3.6.2　接地电阻测试值大于规定值时，应检查接地装置和土壤条件，找出变化原因，并采取有效措施进行整改。

15.3.6.3　通信雷电综合防护设施的维修项目与周期见表 15-7。

表 15-7　通信雷电综合防护设施的维修项目与周期

类别	序号	项目与内容	周期	备　注
日常检修	1	检查浪涌保护器的外观、失效指示和断路开关状态	月	
	2	检查防雷箱的指示灯，检查并记录雷击计数		
	3	检查室外地网标识		
	4	检查电源浪涌保护器模块发热状态	季	测温仪测量

类别	序号	项目与内容	周期	备注
集中检修	1	检查处理避雷网（带）、引下线外观及连接质量	年	雷雨季节前
	2	检查处理接地汇集线、接地线、等电位连接、地网引线之间的连接质量		
	3	检查浪涌保护器连接质量		
	4	测量地网接地电阻值		
重点整修	1	测量浪涌保护器的标称导通电压、漏电流	根据需要	抽测，重点检测并联型浪涌保护器
	2	避雷网（带）、引下线整修		
	3	不合格地网及标识整修		

15.4 质量标准

15.4.1 供电质量标准。

15.4.1.1 交流引入电源供电标准应符合表15-8的规定。

表 15-8 交流引入电源供电标准

电源性质	标称电压	受电端子上电压变动范围(V)	受电端子上电压变动百分比	标称频率	频率变动范围
铁路供电	220 V	198～242	±10%	50 Hz	—
	380 V	342～418	±10%	50 Hz	—
非铁路供电	220 V	187～242	−15%～+10%	50 Hz	±2 Hz
	380 V	323～418	−15%～+10%	50 Hz	±2 Hz

15.4.1.2 UPS电源和逆变器供电质量标准应符合表15-9规定。

表 15-9 UPS电源和逆变器供电质量标准

工作方式	标称电压	通信设备受电端子上电压变动范围(V)	通信设备受电端子上电压变动百分比	标称频率	频率变动范围
在线（逆变）工作	220 V	209～231	−5%～+5%	50 Hz	±2 Hz
	380 V	361～399	−5%～+5%	50 Hz	±2 Hz
旁路工作	220 V/380 V	与交流引入电源相同			

15.4.1.3 油机发电机组的供电质量标准应符合表 15-10 的规定。

表 15-10　油机发电机组的供电质量标准

标称电压	受电端子上电压变动范围(V)	受电端子上电压变动百分比	标称频率	频率变动范围	功率因素
220 V	209~231	−5%~+5%	50 Hz	±2 Hz	≥0.8
380 V	361~399	−5%~+5%	50 Hz	±2 Hz	

15.4.1.4 直流电源供电标准(通信设备受电端子处电压波动范围):24 V 系统,19~29 V;−48 V 系统,−40~−57 V。

15.4.2 高频开关电源设备的维修质量标准应符合表 15-11 的规定。

表 15-11　高频开关电源的维修质量标准

序号	项 目		标 准	备 注
1	输入性能	交流引入	同时引入两路交流电	
		自动转换	具有两路电源自动转换功能,且在转换过程中保证不发生并路	
		输入允许电压范围	220 V:176~264 V; 380 V:304~456 V	
		输入允许频率范围	45~55 Hz	
2	输出性能	输出电压调节范围	−48 V:−43.2~−57.6 V; 24 V:21.6~29 V	
		精度	电压调整率:≤±0.1%; 负载调整率:≤±0.5%; 稳压精度:≤±0.6%	
3	杂音电压	电话衡重	≤2 mV(0.3~3.4 kHz)	
		峰-峰值	≤100 mV(0~20 MHz)	
		宽频	≤50 mV(3.4~150 kHz)	
			≤15 mV(150 kHz~30 MHz)	
4	并联负载均分性能 (均流性能)		整流模块以 $N+1$ 方式并联供电,应做到均分总负载电流值。当整流模块平均负担电流在单模块额定电流值的 50%~100% 范围内时,模块并联均分负载不平衡度≤±5%	
5	限流		额定值的 105%~110% 范围内可调	

序号	项 目		标 准	备 注
6	保护性能	交流输入过电压	当交流输入电压超过过电压整定值时应自动关机保护,并发出声光报警	
		交流输入欠电压	当交流输入电压低于欠电压整定值时应能在一定电压范围内降额工作,并发出声光报警	
		直流输出过电压	可根据要求整定,当输出电压高于整定值时应自动关机保护,并发出声光报警	
		直流输出欠电压	当输出电压降低到输出欠电压整定值时应自动发出声光报警	
		直流输出过电流	当输出电流超过120%额定电流值时,应自动关机保护,并发出声光报警	
		整流模块温度过高	当整流模块内部温度达到保护设定值时,应自动关机保护,并发出声光报警	
		蓄电池低电压保护	当蓄电池组放电电压达到43.2 V时,应自动切断蓄电池组供电回路	中间站电源具备此功能
7	告警		发生下列情况时,必须发出音响及灯光告警信号: 1. 直流输出电压达到或超过设定的告警范围; 2. 输入发生停电; 3. 交流输入开关(熔断器)跳闸(熔断); 4. 直流输出开关(熔断器)跳闸(熔断); 5. 保护电路动作	
			关断告警声响信号后灯光信号必须存在;当故障恢复后应再次发出声响信号	
8	熔断器及断路器容量	交流输入熔断器(断路器)的容量	按最大负载电流值的1.2～1.5倍选取	
		直流输入熔断器(断路器)的容量	1. 总容量应为分容量之和的2倍; 2. 分容量应为负载电流的1.5倍	
9	直流馈电线全程电压降	24 V供电系统	≤2.6 V	蓄电池组输出端至负载受电端的全程压降
		−48 V供电系统	≤3.2 V	
10	配线		铜、铝连接必须采用铜铝过渡连接	
			配线时,两端必须有明确的标志	

15.4.3 UPS 电源和逆变器的维修质量标准应符合表 15-12 的规定。

表 15-12 UPS 电源和逆变器的维修质量标准

序号	项 目		标 准	备 注
1	UPS 输入性能	电压	(220±44)V 或(380±76)V	
		频率	输入频率范围:(50±5)Hz	
			频率跟踪范围:(50±2)Hz 可调	
			频率跟踪速率:0.5~1 Hz/s	
		功率因数	≥0.90	
		输入电流谐波成分	<15%	2~39 次谐波
2	输出性能	波形	正弦波(阻性负载电压波形正弦畸变率不大于 3%,非线性负载不大于 5%)	
		输出电压稳压精度	输出电压变化≤±2%	0~100%线性负载范围内
		输出频率	(50±0.1)Hz	电池逆变方式
		转换时间	市电与电池转换时间:0 ms	
			旁路逆变转换时间<2 ms	>3 kV·A
			旁路逆变转换时间<4 ms	≤3 kV·A
		并机负载电流不均衡度	≤5%	对有并机功能的 UPS
3	负载能力	输出有功功率	≥额定功率×0.7 kW/(kV·A)	产品检测标准
		过负载及转换	110%负载,不转旁路 125%负载,≥1 min 转旁路	
		负载容量限制	单台 UPS 带载能力不应超过 80%额定容量,对于 N+1 并联冗余系统,系统输出的最大负载不应超过单台 UPS 额定容量×N×80%	维护标准
4	效率		设备额定功率≤10 kV·A 时,效率≥85%	额定输出功率条件下测量
			设备额定功率>10 kV·A 时,效率≥90%	
			设备额定功率≥60 kV·A 时,效率≥90%	50%及以上额定输出功率条件下测量
5	充电整流器		1. 具有定期对电池组进行自动浮充、均充转换功能; 2. 容量大于 5 kV·A 的 UPS 具有电池组自动温度补偿功能	

251

序号	项 目		标 准	备 注
6	保护性能	交流输入过、欠压保护	当交流输入电压超过允许输入电压整定范围时,应立即转电池运行,并发出声光报警信号	
		交流输出过、欠压保护	当交流输出电压超过输出过电压整定值时,应发出声光告警,转为旁路供电	
		输出短路保护	当输出负载短路时,UPS应自动关断输出,同时发出声光告警	
		输出过载保护	输出负载超过UPS额定功率时,应发出声光告警;超过过载能力时应转旁路供电	
		过温保护	UPS机内运行温度过高时,应发出声光告警,转旁路供电	
		电池电压低保护	当UPS在电池逆变工作方式时,电池电压降至保护点时,应发出声光告警,停止供电	
7	告警		发生下列情况时,必须发出音响及灯光告警信号: 1. 交流输入电源发生停电时; 2. 交流输入电压超过设定之告警范围时; 3. 交流输出电压超过设定之告警范围时; 4. 设备转旁路运行时; 5. 交流输入、输出开关(熔断器)跳闸(熔断)时; 6. 直流输入开关(熔断器)跳闸(熔断)时; 7. 风扇故障停止工作时; 8. 保护电路动作时	
			关断任何告警的音响信号后,灯光信号必须存在;当故障解除后,应再次发出音响信号	
8	显示		输入电压、电流显示	
			输出电压、电流显示	
			设备运行状态和蓄电池运行状态显示等	

15.4.4 阀控式密封铅酸蓄电池的维修质量标准应符合表15-13的规定。

252

表 15-13 阀控式密封铅酸蓄电池的维修质量标准

序号	项 目		标 准	备 注
1	蓄电池容量		采用连续浮充制的蓄电池组实存容量(10 小时率)按运用年限为: (1)1~5 年应不小于 10 小时率额定容量的 90%; (2)6~8 年应不小于 10 小时率额定容量的 80%	2 V 系列
			采用连续浮充制的蓄电池组实存容量(10 小时率)按运用年限为 (1)1~3 年应不小于 10 小时率额定容量的 90%; (2)4~5 年应不小于 10 小时率额定容量的 80%	12 V 系列
2	电压	浮充电压(环境温度 25 ℃)	满足产品技术要求: (1)一般单体为 2.23~2.27 V; (2)48 V 电池组为 53.52~54.48 V	2 V 系列
		浮充电压与温度的关系	环境温度自 25 ℃每上升(或下降)1 ℃,每只电池浮充电压应降低(或提高)0.003 V	
		均衡充电电压	满足产品技术要求: (1)一般单体为 2.30~2.35 V; (2)48 V 电池组为 55.2~56.4 V	
		放电终止电压	(1)10 小时率、3 小时率 1.80 V; (2)1 小时率 1.75 V	
		端电压均衡性	(1)开路状态,同组各单体电池间电压差应不大于 20 mV; (2)浮充状态,同组各单体电池间电压差应不大于 90 mV; (3)10 小时率放电状态,同组各单体电池间电压差应不大于 200 mV	
		浮充电压(环境温度 25 ℃)	满足产品技术要求: 一般单体为 13.38~13.63 V	12 V 系列
		浮充电压与温度的关系	环境温度自 25 ℃每上升(或下降)1 ℃,每只电池浮充电压应降低(或提高)0.018 V	
		均衡充电电压	满足产品技术要求: 一般单体为 13.80~14.10 V	
		放电终止电压	(1)10 小时率、3 小时率 10.8 V; (2)1 小时率 10.5 V	
		端电压均衡性	(1)开路状态,同组各单体电池间电压差应不大于 100 mV; (2)浮充状态,各单体电池间电压差应不大于 480 mV; (3)10 小时率放电状态,同组各单体电池间电压差应不大于 600 mV	

冶金企业铁路通信维护规则

253

序号	项目		标　准	备　注
3	连接		蓄电池的正、负极端子应标志明显,其端子应用螺栓、螺母连接紧固,且不应产生扭曲应力,连接部分(含极柱)电压降应不大于 5 mV	10 h 放电率
4	蓄电池充电	初充电	蓄电池在投入使用前应按产品技术说明书规定的方式进行补充充电: (1)环境温度为 21～32 ℃时,充电 12 h; (2)环境温度为 10～15 ℃时,可延长充电时间至 24 h	C_{10} 为蓄电池 10 h 率容量
		充电限流	蓄电池在深度放电后,应采取限流充电法进行恢复性充电,其充电电流严禁超过 $0.25C_{10}$ A,一般应采用 $0.1C_{10}$ A	
		均衡充电	蓄电池组除定期进行均衡充电外,遇有下列情况之一时,也应进行均衡充电: (1)组中单体电池的浮充电压有两只以上低于 2.18 V(2 V/只); (2)浮充电时蓄电池端电压最大值与最小值之差达到 0.48 V(12 V/只)或 0.09 V(2 V/只)以上; (3)强放电(放电电流大于 3 小时率); (4)小电流深度放电超过 48 h; (5)放电容量达到额定容量的 20%以上; (6)经常充电(或浮充)不足; (7)搁置或停用时间超过 1 个月; (8)蓄电池经重点整修后	
		充电终止	达到下述三个条件之一时可视为充电终止: (1)蓄电池的充电量不小于放出电量的 1.2 倍; (2)充电后期充电电流小于 $0.005C_{10}$ A; (3)充电后期,充电电流连续 3 h 无明显变化	
5	蓄电池放电	核对性放电试验	以实际负载进行放电试验,放出蓄电池额定容量的 30%～40%	2 V 电池前 5 年,12 V 电池前 2 年
		容量测试	离线测试,放出蓄电池额定容量的 80%以上,单体电池端电压不应低于放电终止电压	2 V 电池第 6 年起,12 V 电池第 3 年起
		端电压测量	蓄电池放电期间,应每小时测量一次单体电池端电压和环境温度,放电后期,应缩短测量时间间隔	

序号	项 目		标 准	备 注
5	蓄电池放电	落后电池的判断	在放电状态下测量,如果端电压在连续 3 次放电循环中测试均是最低的,就可判为该组中的落后电池。有落后电池就应考虑对蓄电池组进行均衡充电,并视情况更换	
6	电池架		无腐蚀,耐酸漆无脱落、剥皮,平整、稳固	

15.4.5 交流配电柜(箱)的维修质量标准应符合表 15-14 的规定。

表 15-14　交流配电柜(箱)的维修质量标准

序号	项 目	标 准	备 注
1	性能	1. 输入电源为三路时,其中两路接输入交流电源,一路接自备发电机; 2. 输入电源为两路时,应设两个输入电源电路,两路均接输入交流电源; 3. 具有交流输入电源之间、交流输入电源与备用发电机电源之间的转换功能,且在转换过程中保证不发生并路	交流引入配电柜
2	熔断器或断路器容量	1. 按最大负载电流的 1.2～1.5 倍选取; 2. 下级容量不大于上级容量	
3	绝缘电阻	≥2 MΩ	用 500 V 兆欧表测量
4	告警	发生下列情况时,必须发出音响及灯光告警信号: 1. 市电发生停电或缺相时; 2. 备用发电机停机时; 3. 保证《产品说明书》规定的告警正常使用	1 和 2 主要针对交流引入配电柜
5	配线	汇流排的距离:线间≥20 mm; 线与机架间≥15 mm	
		配线整齐牢固,焊(压)接及包扎良好	
		铜、铝连接时必须采用铜铝过渡连接	
		配线时,馈电线两端必须有明确的标志(标号)	
6	仪表显示	电压显示误差不超过±1%	
		电流显示误差不超过±2%	
		频率显示误差不超过±2%	

15.4.6 直流配电柜(箱)的维修质量标准应符合表 15-15 的规定。

表 15-15 直流配电柜(箱)的维修质量标准

序号	项目	标准	备注
1	性能	能同时接入两组蓄电池	高频开关电源系统中的直流配电柜或配电单元
		能满足两组蓄电池并组均充、浮充及放电	
		操作时,必须保证不中断供电	
2	熔断器或断路器容量	总容量应为分容量和的 2 倍	
		分容量应为负载电流的 1.5 倍	
3	告警	输出电压超出设定门限值范围应发出音响及灯光告警	
		输出熔断器(断路器)熔断(跳闸)	
		关断任何告警的音响信号后,灯光信号必须存在;当故障恢复后,应再次发出音响信号	
4	电压降	直流馈电线全程电压降: (1)24 V 供电系统:≤2.6 V; (2)−48 V 供电系统:≤3.2 V	
		额定负载时配电屏(箱)内电压降:≤500 mV	
5	配线及其他	配线整齐牢固,焊(压)接及包扎良好	
		用汇流排配线时,汇流排与机架间、汇流排与汇流排间的最小距离≥20 mm	
		输出熔断器(断路器)和一切端子必须有明确标牌,配线电缆两端必须有明确标志(标号)	
6	仪表显示	电压显示误差不超过±1%	
		电流显示误差不超过±2%	

15.4.7 油机发电机组的维修质量标准应符合表 15-16 的规定。

表 15-16 油机发电机组的维修质量标准

序号	项目	标准	备注
1	启动系统	启动蓄电池容量:以 10 h 放电率放电,放出额定容量的 50%后仍能启动 3 次	每启动 1 次间隔 1 min
		启动迅速(冷车启动不超过 5 次)	
2	油机在带负载工作时	润滑油压力一般保持在 100～300 kPa 或按产品标准	
		润滑油温度小于 80 ℃	
		循环水温度: 1. 进水口为 55～65 ℃; 2. 出水口为 75～85 ℃	

序号	项 目	标 准	备 注
2	油机在带负载工作时	排气颜色正常(淡灰色)	
		无撞击声	
		转速不均匀度： 1. 在稳定负载时，其输出频率应保持在(50±0.5) Hz； 2. 在负载从 50%～100%剧烈变化时，其频率变化不应超过+1 Hz、-2 Hz	
3	发电机	自动稳压精度：额定电压的±5%(360～400 V)	用 500 V 兆欧表测量
		轴承温升小于 40 ℃	
		绝缘电阻大于 20 mΩ	
		电机温升小于 40 ℃	
4	仪表	不低于 1.5 级	

15.4.8　通信雷电综合防护装置。

15.4.8.1　通信雷电综合防护装置的维修质量标准应符合表 15-17 的规定。

表 15-17　通信雷电综合防护装置的维修质量标准

序号	项 目	标 准	备 注
1	避雷网(带)、引下线	连接牢固，无脱焊、松动、锈蚀及损伤	防锈处理时，不应造成雷电泄放径路的绝缘
		锈蚀及损伤部位超过截面积 1/3 时，应予以更换	
2	接地汇集线、接地线、等电位连接、地网引线	连接牢固，没有脱焊、松动、锈蚀及损伤	
3	浪涌保护器	表面平整、光洁、无裂痕及变形，紧固件牢固，颜色均匀无明显差异，标志、铭牌完整清晰	
		具备失效指示的浪涌保护器，通常指示窗正常状态为绿色，异常状态为红色	
		标称导通电压 U_n（即压敏电压 U_V）容许偏差 ±10%	仅含压敏电阻的电源 SPD
		直流漏电流应符合表 15-18 的要求	

冶金企业铁路通信维护规则

序号	项 目	标 准	备 注
3	浪涌保护器	标称导通电压 U_n: 1. 放电管的直流放电电压 U_G 容许偏差±20%; 2. 压敏电阻的压敏电压 U_V 容许偏差±10% 通信线缆浪涌保护器的标称导通电压: 1. 通常情况下容许偏差为±10%; 2. 线路与接地线间仅含放电管的 SPD 容许偏差为±20%	压敏电阻与放电管串联组合型电源 SPD 应分开测试
4	地网电缆	通信机房所在建筑物的地网接地电阻≤1 Ω	
		接入铁路综合接地系统的通信机房,接地电阻≤1 Ω	
		未接入铁路综合接地系统的基站、区间中继设备接地电阻值≤4 Ω	
		与机房地网相连的铁塔接地电阻≤1 Ω,不与机房地网相连的铁塔、电杆单独设置防雷接地体时,接地电阻值≤10 Ω	

15.4.8.2 压敏电阻的直流漏电流维修质量标准应符合表 15-18 的规定。

表 15-18 压敏电阻的直流漏电流维修质量标准

压敏电阻名义等效直径(mm)	14	20	25	32	40	50
25 ℃下直流漏电流(μA)	≤15	≤20	≤25	≤35	≤40	≤40

15.4.9 阀控式密封铅酸蓄电池容量、放电电流、放电终止电压间关系见表 15-19。

表 15-19 阀控式密封铅酸蓄电池容量、放电电流、放电终止电压

放电率	容量(A·h)	放电电流(A)	放电终止电压(V)
10 小时率	C_{10}	$I_{10}=C_{10}/t_{10}$	1.80
3 小时率	$C_3=0.75C_{10}$	$I_3=2.5I_{10}$	1.80
1 小时率	$C_1=0.55C_{10}$	$I_1=5.5I_{10}$	1.75

注:1. 10 小时率容量,在第一次循环应达到 0.95 C_{10},在第三次循环前应到 C_{10};

2. C_{10}、C_3、C_1 分别是 10 小时率、3 小时率、1 小时率容量;

3. I_{10}、I_3、I_1 分别是 10 小时率、3 小时率、1 小时率容量放电电流;

4. t_{10} 为 10 小时率放电时间;

5. 本表数据来源于工信部通信行业标准 YD/T 799—2010《通信用阀控式密封铅酸蓄电池》。

15.4.10 10小时放电率下的电解液温度和蓄电池容量见表15-20。

表15-20 10小时放电率下的电解液温度和蓄电池容量

电液温度(℃)	电池安时容量百分数(%) (以25℃容量为额定容量100%)	备　注
40	107.5	按规定液温高于25℃时,实放电量应不大于额定容量100%
35	106	
30	103	
25	100	
22.5	98	
20	96	
17.5	93.5	
15	91	
12.5	88	
10	85	
7.5	82	
5	78	
2.5	75	按电池室内温度规定蓄电池工作温度应不低于5℃
0	72	
−5	65	
−10	58	
−15	50	比重1.160~1.210范围内液温低于−15~−25℃时,蓄电池将因硫酸溶液结冰而工作失效
−20	42.5	
−25	34	

15.4.11 阀控式密封铅酸蓄电池内阻见表15-21。

表15-21 阀控式密封铅酸蓄电池内阻

额定容量 (A·h)	内阻(mΩ)		额定容量 (A·h)	内阻(mΩ)
	12 V	2 V		2 V
25	≤14	—	400	≤0.6
38	≤13	—	500	≤0.6

额定容量 （A·h）	内阻（mΩ）		额定容量 （A·h）	内阻（mΩ）
	12 V	2 V		2 V
50	≤12	—	600	≤0.4
65	≤10	—	800	≤0.4
80	≤9	—	1 000	≤0.3
100	≤8	—	1 500	≤0.3
200	≤6	≤1.0	2 000	≤0.2
300	—	≤0.8	3 000	≤0.2

注：1. 未标出内阻值的蓄电池采用插入法，取容量相同的蓄电池内阻值之和的 1/2；

　　2. 同组蓄电池内阻偏差应不超过 15%。计算方法为：同组电池内阻最大值与最小值的差值与整组电池内阻平均值之比；

　　3. 本表数据来源于工信部行业标准 YD/T 799—2010《通信用阀控式密封铅酸蓄电池》，为产品检测标准，仅作为维护参考。

15.4.12　低压电气装置保护导体（PE）最小截面积见表 15-22。

表 15-22　低压电气装置保护导体（PE）最小截面积

相线截面积	相应 PE 的最小截面积
S≤16	S
16＜S≤35	16
S＞35	1/2S

注：1. PE 与相线使用相同材料；

　　2. 本表数据来源于 GB/T 50065—2011《交流电气装置的接地设计规范》中表 8.2.1。

15.4.13　UPS 系统参数设置参考表。

可按表 15-23 记录 UPS 系统的各项设置参数（部分数据来源于厂家，可根据现场情况调整）。

表 15-23　UPS 系统参数设置参考表

序号	项　　目	设置值	参考范围
1	UPS 输入电压高告警值		高限在 120% 额定输入电压以上
2	UPS 输入电压低告警值		低限在 80% 额定输入电压以下
3	UPS 输入频率高告警值		高限在 110% 额定频率以上
4	UPS 输入频率低告警值		低限在 90% 额定频率以下

序号	项 目	设置值	参考范围
5	UPS 输出电压高告警值		高限在 105％额定输出电压以上
6	UPS 输出电压低告警值		低限在 95％额定输出电压以下
7	输出过载(过流)告警值		
8	频率跟踪速率值		0.5～1 Hz/s
9	频率跟踪范围		(50±2) Hz 可调
10	UPS 整流器输出直流电压		
11	蓄电池组最高充电电压		
12	蓄电池组工作电压低告警值		
13	蓄电池组最低工作电压		
14	蓄电池组浮充电压		
15	蓄电池组均充电压		
16	蓄电池组最大充电电流		
17	蓄电池组均充周期设置		
18	蓄电池组自放电测试周期设置		
19	蓄电池组自放电测试时长(电压)设置		
20	配电开关的额定值或整定值		
21	温度补偿系数设定值		宜为 $-3\sim-5$ mV/℃/单体,推荐值 -3 mV/℃/单体

15.4.14 高频开关电源系统参数设置参考表。

可按表 15-24 记录高频开关电源系统的各项设置参数(部分数据来源于厂家,可根据现场情况调整)。

表 15-24 高频开关电源系统参数设置参考表

序号	项 目	设置值	参考范围
1	交流输入电压高告警值		高限在 120％额定输入电压以上
2	交流输入电压低告警值		低限在 80％额定输入电压以下
3	交流输入频率高告警值		高限在 110％额定频率以上
4	交流输入频率低告警值		低限在 90％额定频率以下
5	交流输入过载(过流)告警值		

序号	项　目	设置值	参考范围
6	直流输出电压高告警值		高于均充电压 0.5 V 以上,推荐范围 57～58.5 V
7	直流输出电压低告警值		低于浮充电压 1 V 以上,推荐值 48 V
8	一次下电(负载下电)允许		是/否
9	二次下电(电池保护)允许		是/否
10	一次下电电压(负载下电电压)		低于直流输出电压低告警值 1 V 以上
11	二次下电电压(电池保护电压)		推荐值 43.2 V
12	蓄电池组浮充电压		依据电池特性设定,常用值 53.5 V
13	蓄电池组均充电压		依据电池特性设定,常用值 56.4 V
14	蓄电池组充电电流系数		0.1～0.25,推荐值 0.1
15	蓄电池组充电电流告警值		大于最大充电电流值
16	蓄电池组均充周期设置		依据电池特性设定,3～6 个月
17	蓄电池组均充定时时间		
18	蓄电池组转均充容量		
19	蓄电池组转均充电流		
20	蓄电池组转浮充电流		
21	电池管理方式		自动/手动
22	蓄电池组自放电测试周期设置		
23	蓄电池组自放电测试时长(电压)设置		
24	配电开关的额定值或整定值		
25	温度补偿系数设定值		宜为－3～－5 mV/℃/单体,推荐值－3 mV/℃/单体

16　机车无线调度通信固定设备

16.1　一般规定

16.1.1　机车无线调度通信系统用于机车调度员、司机、车站调度员之间的通话联系,并实现数据传送功能。

16.1.2　机车无线调度通信固定设备(以下简称无线调车固定设备)

包括车站设备、调度总机、网管及监测设备等。其中车站设备由车站电台、车站数据接收解码器、调度命令车站转接器等组成。

16.2　设备管理

16.2.1　无线机车调度专业与其他专业的维护管理分界如下。

(1)车站数据接收解码器与 CTC/TDCS 车站设备维护分界：车站数据接收解码器至 CTC/TDCS 车站设备接线端子(不含)由通信部门负责。

(2)调度命令车站转接器与 CTC/TDCS 车站设备维护分界：调度命令车站转接器至 CTC/TDCS 车站设备接线端子(不含)由通信部门负责。

(3)其他维护分界,由设备管理部门根据实际情况自行确定。

16.2.2　无线机车调度固定设备电源应具有交、直流自动转换功能,配置免维护备用电池,电池容量应保证设备连续工作时间不少于 6 h。有条件的中间站,车站电台应由中间站高频开关电源柜供电。

16.2.3　设备维护单位应根据维护工作需要,配备下列仪表、工器具:场强测试系统、便携式场强仪、频谱分析仪、无线综合测仪、直放站综合测试仪、中继器测试仪、功率计、天馈测试仪光源、光功率计、调监模拟器、电池容量测试仪、电子经纬仪,交流和直流稳压电源、望远镜。

16.2.4　设备维护单位应具备下列技术资料。

(1)竣工资料、验收测试资料;

(2)无线机调系统图;

(3)无线机调场强覆盖示意图;

(4)设备台账(含设备型号、规格、软硬件版本、生产厂家、开通时间等);

(5)设备技术资料(设备产品说明书、使用手册等);

(6)仪器仪表使用说明书;

(7)应急预案。

16.3　设备维护

16.3.1　设备维护单位应根据本维护规则制定相应的维护作业指导书、维护管理制度,编制检修计划表。按计划进行维修,及早发现问题,减少障碍的发生。

16.3.2　设备管理部门组织无线场强测试工作,掌握无线场强覆盖状况。

16.3.3　设备维护单位应加强无线场强覆盖管理,严格控制场强覆盖区,消除越区覆盖现象。根据场强测试资料和场强分布曲线,建立场强覆盖曲线数据库,针对弱场和问题区段,开展场强工作。整治完成后应及时进行场强复测。

16.3.4 车站设备维修项目与周期见表16-1。

表 16-1 车站设备维修项目与周期

类别	序号	项目与内容	周期	备 注
日常检修	1	访问用户	月	询问车站值班员了解设备运用情况
	2	车站设备检查、清扫		
	3	各部配线检查、整理		
	4	天馈、杆塔巡检		
	5	蓄电池检查、放电试验		
	6	车站电台呼叫通话试验		
	7	交直流电源转换试验	季	用仪表进行电压测量
	8	蓄电池电压测量		
	9	车站电台自检和呼叫通话试验,遥测启动试验		
	10	车站数据接收解码器检查、功能试验		用仪器进行功能试验
	11	调度命令车站转接器检查、功能试验		
	12	天馈线整修和驻波比测试		用仪表进行功能
集中检修	1	电池容量测试、更换	年	用仪器进行功能
	2	地线测试整修		地线测试应在雨季前进行
	3	控制盒整修、更换		
	4	交直流电源转换检查、整修		
	5	车站数据接收解码器、调度命令车站转接器等检查、整修		
	6	车站设备通话及功能试验		
	7	电台主机内部清扫、强度检查整修	二年	
	8	电台主机测试及调整		
	9	车站数据接收解码器、调度命令车站转接器等检查、功能试验、整修		
	10	车站电台送(受)话器及话绳更换		

类别	序号	项目与内容	周期	备 注
重点检修	1	不合格设备的更换、调整	根据需要	
	2	整修零部件，更换配件		
	3	其他项目整修		

16.3.5 无线机车调度总机维修项目与周期见表16-2。

表16-2 无线机车调度总机维修项目与周期

类别	序号	项目与内容	周期	备 注
日常检修	1	表面清扫	月	
	2	各部件、配线检查		
	3	大三角通话试验		
	4	录音检查试验		
集中检修	1	选叫信号电平测试调整	年	
	2	送、受信电平测试调整		
	3	转接电话平衡试验调整		
	4	呼叫、通话、转接、录音试验		
	5	不合格部件整修、更换		
	6	部件、插件、配线检查整修	二年	
	7	电平测试调整		
	8	整机电特性测试调整：(1)线路输入电平；(2)线路输出电平；(3)音频输出；(4)失真度；(5)信噪比；(6)呼叫频率误差		
重点检修	1	不合格设备的更换、调整	根据需要	
	2	整修零部件，更换配件		
	3	其他项目整修		

16.4 质量标准

16.4.1 无线机车调度系统的场强覆盖，是在满足机车电台接收机输出端电压信噪比不低于 20 dB 条件下，按 95％ 的地点、时间概率统计，测量接收机天线输入端的最小接收电平。最小接收电平应符合下列要求：

冶金企业铁路通信维护规则

(1)非电气化铁路不低于 0 dBμ。

(2)电气化铁路不低于 10 dBμ。

16.4.2 无线机车调度场强覆盖应符合下列规定：

(1)两相邻车站电台场强覆盖不小于两相邻电台之间距离的 1/2，且至少有 500 m 重叠区。

(2)对车站站间距不足 5 km 的，两端车站电台的场强应相互覆盖到对端站。

16.4.3 无线机车调度固定设备的机械强度质量标准应符合表 16-3 的规定。

表 16-3　无线机车调度固定设备的机械强度质量标准

序号	类别	质量标准	备　注
1	外观	机壳、面板、盖板无变形、无破损，面板字迹清晰	
2	结构	1. 内部支架、端子板无断裂、无变形，安装牢固，位置合适； 2. 各部螺母齐全、紧固，无脱扣，无扭伤，无毛刺； 3. 各部插件、塞头、塞孔等接触良好，插座位置合适，接触簧片弹性可靠，无混线、断线、损伤，无氧化变形	
3	印刷电路及连接器件	1. 印制电路板完好无损，绝缘良好，板身平直无变形印刷线路完整，铜箔无浮起，电路板插接部位及插座接触可靠，有足够的插入深度，接触部分明显错位； 2. 继电器、扳键、按键的簧片应平直、位置合适，接点完整无损，接触良好，无错位，并应有足够的追随力，间隔片完整无损，绝缘良好，无严重跳火现象； 3. 扳键、按键的活动部分位置适中，动作灵活，无明显磨耗旷动； 4. 步进位器、电位器及开关接触可靠	
4	保安装置	保安装置性能可靠，熔断器安装紧固，熔断器压接良好装置管座不松动，熔断器容量符合图纸规定	
5	指示灯及指示	1. 指示灯(或发光管)安装牢固、表示及指示正确； 2. 各种电表指针灵活，度盘指示准确清晰	
6	电声转换器	送(受)话器、扬声器外形完好无破损变形，不松动，各连接线无虚断	

16.4.4 无线机车调度设备的工艺标准应符合表 16-4 的规定。

表 16-4　无线机调设备的工艺标准

序号	项　目	工艺标准	备　注
1	配线	1. 线条排列整齐、平直,不得有弯曲、背扣、中间接头擦伤、烫皮、老化龟裂等,线径应符合图纸及设计要求; 2. 线把挺直美观、表面配线线条不交叉、线把分支或弯成直角; 3. 同一去向的配线,余留长短均匀一致,焊接处线头裸芯不超过 2 mm	
2	焊接	1. 元件、配线焊前先打净、刮光、镀上锡; 2. 焊点镀锡均匀、适量、大小一致、无毛刺; 3. 电路板上的焊点要呈锥状、并留有线尖,线尖外露不超过 1 mm; 4. 无假焊,发现假焊点应拆下打干净,镀锡重新焊接; 5. 焊接时严禁使用焊锡膏及腐蚀性强的焊接剂	
3	元件	1. 各元件干净、排列整齐、无歪斜,组装位置符合规定,标准面向上(外)方,安装时要做到无损伤,漆皮镀层无伤痕; 2. 元器件使用前应经过筛选老化后方可使用; 3. 大功率管应加导热脂与散热片密贴安装、管帽电板引线加焊片,散热片安装端正; 4. 内部电位器、可调电感电容等元件的可调部分调测完毕应点漆或用高频蜡加封	
4	外观	1. 整机内外各部清洁整齐、无污垢、色泽光亮; 2. 整机各单盘、面板油漆色调基本一致,无明显脱漆设备铭牌齐全,标志清楚、正确,整机要有编号	
5	防尘、防潮、防腐处理	整机面板、盖、进线孔应加设防尘(防潮、防腐)装置要求规格一致、位置合适、平整牢固,不影响用户正常操作	
6	紧固件	紧固件的选用符合图纸规定,弹簧垫圈应压平无裂开,螺钉出螺母长度为 2～3 扣为宜,紧固漆的涂法和用量符合要求	
7	抗震	减震器件应保持性能良好	

16.4.5　无线机调固定设备主要电性能指标规定如下。

(1)发射机电性能指标应符合表 16-5 的规定。

表 16-5　发射机电性能指标

序号	项　目		指标要求 车站台	备　注
1	载波频率容差(10^{-6})		5	
2	载波功率(W)		3、5、10	$+20\%$ -15%
3	杂散射频分量(μW)		$\leqslant 5$	
4	邻道功率(比值)(dB)		$\geqslant 65$	
5	调制特性 300~3 000 Hz(相对于每倍频程 6 dB 加重特性的偏差)(dB)		$+1$	
			-3	
6	调制限制(kHz)		$\leqslant 5$	
7	高调制时的发射机 频偏(Hz)	5 kHz	$\leqslant 1 500$	
		10 kHz	$\leqslant 300$	
		20 kHz	$\leqslant 60$	
		3~5 kHz	频偏单调下降	
8	调制灵敏度(mV)		由产品标准规定	
9	音频失真(%)		$\leqslant 5$	
10	剩余调频(dB)		$\leqslant -40$	
11	剩余调幅(%)		$\leqslant 3$	
12	发射机启动时间(ms)		$\leqslant 100$	

（2）接收机电性能指标应符合表 16-6 的规定。

表 16-6　接收机电性能指标

序号	项　目	指标要求 车站台
1	灵敏度(单工)(μV)	$\leqslant 0.6(12$ dB SINAD)
2	抑噪灵敏度(单工)(μV)	$\leqslant 0.8(20$ dB QS)
3	门限静噪开启灵敏度(μV)	$\leqslant 0.4$
4	深静噪灵敏度(μV)	$\leqslant 6$
5	深静噪阻塞门限	测试频偏大于或等于 5 kHz(在 300 ~3 000 Hz 频带内)

268

序号	项　　　目		指标要求
			车站台
6	静噪开启时延(ms)		≤120
7	静噪闭锁时延(ms)		≤100
8	静噪失调门限(kHz)		大于或等于载波频率容差允许频率变化值的2倍
9	接收门限(μV)		0.6～5可调
10	额定音频输出功率	扬声器(W)	2～0.5可调
		耳机(mW)	1～10可调
11	音频失真(%)		≤5
12	音频响应(相音频负载为扬对于6 dB去加重特性偏离)不大于(dB)	音频负载为扬声器	+2 -8
		音频负载为耳机	+1 -3
13	信号对剩余输出功率比(dB)		≤-40
14	可用频带宽度(kHz)		大于或等于载波频率容差允许的变化值的2倍
15	调制接收宽度(kHz)		≥2×5
16	共信道抑制(dB)		≥-8
17	阻塞(dB)		≥90
18	邻道选择性(dB)		≥65
19	杂散响应抗扰性(dB)		≥70
20	互调抗扰性(dB)		≥65
21	音频灵敏度		大允许频偏40%
22	接收限幅特性		变化不超过3 dB(在6～100 dBμV变化时)
23	双工灵敏度		不允许低于单工灵敏度3 dB

(3)电源的特性要求应符合表16-7的规定。

表16-7　电源的特性要求

序号	项　目		指标要求	备　注
1	稳压电源输入特性	交流电源输入变化范围	220 V(+10%,-20%)	
		直流电源输入变化范围	48 V(+20%,-20%)输出电压比标变化不大于±1 V	

序号	项 目	指标要求		备 注
2	稳压电源输出特性	输入电源范围	AC 220 V,DC 48 V	
		输出电压比标称变化	不大于±1 V	最大负载(双工发射状态)
3	直流输出纹波电压	不大于 10 mV		标称输入电压额定负载
4	保护特性	按产品技术要求		

(4)呼叫、控制、回铃电路:信号的指标要求应符合表 16-8 的规定。

表 16-8　呼叫、控制、回铃电路:信号的指标要求

序号	项 目	指标要求	备 注
1	频呼叫信号额定频（kHz）	±3	容差为±15%
2	亚音频呼叫控制信号频偏(kHz)	±0.5	容差为±15%
3	信号频率准确度(%)	±0.5	
4	音频呼叫信号检出特性	在 6 dB 信纳比,频偏±3 kHz时,解码电路工作	
5	亚音频呼叫、控制信号检出特性	在 6 dB 信纳比,频偏±0.5 kHz时,解码电路工作	
6	音频呼叫信号接收带(%)	−2.5≤解码的低端值≤−1.5 1.5≤解码的高端值≤2.5 内解码	
	亚音频呼叫控制信号接收(%)	1.0≤解码的低端值≤−1.0 0≤解码的高端值≤2.0 内解码	
7	呼叫信号检出时间(s)	≤0.3	
8	控制信号检出时间(s)	≤0.25	
9	呼叫信号发送时间(s)	2≤t≤3 或 2≤t≤5	
10	回铃信号持续时间(s)	0.5	容差为±10%
11	转信保持时间(s)	9	容差为±10%
12	通告时间(s)	发送 0.5,间隔 4	容差为±10%

(5)录音接口采用 5 芯圆形接插件,型号 AL16,其接口定义应符合表16-9 的规定。

表 16-9　录音接口定义

引脚号	定义	说　　明
1	Vc	控制电平:ON 时小于 0.3 V,OFF 时为高阻
2	空	预留
3	GND	地
4	AF	音频输出信号:(−10±2) dBm,阻抗 600 Ω
5	空	预留

16.4.6　车站数据接收解码器技术指标应符合表 16-10 的规定。

表 16-10　车站数据接收解码器技术指标

序号	项　　目	指标要求	备　注
1	载波调制方式	FM,16F3E	
2	信道间隔	25 kHz	
3	载波频率容差	±5 Hz	
4	参考灵敏度	≤0.6 μV(12 dB SINAD)	
5	静噪开启灵敏度	≤0.4 μV	
6	深静噪灵敏度	≤6 μV	
7	深静噪阻塞门限	试频偏大于或等于 5 kHz(在 300~3 000 Hz频带内)	
8	静噪开启时延	≤120 ms	
9	静噪锁闭时延	≤100 ms	
10	接收门限	0.6~5 μV,连续可调	
11	音频失真	≤5%	

16.4.7　调度命令车站转接器与无线机车调度车站台的接口定义应符合表 16-11 的规定。

表 16-11　调度命令车站转接器与无线机调车站台的接口定义

引脚号	定义	说　　明
1	VCC	13.8 V 电源,电流小于 0.5 A
2	空	预留
3	GND	地
4	PTT	车站转接器输出的车站台控发信号。PTT 为低电平时应使车站台发射。ON:<0.3 V,OFF:5 V 或高阻

引脚号	定义	说　明
5	空	预留
6	MIC	车站转接器至车站台的音频输出信号。信号电平(有效值)245 mV(±20%),输出阻抗不大于 200 Ω
7	空	预留

16.4.8　车站电台有线/无线转接单元电性能指标应符合表 16-12 的规定。

表 16-12　车站电台有线/无线转接单元电性能指标

序号	项　目	指标要求	备　注
1	外线端输入阻抗(Ω)	160,1 650,≥20 kΩ	车站台跨接有线线路向总机发信时为 8 kΩ,其他≥20 kΩ
2	外线端输出阻抗(Ω)	160,1 650,≥8 kΩ	
3	发信通路输出电平(dBm)	−14～+5(可调)	发信出为四线出,在高阻跨接 600 Ω 有线线路时应满足指标要求
4	收信通路输入电平(dBm)	−20～+4	收信入为四线收
5	收信通路输出频偏(kHz)	3～5	收信出为天线端
6	幅频特性(dB)	±2	300～3 400 Hz
7	非线性失真(%)	≤5	
8	发信通路杂音防卫度(dB)	≥60	
9	收信通路信噪比(dB)	≥40	
10	不平衡衰耗(dB)	300～600 Hz,46	
		600～3 400 Hz,52	
11	信号发送电平(dBm)	比发信通路输出电平低 6 dB	
12	信号接收电平(dBm)	−26～−2	
13	比特差错率(10^{-5})	≤1	
14	数字信号调制方式	FFSK	
15	数字信号传输速率(bit/s)	1 200	
16	数字信号特征频率(Hz)	逻辑"0"=1 800	
		逻辑"1"=1 200	
17	数字信号频率偏差(Hz)	±10	

16.4.9 无线机车调度总机电性能标准应符合表 16-13 的规定。

表 16-13 无线机调调度总机电性能标准

序号	项 目	指标要求		备 注
1	外线端阻抗(Ω)	600 或 1 650 均对地平衡		
2	回波损耗(dB)	600 Ω	1 650 Ω	
		300~600 Hz≥15	≥20	
		600~3 400 Hz≥20		
3	发信通路输入电平(dBm)	由产品规定		发信入为 MIC
4	发信通路输出电平(dBm)	−14~+5(可调)		发信出为四线出
5	收信通路输入电平(dBm)	−20~+4		收信入为四线收
6	收信通路输出功率(mW)	扬声器	≥500	
		送受话器	≥10	
7	幅频特性(dB)	±2		300~3 400 Hz
8	非线性失真(%)	≤5		
9	发信通路杂音防卫度(dB)	≥60		
10	收信通路杂音防卫度(dB)	≥45		
11	自串防卫度(dB)	≥54		
12	不平衡衰耗(dB)	300~600 Hz≥46		
		600~3 400 Hz≥52		
13	信号发送电平(dBm)	比发信通路输出电平低 6 dB	±1 dB	
14	信号接收电平(dBm)	−26~−2		
15	比特差错率(10^{-5})	≤1		
16	数字信号传输速率(bit/s)	1 200		
17	数字信号调制方式	FFSK		
18	数字信号特征频率(Hz)	逻辑"0"=1 800		
		逻辑"1"=1 200		
19	数字信号频率偏差(Hz)	±10		

冶金企业铁路通信维护规则

17 无线通信中继设备

17.1 一般规定

17.1.1 无线通信中继设备用于无线信号的中继、放大、传播和接收，以便延伸无线网络的覆盖范围。

17.1.2 无线通信中继设备包括光纤直放站、区间中继器、区间中继台、漏泄电缆、天馈系统、天线杆路及其他附属设备等。

17.2 设备管理

17.2.1 区间设备电源应具有交、直流自动转换功能，配置免维护备用电池，电池容量应保证设备连续工作时间不少于 6 h。

17.2.2 设备维护单位应根据工作需要，配备下列仪表、工器具。

直放站综合测试仪、中继器测试仪、功率计、天馈测试仪、光源、光功率计、频谱分析仪、方位仪、角度仪、电子经纬仪、电池容量测试仪、交直流稳压电源。

17.2.3 设备维护单位应具备下列技术资料。

(1)竣工资料、验收测试资料；

(2)无线网系统组网图；

(3)无线系统设备台账(含设备型号、软硬件版本、数据配置、端口运用、配线等)；

(4)直放站、天线(方位角、俯仰角、高度)参数调整记录(含初始配置)；

(5)无线场强测试曲线；

(6)设备资料(使用说明书、维护手册、技术培训资料等)；

(7)仪器仪表使用说明书；

(8)应急预案。

17.3 设备维护

17.3.1 设备维护单位应根据本维护规则制定相应的维护作业指导书、维护管理制度，编制检修计划表。按计划进行维修，及早发现问题，减少障碍的发生。

17.3.2 光纤直放站设备维修项目与周期见表 17-1。

表 17-1　光纤直放站设备维修项目与周期

类别	序号	项目与内容	周期	备　注
日常检修	1	告警实时监控	实时	网管监控;发现问题及时处理
	2	远端、近端机光模块收、发光功率测试	月	通过网管检查测试
	3	远端机上行功放输出功率测试		
	4	远端机下行功放输出功率测试		
	5	系统时间校对		与时间同步系统误差小于1 s
	6	设备巡视,查看设备运行状态	季	现场巡查。封闭线路内结合天窗修进行
	7	基本业务测试		现场测试语音呼叫、智能、GPRS等业务
	8	连接线检查		现场巡检。封闭线路内结合天窗修进行
	9	直放站机柜的清扫		
	10	远端机蓄电池、UPS及光缆引入等设备检查		
集中检修	1	远端机备用光纤测试	年	
	2	射频输出功率测试	2年	实测值与设置值误差:±2 dBm。使用仪器仪表进行测试
	3	增益测试		增益指近端机射频输入与远端机射频输出之间的增益,实测值与设置值误差:±3 dB 使用仪器仪表进行测试
	4	远端机主、从输出信号电平差测试		满足设计值或近期网优值,使用仪器仪表进行测试
重点检修	1	隐患整治	根据需要	
	2	整修零部件,更换配件		
	3	版本升级		
	4	其他项目整治		

17.3.3　区间中继器、中继台、杆路维修项目与周期见表 17-2。

表 17-2　区间中继器、中继台、杆路维修项目与周期

类别	序号	项目与内容	周期	备　注
日常检修	1	天线杆路巡视	月	风、雨天气及防洪重点区段应增加临时检查次数
	2	设备清扫、外观检查		

类别	序号	项目与内容	周期	备　注
日常检修	3	缆线检查、整理	月	风、雨天气及防洪重点区段应增加临时检查次数
	4	通话试验		
	5	房屋、围栏、门禁检查		
	6	供电设备检查及交直流转换试验	季	使用仪器仪表进行检查测试
	7	电池检查、电压测试		
	8	地线测试整修		
	9	通话试验		
集中检修	1	杆路强度整修	年	1. 设备检查、测试项目由铁路局根据现场设备情况自行制定； 2. 使用专业仪器对设备性能进行测试
	2	配件、控制电缆检查整修		
	3	设备及耦合器检查、测试调整		
	4	电池容量测试、更换		
	5	光纤衰耗测试		使用仪器仪表进行测试
集中检修	1	不合格设备的更换、调整		
	2	整修零部件，更换配件		
	3	其他项目整治		

17.3.4 漏泄电缆及天馈系统维修项目与周期见表17-3。

表 17-3　漏缆及天馈系统维修项目与周期

类别	序号	项目与内容	周期	备　注
日常检修	1	天馈线、杆塔外观检查	月	1. 风、雨天气及防洪重点区段应增加临时检查次数； 2. 具备漏缆监测系统的线路，检修周期可适当延长
	2	漏缆径路检查		
集中检修	1	接头检查	半年	使用仪器仪表进行测试
	2	天馈线、杆塔紧固件检查		
	3	天线俯仰角、方位角检查测试		
	4	天馈线密封、强度检查		

类别	序号	项目与内容	周期	备　注
集中检修	5	天馈线驻波比测试	年	使用仪器仪表进行检查、测试
	6	漏缆直流环阻、内外导体绝缘电阻测试、接头检查、整修及更换		
	7	漏缆驻波比测试		
	8	漏缆吊挂件、吊线、固定件检查		
重点检修	1	隐患整治、补强	根据需要	
	2	其他项目整治		

17.3.5　漏泄电缆及杆路中修项目与内容。

(1)漏泄电缆电特性测试、整修、补强。

(2)漏泄电缆承力索、支架、吊夹整修,更换;调整吊挂漏泄电缆垂度。

(3)电杆、拉线、撑杆整修、调整。

(4)天线及馈缆、漏泄电缆及馈缆接头、阻抗变换器、直流阻断器、功分器、匹配负载、天馈线支架和避雷装置的整修或更换。

(5)防雷保安装置及地线补充和整修。

(6)电源引入缆线的整治、补强或更换。

(7)中继房整修、防护围栏整治加固。

17.3.6　漏泄电缆及杆路中修竣工后,应认真执行施工单位自验、设备维护单位验收、设备管理部门抽验的中修验收制度。

17.3.7　中修交验应具备下列资料。

(1)工程施工记录。

(2)检查、验收记录(包含隐蔽工程)。

(3)竣工、验收资料。

(4)中修工作总结。

17.3.8　漏泄电缆及杆路大修主要工作项目。

(1)漏泄电缆补强、更换。

(2)杆路、天线杆补强或更换。

(3)天馈线系统补强或更换。

(4)漏泄电缆、防雷等接地设施整修、更换。

(5)中继房大修、防护围栏整治加固。

冶金企业铁路通信维护规则

17.3.9 漏泄电缆及杆路大修工程交验应具备下列文件。

(1)工程设计文件。

(2)主要设备、设施、系统性能或结构强度测试记录及技术。

(3)竣工报告、资料。

(4)工程检查、验收及监理记录(包含隐蔽工程)。

(5)验收报告。

17.4 质量标准

17.4.1 光纤直放站设备主要电性能指标应符合表 17-4 的规定。

表 17-4 光纤直放站设备主要电性能指标

序号	项目	指标要求		备注
1	工作频率范围	上行:457～459 MHz;885～889 MHz		
		下行:467～469 MHz;930～934 MHz		
2	通信方式	异频双工;异频单工;同频单工		用户可设置
3	输入、输出阻抗	50 Ω		
4	上行输入噪声系数	≤4 dB		
5	适用辐射媒体	天线和漏泄电缆		
6	下行输出功率	5 W		
7	带内平坦度	上行:≤3 dB		
		下行:≤1 dB		
8	端口电压驻波比	≤1.4		
9	设备最大增益	上行:(53±3) dB		
		下行:(53±3) dB		
10	增益控制误差	3 dB		
11	AGC 控制范围	30 dB(上行)		
12	上行静噪门限	(−60～−90)±1 dBm 可调		
13	互调衰减	>30 dB(@P_o $=27$ dBm;$\Delta f=50$ kHz)		
14	带外杂散	<-36 dBm		
15	具有自检功能	可通过 OMC 网管系统实现遥测		

序号	项　目	指标要求	备　注
16	输入电源电压	近端机 DC −48 V； 远端机 AC 178～250 V，或 DC −48 V； 直流远供：200～400 V	
17	电源输入和通信电缆接口高压保护	4 kV	
18	工作温度范围	−25～+55 ℃	
19	功耗	待机状态：不大于 30 W	

17.4.2 隧道中继器电性能标准应符合表 17-5 的规定。

表 17-5　隧道中继器电性能标准

类别	方　向	频段 (MHz)	性　能					
			静噪门限电平 (dBm)	输入 (dBm)	输出 (dBm)	增益 (dBm)	自动增益控制范围 (dBm)	互调衰减 (dBm)
Ⅰ型中继器	正向 基地→移动	450	−85±1	−63±1	+27±1	≥90	>30	>30
	反向 基地←移动	450		−63±1		≥90		
Ⅱ型中继器	正向 基地→移动	450	−55±1	−23±1	+27±1	≥50	>30	>30
	反向 基地←移动	450	−55±1	−53±1	+27±1	≥50		

注：1. 在使用频率上测试；

　　2. 根据各设备性能指标参照执行。

17.4.3 区间中继台主要电性能指标规定如下。

(1)区间中继台发射机电性能指标应符合表 17-6 的规定。

表 17-6　发射机电性能指标

序号	项　目	指标要求	备　注
1	载波频率容差(10^{-6})	5	
2	载波功率(W)	1～3	+20% −15%
		3～5	

序号	项　目		指标要求	备　注
3	杂散射频分量(μW)		$\leqslant 5$	
4	邻道功率（比值）(dB)		$\geqslant 65$	
5	调制特性300～3 000 Hz（相对于每倍频程6 dB加重特性的偏差）(dB)		$+1$	
			-3	
6	调制限制(kHz)		$\leqslant 5$	
7	高调制时的发射机频偏(Hz)	5 kHz	$\leqslant 1\,500$	
		10 kHz	$\leqslant 300$	
		20 kHz	$\leqslant 60$	
		3～5 kHz	频偏单调下降	
8	调制灵敏度(mV)		由产品标准规定	
9	音频失真(%)		$\leqslant 5$	
10	剩余调频(dB)		$\leqslant -40$	
11	剩余调幅(%)		$\leqslant 3$	
12	发射机启动时间(ms)		$\leqslant 100$	

（2）区间中继台接收机电性能指标应符合表17-7。

表 17-7　接收机电性能指标

序号	项　目	指标要求
1	参考灵敏度（单工）(μV)	$\leqslant 0.6$(12 dB SINAD)
2	抑噪灵敏度（单工）(μV)	$\leqslant 0.8$(20 dB QS)
3	门限静噪开启灵敏度(μV)	$\leqslant 0.4$
4	深静噪灵敏度(μV)	$\leqslant 6$
5	深静噪阻塞门限	测试频偏大于或等于 5 kHz（在 300～3 000 Hz 频带内）
6	静噪开启时延(ms)	$\leqslant 120$
7	静噪闭锁时延(ms)	$\leqslant 100$
8	静噪失调门限(kHz)	大于或等于载波频率容差允许频率变化值的 2 倍
9	接收门限(μV)	0.6～5 可调

序号	项目		指标要求
10	额定音频输出功率	扬声器(W)	2~0.5 可调
		耳机(mW)	1~10 可调
11	音频失真(%)		≤5
12	音频响应(相对于 6 dB 去加重特性偏离)不大于(dB)	音频负载为扬声器	+2 −8
		音频负载为耳机	+1 −3
13	信号对剩余输出功率比(dB)		≤−40
14	可用频带宽度(kHz)		大于或等于载波频率容差允许的变化值的 2 倍
15	调制接收宽度(kHz)		≥2×5
16	共信道抑制(dB)		≥−8
17	阻塞(dB)		≥90
18	邻道选择性(dB)		≥65
19	杂散响应抗扰性(dB)		≥70
20	调抗扰性(dB)		≥65
21	音频灵敏度		不大于最大允许频偏40%
22	接收限幅特性		变化不超过 3 dB(在 6~100 dBμV 变化时)
23	双工灵敏度		不允许低于单工灵敏度 3 dB

17.4.4 漏泄电缆电性能标准应符合表 17-8、表 17-9、表 17-10 的规定。

表 17-8　Ⅰ型漏泄电缆电气特性

序号	项目		单位	频率	规格代号					
					75—32			50—32		
					48	47	46	48	47	46
1	内导体直流电阻 20 ℃,max	比滑铜管	Ω/km	—	1.5			0.8		
2	外导体直流电阻		Ω/km		3.0			3.0		
3	绝缘介电强度,DC/AC 有效值,1 min		KV		10/4.2			10/4.2		

冶金企业铁路通信维护规则

序号	项 目	单位	频率	规格代号 75-32			规格代号 50-32		
				48	47	46	48	47	46
4	绝缘电阻,最小值	MΩ·km	—	5 000			5 000		
5	特性阻抗	Ω	450	75±3			50±2		
6	衰减常数,20 ℃,max	dB/100 m	450	2.5	2.7	3.6	2.2	2.4	3.3
7	耦合损耗,95%,max 距电缆 2 m 处测量值	dB	450	87	77	67	83	73	63
8	电压驻波比,max	—	455~461	1.30					
		—	465~471						

表 17-9 Ⅱ型漏泄电缆电气特性

序号	项 目		单位	频率	规格代号 50-22	规格代号 50-32	规格代号 50-42
					97	97	96
1	内导体直流电阻,20 ℃,max	光滑铜管	Ω/km	—	1.2	0.8	—
		螺旋皱纹铜管		—	—	—	1.0
2	外导体直流电阻,20 ℃,max		Ω/km	—	3.5	3.0	2.0
3	绝缘介电强度,DC/AC有效值,1 min		kV	—	10/4.2	10/4.2	15/6.3
4	绝缘电阻,最小值		MΩ·km	—	5 000	5 000	5 000
5	特性阻抗		Ω	900	50±2	50±2	50±2
6	衰减常数,20 ℃,max		dB/100 m	450	3.3	2.2	1.8
				800	4.9	3.9	2.8
				900	5.3	4.3	2.9
7	耦合损耗,95%,max,距电缆 2 m 处测量值		dB	450	82	85	85
				800	75	71	72
				900	76	71	68
8	电压驻波比,max		—	455~461	1.3		
			—	465~471			
			—	855~889			
			—	930~934			

表 17-10　Ⅲ型漏泄电缆电气特性

序号	项目		单位	频率	规格代号		
					50—22	50—32	50—42
					97	97	96
1	内导体直流电阻,20 ℃,max	光滑铜管	Ω/km	—	1.2	0.8	—
		螺旋皱纹铜管			—	—	1.0
2	外导体直流电阻,20 ℃,max		Ω/km	—	3.5	3.0	2.0
3	绝缘介电强度,DC/AC 有效值,1 min		km	—	10/4.2	10/4.2	15/6.3
4	绝缘电阻,最小值		MΩ·km	—	5 000	5 000	5 000
5	特性阻抗		Ω	900	50±2	50±2	50±2
6	衰减常数,20 ℃,max		dB/100 m	900	5.0	3.0	2.2
7	耦合损耗,95%,max,距电缆 2 m 处测量值		dB	900	76	75	69
8	电压驻波比,max			855～889	1.30		
				930～934			

17.4.5　冶金铁路漏泄电缆架挂质量标准。

17.4.5.1　隧道内漏缆支架的安装。

(1)支架的安装位置,距离钢轨面高度一般为 4.8～4.9 m。

(2)支架上夹板固定位置要统一,以使电缆与洞壁之间的距离保持一致,洞内防火型两用吊夹一般每隔 5 m 安装一个。

(3)隧道内无衬砌面时,采用钢丝承力索吊挂电缆方式,固定钢丝承力索的支架采用 40 m×40 m×4 mm 角钢,孔深为 120 mm,并采用水泥砂浆灌注。角钢间距不宜大于 15 m,根据地形可适当移动位置,但移动距离不应大于 2 m。

17.4.5.2　隧道内(外)吊挂漏泄电缆。

(1)漏缆吊挂在隧道侧壁,槽口向下,在一般隧道内距轨面的吊挂高度为 4.5～4.8 m。

(2)电气化区段隧道内吊挂漏缆应在接触网回流线的另一侧。若设在同侧时漏缆与回流线或 PW 线的距离应大于 0.6 m。与吸上线交越时,漏缆外再套厚 8 mm、长 500 mm 的聚乙烯塑料护套作防护。

(3)隧道内漏缆宜采用人工抬放。如采用机械施工时,电缆盘不得卡阻,载运轨道车不得猛起动或急刹车。布放电缆不得拉得过紧,吊挂电缆应平直,不得出现过松现象。

(4)隧道外漏缆架设采用电杆支撑和钢丝承力索吊挂方式承力索采用 $7 \times \phi(2.0 \sim 2.2 \ mm)$ 镀锌钢绞线。漏缆在钢丝承力索上采用吊夹固定,洞外吊夹一般每隔 2.5~5 m 安装一个。漏缆吊挂高度距轨面 4.5~4.8 m。

(5)电气化区段隧道外吊挂漏缆与回流线或 PW 线的距离不小于 0.6 m,在回流线或 PW 线加绝缘保护的区段,不应小于 0.2 m,与牵引供电设备带电部分的距离应不小于 2 m。

(6)吊挂后漏缆垂度应保持在 0.15~0.2 m 范围内。漏缆过轨采用换接软电缆方式。

17.4.6 天馈线质量标准应符合表 17-11 的规定。

表 17-11 天馈线质量标准

序号	项 目	质量标准	备 注
1	外观强度	1. 天线无破损、变形,振子安装垂直度、方位角符合要求; 2. 安装尺寸符合限界要求,固定牢靠,螺丝卡具无锈蚀、无缺损; 3. 接头紧固、接触良好; 4. 馈线无破损、无老化、无龟裂无污垢,架空引入应平直,入室应有防水措施,吊索无锈蚀,吊挂牢固,挂钩均匀,地下引入应加防护; 5. 步杆钉、天线支架、拉线应牢固可靠,无锈蚀、无污垢、油饰良好	
2	馈线绝缘电阻	>10 MΩ/km	
3	特性阻抗	50 Ω	
4	电压驻波比	应含天线和馈线,在主机入口处测试	
5	防雷地线	1. 避雷针、引接线应接触可靠、牢固,无锈蚀、无污垢,连接处应焊接无假焊、虚焊; 2. 接地电阻<10 Ω,山区岩石地区≤30 Ω; 3. 避雷针架设高度应保证天线体在其内 45°角保护范围内	

17.4.7 天线杆路质量标准应符合表 17-12 的规定。

表 17-12　天线杆路质量标准

序号	项　目	质量标准	备　注
1	杆体	牢固整洁	
2	天线杆安装	1. 天线杆须垂直； 2. 杆根周围培土坚实牢固、地面硬化； 3. 护墩牢固无裂缝	
3	拉线、撑杆	1. 上、中、下把缠绕紧密完好； 2. 张力平衡、无断股、无跳股、不松缓、地锚培土坚实、不浮起、无锈蚀、拉线上无攀藤植物； 3. 钢绞线拉线强度适合不松缓、锚爪紧固不松动； 4. 抱箍紧固、无松动； 5. 撑杆无锈蚀； 6. 撑杆周围培土坚实、牢固	

17.4.8　板式天线安装质量标准。

（1）隧道内板式天线的安装位置，距离钢轨面的高度一般为 4.2～4.5 m。

（2）隧道内板式天线之间的距离一般在 180～200 m，两个相邻隧道中继电台的相邻两个板式天线之间的距离一般在 280～330 m。

（3）隧道内无衬砌面时，采用钢丝承力索吊挂电缆，按（2）中说的板式天线距离减少 2%。

（4）在同一铁塔上架设多个天线时，其水平和垂直距离一般要大于2.5 个波长。

17.4.9　干线（延长）放大器设备主要电性能指标应符合表 17-13 的规定。

表 17-13　干线（延长）放大器设备主要电性能指标

序号	项　目	指标要求	备　注
1	工作频率范围	上行：457～459 MHz	
		下行：467～469 MHz	
2	通信方式	异频双工；异频单工；同频单工	用户可设置
3	输入、输出阻抗	50 Ω	
4	上行输入噪声系数	≤4 dB	
5	适用辐射媒体	天线和漏泄电缆	

序号	项　目	指标要求	备　注
6	下行输出功率	0.5 W	
7	带内平坦度	≤3 dB	
8	端口电压驻波比	≤1.4	
9	设备最大增益	上行:(80±2) dB	
		下行:(80±2) dB	
10	增益控制误差	3 dB	
11	AGC 控制范围	30 dB(上行)	
12	上行静噪门限	(−70~−90 dBm)±1 dBm 可调	
13	互调衰减	<-28 dB(@P_o=27dBm;Δf=50 kHz)	
14	带外杂散	<-36 dBm	
15	具有自检功能	可通过 OMC 网管系统实现遥测	
16	输入电源电压	直流远供为 200~400 V	
17	电源输入和通信电缆接口高压保护	4 kV	
18	工作温度范围	−25~+55 ℃	
19	功耗	待机状态:不大于 30 W 通话状态:不大于 80 W	

18　移动通信终端设备

18.1　一般规定

18.1.1　移动通信终端设备包括车载通信设备和手持式(便携)通信设备。

18.1.2　车载通信设备安装于冶金铁路机车、救援车。包括机车综合无线通信设备(以下简称 CIR)、通用式机车电台设备等。

18.1.3　手持式(便携)通信设备包括无线对讲通信设备和 GSM-R 手持终端。

18.2　设备管理

18.2.1　设备维护单位要建立管理制度,制定操作使用办法,配合相关部门对使用人员进行培训。

18.2.2　车载通信设备维护管理分界规定如下。

18.2.2.1　CIR 设备。

(1)机务部门负责:电源开关(双刀开关或空气开关)和电源开关至直流供电装置(电机、电池组或逆变器)的连接电缆及管路;天线、MMI、扬声器与设备主机间连接电缆或管路的布设;天线、设备主机箱、MMI、打印机、LBJ、合路器等设备底座的固定(焊接);设备主机、MMI、打印机、送受话器、扬声器、TAX 箱内的机车数据采集编码器机盘的日常保管。

(2)通信维护单位负责:设备主机、MMI、打印机、送受话器、扬声器、天线、合路器、TAX 箱内的机车数据采集编码器以及各部连接线缆的日常维护。

(3)机车数据采集编码器以 TAX 箱的 48 芯插座和后面板 12 芯插座为分界点,机车数据采集编码器及 TAX 箱至 CIR 主机的连接电缆由通信维护单位维修。

(4)录音装置分界点:以 CIR 录音插座为分界点,CIR 录音插座以内由通信维护单位维修。插座外至录音装置间的连线由 TAX 箱维护部门负责。

(5)CIR 与 DMS 分界点:以 CIR 与 DMS 连接端口为分界点,CIR 连接端口以内由通信维护单位维修。

(6)CIR 与 EOAS 分界点:以 CIR 与 EOAS 连接端口为分界点,CIR 连接端口以内由通信维护单位维修。

18.2.2.2　通用式机车电台。

(1)机务部门:电源开关(双刀开关或空气开关)和电源开关至直流供电装置(电机、电池组或逆变器)的连接电缆及管路;天线、控制盒、显示屏、扬声器与设备主机间连接电缆管路的布设;天线、设备主机箱(底座)、控制盒座的固定(焊接);设备主机、控制盒、送(受)话器、扬声器、TAX 箱内的机车数据采集编码器机盘的日常保管。

(2)通信维护单位:设备主机、控制盒、送受话器、扬声器、天线、TAX 箱内的机车数据采集编码器以及各部连接线缆的维护。

(3)机车数据采集编码器以 TAX 箱的 48 芯插座和后面板 12 芯插座为分界点,机车数据采集编码器及 TAX 箱至机车电台的连接电缆由通信维护单位维护。

(4)机车电台的录音设备分界点:以机车电台录音插座为分界点,机车电台录音插座以内由通信维护单位维修。插座外至录音装置间的连线由 TAX 箱维护部门负责。

18.2.2.3　车载通信设备其他维护分界,由设备管理部门根据实际情况自行确定。

18.2.3　移动通信终端设备使用和保管由使用单位负责,维护管理由通信维护单位具体规定。

18.2.4　设备维护单位应正确加装或设置 CIR 设备的线路数据库(含通信模式转换数据)、通用分组无线业务(GROS/GRIS)IP 地址、接入点名称(APN)、机车型号编码和机车号数据、库检台 IP 地址、通信录等基础数据。CIR 设备随车调拨、转属、入驻时,接管单位应及时对 CIR 设备的基础数据进行更新。CIR 设备软件版本的变更、升级按有关规定执行,不得擅自变更。

18.2.5　与 CIR、GSM-R 手持终端等配套的 SIM 卡卡号分配、制作、发放、保管、使用等工作按照 SIM 卡相关管理办法执行。

18.2.6　检修测试场所应独立设置 GPS 基站和 GPS 接收天线,确保 GPS 信号覆盖良好。

18.2.7　设备维护单位应根据维护工作需要,应配备下列仪表、工器具。

无线综合测试仪、GSM-R 模块(终端)测试仪器、便携式场强测试仪、功率计、网络分析仪器、天馈测试仪、机车数据采集编解码器测试仪、便携式 TDCS 机车设备测试仪、LBJ 测试设备、调度命令测试仪、CIR 数据转储装置、CIR 出入库检测设备、交直流稳压电源、屏蔽室。

18.2.8　设备维护部门应具备下列技术资料。

(1)竣工资料、验收测试记录;

(2)车载通信设备机车安装示意图;

(3)CIR 设备各单元连接示意图;

(4)各类台账(设备台账、运用台账、软硬件版本等);

(5)设备技术资料(设备产品说明书、维护手册等);

(6)仪器仪表使用说明书;

(7)应急预案。

18.3　设备维护

18.3.1　设备维护单位应根据本维护规则制定相应的维护作业指导

书、维护管理制度,编制检修计划表。按计划进行检测,及早发现问题,减少障碍的发生。

18.3.2　车载通信设备的维修分为日常检修和集中检修。日常检修结合机车检修进行。机车车载通信设备集中检修,每 2 年一次或结合机车检修修程(中修)同步进行。

18.3.3　机车入库后,对车载通信设备应逐台进行检查试验;车载通信设备出库实行障碍报修,但在库内滞留时间超过 24 h 的应上车检查,当发现设备不良时,必须及时修复。

18.3.4　CIR 设备维修项目与周期见表 18-1。

表 18-1　CIR 设备维修项目与周期

类别	序号	项目与内容	周期	备 注
日常检修	1	访问用户	每台机车入库后	1. 含 LBJ 单元检修; 2. 结合 CIR 库检平台进行上车检测
	2	主机各部配线、接头、天线合路器、MMI、送受话器、扬声器、打印机等外观强度检查、表面清扫		
	3	添加打印纸、打印机检查、试验		
	4	功能号注册、注销试验		
	5	自检及语音通话试验		
	6	时间校准和记录单元语音录、放试验		
	7	调度命令、机车防护报警等功能试验		
	8	LBJ 电子铅封状态检查(启动状态下需读取记录)、按键试验		
	9	天线外部巡视		
	10	主机与各部附属配件连接线缆和接头、天线、合路器、MMI、送话器、扬声器、打印机等外观强度检查、清扫、整修或更换	与机车检修同步进行	1. 含 LBJ 单元检修; 2. 结合 CIR 库检平台进行上车检测
	11	添加打印纸、打印机检查、试验		
	12	记录单元记录检查		
	13	天线外观检查,驻波比测量		
	14	功能号注册试验		
	15	自检及语音通话试验		
	16	调度命令、机车防护报警等功能试验		
	17	LBJ 电子铅封状态检查(启动状态下需读取记录)、按键试验		

类别	序号	项目与内容	周期	备注
集中检修	1	主机内部清扫、强度检查整修	结合机车检修修程(中修)同步进行,或按2年的周期进行集中检修	1. 机车CIR设备按本项目进行维修; 2. 其中带＊号的项目可根据需要选择测试; 3. 利用仪器仪表进行性能指标的测试
	2	450 MHz 单元测试及调整: 1. 发射机:载波功率,载波频率误差,调制灵敏度,音频失真,调制特性＊,调制限制＊,剩余调频; 2. 接收机:参考灵敏度,音频输出功率,额定输出功率的音频失真,调制接收带宽,接收门限,音频响应＊,双工灵敏度下降＊; 3. 信令系统:发送信令频率偏差,发送信令调制频偏,信令接收带宽,信令检出特性		
	3	GSM-R 话音和数据单元测试,更换不合格部件: 1. 发射机:最大峰值功率,频率误差; 2. 接收机:参考灵敏度,互调抑制		
	4	驻波比测试,天馈线整修,更换		
	5	不合格部件		
	6	合路器测试		
	7	更换主机内置电池和时钟电池		
	8	更换送受话器及送受话器线缆		
	9	清洁 SIM 卡卡槽		

注:CIR 设备 GSM-R 话音和数据单元测试方法参见 YD/T 1215—2006。

18.3.5 机车 CIR 设备在集中检修完成后,设备检修部门与接管部门进行 CIR 设备的交接。

18.3.6 通用式机车电台维修项目与周期见表 18-2。

表 18-2 通用式机车电台维修项目与周期

类别	序号	项目与内容	周期	备注
日常检修	1	访问用户	每台机车入库后	
	2	各部配线、配件、控制盒、送(受)话器、扬声器等外观强度检查		
	3	表面清扫		
	4	电台自检和呼叫通话试验,无线车次号功能试验		
	5	司机确认签字		

类别	序号	项目与内容	周期	备　注
日常检修	6	各部配线、配件、控制盒、送(受)话器、天线、扬声器等外观强度检查、清扫、整修	与机车检修同步进行	
	7	机车数据采集编码器检查、清扫整修或更换		
	8	机车电台检查、清扫、整修或更换		
	9	机车电台天线整修,驻波比测试		
	10	电台自检和呼叫通话试验,无线车次号功能试验		
	11	交接确认签字		
集中检修	1	机车电台主机内部清扫、强度检查整修	2年	1. 其中带＊号的项目可根据需要选择; 2. 利用仪器仪表进行性能指标的测试
	2	电台主机测试、调整和不合格部件更换: 1. 发射机:载波功率、载波频率误差、调制灵敏度,音频失真,调制特性＊,调制限制＊,剩余调频; 2. 接收机:参考灵敏度,音频输出功率,额定输出功率的音频失真,调制接收带宽,接收门限,音频响应＊,双工灵敏度下降＊; (3)信令系统:发送信令频率偏差,发送信令调制频偏,信令接收带宽,信令检出特性		
	3	录音、车次号、调度命令		
	4	车次号设备功能试验检查		
	5	更换送(受)话器及话绳		

18.3.7　手持式(便携)通信设备及附属配件维修项目与周期见表 18-3。

表 18-3　无线对讲通信设备维修项目与周期

类别	序号	项目与内容	周期	备　注
集中检修	1	外部接插件、开关、旋钮检查整修和更换	结合设备故障修理进行	利用仪器仪表进行性能指标的测试
	2	电池及充电器更换		
	3	天线整修、更换		
	4	整机电特性测试整修,测试内容: (1)载波输出功率;(2)调制灵敏度;(3)调制限制;(4)发射机音频失真;(5)载波误差;(6)参考灵敏度;(7)音频输出功率;(8)接收机音频失真;(9)信令频率准确度;(10)信令调制频偏		
	5	通话试验		

冶金企业铁路通信维护规则

18.4 质量标准

18.4.1 CIR 整机外观和机械强度质量标准应符合表 18-4 的规定。

表 18-4 CIR 整机外观和机械强度质量标准

序号	项 目	质量标准	备 注
1	外观	整机内外各部清洁、整齐、无污垢,金属部件无锈蚀、无脱漆,面板字迹清晰,把手牢固	
2	紧固件	整机内外各部件安装牢固,机壳、面板、盖板无变形或破损,各部螺丝和螺母齐全、紧固,无移扣、滑丝	
3	连接缆线	各部电缆连接正确,无破损、无背扣,固定良好	
4	熔断器管座	熔断器管座安装牢固不松动,容量符合产品标准规定	
5	MMI	按键接触良好,无破损,操作灵活,标识完整可辨。显示屏显示字迹清晰	
6	指示灯	安装牢固、表示正确	
7	送(受)话器及配件	送(受)话器、扬声器外形完好无破损变形,不松动,按键接触良好,动作灵活,电缆芯线与接头间无假焊,话绳及护套完好,无破损、变形、松动	
8	一打印机	无破损,动作灵活无卡阻,打印纸和色带状态良好	
9	减震器件	性能良好,安装牢固	
10	合路器	安装牢固,紧固件无松动脱落	

18.4.2 CTR 设备 450 MHz 单元和无线对讲设备电性能质量标准。

(1)发射机电性能质量标准应符合表 18-5 的规定。

表 18-5 发射机电性能质量标准

序号	项 目	指标要求		备 注
		CIR	无线对讲设备	
1	载波频率容差(10^{-6})	5		
2	载波功率(W)	3、5、10	1、3	+20% −15%
3	杂散射频分量(μW)	≤5	≤7.5	
4	邻道功率(比值)(dB)	≥65		
5	调制特性 300~3 000 Hz(相对于每倍频程 6 dB 加重特性的偏差)(dB)	+1 −3		

序号	项目		指标要求		备注
			CIR	无线对讲设备	
6	调制限制(kHz)		≤5		
7	高调制时的发射机频偏(Hz)	5 kHz	≤1500		
		10 kHz	≤300		
		20 kHz	≤60		
		3～5 kHz	频偏单调下降		
8	调制灵敏度(mV)		由产品标准规定		
9	音频失真(%)		≤5	≤7	
10	剩余调频(dB)		≤-40		
11	剩余调幅(%)		≤3		
12	发射机启动时间(ms)		≤100		

(2)接收机电性能质量标准应符合表18-6的规定。

表18-6 接收机电性能质量标准

序号	项目		指标要求	
			CIR	无线对讲设备
1	参考灵敏度(单工)(μV)		≤0.6(12 dB SINAD)	
2	抑噪灵敏度(单工)(μV)		≤0.8(20 dB QS)	
3	门限静噪开启灵敏度(μV)		≤0.4	
4	深静噪灵敏度(μV)		≤6	
5	深静噪阻塞门限		测试频偏大于或等于5 kHz(在300～3 000 Hz频带内)	
6	静噪开启时延(ms)		≤120	
7	静噪闭锁时延(ms)		≤100	
8	静噪失调门限(kHz)		大于或等于载波频率容差允许频率变化值的2倍	
9	接收门限(μV)		0.6～5可调	
10	额定音频输出功率	扬声器(W)	0.5～5可调	≥0.3可调
		耳机(mW)	1～10可调	

序号	项 目	指标要求	
		CIR	无线对讲设备
11	音频失真(%)	≤5	≤7
12	信号对剩余输出功率比(dB)	≤-40	
13	可用频带宽度(kHz)	大于或等于载波频率容差允许频率变化值的2倍	
14	调制接收宽度(kHz)	≥2×5	
15	共信道抑制(dB)	≥-8	
16	阻塞(dB)	≥90	≥85
17	邻道选择性(dB)	≥65	≥55
18	杂散响应抗扰性(dB)	≥70	≥60
19	互调抗扰性(dB)	≥65	≥60
20	音频灵敏度	不大于最大允许频偏40%	
21	接收限幅特性	变化不超过3 dB(在6～100 dB μV变化时)	
22	双工灵敏度	不允许低于单工灵敏度3 dB	

(3)呼叫、控制、回铃电路等指标要求参见机车无线调度固定设备主要电性能指标的有关规定。

18.4.3 CIR天馈系统包括450 MHz天线、800 MHz、900 MHz天线、GPS天线和各部馈线。天馈系统质量标准应符合表18-7的规定。

表18-7 CIR天馈系统质量标准

序号	项 目	质量标准	备 注
1	外观强度	(1)天线外观无破损、无变形、无污物附着; (2)固定牢靠,防水良好,螺丝卡具无锈蚀、无缺损; (3)接头紧固,接触良好,无松动,防水良好,无氧化锈蚀馈线无破损、无老化、无龟裂、无污垢	
2	馈线余留长度	天线余留长度每端一般不应超过0.5 m(以不影响维修拆装为宜)	
3	馈线绝缘电阻	>10 MΩ/km	
4	特性阻抗	50 Ω	

序号	项 目	质量标准	备 注
5	电压驻波比	不大于1.5	无合路器时,在主机天线端口测试;有合路器时,在合路器输出端口测试;GPS端不测驻波比
6	GPS天线	接收卫星定位信号正常	

18.4.4 CIR 各部缆线包括控制电缆、打印机电缆、扬声器电缆、TAX 箱电缆、送受话器电缆和电源电缆。各部缆线质量标准应符合表18-8 规定。

表 18-8 CIR 各部缆线质量标准

序号	项 目	质量标准	备 注
1	外观强度	(1)各部缆线排列、绑扎整齐平直,不得有背扣、线条交叉、中间接头,无破损、老化、龟裂、污垢,缆线绑扎整齐,安装牢固; (2)各部缆线插座、插头无氧化腐蚀、接触良好,缆线固定无松动	
2	缆线	各部缆线内部芯线无混、断线	使用专用工器具进行测试
3	电源电缆绝缘	≥10 MΩ·km(DC 250 V,线间、对地)	
4	其他缆线绝缘	≥10 MΩ·km(DC 250 V,线间、对地)	在缆线障碍和更换后测试

18.4.5 CIR 电源特性要求应符合表18-9 的规定。

表 18-9 CIR 电源特性

序号	项 目	质量标准	备 注
1	电源单元适应性	不同类型机车(含大型养路机械和轨道车等自轮运转特种设备)电源(蓄电池)供电条件,标称(额定)电压(U_n)为:24 V、48 V、72 V、96 V和110 V	
2	电源单元输出电压	11.8~14 V	

序号	项　　目	质量标准	备　　注
3	电源单元适应的供电条件	最低电压 $0.70U_n$，最高电压 $1.25U_n$	
		$0.6U_n \sim 1.4U_n$（电压波动≤0.1 s），不应引起功能降级	
		$1.25U_n \sim 1.4U_n$（电压波动≤1 s），不应引起损坏，允许功能降级	
4	电源过电压和浪涌	符合《铁道机车车辆电子装置》(TB/T 3021)的有关要求	

18.4.6　CIR 设备合路器的质量标准应符合表 18-10、表 18-11 的规定。

表 18-10　合路器特性

序号	项　　目	质量标准	备　　注
1	端口特性阻抗性	50 Ω	
2	插入损耗	不大于 1.2 dB	
3	带内波动	不大于 1.0 dB	
4	电压驻波比	不大于 1.5（要求在规定的频段内，合路器各端口处）	
5	端口隔离度	不小于 75 dB	
6	额定功率	输入端口 30 W，输出端口 100 W	
7	带外抑制	见表 18.4.6(b)	

表 18-11　合路器各频段带外抑制要求

工作频段	450 MHz 频段	800 MHz 频段	GSM-R 频段	2.4 MHz 频段
带外抑制指标	≥75 dB@821 MHz	≥75 dB@469 MHz ≥75 dB@885 MHz	≥75 dB@869 MHz ≥75 dB@2 400 MHz	≥75 dB@934 MHz

18.4.7　LBJ(外置型)外观和机械强度质量标准应符合表 18-12 的规定。

表 18-12　LBJ(外置型)外观和机械强度质量标准

序号	项　目	质量标准	备　注
1	外观	整机内外各部清洁整齐，无污垢，无明显脱漆，面板字迹清晰	
2	部件	整机内外各部安装牢固，机壳、面板、盖板无变形或破损，各部螺丝和螺母齐全、紧固	

序号	项 目	质量标准	备 注
3	按键	各部按键灵活、无明显磨耗旷动	
4	电缆	各部电缆连接正确、紧固,无明显破损	

18.4.8 LBJ 设备电性能质量标准。

(1)LBJ 设备发射机电性能质量标准应符合表 18-13 的规定。

表 18-13 LBJ 发射机电性能质量标准

序号	项 目	指标要求	
		866 MHz 信道	821 MHz 信道
1	载波频率容差	$\leqslant 5 \times 10^{-6}$	
2	载波功率(W)	3～10 可调	
3	杂散射频分量(μW)	$\leqslant 5$	
4	邻道功率(比值)(dB)	$\geqslant 65$	
5	调制限制(kHz)注	$\leqslant 5$	
6	调制频偏(kHz)注	3～3.5(1.2 kHz 调制信号)	4.2～4.8
7	音频失真(%)	$\leqslant 5$	
8	剩余调频(dB)	$\leqslant -40$	
9	剩余调幅(%)	$\leqslant 3$	
10	发射机启动时间(ms)	$\leqslant 100$	
11	调制信号频率准确度(%)	± 0.5	

注:为保证测量准确,应将测试仪表滤波器通带宽度设为最大状态。

(2)LBJ 设备接收机电性能质量标准应符合表 18-14 的规定。

表 18-14 LBJ 接收机电性能质量标准(866 MHz 信道)

序号	项 目	指标要求
1	参考灵敏度(μV)	$\leqslant 0.6$(12 dB SINAD 信纳比)
2	音频失真(%)	$\leqslant 5$
3	可用频带宽度(Hz)	大于或等于载波频率容差允许的变化值的 2 倍
4	调制接收宽度(kHz)	$\geqslant 2 \times 5$
5	信号对剩余输出功率比(dB)	$\leqslant -40$

序号	项　　目	指标要求
6	共信道抑制(dB)	≥−8
7	阻塞(dB)	≥90
8	邻道选择性(dB)	≥65
9	杂散响应抗扰性(dB)	≥70
10	互调抗扰性(dB)	≥65
11	接收限幅特性	变化不超过 3 dB(6～100 dB μV 变化时)

18.4.9　LBJ 电源单元输入输出特性规定如下。

(1)选配的电源单元应能适应不同类型机车电源(蓄电池)供电条件,标称(额定)电压(U)分别为 DC 24 V、DC 48 V、DC 72 V、DC 96 V 或 DC 110 V;

(2)输入电压变化范围 $0.7U_n$～$1.25U_n$,LBJ 处于发射状态时,输出电压比标称值变化不大于±1 V。

18.4.10　LBJ 天线电压驻波比不大于 1.5,馈线衰耗不大于 1.5 dB。

18.4.11　LBJ 车顶天线配件齐全,安装牢固,密封性能良好,法兰座根部焊接处无裂纹、防水性良好。

18.4.12　通用式机车电台机械强度质量标准应符合表 18-15 的要求。

表 18-15　通用机车电台的机械强度质量标准

序号	项　目	质量标准	备　注
1	外观	机壳、面板、盖板无变形、无破损,面板字迹清楚	
2	结构	1. 内部支架、端子板无断裂、无变形,安装牢固,位置合适; 2. 各部螺母齐全、紧固,无脱扣、无扭伤、无毛刺; 3. 各部插件、塞头、塞孔等接触良好,插座位置合适,接触簧片弹性可靠,无混线断线、损伤,无氧化变形	
3	印刷电路及连接器件	1. 印刷电路板完好无损,绝缘良好,板身平直无变形,印刷线路完整,铜箔无浮起电路板插接部位及插座接触可靠,有足够的插入深度,接触部分无明显错位; 2. 继电器、扳键、按键的簧片应平直、位置合适,接点完整无损,接触良好,无错位并应有足够的追随力,间隔片完整无损,绝缘良好,无严重跳火现象; 3. 扳键、按键的活动部分位置适中,动作灵活,无明显磨耗旷动; 4. 步进位器、电位器及开关接触可靠	

序号	项　目	质量标准	备　注
4	保安装置	保安装置性能可靠,熔断器安装紧固,熔断器压接良好,管座不松动,熔断器容量符合图纸规定	
5	指示灯及指示表	1. 指示灯(或发光管)安装牢固、表示正确; 2. 各种电表指针灵活,度盘指示准确清晰	
6	送话器、扬声器	外形完好无破损变形,不松动,各连接线无虚断	

18.4.13　通用式机车电台的工艺标准应符合表 18-16 的规定。

表 18-16　通用式机车电台的工艺标准

序号	项　目	工艺标准	备　注
1	配线	1. 线条排列整齐、平直,不得有弯曲、背扣、中间接头、擦伤、烫皮、老化龟裂等,线径应符合图纸及设计要求; 2. 线把挺直美观、表面配线线条不交叉、线把分支或弯成直角; 3. 同一去向的配线,余留长短均匀一致,焊接处线头裸芯应不超过 2 mm	
2	焊接	1. 元件、配线焊前先打净、刮光、镀上锡; 2. 焊点镀锡均匀、适量、大小一致、无毛刺焊接; 3. 电路板上的焊点要呈锥状,并留有线尖,线尖外露不超过 1 mm; 4. 无假焊,发现假焊点应拆下打干净、镀锡重新焊接	焊接时严禁使用焊锡膏及腐蚀性强的焊接剂
3	元件	1. 各元件干净、排列整齐、无歪斜、组装位置符合规定,标准面向上(外)方,安装时要做到无损伤,漆皮、镀层无伤痕; 2. 元器件使用前应经过筛选老化后方可使用; 3. 大功率管应加导热脂与散热片密贴安装、管帽电板引线加焊片,散热片安装端正; 4. 内部电位器、可调电感电容等元件的可调部分调测完毕应点漆或用高频蜡加封	
4	外观	1. 整机内外各部清洁整齐、无污垢、色泽光亮; 2. 整机各单盘、面板油漆色调基本一致,无明显脱漆,设备铭牌齐全、标志清楚、正确,整机要有编号	

序号	项　目	工艺标准	备　注
5	三防	印制电路板完好无损，绝缘良好，板身平直无变形，印刷线路完整，铜箔无浮起，电路板的防尘、防插接部位及插座接触可靠，有足够的插入深度，接触部分无明显错位	指防尘、防潮、防腐处理
6	紧固件	紧固件的选用符合图纸规定，弹簧垫圈应压平无裂开，螺钉出螺母长度为 2~3 扣为宜，紧固漆的涂法和用量符合要求	
7	抗震	减震器件应保持性能良好	

18.4.14　通用式机车电台发射机、接收机电性能指标参照 CIR 设备 450 MHz 单元电性能指标的相关规定。

18.4.15　通用式机车电台天馈线质量标准应符合表 18-17 的规定。

表 18-17　通用式机车电台天馈线质量标准

序号	项　　目	质量标准	备　注
1	外观强度	1. 天线外观无破损、无变形、无污物附着； 2. 固定牢靠，防水良好，螺丝卡具无锈蚀、无缺损； 3. 接头紧固、接触良好、不松动、防水良好、无氧化锈蚀； 4. 馈线无破损、无老化、无龟裂、无污垢	
2	馈线余留长度	天线余留长度每端一般不应超过 0.5 m(以不影响维修拆装为宜)	
3	馈线绝缘电阻	> 10 MΩ/km	
4	特性阻抗	50 Ω	
5	电压驻波比	不大于 1.5	

18.4.16　通用式机车电台电源特性要求应符合表 18-18 的规定。

表 18-18　通用机车电台电源特性

序号	项　　目		机车电台	备　注
1	稳压电源输入特性	机车台标称(额定)电压	24 V、48 V、72 V、96 V 和 110 V，根据供电具体情况确定	

序号	项 目		机车电台	备 注
2	稳压电源输入特性	输出电压要求	1. 最低电压 $0.70U_n$ 最高电压 $1.25U_n$； 2. $0.6U_n\sim1.4U_n$（电压波动 $\leqslant 0.1$ s），不应引起功能降级； 3. $1.25U_n\sim1.4U_n$（电压波动 $\leqslant 1$ s），不应引起损坏，允许功能降级； 4. 电源过压和浪涌应符合 TB/T 3021 铁道机车车辆电子装置的有关要求	额定负载（发射状态）
3	电源稳压输出特性	机车台输入电压范围	DC 24 V、48 V、72 V、96 V 和 110 V	
		输出电压比标称变化	容差为 ±1 V	最大负载（双工发射状态）
4	直流输出纹波电压		不大于 10 mV	标称输入电压、额定负载
5	保护特性		按产品技术要求	

18.4.17 CIR 设备接口电气特性。

18.4.17.1 CIR 主机与 MM 接口（A1、A2 与 MM 之间）。

(1)数据通信采用 RS422 串行接口，双工通信方式。

(2)接插件采用 12 芯插座，型号为 YP28TK22UQ，接口电气特性见表 18-19。

表 18-19 MMI 与主机间接口电气特性

引脚号	定 义	说 明
1	VCC	电源+12 V
2	MIC+	音频平衡输出（MMI 至主机），电平（有效值）245 mV（+196～+294 mV），阻抗 600 Ω
3	MIC−	
4	SP+	音频平衡输入（主机至 MMI），电平（有效值）245 mV（+196～+294 mV），阻抗 600 Ω
5	SP−	
6	DATA A+	数据线 A+（MMI 至主机）
7	DATA A−	数据线 A−（MMI 至主机）
8	DATA B+	数据线 B+（主机至 MMI）
9	DATA B−	数据线 B−（主机至 MMD）

引脚号	定　义	说　　明
10	预留	
11	复位	复位信号,低电平复位
12	GND	电源地

18.4.17.2　MMI 至送(受)话器接口(M2)。

接口插件采用 8 芯插座,型号为 AL16-J8Z,接口电气特性见表 18-20。

表 18-20　MMI 至送(受)话器接口电气特性

引脚号	定　义	说　　明
1	VCC	电源＋12 V
2	MIC	电平(有效值)245 mV(＋196～＋294 mV)或 15 mV(＋12～＋18 mV),输入阻抗不小于 5 kΩ
3	PTT	送话按钮(低电平有效,不大于 0.3 V,送(受)话器输出无效时为高阻)
4	HANGLE	挂机信号(低电平有效,不大于 0.3 V,送(受)话器输出无效时为高阻)
5	GND	电源地
6	SP	
7	预留	RS485＋
8	预留	RS485－

18.4.17.3　MMI 与打印终端接口(M3)。

(1)数据通信采用 RS422 串行接口,双工通信方式。

(2)接插件采用 7 芯插座,型号为 AL16-J7Z,引脚接口电气特性见表 18-21。

表 18-21　MMI 至打印终端接口电气特性

引脚号	定　义	说　　明
1	VCC	电源＋12 V
2	空	
3	DATA A＋	数据线 A＋(MMI 至打印终端)
4	DATA A－	数据线 A－(MMI 至打印终端)
5	DATA B＋	数据线 B＋(打印终端至 MMI)
6	DATA B－	数据线 B－(打印终端至 MM)
7	GND	电源地

18.4.17.4　MMI 至外接扬声器接口(M4)。

接插件采用 3 芯插座,型号为 AL16-J3Z,接口电气特性见表 18-22。

表 18-22　MMI 至扬声器接口电气特性

引脚号	定　义	说　明
1	SP+	音频+
2	SP-	音频-
3	GND	

18.4.17.5　主机至机车安全信息综合监测装置(简称 TAX 装置)接口(B6)接插件采用 7 芯插座,型号为 YS2JJ7M,引脚定义见表 18-23。

表 18-23　机车安全信息综合监测装置(简称 TAX 装置)

引脚号	机车数据采集编码器为 FFSK 接口工作模式	机车数据采集编码器为 RS422 接口工作模式
1	电源+12 V	电源+12 V
2	空	主机数据接收(+)
3	GND	主机数据接收(-)
4	音频信号输出。电平(有效值)245 mV(+196~+294 mV),输出阻抗不大于 200 Ω	主机数据发送(+)
5	音频信号输入。电平(有效值)245 mV(+196~+294 mV),输入阻抗不小于 5 kΩ	主机数据发送(-)
6	空	空
7	低电平有效,不大于 0.3 V(PTT 为低时应使机车电台发射),无效时为高阻	GND

18.4.17.6　主机电源接口(P1)。

(1) DC 110 V 输入时,接插件采用 2 芯插座,型号为 AL16 -J2Z。

(2) DC 24 V 输入时,接插件采用 4 芯插座,型号为 AL16-J4Z,接口电气特性见表 18-24。

表 18-24　主机电源电气特性标准

引脚号	定　义	说　明
1	电源＋	DC110 V 或 24 V 输入＋
2	电源－	DC110 V 或 24 V 输入－
3	空	DC110 V 时有此管脚,24 V 时空
4	空	DC110 V 时有此管脚,24 V 时空

18.4.17.7　接口单元数据应用接口(B1～B5)。

(1)数据通信采用 RS422 串行接口,双工通信方式。

(2)接插件采用 7 芯针型插座,型号为 AL16-J7Z,电气特性见表 18-25。

表 18-25　主机接口单元数据应用接口定义

引脚号	定　义	说　明
1	预留	
2	DATA IN＋	主机数据接收＋
3	DATA IN －	主机数据接收－
4	DATA OUT＋	主机数据发送＋
5	DATA OUT －	主机数据发送－
6	复位	复位信号,低电平复位
7	GND	信号地

18.4.17.8　录音输出接口(R 接口)。

采用 5 芯圆形接插件,型号 AL16,引脚定义见表 18-26。

表 18-26　录音输出接口定义

引脚号	定　义	说　明
1	控制电平	ON 时小于 0.3 V,OFF 时为高阻
2	空	
3	GND	
4	音频输出电平	标准测试条件下为(－10±2) dBm,阻抗 600 Ω
5	空	

注:录音接口输出音频失真≤5%。

18.4.17.9 接口单元 CAN 接口(C 接口)。

(1)采用 CAN 扩展帧格式(2.0B 标准)。

(2)接插件采用 5 芯插座,型号为 AL16-J5Z 针型,引脚定义见表 18-27。

表 18-27 主机接口单元 CAN 接口定义

引脚号	定　义	说　明	引脚号	定　义	说　明
1	预留		4	CAN−	
2	预留		5	GND	信号地
3	CAN+				

18.4.17.10 卫星定位单元原始数据、公共数据接口。

(1)数据通信采用 RS422 串行接口,双工通信方式。

(2)接插件采用 7 芯插座,型号为 AL16-J7Z 针型,引脚定义见表 18-28。

表 18-28 卫星定位单元原始数据、公共数据接口定义

引脚号	定　义	引脚号	定　义
1	制造商定义	5	卫星定位单元数据发送−
2	卫星定位单元数据接收+	6	制造商定义
3	卫星定位单元数据接收−	7	地
4	卫星定位单元数据发送+		

18.4.17.11 天馈线接口。

CIR 各模块天馈线接口见表 18-29。

表 18-29 CIR 各模块天馈线接口型号

接口名称	定　义	型　号	特性阻抗
T1	GSM-R 话音单元天线接口	TNC 型孔座	50 Ω
T2	GSM-R 数据单元天线接口	TNC 型孔座	50 Ω
T3	卫星定位天线接口	TNC 型孔座	50 Ω
T4	高速数据天线接口	TNC 型孔座	50 Ω
T5	450 MHz 天线接口	N 型孔座	50 Ω
T6	800 MHz 天线接口	N 型孔座	50 Ω

注:1. 天线采用的插座均为 N 型孔座,阻抗 50 Ω;

2. GSMR 话音单元、数据单元的天馈线总增益应满足−2～+2 dB。

18.4.17.12　CIR 与 DMS 之间的接口直接采用 B 子架上的通用数据接口 B5,数据通信采用 RS422 串行接口,双工通信方式,接插件采用 7 芯针型插座,型号为 AL16-J7Z,引脚定义见表 18-30。

表 18-30　主机接口单元数据应用接口定义

引脚号	定　义	说　明
1	预留	
2	DATA IN+	主机数据接收+
3	DATA IN−	主机数据接收−
4	DATA OUT+	主机数据发送+
5	DATA OUT−	主机数据发送−
6	复位	复位信号,低电平复位
7	GND	信号地

18.4.17.13　CIR 与 EOAS 之间的接口。

CIR 与 EOAS 的接口从 CIR 记录转接单元中引出,采用 8 芯插座,接插件型号为 AL16-J8Z,引脚定义见表 18-31。

表 18-31　主机接口单元数据应用接口定义

引脚号	定　义	说　明
1	录音控制电平	录音控制输出,低电平有效
2	AF+	音频输出,阻抗 600 Ω
3	AF−	
4	DATA IN+	记录转接单元数据接收+
5	DATA IN−	记录转接单元数据接收−
6	DATA OUT+	记录转接单元数据发送+
7	DATA OUT−	记录转接单元数据发送−
8	EOAS-GND	地(EOAS)

18.4.18　通用式机车电台接口定义。

18.4.18.1　通用式机车电台与 TAX 箱间采用 7 芯电缆连接,两端分别接 12 芯插座(TAX 箱侧)和 7 芯插座(机车台侧)型号分别 YS2JJ7M 和为 YP28ZJ22MQ,其接口定义见表 18-32。

表 18-32 通用式机车电台与 TAX 箱间接口定义

引脚号	定　义	说　明
1	VCC	电源(13.8 V,可提供不小于 50 mA 的输出电流)
2	空	预留
3	GND	地
4	DATA IN	数据接收
5	MIC 调制	电平 245 mV±49 mV(1 200 Hz 和 1 800 Hz),输出阻抗:小于 200 Ω
6	空	预留
7	PTT	低电平有效,不大于 0.3 V(PPT 为低电平时应使机车电台发射),无效时为高阻

18.4.18.2 通用式机车台与调度命令编码器间的接口见表 18-33。

表 18-33 通用式机车台与调度命令编码器接口定义

引脚号	定　义	说　明
1	VCC	电源+12 V
2	MIC+	音频平衡输出(MMI 至主机),电平(有效值)245 mV(+196～294 mV),阻抗 600 Ω
3	MIC−	
4	SP+	音频平衡输入(主机至 MMI),电平(有效值)245 mV(+196～294 mV),阻抗 600 Ω
5	SP−	
6	DATA A+	数据线 A+(MMI 至主机)
7	DATA A−	数据线 A−(MMI 至主机)
8	DATA B+	数据线 B+(主机至 MMI)
9	DATA B−	数据线 B−(主机至 MMI)
10	预留	
11	复位	复位信号,低电平复位
12	GND	电源地

综合管理篇

1 总　　则

1.1　冶金企业铁路通信是冶金铁路系统的重要基础设施，是保障铁路运输安全、提高效率的重要工具。为满足铁路运输经营需要，确保铁路通信安全畅通，规范通信维护管理，统一通信维护标准，特制定本规则。

1.2　冶金企业铁路通信设备包括通信线路、传输、接入网、数据通信、电话交换、调度通信、会议通信、应急通信、广播与站场通信、综合视频监控、机车无线调度通信、通信电源、监控监测系统等。

1.3　冶金企业铁路通信维护工作应贯彻"安全第一、预防为主"的方针，坚持强度与性能并重的原则；优化修程修制和生产组织，提高维护工作效率；采用新技术、新材料、新工艺，提升通信设备的维护质量；充分利用信息技术，完善运行维护支撑体系，实现维护、管理信息化。

1.4　冶金企业铁路通信维护工作必须执行国家、行业有关网络安全、通信保密的规定。

1.5　本规则是冶金企业铁路通信技术管理和设备维护工作的准则。各单位应认真贯彻执行。本规则未作规定的，由各单位自行规定。

1.6　本规则由中国钢铁工业协会负责解释。

2 维 护 组 织

2.1　冶金企业铁路通信维护管理工作按分级管理、专人负责的要求，确保铁路通信设备管理及维护落实。

2.2　冶金企业铁路通信设备管理部门的主要职责。

（1）贯彻落实国家有关法律法规，冶金行业的有关规章制度，技术标准和管理办法，结合实际，制定实施办法，管理细则。

（2）负责冶金企业铁路通信系统的运用，维护管理工作，掌握通信设备运用状态,监督检查、考核评价设备维护质量和安全生产情况。

(3)贯彻落实冶金企业铁路通信网发展规划,提出网络规划及实施建议。

(4)负责通信设备大修和更新改造的技术管理工作,参与工程建设通信技术方案论证审查,设备选型及竣工验收,贯彻落实通信专用产品准入制度。

(5)参与或组织新技术装备开发、研制、试验、审查工作。

(6)组织和指导新技术、新业务培训和技能竞赛活动。

(7)检查指导通信仪器仪表管理、使用和计量检定工作。

(8)提出通信网规划建议并指导网络资源的运用工作。承担无线电管理和与相关电信运营企业的业务协调工作。

2.3 冶金企业铁路通信设备维护单位的主要职责。

(1)贯彻国家有关法律规定,行业的有关规章制度、技术标准和管理办法,制定具体的实施办法,管理细则,作业指导书等,并组织落实。

(2)贯彻"安全第一,预防为主"的方针,严格实施岗位责任制和质量验收制度,全面完成维修、中修,并配合实施大修,更新改造等重点工作,保证设备投入,防止设备失修,提高设备运用质量,保证安全可靠应用。

(3)建立健全安全考核体系,组织落实标准化作业程序和安全卡控措施。

(4)掌握安全生产和设备应用状况,定期进行障碍信息统计和安全生产分析,组织和实施通信设备运用质量、设备质量检查,建立问题库,对存在的问题及时组织整改。

(5)制定应急通信保障预案和应急抢修预案,建立应急抢修组织,定期进行应急演练,组织实施应急通信保障,通信抢险和障碍处理工作。

(6)落实施工安全的有关规定,组织实施本单位通信施工、验收和施工配合工作,监督检查新建工程接入既有通信网的施工质量和安全,参与新建通信工程的验收,接管。

(7)负责职工培训和教育工作,有针对性地开展以实作技能为重点的实用性培训,不断提高职工业务素质和应急处理能力。

(8)负责通信仪器仪表的保养、维护和计量检定工作。

(9)负责通信技术设备技术履历、台账,图纸和网络资源、数据等技术资料的编制、保管和维护。

3 维 护 管 理

3.1 通信维护管理应树立全程全网观念,实行统一指挥、分级管理。

3.2 通信维护工作应树立科学维修观念,推进全面质量管理,加强安全风险控制,优化维修作业方式,推广先进维修经验,提高通信设备维护质量。

3.3 设备维护单位要建立健全维护管理制度,落实安全、保密、机房、维修作业、数据制作等基本工作制度,规范备品备件、仪器仪表、台账、技术资料的使用和管理,制定岗位工作标准和维修作业标准,不断完善障碍处理流程和应急预案,提高应急处置能力(主要管理制度见附件1)。

3.4 为满足设备维护和应急抢修需要,设备维护单位应配备必需的车辆、仪器仪表和工器具,建立相应的使用管理制度。

3.5 维护部门应建立完整、准确的技术资料及台账。技术资料和台账应指定专人负责保管,遇有变动及时修订,每年核查整理一次。

3.6 维修。

3.6.1 通信设备的维修,包括日常检修、集中检修和重点整修。

(1)日常检修是及时发现问题,消除障碍因素,确保通信畅通的经常性检修作业,包括周期性的日常巡视、检查、测试和修理等。

(2)集中检修是按一定周期进行的设备测试和修理工作,使其强度、性能满足维修标准,包括对可倒换设备入所(基地)修,以及在设备使用现场组织专业人员进行的测试和修理。

(3)重点整修是对存在故障隐患,质量缺陷的设备进行一次性集中修理的工作,包括设备的软件更新、部件更换等。

3.6.2 对具备有效的冗余、监控、自检、分析等功能,且性能良好,运行环境符合标准的通信设备维修,经设备管理部门批准后可实行状态修。

3.7 通信设备中修是按一定周期集中进行的提高通信设备、设施强度与性能的维护工作。

3.8 大修。

3.8.1 通信设备大修是根据设备使用年限和设备运用状态,为恢复和提高通信系统的质量和能力,有计划地对相关设备进行全面整修和更换。

3.8.2 通信设备达到使用年限符合大修条件的,应及时予以大修;改变原有设备制式的,应予投资兴建。主要通信设备使用年限参照表见附件2。

3.8.3 通信设备在使用年限内,但设备质量、容量不能满足运输安全和经营需要,且通过正常维修、中修不能解决时,可提前安排大修或新建。

3.8.4 设备使用年限期满前一年,应进行质量状态评估,确认需要大修时,由设备维护单位提报大修计划建议,报上级主管部门审批;质量状态良好时,可延期进行大修。

3.9 设备维护单位因技术能力或维护手段等原因无法自行完成的维护项目,可采用委托维护保障服务方式(简称维保),其质量标准应符合本规则规定。

3.10 更新改造。

3.10.1 冶金企业铁路通信设备达到设备使用年限时,应当进行更新改造。设备使用年限期满前1年,应进行质量状态评估,确认需要更新改造时,按有关规定办理;设备质量状态良好时,可延期进行更新。

3.10.2 凡属下列情况之一的,应进行更新改造。

(1)国家或行业明令禁止使用或淘汰的设备、系统制式;

(2)设备或技术陈旧,维修配件没有来源,且没有可替代器件,不能保证使用或继续使用可能因严重影响应用质量和安全的;

(3)在正常维护条件下,单台设备的强度不足或主要电气性能指标下降且无法恢复的设备占所在通信系统该型设备运用总量的40%及以上。

(4)未到使用年限的通信设备、设施,经全面检查、检测,综合评估不合格,且通过正常维修难以解决的。

3.11 维修计划。

3.11.1 通信维护单位应根据本规则,结合设备状况,年度重点工作、维修天窗作业规定,每年编制通信设备维修工作计划表(以下简称计表,格式见附件1)。

3.11.2 计表分为月度检修工作计划表(简称月表,格式如附件1中的附表1电通计—1)和年度维修工作计划表(简称年表,格式如附件1中的附表2电通计—2)。周期在一个月及以下(包括日、周、月)的设备日常检修项目,应编入月表。周期在一个月以上(包括季、半年、年)的设备日常检修、集中检修、重点整修项目,应编入年表。

3.11.3 编制计表的主要要求。

(1)应将全部运用和备用设备,根据设备类型分布状况,以及人员技术条件等情况,合理分工,做到每项设备有人负责。

(2)合理安排维修的项目及周期,同一处所或邻近的设备应尽量同时检修,需要集中技术力量或仪器仪表的检修项目应统筹安排,年表应考虑更替修,配合测试检修以及季节性工作等因素,尽量使用劳动力按月平衡。

(3)每月应留有适当的机动时间,以便处理障碍和完成临时性工作。

(4)通信网主备切换及电路测试检修时间,由设备管理部门统一协调安排,其他需要由多个单位配合进行的设备及电路测试检修,应由负责单位提出初步计划,牵头组织有关单位协同安排。

(5)工作项目与内容,应按本规则设备维护篇的规定编制。

3.11.4 通信维护单位应在月度工作开始前,编制"通信设备维修工作年度计划月度完成情况统计表"(格式见附件1中的附表3电通计—3),并在月末按实际完成情况填写上报。

3.11.5 执行计表时,要严格遵守有关规章制度,贯彻质量标准,按作业程序、标准进行操作;可能影响设备正常使用或电路运用质量时,应采取相应的防范措施。

3.11.6 计表工作完成后,因执行分级质量验收制度,凡因检修工作不到位造成验收质量不合格的,不得按完成工作量统计上报。

3.11.7　维护单位应认真填写工作日志和计表检修记录，每月进行总结分析上报，计表检修记录(纸质或电子版)要妥善保管。

3.12　备品备件。

3.12.1　投入使用的通信设备，应根据设备维护和应急处置需要，配置一定数量的备品备件，备品备件按照"集中管理、分级存放、统一调配"的原则进行管理。

3.12.2　设备维护单位应建立备品备件管理制度。

3.12.3　设备维护单位应根据设备情况和抢修组织需要，优化备品备件库设置地点，合理安排各点的备品备件存放数量。库房环境和备品备件的包装应满足温湿度和防尘、防静电等存放要求。

3.12.4　障碍处理结束后，设备维护单位要及时补齐消耗的备品备件，并督促维护部门及时办理障碍板件或整机的返修手续。

3.12.5　备品备件应按"通信设备备品备件配置标准参考表"(见附件 3)规定配置，有特殊要求的设备按有关规定执行。

3.12.6　应加强备品备件动态管理；结合系统及设备特点，按整机、模块、板件分类建立台账资料，及时修订更新；严格执行出入库登记，加强备品备件出库、递送、替换、返修，入库全程管理。

3.12.7　新增、返修备品备件在入库前，应组织检查、验收，符合要求的方可接受。

3.12.8　备品备件每半年检查一次，具备条件的应进行运用试验，保证其性能良好，同时做好试用记录。在用设备进行软硬件升级时，应同时对备品备件进行相应升级，确保其软硬件版本与在用设备保持一致。

3.13　通信技术履历。

3.13.1　通信维护单位应建立通信技术履历，准确记载通信维护组织机构、通信设备、资源运用及仪表机具等信息。通信技术履历，由通信维护单位负责编制，每年全面核定修订一次。

3.13.2　通信技术履历的上报程序及时间要求见第 4 章质量管理表4-3，电子资料应使用专用网络传递。通信技术履历本册、电子文档按技术档案的管理要求保管，保存期限为长期。

3.13.3 通信技术履历是通信部门内部管理资料,未经单位负责人批准,相关数据信息不得对外发布、提供。

3.14 通信网络数据。

3.14.1 设备维护单位应建立通信网络基础数据管理制度,定期检查核对网络拓扑、网络及码号资源、IP 地址、设备配置、用户权限、地理位置信息、版本信息等网络数据,做到运用数据准确,并与管理台账保持一致,实现数据管理的闭环控制。

3.14.2 新增或变更通信网络数据时,应按管理权限、流程进行审批。通信网络数据的制作应严格实行双人作业,防止因数据错误影响系统正常运行。

3.14.3 通信网络数据未经批准不得对外发布、提供。

3.15 固定资产的调拨、移设、封存、启用和报废应按固定资产管理办法执行。调拨的固定资产应保持完整,有关附属设备、备件及技术资料应一并调拨。

3.16 通信系统(设备)的启用、停用、移设、拆除由设备管理部门批准。

3.17 新建、购置通信设备,必须符合国家、行业的装备政策,技术标准。国家实行进网许可制度的电信终端设备、无线电通信设备和涉及网间互联的电信设备,应按国家的有关规定执行,其他通信可采信国家产品质量监督部门认可的认证机构的产品认证。

涉及通信网互联互通的通信网络设备,根据需要,组织进行功能验证和互联互通测试。

3.18 未经批准,任何单位和个人不得擅自对在用设备的技术特性、系统制式、软件版本、通信频率和运用方式等进行修改、变动,为消除障碍隐患或设备缺陷确需进行改变时,设备维护单位或生产企业应提出书面申请,按管理权限报通信专业管理部门批准。

3.19 新建、更新改造及大修的通信设备、设施,均应按照有关规定进行验收,验收合格后方可接管、运用。

3.20 通信维护单位应根据冶金铁路突发事件应急处置需要,制定应急通信保障预案。

3.21 应加强冶金铁路专用无线电频率的管理,增强干扰监测、排查能力,并与国内有关地方无线电主管部门建立冶金铁路专用无线电频率保护工作长效机制,维护冶金铁路无线电频率安全。

调度无线电频率受到干扰时,设备维护单位应组织排查或协调处理,根据需要,可直接向地方无线电监测检测机构或无线电主管部门申告。

3.22 设备维护单位应加强职工技术业务、安全知识的培训教育,不断提高职工队伍业务素质和作业技能。

4 质 量 管 理

4.1 维护质量是衡量维护工作优劣的评判依据,包括设备质量、工作质量和运用质量。

4.2 设备质量是指设备的客观状态质量,包括机械强度和电气性能。设备质量评价方法如下。

单项设备合格率=(单项设备合格数/单项设备总数)×100%

设备综合合格率=单项设备合格率平均值

4.3 工作质量是指维护、管理人员在生产活动中所达到的质量,包括技术水平、工作态度和维护管理任务的执行程度。

工作质量的主要评价项目:

(1)执行计表及完成工作的质量情况;

(2)作业标准、工作制度的执行情况;

(3)发生事故、障碍和障碍的性质、处置情况;

(4)应急预案的编制、修订及落实情况;

(5)检修工作记录、技术资料和台账的准确、完整程度。

4.4 运用质量是指通信系统在使用过程中的动态质量,是运用中的系统、设备及电路在规定的技术条件下所能完成其功能的程度。

4.4.1 运用质量评价项目、方法及标准。

通信运用质量评价项目、方法及标准见表4-1。

表 4-1 通信运用质量评价项目、方法及标准

序号	类别	检查项目	检查方法和单项合格标准	运用质量评价标准	备 注
1	传输	电路/通道误码合格率	电路/通道误码合格率=[抽测合格条数/总抽测条数]×100% 合格标准见设备维护篇传输2.5.2条	100%	可用网管或仪表测试,端到端(最远端)
		传输电路可用率	传输电路可用率=[1-各传输障碍得等效155M电路中断总时长/各传输系统等效155 M电路数×月总时长×100%	≥98%	根据传输系统实际障碍数量设计
		业务电路畅通率	业务电路畅通率=[1-(传输障碍导致业务中断的等效2M总时长/各类型业务开通电路等效2 M总数×年总时长]×100%	≥99%	根据业务网申告影响业务的电路数量进行计算
2	数据网	时延	合格率=(抽查合格的数量/抽查的总数量)×100% 合格标准参见数据通信网章6.5.2条	≥98%	可利用网管测试
		丢包率	合格率=(抽查合格的数量/抽查的总数量)×100% 合格标准参见数据通信网章6.5.2条	≥99%	可利用网管测试
3	调度	呼叫准确率	呼叫准确率=(呼叫正确的次数/呼叫的总次数)×100% 进行呼叫试验时,被叫的用户编号应与实际呼叫的用户相一致	100%	
		听音合格率	听音合格率=(声音质量合格的数量/听音总数量)×100% 进行通话试验时,声音质量达主观评价标准4分及以上为合格	≥95%	
4	语音记录仪	录音合格率	录音合格率=(调听录音合格的数量/调阅录音的总数量)×100% 声音质量主观评价3分及以上为合格	≥99%	
		时间准确率	时间准确率=(抽查合格的数量/抽查的总数量)×100% 录音设备时间与北京时间误差在30秒以内为合格	≥95%	

序号	类别	检查项目	检查方法和单项合格标准	运用质量评价标准	备注
5	会议	图像合格率	合格率=(合格会议会场数量累计/会议会场总量)×100% 图像质量主观评价标准4分及以上为合格	100%	按实际会议运用质量统计
		声音合格率	合格率=(合格会议会场数量累计/会议会场总数量)×100% 声音质量主观评价标准4分及以上为合格	100%	按实际会议运用质量统计
		电视会议系统运用合格率	合格率=[1-(∑电视会议中断时长×中断会场数)/(∑电视会议运用时长×会场数)]×100%		根据维护单位统计的会议中断障碍时长
6	应急	时限合格率	时限合格率=(按规定时限完成演练的次数/演练的总次数)×100% 在60分钟内接通电话,在120分钟内完成图像上传为合格	100%	抽查应急演练地点宜选择在敬意
		声音合格率	合格率=(声音合格的次数/声音检查的总次数)×100% 声音质量主观评价3分及以上为合格	100%	抽查应急演练
		图像合格率	合格率=(图像合格的数量/图像的总数量)×100% 图像质量主观评价4分及以上为合格	100%	抽查应急演练
7	综合视频监控	实时视频质量合格率	合格率=(抽检合格视频数量/抽检视频总数量)×100% 图像质量主观评价4分及以上为合格	≥95%	在白天通过监控终端抽查
		夜视图质量合格率	合格率=(抽检合格视频数量/抽检视频总数量)×100% 图像质量主观评价3分及以上为合格	≥95%	监控终端对具有夜视功能的摄像头的图像在夜间抽查,或调用历史图像
		云镜控制功能合格率	合格率=(抽检合格视频数量/抽检视频总数量)×100% 镜头方向控制、预警定位和镜头变倍调焦功能均能正常,云台旋转角度满足设备质量标准	≥95%	通过监控终端检查
		历史视频质量合格率	—	≥95%	通过监控终端调用历史图像检查
8	无线调车	机车无线通信设备入库良好率	机车无线通信设备入库良好率=(入库机车设备良好数/入库机车设备总数)×100%	≥99.5%	

4.4.2 运用质量检查周期及数量(见表4-2)。

表4-2 运用质量检查周期及数量

序号	检查项目		设备维护单位		设备管理单位	
			周期	抽查数量	周期	抽查数量
1	传输	电路/通道误码合格率	月	涵盖所有系统,每系统不少于2条	季	涵盖所有系统,每系统不少于1条
		传输电路可用率	月	根据传输系统实际障碍数量统计	季	根据传输系统实际障碍数量统计
		业务电路畅通率	月	根据业务网申告影响业务的电路数量进行计算	季	根据业务网申告影响业务的电路数量进行计算
2	数据网	时延	月	在用端口的5%	季	在用端口的5%
		丢包率	月			
3	调度	呼叫准确率	月	5个调度台,每个调度台抽查不少于3个用户,包含呼出与呼入	季	5个调度台,每个调度台抽查不少于3个用户,包含呼出与呼入
		听音合格率	月			
4	语音记录仪	录音合格率	月	抽查数量不少于总数的10%	季	抽查数量不少2台
		时间准确率	月			
5	会议	图像合格率	月	统计管内各会场各次会议质量	月	核查
		声音合格率	月			
		电视会议系统运用合格率	月	按实际会议数量统计	月	核查
6	应急	时间合格率	月	组织演练不少于1次	半年	组织演练不少于1次
		声音合格率				
		图像合格率				
7	综合视频监控	图像质量合格率	月	不少于40路	季	不少于40路
		夜视图像质量合格率	月	不少于20路	季	不少于20路
		云镜控制功能合格率	月	不少于20路	季	不少于20路
		历史视频图像质量合格率	月	按设计要求的不同存储时间,每种各抽查2路	季	按设计要求的不同存储时间,每种各抽查2路
8	无线调车	机车无线通信设备入库良好率	月	抽查2个机车入库情况	季	抽查1个机车

4.5 设备维护单位和设备管理部门应加强维护质量管理,建立相应的工作制度,定期检查、评价设备质量、工作质量和运用质量,开展互检、互评活动,组织对通信设备进行年度质量鉴定。

4.6 年度质量鉴定工作应严格按设备外观强度要求和电气特性指标进行,年度质量鉴定结果是编制设备更新改造、大修、中修和维修工作计划的依据。年度质量鉴定项目和评定方法由设备管理部门根据本规则规定的标准制定。

4.7 各级维护管理单外要及时统计分析维护质量情况,并按表 4-3 要求做好上报工作。

表 4-3　通信报表上报程序和时间要求

序号	报表名称	表代号	上报时间及周期		上报方式	说　　明
			周期	时间		
1	通信设备运用质量月度统计表(有线通信)	电通报 7-1	月	28 日(障碍统计 26 日报)	电子版	1. 统计周期为上月 25 日 18：00 至本月 25 日 18：00 2. 附必要的文字说明
2	通信设备障碍登记表、通信障碍月度统计汇总表	电通录-1 电通报-5	月		电子版	
3	通信设备运用质量月度统计表(车载通信设备)	电通报 7-2	月		电子版	
4	通信设备年度质量分析汇总表、通信设备质量提高计划统计表	电通报-1 电通报-4	年	每年 10 月 20 日前	电子版	质量状况截止至年度 9 月 30 日,并附有分析总结报告
5	通信仪器仪表统计表	电通报-8	年	次年 1 月 15 日前	电子版	统计周期为每年 1 月 1 日至 12 月 31 日
6	通信技术履历	见相关文件	年	次年 1 月 25 日前	电子版及书面	统计周期为每年 1 月 1 日至 12 月 31 日

5　障　碍　管　理

5.1 一般规定。

5.1.1 设备障碍既是运用质量的重要标志,也是设备质量的客观反映。各级维护管理单位要加强通信障碍管理,如实记载,认真分析,不断总结经验教训,完善通信应急预案。

5.1.2 设备障碍构成冶金铁路通信障碍、事故的,按照企业有关规定执行。

5.2 通信障碍分类。

5.2.1 凡运用中的通信设备不能正常运用且未影响正常行车的,列为通信障碍。通信障碍分为通信一类障碍和通信二类障碍。

5.2.2 凡属下列情况之一者,列一类通信障碍:

(1)主干通道中断 4 h。

(2)闭塞电路中断超过 4 h。

(3)铁路运输调度指挥管理系统(TDCS)/调度集中(CTC)电路中断超过 4 h。

(4)冶金铁路交换网、数据通信网汇聚层及以上节点间互联电路中断超过 4 h。

(5)通信设备或电路原因造成 CTC 处于"非常站控"状态且超过 4 h无法恢复。

(6)车号识别系统、数据采集和监控系统、防灾安全监控系统电路中断超过 4 h。

(7)调度电话影响使用超过 6 h。

(8)无线调度台障碍影响使用超过 4 h。

(9)无线机车电台或机车综合无线通信设备(CIR)不能正常使用超过 4 h。

(10)数据通信设备和汇聚层及以上节点设备不能正常使用超过 4 h。

5.2.3 其他通信障碍列通信二类障碍。

5.2.4 障碍性质分责任与非责任两类,凡属于下列情况之一者按责任障碍统计。

(1)违章违纪;

(2)维修不良;

(3)施工影响;

(4)原因不明。

5.2.5 技术革新项目、科研项目在运营线上试验时,在规定的试验期限内确因试验项目本身原因发生设备障碍,不定责任障碍;但由于违反操作规程以及其他人为因素造成的设备障碍,定责任障碍。

5.3 通信障碍处理。

5.3.1 通信设备发生障碍,维护单位应首先判断障碍部位、区段,并启动障碍应急处置预案;涉及行车调度指挥、冶金铁路行车安全保障及信息系统等重要通信设备和电路的通信障碍必须立即采取倒代、迂回等措施,把障碍影响控制在最小的范围内;应迅速组织人员、器材,尽快恢复设备障碍。

5.3.2 通信障碍抢通和恢复顺序。

(1)调度电话;

(2)信号闭塞线路;

(3)调度指挥系统和调度集中系统的通道;

(4)信号数据网通道;

(5)车号自动识别系统通道;

(6)其他。

5.3.3 通信障碍由调度统一指挥处理,网管人员和设备维护人员应根据调度的要求,随时报告障碍情况,积极处理。

5.3.4 障碍受理要有详细记录并进行编号,障碍处理要做到"五清",即:时间清、地点清、原因清、影响范围清、处理过程清。

5.4 通信障碍统计与报告。

5.4.1 各级调度应随时掌握发生的障碍情况,组织处理,并按分管权限逐级上报。

5.4.2 设备管理部门和维护单位应建立健全通信障碍统计、分析、总结、报告制度,规范管理。

5.4.3 通信设备障碍应按类别、原因、责任等项目分别统计填报,内容真实、准确、完整。

5.4.4 从障碍发生起到恢复止,计为障碍延时,障碍恢复是指网管指示正常或业务恢复正常。在同一地点,由于同一原因造成多个通信设备障碍时,按一件统计;同沟敷设的多条通信线路同时中断,按一件统计;同一电路,同一时间,分别在不同地点发生障碍时,应分别统计;在一小时以内时好时坏的障碍,其影响时间应连续计算;通信设备停机要点超时且未及时办理延时申请,超时部分按照障碍计算。

5.4.5 按时上报通信障碍统计汇总表和通信设备障碍登记表。

6 通信网停机要点管理

6.1 为规范通信网施工管理,对传输网、数据网的停机施工、维修作业项目(以下统称"施工项目"),实行要点管理。

6.2 通信网的设备停机作业时间由设备管理部门负责统一协调相关单位确定。

6.3 数据网络调整,总体技术方案由设备管理部门审核。

6.4 下列停机要点施工项目、总体技术方案需上报审核。

(1)传输网络;

(2)数据通信网。

6.5 临时性停机和应急处置。

6.5.1 因工作需要必须进行施工的,由施工单位按规定流程提前 5 个工作日办理临时停机计划申请,需报送上级部门审核的施工项目,至少应提前 10 个工作日上报技术方案。

6.5.2 受自然灾害影响或处置突发性设备故障,需对通信网设备进行紧急抢修作业的,应将停机时间、作业和影响范围向设备管理部门报告。

6.5.3 紧急抢修需要调整施工作业时间的,由设备管理部门通知相关单位对作业时间进行调整。

7 机 房 管 理

7.1 通信机房的环境、设备、管理、安全和质量应符合国家及行业有关规定,满足设备可靠稳定运行要求;机房消防设施的配备和使用应符合消防安全相关规定。

7.2 通信机房按机房内设备在通信网的地位分为三类。

一类机房:冶金运输通信设备中心机房,网管中心机房及服务器中心机房;

二类机房:传输网节点、数据网汇聚节点等设备所在机房;

三类机房:除一、二类以外的其他机房。

7.3 机房环境。

7.3.1 机房温度、湿度、防震、防尘、防静电、防潮、防鼠、消防,以及防雷、电磁兼容、接地等要求应符合国家、行业现行有关标准的规定。

7.3.2 各类机房应设置环境监控系统,对机房的温度、湿度、水浸、烟感、门禁(门磁)、通信电源、空调等进行实时监控。相关设备具备监控功能的,环境监控信息可纳入相应的设备监控系统进行监控。

7.3.3 温度、湿度。

7.3.3.1 机房温度、湿度应符合如下要求。

(1)一类机房:温度 18~28 ℃;相对湿度 30%~75%(温度≤28 ℃,不得凝露)。

(2)二类机房:温度 18~28 ℃;相对湿度 30%~75%(温度≤28 ℃,不得凝露)。

(3)三类机房:温度 5~30 ℃;相对湿度 15%~85%(温度≤30 ℃,不得凝露)。

7.3.3.2 机房宜使用机房专用空调。空调主机设置在室外时,应采取防盗措施。

7.3.3.3 机房内应配备温湿度计,布放合理。

7.3.4 防尘、防鼠、防静电。

7.3.4.1 机房门、窗应严密,引入管孔等应有封堵措施。一、二类机房在进入设备间前应设有防尘缓冲带。

7.3.4.2 机房应有防鼠及防静电措施。

7.3.5 照明。

7.3.5.1 机房照明应保证维护操作所需的亮度,并具备应急照明能力。

7.3.5.2 机房窗户应设遮光隔热窗帘,避免阳光直射设备。

7.3.6 接地及雷电防护。

7.3.6.1 根据当地雷电活动情况和建筑物防雷设计等级,通信机房可采用避雷网(带、针)、引下线、接地装置、线缆屏蔽、等电位连接、浪涌保护器等措施进行雷电综合防护。

7.3.6.2 机房接地应采用共用接地方式,即将建筑物防雷系统的接地装置、建筑物金属构件、低压配电保护线、等电位连接端子板或连接带、设备保护接地、屏蔽体接地、防静电接地、功能性接地等相互连接在一起构成共用的接地系统。采用综合接地系统的铁路,机房地网距贯通地约

20 m范围以内时,其接地装置应与综合接地系统等电位连接。

7.3.6.3　机房接地电阻值规定。

(1)机房所在建筑物的地网接地电阻值应不大于1 Ω。

(2)机房采用共用接地方式,且接入综合接地系统时,接地电阻值应不大于1 Ω;不具备接入综合接地系统条件的基站机房,接地电阻不大于4 Ω。

(3)机房采用分设接地方式时,直流工作接地电阻值不大于4 Ω,保护接地电阻值不大于10 Ω,建筑物防雷接地电阻值不大于10 Ω。

7.3.7　引入或穿越机房的缆线孔洞及管井等应采用不燃性(A级)材料进行封堵。

7.4　设备安装及布线。

7.4.1　设备机架(柜)摆放的列间距应满足维修作业需要,有利于设备散热,做到安装牢固、排列整齐、颜色协调、高度一致,设备安装加固措施应符合通信设备安装工程抗震设计规范有关要求。

7.4.2　机房内的布线要整齐有序,符合相关安全和设计规范的要求。

7.4.3　设备、线缆等应有标签(或标识牌),注明名称、用途序号等内容,字体清晰、内容准确。

7.4.4　一、二类机房应有可闻可视的告警装置,告警装置应始终保持工作正常,禁止关闭可闻可视的告警信息。

7.5　机房安全管理。

7.5.1　机房必须建立出入登记制度。外来人员进入机房必须有上级有关部门的批准,履行入室登记手续,并由相关人员陪同。

7.5.2　机房安全工作要求。

(1)机房应保持清洁、整齐,不得堆放物品和杂物。

(2)机房内禁止吸烟,严禁存放和使用易燃易爆蚀性物品剧毒及腐蚀性物品。

(3)遵守安全守则,认真执行用电和防火规定,加强安全检查,发现隐患及时处理。

(4)工作人员进入有人机房时应穿工作服。

(5)插拔设备板件时应使用防静电手腕带。

(6)不得使用汽油、丙酮等易燃物品清洁带电设备。

（7）高处工作时工作梯凳应坚固平稳，不得乱放工具及其他物品。

（8）严禁使用电炉和动用明火，如工作需要，必须经上级主管部门批准，并采取必要的安全防护措施。

（9）灭火器材应定置管理、定期检查确保良好；工作人员会熟练使用灭火器材，发现异状及时处置，出现火警应立即报告119火警台。

（10）值班时要精力集中，随时检查设备运行情况。

8 仪器仪表管理

8.1 通信仪器仪表是保证通信网络和设备质量，满足冶金铁路通信系统指标测试和维护工作的必要工具。

8.2 通信仪器仪表管理应贯彻执行国家和行业的相关规定，坚持服务生产、标准规范、统一管理、逐级负责的原则。

8.3 通信仪器仪表的计量检定工作应执行国家及行业的有关规定，建立量值可追溯的工作流程，确保计量检定结果准确、可靠。

8.4 通信仪器仪表配备应满足通信维护和质量验收测试的需要，通信仪器仪表配置标准参考表见附件4，设备维护单位可根据实际情况适当调整。

8.5 通信仪器仪表的计量检定。

8.5.1 为保证仪器仪表的测量准确性，新购或移交的通信仪器仪表，应具备计量检定证书；在用的通信仪器仪表应按计量检定规程或校准规范要求，进行计量检定。

8.5.2 国家规定需强制检定的仪器仪表，按国家计量检定规程执行；列入冶金企业铁路专用计量器具目录的仪器仪表，按冶金企业铁路专用计量检定规程或校准规范执行；其他仪器仪表，按照相关行业计量检定规程或校准规范执行。

8.5.3 设备管理部门和设备维护单位根据通信仪器仪表的数量和使用情况，可申请建立有关通信仪器仪表的计量标准，并开展相应仪器仪表的计量检定或校准工作。

8.6 通信仪器仪表的使用与管理。

8.6.1 通信仪器仪表使用人员应经过培训，掌握仪器仪表的正确使用方法。

8.6.2　通信仪器仪表存放应符合仪表的环境要求。经常搬运或集中送检要配备防湿防震的仪器仪表专用箱。

8.6.3　设备维护单位每年对仪器仪表进行统计上报，并纳入通信技术履历，仪表统计年报程序及时间要求见第 4 章表 4-3，报表格式见附件 1 中的附表 14 电通报－8。

8.6.4　通信仪器仪表经计量检定合格后方可使用，长期不使用的仪器仪表应登记停用，再次投入使用前应先进行检定。

8.6.5　设备维护单位应有专人负责仪器仪表保管，建立台账，仪器仪表的日常保养工作纳入计表。

9　运维支撑系统的运用管理

9.1　通信维护管理工作应充分利用现代通信等信息技术，建立、健全运行维护支撑体系，通过网管、监测等运维支撑管理系统。实现对通信设备设施、网络资源、维护管理过程等的集中监控、综合分析和智能化管理，提高维护工作的针对性。

9.2　通信网运行维护支撑体系各管理系统按照通信网结构特点和运维体制设置，主要包括专业网管、监控监测、通信综合网管、通信网运维与资源管理、通信技术履历管理、冶金铁路通信地理信息管理等系统（以下统称运维支撑系统）。

9.3　结合冶金铁路通信设备科学维修需要、运维体制变化和新技术发展，运维支撑系统应实时进行功能完善、能力共享和技术革新，并积极推进新的运维支撑管理手段的应用。

9.4　各维护单位应充分利用运维支撑系统测试、告警、记录、分析、查询等功能提高维护效率和维护质量，通过对历史数据进行统计分析，制定设备质量提高和网络优化方案。

9.5　运维支撑系统需改变用户范围、系统间互联关系和向其他专业提供数据时，应按管理权限审批后实施。

9.6　通信网专业网管、监控监测系统新建成或更新改造时，应具备系统接口，符合接入通信综合网管的技术要求。

9.7 通信系统或设备与运维支撑系统相连接时,应采用安全隔离措施,不得影响本系统的正常使用。

9.8 严禁在运维支撑系统设备上使用无关软件。各种数据存储介质和调试用计算机在接入系统前必须经防病毒检查后,方可使用。

9.9 运维支撑系统配置的防火墙及入侵检测、防病毒系统、动态身份认证和漏洞评估系统等基本的网络安全设施,应保证良好运用,网络安全设备软件应按时升级。

9.10 各系统维护单位应按管理权限设置系统管理员,负责系统的维护和配置。

9.11 根据系统运用需要和企业保密规定,系统维护单位应与系统设备供应商或服务商签订技术服务和保密协议。

9.12 专业网管。

9.12.1 冶金企业铁路通信专业网管应按照通信设备"集中管理、集中监控、分级维护"的需要设置。

9.12.2 通信中心应设置传输、数据通信等通信网网管,负责网络和相关节点设备的监测、管理,指挥并协调相关维护单位进行设备维护和故障处理。

9.12.3 通信维护单位可根据设备维护需要设置区域网管监控中心,设置接入网、本地网等通信系统网管,用于设备的维护和监控。

9.12.4 调度、会议等通信业务网的网管系统应结合业务应用、组网结构、设备设置地点、应急处置便利等因素设置。

9.12.5 网管维护单位应执行 7 天×24 h 监控制度,及时处置告警和异常信息,定期通过网管对所辖网络状态、性能、质量进行分析,提出优化建议。

9.13 监控监测系统。

9.13.1 监控监测系统是维护单位对通信网重要设施、设备、业务、机房环境进行监测管理的专用工具。根据维护组织机构设置、通信网设备分布等情况,各级维护单位应配备通信电源及机房环境监控、光纤监测、接口监测、铁塔监测等系统及相应的监控终端设备。

9.13.2 通信电源及机房环境监控、光纤监测、接口监测、铁塔监测等系统监控终端应设置在通信维护单位的区域网管中心,根据需要可网管中心、生产调度指挥中心等设置复式终端,或通过综合网管取得监控信息。

9.13.3 监控监测系统维护单位应建立运用管理制度,合理设置监控监测系统的告警级别和告警门限值,系统发生告警时,应及时处理,并按程序报告。

9.13.4 维护单位应加强对监控监测系统的准确性的核对与检查,检查过程不影响被监测设备的正常工作。

9.14 通信综合网管。

9.14.1 冶金企业铁路通信综合网络管理系统(以下简称"通信综合网管")应与冶金企业铁路通信各专业子系统网管以及监控监测系统相连接,通过实时采集相应信息,实现集中监控和网络运行管理。

9.14.2 系统维护人员应定期对通信综合网管系统采集的各种告警、性能和资源数据、网络拓扑结构与专业子系统进行准确性核对,对通信综合网管间信息一致性进行核对。

9.14.3 通信技术人员应充分利用通信综合网管统计、分析设备状态信息和网络运用质量,提高通信专业技术管理工作效率。

9.15 通信网运维和资源管理系统。

9.15.1 通信网运维和资源管理系统(以下简称运维和资源管理系统)是对通信网运行和维护管理和资源调配的信息平台,用于通信网生产指挥、施工管理、障碍管理、备件管理、任务管理和传输网资源管理。

9.15.2 运维和资源管理系统由通信中心负责管理,系统用户包括设备管理部门、维护单位、通信相关部门等,用户的增、删、改以及权限分配由维护单位向设备管理部门申请办理。

9.15.3 各级调度、网管用户应实时在线,及时响应回复系统发布的信息、任务和通信障碍处理工单,任务完成时间和障碍延时以系统回复时间为据。

9.15.4 各级管理人员和通信主管工程师应每日上线,及时响应通信网运维管理工作要求,各项任务的响应时间不得超过 3 个工作日。

9.16 通信技术履历管理系统。

9.16.1 冶金企业铁路通信技术履历管理系统(以下简称通信履历系统)用于铁路通信履历簿和技术资料的数据录入、传达、汇总、统计、审核、存储和查询。

9.16.2 通信履历系统应设置应用服务器、数据库服务器及管理终端,用户包括设备管理部门、设备维护单位等。

9.16.3 通信维护单位负责通信履历数据的填写、修订、上报、备份、存档等,并负责通信履历系统中基础数据和用户管理。设备管理部门负责通信履历数据的收集、汇总、审核等。

9.16.4 通信履历系统中数据由通信维护单位录入汇总生成,填报应遵循"报表与实物一致、网图与报表一致"的原则。各单位应根据设备变化及时修订通信履历系统中数据及图纸,保证准确完整。

9.16.5 通信履历系统数据采用在线和离线两种方式保存,在线方式采用数据库等方式保存,离线方式采用硬盘等媒介方式保存,硬盘应对数据和图纸分类存放。

9.17 冶金企业铁路通信地理信息管理系统。

9.17.1 冶金企业铁路通信地理信息管理系统(以下简称 GIS 系统),用于集中存储、发布冶金铁路线路名称、线路代码、车站信息点、无线通信制式等数据。

9.17.2 冶金企业铁路通信地理信息基础数据的采集和更新维护工作由设备维护单位负责,数据采集可由人工或自动两种终端实现。

9.17.3 自动数据采集终端可利用冶金铁路线运行机车、轨道车等完成铁路线基础地理信息数据的采集,信息点密度不少于每千米 10 个信息点,手动数据采集终端通过人工方式完成信息点采集,信息点应包括车站中心,进出站信号机、线路起止点、车站界点,通信制式切换点等。

9.17.4 通信机房设置 GIS 系统数据库服务器、应用服务器、网络核心路由器、防火墙和数据库管理器终端等设备。

9.17.5 根据厂内 GIS 系统数据管理工作需要,合理设置数据库管理器、数据采集管理器、自动采集终端、手动采集终端等设备。

9.17.6 接入 GIS 系统的各类终端设备更新改造、新增或运用调整时,应向相关管理部门报备。

9.17.7 GIS 系统存储的各类数据均不得以原始格式进行导出,未经批准,不得对本系统保存数据进行二次存储及对外输出。

附件1 主要管理制度表格

铁路通信维护工作表样式、管理制度和资料名称

种类	表格名称	表　　号
计划	通信设备月度检修工作计划表	电通计—1(见附表 1)
	通信设备年度维修工作计划表	电通计—2(见附表 2)
	通信设备维修工作年度计划月度完成情况统计表	电通计—3(见附表 3)
记录	通信设备障碍登记表	电通录—1(见附表 4)
	备品材料、设备(板件)出/入库登记及返修记录表	电通录—2(见附表 5)
	通信设备检修记录表	
报表	通信设备年度质量分析汇总表	电通报—1(见附表 6)
	通信设备单项质量分析表	电通报—2(见附表 7)
	通信设备(线路)质量提高计划表(明细)	电通报—3(见附表 8)
	通信设备(线路)质量提高计划统计表	电通报—4(见附表 9)
	通信障碍月度统计汇总表	电通报—5(见附表 10)
	通信故障分类统计表	电通报—6(见附表 11)
	通信设备运用质量月度统计表(有线通信)	电通报 7—1(见附表 12)
	通信设备运用质量月度统计表(车载通信设备)	电通报 7—2(见附表 13)
	通信仪器仪表统计表	电通报—8(见附表 14)
主要维护管理制度	安全管理制度、机房管理制度、保密制度、消防安全制度等	
	值班制度、岗位工作制要度、维护工作纪律、备品备维件管理制度、仪器仪表工具护管理制度、技术资料管理及台账管理制度等	
	工单执行管理制度、技术作业安全要求、数据管理制度、作业指导书及维护作业标准、业务办理流程、故障及障碍管理制度(含障碍处理流程)、应急抢修管理制度等	
管理本册	工作日志	
主要技术资料	相关工程竣工资料、验收测试记录	
	系统网图	
	各类图纸(平面布置图、布线图、径路图、面板图等)	
	各类台账(配线架、端口、电路、数据、版本台账等)	
	设备技术资料(说明书、维护手册、操作手册等)	
	仪器仪表技术资料(说明书、操作手册、维护手册等)	
	备品备件管理记录本	
	仪表工具管理记录本	
	应急预案	
其他	机房出入登记本等	

说明:通信设备运用质量月度统计表是一个系列报表,包括电通报 7-1、7-2,可根据设备应用
管理需要,按顺序增加报表内容。

附表1

通信设备月度检修工作计划表

电通计一1

单位：

年　月　日

序号	设备地点名称	设备名称	检修工作项目	单位	数量	每月次数	检修日程																											
							1	2	3	4	5	6	7	8	9	10	11	12	13	14	15	16	17	18	19	20	21	22	23	24	25	26	27	28	29	30	31
1	2	3	4	5	6	7	8																														

填报人：

负责人：

说明：月度及以下日常检修工作计划编入本表。

冶金企业铁路通信维护规则

附表 2

通信设备年度检修工作计划表

单位：　　年　月　日

类别	序号	设备地点	设备名称	工作内容	单位	总数量	年计划数量	每年次数	负责单位	检修月程											
										1	2	3	4	5	6	7	8	9	10	11	12
1	2	3	4	5	6	7	8	9	10						11						

填报人：　　　　　　　　　　　　　　　　　　　　　　　　　　　　　　　　负责人：

说明：月度及以上的日常检修、集中检修及重点整修等工作计划编入本表。

332

附表3

电通计—3

通信设备维修工作年度计划月度完成情况统计表

单位：

序号	设备名称	设备地点	工作项目	单位	计划数量	计划完成	1	2	3	4	5	6	7	8	9	10	11	12	13	14	15	16	17	18	19	20	21	22	23	24	25	26	27	28	29	30	31	合计 年 月 日
						计划																																
						完成																																
						计划																																
						完成																																
						计划																																
						完成																																
						计划																																
						完成																																
						计划																																
						完成																																
						计划																																
						完成																																

填报人：　　　　　　　　　　　　　负责人：

333

附表 4

通信设备障碍登记表

单位：

序号	日期	障碍地点	设备名称	发生时间	恢复时间	延时	障碍现象及影响范围	原因分析、处理结果	防范措施	申告人	申告时间	受理人	障碍类别	障碍责任	备注

注：障碍类别：填写"故障"、"事故"；障碍类别；填写"一类"或"二类"；故障责任；填写"责任"或"非责任"。

附表 5　备品材料、设备（板件）出／入库登记及返修记录表

电通录一2

单位：

保管人：

序号	设备名称	板件名称	型号	单位	数量	入库日期	使用人	出库日期	送修日期	送修人	返回日期	接受人	备注

冶金企业铁路通信维护规则

附表 6

电通报—1

通信设备年度质量分析汇总表

填报单位：　　　　　　　　　　　　　　　　　　　　　　　　　年度：

类别	编号	设备名称	单位	设备总数	合格数		不合格数		备注
					数量	百分比	数量	百分比	
通信线路及附属设备	1	光缆	公里						
	2	电缆	公里						
	3	电缆交接箱	个						
	4	电缆充气设备	套						
	5	光缆交接箱	个						
	6	光纤监测系统	套						
	7	光纤自动倒换设备	台						
	8	管道	孔公里						
	9	其他设备							
		单项小计							
传输网设备	10	各级传输网网管	套						
	11	SDH 系统设备	套						
	12	接入层 PDH 设备	套						
	13	PCM 设备	套						
	14	其他设备							
		单项小计							

类别	编号	设备名称	单位	设备总数	合格数		不合格数		备注
					数量	百分比	数量	百分比	
接入网设备	15	接入网网管系统	套						
	16	OLT(PON)	套						
	17	ONU(PON)	套						
	18	其他设备							
		单项小计							
同步网设备	19	时钟设备	套						
	20	时间设备	套						
		单项小计							
数据网设备	21	路由器	台						
	22	交换机	台						
	23	DSLAM设备	台						
	24	域名系统	台						
	25	网络安全设备	台						
	26	网管系统	套						
	27	其他设备							
		单项小计							

冶金企业铁路通信维护规则

337

续上表

类别	编号	设备名称	单位	设备总数	合格数		不合格数		备注
					数量	百分比	数量	百分比	
调度通信设备	28	调度中心调度交换机	台						
	29	车站调度交换机	台						
	30	网管设备	套						
	31	操作台（触摸）	台						
	32	操作台（按键）	台						
	33	语音记录仪	台						
	34	音频调度分机	台						
	35	其他设备							
		单项小计							
会议通信设备	36	视频MCU	台						
	37	视频会议终端	台						
	38	视频会议网管	套						
	39	视频分配设备	台						
	40	视频监视器	台						
	41	录音/录像/图像播放设备	台						
	42	调音台	台						
	43	话筒	台						

338

类别	编号	设备名称	单位	设备总数	合格数		不合格数		备注
					数量	百分比	数量	百分比	
会议通信设备	44	桌面会议系统	套						
	45	图像显示设备	台						
	46	摄像机	个						
	47	音频会议总机（转接机）	台						
	48	音频会议分机	台						
	49	会议功放机	台						
	50	其他设备							
		单项小计							
广播与站场通信设备	51	站场广播机	套						
	52	扩音转接机	台						
	53	电话集中机	台						
	54	其他设备	台						
		单项小计							
电话交换设备	55	话务台（含112、114和管理台）	台						
	56	数字程控交换机、软交换设备	台						
	57	长途智能人工交换设备	台						
	58	数字程控交换机网管	台						

类别	编号	设备名称	单位	设备总数	合格数		不合格数		备注
					数量	百分比	数量	百分比	
电话交换设备	59	话务台录音设备	台						
	60	打印机	台						
	61	传真机	台						
	62	复印机	台						
	63	其他设备							
		单项小计							
应急通道设备	64	应急通信中心设备	套						
	65	应急指挥台、操作台、值班台、中心音视频终端等	台						
	66	网管终端	套						
	67	应急现场A类设备（车载）	套						
	68	应急现场B类设备（动图）	套						
	69	应急现场C类设备（静图）	套						
	70	应急现场D类设备（语音）	套						
	71	应急抢险器材	套						
	72	其他设备							
		单项小计							

冶金企业铁路通信维护规则

类别	编号	设备名称	单位	设备总数	合格数		不合格数		备注
					数量	百分比	数量	百分比	
综合视频监控设备	73	摄像机（含镜头、云台、防护罩、红外灯）	套						
	74	视频光端机	台						
	75	视频杆（含室外设备箱）	根						
	76	音视频编（解）码设备	台						
	77	服务器	台						
	78	存储设备	套						
	79	以太网交换机	台						
	80	显示设备	套						
	81	用户终端	台						
	82	管理终端	台						
	83	其他设备							
		单项小计							
通信电源及机房环境监控设备	84	高频开关电源	台						
	85	蓄电池	组						
	86	逆变器 UPS	套						
	87	交、直流配电屏（箱）	台						
	88	柴、汽油发电机	台						
	89	稳压电源	台						

続上表

类别	编号	设备名称	单位	设备总数	合格数		不合格数		备注
					数量	百分比	数量	百分比	
通信电源及机房环境监控设备	90	电源及机房环境监控系统监控中心设备	套						
	91	电源及机房环境监控系统监控站设备（烟温感、门禁、水浸探测器，温湿度传感器，监控采集单元等）	套						
	92	电源及机房环境监控系统监控终端	台						
	93	其他设备							
		单项小计							
专线电路接入设备	94	XDSI	个						
	95	协议转换器	个						
	96	调制解调器	个						
	97	光电转换传输设备	台						
		单项小计							
综合网管设备	98	综合网管服务器	台						
	99	存储设备	台						
	100	综合网管终端							
	101	其他设备							
		单项小计							

类别	编号	设备名称	单位	设备总数	合格数		不合格数		备注
					数量	百分比	数量	百分比	
机房设备	102	地线	组						
	103	空调设备	台						
	104	消防器材	组						
	105	防雷设备	组（套）						
	106	其他设备							
		单项小计							
		有线通信设备综合合格率							
无线机车设备	107	无线调度台	台						
	108	无线机车电台	套						
	109	无线车次号车站数据接收解码器	台						
	110	无线调度命令转接器	台						
	111	直放站近端机	台						
	112	直放站远端机	台						
	113	直放站网管	套						
	114	漏泄电缆	公里						
	115	漏泄电缆监测系统	套						
	116	道口防护报警设备	台						

冶金企业铁路通信维护规则

类别	编号	设备名称	单位	设备总数	合格数		不合格数		备注
					数量	百分比	数量	百分比	
无线机车设备	117	铁塔（20 m 及以下）	座						
	118	电杆	根						
	119	无调机车电台（含通用式机车电台）	台						
	120	无线车次号机车数据采集编码器	台						
	121	机车综合无线通信设备（CIR）	台						
	122	机车安全防护报警设备（LBJ）	台						
	123	其他设备							
		单项小计							

单位负责人：　　　　　　填报人：　　　　　　联系电话：　　　　　　填报日期：

填报单位：　　　　　　　　　　　　　　　　　　　　　　　　　　　　　年度：

通信设备单项质量分析表

汇总表

设备类别	设备名称	设备总数	测试鉴定数	合格		不合格		备 注
				数量	%	数量	%	

逐台检查登记表

检查项目／检查结果／设备安装地点／序号	整机强度、外观、防尘、散热检查	设备性能检查	运用质量检查	附属设备检查	设备配置信息及软件版本检查	开通时间	设备厂家	鉴定结果	备 注
1									
2									
3									
4									
5									
6									
7									

冶金企业铁路通信维护规则

不合格设备登记表

序号	设备安装地点	设备属性	不合格项目与名称	运用分析
1				
2				
3				
4				
5				
6				
7				
8				
9				
10				
11				
12				
13				
14				

负责人：　　　　　　　填报人：　　　　　　　填报日期：

填报说明：

一、汇总表

1. 本表与年度质量分析汇总表中"设备名称"栏中每种设备一一对应，即一行对应一表。

2. 设备类别：即为年度质量分析汇总表中的"类别"内容。

3. 设备名称：与年度质量分析汇总表中的"设备名称"对应。

4. 设备数量：同一设备名称下在用设备总数。

5. 测试鉴定数：本年度检查鉴定的设备数量。

二、逐台检查登记表

1. 单项设备（含附属设备）鉴定以设备强度、性能和运用质量为主，鉴定的项目标准及评定标准由各单位结合本规则确定。

2. 设备安装地点，填写机房名称，当同一机房安装了两台相同设备时，应分别填写，并在备注栏用所属系统、线路名称或用途等进行区分。

3. 设备性能检查，以年度计表安排的测试内容为依据。

4. 运用质量检查，以质量管理中规定的检查项目为依据。

5. 附属设备，如调度台配备的应急分机。如果该项设备无附属设备，本项填"——"。

6. 设备配置信息及软件版本检查，以本管理要求为依据。

三、不合格设备登记表

1. 设备属性：不合格设备所在线路，所属系统或用途等。

2. 不合格项目名称：对应上表检查项目。

3. 原因分析：不合格项目名称中的具体内容（项目细分）。

附表 8

通信设备（线路）质量提高计划表（明细）

填报单位：

年度：

序号	设备名称（线路起止点）	计量单位	总数量	不合格数量	不合格质量状况	采取措施	责任单位	责任人	协助人	完成日期	备注

负责人：

填报人：

填报日期：

附表 9

通信设备（线路）质量提高计划统计表

填报单位：
年度：

序号	设备名称 （线路起止点）	计量 单位	总数量	上年度质量状况		季度提高计划				采取措施	未完成 情况说明
				合格数	不合格数	1	2	3	4		

负责人：　　　　　　　　填报人：　　　　　　　　联系电话：　　　　　　　　填报日期：

冶金企业铁路通信维护规则

附表 10

通信障碍月度统计汇总表

电通报—5

填报单位：

填报日期：　年　月　日

单位	故障（障碍）总件数	故障（障碍）总延时	设备换算皮长公里	每百公里故障（障碍）件数	故障										障碍													
					故障合计			责任		非责任		障碍合计			一类障碍						二类障碍				
					件数	延时	平均延时	件数	延时	件数	延时	件数	延时	平均延时	责任		非责任		延时	数	平均延时	责任		非责任	
															件数	延时	件数	延时				件数	延时	件数	延时
	1	2	3	4	5	6	7	8	9	10	11	12	13	14	15	16	17	18	19	20	21	22	23	24	25	26	27	28	29
合计																													

单位负责人：　　　　　　　　　填报人：　　　　　　　　　联系电话：

350

附表11

通信障碍分类统计表

设备类型 / 性质	件数(1)	无线调车		区间设备	调度通信				接入网设备			电源设备				站场列车通信设备		列车广播	站场广播	传输设备	交换设备	数据通信设备	会议电视系统	电源及机房环境监控设备	视频监控设备	应急通信设备	时钟及时间同步设备	通信网管设备	通信线路	其他	故障总数(件)	故障延时(h)	平均延时(h)	(34)
		车站设备	机车设备		调度交换机(调度所)	调度交换机终端(车站)	终端(车站)	语音记录仪	OLT	ONU	其他	高频开关	UPS逆变器	蓄电池	其他																			
	1	2	3	4	5	6	7	8	9	10	11	12	13	14	15	16	17	18	19	20	21	22	23	24	25	26	27	28	29	30	31	32	33	34
通信责任 违章人为																																		
通信责任 维修不良																																		
通信责任 通信施工																																		
通信责任 原因不明																																		
通信责任 其他																																		
外单位责任 设备不良																																		
外单位责任 外部妨碍																																		
外单位责任 其他																																		
非责任																																		
合计(件数)																																		
故障/障碍延时																																		

填报人： 联系电话：

负责人：

附表 12

填报单位：

通信设备运用质量月度统计表（有线通信）

电通报 7—1

填报日期：

序号	类别	检查项目	单项合格标准	运用质量拼价指标	检查周期	实际抽查数量	抽查结果	备注
1	传输	电路/通道误码合格率	参见设备维护篇 2.5.2 条	100%	月			
		传输电路可用率	（1－各传输障碍导致等效 155 M 电路中断时长 / 各传输系统等效 155 M 电路数×月总时长 ）×100%	≥98%	月			
		业务电路畅通率	（1－各传输障碍导致业务开通电路数等效 2 M 总时长 / 各类型业务开通电路数等效 2 M 总数×年总时长 ）×100%	≥99%	月			
2	数据网	时延	合格标准参见数据通信网章 6.5.2 条	≥98%	月			
		丢包率	合格标准参见数据通信网章 6.5.2 条	≥99%	月			
3	调度	呼叫准确率	用户编号与实际一致；呼叫准确率＝（呼叫正确的次数/呼叫的总次数）×100%	100%	月			
		听音合格率	单次听音 4 分及以上；听音合格率＝（声音质量合格的数量/听音总数量）×100%	≥95%	月			
4	行车录音设备	录音合格率	声音质量 3 分及以上；录音合格率＝（调听录音合格的数量/调听录音的总数量）×100%	≥99%	月			
		时间准确率	设备时间与北京时间误差 30 s 以内；时间准确率＝（抽查合格的数量/抽查的总数量）×100%	≥95%	月			
5	会议	图像合格率	图像质量 4 分及以上；合格率＝（合格会议会场数量/会议会场总数量）×100%	100%	月			
		声音合格率	声音质量 4 分及以上；合格率＝（合格会议会场数量/会议会场总数量）×100%	100%	月			
		电视会议系统运用合格率	（1－电视会议中断时长×中断会场数 / 电视会议运用时长×会场数 ）×100%	≥99%	月			

352

冶金企业铁路通信维护规则

序号	类别	检查项目	单项合格标准	运用质量评价指标	检查周期	实际抽查数量	抽查结果	备注
6	应急	时限合格率	在60 min内接通电话;在120 min内完成图像上传;时限合格率=(按规定时限完成演练的次数/演练的总次数)×100%	100%	月			
		声音合格率	声音主观评价4分及以上;声音合格率=(声音合格的次数/声音检查的总次数)×100%	100%	月			
		图像合格率	图像主观评价4分及以上;图像合格率=(图像合格的数量/图像检查的总数量)×100%	100%	月			
7	综合视频监控	实时视频质量合格率	图像质量4分及以上;合格率=(抽查合格视频数量/抽查视频总数量)×100%	≥95%	月			
		夜间图像质量合格率	图像质量3分及以上;合格率=(抽查合格视频数量/抽查视频总数量)×100%	≥95%	月			
		云镜控制功率合格率	镜头方向可控制,预置位自动复位正常,云台旋转角度满足质量标准;合格率=(抽查合格数量/抽查总数量)×100%	≥95%	月			
		历史视频图像质量合格率	白天历史图像4分、夜间历史图像3分及以上,图像连续无丢帧,抽取录像时间与存储时间相符,图像存储时间满足设计要求;合格率=(抽查合格视频数量/抽查视频总数量)×100%	≥95%	月			

负责人：　　　　　　填报人：　　　　　　联系电话：

填报单位：

通信设备运用质量月度统计表（车载通信设备）

电通报 7—2

故障分析 序号	设备生产商	设备数量	设备故障总数	硬件设备															软件非正常				原因分析									
				450MHz机车电台单元	数据采集单元	编码器	MMI显示屏	MMI按键单元	送受话机	打印机	记录单元	主控单元	接口单元	电源	电池	天馈线	缆线接头	其他	小计	死机	工作模式转换	其他	小计	违章人为	维修不良	供电电源	用户损坏	材质不良	设备老化	软件程序	外界干扰	回库检测良好	其他	小计
1																																		
2																																		
3																																		
4																																		
5																																		
6																																		
7																																		
8																																		
9																																		
10																																		
11																																		
合计																																		

运用情况 序号	设备生产商	入库数量 （台次）	故障数量 （台次）	入库良好率 （%）	故障率 （%）	故障分析说明
1						
2						
3						
4						
5						
6						
7						
8						
9						
10						
11						
12						
合计						

负责人：　　　　　填报人：　　　　　联系电话：　　　　　汇总时间：

单位：　　　　　　　　　　　　　　　　　　　　　　　　　　　　　　　年度

类别	序号	仪器仪表名称	单位	上年期末数	新增数量	报废数量	当年期末数	计量数量
传输仪表	1	SDH 分析仪	台					
	2	光谱分析仪	台					
	3	光波长计	台					
	4	2 Mbit/s 数字数据性能台分析仪	台					
	5	PCM 话路特性分析仪	台					
	6	时间分析仪(含原子钟)	台					
	7	光回损测试仪	台					
	8	频率计	台					
	9	色散测试仪	台					
	10	光纤显微镜	台					
	11	电平振荡器	台					
	12	电平表	台					
	13	示波器	台					
	14	杂音计	台					
交换仪表	15	信令分析仪	台					
数据仪表	16	数据网络综合分析仪	台					
	17	协议分析仪	台					
	18	网络性能测试仪	台					
	19	IDSN 性能测试仪	台					
	20	流量发生器	台					
	21	线缆综合测试仪	台					
图像仪表	22	视频测试卡	台					
	23	视频信号发生器	台					
	24	图像质量分析仪	台					

类别	序号	仪器仪表名称	单位	上年期末数	新增数量	报废数量	当年期末数	计量数量
图像仪表	25	视频监控测试仪（工程宝）	台					
	26	视频信号分析仪	套					
	27	视频码流测试仪	台					
	28	网络仿真仪	台					
线路仪表	29	光时域反射仪（OTDR）	台					
	30	光源	台					
	31	光功率计	台					
	32	光衰减器	台					
	33	光万用表	台					
	34	光电缆径路探测仪	台					
	35	电缆故障测试仪	台					
	36	电缆查漏仪	台					
	37	光纤熔接机	台					
	38	直流电桥	台					
	39	气压表	台					
	40	网线测试仪	台					
	41	ADSL测试仪	台					
无线仪表	42	便携式场强测试仪	台					
	43	天馈线综合测试仪	台					
	44	无线频谱分析仪或干扰测试仪	台					
	45	无线综合测试仪	台					
	46	功率计	台					
	47	合路器测试仪	台					
	48	中继设备（直放站）测试仪	台					
	49	驻波比测试仪	台					

冶金企业铁路通信维护规则

类别	序号	仪器仪表名称	单位	上年期末数	新增数量	报废数量	当年期末数	计量数量
电源、空调	50	电池综合测试仪	台					
	51	蓄电池内阻测试仪	台					
	52	红外测温仪	台					
	53	绝缘表(兆欧表)	台					
	54	万用表	台					
	55	接地电阻测试仪	台					
	56	钳形电流表(交直流)	台					
	57	防雷单元测试仪	台					
	58	电力谐波分析仪	台					
	59	相序表	台					
	60	杂音计	台					
	61	高低压压力表	台					
	62	温、湿度仪	台					
	63	风速仪	台					
计量仪表	64	测量接收机	台					
	65	射频信号发生器	台					
	66	射频信号放大器	台					
	67	高精度功率计	台					
	68	功率衰减器	台					
	69	交直流电压电流检定装置	套					
	70	接地电阻表检定装置	套					
	71	电桥检定装置	套					
	72	绝缘电阻表检定装置	套					

类别	序号	仪器仪表名称	单位	上年期末数	新增数量	报废数量	当年期末数	计量数量
监测检测装置	73	铁塔安全监测检测系统终端	套					
	74	漏缆监测系统终端	套					
	75	车载通信设备地理信息数据采集和网络终端设备	套					
	76	U_m 接口监测设备	套					
	77	电子经纬仪	台					
	78	角度仪	台					
	79	激光测距仪	台					
	80	便携式机车设备测试仪	台					
	81	无线通信设备综合测试台	台					
	82	车载电台出入库检测台	台					
	83	LBJ 测试仪	台					
	84	北斗/GPS 定位仪(手持、车载)	台					
	85	车次号校核机车设备测试仪	台					
	86	车次号校核车站设备测试仪	台					
	87	调监模拟器	台					
	88	数据采集编码器测试仪	台					
	89	调度命令测试仪	台					
	90	方位仪	台					
	91	望远镜	副					
	92	CIR 数据转储装置	台					
	93	超声波探伤仪	台					
	94	磁性覆盖厚度测量仪	台					
	95	混凝土回弹仪	台					
	96	混凝土碳化深度测试仪	台					
	97	裂缝宽度观测仪	台					

负责人：　　　　　　　填报人：　　　　　　　　　联系电话：

填报说明:新增的仪表名称可按分类顺序增加。

冶金企业铁路通信维护规则

附件2 主要通信设备使用年限参照表

主要通信设备使用年限参照表

序号	设备分类	使用年限(年)
1	通信线路(含光电缆、漏泄电缆、电杆及线路附属设施)	20
2	传输与接入网系统	10
3	数据网通信系统	10
4	调度通信系统	10
5	综合视频监控系统(摄像机除外)	10
6	电话交换系统	10
7	时间和时钟同步系统	10
8	会议系统	8
9	通信电源系统	10
10	蓄电池组	5
11	电源及机房环境监控系统	10
12	综合布线系统	20
13	站场与区段通信系统	10
14	无线通信固定设备	10
15	无线通信移动设备	6
16	应急通信系统	10
17	有线电视系统	10
18	通信铁塔	50
19	计算机、服务器、显示器、打印机、复印机、传真机、存储设备(磁盘阵列等)	5
20	摄像机、会议显示终端、话筒、调度通信终端	5

说明:产品出厂规定设备使用寿命的从其规定。

附件3 通信设备备品备件配置标准参考表

通信设备备品备件配置标准参考表

序号	备件备品名称	备品备件数量
1	传输系统主要板卡(放大板、波长转换板、交叉板、主控板、线路板、支路板、以太网接口板、电源板、时钟板等)	汇聚层及以上设备每10块配备1块,接入层设备每20块配备1块
2	接入网OLT主要板卡(主控板、电源板V5接口板、音频电路板、数字中继板等)	每1套设备配备1块
3	接入网ONU主板、音频及自动电话用户板、数字用户板等板卡(电源板、V5接口)	每20套设备配备1块
4	时钟板、输出板、卫星卡、电源板)同步设备重要单板(时钟板、输入)	重要单板除冗余热备份之外,每10套设备备1块;其余单板按10%配备
5	时间同步设备重要单板(时钟板、卫星卡、电源板)	重要单板按10%,其余单板按5%配备
6	数据网路由器主要板卡(主控或处理板电源、风扇、业务接口板等)	同种型号每15台设备配备1块
7	数据网三层交换机	每15台设备配备1台
8	电话交换机(主控板、电源、信令板、用户板)	每台设备各备一块
9	中心调度交换机重要板卡(主控板、时钟板、电源板、接口板等)	每2台设备配备1块
10	车站调度交换机重要板卡(主控板、时钟板、电源板、接口板等)	每10台设备配备1块
11	调度台、值班台	每7台设备配备1台
12	车站录音仪	每20台设备配备1台
13	电视会议系统会议多点控制器(MCU)主要板卡(主控板、电源板、接口板等)	每台MCU配备1块
14	会议终端(含摄像头、麦克风等)	每20台终端配备1台
15	高频开关电源整流模块	每20套模块配备1套
16	各类电源熔丝、保险管	按实装型号,每20个配备1个
17	防雷单元(含电源浪涌保护器的保护空开)	每10套配备1套,可根据当地雷害情况适当调整

序号	备件备品名称	备品备件数量
18	电源及机房环境监控系统监控站设备(监控单元、各类传感器、监控模块等)	每20套配备1套
19	视频监控节点设备主要硬件(服务器及网络设备)	一类节点、区域节点、核心节点每节点每种设备各备1台,二类节点每10个节点每种设备各备1台
20	视频监控节点设备磁盘阵列	按硬盘种类,每种备10%,不足1台的备1台
21	视频监控前端设备(室外)及编码器	按设备种类,每种备10%,不足1台的备1台
22	视频监控前端设备(室内,不含编码器)	按设备种类,每种备10%,不足1台的备1台
23	光缆	每百公里备同型号光缆2 km
24	电缆	每百公里备同型号电缆500 m
25	其他线路附属设备	按10%配备
26	用户接入设备(协议转换器、XDSL、光纤收发器、协议转换器等)	每种备15%,不足1对的备1对
27	站场扩音对讲设备的扩音机	无备用功率放大器时,使用1台,备用1台
28	站场广播设备	主机备用20%
29	电话集中机(总机)	备用量为在用设备的10%～15%
30	电话分机	备用量为在用设备数的10%～15%
31	机车设备(机车电台、CIR、数据采集编码器)、车站设备(车站电台、数据接收解码器、调度命令车站转接器)、区间设备(中继器、区间电台、多频互控、异频中继、光纤直放站)	主机及附属设备备用量不少于运用数量的30%
32	手持式(便携)通信设备电池	按每个设备不少于2组
33	无线通信调度总机	同型号设备运用数量4台(含)以下,配备1台,4台以上配备2台
34	BTS基站主要板卡(载频板、主控板合路器、防雷器等)、天馈系统(含馈线、天线、功分器等)	每20套备1块
35	其他板卡(模块、终端)	按实装设备型号、板卡种其他板卡(模块、终端)类配置,每种备品数量不低于5%,不足1块的备1块
36	其他设备	可根据情况自行规定

附件 4 通信仪器仪表配置标准参考表

通信仪器仪表配置标准参考表

类别	序号	种　类	单位	数量
传输仪表	1	SDH 分析仪	台	
	2	光谱分析仪	台	
	3	光波长计	台	
	4	2 Mbit/s 数字数据性能分析仪	台	
	5	PCM 话路特性分析仪	台	
	6	时间分析仪（含原子钟）	台	
	7	光回损测试仪	台	
	8	频率计	台	
	9	色散测试仪	台	
	10	光纤显微镜	台	
	11	电平振荡器	台	
	12	电平表	台	
	13	示波器	台	
	14	杂音计	台	
交换仪表	15	信令分析仪	台	
数据仪表	16	数据网络综合分析仪	台	
	17	协议分析仪	台	
	18	网络性能测试仪	台	
	19	ISDN 性能测试仪	台	
	20	流量发生器	台	
	21	线缆综合测试仪	台	
图像仪表	22	视频测试卡	台	
	23	视频信号发生器	台	
	24	图像质量分析仪	台	
	25	视频监控测试仪（工程宝）	台	
	26	视频信号分析仪	套	
	27	视频码流测试仪	台	
	28	网络仿真仪	台	

类别	序号	种　类	单位	数量
线路仪表	29	光时域反射仪(OTDR)	台	
	30	光源	台	
	31	光功率计	台	
	32	光衰减器	台	
	33	光万用表	台	
	34	光电缆径路探测仪	台	
	35	电缆故测试仪	台	
	36	电缆查漏仪	台	
	37	光纤熔接机	台	
	38	直流电桥	台	
	39	气压表	台	
	40	网线测试仪	台	
	41	ADSL测试仪	台	
无线仪表	42	便携式场强测试仪	台	
	43	天馈线综合测试仪	台	
	44	无线频谱分析仪或干扰测试仪	台	
	45	无线综合测试仪	台	
	46	功率计	台	
	47	合路器测试仪	台	
	48	中继设备(直放站)测试仪	台	
	49	驻波比测试仪	台	
电源空调	50	电池综合测试仪	台	
	51	蓄电池内阻测试仪	台	
	52	红外测温仪	台	
	53	绝缘表(兆欧表)	台	
	54	万用表	台	
	55	接地电阻测试仪	台	
	56	钳形电流表(交直流)	台	

类别	序号	种　类	单位	数量
电源空调	57	防雷单元测试仪	台	
	58	电力谐波分析仪	台	
	59	相序表	台	
	60	杂音计	台	
	61	高低压压力表	台	
	62	温、湿度仪	台	
	63	风速仪	台	
计量仪表	64	测量接收机	台	
	65	射频信号发生器	台	
	66	射频信号放大器	台	
	67	高精度功率计	台	
	68	功率衰减器	台	
	69	交直流电压电流检定装置	套	
	70	接地电阻表检定装置	套	
	71	电桥检定装置	套	
	72	绝缘电阻表检定装置	套	
监测检测装置	73	铁塔安全监测检测系统终端	套	
	74	漏缆监测系统终端	套	
	75	车载通信设备地理信息数据采集和网络终端设备	套	
	76	U_m 接口监测设备	套	
	77	电子经纬仪	台	
	78	角度仪	台	
	79	激光测距仪	台	
	80	便携式机车设备测试仪	台	
	81	无线通信设备综合测试台	台	
	82	车载电台出入库检测台	台	
	83	LBJ 测试仪	台	
	84	北斗/GPS 定位仪(手持、车载)	台	

冶金企业铁路通信维护规则

365

类别	序号	种　类	单位	数量
监测检测装置	85	车次号校核机车设备测试仪	台	
	86	车次号校核车站设备测试仪	台	
	87	调监模拟器	台	
	88	数据采集编码器测试仪	台	
	89	调度命令测试仪	台	
	90	方位仪	台	
	91	望远镜	副	
	92	CIR 数据转储装置	台	
	93	超声波探伤仪	台	
	94	磁性覆盖厚度测量仪	台	
	95	混凝土回弹仪	台	
	96	混凝土碳化深度测试仪	台	
	97	裂缝宽度观测仪	台	

冶金企业铁路信号维护规则

目　　录

1 总 则

1.0.1 《冶金企业铁路信号维护规则》是冶金企业铁路信号设备维护的基本规章,是铁路信号设备维护应满足的技术标准,是维护及评定铁路信号设备质量的依据。

1.0.2 铁路信号设备维护除应符合本标准要求外,还应符合现行有关标准的规定。

1.0.3 本标准适用于冶金企业铁路信号设备的维护工作。

1.0.4 运用中的信号设备,除必须达到本标准所规定的各单项标准外,还应满足总则中有关的要求。

1.0.5 信号设备所使用的器材、材料和配件,必须符合国家标准或行业标准。不得随意变更设备结构,确需变更,必须经设备管理部门批准。

1.0.6 纳入国家强制性产品认证管理、生产许可证管理的铁路信号产品,依法取得认证后,方可使用。严禁使用非标产品。

1.0.7 信号设备的联锁关系,必须与联锁图表一致;各种监测、监控、采样、报警电路等必须与联锁电路安全隔离,不得影响设备的正常使用。未经批准,不得随意借用联锁条件。

1.0.8 所有信号设备的安装,均需符合专业部门或人员确认的安装标准图和设计图的要求。

1.0.9 各种信号设备的供电等级应符合下列要求。

(1)自动闭塞、调度集中、列车调度指挥系统、集中联锁、列车运行控制系统、驼峰信号、调车区集中联锁,以及机车信号测试环线设备均属一级负荷,应有两路独立电源供电,保证不间断供电。

(2)道口信号设备、非自动闭塞区段的中、小站集中联锁、色灯电锁器联锁设备,道岔融雪设备以及为信号设备配置的空调属二级负荷,至少应有一路可靠电源供电。

1.0.10 信号设备除车辆减速器、限界检查器、脱轨器以及车轮传感器外,任何机件的任何部分均不得侵入表 1-1 规定的建筑接近限界,曲线上高度在 1 100 mm、3 000 mm 的信号设备建筑接近限界的加宽数值(见表 1-2、表 1-3)。

曲线上建筑接近限界加宽计算方法:

曲线内侧加宽(mm):

$$W_1 = \frac{40\ 500}{R} + \frac{H}{1\ 500} \times h$$

曲线外侧加宽(mm):

$$W_2 = \frac{44\ 000}{R}$$

曲线内外侧加宽共计(mm):

$$W = W_1 + W_2 = \frac{84\ 500}{R} + \frac{H}{1\ 500} \times h$$

式中　R——曲线半径(m);

　　　H——计算点自轨面算起的高度(mm);

　　　h——外轨超高(mm)。

表 1-1

设备名称或距轨面距离(mm)			设备凸出边缘距邻近线路轨道中心的距离(mm) $v<200$ km/h	说　明
信号机距邻近正线、通行超限货物列车站线			2 440	1. 凸出边缘包含高柱信号机构; 2. 矮型信号机(含表示器)应分别测量线路两侧机构; 3. 电气化区段通过信号机机构改装在所属线路侧
信号机距邻近站线			2 150	
继电器、变压器箱、盒及表示器等	1 100 以上	距邻近正线、通行超限货物列车站线	2 440	
		距邻近站线	2 150	
	350~1 100(含 1 100)		1 875	
	200~350(含 350)		1 725	
	25~200(含 200)		1 500	
	25 以下		1 400	

表 1-2

曲线半径 (m)	外轨超高 (mm)	无外轨超高的曲线内侧加宽 (mm)	曲线内侧加宽		曲线外侧加宽	
			H 采用 1 100 mm	H 采用 3 000 mm	H 采用 1 100 mm	H 采用 3 000 mm
4 000	25	11	28	60	11	11
3 000	35	14	39	84	15	15
2 500	45	16	49	106	18	18
2 000	55	20	61	130	22	22
1 800	60	23	66	143	24	24
1 500	75	27	82	177	29	29
1 200	90	34	100	214	37	37
1 000	110	41	121	261	44	44
800	135	51	150	321	55	55
700	150	58	168	358	63	63
600	150	68	178	368	73	73
550	150	74	184	374	80	80
500	150	81	191	381	88	88
450	150	90	200	390	98	98
400	150	101	211	401	110	110
350	150	116	226	416	126	126
300	150	135	245	435	147	147
250	150	162	272	462	176	176

表 1-3

曲线半径 (m)	外轨超高 (mm)	无外轨超高的曲线内侧加宽 (mm)	曲线内侧加宽		曲线外侧加宽	
			H 采用 1 100 mm	H 采用 3 000 mm	H 采用 1 100 mm	H 采用 3 000 mm
4 000	25	11	28	60	11	11
3 000	35	14	39	84	15	15
2 500	45	16	49	106	18	18
2 000	55	20	61	130	22	22
1 800	60	23	66	143	24	24
1 500	75	27	82	177	29	29

双　线（表 1-2 标题栏）

单　线（表 1-3 标题栏）

单 线						
曲线半径 （m）	外轨超高 （mm）	无外轨超高的 曲线内侧加宽 （mm）	曲线内侧加宽		曲线外侧加宽	
			H 采用 1 100 mm	H 采用 3 000 mm	H 采用 1 100 mm	H 采用 3 000 mm
1 200	90	34	100	214	37	37
1 000	110	41	121	261	44	44
800	125	51	142	301	55	55
700	125	58	150	308	63	63
600	125	68	159	318	73	73
550	125	74	165	324	80	80
500	125	81	173	331	88	88
450	125	90	181	340	98	98
400	125	101	192	351	110	110
350	125	116	207	366	126	126
300	125	135	226	385	147	147
250	125	162	253	412	176	176

1.0.11 各种基础或支持物无影响强度的裂纹,安设稳固,其倾斜限度不得超过 10 mm,测量方法见图 1-1;高柱信号机机柱的倾斜限度不超过 36 mm,测量方法见图 1-2;在路基斜坡的基础或设备,易受洪水、台风侵袭、路基变形和不利于设备维护的处所,应采取加固等措施;各种室外设备及标志的周围应培土夯实或硬面化,尺寸应便于维修人员作业,保持平整、不积水,不影响道床排水。

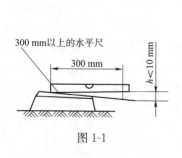

图 1-1

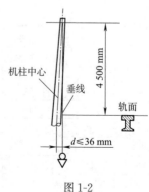

图 1-2

1.0.12 各种信号设备的安装、装配及机械部分,均应符合下列要求:

(1)材料、配件的规格、材质、强度应符合规定标准,安装牢固,零件齐全,无裂纹、破损,铆钉不活动,焊口无开焊。当机械性能达不到规定标准时,不得继续使用。

(2)螺丝不滑扣,螺母须拧固,螺杆应伸出螺母外,最少与螺母平,不锈蚀,弹簧垫圈等防松配件能起到应有的作用;开口销劈开角度应为60°～90°,两臂劈开角度应基本一致。

(3)机械活动部分动作灵活,互不卡阻,旷动量不超限,弹簧弹力要适当,并起到应有的作用。

(4)各种连接杆整体、局部锈蚀或磨耗,不得影响机械强度性能,锈蚀或磨耗减少量不得超过1/10。

(5)轴孔、销子孔、摩擦滑动面及调整用螺扣等,应保持清洁、油润(用铅粉作润滑者除外)、无锈。

(6)各种冷、热压零件及机件中的键不得活动和窜出。

1.0.13 各种信号设备的电气特性,除本标准另有规定外,均应符合下列要求:

(1)电气接点须清洁、压力适当、接触良好,接点片磨耗不得超过厚度的1/2;同类接点应同时接、断,定、反位接点不得同时接触,并保持规定的接点间隙。

(2)各种电气连接牢固,不锈蚀、接触良好,插接(含弹簧端子)元器件的接触部分不变形,作用良好。

(3)电容、二极管等分立电子元器件,其特性指标达不到标准时,不得继续使用。

(4)用500 V兆欧表测量电气器件的绝缘电阻不小于5 MΩ。

1.0.14 熔断器、断路器安装符合标准,安装牢固、接触良好,起到分级防护作用。容量须符合设计规定。无具体规定的情况下,其容量应为最大负荷电流的1.5～2倍。对具有冗余功能的熔断器,当主熔丝断丝时,应能可靠地自动转换到副熔丝,且发出报警信息。

1.0.15 各种表示灯或光带,应表示正确、亮度适当、易于辨别、互不窜光。

1.0.16 各种箱类、盒类、机构、表示盘以及控制台等设备,无裂纹,门、盖严密,孔堵塞(含未使用的电缆、引线孔),盘根作用良好,防尘,防潮,通风,防动物寄生,不进雨、雪,不积水,内部清洁。

1.0.17 室外箱、盒内装有继电器时,须采取防震措施;插接器材须采取防脱措施。

1.0.18 计算机系统及网络设备,应满足下列要求:

(1)冗余系统计算机应同步工作,转换可靠。各种监视(测)报警信息应表明原因。

(2)系统机柜、采集、驱动等面板上的指示工作状态表示与采集、控制对象的实际状态一一对应,与控制操作人员发出的控制命令一致。在正常状态下,表示灯的亮、灭或闪烁应符合标准,故障时应有相应的报警。

(3)显示设备、表示灯,避免强光直射,应表示正确、色彩分明、显示清晰、亮度稳定、不失真、易于辨别、字幕滚动正常,无扭曲现象,分辨率符合系统要求。

(4)主机、显示器、键盘、鼠标、打印机、路由器、交换机、UPS、机柜、机箱等设备应清洁,防尘良好;各部螺丝紧固,插头、插座及板块连接(插接)可靠,键盘按键作用良好,鼠标动作灵活。

(5)打印机传动部分不卡阻,内部无纸屑,不卡纸,打印字迹清楚。

(6)风扇运转正常,不卡阻,风力适当,无异常杂音;防尘网清洁良好。

(7)信息传输实时畅通,网络不堵塞,不丢包。

(8)UPS电源容量应符合设计标准,旁路性能及转换应良好,断电、过压、欠压等报警正常;UPS通电 30 s 后,方可加负载;在输入电源、旁路或电池供电之间任意切换,其转换时间均应小于 4 ms;输入电源在波动范围内变化时,输出电压变化在线性负载下小于等于 1‰;频率稳定度(50±0.5) Hz;电压波形失真度不大于 5‰;电池供电时间应满足设计要求,但最小容量应能满足计算机信息记录、储存、退出系统等有关运行所需的时间,不应少于 5 min。

(9)系统时钟准确,网络系统各节点时钟应统一。

(10)各种软件正确、工作正常;网络安全软件应及时升级。

(11)网络防火墙、入侵检测、防病毒、漏洞评估等运用良好。终端光驱、软驱应采用物理方式断开,屏蔽 USB 接口。

1.0.19 设有加锁、加封装置的信号设备,均应加锁、加封或装设计数器。

1.0.20 各种信号设备在下列环境条件下应能可靠工作:

(1)环境温度:

室外:$-40\sim+70$ ℃。

室内:$-5\sim+40$ ℃;计算机及微电子系统:$5\sim+40$ ℃。

(2)相对湿度:不大于 90%(25 ℃);

(3)大气压力:不低于 70 kPa(相当于海拔高度 3 000 m 以下);

(4)周围介质中无导电性尘埃,无腐蚀金属、破坏绝缘和引起爆炸危险的有害气体。

1.0.21 信号机械室(计算机机房)、电源室以及设备应满足下列要求:

(1)具有良好的密封、防火、防尘、防水、系统防雷、防静电、防鼠害、防虫害等安全措施。

(2)安装有计算机、自动闭塞、列控设备、电源屏等微电子设备的机房应有机房专用空调设施,并符合有关标准;零、地电位差(三相交流引入零线与综合地线或安全地线)应小于 1 V;温度、湿度、洁净度、新风量应满足计算机设备工作的要求。

(3)机柜(架)、控制台、表示盘等固定良好、安装牢固、不倾斜,并有防震措施;同一排机柜(架)平直,且连接牢固;室内及设备应清洁。

(4)室内设备布置须满足:

①机柜(架)排与排的净间距$\geqslant$1 m。

②机柜(架)、控制台与墙的净间距:

主通道$\geqslant$1.2 m;

次通道及尽端柜(架)$\geqslant$1 m。

③电源屏排与排或电源屏与机柜(架)的净间距$\geqslant$1.5 m,电源屏与墙的净间距$\geqslant$1.2 m。

1.0.22 信号器材在电路中,其可靠动作的电压(电流)应满足器材额定值或大于工作值的要求;其可靠落下的电压(电流)应小于释放值或落下门限值的要求。

1.0.23 本标准未列的信号设备,依据国家、行业或设备管理部门制定的技术标准执行。

2 地面信号机及信号标志

2.1 通 则

2.1.1 信号机(含信号表示器,下同)的设置位置和显示方向,应使接近的列车或车列容易辨认信号显示,并不致被误认为是邻线的信号机。

信号机的显示,均应使其达到最远。曲线上的信号机,应使接近的列车尽量不间断地看到显示(因地形地物限制的除外)。

2.1.2 各种信号机在正常情况下的显示距离。

(1)进站、通过、遮断及防护信号机,不得小于 500 m;

(2)出站、进路、预告、驼峰、驼峰辅助、翻车机信号机,不得小于 400 m;

(3)调车、矮型出站、矮型进路、复示信号机,容许、引导信号及各种表示器,不得小于 200 m;

在地形、地物影响视线的地方,进站、通过、预告、遮断、防护信号机的显示距离,在困难条件下,不得小于 200 m。

2.1.3 非自动闭塞区段,进站信号机为色灯信号机时,应设色灯预告信号机或接近信号机。

2.1.4 双线自动闭塞区段,有反方向运行时,出站信号机仅装设反向的进路表示器,并纳入联锁。

2.1.5 遮断信号机距防护地点不应小于 50 m。

2.2 色灯信号机

2.2.1 信号机的安设应符合下列要求。

(1)水泥信号机柱不得有裂通圆周的裂纹,裂纹超过半周的应采取加固措施;纵向裂纹,钢筋不得外露。机柱顶端须封闭,不进雨雪。

(2)水泥信号机柱的埋设深度为柱长的 20%,但不得大于 2 m。卡盘的埋深应符合安装标准和设计要求。机柱周围应夯实。

(3)设在路堤边坡的信号机,如有影响信号机稳固的因素时,应以砌石或围桩加固。当用片石、水泥砂浆砌围时,砌围边缘距信号机柱边缘不小于 800 mm。

(4)信号机梯子中心线与机柱中心线应一致,梯子无过甚弯曲,支架应水平安装。

2.2.2 同一机柱上的色灯信号机构,其安装位置应保证各灯显示方向一致;两个同色灯光的颜色应一致。

2.2.3 信号机构的灯室之间不应窜光,并不应因外光反射而造成错误显示。

2.2.4 信号机构的光源应正确调整在透镜组的焦点上。

2.2.5 机构门应密封良好,且开启灵活。

2.2.6 机构的各种透镜、偏散镜不得有裂纹和影响显示的剥落。

2.2.7 色灯信号机灯泡的端子电压为额定值的 85%～95%(调车信号为 75%～95%,容许信号为 65%～85%)。

2.2.8 双丝灯泡的自动转换装置,当主丝断丝后,应能自动转至副丝,有断丝报警功能的,应报警。

2.2.9 信号机灯泡主灯丝断丝后应及时更换。

2.3 信号灯泡

2.3.1 信号灯泡的光电参数和最低寿命应符合表 2-1 的要求。

表 2-1

灯泡型号	额定电压(V)	功率(W)		光通量(lx)			最低寿命(h)	备注
		额定值	最大值	平均值	最小值	寿终值		
TX$\frac{12-25}{12-25}$	12	25	27.5	285	242	218	$\frac{2\,000}{200}$	
LTX$\frac{12-25}{12-25}$	12	25	27.5	400	340	306	$\frac{3\,000}{200}$	
TX$\frac{12-30}{12-30}$	12	30	33	400	340	306	$\frac{2\,000}{200}$	用于弯道信号机
LTX$\frac{12-30}{12-30}$	12	30	33	480	408	367	$\frac{3\,000}{200}$	

2.3.2 信号灯泡符合下列要求时,方准使用。

(1)检验灯丝达到标准;

(2)在额定电压和额定功率条件下,主灯丝经过 2 h,副灯丝经过 1 h的点灯试验良好。

2.3.3 发现色灯信号机灯泡有下列任一情况时,不准使用:

(1)主、副灯丝同时点亮,或其中一根灯丝断丝;

(2)灯泡漏气、冒白烟、内部变黑；

(3)灯口歪斜、活动或焊口假焊。

2.3.4 信号灯泡还应满足下列要求。

(1)灯泡主灯丝和副灯丝呈直线且平行,主灯丝在下,副灯丝在上;

(2)灯头两顶锡高度一致,并应饱满光洁。

2.3.5 为不影响信号灯泡的点灯寿命,信号灯泡不宜长时间储存,储存期不宜超过 2 年。

2.4 信号点灯单元

2.4.1 DDX 型信号点灯单元。

(1)信号点灯单元主要由变压器和交流灯丝继电器组成。

(2)技术指标应符合下列要求:

①主要型号信号点灯单元整体性能应符合表 2-2 的要求。

表 2-2

型　　号	容量 (V・A)	一次线圈		二次线圈		端子之间、端子与地的绝缘电阻
		额定电压 (V)	空载电流 (mA)	二次电压 (V)	二次电流 (A)	
DDX-T1	34	180、220	≤11	13、14、16	2.1	≥100 MΩ
DDX1-34						
DDX1-4						
DDX1-R34						
DDX-2						
DDX2-34						
DDX2-34C						
DDX2-34D						

②变压器空载时,其二次端子电压的误差不应大于规定值的±5%;满载时其二次端子电压不应小于规定值的 85%,变压器满载功率大于 85%。

③继电器的工作值不应大于交流 1.5 A,释放值不应小于交流 0.35 A。

④主灯丝断丝时,点灯单元应能自动转至副灯丝,转换时间不应大于 0.1 s。

⑤在点灯电路中,点灯单元的继电器线圈有效压降不应大于 1.2 V,主、副灯丝点灯的电压差值不应大于 1.1 V。

(3)点灯单元继电器无故障转换次数不应少于 50 万次。

2.4.2 信号点灯单元主灯丝采集装置应具有主灯丝断丝定位报警功能,并符合下列要求。

(1)采集装置应与点灯电路隔离,并不应从点灯电路中取电,不得影响点灯电路工作。

(2)单个采集装置故障时不影响其他采集装置正常工作。

(3)采集装置应与点灯单元分开单独设置。

(4)应满足微机监测系统通信的标准接口要求,灯丝断丝报警延时不大于 5 s。

(5)使用寿命应不低于 10 年。

2.5 信号标志

2.5.1 共同要求:

(1)轨道电路调谐区标志、四显示机车信号接通标、四显示机车信号断开标、级间转换标等信号标志,应设在其内侧距线路中心不少于 3.1 m 处,标牌面与线路垂直。

(2)四显示机车信号接通标、四显示机车信号断开标、级间转换标等应设在列车运行方向左侧。

(3)各种信号标志达不到使用要求的应予更换。

2.5.2 轨道电路调谐区标志应设于无绝缘移频轨道电路调谐区的起点处。

(1)设置位置

①轨道电路调谐区标志 ZPW-2000A 型设置在调谐区外方,距调谐单元中心 1 000~1 200 mm 的位置;ZPW-2000R 型设置在匹配单元和调谐单元之间,距调谐单元中心为(1 000±100) mm 的位置。

②在复线信号点处,轨道电路调谐区标志安装在列车反向运行线路的右侧;单线区段反向无信号机时设在线路左侧。ZPW-2000A 型如图 2-1 所示,ZPW-2000R 型如图 2-2 所示,虚线为单线区段设置的位置。

③在单线分割点处,两个轨道电路调谐区标志分别设在线路的左侧;在复线分割点处,两个轨道电路调谐区标志正方向运行设在线路左侧,列车反向运行设在线路的右侧。ZPW-2000A 型如图 2-3 所示,ZPW-2000R 型如图 2-4 所示。

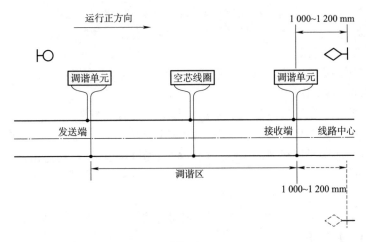

图 2-1

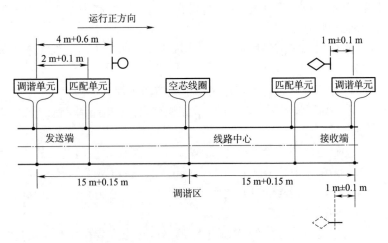

图 2-2

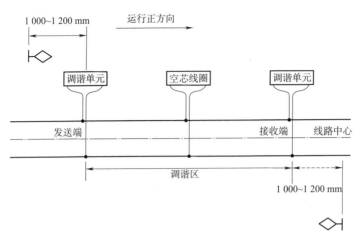

图 2-3

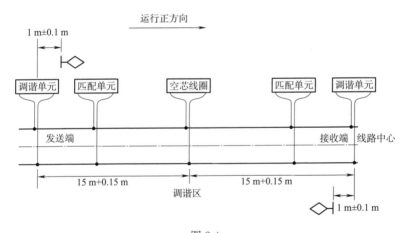

图 2-4

（2）设置种类

　　①Ⅰ型为反方向区间停车位置标。

　　②Ⅱ型为反方向行车困难区段的容许信号标。

　　③Ⅲ型用于反方向运行合并轨道区段之间的调谐区或因轨道
　　　电路超过允许长度而设立分隔点的调谐区。

2.5.3　四显示机车信号接通标，在由非四显示自动闭塞区段进入四显示自动闭塞区段的入口处应设四显示机车信号接通标;半自动闭塞或自动站间闭塞区段,当进站设置两个接近区段时,在第一接近区段入口内 100 m 处应设机车信号接通标。

2.5.4 四显示机车信号断开标,设于四显示自动闭塞区段的出口处。

2.5.5 级间转换标,在 CTCS-0 级/CTCS-2 级转换边界一定距离前方的级间转换应答器组对应的线路左侧设级间转换标志。

3 道岔转换与锁闭设备

3.1 通 则

3.1.1 联锁道岔转换与锁闭设备应保证道岔的正常转换、可靠锁闭和正确表示。

3.1.2 联锁道岔转换设备的安装应方正,并符合下列要求。

(1)道岔转换设备应与单开道岔直股基本轨或直股延长线、双开对称道岔股道中心线相平行。各种类型转辙机及转换锁闭器外壳所属线路侧面的两端与基本轨或中心线垂直距离的偏差:内锁闭道岔不大于 10 mm;外锁闭道岔不大于 5 mm。

(2)各种类型的道岔杆件均应与单开道岔直股基本轨或直股延长线、双开对称道岔股道中心线相垂直。各杆件的两端与基本轨或中心线的垂直偏差:内锁闭道岔的密贴调整杆、表示杆、尖端杆不应大于 20 mm;分动外锁闭道岔各牵引点的锁闭杆、表示杆不应大于 10 mm。

(3)道岔的密贴调整杆、表示杆、尖端杆、拉杆及外锁闭装置的锁闭杆、表示杆,其水平方向的两端高低偏差不应大于 5 mm(以两基本轨工作面为基准)。

(4)连接轨枕的托板与两基本轨轨顶面的延长线平行,托板两端及两托板的高低偏差不应大于 5 mm。

(5)道岔转换设备的锁闭及安装装置必须有足够的强度和刚度。安装装置宜有减震措施并采用防松螺栓、螺母;60 kg/m 及其以上钢轨的道岔采用角钢安装时,其转辙设备安装装置应采用 125 mm×80 mm×12 mm 的角钢。

3.1.3 密贴调整杆、各种动作拉杆及表示连接杆的螺纹牙形均应符合标准,且具有足够的强度。密贴调整杆的螺母应有防松措施。

3.1.4 严禁采用焊接工艺接长各种道岔杆件和安装角钢等。带有弯度的杆件,其弯角不大于 30°,弯高不大于 100 mm(见图 3-1)。

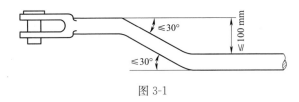

图 3-1

3.1.5 道岔转换设备的各种杆件及导管等螺纹部分的内、外调整余量不应小于 10 mm。表示杆的销孔旷量应不大于 0.5 mm;其余部位的销孔旷量应不大于 1 mm。

3.1.6 密贴调整杆动作时,其空动距离应在 5 mm 以上。

3.1.7 穿越轨底的各种杆件,距轨底的净距离应大于 10 mm。

3.1.8 多点(两点及以上)牵引的道岔,应采用多机牵引方式。单开可动心轨道岔,应采用外锁闭转换装置。

3.1.9 挤岔时,道岔转换设备(快速转辙机除外)应可靠断开道岔表示。

3.1.10 多机牵引道岔使用的不同动程的转辙机,应满足道岔平稳动作、同步转换的要求。

3.1.11 凡用于正线道岔尖轨、心轨第一牵引点的转辙机,表示杆必须具备锁闭功能。

3.1.12 采用电动转辙机牵引的道岔,道岔尖轨与基本轨、心轨与翼轨应密贴。牵引点(分动外锁闭的锁闭杆处,联动尖轨牵引点尖轨连接杆处)及密贴检查位置处,尖轨与基本轨、心轨与翼轨在下列情况下应满足的要求。

单点牵引道岔牵引点及多点牵引道岔第一牵引点中心线处密贴尖轨(心轨)与基本轨(翼轨)间有 4 mm 及以上水平间隙时,其余密贴段牵引点中心线处有 6 mm 及以上水平间隙时,不应锁闭或接通表示。

3.1.13 道岔尖轨(心轨)与基本轨(翼轨)的密贴力应符合下列要求。

(1)内锁闭道岔第一牵引点应满足"2 mm 锁闭",尖轨与基本轨密贴力相当于 1 000 N;

（2）外锁闭道岔在密贴状态下,第一牵引点尖轨(心轨)与基本轨(翼轨)的缝隙应不大于 1 mm。

3.1.14 用于道岔表示系统的密贴检查装置,第一牵引点处尖轨与基本轨、心轨与翼轨密贴有 4 mm 及以上间隙时,不得接通道岔表示。

3.1.15 附有绝缘的密贴调整杆、尖端杆、角形铁、角钢、分动道岔中的锁闭杆和带绝缘的销孔等,绝缘应装设完整、性能良好。

3.1.16 道岔表示电路中应采用反向电压不小于 500 V,正向电流不小于 300 mA 带冗余措施的整流元件;三相交流转辙机表示电路中应采用反向电压不小于 500 V,正向电流不小于 1 A 带冗余措施的整流元件。

3.1.17 各种类型的转辙机、转换锁闭器或道岔表示及密贴检查装置应符合下列要求。

（1）能可靠地转换道岔。在尖轨与基本轨密贴后,将道岔锁闭在规定位置,并给出道岔位置的表示。

（2）正常转换道岔时,挤切销、挤脱器或保持联结装置应保证不发生挤切或挤脱。当道岔被挤时,同一组道岔上的转辙机(采用不可挤型转辙机时除外)或转换锁闭器、密贴检查装置的表示接点必须断开。

（3）安全接点应接触良好。在插入手摇把或钥匙时,安全接点应可靠断开,非经人工恢复不得接通电路。

（4）齿轮装置的各齿轮啮合良好,传动不磨卡,无过大噪声。

（5）整机密封性能良好,能有效防水、防尘。手摇把孔和钥匙孔处不漏水,不进尘土,机内无积水、无粉尘及杂物。各种零部件无锈蚀。

（6）机内配线的接线片和接线端子的螺母无松脱、虚接和滑扣现象。配线的绝缘层无损伤。

3.1.18 道岔工、电结合部应满足下列要求。

（1）道岔各部框架轨距、牵引点处开程、锁闭量应符合标准。

（2）尖轨、心轨、基本轨的爬行、窜动量不得超过 20 mm,限位铁两边应有间隙,尖轨、心轨、基本轨爬行、窜动不得影响道岔方正,造成杆件别劲、磨卡及外锁闭的锁闭框调整孔无调整间隙。

(3)道岔的转换阻力不得大于电动转辙机的牵引力,转辙机的牵引力应符合规定标准。

(4)尖轨、心轨无影响道岔转换、密贴的翘头、拱曲、侧弯、肥边和反弹,甩开转换道岔杆件,人工拨动尖轨、心轨,刨切部分应与基本轨、翼轨密贴。心轨、尖轨尖端至第一牵引点范围内其缝隙不应大于 0.5 mm,其余部位不应大于 1 mm。

(5)尖轨、心轨顶铁与轨腰的间隙均应不大于 1 mm,且间隙均匀。

(6)道岔转辙部位的轨枕间距符合标准,窜动不得造成杆件别劲、磨卡,影响道岔方正和道岔的正常转换。

(7)道岔转换时基本轨横移不得导致道岔的 4 mm 锁闭。道岔尖轨防跳限位器、各部轨距调整块作用良好,不得影响道岔正常转换,斥离轨游离不得造成道岔静态失去表示。

(8)尖轨、心轨底部与滑床台、辊轮间隙符合要求。

(9)滑床板无影响道岔转换的脱焊、断裂、塌陷、凹槽、侧斜等。

3.2 ZD6 系列电动转辙机

3.2.1 电动转辙机的主要技术特性应符合表 3-1 的要求。

表 3-1

型 号	额定电压DC(V)	额定转换力(N)	动作杆动程(mm)	表示杆动程(mm)	转换时间(s)	工作电流(A)	动作杆主、副销抗剪切力(N)	表示杆销的抗剪切力(N)	备 注
ZD6-A165/250	160	2 450	165^{+2}_{0}	135~185	≤3.8	≤2.0	主销 29 420±1 961 副销 29 420±1 961	—	采用主、副杆同时与接头铁联接,双杆同时承担作用力的加强表示杆
ZD6-D165/350	160	3 430	165^{+2}_{0}	135~185	≤5.5	≤2.0	主销 29 420±1 961 副销 29 420±1 961	14 700~17 600	
ZD6-E190/600	160	5 881	190^{+2}_{0}	140~190	≤9	≤2.0	主销 49 033±3 266 副销>88 254	设固定检查缺口≥20 000	
ZD6-F130/450	160	4 410	130^{+2}_{0}	80~130	≤6.5	≤2.0	主销 29 420±1 961 副销 49 033±3 266	14 700~17 600	

型 号	额定电压DC(V)	额定转换力(N)	动作杆动程(mm)	表示杆动程(mm)	转换时间(s)	工作电流(A)	动作杆主、副销抗剪切力(N)	表示杆销的抗剪切力(N)	备 注
ZD6-G165/600	160	5 884	$165^{+2}_{\ 0}$	135～185	≤9	≤2.0	主销 29 420±1 961副销 49 033±3 266	14 700～17 600	采用主、副杆同时与接头铁联接,双杆同时承担作用力的加强表示杆
ZD6-H165/350	160	3 430	$165^{+2}_{\ 0}$	80～185	≤5.5	≤2.0	主销 29 420±1 961副销 29 420±1 961	—	
ZD6-J165/600	160	5 884	$165^{+2}_{\ 0}$	50～130	≤9	≤2.0	主销 29 420±1 961副销 29 420±1 961	—	
ZD-K190/350	160	3 430	$190^{+2}_{\ 0}$	80～130	≤7.5	≤2.0	主销 29 420±1 961副销 49 033±3 266	—	

注:用于多机牵引,包括第二及其以后各点的转辙机,应具备挤岔保护功能。

3.2.2 减速器应满足下列要求:

(1)减速器的输入轴及输出轴在减速器中的轴向窜动量不应大于1.5 mm,动作灵活,通电转动时声音正常,无异常噪声。

(2)减速器内的润滑脂应满足使用环境的要求。

3.2.3 摩擦联结器应满足下列要求:

(1)道岔在正常转动时,摩擦联结器不空转;道岔转换终了时,电动机应稍有空转;道岔尖轨因故不能转换到位时,摩擦联结器应空转。

(2)在规定摩擦电流条件下,摩擦联结器弹簧有效圈的相邻圈最小间隙不小于1.5 mm;弹簧不得与夹板圆弧部分触碰。

(3)摩擦带与内齿轮伸出部分,应经常保持清洁,不得锈蚀或沾油。

3.2.4 自动开闭器应符合下列要求:

(1)接点座不松动,绝缘座安装牢固、完整、无裂纹;静接点片须长短一致,左右接点片对称,接点片不弯曲,不扭斜,辅助片(补强片)作用良好。接点片及辅助片(补强片)均应采用铍青铜材质。

(2)动接点在静接点片内的接触深度不小于4 mm,用手扳动动接点,其摆动量不大于3.5 mm;动接点与静接点座间隙不小于3 mm;接点接触压力不小于4.0 N;动接点组打入静接点组内,动接点环不低于静接点片,同时静接点片下边不应与动接点绝缘体接触;速动爪落下前,动接点在静接点内有窜动时,应保证接点接触深度不少于 2 mm。

(3)速动爪与速动片的间隙在解锁时不小于 0.2 mm,锁闭时为 1～3 mm (见图 3-2)。

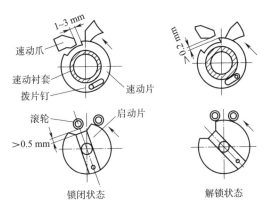

图 3-2

(4)速动片的轴向窜动,应保证速动爪滚轮与滑面的接触不少于 2 mm; 转辙机在转动中速动片不得提前转动。

(5)速动爪的滚轮在传动中应在速动片上滚动,落下后不得与启动片缺口底部相碰。

(6)在动作杆、表示杆正常伸出或拉入过程中,拉簧的弹力适当,作用良好,保证动接点迅速转接,并带动检查柱上升和下落。

(7)左、右拐轴与左、右支架应采用花键连接,拐轴与接点座的配合处应采用复合衬套等滑动轴承以保证转动灵活。

3.2.5 动作杆应符合下列要求:

(1)动作杆不得有损伤。

(2)动作杆与齿条块的轴向移位量和圆周方向的转动量均不大于 0.5 mm。

(3)齿条内各部件和联结部分须油润,各孔内不得有铁屑及杂物;挤切销固定在齿条块圆孔内的台上,不得顶住或压住动作杆。

(4)锁闭齿轮圆弧与动作齿条削尖齿圆弧应吻合,无明显磨耗,接触面不小于 50%,在动作齿条处于锁闭状态下,两圆弧面应保持同圆心。

3.2.6 检查块的上平面应低于表示杆或锁闭表示杆的上平面 0.2～0.8 mm;检查柱落入检查块缺口内,两侧间隙为(1.5±0.5) mm (ZD6-E 型机锁闭表示杆不设检查块,但仍设检查缺口;ZD6-J 型机表示杆检查块的检查缺口为单边检测,缺口间隙为尖轨与基本轨的间隙之和,不应大于 7 mm)(见图 3-3)。

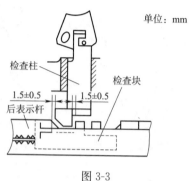

图 3-3

3.2.7 移位接触器应符合下列要求:

(1)当主销折断时,接点应可靠断开,切断道岔表示。

(2)顶杆与触头间隙为 1.5 mm 时,接点不应断开;用 2.5 mm 垫片试验或用备用销带动道岔(或推拉动作杆)试验时,接点应断开,非经人工恢复不得接通电路。其"复位按钮"在所加外力复位过程中不得引起接点簧片变形。

(3)安装挤切销防护装置的 ZD6 转辙机,顶杆与触头间隙为 1.3 mm 时,接点不应断开;用 2.1 mm 垫片时,接点应断开,非经人工恢复不得接通电路。

3.2.8 直流电动机应符合下列要求:

(1)电动机的线圈无混线,无断线,转子与磁极间不磨卡,转子的轴向游程不大于 0.5 mm。

(2)换向器表面光滑、干净,换向片间的绝缘物不得高出换向器的弧面。

(3)炭刷于刷握盒内上下不卡阻,四周无过量旷动,弹簧压力适当,炭刷与换向器呈同心弧面接触,接触面积不少于炭刷面的 3/4,工作时应无过大火花,炭刷长度不小于炭刷全长的 3/5。

3.2.9 直流电动机的电气参数应符合表 3-2 的要求。

表 3-2

项 目	型 号						
	DZG	DZ1-A	DZ1	ZDG-Ⅲ	DZB	ZDF-1	ZDF-2
额定电压(V)	DC 160						
额定电流(A)	≤2						
转速(r/min)	≥2 400						
额定转矩(N·m)	0.882 6 (0.09 kg·m)						
短时工作输出功率(V·A)	≥220				≥250		
单定子工作电阻(20 ℃)(Ω)	(2.65±0.14)×2			(2.85±0.14)×2			
刷间总电阻(20 ℃)(Ω)	5.1±0.245			4.9±0.245			
注:应在额定电压、额定转矩条件下测量电流、转速。							

3.2.10 转辙机内所使用的挤切销和连接销应符合表 3-3 的要求。

表 3-3

名 称		抗剪切力(N)	ZD6-A	ZD6-D	ZD6-E	ZD6-F	ZD6-G	ZD6-H	ZD6-J	ZD6-K
挤切销	3 t	29 420±1 961	主、副	主、副		主	主	主、副	主、副	主
连接销	5 t	49 033±3 266			主	副	副			副
	9 t	>88 254			副					
注:3 t 为有孔销,5 t 为无孔销,9 t 为椭圆销。										

3.2.11 转辙机摩擦电流应符合下列要求。

(1)正反向摩擦电流相差不应大于 0.3 A。

(2)ZD6-A、D、F、G、H、K 型转辙机单机使用时,摩擦电流为 2.3~2.9 A。

(3)ZD6-E 型和 ZD6-J 型转辙机双机配套使用时,单机摩擦电流为 2.0~2.5 A。

3.2.12 圆孔套与杆件的间隙不应大于 0.5 mm,方孔套与杆件的间隙不应大于 1 mm。

3.3 ZD(J)9 系列电动转辙机

3.3.1 ZDJ9 交流电动转辙机的主要技术特性应符合表 3-4 的要求。

表 3-4

型　　号	电源电压(AC 三相)(V)	动程(mm)	锁闭(表示)杆动程(mm)	额定转换力(kN)	工作电流不大于(A)	动作时间不大于(s)	单线电阻不大于(Ω)	挤脱力(kN)	适用道岔类型
ZDJ9-170/4k	380	170±2	152±4	4	2	5.8	54	28±2	尖轨动程152 mm 以下的道岔,双杆内锁,可挤
ZDJ9-A220/2.5k	380	220±2	160±4	2.5	2	5.8	54	—	分动外锁双机牵引第一牵引点,三机牵引第一点,心轨第一点。不可挤,双杆内锁
ZDJ9-B150/4.5k	380	150±2	75±4	4.5	2	5.8	54	28±2	分动外锁双机牵引第二牵引点,三机牵引第三点,心轨第二点。可挤,单杆内锁
ZDJ9-C220/2.5k	380	220±2	160±20	2.5	2	5.8	54	—	多机牵引道岔第一牵引点,不可挤,双杆内锁
ZDJ9-D150/4.5k	380	150±2	75±20	4.5	2	5.8	54	28±2	联动道岔第二牵引点,可挤,单杆内锁

注:应根据道岔类型选用锁闭(表示)杆。

3.3.2　交流电动机转子转动应自如,无磨卡;动作时无过大异常杂音。交流电动机的电气参数应符合表 3-5 的要求。

表 3-5

电源电压AC 三相(V)	单线电阻(Ω)	最小堵转转矩(N·m)	最大转矩(N·m)	额定转矩(N·m)	转速(r/min)	工作电流(A)
380	54	≥2.6	≥3.0	2.0	≥1330	≤1.5
380	0	—	—	2.0	—	≤2.1

3.3.3 ZD9 直流电动转辙机的主要技术特性应符合表 3-6 的要求。

表 3-6

型　　号	电源电压 DC(V)	动程 (mm)	锁闭 (表示) 杆动程 (mm)	额定转换力 (kN)	工作电流不大于(A)	动作时间不大于(s)	挤脱力 (kN)	适用道岔类型
ZD9-170/4k	160	170±2	152±4	4	2	8	28±2	尖轨动程在 152 mm 以下的道岔，双杆内锁，可挤
ZD9-A220/2.5k	160	220±2	160±4	2.5	2	8	—	分动外锁双机牵引第一牵引点，三机牵引第一牵引点，心轨第一牵引点。不可挤，双杆内锁
ZD9-B150/4.5k	160	150±2	75±4	4.5	2	8	28±2	分动外锁双机牵引第二牵引点，三机牵引第三牵引点，心轨第二牵引点。可挤，单杆内锁
ZD9-C220/2.5k	160	220±2	160±20	2.5	2	8	—	联动道岔第一牵引点，不可挤，双杆内锁
ZD9-D150/4.5k	160	150±2	75±20	4.5	2	8	28±2	联动道岔第二牵引点，可挤，单杆内锁

注：锁闭(表示)杆动程在用于不同的道岔时有所不同，应根据具体道岔来确定。

3.3.4 直流电机的电气参数应符合表 3-7 的要求。

表 3-7

额定电压(V)	额定电流(A)	额定转矩(N·m)	转速(r/min)	绝缘等级
160	≤2	2.0	≥980	F

3.3.5 转辙机在供给额定电源电压、输出额定转换力条件下，滚珠丝杠应转动灵活，回珠无卡阻，丝杠母两端密封应良好。

3.3.6 道岔在正常转动时，摩擦联结器不空转，摩擦联结作用良好；道岔尖轨因故不能转换到位时，摩擦联结器应空转。交、直流电动转辙机的摩擦转换力应调整至表 3-8 的要求，并应用锁紧片锁定，做红漆标记。直流电动转辙机的摩擦电流应符合表 3-9 的要求。

表 3-8

型　　号	摩擦转换力（kN）
ZD9-170/4k、ZDJ9-170/4k	6.0±0.6
ZD9-A220/2.5k、ZD9-C220/2.5k、ZDJ9-A220/2.5k、ZDJ9-C220/2.5k	3.8±0.4
ZD9-B150/4.5k、ZD9-D150/4.5k、ZDJ9-B150/4.5k、ZDJ9-D150/4.5k	6.8±0.7

表 3-9

型　　号	摩擦电流（A）
ZD9-170/4k	2.2～2.6
ZD9-A220/2.5k	1.9～2.3
ZD9-C220/2.5k	1.9～2.3
ZD9-B150/4.5k	2.2～2.6
ZD9-D150/4.5k	2.2～2.6

3.3.7 自动开闭器应符合下列要求：

（1）动接点不松动，绝缘座安装牢固、完整、无裂纹；静接点片须长短一致，左右接点片对称，接点片不弯曲，不扭斜，辅助片（补强片）作用良好。接点片及辅助片（补强片）均应采用铍青铜材质。

（2）动接点在接点片内的接触深度不小于 4 mm，用手扳动动接点，其摆动量不大于 3.5 mm；动接点与静接点座间隙不小于 3 mm；接点接触压力不小于 4.0 N；动接点组打入静接点组内，动接点环不低于静接点片，同时静接点片下边不应与动接点绝缘体接触；滚轮落下前，动接点在静接点内有窜动时，应保证接点接触深度不小于 2 mm。

（3）滚轮在动作板上应滚动灵活。当滚轮在动作板上滚动时，启动片尖端离开速动片上平面的间隙应为 0.3～0.8 mm。

（4）当转辙机转换终了时，启动片尖端离开速动片时，应快速切断动作接点。

（5）当锁闭杆从终端位往回移动，锁闭杆斜面与检查柱斜面接触后，锁闭杆再移动 12 mm 时（见图 3-4），表示接点组应可靠断开开关的常闭接点。

3.3.8 转辙机的检查（锁闭）柱与表示杆之间应符合下列要求：

检查（锁闭）柱的下平面在接点组动作位时，离杆上平面应不小于 1 mm，

在检查(锁闭)位时进入表示杆检查块缺口应不小于 6 mm,并不打底面
(见图 3-5)。当检查(锁闭)柱因故落在杆上平面时,动接点环的断电距离
应大于 2.5 mm。检查(锁闭)柱与表示杆检查块缺口之间间隙之和:B、
D、E 型机为 8 mm;其他型机为 4 mm。且锁闭柱与锁闭杆直缺口两侧的
间隙调整为(2±0.5) mm,检查柱与表示杆检查块缺口两侧的间隙调整
为(4±0.5) mm。

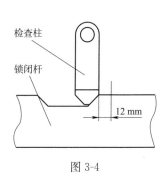

图 3-4

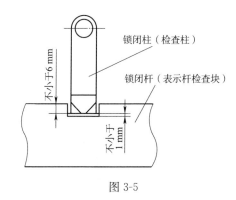

图 3-5

3.3.9 遮断器的常闭接点应接触良好,在插入手摇把时,常闭接点应能
可靠断开。手摇把取出后,非经人工恢复不得接通常闭接点。

3.3.10 挤脱器挤脱力应调整为(28±2)kN,并用红漆标记。挤岔时,表
示接点动接点环的断电距离应大于 1.5 mm。挤岔恢复后,应使调整螺母
恢复到原来位置。

3.3.11 转辙机内滚珠丝杠副、动作杆、表示杆、齿轮组、锁闭铁、推板等
均应保持润滑,润滑材料应采用 ZD9 规定的润滑脂。

3.3.12 动作杆与圆孔套、表示(锁闭)杆与方孔套的间隙不应大于
1 mm。

3.4 道岔融雪设备

3.4.1 道岔融雪设备由电气控制柜、隔离变压器、电加热元件、环境检测
装置、连接线缆等组成。融雪设备应具备手动和自动控制功能,可自动或
人工启动电加热融雪电路。

3.4.2 融雪设备一般采用电源设于室外的分散供电方式。融雪设备属
二级负荷,采用三相 TN-S(五线)供电系统时,电源电压为 AC 380 V,电

压波动范围为一20 %～+15 %；采用接触网单相供电时，电源电压为 AC 440 V(220 V×2)，电压波动范围为一24 %～+10 %。

3.4.3 融雪设备加热电路的启动应采用逐路接通方式。

3.4.4 室外设备安装及配置应符合下列要求：

(1)电加热元件应安装于基本轨(翼轨)的轨腰或底部、滑床板以及其他可利用位置，两根电加热元件间有不小于 20 mm 的间隙。

(2)钢轨温度传感器可在每咽喉区设一处或多处。

(3)控制柜至轨旁融雪装置采用电力电缆。

(4)道岔融雪设备部件应齐全、安装完整，连接和防护部件紧固无松动。防腐处理应良好，部件无破损。

(5)不得侵入铁路建筑限界。

(6)不得影响道岔和轨道电路正常工作。

3.4.5 控制柜应符合下列要求：

(1)柜门无挤压变形，密封良好，各种门锁把手齐全；各种面板及板件固定良好；指示灯、旋钮等齐全，作用良好；输入、输出电缆孔应密封良好。

(2)输入、输出电源正常；三相电源不缺相，应尽量均衡使用。

(3)浪涌防护元件良好，防护元件故障不得影响设备正常工作。

(4)防护地线接地电阻不应大于 4 Ω 或接入综合接地地线。

(5)交流接触器、断路器及漏电保护器电气特性：

    ①交流接触器额定工作电压 AC 220 V，触头额定通过电流不小于40 A，动作时间不大于 100 ms；

    ②断路器、漏电保护器宜采用 C 型保护特性。

(6)控制柜采集处理信息及要求。

    ①环境检测装置输入数字(模拟)信号；

    ②电压、电流、频率等模拟量测量误差不大于±1.5 %；

    ③各种模拟量、开关量检测周期小于 500 ms。

3.4.6 环境检测装置应符合下列要求：

(1)钢轨(滑床板)温度传感器和雪传感器应满足以下要求。

    ①温度测量范围：一50～+80 ℃；

    ②系统温度测量精度：一10～+10 ℃范围内不大于±0.5 ℃；其他温度范围不大于±1.0 ℃；

③信息输出:发送电平分挡可调;

④信号传输速率:不低于 2 400 bit/s;

⑤信息传输距离:不小于 1 200 m。

(2)传感器外壳应有良好的防护外界撞击能力。

(3)电路板、接线头处应进行密封处理,不渗水。

3.4.7 电加热元件应符合下列要求。

(1)电加热元件和钢轨、滑床板等接触面应为面接触。

(2)电加热元件特性指标。

①额定工作电压:AC 55 V、AC 110 V、AC 220 V;

②额定加热功率:200～600 W/m;

③电热转换效率不小于 96%;

④在正常的试验环境下用 500 V 兆欧表测试,电加热元件中心电热材料与金属外壳间绝缘电阻不应小于 25 MΩ。

(3)电加热元件引线端应满足下列要求。

①电加热元件的引线头和电加热元件间应进行隔热处理,引线端应密封,在长期振动下不渗水;

②电加热元件应耐冲击、耐腐蚀。

(4)电加热元件连接线及连接线套管应满足下列要求。

①连接线采用的导电线缆应有防腐密封绝缘护套,铜导线截面积不应低于 4 mm²;

②连接线应采用绝缘材料套管防护;

③连接线套管和电加热元件、接线盒的连接处应密封良好,不渗水。

(5)电加热元件寿命不应少于 10 年。

3.4.8 隔离变压器应符合下列要求:

(1)隔离变压器容量:2.5～15 kV·A 。

(2)隔离变压器(三相或单相)电压,一次侧线圈电压:AC 380 V/220 V,AC 440 V。二次侧线圈电压:AC 220 V。

(3)效率:不低于 90% 。

(4)瞬态特性:在额定电压和额定负载下,接通加热电路瞬间的冲击电流不应大于额定电流的 10 倍。

(5)平均无故障时间不应小于 1.5×10^5 h 。

4 轨 道 电 路

4.1 通 则

4.1.1 当轨道电路在规定范围内发送电压值最低、钢轨阻抗值最大、道床电阻值最小、轨道电路为极限长度和空闲的条件下,受电端的接收设备应可靠工作。

4.1.2 当轨道电路在规定范围内发送电压值最高、钢轨阻抗值最小、道床电阻值最大的条件下,用标准分路电阻线在轨道电路的任意处可靠分路(不含死区段),轨道电路应可靠表示轨道占用。

4.1.3 当轨道电路调整状态或分路状态在各自最不利条件时,轨道电路设备应能长期工作而不过载。

4.1.4 各种制式的轨道电路,在规定的技术能力范围内均应实现一次调整。

4.1.5 当发送电压、道床电阻为最小值,钢轨阻抗为最大值时,机车进入轨道电路入口端接收最小信号电流至出口端接收最大信号电流时,应保证机车信号可靠工作。

4.1.6 适用于电力牵引区段的轨道电路,应能防护连续或断续的不平衡牵引电流的干扰。当不平衡电流在规定值以下时,应保证调整状态时轨道继电器可靠吸起,分路状态时轨道继电器可靠落下。

4.1.7 开路式轨道电路,在发送电压最高、道床电阻最小的条件下,轨道电路空闲时,轨道继电器应可靠落下;用标准分路电阻线在轨面上短路时,轨道继电器应可靠吸起。

开路式轨道电路不宜单独使用,若使用时,应满足安全需要。

4.1.8 轨道电路钢轨绝缘的设置应符合下列要求。

(1)在道岔区段,设于警冲标内方与警冲标相关的用于分割轨道区段的钢轨绝缘,除双动道岔渡线上的绝缘外,其安装位置距警冲标不得小于 3.5 m(见图 4-1);当不得已必须装于警冲标内方且距警冲标的距离小于上述数值,以及与警冲标并置或设于警冲标外方时,应按侵入限界考虑。

(2)轨道电路的两钢轨绝缘应设在同一坐标处,当不能设在同一坐标时,其错开的距离(死区段)不应大于 2.5 m(见图 4-2)。对旧结构道岔,道岔内的死区段不大于 5 m。

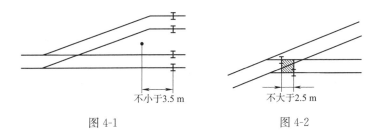

图 4-1   图 4-2

(3)两相邻死区段间的间隔如图 4-3 所示,或与死区段相邻的轨道电路的间隔如图 4-4 所示,一般不小于 18 m;当死区段的长度小于 2.1 m 时,其与相邻死区段间的间隔或与相邻轨道电路的间隔允许 15～18 m。

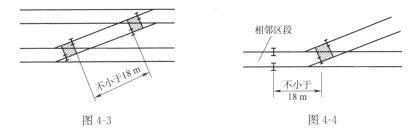

图 4-3   图 4-4

(4)设于信号机处的钢轨绝缘,应与信号机坐标相同,当不能设在同一坐标处时,应符合下列要求。

    ①进站、接车进路信号机和自动闭塞区间并置的通过信号机处,钢轨绝缘可设在信号机前方 1 m 或后方 1 m 的范围内;

    ②出站(包括出站兼调车)或发车进路信号机、自动闭塞区间单置的通过信号机处,既有钢轨绝缘可设在既有信号机前方 1 m 或后方 6.5 m 的范围内(见图 4-5 和图 4-6),但新设钢轨绝缘或信号机时,钢轨绝缘距信号机的距离不宜大于 1 m;

图 4-5   图 4-6

③调车信号机处,钢轨绝缘可设在信号机前方或后方各 1 m 的范围内,当该信号机设在到发线时,按本款第②项规定处理。

(5)集中联锁车站的牵出线、出库线、专用线或其他用途的尽头线入口处的调车信号机前方,应设轨道电路,其长度不得小于 25 m。与专用铁路接轨的入口处的信号机为调车信号机时,其外方的轨道区段的长度不宜小于 400 m。

(6)安全线或避难线纳入集中联锁时,其所在区段的钢轨绝缘应设在安全线或避难线的末端。

(7)非自动闭塞区段的集中联锁车站,进站预告信号机处的钢轨绝缘,宜安装在预告信号机前方不小于 100 m 处。

(8)异型钢轨接头处,不得安装钢轨绝缘。

(9)在平交道口处的钢轨绝缘,原则上应安装在公路路面两侧外不小于 2 m 处。桥梁(隧道)护轮轨两端应安装钢轨绝缘,护轮轨超过 200 m时,每根护轮轨间隔 200 m 增加 1 组钢轨绝缘。

4.1.9 轨道电路内的各种绝缘装置,均须保持绝缘良好。邻接轨道电路间钢轨绝缘破损时,轨道接收设备不应受邻接轨道电路电流影响而误动或有符合设计要求的防护措施,电码化轨道区段应采取串码防护措施。

4.1.10 钢轨绝缘应做到钢轨、槽形绝缘、钢轨连接夹板(鱼尾板)相吻合,轨端绝缘安装应与钢轨接头保持平直。

4.1.11 装有钢轨绝缘处的轨缝应保持在 6~10 mm,两钢轨头部应在同一平面,高低相差不大于 2 mm;在钢轨绝缘处的轨枕应保持坚固,道床捣固良好。

4.1.12 在轨道电路区段内的道床,应保持清洁及排水良好。道碴面与钢轨底面的距离应保持在 30 mm 以上。

4.1.13 道岔区段的轨道电路应符合下列要求。

(1)轨道电路的道岔跳线应采用双跳线。

(2)与到发线相衔接的道岔轨道电路的分支末端,应设接收端。

(3)所有列车进路上的道岔区段,其分支长度超过 65 m 时(自并联起点道岔的叉心算起),在该分支末端应设接收端。

(4)个别分支长度小于 65 m、分路不良、危及行车安全的分支线末端,亦应增设接收端。

(5)一送多受轨道电路,同一道岔区段最多不应超过 3 个接收端(单动道岔不超过 3 组,复式交分道岔不超过 2 组)。

4.1.14 轨道电路的钢轨接续线应满足下列要求:

(1)塞钉式接续线须采用 $\phi 5$ mm 镀锌铁线 2 根,铁线应无影响强度的伤痕,焊接牢固;塞钉式接续线的塞钉打入深度最少与轨腰平,露出不超过 5 mm,塞钉与塞钉孔要全面紧密接触,并涂漆封闭;保持线条密贴钢轨连接夹板(鱼尾板),达到平、紧、直。

(2)焊接式接续线须采用截面积不小于 25 mm² (非电气化区段)的多股镀锌钢绞线;焊接线焊在钢轨两端,两焊点中心距离应在 70~150 mm 范围内,焊接接头的上端端头应低于新钢轨轨面 11 mm,与钢轨连接夹板固定螺母竖向中心线的间距不得小于 10 mm;焊接接头外观应光滑饱满、焊接牢固,焊位正确,导线无损伤,无漏焊、假焊;焊接线焊后须涂防锈涂料;焊接线应油润无锈,断根不得超过 1/5。

4.1.15 轨道电路的道岔跳线和钢轨引接线应符合下列要求:

(1)道岔跳线和钢轨引接线须采用截面积不小于 15 mm² (非电气化区段,$\phi 1.0$ mm×19)或截面积不小于 42 mm² (电气化区段,$\phi 1.2$ mm ×37)的多股镀锌钢绞线。道岔跳线应按规定位置安装,跳线敷设应平直。

(2)钢轨引接线塞钉孔距钢轨连接夹板边缘应为 100 mm 左右。引接线与变压器箱、电缆盒连接时,应将螺母拧紧,不得有松动现象。绝缘片、绝缘管应完整无破损,保证绝缘良好。引接线的裸线部分不得与箱、盒金属体接触。

(3)跳线和引接线的长度、规格适当,焊接牢固;应平直地固定在枕木或其他专用的设备上,不得埋于石砟中,并须涂油防蚀,断根不得超过 1/3。

(4)跳线和引接线处不得有防爬器和轨距杆等物。穿越钢轨处,距轨底不应小于 30 mm,不得与可能造成短路的金属件接触。

(5)FYG 型、FAD 型防腐蚀、免维护综合绝缘护套钢轨引接线和道岔跳线指标应符合表 4-1 的要求。

冶金企业铁路信号维护规则

表 4-1

跳线型号	公称长度 L (mm)	非电气化区段直流电阻值不大于(20 ℃)(Ω)	非电气化区段单根拉力不小于(N)	电气化区段直流电阻值不大于(20 ℃)(Ω)	电气化区段单根拉力不小于(N)
FAD-900	900	0.012	3 000	0.006	5 000
FAD-1200	1 200	0.016	3 000	0.008	5 000
FAD-1500	1 500	0.020	3 000	0.010	5 000
FAD-3000	3 000	0.039	3 000	0.020	5 000
FAD-3300	3 300	0.043	3 000	0.022	5 000
FYG-1200	1 200	0.016	3 000	0.008	5 000
FYG-1600	1 600	0.021	3 000	0.011	5 000
FYG-2700	2 700	0.035	3 000	0.017	5 000
FYG-3600	3 600	0.045	3 000	0.025	5 000

（6）FLZE1（2）型防腐蚀、免维护综合绝缘护套扼流变压器中点连接线指标应符合表 4-2 的要求。

表 4-2

连接线型号	公称长度 L (mm)	双根并联直流电阻值不大于(20 ℃)(Ω)	单根拉力不小于(N)
FLZE1(2)-4 000/400	4 000	0.007 5	5 000
FLZE1(2)-4 000/600	4 000	0.005 0	5 000
FLZE1(2)-4 000/800	4 000	0.003 8	5 000
FLZE1(2)-4 000/1 000	4 000	0.001 9	5 000

（7）FGE1（2）型防腐蚀、免维护综合绝缘护套扼流变压器钢轨引接线指标应符合表 4-3 的要求。

表 4-3

引接线型号	公称长度 L (mm)	单根直流电阻值不大于(20 ℃)(Ω)	单根拉力不小于(N)
FGE1(2)-1 600/400 A	1 600	0.007 0	5 000
FGE1(2)-3 600/400 A	3 600	0.016 0	5 000

引接线型号	公称长度 L （mm）	单根直流电阻值不 大于(20 ℃)(Ω)	单根拉力不小于 （N）
FGE1(2)-1 600/600 A	1 600	0.005 0	5 000
FGE1(2)-3 600/600 A	3 600	0.012 0	5 000
FGE1(2)-1 600/800 A	1 600	0.003 5	5 000
FGE1(2)-3 600/800 A	3 600	0.007 8	5 000
FGE1(2)-1 600/1000 A	1 600	0.002 8	5 000
FGE1(2)-3 600/1000 A	3 600	0.006 5	5 000

（8）FGE1(2)型防腐蚀、免维护综合绝缘护套扼流变压器等阻钢轨引接线指标应符合表 4-4 的要求。

表 4-4

引 接 线 型 号	公称长度 L （mm）	单根直流电阻值 不大于(20 ℃)(Ω)	单根拉力不小于 （N）
FGE1(2)-1 600/3 600/400 A	1 600	0.007 0	5 000
FGE1(2)-1 600/3 600/600 A	3 600	0.005 0	5 000
FGE1(2)-1 600/3 600/800 A	1 600	0.003 5	5 000
FGE1(2)-1 600/3 600/1 000 A	1 600	0.002 8	5 000
注:97 型 25 Hz 相敏轨道电路钢轨引接线应采用等阻线。			

4.1.16 接近连续式发码区段的外侧无轨道电路时,应有钢轨短路线（见图 4-7）。

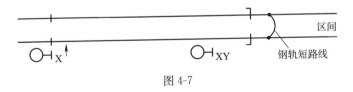

图 4-7

4.1.17 轨道电路的钢轨电阻(直流)或钢轨阻抗(交流)值不应大于表 4-5 的要求。

表 4-5

接续线类型	轨道电路类型	频率(Hz)	钢轨阻抗(Ω/km)	
			区　间	站　内
塞钉式	交流	50	1.0∠48°	1.2∠43°
	直流	—	—	0.8
	25 Hz	25	0.5∠52°	0.62∠42°
	移频	550	5.1∠79°	5.1∠79°
		650	5.9∠79.2°	5.9∠79.2°
		750	6.7∠80°	6.7∠80°
		850	7.75∠81°	7.75∠81°
焊接式	交流	50	0.8∠60°	0.8∠60°
	直流	—	0.2	0.2
	25 Hz	25	0.5∠52°	—
	移频	550	5.1∠79°	5.1∠79°
		650	5.9∠79.2°	5.9∠79.2°
		750	6.7∠80°	6.7∠80°
		850	7.75∠81°	7.75∠81°
长钢轨(无缝钢轨)	ZPW-2000	1 700	14.08∠85.2°	14.08∠85.2°
		2 000	16.44∠85.44°	16.44∠85.44°
		2 300	18.798∠85.62°	18.798∠85.62°
		2 600	21.147∠85.78°	21.147∠85.78°
	交流	50	0.65∠70°	0.65∠70°

4.1.18 轨道电路的道床电阻值不应小于表 4-6 的要求。

表 4-6

碎石道床	道床电阻(Ω·km)	
	直　流	交　流
区间	1.2	1.0
站内	0.7	0.6

4.1.19 胶接式绝缘接头、粘接式绝缘轨距杆的绝缘电阻值应大于 1 MΩ。

4.2 工频交流轨道电路和直流轨道电路

4.2.1 JZXC-480 型交流轨道电路(见图 4-8)应符合下列要求。

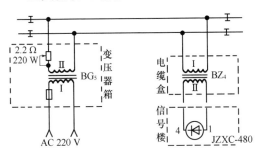

图 4-8

(1)轨道电路在调整状态时,轨道继电器交流端电压不应小于 10.5 V,道岔区段一般不大于 16 V,到发线或与之相似的无岔区段的调整参照 JZXC-480 型交流轨道电路调整表进行。

(2)送电端限流电阻(包括引接线电阻),在道岔区段,不小于 2 Ω;在道床不良的到发线上,不小于 1 Ω。

(3)在轨道电路分路不利处所的轨面上,用 0.06 Ω 标准分路电阻线分路时,轨道继电器的交流端电压不大于 2.7 V,继电器应可靠落下。

4.2.2 JWXC-2.3 型直流开路式轨道电路(见图 4-9)应符合下列要求。

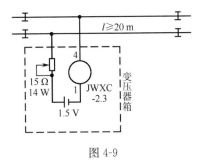

图 4-9

(1)电源电压为 1.5 V。

(2)在调整状态下,轨道继电器的电流不应大于 56 mA。

(3)在轨道电路末端轨面上用 0.1 Ω 标准分路电阻线分路时,轨道继电器的电流不应小于 207 mA,并应可靠工作。

冶金企业铁路信号维护规则

4.2.3 JWXC-2.3 型交流闭路式驼峰轨道电路应符合下列要求:

(1)JWXC-2.3 型交流闭路式驼峰轨道电路,非电气化区段见图 4-10,电气化区段见图 4-11。

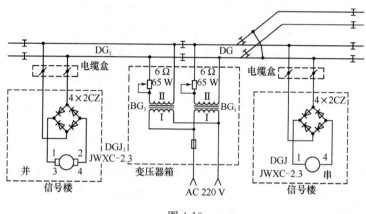

图 4-10

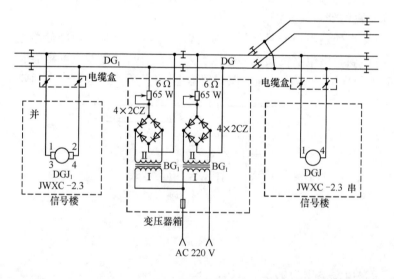

图 4-11

(2)轨道电路在调整状态下,轨道继电器的直流电流:线圈并联时,应为 380~580 mA;线圈串联时,应为 230~330 mA。

406

（3）送电端限流电阻（包括引接线电阻）不应小于 4 Ω。

（4）用 0.5 Ω 标准分路电阻线在轨面上分路时，轨道继电器的直流电流：线圈并联时，不大于 110 mA；线圈串联时，不大于 56 mA，继电器应可靠落下，缓放时间不大于 0.2 s。

4.2.4 JWXC-2.3 型直流闭路式轨道电路（见图 4-12）应符合下列要求：

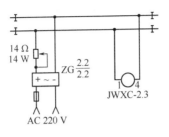

图 4-12

（1）轨道电路在调整状态下，轨道继电器的工作电流不小于 207 mA。

（2）送电端限流电阻（包括引接线电阻）不小于 2 Ω。

（3）用 0.1 Ω 标准分路电阻线在轨面上分路时，继电器电流不大于 56 mA，继电器应可靠落下。

4.3 25 Hz 相敏轨道电路

4.3.1 轨道区段均采用双轨条轨道电路。

（1）25 Hz 相敏轨道电路（旧型）：

    ①一送一受 25 Hz 相敏轨道电路见图 4-13（双扼流），图 4-14（送电端单扼流），图 4-15（受电端单扼流），图 4-16（无扼流）。如其带分支轨道电路：送电端有扼流变压器时，其电阻 R 为 4.4 Ω；送电端无扼流变压器时，其电阻 R 为 2.2 Ω。

    ②到发线出岔 25 Hz 相敏轨道电路（送电端无扼流变压器）见图 4-17。

    ③一送多受 25 Hz 相敏轨道电路见图 4-18 和图 4-19，如送电端无扼流变压器时，受电端设备不变。

（2）97 型 25 Hz 相敏轨道电路（简称 97 型，下同）：

    ①一送一受 25 Hz 相敏轨道电路见图 4-20 和图 4-21（无扼流变压器）。

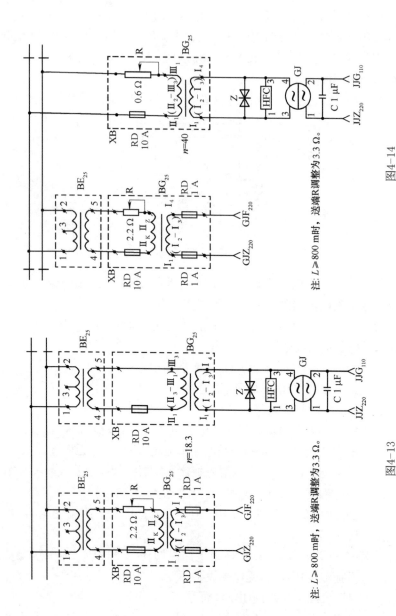

注: $L \geqslant 800 \text{ m}$ 时, 送端R调整为3.3 Ω。

图4-14

注: $L \geqslant 800 \text{ m}$ 时, 送端R调整为3.3 Ω。

图4-13

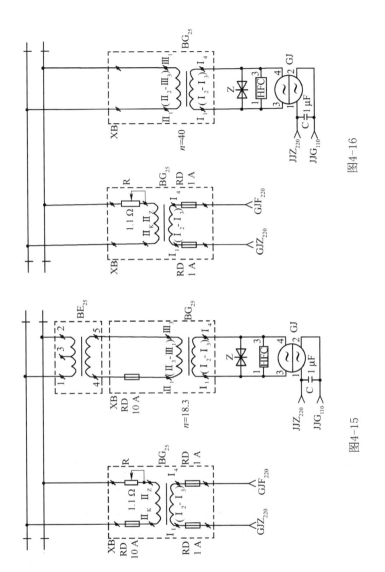

图4-16

图4-15

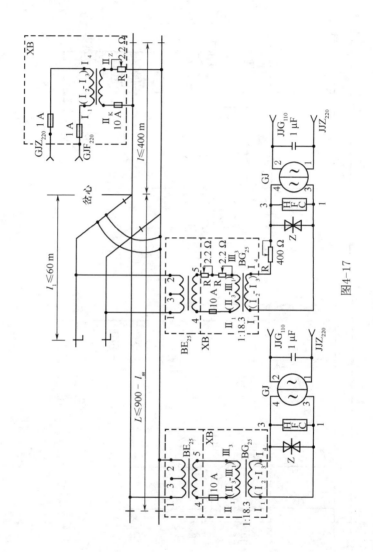

图4-17

410

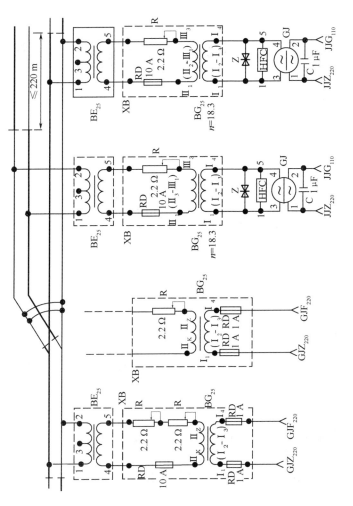

图4-18

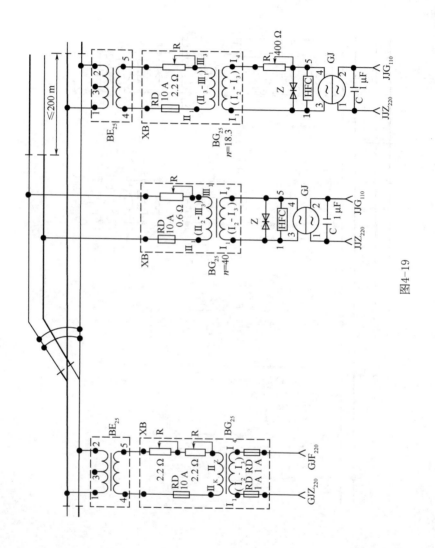

图4-19

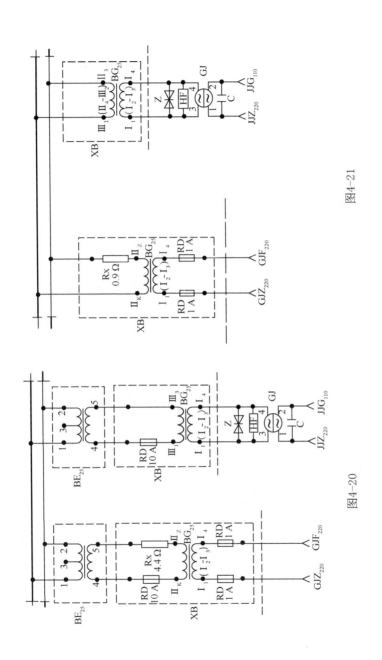

图4-21

图4-20

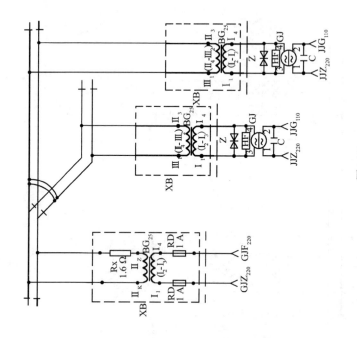

图4-23

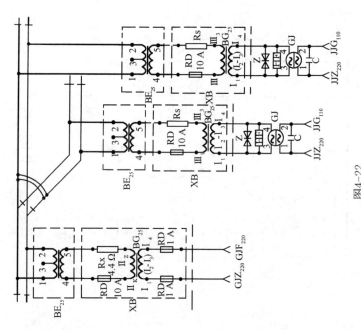

图4-22

414

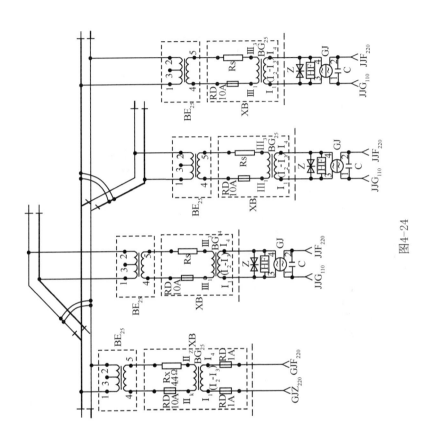

图4-24

冶金企业铁路信号维护规则

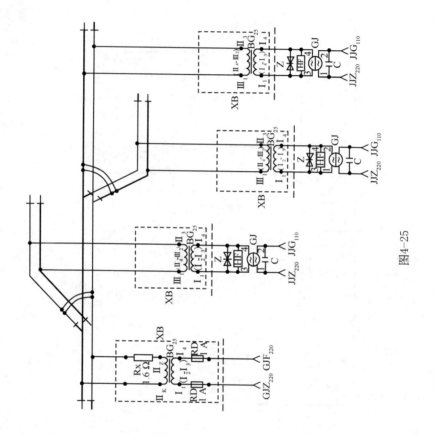

图4-25

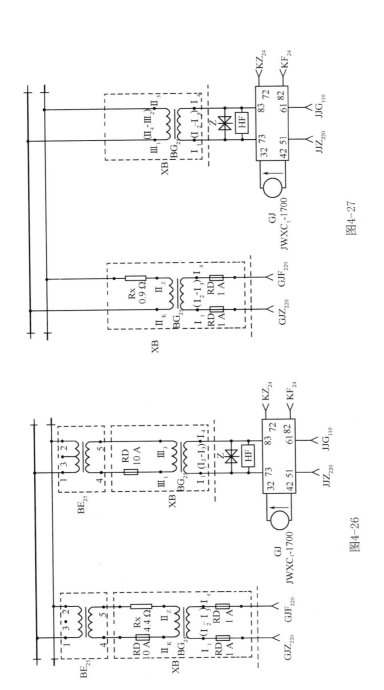

图4-27

图4-26

冶金企业铁路信号维护规则

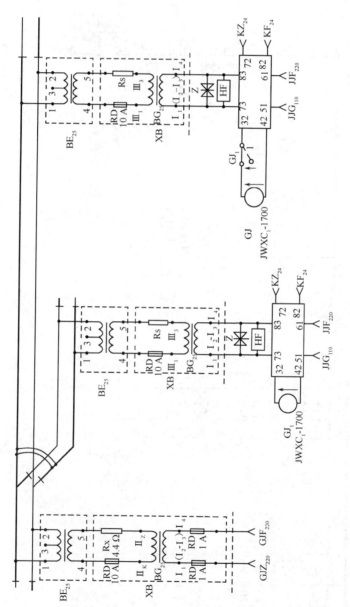

图4-28

418

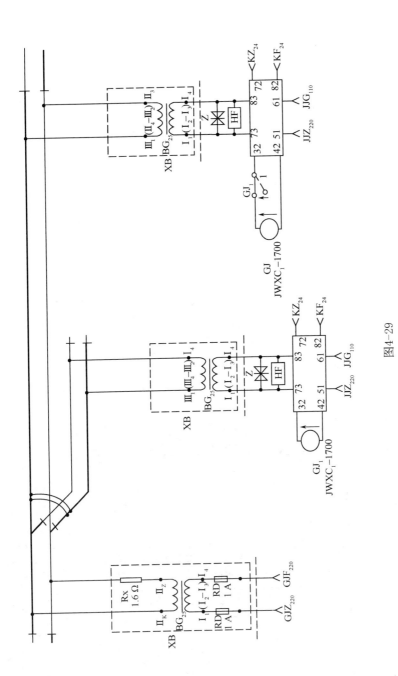

图4-29

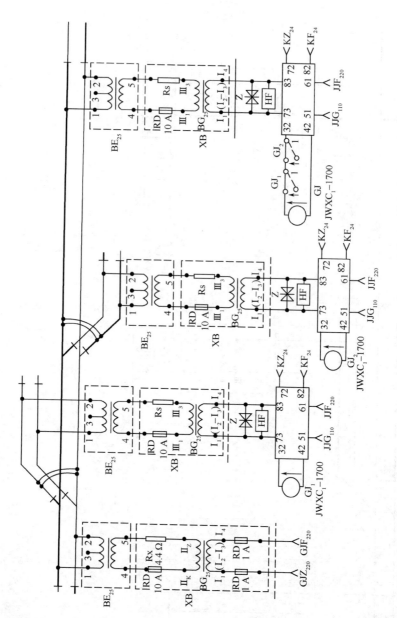

图4-30

420

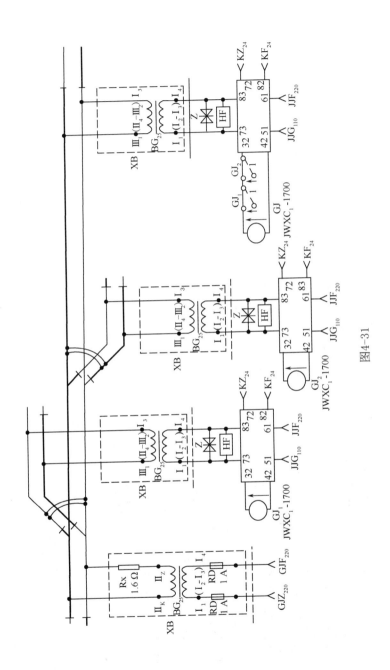

图4-31

②一送两受 25 Hz 相敏轨道电路见图 4-22 和图 4-23（无扼流变压器）。

③一送三受 25 Hz 相敏轨道电路见图 4-24 和图 4-25（无扼流变压器）。

(3)JXW25 型 25 Hz 相敏轨道电路（原型号 WXJ25,简称电子型,下同）：

①一送一受 25 Hz 相敏轨道电路见图 4-26 和图 4-27（无扼流变压器）。

②一送两受 25 Hz 相敏轨道电路见图 4-28 和图 4-29（无扼流变压器）。

③一送三受 25 Hz 相敏轨道电路见图 4-30 和图 4-31（无扼流变压器）。

4.3.2 调整状态时,参照 25 Hz 相敏轨道电路调整表进行调整,轨道继电器轨道线圈（电子接收器轨道接收端）上的有效电压不小于 15 V,且不得大于调整表规定的最大值。

4.3.3 用 0.06 Ω 标准分路电阻线在轨道电路送、受电端轨面上分路时,轨道继电器（含一送多受的其中一个分支的轨道继电器）端电压:旧型不应大于 7 V;97 型不应大于 7.4 V,其前接点应断开。用 0.06 Ω 标准分路电阻线在轨道电路送、受电端轨面上分路时,电子接收器（含一送多受的其中一个分支的电子接收器）的轨道接收端电压不应大于 10 V,输出端电压为 0 V,其执行继电器可靠落下。

4.3.4 轨道电路送、受电端扼流变压器至钢轨的接线电阻不大于 0.1 Ω。97 型 25 Hz 相敏轨道电路钢轨引接线应采用等阻线。

4.3.5 轨道电路送、受电端轨道变压器至扼流变压器的接线电阻不大于 0.3 Ω。

4.3.6 轨道继电器至轨道变压器间的电缆电阻:旧型不大于 100 Ω;97 型及电子型不大于 150 Ω。

4.3.7 轨道电路送电端的限流电阻,其阻值应按图 4-13 至图 4-25 的规定,予以固定,不得调小,更不得调至零值。

4.3.8 轨道电路送、受电端的电阻器,应按调整表进行设置。

4.3.9 在电码化轨道区段,机车入口端用符合电码化制式要求的标准分路电阻线分路时,应满足动作机车信号的最小短路电流的要求。

4.3.10 凡装有空扼流变压器的轨道电路,对空扼流阻抗进行的补偿措施,应兼顾电码化对机车信号信息的传输要求。

4.3.11 HF-25 系列防护盒。

(1)防护盒电容型号:CTA、CTB、CTZA、CTZB 系列;外壳采用阻燃材料。

(2)HF-25 型防护盒电路图见图 4-32,主要电气特性应符合表 4-7 的要求。

(3)HF₂-25 型防护盒电路图见图 4-32,主要电气特性应符合表 4-8 的要求。

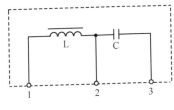

图 4-32

表 4-7

测试端子	输入电压(V)	输入频率(Hz)	$|V_L - V_C|$ (V)	Q	感抗电流 mA
1-3	10	50±1	≤3	≥11	—
1-2	120		—		389~476

注:V_L—电感线圈两端的谐振电压值;

V_C—电容器两端的谐振电压值;

Q—谐振槽路的品质因数。

表 4-8

测试端子	输入电压(V)	输入频率(Hz)	$|V_L - V_C|$ (V)	Q
1-3	10	50	≤3	≥18

注:V_L—电感线圈两端的谐振电压值;

V_C—电容器两端的谐振电压值;

Q—谐振槽路的品质因数(旧式防护盒的应大于或等于15)。

（4）HF$_3$-25 型防护盒电路图见图 4-33,主要电气特性应符合表 4-9 的要求。

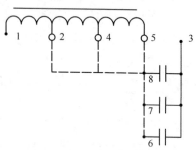

图 4-33

表 4-9

测试端子	连接端子	输入电压(V)	输入频率(Hz)	$\lvert V_L - V_C\rvert$(V)	Q	备 注
1-3 3-8	2-6-7-8	10	50			同 HF$_2$
	4-7-8	10	50	≤3	≥18	可调 15°~20°
	5-8	10	50			可调 30°~40°

注:V_C—电容器两端的谐振电压值(测试端子 3~8);
　　V_L—电感线圈两端的谐振电压值(测试端子 1~8);
　　Q—谐振槽路的品质因数。

（5）HF$_4$-25 型防护盒电路图见图 4-34,主要电气特性应符合表 4-10 的要求。

（6）HF$_3$-25 型、HF$_4$-25 型防护盒应分别按表 4-9、表 4-10 进行调整。

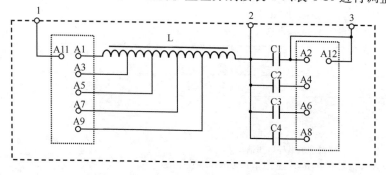

图 4-34

424

表 4-10

测试端子	连接端子	输入电压 (V)	输入频率 (Hz)	$\|V_L-V_C\|$ (V)	Q	备 注
1-3	A11-1	10	50±1	≤3	≥15	可下调 0~30°
	A11-3、A4-12					可下调 0~15°
	A11-5、A6-12					同 HF₂
	A11-7、A8-12					可上调 0~15°
	A11-9、A8-12、A2-4					可上调 0~30°

注：V_C——电容器两端的谐振电压值；

V_L——电感线圈两端的谐振电压值；

Q——谐振槽路的品质因数。

4.3.12 防雷补偿器(QFB,FB-1 型防雷补偿器内含两套防雷补偿单元。FB-2 型防雷补偿器内含一套防雷补偿单元),用于 25 Hz 相敏轨道电路接收端。补偿单元原理图见图 4-35,电气特性应符合下列要求：

(1)电容：局部耐压为 250 V,电容型号为 CTA、CTB、CTZA、CTZB。

(2)硒堆：接收工作电压为 90 V,硒堆型号为 XT-1-22C5C。

4.3.13 JXW25 型 25 Hz 相敏轨道电路微电子接收器(原型号 WXJ25,简称电子接收器)。

(1)电子接收器的型号及名称见表 4-11。

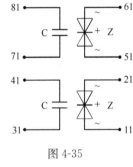

图 4-35

表 4-11

型 号	名 称	备 注
JXW25-A	单套电子接收器	安全型继电器结构
JXW25-A1	单套电子接收器	JRJC 型二元二位继电器结构
JXW25-B	双套电子接收器	安全型继电器结构
HBJ	接收变压器盒	安全型继电器结构,用于双套
HB	报警盒	安全型继电器结构,用于双套

(2)电子接收器的电气特性应符合下列要求：

①电子接收器工作电压为直流 $24^{+2.4}_{-3.6}$ V,工作电流不大于 100 mA。

②轨道接收阻抗：$|Z_G|$＝400 Ω±20 Ω，θ＝72°±10°。

③在轨道电路空闲状态下，电子接收器输出给执行继电器的电压为 20～30 V。

④电子接收器的应变时间为 0.3～0.5 s。

⑤电子接收器在接收理想相位角的 25 Hz 轨道信号时，返还系数大于 90％。

⑥电子接收器的局部电源电压为 110 V、25 Hz；轨道信号电压滞后于局部电压的理想相位角为 90°。

4.4 移频轨道电路

4.4.1 非电气化区段 4 信息移频轨道电路(见图 4-36)应符合下列要求。

(1)轨道电路的调整参照 4 信息移频轨道电路调整表进行。

(2)轨道电路在调整状态下，受电端轨面电压不应小于 0.15 V。

(3)用 0.06 Ω 标准分路电阻线在轨道电路不利处所分路时，接收盒的限入残压不大于 0.1 V。

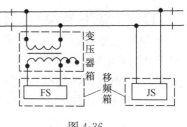

图 4-36

(4)在移频轨道区段(含站内正线移频化)，于机车入口端轨面用 0.06 Ω 标准分路电阻线分路时，应满足动作机车信号的最小短路电流的要求。

4.4.2 电气化区段 4 信息移频轨道电路应符合下列要求。

(1)轨道电路在调整状态下，受电端接收盒限入电压应符合表 4-12 的规定，轨道继电器应可靠工作。衰耗器的调整应参照 4 信息移频轨道电路调整表进行。

表 4-12

轨道区段名称	调整状态		分路状态
	限入电压		
	晴天(V)	雨天(V)	晴天(mV)
到发线及较长的其他线路	≤2.4	≥0.8	
道岔区段	≤1.8	≥1.3	≤300
300 m 以内的无岔区段	≤1.3	≥0.8	

轨道区段名称		调整状态		分路状态
		限入电压		
		晴天(V)	雨天(V)	晴天(mV)
半自动闭塞的接近区段		≤1.2	≥0.3	
自动闭塞分区长度(km)	<1.0	≤0.6	≥0.3	≤90
	1.0~1.2	≤0.8	≥0.3	
	1.2~1.4	≤1.0	≥0.3	
	1.4~1.6	≤1.4	≥0.3	
	1.6~1.8	≤1.6	≥0.3	
	1.8~2.0	≤1.8	≥0.3	

(2)用 0.06 Ω 标准分路电阻线,在轨道电路送、受电端轨面上分路时,接收盒(含一送多受的其中一个分支的接收盒)限入残压应符合表 4-12 的规定,轨道继电器应可靠落下。

(3)区间、站内轨道区段,均采用双轨条轨道电路。

①区间轨道电路见图 4-37,其送、受电端扼流变压器变比为 1:3; 当采用集中式发送盒(ZP·HFJ-D)时,变比为 1:20。自动闭塞接近区段轨道电路见图 4-38。

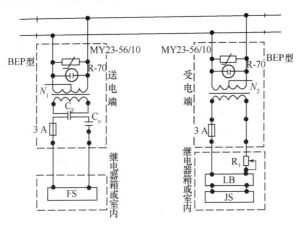

图 4-37

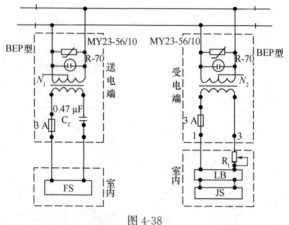

图 4-38

②站内轨道电路见图 4-39 至图 4-42。

(4)在移频轨道区段(含站内正线移频化),于机车入口端轨面用 0.06 Ω 标准分路电阻线分路时,应满足动作机车信号的最小短路电流的要求。

(5)相邻轨道区段,不得采用相同载频。半自动闭塞区段的车站,当车站一端有两个出入口时,同侧两个接近区段的轨道电路,也不得采用相同载频。

(6)在环境温度为-25～+60 ℃时,移频轨道电路应可靠工作。

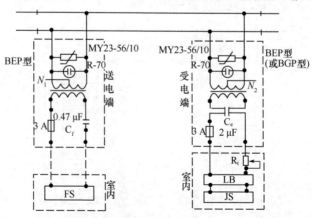

图 4-39

注:本图适用于一个发送供给一个侧线或无岔、道岔区段的轨道电路,
送电端为 BEP,受电端为 BGP 或 BEP(为 BGP 时,2 μF 电容不装)。

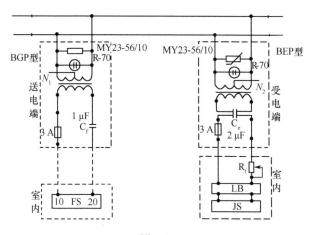

图 4-40

注:本图适用于一个发送供给一个侧线或无岔、道岔区段的轨道电路,
　　送电端为 BGP,受电端为 BEP 或 BGP(为 BGP 时,2 μF 电容不装)。

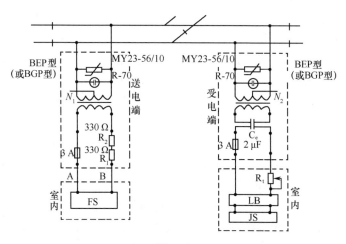

图 4-41

注:本图适用于一个发送供给两个侧线或一个侧线、一个无岔区段或一个侧线、
　　一个道岔区段的轨道电路,送电端为 BEP 或 BGP,受电端为 BEP 或 BGP
　　(为 BGP 时,2 μF 电容不装)。

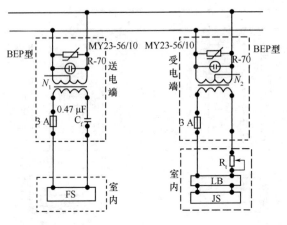

图 4-42

注：本图适用于一送一受的正线或无岔区段轨道电路，送、受电端均为BEP。

4.4.3 ZP·WD 型 18 信息移频轨道电路（见图 4-43）和 ZP·DJ 型非电气化区段多信息移频轨道电路（见图 4-44）应符合下列要求。

（1）轨道电路在调整状态下，受电端接收盒限入电压不应小于 240 mV，轨道继电器应可靠工作。

（2）用 0.06 Ω 标准分路电阻线，在轨道电路不利处所轨面上分路时，接收盒限入残压不大于 90 mV，轨道继电器应可靠落下。

（3）在机车入口端轨面，用 0.06 Ω 标准分路电阻线分路时，应满足动作机车信号的最小短路电流的要求。

（4）ZP·WD 型轨道电路的调整参照 ZP·WD 型 18 信息移频轨道电路调整表进行；ZP·DJ 型轨道电路的调整参照 ZP·DJ 型非电气化区段多信息移频轨轨道电路调整表进行。

4.5 UM71 型无绝缘轨道电路

4.5.1 UM71 型无绝缘轨道电路原理图见图 4-45。在调整状态下，轨道电路接收器的限入电压不应小于 240 mV，轨道继电器电压不应小于 16 V，并可靠工作。

4.5.2 用 0.15 Ω 标准分路电阻线在轨道电路不利处所分路时，接收器的限入残压不应大于 130 mV，轨道继电器残压不应大于 5 V，并可靠落下。

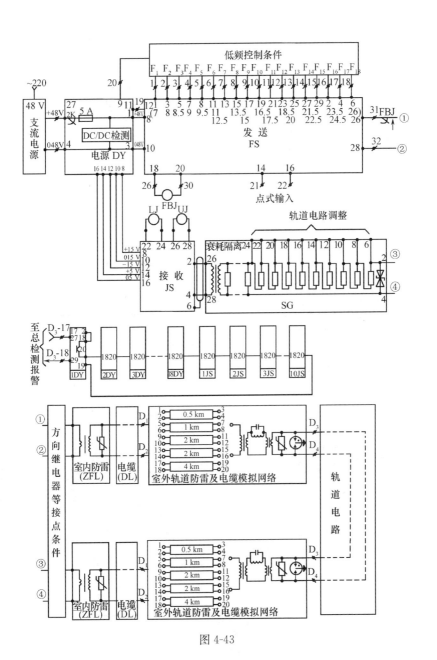

图 4-43

冶金企业铁路信号维护规则

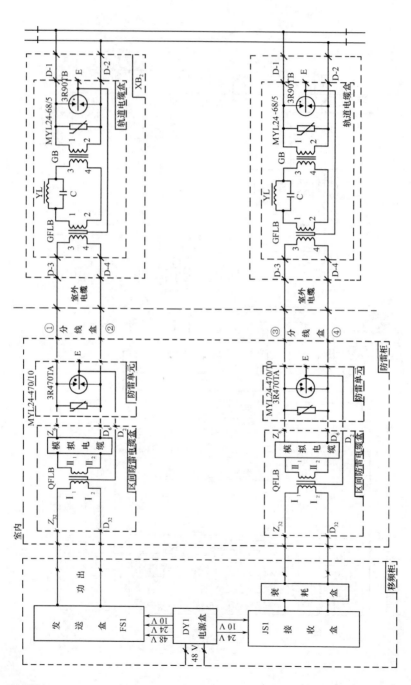

图4-44

432

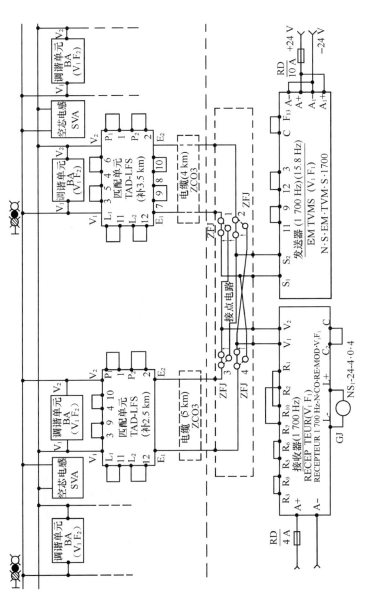

图 4-45

冶金企业铁路信号维护规则

4.5.3 当电源电压最高、道床电阻最小,在最不利分路点断轨时,接收器的限入残压不应大于 130 mV,轨道继电器残压不应大于 5 V,并可靠落下。

4.5.4 在电气绝缘区用 0.15 Ω 标准分路电阻线分路,死区段长度不应大于 20 m。

4.5.5 在机车入口端轨面,用 0.15 Ω 标准分路电阻线分路时,应符合下列要求。

(1)载频为 1 700 Hz、2 000 Hz、2 300 Hz 时,短路电流不小于 500 mA;

(2)载频为 2 600 Hz 时,短路电流不小于 450 mA。

4.5.6 轨道电路长度大于 350 m 时应设补偿电容,补偿电容应均匀设置,间隔为 100 m;轨道电路两端的补偿电容距电气绝缘区空芯线圈的距离相等,且不应小于 48 m,不大于 98 m。

4.5.7 轨道电路的调整参照 UM71 无绝缘轨道电路调整表进行。

4.6 ZPW-2000A 型无绝缘轨道电路

4.6.1 ZPW-2000A 无绝缘轨道电路由主轨道和小轨道两部分组成。当长度超过 300 m 时,主轨道需要加装补偿电容进行补偿(见图 4-46)。

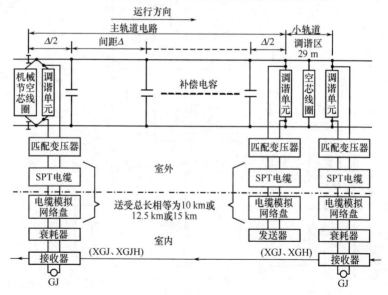

图 4-46

434

4.6.2 小轨道信息通过前方相邻区段接收器处理,通过小轨道条件(XG、XGH)送回本区段接收器,作为小轨道检查条件(XGJ、XGJH)(见图 4-46)。XG、XGH 条件也可单独用于报警、监测。

4.6.3 各种道床电阻、电缆长度条件下的轨道电路极限长度见表 4-13。适用于轨道电路两端均为电气绝缘节,或一端为电气绝缘节、一端为机械绝缘节,或两端均为机械绝缘节的配置情况。

表 4-13

序号	道床电阻 (Ω·km)	传输电缆长度 (km)	轨道电路长度(m)			
			1 700 Hz	2 000 Hz	2 300 Hz	2 600 Hz
1	0.6	10	850	800	800	800
		12.5	800	700	700	700
		15	800	700	700	700
2	0.8	10	1 050	1 050	1 050	1 050
		12.5	1 100	1 000	900	1 000
		15	1 000	900	900	900
3	1	10	1 500	1 500	1 500	1 460
		12.5	1 300	1 400	1 300	1 300
		15	1 200	1 200	1 300	1 300
4	1.2	10	1 750	1 600	1 650	1 600
		12.5	1 600	1 600	1 600	1 500
		15	1 500	1 500	1 400	1 400
5	1.5	10	1 950	1 900	1 800	1 800
		12.5	1 800	1 800	1 750	1 700
		15	1 700	1 600	1 600	1 500

4.6.4 轨道电路在符合表 4-13 的条件下,主轨道、小轨道及模拟电缆等调整按照 ZPW-2000 系列无绝缘轨道电路调整表进行,轨道电路能实现一次调整,无须随外界参数变化再次进行调整并满足下列要求。

(1)轨道电路在调整状态时,"轨出 1"电压不应小于 240 mV,"轨出 2"电压不应小于 100 mV,小轨道接收条件(XGJ、XGJH)电压不小于 20 V,轨道继电器可靠吸起。

（2）轨道电路分路状态在最不利条件下，主轨道任意一点采用 0.15 Ω 标准分路线分路时，"轨出 1"分路电压不应大于 140 mV，轨道继电器可靠落下；在调谐区内分路时轨道电路存在死区段。

（3）轨道电路应能实现全程断轨检查。主轨道断轨时，"轨出 1"电压不大于 140 mV，轨道继电器可靠落下。小轨道断轨时，"轨出 2"电压不大于 63 mV，轨道继电器可靠落下。

（4）轨道电路分路状态在最不利条件下，在轨道电路任意一处轨面用 0.15 Ω 标准分路线分路，短路电流不小于表 4-14 的规定值。

表 4-14

频 率（Hz）	1 700	2 000	2 300	2 600
机车信号短路电流（A）	0.5	0.5	0.5	0.45

（5）在电气化区段轨道回流不大于 1 000 A，不平衡电流不大于 100 A 时应能可靠工作。

4.6.5 调谐区设备安装应满足下列要求：

（1）调谐区设备包括调谐单元、匹配变压器、防雷单元、空芯线圈、双体防护盒、钢包铜引接线。设备安装应满足建筑接近限界要求（见图 4-47）。

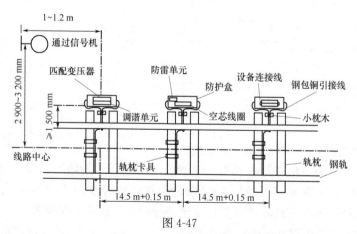

图 4-47

（2）调谐区三处设备采用双端头引接线或加强跨线方式与钢轨连接，两安装孔间距 80 mm（见图 4-48）。两安装孔间中心位置为设备安装点。

(3)以空芯线圈安装点为准,两侧调谐单元安装点距离该点不小于14.5 m,不大于14.65 m(见图4-47)。

(4)防护盒边缘距钢轨内侧不得小于1 500 mm(距线路中心不得小于2 220 mm)(见图4-47)。

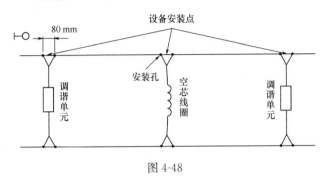

图4-48

(5)调谐单元及空芯线圈与钢轨连接采用2 m、3.7 m专用钢包铜双头引接线,参数须满足表4-15要求。引接线与钢轨的接触电阻不应大于1 mΩ。

表 4-15

频　率(Hz)	有效电阻(mΩ)	感　抗(mΩ)
1 700	8.3±0.83	31.4±3.14
2 000	10.1±1.01	35.2±3.52
2 300	11.9±1.19	39±3.90
2 600	13.6±1.36	42.6±4.26

(6)信号机安装需要满足建筑接近限界要求,安装在距调谐单元中心大于或等于1 000 mm、小于或等于1 200 mm的位置。

4.6.6　机械绝缘节安装应满足下列要求。

(1)机械绝缘节处包括调谐单元、匹配变压器、机械节空芯线圈、防雷单元、双体防护盒、钢包铜引接线及安装卡具。设备布置如图4-49所示。

(2)调谐单元与机械节空芯线圈置于同一双体防护盒内,匹配变压器置于另一双体防护盒内,中心间距700 mm。电气化区段,扼流变压器中心距调谐设备防护盒中心700 mm。

(3)匹配变压器与调谐单元之间采用长2.7 m截面积7.4 mm² 铜线,经基础桩下方线槽连接。

437

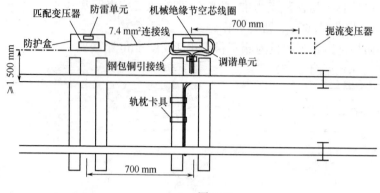

图 4-49

(4)调谐单元和机械节空芯线圈采用 2 m、3.7 m 专用钢包铜双头引接线分别与钢轨连接。

4.6.7 补偿电容的设置应满足下列要求：

(1)补偿电容设置个数"N"根据轨道电路长度,按照 ZPW 2000 系列无绝缘轨道电路调整表进行确定。

(2)补偿电容设置在主轨道范围内,N 个电容等间距布置:电容间距(步长)为 Δ,第一个和最后一个电容距调谐单元 $\Delta/2$,$\Delta=$主轨道电路长度/N。

(3)补偿电容参数应符合表 4-16 的要求。

表 4-16

序号	项　　　目	指标及范围		备　　　注
1	电容容量(μF)	1 700 Hz 区段	55±2.75	测试频率:1 000 Hz
		2 000 Hz 区段	50±2.5	
		2 300 Hz 区段	46±2.3	
		2 600 Hz 区段	40±2.0	
2	损耗角正切值	≤70×10⁻⁴		测试频率:1 000 Hz
3	绝缘电阻	≥500 MΩ		两极间,直流 100 V

4.6.8 在安装有道口信号轨道电路(闭路式和开路式制式)的区段,须采用道口专用补偿电容。专用补偿电容类型和电气参数应符合表 4-17 的要求。

表 4-17

道口补偿电容型号	对应载频下等效电容值（μF）	对应控制器工作频率下阻抗值（Ω）	
		闭路控制器	开路控制器
ZPW·CBGD-1 700	55±5.5	≥30	≥70
ZPW·CBGD-2 000	55±5		
ZPW·CBGD-2 300	46±4.6		
ZPW·CBGD-2 600	40±4		
绝缘电阻大于或等于 500 MΩ(两极间,直流 100 V)			

(1)开路控制器左右 50 m 范围内的电容应替换为相应类型的专用补偿电容(见图 4-50)。

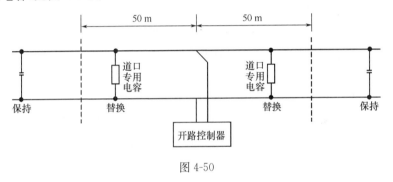

图 4-50

(2)闭路控制器输入输出两设备中点左右 100 m 范围内的电容应替换为相应类型的专用补偿电容(见图 4-51)。

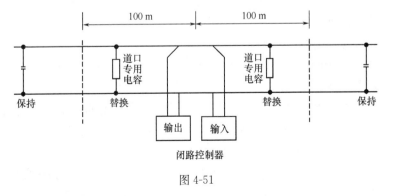

图 4-51

(3)调谐区距开路控制器不应小于 50 m,距闭路控制器不应小于 100 m。

4.6.9 桥上绝缘的设置应满足下列要求:

(1)有护轮轨的区域,在护轮轨区域两端各加装钢轨绝缘一组。

(2)电气绝缘节一般不宜设置在有护轮轨的区域内;必须设置在有护轮轨区域内时,调谐区范围内每根护轮轨必须加装钢轨绝缘一组。

(3)超过 200 m 的护轮轨,每根护轮轨间隔 200 m 加装钢轨绝缘一组。

(4)护轮轨与基本轨间以及两护轮轨间不得有电气连接。

4.6.10 电缆使用应满足下列要求:

(1)ZPW-2000A 型轨道电路信号传输应采用铁路数字信号电缆。

(2)电缆中没有相同频率线对时,使用非内屏蔽型电缆。

(3)电缆中有相同频率线对时,使用内屏蔽型电缆。

(4)两个频率相同的发送与接收不能使用同一根电缆。

(5)两个频率相同的发送不能设置在同一屏蔽四线组内。

(6)两个频率相同的接收不能设置在同一屏蔽四线组内。

(7)电缆中各发送、各接收线对必须按四芯组对角线成对使用。

(8)电缆余量不能成"O"形闭合环状。电缆芯线全程对地绝缘大于 1 MΩ。

(9)发送电缆和接收电缆分别设置专用的内屏蔽四芯组做为备用。

(10)发送电缆和接收电缆的备用芯线不得交叉连通。

(11)非移频信号设备的在用芯线和备用芯线均不得在发送与接收电缆间交叉连通。

(12)备用芯线必须成对替换。

(13)发送的备用芯线替换某一载频线对后,备用四芯组中不得再替换相同基准载频的线对。

(14)接收的备用芯线替换某一载频线对后,备用四芯组中不得再替换相同基准载频的线对,否则将造成串码或导致轨道电路失去分路防护。

4.7 ZPW-2000R 型无绝缘轨道电路

4.7.1 ZPW-2000R 无绝缘轨道电路由主轨道和调谐区两部分组成。主轨道范围是本区段发送端轨道匹配设备到接收端轨道匹配设备,当长度超过 300 m 时主轨道需要加装补偿电容。

调谐区范围是从后方区段发送端调谐单元到本区段接收端调谐单元,信号机前方调谐区的占用检查、调谐单元断线故障检查及调谐区内断轨检查由本区段接收器处理。其结果可与主轨道检查结果共同控制该区段的轨道继电器,实现本区段信号机红灯防护,也可单独用于报警监测。

4.7.2 ZPW-2000R 型无绝缘轨道电路由室内设备和室外设备两大部分组成。室内主要设备包括:区间发送器、区间功放器、接收器、衰耗滤波器、电缆模拟单元和区间防雷单元。室外主要设备包括:匹配变压器(轨道匹配单元)、调谐单元、空芯线圈(平衡线圈)和补偿电容器。架式设备电气结构见图 4-52、柜式设备电气结构见图 4-53。

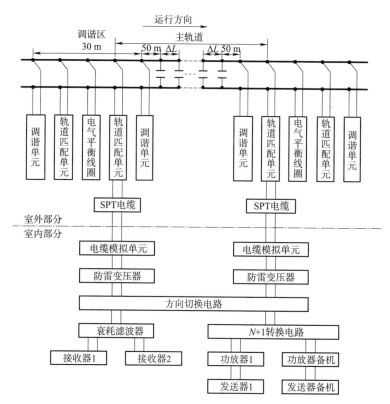

图 4-52

冶金企业铁路信号维护规则

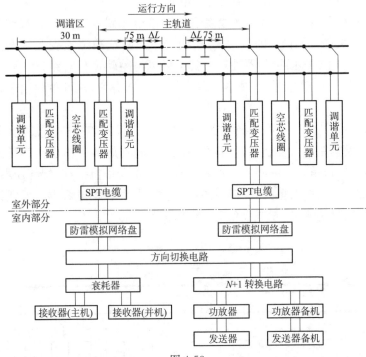

图 4-53

4.7.3 各种道床电阻、电缆长度条件下的轨道电路极限长度：

(1)架式设备的轨道电路极限长度见表 4-18,适用于轨道电路两端均为电气绝缘节,或一端为电气绝缘节、一端为机械绝缘节的配置情况。

表 4-18

道砟电阻 (Ω·km)	传输电缆长度 (km)	轨道电路长度(m)			
		1 700 Hz	2 000 Hz	2 300 Hz	2 600 Hz
0.6	10	775	725	700	675
	12	500	500	450	475
	15	450	500	450	475
0.8	10	1 025	1 000	950	1 050
	12	750	700	675	725
	15	750	700	650	725

道砟电阻 (Ω·km)	传输电缆长度 (km)	轨道电路长度(m)			
		1 700 Hz	2 000 Hz	2 300 Hz	2 600 Hz
1	10	1 400	1 400	1 400	1 400
	12	1 300	1 300	1 300	1 300
	15	900	900	900	900

（2）柜式设备的轨道电路极限长度见表4-19,适用于轨道电路两端均为电气绝缘节,或一端为电气绝缘节、一端为机械绝缘节的配置情况。

表 4-19

道砟电阻 (Ω·km)	传输电缆长度 (km)	轨道电路长度(m)			
		1 700 Hz	2 000 Hz	2 300 Hz	2 600 Hz
1	10	1 400	1 400	1 400	1 400
	12.5	1 300	1 300	1 300	1 300
	15	1 200	1 200	1 200	1 200

4.7.4 轨道电路在符合4.7.3条的条件下,主轨道、调谐区及模拟电缆等调整按照调整表进行,轨道电路应能实现一次调整,并满足下列要求。

（1）轨道电路在调整状态最不利条件下,主接入电压不小于240 mV,调接入电压不小于750 mV。

（2）轨道电路分路状态在最不利条件下,主轨道内用0.15 Ω标准分路线分路时,主接入分路电压不应大于140 mV;调谐区内发送调谐单元处用0.15 Ω标准分路线分路时,调接入分路电压不应大于170 mV。

（3）可实现调谐单元断线故障检查,轨道电路全程断轨检查。

（4）在最不利条件下,用0.15 Ω标准分路线分路,主轨道无分路死区段。调谐区分路死区段不大于5 m(信号机内方开始计算)。

（5）轨道电路分路状态在最不利条件下,在轨道电路任一处轨面用0.15 Ω标准分路线分路,短路电流不小于表4-20的规定值。

表 4-20

频率(Hz)	1 700	2 000	2 300	2 600
短路电流(A)	0.5	0.5	0.5	0.45

(6)在电气化区段轨道回流不大于 2 000 A,不平衡电流不大于 200 A 时应能可靠工作。

(7) 电气绝缘节隔离系数,本轨道电路区段发送端调谐单元(或接收端调谐单元)轨面电压,与其经电气绝缘节传输至相邻区段接收端调谐单元(或发送端调谐单元)轨面电压的比值,应符合表 4-21 的要求。

表 4-21

频率(Hz)	1 700	2 000	2 300	2 600
隔离系数	15	15	20	20

4.7.5 调谐区设备安装应符合下列要求:

(1)调谐区设备由电气节空芯线圈(电气节平衡线圈)、调谐单元、匹配变压器(匹配单元)、钢包铜引接线及其安装卡具组成。设备安装应满足建筑接近限界要求(见图 4-54)。电气节空芯线圈(电气节平衡线圈)、调谐单元和匹配变压器(匹配单元)按五点布置,分别安装在专用带有绝缘防护箱的支架或混凝土基础上,设备中心线与钢包铜引接线保持在同一直线上。防护罩边缘距钢轨内侧不小于 1 500 mm。

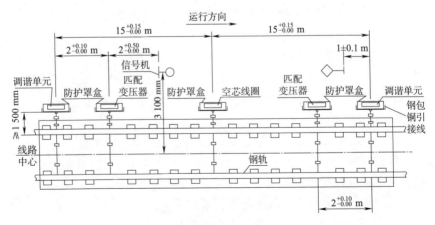

图 4-54

（2）电气节空芯线圈（电气节平衡线圈）和调谐单元、匹配变压器（匹配单元）分别采用 2 m、3.7 m 引接线与轨道连接。引接线与钢轨的接触电阻不应大于 1 mΩ，平行绑扎走线。引接线参数应符合表 4-22 的要求。调谐单元使用双钢包铜引接线与钢轨连接，两线安装孔间距 80 mm。

表 4-22

频　率(Hz)	有效电阻(mΩ)	感　抗(mΩ)
1 700	7±0.71	31.4±3.14
2 000	8±0.8	35.2±3.52
2 300	9±0.9	39.0±3.9
2 600	10±1.0	42.6±4.26

（3）信号机安装需满足建筑接近限界要求，安装在调谐区距匹配变压器（匹配单元）大于或等于 2 m，小于或等于 2.5 m 的位置。

4.7.6 机械绝缘节安装应符合下列要求：

（1）机械绝缘节处包含机械节空芯线圈（机械节平衡线圈）、匹配变压器（匹配单元）、调谐单元、防护盒和钢包铜引接线及其安装卡具。设备位置要求及布置如图 4-55 所示。

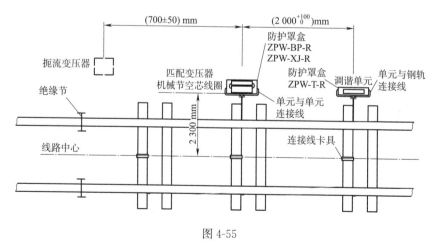

图 4-55

(2)匹配变压器(匹配单元)与机械绝缘节空芯线圈(机械节平衡线圈)在同一位置,距机械绝缘节(有扼流变压器时为扼流变压器)中心 700 mm,调谐单元距匹配单元(机械绝缘节空芯线圈)2 m。

(3)调谐单元、机械空芯线圈(机械节空芯线圈)分别采用 2 m、3.7 m 双钢包铜引接线与轨道连接。

4.7.7 补偿电容设置及安装应符合下列要求:

(1)补偿电容按照轨道电路调整表分频率设置,并且按等间距分布;调谐单元与临近的第一个补偿电容的距离 L 固,架式设备为(50±1) m、柜式设备为(75±1) m。主轨道补偿电容为等间距补偿,其间距计算公式为:

$$\Delta_L = (L - 2 \times L_{固}) / (N-1)$$

式中:Δ_L 为补偿电容等间距长度(m);L 为主轨道电路从发送端调谐单元至接收端调谐单元之间的距离(m);N 为补偿电容数量,根据 ZPW-2000 系列无绝缘轨道电路调整表进行确定。

电气—电气:$L = L_g - 30$ m;

机械—电气:$L = L_g - 17$ m。

L_g 为从空芯线圈至空芯线圈之间的距离。

(2)补偿电容参数满足表 4-23 的要求。

表 4-23

序号	项 目		指标及范围	备 注
	电容容量(μF)	1 700 Hz 区段	40±2.0	测试频率:1 000 Hz
		2 000 Hz 区段	33±1.65	
		2 300 Hz 区段	30±1.5	
		2 600 Hz 区段	28±1.4	
	损耗角正切值		≤70×10⁻⁴	测试频率:1 000 Hz
	绝缘电阻		≥500 MΩ	两极间,直流 100 V

4.7.8 在安装有道口信号轨道电路(闭路式和开路式制式)的区段,须采用道口专用补偿电容。专用电容类型和电气参数应符合表 4-24 的要求。在道口轨道电路作用区域内补偿电容要替换成等效容值的专用补偿电容。专用补偿电容设置范围同 ZPW-2000A。

表 4-24

道口补偿电容型号	对应载频下等效电容值 (μF)	对应控制器工作频率下阻抗值(Ω)	
		闭路控制器	开路控制器
ZPW·CBGD-1700	40±4.0		
ZPW·CBGD-2000	33±3.3	≥30	≥70
ZPW·CBGD-2300	30±3.0		
ZPW·CBGD-2600	28±2.8		
绝缘电阻≥500 MΩ			

4.7.9 桥上护轮轨设备安装同 ZPW-2000A。

4.7.10 电缆使用原则:同 ZPW-2000A。

4.8 WG-21A 型无绝缘轨道电路(N+1 系统)

4.8.1 WG-21A 型无绝缘轨道电路原理见图 4-56。在调整状态下,轨道电路接收器的限入电压不小于 240 mV,轨道继电器电压不小于 20 V,并可靠工作。

4.8.2 用 0.15 Ω 标准分路线在轨道电路最不利处所分路时,接收器的限入残压不大于 130 mV,轨道继电器残压不大于 3.4 V,并可靠落下。

4.8.3 当电源电压最高,道床电阻最小,在最不利分路点断轨时,接收器的限入残压不大于 130 mV,轨道继电器残压不大于 5 V,并可靠落下。

4.8.4 在机车入口端轨面,用 0.15 Ω 标准分路电阻线分路时,短路电流应符合下列要求:

(1)载频为 1 700 Hz、2 000 Hz、2 300 Hz 时,不小于 500 mA;

(2)载频为 2 600 Hz 时,不小于 450 mA。

4.8.5 轨道电路长度大于 350 m 时应设补偿电容,补偿电容应均匀设置,间隔为 100 m;轨道电路两端的补偿电容距电气绝缘区空芯线圈的距离相等,且不小于 48 m,不大于 98 m。

4.8.6 轨道电路的调整参照 UM71 电气绝缘轨道电路调整表进行。

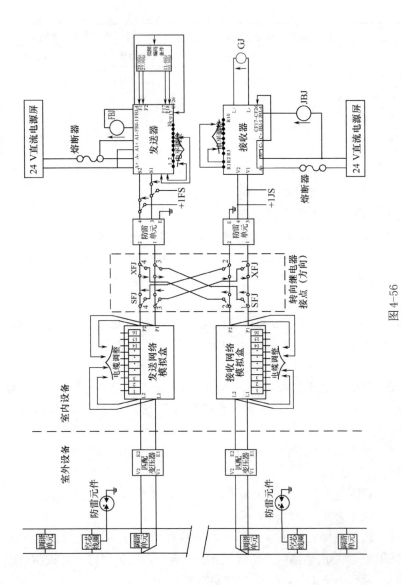

图 4-56

448

4.9 微机、微电子交流计数电码轨道电路

4.9.1 轨道电路在调整状态下,向轨道发送稳定交流电源,接收变压器输入侧的交流电压或电气化区段滤波器输出电压,应为 3.9~8 V(微电子交流计数的不应小于 5 V),最大不超过 12 V。电气化区段微机交流计数电码轨道电路见图 4-57;电气化区段微电子交流计数电码轨道电路见图 4-58。

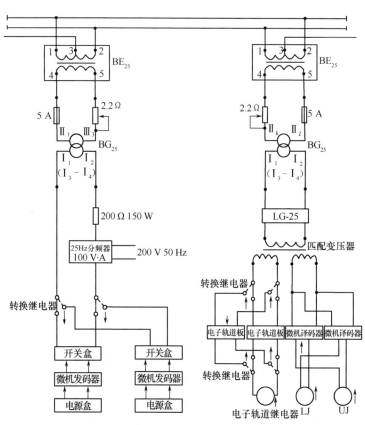

图 4-57

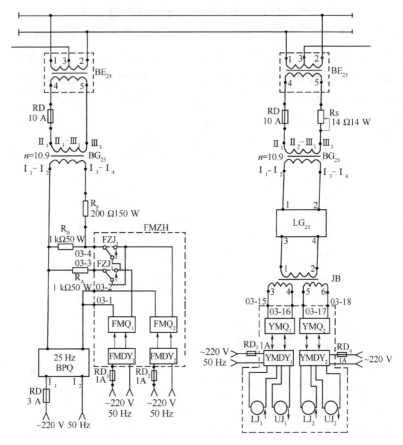

图 4-58

4.9.2 送、受电端引接线电阻(包括电缆电阻)不应大于 0.5 Ω。

4.9.3 用 0.06 Ω 标准分路电阻线,在送、受电端轨面上分路时,接收变压器输入侧交流电压不应大于 2.1 V,译码器应可靠停止工作。

4.9.4 轨道电路(含站内电码化区段),在机车入口端轨面,用 0.06 Ω 标准分路电阻线分路时的分路电流:电气化区段不小于 1.4 A,非电气化区段不小于 1.2 A。

4.10 高灵敏轨道电路

4.10.1 当道床电阻不小于 0.6 Ω·km,50 Hz 交流电压(220±22) V 时,应能保证轨道电路正常工作。

450

4.10.2 GLG 型高灵敏轨道电路应满足下列要求。

(1)轨道电路区段长度不大于 1 200 m。

(2)分路灵敏度：

①300 m 以下区段不小于 0.6 Ω；

②300 m 以上区段不小于 0.15 Ω。

(3)应变时间不大于 0.3 s。

4.10.3 TGLG 型高灵敏轨道电路应满足下列要求。

(1)轨道电路区段长度不大于 50 m；

(2)分路灵敏度不小于 3 Ω；

(3)应变时间不大于 0.2 s。

4.11 不对称高压脉冲轨道电路

4.11.1 不对称高压脉冲轨道电路由不对称高压脉冲发送设备、传输通道、不对称高压脉冲接收设备等组成。不对称高压脉冲轨道电路图例如下。

(1)非电气化区段

①发码器室外分散放置：一送一受见图 4-59，一送两受见图 4-60，一送三受见图 4-61。

②发码器室内集中放置：一送一受见图 4-62，一送两受见图 4-63；一送三受见图 4-64。

(2)电气化区段

①发码器室外分散放置：一送一受见图 4-65，一送两受见图 4-66，一送三受见图 4-67。

②发码器室内集中放置：一送一受见图 4-68，一送两受见图 4-69；一送三受见图 4-70。

4.11.2 不对称高压脉冲轨道电路应参照调整表进行调整。调整状态下，轨道继电器电压要满足工作值的 1.1 倍以上，即头部电压不小于 30 V，尾部电压不小于 21 V；在最不利条件下，轨道继电器的头部电压不小于 27 V，尾部电压不小于 19 V。调整状态下继电器的头部和尾部电压不能超过调整表的最大值。

4.11.3 使用 0.15 Ω 标准分路线在轨面送、受电端及最不利处可靠分路时，轨道继电器(一送多受时其中任一分支的轨道继电器)头部电压不应大于 13.5 V、尾部不大于 10 V，继电器可靠落下。

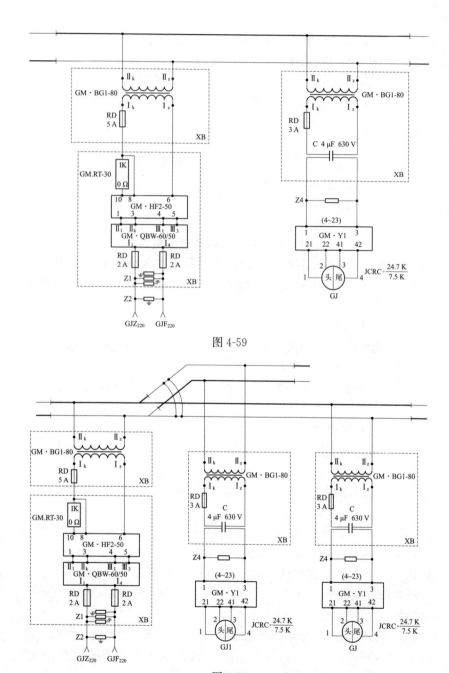

图 4-59

图 4-60

452

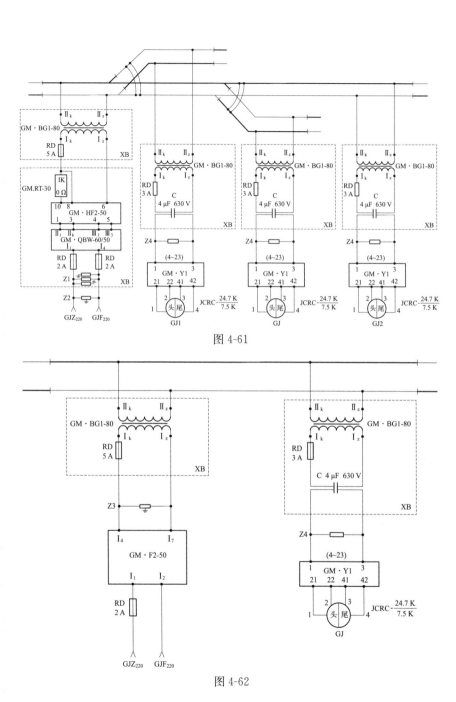

图 4-61

图 4-62

冶金企业铁路信号维护规则

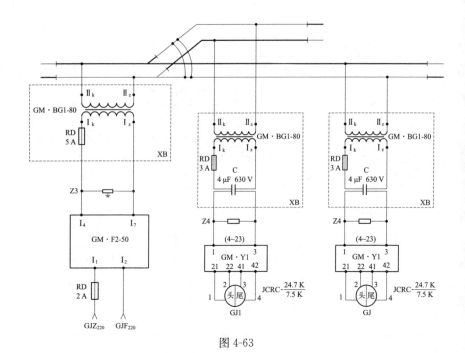

图 4-63

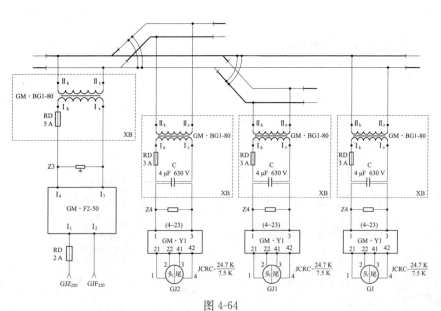

图 4-64

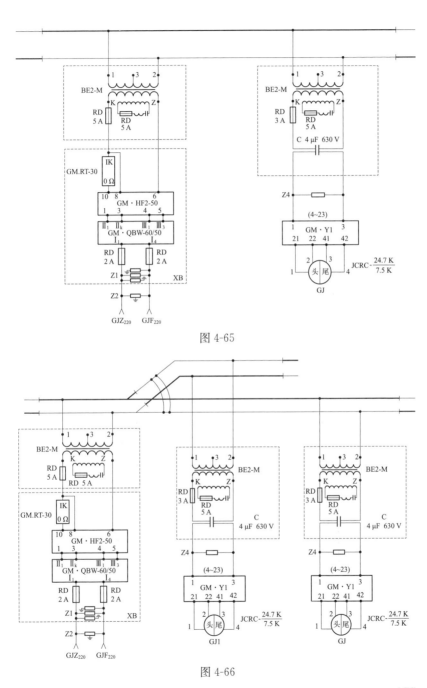

图 4-65

图 4-66

冶金企业铁路信号维护规则

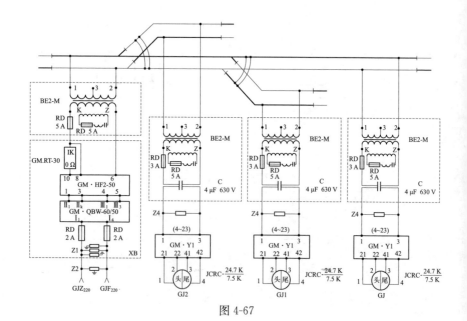

图 4-67

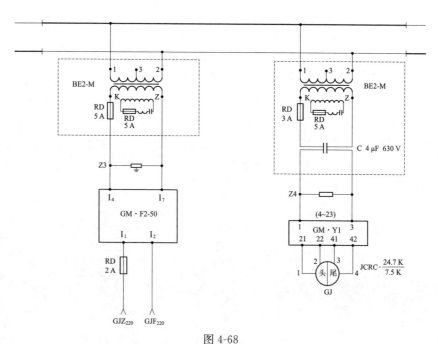

图 4-68

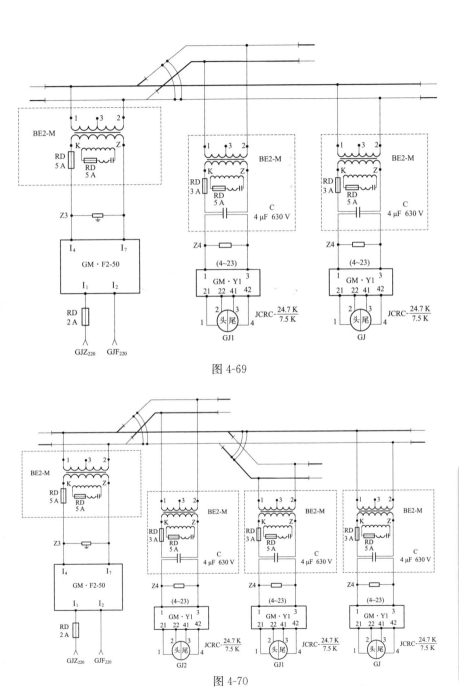

图 4-69

图 4-70

4.11.4 可参照调整表,调整发码器输出、调整电阻、扼流/轨道变压器变比以实现轨面峰值电压的调整。

4.11.5 在译码器端子上调整二元差动继电器头部、尾部电压比例。

4.11.6 电码化区段,在最不利条件下,入口电流应满足机车信号可靠工作的要求。

4.11.7 发码器在室外安装时,电源电缆压降不大于 30 V。发码器在室内安装时,应采用单芯电缆,特殊情况下采用多芯电缆时,应具备检查防护措施,电缆环阻不大于 50 Ω。发送端高压脉冲调整电阻器和电缆电阻之和不得小于 10 Ω。

4.11.8 轨道电路可在钢轨连续牵引总电流不大于 1 000 A,不平衡电流不大于 80 A(道床无漏泄)情况下稳定工作。

4.11.9 GM·F 系列高压脉冲发码器电气特性符合表 4-25、表 4-26 的要求,端子的使用规定应符合如表 4-27 所示。

表 4-25

输出电压调整端子	测量峰值电压(V)			
	II_6-II_8	II_6-II_9	II_6-II_{10}	II_6-I_7
II_1-II_3	60～140	150～240	235～350	330～460
II_1-II_4	100～180	210～320	315～460	430～600
II_1-II_5	120～210	250～390	380～570	510～760
注:在测试中,I_1、I_2 端子输入 220 V 电源,连接端子 II_6-II_7,I_4-I_7。				

表 4-26

输出电压调整端子	测量 II_6-II_8 频率(Hz)
II_1-II_3	2.85～3.15
注:在测试中,I_1、I_2 端子输入 220 V 电源,连接端子 II_6-II_7,I_4-I_7。	

表 4-27

型号	输入端子		输出电压	连接端子	使用		电阻	连接端子
GM·F	I_1-I_2	电压调整	300 V	II_1-II_3	I_4-I_7	电阻调整	20 Ω	II_6-II_7
			400 V	II_1-II_4			15 Ω	II_6-II_8
			500 V	II_1-II_5			10 Ω	II_6-II_9
							5Ω	II_6-II_{10}

4.11.10 GM·HF 系列高压脉冲发码盒。

(1)GM·HF1-25 高压脉冲发码盒电气特性符合表 4-28、表 4-29 的要求,端子的使用规定应符合如表 4-30 所示。

(2)GM·HF2-50 高压脉冲发码盒电气特性符合表 4-31、表 4-32 的要求,端子的使用规定应符合如表 4-33 所示。

表 4-28

GM·HF1-25 的 1、3 与 GM·BDF-100/25 变压器连接端子	测试 GM·RT-30 对应电阻峰值电压(V)			
	5 Ω	10 Ω	15 Ω	20 Ω
II_1、II_2	60~140	150~240	235~350	330~460
II_1、II_3	100~180	210~320	315~460	430~600
II_1、II_4	120~210	250~390	380~570	510~760

注:在测试中 GM·HF1-25 的 4、5 端子与 GM·BDF-100/25 的 III_1、III_2 相连;GM·HF1-25 的 8、10 端子间串入 GM·RT-30 的 20 Ω 电阻,GM·HF1-25 的 6、8 封连。

表 4-29

GM·HF1-25 的 1、3 与 GM·BDF-100/25 连接端子	测试 GM·HF1-25 的 8、10 端子间脉冲频率(Hz)
II_1、II_2	2.85~3.15

注:在测试中 GM·HF1-25 的 4、5 端子与 GM·BDF-100/25 的 III_1、III_2 相连;GM·HF1-25 的 8、10 端子间串入 GM·RT-30 的 20 Ω 电阻,GM·HF1-25 的 6、8 封连。

表 4-30

型 号	连接 GM·BDF-100/25 的 II_1	连接 GM·BDF-100/25 的			连接 GM·BDF-100/25 的 III_1、III_2	使用端子	调整电阻连接端
		II_2(300 V)	II_3(400 V)	II_4(500 V)			
GM·HF1-25	1	3			4、5	6、8	8、10

表 4-31

GM·HF2-50 的 1、3 与 GM·QBW-60/50 稳压变压器连接端子	测试 GM·RT-30 对应电阻峰值电压(V)			
	5 Ω	10 Ω	15 Ω	20 Ω
II_1、II_2	60~140	150~240	235~350	330~460
II_1、II_3	100~180	210~320	315~460	430~600
II_1、II_4	120~210	250~390	380~570	510~760

注:在测试中 GM·HF2-50 的 4、5 端子与 GM·QBW-60/50 的 III_1、III_3 相连;GM·HF2-50 的 8、10 端子间串入 GM·RT-30 的 20 Ω 电阻,GM·HF2-50 的 6、8 封连。

表 4-32

GM·HF2-25 的 1、3 与 GM·QBW-60/50 连接端子	测试 GM·HF2-25 的 8、10 端子间脉冲频率（Hz）
Ⅱ₁、Ⅱ₂	2.85～3.15

注：在测试中 GM·HF2-50 的 4、5 端子与 GM·QBW-60/50 的 Ⅲ₁、Ⅲ₃ 相连；GM·HF2-50 的 8、10 端子间串入 GM·RT-30 的 20 Ω 电阻，GM·HF2-50 的 6、8 封连。

表 4-33

型　号	连接 GM·QBW-60/50 的 Ⅱ₁	连接 GM·QBW-60/50 的			连接 GM·QBW-60/50 的 Ⅲ₁、Ⅲ₃	使用端子	调整电阻连接端
		Ⅱ₂(300 V)	Ⅲ₃(400 V)	Ⅱ₄(500 V)			
GM·HF2-50	1	3			4、5	6、8	8、10

4.11.11　GM·Y1 系列高压脉冲译码器电气特性符合表 4-34，端子的使用规定应符合表 4-35 的要求。

表 4-34

型号	输出端子	调节连接端子				
		43-11	43-12	43-33	43-31	43-32
GM·Y1	41(＋)42(－)	$45(^{+10}_{-5})$V	$55(^{+10}_{-5})$V	$65(^{+10}_{-5})$V	$75(^{+10}_{-5})$V	$85(^{+10}_{-5})$V
	21(＋)22(－)	$10.5(\pm1.5)$V				

注：连接端子 4、23，端子 41、42 并接 7.5 kΩ/2 W 电阻，端子 21、22 并接 24 kΩ/1.0W 电阻，1、2 端子输入 50 Hz、44 V 电压。

表 4-35

型号	输入端子 1、3	调整端子	输出端子 21、22	输出端子 41、42
GM·Y1	轨道侧	43 选择与 11、12、33、31、32 连接	与二元差动继电器的 1、2 连接	与二元差动继电器的 3、4 连接

4.11.12　阻容盒(RCH，分为 RCH-1、RCH-2、RCH-3 三种类型)。其中 RCH-1、RCH-2 适用于不对称高压脉冲轨道电路的接收，为复示继电器提供延时功能；RCH-3 适用于停电监督电路。

　　RCH-1 延时 1 s，内含一个阻容延时电路；RCH-2 延时 1 s，内含两个阻容延时电路；RCH-3 延时 3 s，内含一个阻容延时电路。以 RCH-2 型阻容盒为例，其电路原理图见图 4-71。

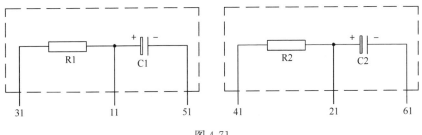

图 4-71

电气特征符合下列要求：

（1）电阻：被釉电阻，型号为 260 Ω/20 W，误差±5%。

（2）电容：电解电容，RCH-1，RCH-2 为 510 μF/50 V，误差－5%～+10%，RCH-3 为 1 000 μF/50 V，误差±10%。

4.11.13　二元差动继电器。

（1）继电器接点的接触电阻不应大于 0.1 Ω。

（2）当继电器插入插座时，包括插簧在内的接点接触电阻不大于 0.15 Ω。

（3）接点允许不同时接触性不大于 0.2 mm。

（4）继电器接点系统的机械特性应符合表 4-36 的要求。

（5）继电器的线圈参数及电气特性应符合表 4-37 的要求。

表 4-36

继电器型号	接点间隙不小于 (mm)	托片间隙不小于 (mm)	接点压力(mN)	
			前接点	后接点
JCRC-24.7k/7.5k	1.3	0.35	250～400	250～400

表 4-37

继电器型号	线圈电阻 (kΩ)		释放值不小于(V)		工作值(V)		差动值(V)			充磁值(V)		头部圈单圈不吸起值不小于
	头部圈	尾部圈	头部线圈	尾部线圈	头部圈不大于	尾部圈不大于	尾部圈不大于	头部圈电压给定	差动比	头部圈	尾部圈	
JCRC-24.7k /7.5k	24.7	7.5	实测工作值的50%	实测工作值的50%	27	19	81 150	27 50	2：1～3：1	100	100	300

冶金企业铁路信号维护规则

4.11.14 变压器。

(1)高压脉冲轨道变压器各线圈电压如图 4-72 所示,电气特性应符合表 4-38 的要求。

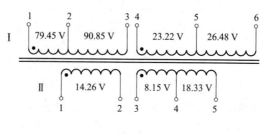

图 4-72

表 4-38

型 号	额定容量 (V·A)	频率 (Hz)	一次线圈		二次线圈	
			额定电压 (V)	空载电流不大于 (A)	额定电压 (V)	额定电流 (A)
GM·BG1-80	80	50	220	0.75	8.15~40.74	2.0

(2)高压脉冲发码电源变压器供给 GM·HF1-25 高压脉冲发码盒工作电源,各线圈电压如图 4-73 所示,电气特性符合表 4-39 的要求。

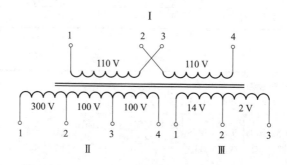

图 4-73

表 4-39

类　　型	额定容量 (V·A)	频率 (Hz)	额定电压(V)			额定电流(A)	空载电流 不大于(A)
			一次	二次	三次	二次	
GM·BDF-100/25	100	25	220	100～500	2～16	0.2	0.03

（3）高压脉冲稳压变压器供给 GM·HF2-50 高压脉冲发码盒工作电源，原理如图 4-74 所示，电气特性符合表 4-40 的要求。

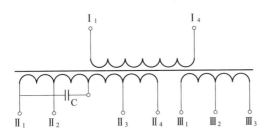

图 4-74

表 4-40

类　　型	额定容量 (V·A)	频率 (Hz)	额定电压(V)			额定电流(A)	空载电流 不大于(A)
			一次	二次	三次	二次	
GM·QBW-60/50	60	50	220	300～520	14～16	0.115	0.35

（4）不对称高压脉冲轨道电路扼流变压器系列

①BE1(2)-M1 型扼流变压器的线圈结构如图 4-75；其电气特性应符合表 4-41。

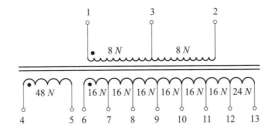

图 4-75

表 4-41

型　号		BE1-M1、BE2-M1
同　名　端		1、4、6
变比(牵引线圈/信号线圈)		1∶3,1∶(1+1+1+1+1+1+1.5)
牵引圈未经磁化阻抗	牵引圈加 50 Hz/10 V 电压，其阻抗不小于　　　　　(Ω)	3
不平衡牵引电流不小于 50 A(加 50 Hz 电压于牵引线圈)变压器饱和时,信号线圈 7-13 的开路电压不应大于　　(V)		200
不平衡度	应小于　　　　　(%)	0.5
注:扼流变压器包含 BE1-M1 400,BE1-M1 600,BE1-M1 800,BE1-M1 1000,BE1-M1 1200, BE1-M1 1600,BE2-M1 400,BE2-M1 600,BE2-M1 800,BE2-M1 1000,BE2-M1 1200, BE2-M1 1600。		

②BE1(2)-M2 型不对称高压脉冲轨道电路用扼流变压器的线圈结构如图 4-76;其电气特性应符合表 4-42。

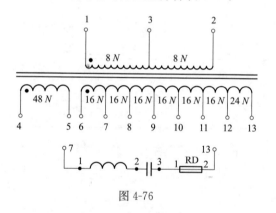

图 4-76

表 4-42

型　号		BE1-M2、BE2-M2
同　名　端		1、4、6
变比(牵引线圈/信号线圈)		1∶3,1∶(1+1+1+1+1+1+1.5)
牵引圈未经磁化阻抗	牵引圈加 50 Hz/10 V 电压,其阻抗不小于　　　　　(Ω)	3
不平衡牵引电流不小于 50A(加 50 Hz 电压于牵引线圈)变压器饱和时,信号线圈 7-13 的开路电压不应大于　　(V)		200

不平衡度	应小于	（%）	0.5

注:扼流变压器包含 BE1-M2 400,BE1-M2 600,BE1-M2 800,BE1-M2 1000,BE1-M2 1200,BE1-M2 1600,BE2-M2 400,BE2-M2 600,BE2-M2 800,BE2-M2 1000,BE2-M2 1200,BE2-M2 1600。

③高压脉冲电码化调整变压器各线圈电压如图 4-77 所示,电气特性符合表 4-43 的要求。

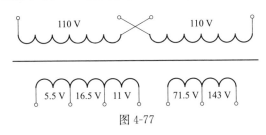

图 4-77

表 4-43

型　号	额定容量（V·A）	一　　次		二　　次		空载电流不大于(mA)
		额定电压(V)/50 Hz	额定电流(A)	额定电压(V)	额定电流(A)	
GM·BMT	300	220	1.36	5.5～247.5	1.21	150

④高压脉冲电抗器线圈结构如图 4-78;其电气特性应符合表 4-44。

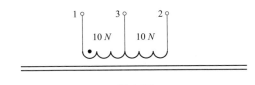

图 4-78

表 4-44

高压脉冲电抗器型号		GM·Z 1000/800/600
中点允许通过连续总电流(A)		1000、800、600
牵引线圈阻抗	牵引线圈加 50 Hz、10 V 电压,阻抗不小于(Ω)	9.0
不平衡系数应小于		0.5%

4.11.15 高压脉冲发码调整电阻器特性应符合表 4-45。

表 4-45

型 号	额定功率 (V·A)	标称电阻 (Ω)	电阻器抽头间电阻（Ω）					电阻值允许误差
			1-2	2-3	3-4	4-5	5-6	
GM·RT-30	150	30	5	5	5	5	10	±5%

5 联 锁

5.1 通 则

5.1.1 联锁设备必须工作可靠并符合故障—安全原则。

5.1.2 当外线任何一处发生断线或混线时,不能导致进路错误解锁、道岔错误转换以及信号机错误开放。

5.1.3 当进路上的有关道岔开通位置不正确,道岔第一连接杆处（分动外锁闭道岔为锁闭杆处）的尖轨与基本轨、心轨与翼轨有 4 mm 及其以上间隙,敌对进路未解锁或照查条件不符时,防护该进路的信号机不能开放。

5.1.4 信号机开放后,与该进路有关的道岔应被锁闭,其敌对信号机不得开放。

5.1.5 向占用线路排列进路时,有关列车信号机不得开放（引导信号除外）。

5.1.6 正线出站信号机未开放时,进站信号机的通过信号不能开放;主体信号机未开放时,预告、接近信号机或复示信号机不得开放。

5.1.7 站内联锁设备中,除引导接车外,敌对进路（必须互相照查,不能同时开通的进路）为:

　　(1)同一到发线上对向的列车进路与列车进路;

　　(2)同一到发线上对向的列车进路与调车进路;

　　(3)同一咽喉区内对向重叠的列车进路;

（4）同一咽喉区内对向重叠的调车进路；

（5）同一咽喉区内对向重叠或顺向重叠的列车进路与调车进路；

（6）进站信号机外方，列车制动距离内接车方向为超过6‰的下坡道，而在该下坡道方向的接车线末端未设线路隔开设备时，该下坡道方向的接车进路与对方咽喉的接车进路、非同一到发线顺向的发车进路以及对方咽喉调车进路；

（7）防护进路的信号机设在侵入限界的轨道绝缘节处，禁止同时开通的进路；

（8）向驼峰推送车列占用的股道与另一端向该股道的接车进路或调车进路；

（9）咽喉区内无岔区段上对向的调车进路（到发线上无岔区段应根据具体情况及运营要求另作规定）。

5.1.8 进站或接车进路信号机因故障不能正常开放信号或开通非固定接车线路时，应使用引导信号。开放引导信号，必须检查所属主体信号机红灯在点灯状态。

5.1.9 列车主体信号机和调车信号机应设有灯丝监督，在信号机开放后，应不间断地检查灯丝完好状态；进站和有通过列车的正线出站或进路信号机，当红灯灭灯时该信号机不得开放；开放预告、接近信号机或复示信号机时，应不间断地检查其主体信号机在开放状态。

5.1.10 当道岔区段有车占用时，该区段内的道岔不能转换。

5.1.11 联锁道岔受进路锁闭、区段锁闭、人工锁闭，在任何一种锁闭状态下，道岔不得启动（人工锁闭系指利用操纵设备切断道岔控制电路或用转辙机的安全接点切断启动电路）。

5.1.12 集中联锁道岔一经启动，不论其所在区段轨道电路故障或有车进入轨道区段，均应继续转换到规定位置。

5.1.13 道岔因故被阻不能转换到规定位置时，当其所在区段空闲，对非调度集中操纵的道岔，应保证经操纵后转换到原位；对调度集中操纵的道岔，应自动切断供电电源，停止转换。

5.1.14 道岔的表示电路应符合下列要求。

（1）道岔表示应与道岔的实际位置相一致，并应检查自动开闭器两排接点组在规定位置。

（2）联动道岔只有当各组道岔均在规定的位置时，方能构成规定的位置表示。

（3）单动、联动或多点牵引道岔须检查各牵引点的道岔转换设备均在规定的位置。

5.1.15 能监督是否挤岔，并于挤岔的同时，使防护该进路的信号机自动关闭。被挤道岔未恢复前，有关信号机不能开放。

5.1.16 进路在接近锁闭后，应保证不因进路上任一区段故障而导致进路的错误解锁（进路内仅一个区段者例外）。列车及调车进路在接近锁闭后能办理人工解锁，接车进路及有通过列车的正线发车进路的人工解锁延时 3 min；其他进路人工解锁延时 30 s。

5.1.17 已锁闭的进路，应不因轨道电路瞬时分路不良而错误解锁。

5.1.18 当电源停电恢复时，进路中已锁闭的轨道区段不应错误解锁。

5.1.19 集中联锁使用的电器设备应符合下列规定。

（1）联锁电路宜使用安全型继电器，使用机械或磁性保持的继电器时应有防护措施；

（2）不同种类的继电器在结构上不能错误互换；

（3）表示道岔解锁、道岔转换、道岔位置、区段空闲、信号开放、进路解锁、敌对照查等涉及行车安全的信息应使用继电器的前接点；

（4）因继电器动作时间的差异以及其他元器件不同状态的影响，联锁电路不应导致危及行车安全的电路错误动作。

5.1.20 本章所指控制台包括操纵部分和表示部分。

5.2 继电联锁

5.2.1 继电联锁的各项要求与通则相同。

5.2.2 继电联锁的车站应设置模拟站场形状的控制台（操纵盘和表示盘）。

5.2.3 排列进路时应采用进路操纵方式。进路应逐条办理。排列或取消进路时，不得影响其他已开通进路的正常工作或构成其他进路。

5.3 计算机联锁共同要求

5.3.1 计算机联锁系统应有完善的防静电措施,有良好的密封、防尘措施;计算机箱、柜应清洁,通风良好。

5.3.2 计算机机房的接地和雷电电磁脉冲防护应符合标准;分散设置的防雷地线、安全地线、屏蔽地线或采用综合接地装置接地体的接地电阻值应符合标准。

5.3.3 计算机电源必须由信号电源屏单独一路输出供给(对二乘二取二计算机联锁系统应逐步实现两路独立输出电源分别给两重系供电),在接入计算机前必须经过净化,并采用不间断供电电源(UPS)。UPS 应设双套,互为备用。UPS 通电 30 s 后,方可加负载。UPS 的容量和时间特性应符合设计要求。UPS 电源的蓄电池应定期进行充放电试验,保证 UPS 电源性能良好。

5.3.4 计算机联锁系统可采用双机热备、三取二容错、二乘二取二冗余等方式。

(1)双机热备计算机联锁系统,两台联锁机互为主、备机,可以人工或自动方式相互切换。系统正常工作时,切换手柄(复位按钮)应处在"自动"位置,备机与工作机(主机)处于同步工作状态;当工作机故障时,应能自动切换至备机,备机上升为工作机,故障机自动脱机。在工作机自动切换至备机的过程中,不应影响系统的正常工作。

当备机故障时,应能自动转入脱机状态。

以人工方式切换主、备机时,必须人为确认全站没有办理任何作业。

(2)三取二容错计算机联锁系统,在正常工作时,三台联锁机处于同步工作状态。当其中一台联锁机发生故障时,自动降为双机同步工作,故障机自动脱机。

(3)二乘二取二计算机联锁系统,两重系结构,以主从方式并行运行。两系之间通过并行接口建立的高速通道交换信息,实现两重系的同步和切换。

5.3.5 联锁机信息采集电路板上的表示灯应与被采集设备的实际状态一一对应,且与控制台显示屏的显示一致。

5.3.6 联锁机驱动电路板上的表示灯应与被控制对象一一对应,且与控制台操作人员发出的控制命令一致。

5.3.7 联锁机柜面板上应有指示工作状态的表示灯。在正常状态下表示灯的亮、灭或闪烁应符合设计要求;故障时应有相应的报警。

5.3.8 控制台的显示器应能给出系统故障的文字或语音提示。

5.3.9 计算机联锁的电务维护设备,应能随时监测设备的运行状态,记录操作信息、设备状态信息和自诊断信息,信息记录保存时间不少于48 h。

5.3.10 计算机联锁可与其他信号设备使用统一接口协议结合,并可联网与其他管理信息系统交换数据,但必须与其他系统安全隔离,不得影响系统的正常工作。

5.3.11 具有对室内外联锁设备的检测和监测功能。

5.3.12 计算机联锁系统出现故障影响正常使用时,应首先进行人工切换,必要时可采取关机复位的应急办法,硬盘灯闪烁时不得直接关闭计算机电源。

5.3.13 计算机联锁系统的各种板、件不得进行带电热插拔,技术说明书另有说明的遵守说明书的相关规定。

5.3.14 站(场)计算机联锁集中控制时应符合下列规定。

(1)各站(场)的计算机联锁设备应控制各自集中范围内的联锁设备;

(2)各站(场)均应为独立的计算机联锁设备,控制中心应设控制显示设备和通信设备;

(3)控制中心至各站(场)之间的通信通道应采用不同物理路径的独立冗余安全通道;

(4)站间联系、场间联系功能宜由各站(场)的计算机联锁设备实现;

(5)集中控制与各站场单独控制的转换须人工确认。

5.4 控制台与显示器

5.4.1 控制台(或控制与表示分开的表示盘)、显示器应符合有关规定,并具有下列表示。

(1)与集中联锁区站场相对应的模拟表示。

(2)主要按钮的操作表示。

(3)进站及接车、发车进路信号机的关闭表示。

(4)列车或调车信号机的开放表示及进站复示信号机的开放表示。

(5)道岔位置及挤岔表示。

(6)轨道电路区段占用表示。

(7)进路锁闭状态、人工解锁状态表示。

(8)非进路调车、遥控状态及平面溜放调车表示。

(9)区间闭塞的状态表示。

(10)供电电源状态表示。

(11)其他需要的表示及某些状态的语音提示和报警。

5.4.2 单元控制台应达到下列要求：

(1)盘面的模拟站场应与实际站场一致，股道示意条完整清晰；光带颜色正确；各种文字标识齐全、正确、字迹清楚。

(2)盘面应清洁无污渍，必要时可用稀释后的民用中性清洗剂或酒精清洗，忌酸、碱等腐蚀性介质。

(3)台体保持稳固不歪倾，表面平整、不脱漆，各门密封良好。

(4)各种密封型按钮应满足下列要求：

　　①按钮接点的接通和断开与按钮的按压、停留、复位的位置关系正确。

　　②自复式按钮按压后能自动恢复到定位，非自复按钮按压后应可靠地保持。

　　③按钮在受到振动时，接点不得错接或错断。

　　④各种按钮应安装牢固，无松动及旋转。

(5)按钮内的发光二极管表示灯插入牢固可靠。

(6)按钮内的发光二极管发生损坏时，一般须更换整个单元体，焊接式单元体更换时应核对线号，插接式的单元体应符合鉴别销方向，并应紧固插头上的不脱出螺丝。

(7)控制台装有计数器时，计数器应正确计数，不跳码、不漏码、数码字迹清晰。

5.4.3 以数字化仪作为操作方式的控制台，台面与所覆站场操作图不得错位。

6 闭 塞 设 备

6.1 通　则

6.1.1 区间应采用自动闭塞、半自动闭塞或自动站间闭塞。

（1）单线区段应采用半自动闭塞或自动站间闭塞，繁忙区段可采用自动闭塞。

（2）双线区段应采用自动闭塞。

（3）在调度集中（CTC）区段应采用自动闭塞和自动站间闭塞。

6.1.2 区间正线上的道岔须与有关信号机或闭塞设备联锁。当区间道岔未开通正线时，两端站不应开放有关信号机；设在辅助所的闭塞设备与有关站的闭塞设备应联锁。

6.2　自动闭塞

6.2.1 共同要求。

（1）区间通过信号机应能连续反映其所防护闭塞分区的空闲或占用情况。闭塞分区被占用或轨道电路失效时，防护该闭塞分区的通过信号机应自动关闭。

（2）当进站及通过信号机红灯灭灯时，其前一架通过信号机应自动显示红灯。带红灯保护区的四显示区段，保护区的通过信号机红灯灭灯时，其前一架信号机可自动显示黄灯。

（3）区间通过信号机允许信号灯丝断丝后，相关联的信号机点灯应保持原有状态，轨道区段发码应与列车运行前方信号机的显示含义及进路状态相符。

（4）双向运行的自动闭塞区段，在同一线路上，当一个方向的通过信号机开放后，相反方向的信号机均须在灭灯状态，与其衔接的车站向同一线路发车的出站信号机开放后，对方车站不得向该线路开放出站信号机。

（5）双向运行的自动闭塞区段，当区间被占用或轨道电路失效时，经两站工作人员确认后，可通过规定的手续改变运行方向。

（6）双向运行的自动闭塞区段，当发生设备故障或受外电干扰时，不得出现敌对发车状态。

（7）闭塞设备中，当任一元件、部件发生故障或钢轨绝缘破损时，均不得出现信号的升级显示。

（8）自动闭塞区段机车信号信息码的码序应符合下列规定：

①三显示自动闭塞区段，区间闭塞分区的基本码序由高至低依次为 L 码→U 码→HU 码；

②四显示自动闭塞区段，区间闭塞分区的基本码序由高至低依次为 L 码→LU 码→U 码—HU 码；

③CTCS-2 级区段，区间闭塞分区的基本码序由高至低依次为 L5 码→L4 码→L3 码→L2 码→L 码→LU 码→U 码—HU 码；

④双线自动闭塞区段反向运行时，反向进站信号机外方接近区段应发送与反向进站信号机显示含义相符的机车信号信息码；正方向运行时设计速度不超过 160 km/h 的线路，除反向进站信号机外方接近区段以外的区间其他区段宜发送检测码，根据需要亦可发送追踪码序；正方向运行时设计速度超过 160 km/h 的线路，区间反向应按追踪码序发码。

（9）在自动闭塞区段，站内控制台上应设有下列区间表示：

①双向运行区间列车运行方向及区间占用；

②邻近车站两端的正线上，至少相邻两个闭塞分区的占用情况；

③必要的故障报警。

6.2.2 非电气化区段 4 信息移频自动闭塞。

（1）交流电源为正弦波，其电压波动范围不大于（220±22）V 时应可靠工作。

（2）移频电源盒的主要技术指标应符合表 6-1 的要求。

表 6-1

项　目 名称及型号		功放电源		稳压电源		接近电源		点灯电源		
		直流输出 电压 （V）	纹波 电压 （mV）	直流 输出电 压（V）	整机 纹波 电压 （mV）	直流输出电压 （限流电 阻 30 Ω） （V）	220 V 直流 输出 电压（V）	交流 输出 电压 （V）	电阻 负载 电流 （A）	点灯 电压 （V）
区间 电源盒	DY1	19～25.5	≤600	24±1	≤150	32～44	—	12±1		
	FDY-Q	22	≤550	24±1	≤100	—	≥28	—		
	FDY-Q(H)	19～25.5	≤550	24±1	≤100	—	—	—		
	FDY-Q(I)	19～25.5	≤600	24±1	≤100	32～44	—	12±1	3	
	ZP·HYQ1	22～25.5	≤500	24±1	≤100	—	≥28			

项 目 \ 名称及型号		功放电源		稳压电源		接近电源		点灯电源		
		直流输出电压(V)	纹波电压(mV)	直流输出电压(V)	整机纹波电压(mV)	直流输出电压(限流电阻30 Ω)(V)	220 V直流输出电压(V)	交流输出电压(V)	电阻负载电流(A)	点灯电压(V)
站内电源盒	ZP·HYN	22～25.5	≤600	24±1	≤150	—	—	—	—	—
	DY2	18.5～25	≤620	24±1	≤300	—	—	—	—	—
	FDY-Z	18.5～25	≤620	24±1	≤150	—	—	—	—	—
磁饱和稳压器	FBW	21.4～22.2	≤300	—	—	—	—	—	—	13～15

（3）移频发送盒的主要技术指标应符合表 6-2 的要求。

表 6-2

项 目 \ 名称及型号		功放输出电压(V)			移频的频率偏移(Hz)	低频周期变化
		负载电阻3.3 Ω 时	负载电阻0.85Ω 时	负载电阻17 Ω 时		
电子盒	DZ	≥5.6	≤2.1	≤13	±6	≤±2%
非电气化区间发送盒	FF	≥5.6	≤2.1	≤13	±4	≤±2%
区间发送盒	ZP·HF	≥6(基波)	≤2.6(基波)	≤13.2(基波)	±6	≤±2%

（4）衰耗隔离电子盒的主要技术指标应符合下列要求：

①输入阻抗：4.0～4.5 Ω。

②引线端子对机壳绝缘：大于 25 MΩ。

（5）移频接收盒的主要技术指标应符合表 6-3 的要求。

表 6-3

项 目 \ 名称及型号	衰耗输入阻抗(Ω)	限放输入阻抗(kΩ)	限放触发电压(mV)	返还系数	鉴频输出电压(V)	选放输入电压(V)	SK1 输入20 Hz 电压(V)	继电器电压(V)
有选频接收盒DZ	4.0～4.5	1.8～2.2	170±15	>80%	2.7～3.2	—	—	≥17.5
无选频接收盒DZ	4.0～4.5	1.8～2.2	170±15	>80%	2.7～3.2	—	—	≥17.5

项　目 名称及型号	衰耗输入阻抗(Ω)	限放输入阻抗(kΩ)	限放触发电压(mV)	返还系数	鉴频输出电压(V)	选放输入电压 20 Hz(V)	SK1输入 20 Hz电压(V)	继电器电压(V)
20 Hz 接收盒	—	—	—	—	2.7~3.2	0.56~0.57	—	≥17.5
有选频接收盒 FJS FJ-Z FJS(H)	4.0~4.5	1.8~2.2	170±15	>80%	2.7~3.2	—	—	≥17.5
无选频接收盒 FW	4.0~4.5	1.8~2.2	170±15	>80%	2.7~3.2	—	—	≥17.5
20JS F20JS-(C)	—	—	—	—	实际负载电压	—	8.8±0.2* 3±0.1**	≥17.5
有选频接收盒 ZP·HJ	4.0~4.5	1.8~2.2	170±15	>90%	—	—	—	≥17.5
20 Hz 接收盒 ZP·HJ-20	—	—	—	—	—	—	8.8±0.1	≥17.5

注：1. * 20JS-(C)型用带二级双稳接收盒；

2. ** F20JS-(C)型用不带二级双稳接收盒。

(6)移频检测盒的主要技术指标应符合表 6-4 的要求。

表 6-4

设备型号 项　目	JC		JC3(JC2-E、JC2R-F、JC2-D、JC2R-D)		ZP·HC(JC3H-F)	
	继电器		继电器		继电器	
	吸起	落下	吸起	落下	吸起	落下
电源检测 功放电压降低(V)	≤15	≥12	≤15	≥12	≤15	≥12
稳压电压降低(V)	≤23	≥20	≤23	≥20	≤23	≥20
稳压电压升高(V)	≥25	≤27.5	≥25	≤27.5	≥25	≤27.5
稳压电源 直流输出电压(V)	—		24±1		24±1	
纹波电压(mV)	—		<150		<150	
发送检测 触发值(mV)	≤1 400		≤1 400		≤1 400	
不触发值(mV)	≥500		≥500		≥500	
输入信号 20~200 V 时继电器电压(V)	—		—		—	
输入信号 2 V 时继电器电压(V)	≥18		—		—	
输入信号 1.4~13 V 时继电器电压(V)	—		≥18		≥18	
$f_上-13$ Hz，$f_下+13$ Hz FBJ 端电压(V)	—		—		≤3.4	

冶金企业铁路信号维护规则

6.2.3 电气化区段 4 信息移频自动闭塞

(1)交流电源为正弦波,其电压波动范围不大于(220±22) V 时应可靠工作。

(2)电气化区段移频电源盒的主要技术指标应符合表 6-5 的要求。

表 6-5

名称及型号 \ 项目		功放电源		稳压电源		接近电源	点灯电源
		直流输出电压(V)	纹波电压(mV)	直流输出电压(V)	整机纹波电压(mV)	直流输出电压(V)	交流输出电压(输入电压为220 V)(V)
区间电源盒	DQY	≥20.5	≤800	24±1	≤300	32~50	12±1
	DDY-Q	≥20.5	≤800	24±1	≤150	≥28	12±1
	ZP·HYQ·D	22~25	≤900	24±1	≤150	≥26	—
站内电源盒	DZY	19~26	≤1 300	24±1	≤300	—	—
	DDY-Z	19~26	≤1 300	24±1	≤150	—	—
	ZP·HYN	22~25.5	≤600	24±1	≤150	—	—

(3)电气化区段移频发送盒的主要技术指标应符合表 6-6 的要求。

表 6-6

名称及型号 \ 项目 负载电阻(Ω)		功放输出电压(V)								移频频率变化(Hz)	低频周期变化(%)
		18	14	131	210	270	460	260	1 000		
区间(分散式)发送盒	DQZ-550、650、750、850	≥20.5	≤23	≤47	—	—	—	—	—	<±4	<±2
	DF	≥20.5	≤23	≤47	—	—	—	—	—		
	ZP·HF-D	≥20.5	≤20	≤47	—	—	—	—	—		
区间(集中式)发送盒	DZF-550、650、750、850	—	—	—	—	—	≥105	≤85	≤195		
	DF-Z	—	—	—	—	—	≥105	≤85	≤195		
	ZP·HFJ-D	—	—	—	—	—	≥105	≤85	≤195		
站内发送盒	DZF-300~DZF-500	—	—	—	≥59	≤85	—	—	—		
	DF	—	—	—	≥59	≤85	—	—	—		

(4)衰耗隔离(ZP·HS-D)电子盒的主要技术指标应符合下列要求：

①输入阻抗：1.8～2.2 kΩ、700 Hz 单频。

②引线端子对机壳绝缘不应小于 25 MΩ。

(5)电气化区段移频站内、区间滤波盒的主要技术指标应符合表 6-7、表 6-8 的要求。

表 6-7

类 型	通带频率 (Hz)	通带衰耗 (高低温) (dB)	阻带频率 (Hz)	检查频率范围 (Hz)	阻带衰耗 (高低温) (dB)
300	276～324	<4.343	0～253,347～∞	50～250 253 347 350～3 000	29.53 31.27 19.11 27.80
400	376～424	<4.343	0～354,446～∞	50～350 354 446 450～3 000	28.66 25.19 19.11 26.93
500	476～524	<4.343	0～455,545～∞	50～150 455 545 550～3 000	28.66 21.72 19.11 26.93

表 6-8

类 型		通带部分		阻带部分		
		通带频率 (Hz)	高低温衰耗 (dB)	阻带频率 (Hz)	高温衰耗 (dB)	低温衰耗 (dB)
850	通带	775～925	≤7.82	50～758 941～3 000	≥30.40 ≥28.66	≥30.40 ≥25.19
	阻带	50～828 872～3 000		841～859	≥20.85	≥20.85
750	通带	675～825		50～675 842～3 000	≥30.40 ≥30.40	≥30.40 ≥25.19
	阻带	50～728 772～3 000		742～758	≥20.85	≥20.85

类 型		通带部分		阻带部分		
		通带频率（Hz）	高低温衰耗（dB）	阻带频率（Hz）	高温衰耗（dB）	低温衰耗（dB）
650	通带	575～725	≤6.95	50～556 743～3 000	≥33.88 ≥30.40	≥33.88 ≥26.93
	阻带	50～628 672～3 000		643～657	≥26.06	≥26.06
550	通带	475～625		50～455 644～3 000	≥36.48 ≥33.88	≥36.48 ≥30.40
	阻带	50～528 572～3 000		544～556	≥30.40	≥30.40

（6）电气化区段移频接收盒的主要技术指标应符合表 6-9 的要求。

表 6-9

项目 名称及型号	限放输入阻抗（kΩ）	限放工作电压（mV）	限放可靠落地电压（mV）	返还系数	通带宽度		继电器电压（V）
					限入 300 mV 时		
					可靠工作低频频率范围	可靠落下低频频率范围	
有选频区间接收盒 ZP·HJ-D、DQZ、DJS	2±0.2	≤200	≥125	≥70%	≥±2.5%	≤±15%	≥17.5
无选频接收盒 ZP·HJW-D、DZJ-W	2±0.2	≤200	≥125	≥700	—	—	≥15
有选频站内接收盒 DZJ	2±0.2	500±40	—	≥80%	≥±2.5%	≤±15%	≥15
20 Hz 接收盒、DJ					≥±2.5%	≤±15%	≥17.5

（7）电气化区段移频检测盒的主要技术指标应符合表 6-10 的要求。

表 6-10

型 号 项 目		JC		JC2R-DZ		JC2（JC2-F、JC2R-F JC2-D JC2R-D）		JC3H-F		ZP·HC-D	
		继电器		继电器		继电器		继电器		继电器	
		吸起	落下	吸起	落下	吸起	落下	吸起	落下	吸起	落下
电源检测	功放电压降低(V)	≤15	≥12	≤15	≥12	≤15	≥12	≤15	≥12	—	—
	稳压电压降低(V)	≤23	≥20	≤23	≥20	≤23	≥20	≤23	≥20	≤23	≥20
	稳压电压升高(V)	≥25	≤27.5	≥25	≤27.5	≥25	≤27.5	≥25	≤27.5	≥25	≤27.5

型号 项目		JC	JC2R-DZ	JC2(JC2-F、 JC2R-F JC2- D JC2R-D)		JC3H-F		ZP·HC-D	
		继电器	继电器	继电器		继电器		继电器	
		吸起	落下	吸起	落下	吸起	落下	吸起	落下
稳压 电源	直流输出电压(V)	—		24±1		24±1		24±1	
	纹波电压(mV)	—		<150		<150		<150	
发送 检测	触发值(V)	≤4.5		—		≤4.5		≤4.5	
	不触发值(V)	≥1		—		≥1		≥1	
	输入信号20~200 V 时,继电器电压(V)	—		≥18		—		—	
	输入信号5 V时, 继电器电压(V)	≥18		—		—		—	
	输入信号4.5~30 V 时,继电器电压(V)	—		—		≥18		≥18	
	$f_上$—13 Hz,$f_下$+ 13 Hz,FBJ端电压(V)	—		—		≤3.4		≤3.4	

6.2.4 18信息移频自动闭塞。

(1)供电电源采用DC 48 V集中电源供电,电压波动小于1.2%,满载时纹波电压不大于100 mV(有效值)时应可靠工作。

(2)ZP·DJ-GQ型区间移频柜的主要技术指标应符合表6-11的要求。

表6-11

名称	项目	+15~+35 ℃	+40~-5 ℃
电源盒	直流48 V输出电压(V)	48±1	48±1
	直流24 V输出电压(负载电阻60 Ω、50 W)(V)	24±1	24±1
	直流10 V输出电压(负载电阻10 Ω、50 W)(V)	9.5±1	9.5±1
	直流24 V纹波电压(mV)	<100	<100
	直流10 V纹波电压(mV)	<50	<50

冶金企业铁路信号维护规则

名称	项　　目	＋15～＋35 ℃	＋40～－5 ℃
发送盒	移频功出电压(V) (电源盒输入 48 V，负载电阻 460 Ω)	117.5～125	安全门及主机指示灯点亮，18 个低频信息指示灯功能正常
	低频频率变化范围	<2‰	
	移频上、下边频变化(Hz)	≤±0.7	
	移频上、下频幅度差(V)	≤2.5	
	功出移频检测线圈电压(V) (功出线圈接 460 Ω 负载电阻时)(V)	>11	
	点叠功出电压(负载电阻为 460 时)(V)	39～41	
接收盒	接收灵敏度(mV)	170±15	安全门及主机指示灯点亮，18 个低频信息指示灯功能正常
	返还系数	≥85%	
	黄继电器电压(V)	22±2	
	绿继电器电压(V)	22±2	
衰耗隔离盒	输入阻抗(700 Hz 单频时)(kΩ)	2±0.1	2±0.1
	$U_入$ 为 200 mV 时 $U_出$(700 Hz 单频时)(mV)	210±10	210±10
	$U_入$ 为 2 V，频率在 450～950 Hz 范围变化时，$U_出$ 波动偏差(mV)	<60	<60
发送检测盒	检测门限电压(V)	3±0.5	计算机工作指示灯点亮，检测指示灯功能正常
	报警继电器电压(V)	20±2	
	中继脉冲(Hz)	300±10	
接收检测盒	检测门限电压(V)	3±0.5	
	报警继电器电压(V)	20±2	
电源检测盒	检测门限电压(AC)(V)	3±0.5	
	报警继电器电压(V)	20±2	

(3)ZP·DJ-GN 型站内移频柜的主要技术指标应符合表 6-12 的要求。

表 6-12

名称	项　　目	+1～+35 ℃	+40～-5 ℃
电源盒	直流 48 V 输出电压(V)	48±1	48±1
	直流 24 V 输出电压(负载电阻 60 Ω、50 W)(V)	24±1	24±1
	直流 10 V 输出电压(负载电阻 10 Ω、50 W)(V)	9.5±1	9.5±1
	直流 24 V 纹波电压(mV)	<100	<100
	直流 10 V 纹波电压(mV)	<50	<50
发送盒	移频功出交流电压 1 V (负载电阻 20 Ω·电源盒输入 48 V)	10～11(与功出电压 2 误差不大于 1 V)	安全门及主机指示灯点亮,18 个低频信息指示灯功能正常
	移频功出交流电压 2 V (负载电阻 20 Ω,电源盒输入 48 V)	10～11(与功出电压 1 误差不大于 1 V)	
	低频频率变化范围	<2‰	
	移频上、下边频变化(Hz)	≤±0.7	
	移频上、下边频幅度差(AC)(V)	≤0.5	
	功出移频检测电压(AC)(功出线圈接 20 Ω 负载时)(V)	>15	
	点叠功出电压(AC)(负载电阻 20 Ω)(V)	4.8～5.2	
发送检测盒	检测门限电压(AC)(V)	3±0.5	计算机工作指示灯点亮,检测指示灯功能正常
	报警继电器电压(DC)(V)	20±2	
	中继脉冲(Hz)	300±10	
电源检测盒	检测门限电压(V)	3±0.5	
	报警继电器电压(V)	20±2	

(4)ZP·WD 型 18 信息移频自动闭塞设备的主要技术指标应符合表 6-13 的要求。

表 6-13

名称及型号	项　　目			备　　注
电源盒 ZP·WD-HD	±15 V 电源	输出电压(V)	14.7～15.3	电阻负载电流 150 mA,输入电压 48 V
		纹波电压(mV)	≤150	
	5 V 电源	输出电压(V)	4.85～5.15	电阻负载电流 500 mA,输入电压 48 V
		纹波电压(mV)	≤50	
	48 V 电源	输出电压(V)	≥47	电阻负载电流 3.5 A,输入电压 48 V

冶金企业铁路信号维护规则

名称及型号	项 目		备 注
区间发送盒 ZP·WD-HF ZP·WD-HF1 ZP·FTW	低频频率变化不大于	±0.12%	
	移频频率变化不大于(Hz)	±0.15	
	20 Ω负载电阻功放电压(V)	24.5～27.5	电源 48 V
站内发送盒 ZP·WDN-HF	低频频率变化不大于	±0.12%	
	移频频率变化不大于(Hz)	±0.15	
	20 Ω负载电阻功放电压(V)	≥9.0	电源 48 V
站内发送盒 ZP·WDN-HF1 ZP·FTNW	低频频率变化不大于	±0.12%	
	移频频率变化不大于(Hz)	±0.15	
	20 Ω负载电阻功放电压(V)	≥9.0	电源 48 V
电气化站内发送盒 ZP·WDN-HFD ZP·FTNW-D	低频频率变化不大于	±0.12%	
	移频频率变化不大于(Hz)	±0.15	
	30 Ω负载电阻功放电压(V)	≥21	电源 48 V
接收盒 ZP·WD-HJ ZP·WD-HJ1	灵敏度(mV)	170±10	系统联调时
		168±10	550 单盒测试
		170±10	650 单盒测试
		179±10	750 单盒测试
		178±10	850 单盒测试
	返还系数	≥80%	
	继电器电压(V)	≥21	
	接收设备吸起时间(s)	2±0.5	含继电器动作时间
	接收设备落下时间(s)	2±0.5	
衰耗隔离盒 ZP·WD-HS	输入阻抗(kΩ)	2±0.15	700 Hz 单频
	输出电压(mV)	200±15	输入 200 mV
衰耗隔离盒 ZP·WD-HS1	输入阻抗(Ω)	200±6	700 Hz 单频
	输出电压(mV)	200±10	输入 200 mV

(5)ZP·W1-18 型无绝缘移频自动闭塞。

①非电气化区段,在道床电阻为 1.0 Ω·km,满足轨道电路调整和分路状态的要求,且送、受电端电缆长度均不大于 10 km 条件下,轨道电路区段长度不小于 1.45 km。

电气化区段,在最大牵引电流为 1 000 A,最大不平衡牵引电流为100 A,道床电阻为 1.0 Ω·km,满足轨道电路调整和分路状态的要求,且送、受电端电缆长度均不大于 10 km 条件下,轨道电路区段长度不小于 1.45 km。

在分路电阻为 0.06 Ω,满足轨道电路调整和分路状态的要求的条件下,对不同道床电阻,轨道电路的极限长度应符合表 6-14 要求。

表 6-14

载频频率(Hz)		550	650	750	850
极限长度 (m)	0.6 Ω·km	1 150	1 100	1 050	1 000
	1.0 Ω·km	1 600	1 550	1 500	1 450
	1.2 Ω·km	1 750	1 700	1 650	1 600

②频率参数应符合表 6-15 的要求。

表 6-15

站内电码化载频(Hz)				550、650、750、850
站内电码化载频频偏(Hz)				±55
区间载频(Hz)				550、650、750、850
区间载频上下边频(Hz)	550	F_1	上边频	605.32
			下边频	495.21
		F_2	上边频	604.84
			下边频	494.88
	650	F_1	上边频	705.22
			下边频	595.24
		F_2	上边频	704.88
			下边频	594.76
	750	F_1	上边频	805.15
			下边频	695.40
		F_2	上边频	804.72
			下边频	695.08
	850	F_1	上边频	905.25
			下边频	795.33
		F_2	上边频	904.70
			下边频	794.91
低频(调制)频率(Hz)				7.0、8.0、8.5、9.0、9.5、11.0、12.5、13.5、15.0、16.5、 17.5、18,5、20.0、21.5、22.5、23.5、24.5、26.0

③对现场维护(轨道电路按 $1.0\ \Omega\cdot km$ 道床电阻调整),室内设备的主要技术指标应符合表 6-16 的要求;室外设备的主要技术指标应符合表 6-17 的要求。

表 6-16

名　　称	项　　目	
区间发送盒	低频频率变化率	$\pm0.1\%$
	载频上下边频变化(Hz)	$f\pm0.7$
	载频上下边频幅值平衡度	$\leqslant20\%$
	$F1$ 频标幅值 AC(V)	1.9 ± 0.2
	$F2$ 频标幅值 AC(V)	1.9 ± 0.2
	移频功出电压 AC(V)	3.4 ± 0.4
	报警电压 DC(V)	$20.0\sim27.0$
区间功放盒	功出电压 AC(V)	$150\sim210$
接收盒	低频频率变化率	$\pm0.1\%$
	载频上下边频变化(Hz)	$f\pm0.7$
	载频上下边频幅值平衡度	$\leqslant50\%$
	$F1$ 频标幅值 AC(mV)	$110\sim1\ 100$
	$F2$ 频标幅值 AC(mV)	$110\sim1\ 100$
	接入 2 本频信号电压 AC(mV)	$340\sim2\ 200$
	同频干扰信号频标幅值 AC(mV)	$\leqslant150$
	绿继电器(LJ)电压 DC(V)	23.0 ± 3.0
	黄继电器(UJ)电压 DC(V)	23.0 ± 3.0
	绿黄继电器(L/UJ)电压 DC(V)	23.0 ± 3.0
站内发送盒	低频频率变化率	$\pm0.1\%$
	载频上下边频变化(Hz)	$f\pm0.7$
	载频上下边频幅值平衡度	$\leqslant20\%$
	报警电压 DC(V)	$20.0\sim27.0$
	移频功出电压 AC(V)	3.4 ± 0.4
站内功放盒	功出电压 AC(V)	$18.0\sim35.0$

名　　称	项　　目		
发送电缆盒	功入电压 AC(V)		150～210
	功调电压 AC(V)		150～210
	缆出电压 AC(V)		65～210
接收电缆盒	电缆入电压 AC(mV)	本频信号	≥50
		邻频信号	≤1 300
	电缆出电压 AC(mV)	本频信号	≥50
		邻频信号	≤1 300
	滤出 1 电压 AC(mV)	本频信号	≥28
		邻频信号	≤50
	滤出 2 电压 AC(mV)	本频信号	≥28
		邻频信号	≤50

表 6-17

名　　称	项　　目		
陷波变压器	陷波器对本频视入阻抗 $|Z|$(Ω)		≤0.4
	陷波器对邻频视入阻抗 $|Z|$(Ω)		≥2.0
发送网络盒	1、2 端电压 AC(V)		18～42
	3、4 端电压 AC(V)		60～200
轨道发送变压器	1、4 端电压 AC(V)		3.5～7.5
接收网络盒	1、2 端电压 AC(mV)	本频信号	≥200
		邻频信号	≤2 800
	3、6 端电压 AC(mV)	本频信号	≥80
		邻频信号	≤1 400

④室内设备的主要技术指标应符合表 6-18 的要求；室外设备的主要技术指标应符合表 6-19 的要求。

表 6-18

名　　称	项　　目		备　　注
区间发送盒	低频频率变化率	±0.1%	
	载频上下边频变化(Hz)	f±0.3	
	报警电压(V)	23.0±2.0	负载 850 Ω
	移频功出电压(开机 15 min)(V)	3.20±0.10	负载电阻 2 kΩ，电容 10 μF，现场可按开机 3 min 测试
	移频功出电压(开机 3 min)(V)	3.15±0.10	

冶金企业铁路信号维护规则

名　称	项　　目			备　　注
区间功放盒	功出电压 （开机 15 min）(V)	20 V·A	93～100	四种载频，低频 15 Hz， 负载电阻 460 Ω， 现场可按开机 3 min 测试
		30 V·A	114～122	
		40 V·A	132～140	
		50 V·A	148～157	
	功出电压 （开机 3 min）(V)	20 V·A	85～95	
		30 V·A	105～115	
		40 V·A	125～135	
		50 V·A	140～150	
接收盒	接收灵敏度(mV)		240～270	
	可靠落下值(mV)		190～210	
	继电器吸起时相应输出电压(V)		23.0±2.0	负载 850 Ω
	继电器落下时相应输出电压(V)		≤1.0	
	可靠工作值(mV)		340	
	信号应变时间(s)	吸起时间	2.5～3.0	
		落下时间	1.5～2.5	
站内发送盒	低频频率变化率		±0.1%	
	载频上下边频变化(Hz)		f±0.3	
	报警电压(V)		23.0±2.0	负载 850 Ω
	移频功出电压(开机 15 min)(V)		3.20±0.10	负载电阻 2 kΩ， 电容 10 μF， 现场可按开机 3 min 测试
	移频功出电压(开机 3 min)(V)		3.15±0.10	
站内功放盒	功出电压（开机 15 min） (V)	5 V·A	9.5～11.5	四种载频，低频 15 Hz， 负载电阻 20 Ω， 现场可按开机 3 min 测试
		10 V·A	13.5～15.5	
		16 V·A	16.5～18.5	
		18 V·A	18.7～20.7	
	功出电压（开机 3 min） (V)	5 V·A	8.5～10.5	
		10 V·A	12.0～14.0	
		16V·A	15.2～17.2	
		18V·A	17.4～19.4	

名 称	项 目			备 注
发送电缆盒	缆出电压(V)		≥50	输入 550 Hz、130 V 正弦信号，模拟电缆 10 km，负载电阻 450 Ω
	调功测试(电压逐级递减)(V)		≤15	输入 550 Hz、130 V 正弦信号，模拟电缆 10 km、D32 与 D30、D28…D4 依次短接，负载电阻 460 Ω
接收电缆盒	550 工作衰耗(dB)	0～429 Hz	≥44	负载电阻 600 Ω
		460～640Hz	≤2.5	
		678～∞Hz	≥44	
	650 工作衰耗(dB)	0～529 Hz	≥44	
		560～740Hz	≤2.5	
		777～∞ Hz	≥44	
	750 工作衰耗(dB)	0～629 Hz	≥44	
		660～840Hz	≤2.5	
		890～∞Hz	≥44	
	850 工作衰耗(dB)	0～729 Hz	≥44	
		760～940Hz	≤2.5	
		990～∞Hz	≥44	
	缆出电压(V)		1.1±0.1	输入 700 Hz、2.0 V 正弦信号，负载电阻 1.2 kΩ

表 6-19

名 称	项 目			备 注
陷波变压器	开路阻抗模值(Ω)		20～30	输入 400 Hz、2.0 V 正弦信号，1、4 端子间的阻抗
	输出电压(V)	5-6 端子	20.0	1、4 端子输入 400 Hz、2.0V 正弦信号输出电压允许误差±5%
		5-7 端子	21.0	
		5-8 端子	22.0	
		5-9 端子	23.0	
		5-10 端子	24.0	
		5-11 端子	25.0	

名　称	项　目			备　注
陷波器	550型	极点阻抗模值(Ω)	550 Hz	≤114.0	常温频点允许偏差： 极点±4 Hz， 零点±3 Hz； 高低温频点允许偏差： 极点±5 Hz， 零点±5 Hz
			690 Hz	≥1 465.0	
			776 Hz	≥645.0	
		零点阻抗模值(Ω)	500 Hz	≤13.0	
			586 Hz	≤27.0	
			753 Hz	≥120.0	
	650型	极点阻抗模值(Ω)	650 Hz	≤86.0	
			789 Hz	≥1 575.0	
			880 Hz	≥565.0	
		零点阻抗模值(Ω)	600 Hz	≤14.0	
			683 Hz	≤32.0	
			853 Hz	≥145.0	
	750型	极点阻抗模值(Ω)	485 Hz	≥4 410.0	
			580 Hz	≥1 020.0	
			750 Hz	≤73.0	
		零点阻抗模值(Ω)	550 Hz	≥89.0	
			715 Hz	≤30.0	
			800 Hz	≤15.0	
	850型	极点阻抗模值(Ω)	585 Hz	≥4 420.0	
			680 Hz	≥1 010.0	
			850 Hz	≤63.0	
		零点阻抗模值(Ω)	650 Hz	≥88.0	
			816 Hz	≤32.0	
			900 Hz	≤16.0	
发送网络盒	工频抑制特性 $V_{3\text{-}4}$ (V)		≤35	1、2 端子输入（50±1）Hz、140 V 正弦信号； 3、4 端子负载电阻 1 730 Ω
	传输特性 $V_{1\text{-}2}$ (V)		9.85±0.20	3、4 端子输入 550 Hz、50 V 正弦信号； 1、2 端子负载电阻 20 Ω

名　称	项　　目			备　　注
轨道发送变压器	495 Hz 开路阻抗模值(Ω)		2.0±0.1	输入 495 Hz、130 mV 正弦信号,1、4 端子间的阻抗
	50 Hz 开路阻抗模值(Ω)		0.29±0.05	信号频率 50 Hz,电流从 5 A 至 50 A,1、4 端子间阻抗
	输出电压(V)	5-6 端子	16.0	1、4 端子间输入 495 Hz、4 V 正弦信号; 输出电压允许误差 ±5%
		5-7 端子	18.0	
		5-8 端子	20.0	
		5-9 端子	22.0	
		5-10 端子	24.0	
		11-12 端子	1.33	
扼流变压器	495 Hz 开路阻抗模值(Ω)		2.0±0.1	输入 495 Hz、130 mV 正弦信号,1、2 端子间的阻抗
			≥2.5	输入 495 Hz、4.0 V 正弦信号,1、2 端子间的阻抗
	50 Hz 开路阻抗模值(Ω)		0.29±0.05	信号频率 50 Hz,电流从 10 A 至 50 A,1、2 端子间阻抗
	输出电压(V)	4-5 端子	16.0	1、2 端子间输入 495Hz、4.0 V 正弦信号 输出电压允许误差 ±5%
		4-6 端子	18.0	
		4-7 端子	20.0	
		4-8 端子	22.0	
		4-9 端子	24.0	
		10-11 端子	1.33	
接收网络盒	工频抑制特性 $V_{3\text{-}4}$(mV)		≤50	1、2 端子输入 50 Hz、7.0 V 正弦信号
	传输特性 $V_{3\text{-}4}$(V)		≥0.55	1、2 端子输入 550 Hz、2.0 V/正弦信号
	电容值(nF)	1-7 端子	2.2	用电桥测量 允许误差±5%
		1-8 端子	6.8	
		1-9 端子	10.0	
		1-10 端子	22.0	
		1-11 端子	47.0	
		1-12 端子	82.0	

冶金企业铁路信号维护规则

名　　称	项　　　目			备　　注
接收网络盒	电阻值(Ω)	1-2 端子	400±50	用万用表测量
		3-4 端子	30±5	
		3-5 端子	34±5	
		3-6 端子	44±5	
传感器	电感量(mH)		315±15	传感器装于 60 kg/m 轨轨底测量； 测试频率 1 kHz； 测试频率 100 Hz 电感量偏差在 L 的正 20%范围内
	品质因数		7～12	传感器装于 60 kg/m 轨转底测量； 测试频率 1kHz
	直流电阻(Ω)		≤9	
	一对传感器感应电压(mV)		140±5	传感器装于 60 kg/m 轨轨底测量； 载频 850 Hz,低频 20 Hz 移频信号,95 mA 电流

6.2.5 UM71 型无绝缘轨道电路自动闭塞。

(1)电源电压范围在直流 24 V(22.5～28.8 V)时应可靠工作。

(2)发送器的主要技术指标应符合表 6-20 的要求。

(3)接收器的主要技术指标应符合表 6-21 的要求。

表 6-20

项　　　目		备　　注
绝缘	>200 MΩ	转向器在 A、B、C、M 上 DC 500 V 电压
耐压	1 min 无任何异状	转向器在 A、B、C、M 上 2 000 V、~50 Hz 电压
输出空载,电源电流(A)	$0.2 \leqslant I \leqslant 0.5$	电源电压=28.8 V±0.1 V
空载输出电压(V)	$172 \leqslant U \leqslant 180$	电源电压=28.8 V±0.1 V
输出短路,电源电流(A)	$9.4 \leqslant I \leqslant 10.4$	电源电压=28.8 V±0.1 V
输出电压(V)	$159 \leqslant U \leqslant 170$	电源电压=21.5 V

项　　目		备　　注
最大负载电源电流	5.2 A≤I≤5.8 A	
最大负载输出电压	161 V≤U≤170 V	
最大负载时各路输出电压检查	150 V挡　146~154 V	电源电压＝(25±0.1) V
	132 V挡　128~135 V	
	110 V挡　104.5~110.5 V	
	78 V挡　75~79.5 V	
辅助输出	10 V≤U≤12 V	
幅度调制检查	0.96≤Ampl≤1.04	
调制频率检查	TBF±0.1 Hz	检查 10.3~29 Hz
落下延时检查	2 s≤t_c≤2.2 s	电源电压(25±0.1) V转换器置 20.2 Hz
编码延时检查	2 s≤t_c≤8 s	用 8904A 发送一个 1.2 Hz、1 V 的正弦信号
载频频偏	f_0±1.5 Hz	TBF＝20.2 Hz 时

表 6-21

项　　目		备　　注
绝　　缘	大于 200 MΩ	R_1、V_1、T、L＋四端子对地，DC 500 V
耐　　压	1 min 无任何异状	R_1、V_1、T、L＋四端子对地，50 Hz、2 000 V
TR1 变化	V_3-V_1　0.99≤a≤1.01	电源电压＝(24±0.1) V，调 1 250 A 信号发生器的输出电平为(1±0.1) V
	V_2-V_1　0.257≤a≤0.284	
	R_{10}-R_8　0.281≤a≤0.310	
	R_9-R_8　0.090 9≤a≤0.100 485	
	R_7-R_6　0.031 0≤a≤0.034 4	
	R_5-R_3　0.013 3≤a≤0.014 7	
	R_4-R_3　0.004 4≤a≤0.004 9	
输入滤波器阻抗	实值　290 Ω≤a≤340 Ω	
	虚值　−25 Ω≤b≤+25 Ω	

冶金企业铁路信号维护规则

491

项 目			备 注
吸起门限	F_0-5 Hz	192~218 mV	继电器电压大于 24 V
	F_0+5 Hz	192~218 mV	
	F_0-50	-40~-10Hz	
	F_0+90	50~80 Hz	
	F_0 吸起	200~210 mV	
落下门限	F_0 落下	170~180 mV	继电器电压小于 24 V
TBF 检查	F_0 最小	7~9 Hz	继电器电压大于 24 V,调 A 道电平为(260±10) mV
	F_0 最大	32.5~34.5 Hz	
	F_0-5 Hz 最小	7~10 Hz	
	F_0-5 Hz 最大	30.5~34.5 Hz	
	F_0+5 Hz 最小	7~10 Hz	
	F_0+5 Hz 最大	30.5~34.5 Hz	
继电器电压及损耗检查		24 V≤J_U≤28 V	调 A 道频率 F_0,电平为(260±10) mV,调 B 道频率 18 Hz
		150 mA≤Amp≤350 mA	
延时检查	C_1	0.2~0.5 s	调 A 道频率 F_0,电平为 260 mV±10 mV,调 B 道频率 18 Hz
	C_2	2.1~2.7 s	
注:J_U 为继电器电压。			

（4）TADLFS 匹配变压器的主要技术指标应符合表 6-22 的要求。

表 6-22

项 目		备 注
耐 压	1 min 无异常	A 对 B,A 对 MM,B 对 MM,50 Hz、2 000 V
绝 缘	大于 200 MΩ	A 对 B,A 对 MM,B 对 MM,DC 500 V
TAD 部分检查	电容器	E1-E2 上出现一个正弦信号电压在 7~10 V 之间	V_1-V_2 输入 40 Hz,电平为(1.5±0.1) V 的正弦信号
	扼流圈	E1-E2 上出现一个正弦信号电压在 12.2~14 V 之间	V_1-V_2 输入 2 000 Hz,电平为(3±0.1) V 的正弦信号

项 目				备 注
LFS模拟线部分检查	静态检查	13-14	15-16	≥1 MΩ	用万用表的电阻挡测试TADLFS的接线端子
		13-15	14-16	(70±5)Ω	
		11-12	9-10	≥1 MΩ	
		9-11	10-12	(35±2.5)Ω	
		7-8	5-6	≥1 MΩ	
		5-7	6-8	(17.5±1.5)Ω	
		3-4	1-2	≥1 MΩ	
		1-3	2-4	(10±1)Ω	
	动态检查	15-16		(10±0.1)V	连接14-12,13-11,10-8,9-7,6-4,5-3,2-1端子,调信号发生器到2 000 Hz,电平(10±0.1)V,输入到测试台的15-16端子上
		11-12		4.45~5.1 V	
		8-7		1.9~2.3 V	
		3-4		0.66~0.82 V	

(5)SVA空芯线圈的电感量(L)应为(33.5±1)μH;电阻量(R)应为(18.5±5.5)mΩ。

(6)BA调谐单元特性曲线应符合图6-1和图6-2的要求。图中横坐标a和纵坐标b的单位为mΩ。

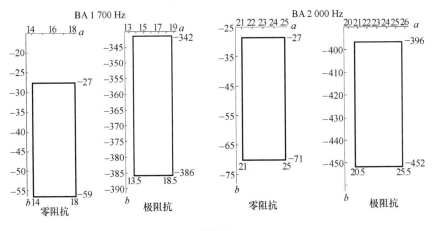

图 6-1

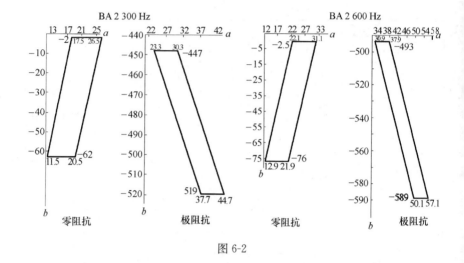

图 6-2

(7)轨道继电器 NS1·24·4·0·4 的电气特性为:线圈电阻(250±12.5)Ω;额定电压 24 V;最大吸起电流 64 mA;最小落下电流 20 mA。

6.2.6 ZPW-2000A 型无绝缘移频轨道电路自动闭塞。

(1)频率特性:

　　①低频频率(F_c):29 Hz、27.9 Hz、26.8 Hz、25.7 Hz、24.6 Hz、

　　　23.5 Hz、22.4 Hz、21.3 Hz、20.2 Hz、19.1 Hz、18 Hz、16.9 Hz、

　　　15.8 Hz、14.7 Hz、13.6 Hz、12.5 Hz、11.4 Hz、10.3 Hz。

　　②载频频率:

　　下行:1 701.4 Hz(简称:F1-1 700 Hz 或 1 700-1);

　　　　 1 698.7 Hz(简称:F2-1 700 Hz 或 1 700-2);

　　　　 2 301.4 Hz(简称:F1-2 300 Hz 或 2 300-1);

　　　　 2 298.7 Hz(简称:F2-2 300 Hz 或 2 300-2);

　　上行:2 001.4 Hz(简称:F1-2 000 Hz 或 2 000-1);

　　　　 1 998.7 Hz(简称:F2-2 000 Hz 或 2 000-2);

　　　　 2 601.4 Hz(简称:F1-2 600 Hz 或 2 600-1);

　　　　 2 598.7 Hz(简称:F2-2 600 Hz 或 2 600-2)。

　　③频偏:$\Delta f = \pm 11$ Hz。

(2)ZPW-2000A 型无绝缘移频自动闭塞设备的主要技术指标:

494

①ZPW·F 型发送器的主要技术指标应符合表 6-23 的要求。

表 6-23

序号	项 目		指标及范围	备 注
1	低频频率 F_c		$F_c \pm 0.03$ Hz	F_c 为 $10.3 + n \times 1.1$ Hz,$n=0 \sim 17$
2	载频频率(Hz)	1700-1	$1\,701.4 \pm 0.15$	
		1700-2	$1\,698.7 \pm 0.15$	
		2000-1	$2\,001.4 \pm 0.15$	
		2000-2	$1\,998.7 \pm 0.15$	
		2300-1	$2\,301.4 \pm 0.15$	
		2300-2	$2\,298.7 \pm 0.15$	
		2600-1	$2\,601.4 \pm 0.15$	
		2600-2	$2\,598.7 \pm 0.15$	
3	输出电压(V)	1 电平	$161.0 \sim 170.0$	直流电源电压为(24 ± 0.1) V,负载电阻为 400 Ω,$Fc=20.2$ Hz
		2 电平	$146.0 \sim 154.0$	
		3 电平	$128.0 \sim 135.0$	
		4 电平	$104.5 \sim 110.5$	
		5 电平	$75.0 \sim 79.5$	
4	发送报警继电器电压		$\geqslant 20$ V	直流电源电压为(24 ± 0.1) V JWXC₁-1700 型继电器
5	绝缘电阻		$\geqslant 200$ MΩ	输出端子对机壳
6	绝缘耐压		50 Hz、AC 1 000 V,1 min	输出端子对机壳

②ZPW·J 型接收器的主要技术指标应符合表 6-24 的要求。

表 6-24

序号	项 目		指标及范围	备 注
1	主轨道接收	吸起门限	$200 \sim 210$ mV	直流电源电压为(24 ± 0.1) V,JWXC₁-1700 型继电器
		落下门限	$\geqslant 170$ mV	
		继电器电压	$\geqslant 20$ V	
		吸起延时	$2.3 \sim 2.8$ s	
		落下延时	$\leqslant 2$ s	

序号	项 目		指标及范围	备 注
2	小轨道 接收	吸起门限	70~80 mV	直流电源电压为(24±0.1)V JWXC₁-1700 型继电器
		落下门限	≥63 mV	
		继电器电压	≥20 V	
		吸起延时	2.3~2.8 s	
		落下延时	≤2 s	
3	绝缘电阻		≥200 MΩ	输出端子对机壳
4	绝缘耐压		50 Hz、AC 500 V、1 min	输出端子对机壳

③ZPW·S型衰耗器的主要技术指标应符合表 6-25 的要求。

表 6-25

序号	项 目		指标及范围	备 注
1	调整变压器输入阻抗		(42.27±0.42)Ω	输入 2 000 Hz,10 mA;输出开路
2	调整变压器输出电压	端子号	电压值	c1-c2 为 2 000 Hz, (1 160±1) mV
		a1-a2	(10±2) mV	
		a4-a5	(40±6) mV	
		a3-a5	(60±6) mV	
		a6-a7	(140±6) mV	
		a8-a9	(420±8) mV	
		a8-a10	(1 260±18) mV	
		a5-a6(a3-a7 连)	(200±6) mV	
		a7-a9(a6-a10 连)	(980±14) mV	
		a3-a2(a5-a1 连)	(70±7) mV	
	衰耗电阻	端子号		电阻值	
		a11-a12	c11-c12	(10±0.5) Ω	
		a12-a13	c12-c13	(20±1) Ω	
		a13-a14	c13-c14	(39±2) Ω	
		a14-a15	c14-c15	(75±3.75) Ω	
		a15-a16	c15-c16	(150±7.5) Ω	

序号	项 目		指标及范围		备 注
2	衰耗电阻	端子号		电阻值	c1-c2 为 2 000 Hz,(1 160±1) mV
		a16-a17	c16-c17	(300±15) Ω	
		a17-a18	c17-c18	(560±28) Ω	
		a18-a19	c18-c19	1.1 kΩ±11 Ω	
		a19-a20	c19-c20	2.2 kΩ±22 Ω	
		a20-a21	c20-c21	3.3 kΩ±33 Ω	
		a21-a22	c21-c22	6.2 kΩ±62 Ω	
		a22-a23	c22-c23	12 kΩ±120 Ω	
4	绝缘电阻			≥200 MΩ	输出端子对机壳
5	绝缘耐压			50 Hz、交流 500 V、1 min	输出端子对机壳

④ZPW·JF 型发送检测器技术指标应符合表 6-26 的要求。

表 6-26

序号	项 目	指标及范围	备 注
1	绝缘电阻	≥200 MΩ	输出端子对机壳
2	绝缘耐压	50 Hz、AC 1 000 V、1 min	输出端子对机壳

⑤ZPW·ML 型防雷模拟网络盘技术指标应符合表 6-27 的要求。

表 6-27

序号	项 目		指标及范围		备 注
1	静态电阻	端子号	电阻值		
		25-26,27-28	≥1 MΩ		
		27-25,28-26	(90±4.5)Ω		
		23-24,21-22	≥1 MΩ		
		23-21,24-22	(45±2.25) Ω		
		19-20,17-18	≥1 MΩ		
		19-17,20-18	(45±2.25) Ω		
		15-16,13-14	≥1MΩ		
		15-13,16-14	(22.5±1.13) Ω		

冶金企业铁路信号维护规则

序号	项 目		指标及范围	备 注
1	静态电阻	端子号	电阻值	
		11-12,9-10	≥1 MΩ	
		11-9,12-10	(11.25±0.57) Ω	
		7-8,5-6	≥1 MΩ	
		7-5,8-6	(11.25±0.57) Ω	
2	动态电压	端子号	电压值	连接 25-23,26-24,21-19,22-20,17-15,18-16,13-11,14-12,9-7,10-8,5-6 端子,信号发生器输出 2 000 Hz,(10±0.1) V 的正弦信号到 27-28 端子,测试端子电压
		25-26	5.86～6.47 V	
		21-22	3.87～4.44 V	
		17-18	1.90～2.28 V	
		13-14	0.94～1.15 V	
		9-10	0.47～0.58 V	
		5-6	0 V(短路)	
3	变压器变比		$U_{1\text{-}2}:U_{3\text{-}4}=1:(1.02\sim1.06)$	$U_{1\text{-}2}$送 2 000 Hz,(10±0.1) V 正弦信号;$U_{3\text{-}4}$开路
4	绝缘电阻		≥200 MΩ	输出端子对机壳
5	绝缘耐压		AC 500 V	输出端子对机壳

⑥ZPW·BPL 型匹配变压器技术指标应符合表 6-28 的要求。

表 6-28

序号	项 目		指标及范围	备 注
1	E1-E2 电压	40 Hz	7.0～11.0 V	V1-V2 输入 40 Hz,(1.5±0.1) V 的正弦信号,E1-E2 加 100 Ω 电阻负载
		2 000 Hz	14.5～17.0 V	V1-V2 输入 2 000 Hz,(3.0±0.1) V 的正弦信号,E1-E2 加 100 Ω 电阻负载
2	绝缘电阻		≥200 MΩ	输出端子对机壳
3	绝缘耐压		AC 500 V	输出端子对机壳

⑦ZPW·T-1700/ZPW·T-2000/ZPW·T-2300/ZPW·T-2600 型调谐单元技术指标应符合图 6-3 的要求。

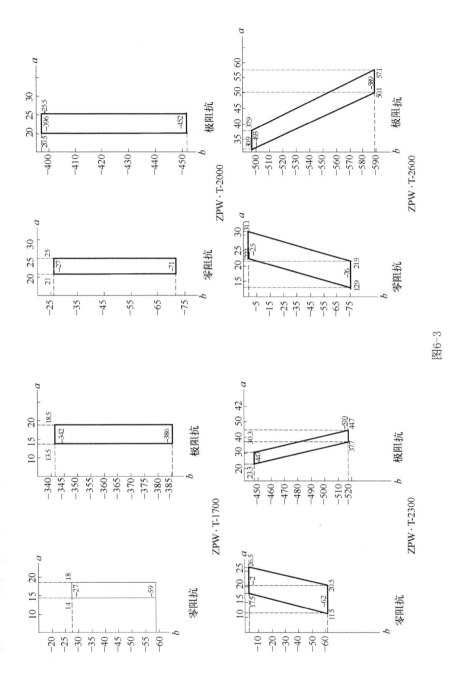

图6-3

冶金企业铁路信号维护规则

⑧ZPW·XK 电气绝缘节空芯线圈技术指标应符合表 6-29 的
要求。

表 6-29

序号	项　目	指标及范围	备　注
1	电　感	(33.5±1)μH	测试频率:1 592 Hz
2	电　阻	(18.5±5.5) MΩ	电流:(2±0.05) A

⑨ ZPW · XKJ-1700/ZPW · XKJ-2000/ZPW · XKJ-2300/ZPW ·
XKJ-2600 型机械绝缘空芯线圈技术指标应符合表 6-30 的要求。

表 6-30

序号	项　目	指标及范围		备　注
		电感(μH)	电阻(mΩ)	
1	ZPW·XKJ-1700	28.60±0.858	29.60±2.96	测试频率:1 700 Hz 电流:(2±0.05)A
2	ZPW·XKJ-2000	28.44±0.853	33.58±3.358	测试频率:2000 Hz 电流:(2±0.05)A
3	ZPW·XKJ-2300	28.32±0.850	33.75±3.375	测试频率:2 300 Hz 电流:(2±0.05)A
4	ZPW·XKJ-2600	28.25±0.848	35.70±3.570	测试频率:2 600 Hz 电流:(2±0.05)A

（3）室内配线应满足下列要求：

①各种配线应采用阻燃线。与数据通信线共槽的线缆均应采用
阻燃屏蔽线。

②室内电线、电缆布线禁止出现环状。

③机柜的配线端子、组合侧面、零层以及分线柜端子宜采用插接
或压接方式。

④机柜上方走线槽中的发送线、接收线、电源线及其他各种配线
应分类放置,并分别绑扎。发送线、接收线放置在上部走线槽
两侧,其他配线放置中间位置。

⑤机柜内的接收及发送线缆应做到:以防雷环节为界内外配线应
左右分开设置;分线柜线槽内电缆发送和接收的四芯组不得开

绞,也不得与其他配线绑扎;在网络接口柜上设置的电缆模拟网络盘,应将组合内部连接室内外电路的配线上、下分开绑扎;组合引入、引出线应分别走左右两侧线槽,并不得与其他配线相互绑扎;综合柜去隔离器的扭绞线或屏蔽线与其他配线分别绑扎。

⑥各种配线不得有中间接头和绝缘破损现象。

⑦经过雷电防护后的信号线缆与未经过雷电防护的信号线缆应严格分开。

6.2.7 ZPW-2000R 型无绝缘移频轨道电路自动闭塞。

(1)电源电压在(48±2) V 的范围内应可靠工作。

(2)频率特性:同 ZPW-2000A。

(3)ZPW-2000R 型无绝缘移频自动闭塞设备的主要技术指标如下。

①发送器、功放器、接收器主要技术指标应符合表 6-31 的要求。

表 6-31

型号及名称	项 目		技术指标及范围	备 注
ZPW·FQ1 发送器	低频频率变化率		±0.15%	
	载频上下边频变化 (Hz)		±0.15	1 700-1、2 000-1、2 300-1、2 600-1、1 700-2、2 000-2、2 300-2、2 600-2
	移出电压 AC (V)		5.50±0.10	负载电阻 10 kΩ
	报警电压 DC (V)		22.0±2.0	JWXC$_1$-1700 型继电器,1-4 线圈 1 700 Ω 负载
	整机输入电流 DC (A)		≤0.25	
ZPW·AQ 区间功放器	功出电压 AC (V)	1 挡	106~121	载频 1 700-1、2 000-1、2 300-1、2 600-1,低频 19.1 Hz 分别测试,400 Ω 负载
		2 挡	120.5~134.5	
		3 挡	134~149	
		4 挡	147~162	
		5 挡	160~172	
	48 V 输入电流 DC (A)		≤2.7	400 Ω 电阻负载,5 挡功率输出
	功放器输入阻抗 (kΩ)		7~18	频率 2 300 Hz,(5.50±0.05) V 时测试

型号及名称	项　　目		技术指标及范围	备　　注
ZPW·J1 接收器	吸起门限 AC　　(mV)		193～217	1 700-1、2 000-1、2 300-1、2 600-1、1 700 -2、2 000-2、2 300-2、2 600-2 分别测试 11.4 Hz、29 Hz
	落下门限 AC　　(mV)		≥170	
	吸起时间　　(s)		2.8～3.5	
	落下时间　　(s)		≤2.5	
	轨道继电器电压 DC　(V)		22 ±2.0	
	输入阻抗　　(Ω)		300 ±15	频率 2 300 Hz,1 V 正弦信号
	整机输入电流 DC　(A)		≤0.40	
ZPW·F-R 型发送器	低频频率变化率		±0.15%	
	载频上下边频变化　(Hz)		±0.15	
	移出电压 AC　　(V)		5.50±0.10	负载电阻 5 kΩ
	报警电压 DC　　(V)		22.0±2.0	1-4 线圈负载电阻 1 700 Ω
	绝缘电阻		≥200 MΩ	
	绝缘耐压		设备无闪络现象	50 Hz,AC 500 V,时间 1 min
ZPW·A-R 型功放器	功出电压 AC (V)	1 电平	161.0～170.0	负载电阻 400 Ω
		2 电平	146.0～154.0	
		3 电平	128.0～135.0	
		4 电平	104.5～110.5	
		5 电平	75.0～79.5	
	绝缘电阻		≥200 MΩ	
	绝缘耐压		设备无闪络现象	50 Hz,AC 1 000 V,时间 1 min
ZPW·J-R 型接收器	吸起值 AC　　(mV)		193～217	
	落下值 AC　　(mV)		≥170	
	吸起时间　　(s)		2.6～3.0	
	落下时间　　(s)		≤2.0	
	轨道继电器电压 DC　(V)		22.0 ±2.0	负载电阻 850 Ω
	绝缘电阻		≥200 MΩ	
	绝缘耐压		设备无闪络现象	50 Hz,AC 500 V,时间 1 min

②电缆模拟单元、区间检测单元、防雷单元技术指标应符合表 6-32 的要求。

表 6-32

型号及名称	项 目		技术指标及范围	备 注
ZPW·DML 电缆模拟单元	电阻值 （Ω）	B28-B26 Z28-Z26	5.1～5.9	用万用表电阻挡检查测试端子电阻
		B24-B22 Z24-Z22	10.6～12.0	
		B20-B18 Z20-Z18	20.8～23.6	
		B16-B14 Z16-Z14	41.3～46.7	
		B12-B10 Z12-Z10	51.7～58.4	
		B8-B6 Z8-Z6	82.7～93.4	
	电容值 （nF）	B28-Z28	6.49～7.20	用电桥检查测试端子电容值测试频率 1 kHz
		B24-Z24	12.90～14.40	
		B20-Z20	25.90～28.80	
		B16-Z16	53.60～57.60	
		B12-Z12	67.00～71.96	
		B8-Z8	107.20～115.15	
	整机输出 电压（V）	B2-Z2	68.5±5.0	在 B32-Z32 端子间输入 1 700 Hz，(170.0±2.0) V 正弦信号
ZPW·DCQ 区间检测单元	直流电压 DC （V）		1.173～1.193	
	模拟输入 AC （mV）		815～850	输入（200.0±0.1）V，2 014 Hz 正弦信号
	输入阻抗 1 （Ω）		1 150～1 250	
	输入阻抗 2 （Ω）		820～860	
ZPW·DLQ 区间防雷单元	空载电流有效值 （mA）		≤15	设备侧绕组 1、2 端之间施加 1 700 Hz，(170.0±0.5) V 正弦信号
	线路侧绕组 3～4 端电压 有效值 （V）		172.0±1.0	
	效率		≥85%	线路侧绕组 3、4 之间接 100 W400 Ω 电阻，设备侧绕组 1、2 端之间施加 1 700 Hz、(165±1) V 正弦信号
	转移系数		≤1/500	1.2/50 μs 冲击电压波，1 kV、5 kV、10 kV 各一次

型号及名称	项　目		技术指标及范围	备　注
ZPW·DLQ 区间防雷单元	冲击耐压		无击穿或闪络	线路侧绕组 3-4 与设备侧绕组 1-2 间,线路侧绕组 3-4 与屏蔽层间,电压 10 kV,波形 1.2/50 μs,正负极性各 5 次,间隔 1 min
				设备侧绕组 1-2 与屏蔽层间,电压 6 kV,波形 1.2/50 μs,正负极性各 5 次,间隔 1 min
	绝缘电阻　　　　（MΩ）		＞1 000	直流 1 000 V 电压,线路侧绕组 3-4 对设备侧绕组 1-2、线路侧绕组 3-4 对屏蔽层间
			＞600	直流 1 000 V 电压,设备侧绕组 1-2 对屏蔽层间
	绝缘耐压		1 min 无异状	线路侧绕组 3-4 与设备侧绕组 1-2 间;线路侧绕组 3-4 与屏蔽层间,交流 50 Hz、3 000 V 电压
				设备侧绕组 1-2 与屏蔽层间,交流 50 Hz、2 000 V 电压
ZPW·ML-10/R 防雷模拟网络盘	电阻值（Ω）	B6-B8 Z6-Z8	80.90～91.05	
		B10-B12 Z10-Z12	50.45～57.06	
		B14-B16 Z14-Z16	40.40～46.00	
		B18-B20 Z18-Z20	20.00～22.92	
		B22-B24 Z22-Z24	10.09～11.85	
	电容值（nF）	B8-Z8	93.1～116.3	
		B12-Z12	61.0～67.6	
		B16-Z16	47.8～54.7	
		B20-Z20	23.7～27.0	
		B24-Z24	11.9～13.6	
	防雷变压器变比$U_{Z32-B32}$∶$U_{Z26-B26}$		1∶(0.88～0.92)	Z26-B26 开路
	10 km 网络输出电压(V)	B2-Z2	39.9～45.9	负载电阻 300 Ω
	绝缘电阻		≥200 MΩ	
	绝缘耐压		设备无闪络现象	50 Hz,AC 1 000 V,时间 1 min

型号及名称	项 目		技术指标及范围	备 注
ZPW·ML1-7.5/R 防雷模拟网络盘	电阻值（Ω）	B6-B8 Z6-Z8	40.40～46.00	
		B10-B12 Z10-Z12	40.40～46.00	
		B14-B16 Z14-Z16	40.40～46.00	
		B18-B20 Z18-Z20	20.00～22.92	
		B22-B24 Z22-Z24	10.09～11.85	
	电容值（nF）	B8-Z8	47.8～54.7	
		B12-Z12	47.8～54.7	
		B16-Z16	47.8～54.7	
		B20-Z20	23.7～27.0	
		B24-Z24	11.9～13.6	
	7.5 km 网络输出电压(V)	B2-Z2	46.6～51.6	负载电阻 300 Ω
	防雷变压器变比 $U_{Z32-B32}:U_{Z26-B26}$		1：（0.88～0.92）	Z26-B26 开路
	绝缘电阻		≥200 MΩ	
	绝缘耐压		设备无闪络现象	50 Hz, AC 1 000 V, 时间 1 min
ZPW·CP-R 移频采集器	低频采集精度 （Hz）		±0.1	
	载频采集精度 （Hz）		±0.1	
	电压采集精度		±1%	
	电流采集精度		±2%	
	绝缘电阻		≥200 MΩ	
	绝缘耐压		无击穿或闪络	50 Hz, AC 500 V, 时间 1 min
ZPW·CT-R 通道采集器	电压采集精度		±1%	
	电流采集精度		±2%	
	绝缘电阻		≥200 MΩ	
	绝缘耐压		无击穿或闪络	50 Hz, AC 500 V, 时间 1 min
ZPW·CF-R 发送采集器	低频采集精度 （Hz）		±0.1	
	载频采集精度 （Hz）		±0.1	
	电压采集精度		±1%	
	电流采集精度		±2%	
	绝缘电阻		≥200 MΩ	
	绝缘耐压		无击穿或闪络	50 Hz, AC 500 V, 时间 1 min

冶金企业铁路信号维护规则

505

型号及名称	项 目		技术指标及范围	备 注
ZPW·ZC-R 采集中继器	绝缘电阻		≥200 MΩ	接线端子对机壳，DC 500 V
	绝缘耐压		设备无闪络现象	50 Hz，AC 500 V，时间 1 min

③衰耗滤波器技术指标应符合表 6-33 的要求。

表 6-33

型号及名称	项 目			技术指标及范围	备 注
ZPW·LS-1700 衰耗滤波器	输入阻抗 Ω			142~157	输入 1 700 Hz、10 mA 正弦信号
	主滤波器1 主滤波器2	通带衰耗 (dB)	1 660 Hz~ 1 740 Hz	≤3.8	
		阻带衰耗 (dB)	1 400 Hz	≥50	
			2 000 Hz	≥43	
			2 300 Hz	≥58	
	调滤波器1 调滤波器2	通带衰耗 (dB)	2 260 Hz~ 2 340 Hz	≤4.0	
		阻带衰耗 (dB)	1 700 Hz	≥60	
			2 000 Hz	≥47	
			2 600 Hz	≥41	
	传输性能	主滤出1电压 (mV) 主滤出2电压 (mV)		230±10	输出端接电阻 300 Ω，输入 1 700 Hz、(1.000±0.005) V 正弦信号时
		调滤入1电压 (mV) 调滤入2电压 (mV)		≤65	
		D8-D10 监测输出电压 (mV)		60±5	
		调滤出1电压 (mV) 调滤出2电压 (mV)		208±10	输出端接电阻 300 Ω，输入 2 300 Hz、(500±1) mV 正弦信号时
ZPW·LS-2300 衰耗滤波器	输入阻抗 Ω			142~157	输入 2 300 Hz、10 mA 正弦信号
	主滤波器1 主滤波器2	通带衰耗 (dB)	2 260~ 2 340 Hz	≤4.0	
		阻带衰耗 (dB)	1 700 Hz	≥60	
			2 000 Hz	≥47	
			2 600 Hz	≥41	

型号及名称	项　　目			技术指标及范围	备　　注
ZPW·LS-2300 衰耗滤波器	调滤波器1 调滤波器2	通带衰耗 (dB)	1 660 Hz～ 1 740 Hz	≤3.8	
		阻带衰耗 (dB)	1 400 Hz	≥50	
			2 000 Hz	≥43	
			2 300 Hz	≥58	
	传输性能	主滤出1电压（mV） 主滤出2电压（mV）		222±10	输出端接电阻 300 Ω，输入 2 300 Hz、(1.000±0.005) V 正弦信号时
		调滤入1电压（mV） 调滤入2电压（mV）		≤90	
		D8-D10 监测输出电压 （mV）		60±5	
		调滤出1电压（mV） 调滤出2电压（mV）		430±15	输出端接电阻 300 Ω，输入 1 700 Hz、(500±1) mV 正弦信号时
ZPW·LS-2000 衰耗滤波器	输入阻抗　Ω			142～157	输入 2 000 Hz、10 mA 正弦信号
	主滤波器1 主滤波器2	通带衰耗 (dB)	1 960 Hz～ 2 040 Hz	≤4.0	
		阻带衰耗 (dB)	1 700 Hz	≥50	
			2 300 Hz	≥43	
			2 600 Hz	≥58	
	调滤波器1 调滤波器2	通带衰耗 (dB)	2 560 Hz～ 2 640 Hz	≤4.2	
		阻带衰耗 (dB)	2 000 Hz	≥60	
			2 300 Hz	≥47	
			2 900 Hz	≥41	
	传输性能	主滤出1电压（mV） 主滤出2电压（mV）		224±10	输出端接电阻 300 Ω，输入 2 000 Hz、(1.000±0.005) V 正弦信号时
		调滤入1电压（mV） 调滤入2电压（mV）		≤65	
		D8-D10 监测输出电压（mV）		60±5	
		调滤出1电压（mV） 调滤出2电压（mV）		203±10	输出端接电阻 300 Ω，输入 2 600 Hz、(500±1) mV 正弦信号时

型号及名称	项　目			技术指标及范围	备　注
ZPW·LS-2600 衰耗滤波器	输入阻抗　Ω			142～157	输入 2600 Hz、10 mA 正弦信号
	主滤波器 1 主滤波器 2	通带衰耗 (dB)	2 560～ 2 640 Hz	≤4.2	
		阻带衰耗 (dB)	2 000 Hz	≥60	
			2 300 Hz	≥47	
			2 900 Hz	≥41	
	调滤波器 1 调滤波器 2	通带衰耗 (dB)	1 960～ 2 040 Hz	≤4.0	
		阻带衰耗 (dB)	1 700 Hz	≥50	
			2 300 Hz	≥43	
			2 600 Hz	≥58	
	传输性能	主滤出 1 电压 (mV) 主滤出 2 电压 (mV)		218±10	输出端接电阻 300 Ω,输入 2 600 Hz、(1.000±0.005) V 正弦信号时
		调滤入 1 电压 (mV) 调滤入 2 电压 (mV)		≤100	
		D8-D10 监测输出 电压 (mV)		60±5	
		调滤出 1 电压 (mV) 调滤出 2 电压 (mV)		418±15	输出端接电阻 300 Ω,输入 2 000 Hz、(500±1) mV 正弦信号时
ZPW·S-1700/R、 ZPW·S-2000/R 衰耗器	输入阻抗(Ω)			75.0±4.0	
	输出电压	主轨道输出(mV)		270±13.5	负载电阻 150 Ω
		调谐区输出(mV)		300±15	负载电阻 150 Ω
	衰耗电阻 (Ω)	B2-B4	Z2-Z4	24 k±1.2 k	
		B4-B6	Z4-Z6	12 k±600	
		B6-B8	Z6-Z8	6.2 k±310	
		B8-B10	Z8-Z10	3 k±150	
		B10-B12	Z10-Z12	1.5 k±75	
		B12-B14	Z12-Z14	750±37.5	
		B14-B16	Z14-Z16	390±19.5	
		B16-B18	Z16-Z18	200±10	

型号及名称	项 目			技术指标及范围	备 注
ZPW·S-1700/R、ZPW·S-2000/R衰耗器	衰耗电阻（Ω）	B20-B22 Z20-Z22	B36-B38 Z36-Z38	20 k±1 k	
		B22-B24 Z22-Z24	B38-B40 Z38-Z40	10 k±500	
		B24-B26 Z24-Z26	B40-B42 Z40-Z42	5.1 k±255	
		B26-B28 Z26-Z28	B42-B44 Z42-Z44	2.4 k±120	
		B28-B30 Z28-Z30	B44-B46 Z44-Z46	1.2 k±60	
		B30-B32 Z30-Z32	B46-B48 Z46-Z48	620±31	
		B32-B34 Z32-Z34	B48-D48 Z48-D46	300±15	
	绝缘电阻			≥200 MΩ	
	绝缘耐压			设备无闪络现象	50 Hz，AC 500 V，时间 1 min
ZPW·S-2300/R、ZPW·S-2600/R衰耗器	输入阻抗		（Ω）	75.0±4.0	
	输出电压	主轨道输出（mV）		270±13.5	负载电阻 150 Ω
		调谐区输出（mV）		300±15	负载电阻 150 Ω
	衰耗电阻（Ω）	B2-B4	Z2-Z4	24 k±1.2 k	
		B4-B6	Z4-Z6	12 k±600	
		B6-B8	Z6-Z8	6.2 k±310	
		B8-B10	Z8-Z10	3 k±150	
		B10-B12	Z10-Z12	1.5 k±75	
		B12-B14	Z12-Z14	750±37.5	
		B14-B16	Z14-Z16	390±19.5	
		B16-B18	Z16-Z18	200±10	
		B20-B22 Z20-Z22	B36-B38 Z36-Z38	39 k±1.8 k	
		B22-B24 Z22-Z24	B38-B40 Z38-Z40	20 k±1 k	

型号及名称	项目			技术指标及范围	备注
ZPW·S-2300/R、ZPW·S-2600/R 衰耗器	衰耗电阻（Ω）	B24-B26 Z24-Z26	B40-B42 Z40-Z42	10 k±500	
		B26-B28 Z26-Z28	B42-B44 Z42-Z44	5.1 k±255	
		B28-B30 Z28-Z30	B44-B46 Z44-Z46	2.4 k±120	
		B30-B32 Z30-Z32	B46-B48 Z46-Z48	1.2 k±60	
		B32-B34 Z32-Z34	B48-D48 Z48-D46	620±31	
	绝缘电阻			≥200 MΩ	
	绝缘耐压			设备无闪络现象	50 Hz，AC 500 V，时间 1 min

④匹配变压器（匹配单元）、空芯线圈（平衡线圈）主要技术指标应符合表 6-34 的要求。

表 6-34

型号及名称	项目		技术指标及范围	备注
ZPW·DPG 轨道匹配单元	50 Hz 开路阻抗	模值（Ω）	0.85～1.40	E1-E2 端开路，测量 V1-V2 端 50 Hz 时的阻抗
		角度	−88°～−70°	
	2 000 Hz 开路阻抗	模值（Ω）	11.50～13.50	E1-E2 端开路，测量 V1-V2 端 2 000 Hz 时的阻抗
		角度	80.0°～89.8°	
	2 000 Hz 传输性能	V1-V2 端输出正弦信号电压（V）	3.0～3.6	匹配单元 E1-E2 端输入 2 000 Hz，（60.0±0.1）V 的正弦信号
	补偿电感电感量 （mH）		10±0.30	3-Ⅱ₁ 串联，测量 E1-E2 端电感量，测试频率 2 000 Hz
	绝缘电阻 （MΩ）		＞200	V1 对 E1 端子、V1、E1 对机壳，直流 500 V 电压
	绝缘耐压		1 min 无异状	V1 对 E1 端子，交流 50 Hz，2 000 V 电压
ZPW·XPD 电气节空心线圈	电感值 （μH）		97.0±5.0	测试频率 1 592 Hz
	电阻值 （mΩ）		15～34.5	

型号及名称	项 目		技术指标及范围	备 注
ZPW・XPJ 机械节空心 线圈	电感值	(μH)	29～35	测试频率 1 592 Hz
	电阻值	(mΩ)	8.0～28.0	
ZPW・X-R 空芯线圈	电感值	(μH)	102±4	
	电阻值	(mΩ)	50～200	
ZPW・XJ-R 机械节空芯 线圈	电感值	(μH)	31±3	
	电阻值	(mΩ)	12.0～40.0	
ZPW・BP-R 匹配变压器	E1-E2 电压(V)	40 Hz	2.0～5.5	负载电阻 100 Ω/30 W
		2 000 Hz	13.5～18.0	负载电阻 100 Ω/30 W
	绝缘电阻		>200 MΩ	
	绝缘耐压		设备无闪络现象	50 Hz,AC 1 000 V,时间 1 min
ZPW・BPN1-R 匹配变压器	E1-E2 电压(V)	40 Hz	1.0～4.0	负载电阻 200 Ω/30 W
		2 000 Hz	13.5～17.0	负载电阻 200 Ω/30 W
	绝缘电阻		>200 MΩ	
	绝缘耐压		设备无闪络现象	50 Hz,AC 1 000 V,时间 1 min

⑤ZPW・T-1700、ZPW・T-2000、ZPW・T-2300、ZPW・T-2600 型调谐单元的主要技术指标应符合图 6-4 的要求。ZPW・T-1700/R、ZPW・T-2000/R、ZPW・T-2300/R、ZPW・T-2600/R 型调谐单元的主要技术指标应符合图 6-5 的要求。图中横坐标 a 为实部,纵坐标 b 为虚部,单位为 mΩ。

(4)室内设备配线应满足下列要求:

①信号机械室内部的各种配线全部采用阻燃线。与数据通信线共槽的线缆均应采用阻燃屏蔽线。发送、接收通道配线采用 2×28×0.15 mm 双芯扭绞阻燃屏蔽线,屏蔽层单端接地,在移频组合箱侧悬空,另一侧接在地线汇流排上。编码线采用 16×0.15 mm 双芯绞型阻燃线;其他配线均采用 23×0.15 mm 阻燃塑料软线。

②室内线缆布线禁止出现环状。

③各种配线不得有中间接头和绝缘破损现象。

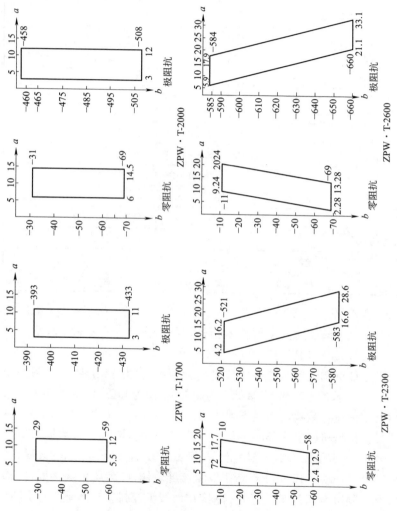

图6-4

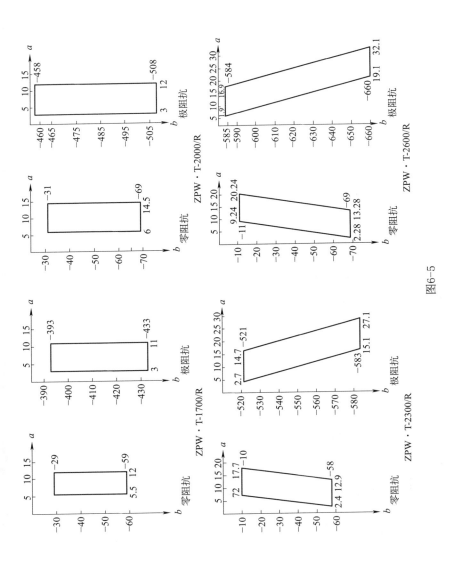

图6-5

④在移频架背面即配线侧看,发送线通过移频架上方右侧走线口
布放在移频架右侧。接收线通过移频架上方左侧走线口布放
在左侧。

⑤机架(柜)间发送线、接收线分别布放在上部走线槽的两侧,其
他配线布放在中间位置,并分别绑扎。

6.2.8 WG-21A 型无绝缘轨道电路自动闭塞("N+1"系统)。

(1)WG-21A 型无绝缘轨道电路自动闭塞设备在电源电压直流 22.5~
28.8 V 范围内应可靠工作。

(2)发送器的主要技术指标应符合表 6-35 的要求。

表 6-35

序号	项　　目	指标及范围	备　　注
1	空载输出电压	172~180 V	电源电压为(28.8±0.1) V 低频 20.2 Hz,输出电压 1 电平
2	空载输出时电源电流	0.2~0.5 A	
3	输出短路时电源电流	9.0~10.4 A	
4	输出电压(1 电平)	159~170 V	电源电压为 21.5 V,400 Ω 负载,低频 20.2 Hz
5	输出电压(1 电平)	161~170 V	电源电压为(25±0.1) V,400 Ω 负载,低频 20.2 Hz
6	输出电压(2 电平)	146~154 V	
7	输出电压(3 电平)	128~135 V	
8	输出电压(4 电平)	104.5~110.5 V	
9	输出电压(5 电平)	75~79.5 V	
10	低频频率(TBF)	TBF±0.1 Hz	低频为 10.3~29Hz,电源电压(24±0.1) V,输出电压 1 电平,空载
11	载频频率	(1 700±0.2) Hz	电源电压(24±0.1) V,输出电压 1 电平,空载低频为 20.2 Hz 时测得
		(2 000±0.2) Hz	
		(2 300±0.2) Hz	
		(2 600±0.2) Hz	
12	绝缘	>200 MΩ	测试工装在 A、B、M 上,DC 500 V 电压
13	耐压	1 min 无异状	测试工装在 A、B、M 上,交流 50 Hz 、2 000 V 电压,漏流 1 mA
14	FBJ 电压	>20 V	电源电压(25±0.1) V,低频 20.2 Hz 输出电压 1 电平,空载

(3)接收器的主要技术指标应符合表 6-36 的要求。

表 6-36

序号	项　目		指标及范围	备　注
1	TB2 变比	V3-V1	$0.99 \leqslant a \leqslant 1.01$	电源电压为(24±0.1) V,调 1250 的输出电平为(1±0.1) V,频率 2 000 Hz,a 为实部,b 为虚部,$-0.1 < b < +0.1$。
		V2-V1	$0.257 \leqslant a \leqslant 0.284$	
		R10-R8	$0.281 \leqslant a \leqslant 0.310$	
		R9-R8	$0.090\ 9 \leqslant a \leqslant 0.100\ 485$	
		R7-R6	$0.031\ 0 \leqslant a \leqslant 0.034\ 4$	
		R5-R3	$0.013\ 3 \leqslant a \leqslant 0.014\ 7$	
		R4-R6	$0.004\ 4 \leqslant a \leqslant 0.004\ 9$	
2	输入阻抗	模	$280\ \Omega \leqslant a \leqslant 350\ \Omega$	电源电压为(24±0.1) V,调信号发生器的输出电平为(1±0.1) V,频率 2 000 Hz。
		相角	$-15° \leqslant b \leqslant +15°$	
3	吸起门限		(205±8) mV	轨道继电器吸起时电压: ≥20 V(JWXC-1700) >24 V(NS1.24.404)
4	落下门限		(175±8) mV	轨道继电器落下时电压: ≤3.4 V(JWXC-1700) ≤5 V(NS1.24.404)
5	载频通带	吸起	$F_0-3.1$ Hz～$F_0+3.1$ Hz	限入电压 240 mV,频偏±11 Hz F_0 为中心频率
		落下	$\geqslant F_0+2.9$ Hz 或 $\leqslant F_0-2.9$ Hz	
6	低频通带	吸起	±0.4 Hz	限入电压 240 mV,频偏±11 Hz 低频为 10.3～29 Hz
		落下	±0.5 Hz	
7	轨道继电器电压		24～28 V(NS1.24.404)	电源电压为(24±0.1) V 限入电压(240±1) mV
			≥20 V(JWXC-1700)	
8	电源电流		<600 mA	
9	吸起延时		(4.2±0.3) s	限入电压(240±1) mV 频偏±11 Hz
10	落下延时		(2.37±0.3) s	限入电压低于 130 mV 频偏±11 Hz
11	绝缘电阻		>200 MΩ	测试工装在 R1、V1、T、L+ 四端子对地,直流 500 V 电压,漏流 1 mA
12	耐压		1 min 无异状	测试工装 R1、V1、T、L+ 四端子对地,交流 50 Hz 2 000 V 电压

序号	项 目	指标及范围	备 注
13	JBJ、ZBJ 电压	>20 V	电源电压为(24±0.1) V,限入电压(240±1) mV
14	轨道继电器 GJ 电压	>20 V	电源电压为(24±0.1) V,限入电压(240±1) mV

(4)ZW·BP2 型匹配变压器的主要技术指标应符合表 6-37 的要求。

表 6-37

序号	项 目		指标及范围	备 注
1	耐 压		1 min 无异状	测试工装 E 对 V,E 对 M,V 对 M,交流 50 Hz 2 000 V 电压,漏流 1 mA
2	绝缘电阻		>200 MΩ	测试工装 E 对 V,E 对 M,V 对 M,直流 500 V 电压
3	变压器部分	电容器	V_{E1-E2}=(7~10) V	V1-V2 输入 40 Hz,电平为 1.5 V±0.1 V 的正弦信号
		变压器比	V_{E1-E2}=(11.2~14) V	V1-V2 输入 2 000 Hz,电平为(3±0.1) V 的正弦信号

(5)ZW·XK1 空芯线圈的主要技术指标应符合表 6-38 的要求。

表 6-38

序号	项 目	指标及范围	备 注
1	电感	(33.5±1)μH	测试频率:1 592 Hz
2	电阻	(18.5±5.5)mΩ	电流:(2±0.05) A

(6)ZW·HMF1/ZW·HMJ1 型模拟网络盒的主要技术指标应符合表 6-39 的要求。

表 6-39

序号	项 目	指标及范围	备 注
1	耐压	1 min 无异状	交流电压 50 Hz 2 000 V,漏流 1 mA
2	绝缘电阻	>200 MΩ	直流电压 500 V

序号	项 目		指标及范围	备 注
3	网络静态电阻测试	13-14 15-16	≥1 MΩ	测试网络端子间的直流电阻值
		13-15 14-16	(70±5) Ω	
		11-12 9-10	≥1 MΩ	
		9-11 10-12	(35±2.5) Ω	
		7-8 5-6	≥1 MΩ	
		5-7 6-8	(17.5±1.5) Ω	
		3-4 1-2	≥1 MΩ	
		1-3 2-4	(10±1) Ω	
4	网络动态电压测试	15-16	(10±0.1) V	连接 14-12,13-11,10-8,9-7,6-4,5-3,2-1 端子,信号发生器 2000 Hz、10 V±0.1V 的正弦信号输入到 15-16 端子
		11-12	(4.45~5.1) V	
		8-7	(1.9~2.3) V	
		3-4	(0.66~0.82) V	
5	接收线圈 TB2 的匝比	V3-V1	0.99≤a≤1.01	调 1250 的输出电平为(1±0.1) V,频率 2 000 Hz,a 为实部,b 为虚部,−0.1<b<+0.1
		V2-V1	0.257≤a≤0.284	
		R10-R8	0.281≤a≤0.310	
		R9-R8	0.090 9≤a≤0.100 485	
		R7-R6	0.031 0≤a≤0.034 4	
		R5-R3	0.013 3≤a≤0.014 7	
		R4-R3	0.004 4≤a≤0.004 9	

注:发送模拟网络盒测试 1、2、3、4 项,接收模拟网络盒测试 1、2、3、4、5 项。

(7)调谐单元的主要技术指标应符合图 6-6 所示范围(实部、虚部的单位均为:mΩ)。

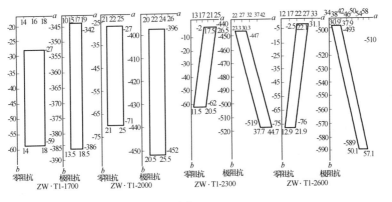

图 6-6

6.2.9 电气化区段微机交流计数电码自动闭塞。

(1)交流电源为正弦波,电压波动范围不大于(220±33)V 时应可靠工作。

(2)微机交流计数电源盒的主要技术指标应符合表 6-40 的要求。

表 6-40

型号	名称	5 V			12 V			24 V	
		输出电压(V)	稳压纹波电压(mV)	输出电流(A)	输出电压(V)	稳压纹波电压(mV)	输出电流(A)	输出电压(V)	输出电流(A)
DYH-1	发码电源	4.8～5.3	≤5	≤1.5	11.5～12.5	≤30	≤1	23～24	≤0.5
	译码电源	4.8～5.3	≤5	≤1.5	11.5～12.5	≤30	≤1	23～24	≤0.5
DYH-2	电码化电源	4.8～5.3	≤5	≤1.5	11.5～12.5	≤30	≤1	—	—

(3)微机交流计数发码器的主要技术指标应符合表 6-41 的要求。

表 6-41

名称	选型	输入预置条件				输出			
		41	13	42	63	码型	电平(V)	误差(ms)	时间参数(ms)
WFH-1区间 WFH-2站内	31接 FD+5 V	MD	0	0	0	H/U	≤12	10	230、570、230、570、1 600
		MD	MD	0	0	V/U	≤12	10	520、160、360、560、1 600
		MD	X	MD	0	U	≤12	10	380、120、380、720、1 600
		MD	X	MD	MD	L	≤12	10	350、120、220、120、220、570、1 600
		0	X	0	0	无码	0		
		0	X	MD	X	H/U	≤12	10	230、570、230、570、1 600
	WFH-2 的 31 接 FD+5 V	MD	0	0	0	H/U	≤12	10	300、630、300、630、1 860
		MD	MD	0	0	U/U	≤12	10	600、160、540、560、1 860
		MD	X	MD	0	U	≤12	10	350、120、600、790、1 860
		MD	X	MD	MD	L	≤12	10	350、120、240、120、240、790、1 860
		0	X	0	0	无码	0		
		0	X	MD	X	H/U	≤12	10	300、630、300、630、1 860

(4)微机交流计数电子开关盒的主要技术指标应符合表 6-42 的要求。

表 6-42

型　号	输　入			输　出		备　注
	直流电源(V)	码型信号(V)	取样信号(V)	脉动电源(V)	信号	
DKH-21	11.5～12.5	11～12	1.5～2	11～12 V 方波	信号源－1 V	区间单路
DKH-22	11.5～12.5	11～12	1.5～2	11～12 V 方波	信号源－1 V	站内 4 路

(5)微机译码器及轨道板的主要技术指标应符合表 6-43 的要求。

表 6-43

名　称	输　入				输　出			
	直流(5 V)(V)	直流(12 V)(V)	直流(24 V)(V)	交流信号(V)	LJ 直流(V)	UJ 直流(V)	H/UJ 直流(V)	GJ 直流(V)
普通型	4.8～5.3	11.5～12.5	—	≥3.4	>10	>10		
中继型	4.8～5.3	11.5～12.5	—	≥3.4	>10	>10	>10	
DZGB	输入阻抗	190～210 Ω	23～25	≥3.4	—	—		>6.3

(6)微机交流计数轨道滤波器的主要技术指标应符合表 6-44 的要求。

表 6-44

频率(Hz)	输入电压(V)	输入电流(mA)	输出电压(V)	测试负载(Ω)
25	6.3	≤32.5	≥3.7	无感电阻 200
50	—	550	<0.4	
100、150、250		150	<0.2	

(7)微机交流计数干扰抑制器的主要技术指标:交流 50 Hz 时,阻抗小于 34 Ω。

(8)微机交流计数轨道继电器的主要技术指标应符合下列要求:

①工作值不大于 6.2 V;

②释放值不小于 2.4 V;

③反向不吸起值大于 28 V。

(9)微机交流计数匹配变压器的输入阻抗应为 210～190 Ω(输出接电子轨道板)。

(10)微机交流计数 BP2-50/25-100 型分频器的主要技术指标应符合表 6-45 的要求。

表 6-45

输入	电压	(V)	176～253
	电流	(A)	1.7
	频率	(Hz)	50
输出	电压	(V)	209～231
	电流	(A)	0.455
	功率	(V·A)	100
	频率	(Hz)	25
在额定输入电压下,过负载停振时最大输入电流		(A)	3.9
排除短路故障后,在额定负载下的起振电压		(V)	176～253
25 Hz 谐振槽路电容量		(μF)	70
当电源电压在 176～253 V 变化,负载由零至满载变化时,分频器输出 25 Hz 电压中 50 Hz 谐波分量不得大于输出值的		(%)	4
允许温升		(℃)	80

6.2.10 非电气化区段微机交流计数电码自动闭塞。

非电气化区段微机交流计数电码自动闭塞设备除无分频器、滤波器、干扰抑制器外,其他器材及其主要技术指标同电气化区段微机交流计数电码自动闭塞设备。

6.2.11 电气化区段微电子交流计数电码自动闭塞。

(1)电气化区段微电子交流计数电码自动闭塞设备在下列条件下应可靠工作:

①交流电源为正弦波,电压波动范围不大于(220±33) V,频率范围为(50±1) Hz。

②不平衡系数:不大于 5%(不平衡电流不大于 50 A)。

(2)微电子交流计数发码电源盒,当输入电源电压在 187～253 V 范围内变化时,各输出电压的允许范围应符合表 6-46 的要求。

表 6-46

输出电压名称	U_1 输入 (V)	直流 5 V (端子 42-41) (V)	交流同步时钟信号 (端子 61-41) (V)	直流 25 V (端子 63-41) (V)	FZJ1 电压 (线圈 1、4) (V)	FZJ2 电压 (端子 51-33) (V)
输出电压的 允许范围	>7.5	5±0.1	>9.5,<15	>18,<35	>22,<40	>27,<50

（3）微电子交流计数发码器的主要技术指标应符合下列要求：

①U_3 的 6 脚应为（2±0.5）kHz 方波，幅值不小于 4 V。

②BG_1 的集电极应为有尖顶的方波脉冲，其幅值在 20~80 V 范围内。

③BG_2~BG_6 发射极输出各路电码波形为（2±0.5）kHz 脉冲信号，波形无异常，幅值不小于 2.5 V。

④发码变压器输出波形为正弦 25 Hz，波形不失真，无毛刺。

（4）微电子交流计数译码电源盒，当输入电源电压在 187~253 V 范围内变化时，其输出电源的允许范围应符合表 6-47 的要求。

表 6-47

输出电压名称	U_1 输入 (V)	直流 5 V (端子 83-73) (V)	U_2 输入 (V)	直流 15 V (端子 31-73) (V)	交流同步时钟信号 (端子 33-73) (V)	LJ、UJ、 HUJ 电压 (V)
输出电源的 允许范围	>7.5	5±0.1	>17.5	15±1	>7	>22,<40

（5）微电子交流计数译码器应符合下列要求：

①灵敏度为（6±1）V。

②同步信号整齐，检波波形无锯齿波，晶振波形干净。

③有码时，D_1 的负极有 50 Hz 尖脉冲，波形整齐，不丢码。

④U_1 的 15 脚应为 50 Hz 方波，波形完好，频率稳定，波形无异常。

⑤D_6~D_{10} 二极管正极，当任一路有输出时，其他各路均应为低电平；有输出的一路，其波形按 50 Hz 方波规律变化，间断发出 2 kHz 脉冲，幅值不小于 2.5 V。

（6）接收变压器的主要技术指标应符合下列要求：

①铁芯规格：CD12.5×16×25。

②匝数：N_1=600；N_2=N_3=1 200。

③特性：U_1=4.0 V 时，I_1=（32±2.5）mA。

④一次输入阻抗：$Z = (125 \pm 10)$ Ω。

6.2.12 非电气化区段微电子交流计数电码自动闭塞。

(1)微电子交流计数电码自动闭塞设备的工作环境条件见 6.2.11 条 (1)款。

(2)微电子交流计数发码电源盒、发码器、译码电源盒的主要技术指标应符合第 6.2.11 条(2)、(3)、(4)款的要求。

(3)微电子交流计数译码器应符合下列要求：

　　①灵敏度为(6 ± 1) V。

　　②同步信号整齐，检波波形无锯齿波，晶振波形干净。

　　③有码时，D_1 的负极有 100 Hz 尖脉冲，波形整齐，不丢码。

　　④U_1 的 15 脚应为 50 Hz 方波，波形完好，频率稳定，波形无异常。

　　⑤$D_6 \sim D_{10}$ 二极管正极，当任一路有输出时，其他各路均应为低电平；有输出的一路，其波形按 50 Hz 方波规律变化，间断发出 2 kHz 脉冲，幅值不小于 2.5 V。

(4)接收变压器的主要技术指标应符合下列要求：

　　①铁芯规格：CD12.5×16×25。

　　②匝数：$N_1 = 16$；$N_2 = N_3 = 320$。

　　③特性：$I_1 = 0.5$ A 时，$U_1 = (0.5 \pm 0.1)$ V。

　　④一次输入阻抗：$Z = 0.8 \sim 1.0$ Ω。

6.3 继电半自动闭塞

6.3.1 继电半自动闭塞设备应符合下列要求：

(1)闭塞开通：单线区间，只有在本站发出请求发车信息并收到对方站(所)的同意接车信息之后，发车站闭塞机才能开通，出站或通过信号机才能开放；接车闭塞机处于闭塞状态。

双线区间，只有在先行列车到达接车站，并收到接车站的到达复原信息之后，闭塞机才能开通，出站或通过信号机才能开放。

(2)取消闭塞：闭塞开通，出站信号机开放后，列车出发前，发车站取消闭塞，电锁器联锁站应在出站信号机关闭后延时 3 min；集中联锁站应在发车进路解锁后才能取消闭塞。

(3)列车从发车站进入区间，出站信号机应自动关闭，并使双方站闭塞机均处于闭塞状态，在列车到达接车站前，不得解除闭塞。列车占用的区间,有关的出站信号机不得开放。

(4)列车到达接车站后,发车站未得到接车站的确认列车完全到达信息时,不得解除闭塞。

6.3.2 半自动闭塞设备,应保证发送电话振铃信号时不干扰闭塞设备的正常工作。

6.3.3 半自动闭塞站间传输线路必须采用实线回路。

6.3.4 继电半自动闭塞设备,当其传输线路任何一处发生断线、混线、混电、接地、外电干扰、元件故障、轨道电路失效或错误办理时,均应保证闭塞机不能错误开通。

6.3.5 继电半自动闭塞电源停电恢复时,闭塞机应处于闭塞状态,只有用事故按钮办理,方能使闭塞机复原。

6.3.6 继电半自动闭塞采用架空线(4.0 mm² 铁线)时,其直流电阻每条公里 11 Ω,经运用腐蚀后最大不超过 14.7 Ω。

6.3.7 继电半自动闭塞的线路电源应使对方站(或分界点)的线路继电器得到不小于其工作值 120% 的电压,同一车站的上、下行闭塞机的线路电源应分开设置。

6.3.8 非集中联锁车站的半自动闭塞轨道电路应符合下列要求:

(1)在车站正线最外道岔的外方设半自动闭塞轨道电路,应可靠地监督列车的到达与发出。

(2)半自动闭塞轨道电路与出站信号机间的距离不应大于 300 m,其长度不应小于 25 m。

6.4 自动站间闭塞

6.4.1 自动站间闭塞区间,必须装设区间轨道检查装置。

区间轨道检查装置可采用长轨道电路或计轴设备。长轨道电路或计轴设备的技术标准应符合第 4 章和第 7 章的有关要求。

6.4.2 自动站间闭塞应满足下列技术要求。

(1)车站办理发车进路时,区间应自动转入闭塞状态。

(2)出站信号机开放,必须连续检查闭塞正确及区间空闲。

(3)列车出发后,出站信号机应自动关闭。在闭塞解除前,两站向该区间的出站信号机不得再次开放。

(4)列车到达接车站或返回发车站,经检查区间空闲后,闭塞自动解除。

（5）区间闭塞后，发车进路解锁前，不能解除闭塞；取消发车进路，发车进路解锁后，闭塞随之自动解除。

6.4.3 自动站间闭塞区间，原有半自动闭塞可作为备用闭塞，且应满足下列要求。

（1）区间检查设备正常、区间空闲、未办理闭塞时，经操作，自动站间闭塞方式与半自动闭塞方式可以互相转换，同一区间的闭塞方式应一致。

（2）区间检查设备故障停用时，可按规定的作业程序改为半自动闭塞。

6.4.4 当区间检查设备为计轴设备时，计轴设备检修或停电恢复后，应由区间两端车站值班员确认区间空闲，同时办理，方能使设备复原。

6.5 站间安全信息传输设备

6.5.1 站间安全信息传输设备适用于线路速度 160 km/h 及以下铁路的 64D 半自动闭塞区段、自动站间闭塞区段、站间或场间联系的安全信息传输，应符合下列要求。

（1）设备由传输设备与传输通道构成。传输设备应采用双机热备或二乘二取二结构，由主机单元、输入输出(I/O)接口单元、通信接口单元组成；站间传输通道采用冗余的专用光纤通道或专用 2 M 通道。结构示意见图 6-7。

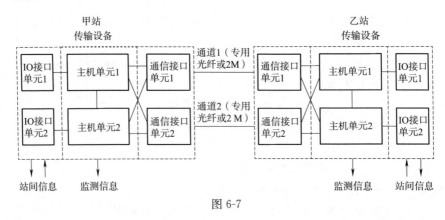

图 6-7

（2）使用专用光纤通道时，采用单模光纤模式，FC、SC 或 ST 接口；光接口满足传输光波长 1 310 nm/1 550 nm，传输距离不小于 30 km 发射光功率不小于−10 dB，接收灵敏度不大于−25 dB 的要求；光纤衰减应符合表 6-48 要求。

524

表 6-48

测试波长(nm)	1 310	1 550
衰减系数(dB/km)	≤0.35	≤0.22

(3)由通信传输系统(SDH\MSTP)提供的专用 2M 通道时,应采用符合 ITU-T G.703 标准的 E1 通道;通信机械室至信号机械室应采用 BNC 接头、75 Ω 非平衡同轴电缆;当通信机械室至信号机械室电缆路径长度超过 50 m,应采用光纤通道和光接口设备连接。

(4)传输通道应冗余配置,当任一通道发生故障时,通道切换时延小于 500 ms。

(5)车站间信息的传输延迟时间不大于 3 s。

(6)传输设备间按 250 ms 周期交互数据。

(7)通信异常时默认规定目的站安全数据值的有效保持时间为 3 s,超时后应将安全数据位导向安全值"0"。当目的站接收到正确用户数据包时,即为通信恢复正常。

(8)开关量采集和驱动接口应符合 TB/T 3027 中输入输出接口的相关规定,源站采集相关输入条件,经过编码处理后传输至目的站,目的站经解码处理后输出相应的安全条件。

(9)系统进入正常工作模式后,采集站间相关条件实时传输至邻站传输设备,两相邻站通过实时通信校验,完成安全条件的输出。

(10)应具备自诊断与辅助维护功能,具有本地告警显示和告警输出功能。

(11)可将驱动采集状态信息、设备工作状态信息及报警信息发送给监测设备,其监测内容应符合集中监测的相关要求。

(12)传输设备应采取电磁兼容和雷电防护措施,机柜内电源线与信号线应分设,信号线采用纽绞屏蔽线;防雷地与屏蔽地分设,接地电阻值不应大于 4 Ω。

6.5.2 DOF-LS-200 半自动闭塞信息数字传输设备。

(1)传输设备为二乘二取二或双机热备结构,由主机单元、IO 接口单元、继电器接点采集单元、通信接口单元、对外接口单元组成,适用于无区间道岔的半自动闭塞区间。

(2)具有外电缆检测功能。

(3)对半自动闭塞(64D,64F)安全型继电器的动作实时分析,可将设备的故障信息,安全型继电器的状态以及继电器的分析结果,上传给集中监测系统。

(4)主要技术指标:

①供电电源:AC(220±22) V 或 DC(48±4.8) V;

②供电电流:AC 220 V 小于 0.5 A;DC 48 V 小于 2 A;

③还原出的正负脉冲信号特性:电压值(30±2) V(可调整),电流值小于 500 mA;

④脉冲信号检测值符合表 6-49 的要求;

表 6-49

序号	检测项目	指标要求
1	正电脉冲采集范围	+16~ +130 V
2	负电脉冲采集范围	−16~ −130 V
3	抗"正干扰脉冲"宽度	>80 ms
4	抗"负干扰脉冲"宽度	>80 ms

⑤采用 2M 接口时:接口电气特性符合 ITU-T G.703 标准,接口转移特性及抖动特性符合 ITU-TG.823 标准,速率(2 048±50)×10⁻⁶ Mbit/s,接口阻抗 75Ω 非平衡 BNC;

⑥采用光接口时:光接口为双纤 FC 光接口,波长 1 310 nm 或 1 550 nm,光发射功率≥−10 dBm,光接收灵敏度≤−35 dBm,传输距离≥30 km;

⑦正负电信号传输指标符合表 6-50 的要求;

表 6-50

序号	项 目	指标要求
1	正脉冲上升沿延时	<300 ms
2	正脉冲下降沿延时	<300 ms
3	正脉冲宽度误差(大于 1 s)	±500 ms
4	负脉冲下降沿延时	<300 ms
5	负脉冲上升沿延时	<300 ms
6	负脉冲宽度误差(大于 1 s)	±500 ms
7	信号稳定响应脉宽	>1 000 ms

⑧监测到的继电器动作完成时刻比继电器实际动作完成时刻滞后时间不大于 60 ms;

⑨存储的安全型继电器吸起与落下时间间隔与实际安全型继电器吸起与落下时间间隔误差不大于 80 ms;

⑩双通信通道之间不分主备实现无缝融合切换;电缆和光纤之间的切换时间小于 3 s。

6.5.3 CXG-rx 型光通信站间安全信息传输设备。

(1)系统主要由传输设备、通信接口设备及传输通道构成。传输设备采用双机热备冗余结构,通信接口单元采用冗余结构,站间传输通道采用冗余的专用光纤通道或专用 2 M 通道。

(2)主要技术指标

①传输设备使用信号电源屏提供的 AC 220 V 3 A 稳压电源,可在工作电源为 AC 220 V(+10%～-15%)、50 Hz 条件下正常工作。

②使用专用光纤通道时采用 FC 接口。

③开关量采集和驱动接口应符合 TB/T 3027 中输入输出接口的相关规定。

④设备地线和防雷地线应引入传输设备对应端子上,接地电阻值不应大于 1 Ω。

⑤具备自诊断与辅助维护功能,可将驱动采集状态信息、设备工作状态信息及报警信息发送给集中监测设备。

⑥通过传输设备 1 的标准串行通信接口(RS232)与集中监测设备通信,当传输通信距离超过 15 m 时,增加 RS232 转 RS422 转换器提供 RS422 接口。

(3)设备具有机柜式和组合架式两种安装方式。

(4)设备配线除光纤尾纤外,其他应采用阻燃型铜线,配线规格见表 6-51。

表 6-51

序号	配线名称	建议的配线规格	备注
1	电源屏至传输设备间的电源线	1.0 mm² 电力电缆	
2	通信接口设备至站间通道连接线	2×FC 接口单模尾纤	采用独立光纤通道
		2×BNC 接口同轴电缆	采用 2 M 通道

序号	配 线 名 称	建议的配线规格	备 注
3	传输设备至结合电路间的条件采集及继电器驱动线	0.5 mm² 塑料软线(1×28/0.15 mm)	
4	传输设备的地线端子与接地体之间的地线	4.0 mm² 塑料软线(1×77/0.26 mm)	

6.5.4 FDT 系统(故障安全数据传输系统)。

(1)FDT 系统可将其输入状态信息通过光纤发送至某个远程 FDT 装置,并根据所收到的信息发出相应的输出,其输入和输出图(在各工作站之间)可通过软件进行配置。FDT 系统由多个 FDT 装置组成,与两台远程 FDT 接口配置见图 6-8。

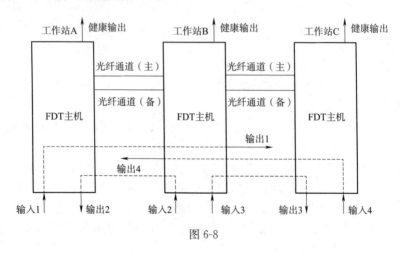

图 6-8

(2)FDT 系统主要安全功能:

①FDT 主机同时具有输入和输出;

②通过光纤进行通信(主和备通道);

③输入的状态只能在相邻的 FDT 设备之间传输;

④通信通道支持热待机,只有两个通道(运行中通道和待机通道)同时出错时系统方认为通信处于出错状态;

⑤自身带有自动故障防护功能,系统出现故障(包括通信故障),将中断其输出电源。

（3）FDT 主机主要获取与接点状态相关的信息，获取与远程 FDT 装置的输入相对应的信息，将其输入状态传送到远程 FDT 装置，激发输出和热待机管理功能。

（4）FDT 系统可通过 8 芯单模光纤将距离远达 30 km 的远程 FDT 主机连接起来。独立配置的 FDT 主机光纤连接见图 6-9。

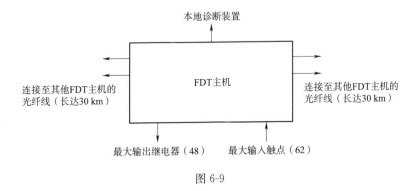

图 6-9

（5）两个不同 FDT 装置的两个光纤转换器之间的连接见图 6-10，TX（发送）连接器要与另一个装置的 RX（接收）连接器相连（反之亦然）。

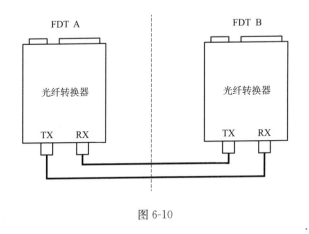

图 6-10

（6）光纤转换器上的双列直插开关的配置状况应该见表 6-52。

表 6-52

开　　关	设　　置
SW1	ON
SW2	OFF
SW3	ON
SW4	OFF

(7)FDT 系统的主要电气特性满足表 6-53 要求。

表 6-53

带有 UPS 的供电控制柜	
供电电压	AC(220±33)V 单相(50 Hz)
供电电压(可通过 UPS 配置)	AC(220±4.4) V 单相＋PE(50 Hz±5 Hz,单相＋PE 指单相三线:1 根火线、1 根零线＋1 根地线)
耗电量(根据通电 I/O 而定)	3.5 A
供电电子装置	
供电电压	24V DC(可选范围:24～60 V DC±15％)
耗电量(根据通电 I/O 而定)	60 V 时为 1.1 A(最高)
供电电压的变化情况	每 10 ms 需 100％输入电压
工作频率(开关)	55～60 kHz
最高输入功率	交流情况下最高 84 W
最高输出功率	交流情况下最高 12 W(对继电器而言)
输入(自动故障防护)	
输入通道数	62 个输入
输入类型	闭合触点关键计数的输入
重新读取外部触点的输出	DC 24 V 带绝缘
输出(自动故障防护)	
输出通道数	48 个输出
每个通道的输出电压(自动故障防护)	DC 24 V 用以给继电器通电(最低 1 700 Ω)
光纤转换	
输入电压	DC 12～48 V
功耗	DC 140 mA 和 DC 12 V
串行	
串行通信通道	3 个带有标准 RS232 接口的发送/接收通道; 1 个带有非标准 RS232 接口的发送/接收通道; 1 个带有标准可配置 RS485/RS232 接口的发送/接收通道; 1 个带有非标准 RS232R 接口的发送/接收通道(未使用)

7 计 轴 设 备

7.1 通 则

7.1.1 计轴设备响应时间。

(1)轨道区段由占用到空闲,输出条件的响应时间不应大于 2 s;

(2)轨道区段由空闲到占用,输出条件的响应时间不应大于 1 s。

7.1.2 计轴设备传感器适用于 43 kg/m 及以上各种类型的钢轨并可靠工作;室外轨旁设备在电气化区段的钢轨牵引电流和谐波等干扰下应能可靠工作。

7.1.3 磁头(车轮传感器)的安装点应符合下列要求。

(1)检测区段长度应大于最大轴距。

(2)安装应符合建筑接近限界的要求。

(3)距信号机的安装位置应符合信号机处钢轨绝缘安装位置的要求。

(4)用于站间闭塞区间轨道检查的磁头应安装于进站信号机内方 2～3 m。

(5)应安装在轨枕间的钢轨上,且应避开轨距杆等金属部件。

(6)两组磁头应安装于同一侧钢轨上。

(7)在复线区段,磁头应安装于外侧钢轨上。

7.1.4 磁头安装须用绝缘材料与钢轨隔离。

7.1.5 磁头安装应牢固,磁头齿与底座齿必须对准密合,各部螺栓、螺母上的扭矩应符合规定要求;底座无裂纹,外壳无损伤。

7.1.6 计轴设备的数据传输通道应采用不加感通信电缆、铝护套计轴综合电缆中的通信四芯组线对或者光缆,通道质量应符合有关技术标准。

7.1.7 计轴设备主机的电缆连接线屏蔽层不得与室外引入电缆屏蔽层接地相连,也不得与机械室内分散接地的信号地线相连。

7.1.8 计轴设备应有可靠电源供电,输入电源断电 30 min 以内,应保证计轴设备正常工作。

7.1.9 计轴设备发生任何故障,作为检查轨道区段空闲与占用状态的轨道继电器应可靠落下,并持续显示占用状态;故障排除后,未经人工办理,不得自动复位。

7.1.10 计轴设备的电源、传输通道、磁头等部位应有雷电防护设施。

7.2 ZP30CA 型计轴设备

7.2.1 ZP30CA 型计轴设备主要应用于站间闭塞,室外计轴器由 EAK30CA 电子盒和 SK30 轨道传感器组成。室内配套有轴数显示器、检测盒、UPS、开关电源等。系统构成框图见图 7-1,系统配置见图 7-2。

7.2.2 轴数显示器显示进入区间的列车轴数;计轴检测盒指示设备工作状态,给出各种故障提示。

7.2.3 室外设备技术参数应满足下列要求。

(1)数据接口

①数据传输速率:300 bit/s,二线或四线全双工。

②数据传输标准:CCITT V.21,初始端发送的两个特征频率为 980 Hz("1")和 1 180 Hz("0"),应答端发送的两个特征频率为 1 650 Hz("1")和 1 850 Hz("0")。

③系统发送电平:0 dB、−3 dB、−10 dB、−20 dB 可调。

④系统接收电平:0~−30 dB。

⑤系统特性阻抗:600 Ω。

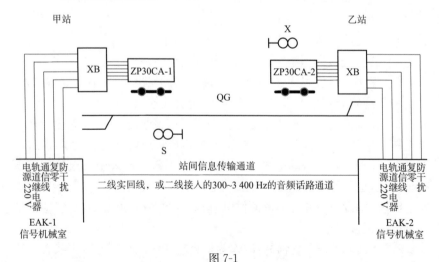

图 7-1

注:ZP30CA 的磁头设于进站信号机内方,距离绝缘节大于 1 m 处

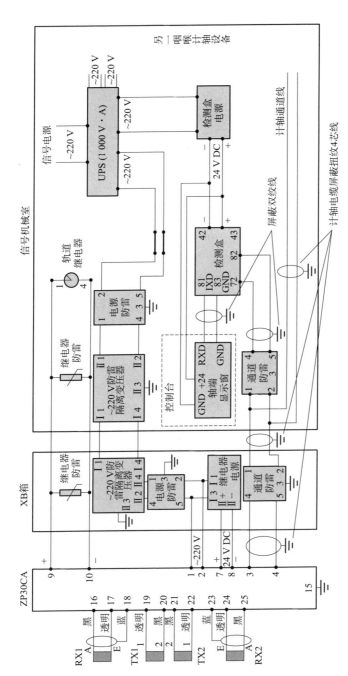

图 7-2

注：本图仅表示区间一端的计轴系统，另一端计轴系统与此图完全一样，UPS电源一站两端共用。

冶金企业铁路信号维护规则

533

⑥数据传输距离:ϕ0.9 mm 低频 4 芯组,每公里衰耗为 0.52 dB,检测盒的介入衰耗为 0.2 dB,传输距离最大可达 50 km。

⑦信道信噪比:杂音电平不大于 2.4 mV,折合电平在 600 Ω 上为 -50 dB,而接收电平最低为 -30 dB,信噪比为 20 dB。

(2)电源接口

①额定电压:AC 220 V(功耗 9 W)。

②最低工作电压:AC 160 V。

③最高工作电压:AC 260 V。

(3)电缆技术要求

轨道磁头与 ZP30CA 电子盒连接使用专用电缆,其他电缆采用综合屏蔽铝护套计轴信号电缆(适用于电气化牵引区段)或综合护套计轴信号电缆(适用于非电气化区段),电缆内低频通信组用于计轴设备间通信,信号四线组用于计轴设备的电源、区间轨道继电器及复零防干扰电路等。

室内配线 UPS 电源输入线采用 XV2×2.5 mm² 电缆,其他电源线和继电器线采用 1.5 mm² 多股铜芯塑料软线,通信线采用屏蔽双绞线或 RVS2×42×0.15 铜芯对绞塑料软线。

(4)磁头

①适合的钢轨类型:43 kg/m、50 kg/m、60 kg/m 等类型。

②适合的车轮剖面:直径大于 330 mm 的车轮。

③钢轨电流:适用于钢轨电流 50 Hz、3 000 A 以下的电气化区段。

7.2.4 ZP30CA 检测点设备安装见图 7-3。

7.2.5 SK30 磁头安装应符合下列要求:

(1)安装处应避开轨距杆和其他越轨金属器件。

(2)磁头安装点中心孔圆心至下列装置的最小允许距离:距钢轨接头 2 m;距轨道电路绝缘节 2 m;与相邻磁头中心孔距离为 2 m。

(3)每条线路上各检测点磁头应安装在同一侧钢轨上。

(4)钢轨钻孔两面应倒角 45°,扩孔 1 mm。

(5)安装点的轨腰遇有钢轨型号、编号等凸出字符时,应打磨平整,使绝缘板与钢轨密贴合。

(6)金属部件均应与钢轨绝缘,避免牵引电流、轨道电路电流和机车信号电流对磁头产生影响。

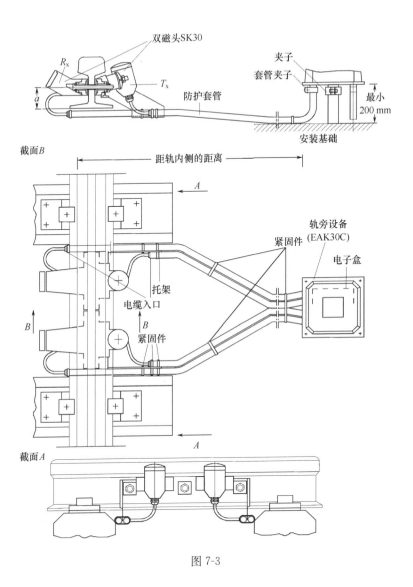

图 7-3

（7）发送磁头顶部边缘不得碰到钢轨；磁头（SK30）不得松动。

（8）固定防护套管托架应与钢轨绝缘，安装牢固。

（9）SK30 磁头安装孔的尺寸应严格符合图 7-4、表 7-1 的规定。

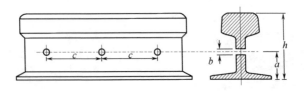

图 7-4

表 7-1

轨型(kg/m)	43	50	60	75
h (mm)	140	152	176	192
a (mm)	58	64	74	80
b (mm)	13±0.2			
c (mm)	148±0.2			

7.2.6 EAK30CA 电子盒的安装应符合下列要求。

(1)电子盒安装在轨道边的支座上(见图 7-3)。

(2)电子盒在站内其外沿距所属钢轨内侧不小于 1 350 mm,在其他地方不小于 2 100 mm,其下部底盘距地面高度应不小于 200 mm。

(3)电子盒与磁头用专用电缆连接,并用防护套管进行保护,防护套管在与电子盒的连接处要用紧固夹子与电子盒的接口固定(见图 7-3)。

(4)磁头附带电缆除端头配线外,不得切短,不应绕成圈,电缆弯曲时,半径不得小于 70 mm。

7.2.7 EAK30CA 电子盒主要技术指标应符合表 7-2 的要求。

表 7-2

序号	项　目	技术指标(允许范围)
1	额定工作电压(V)	AC 220
2	工作电压范围(V)	AC 160~260
3	功耗(W)	9
4	稳压电源输出电压(V)	DC 22~25
5	磁头发送频率(kHz)	发送 1:30~31.25 发送 2:27.4~28.6

536

序号	项　目	技术指标(允许范围)
6	磁头接收整流电压 DC (mV)	无轮时:＋55～＋300 有轮时:－55～－300 有轮无轮接收电压绝对值应相近,极性相反,其电压差值应小于两电压绝对值之和的 20%
7	参考电 DC(mV)	＋55～＋300(磁头参考电压应与磁头无轮接收电压相等,误差应在±2 mV 之内)
8	MODEM 发送电平(dB)	0、－3、－10、－20 可调
9	MODEM 接收电平(dB)	－30～0
10	工作温度范围(℃)	－45～＋85
11	湿度	不大于 95%(＋25 ℃时),磁头不受湿度和水影响
12	适应列车速度(km/h) 　轮径大于 350 mm 时 　轮径大于 470 mm 时 　轮径大于 840 mm 时	 0～120 0～250 0～350

7.2.8 接地应满足下列要求。

(1)EAK30CA 电子盒外壳必须接地,可单设地线,也可和贯通地线、计轴专用防雷地线共用,接地电阻应小于 4 Ω,接地线采用 25 mm² 多股铜芯塑料软线。

(2)EAK30CA 电子盒的地线应与钢轨走向成直角,并不得与钢轨、接触网杆塔连接,也不能与计轴传输电缆的屏蔽地线连接。

(3)室内设备地与防雷地分设。设备地可与联锁设备共用,设备地接地电阻与联锁设备相同;防雷地接地电阻应小于 4 Ω,接地线采用 4 mm² 多股铜芯塑料软线。

7.3　AzS(M)350 型计轴设备

7.3.1　计轴设备在下列列车速度范围内应可靠计轴。

(1)当车轮直径大于 300 mm 时,适应列车速度为 0～220 km/h;

(2)当车轮直径大于 350 mm 时,适应列车速度为 0～250 km/h;

(3)当车轮直径大于 830 mm 时,适应列车速度为 0～360 km/h;

(4)当车轮直径大于 865 mm 时,适应列车速度为 0～400 km/h。

7.3.2　车轮传感器的安装应满足下列要求:

(1)在所防护区段的每个检测点设置一对车轮传感器。

冶金企业铁路信号维护规则

(2)列车速度低于 120 km/h 时,距钢轨接头不小于 1 m;列车速度高于 120 km/h 时,距钢轨接头不小于 2 m。

(3)相邻车轮传感器间的距离不小于 1.2 m。

(4)车轮传感器安装于两轨枕间钢轨的轨腰处。发送器装于钢轨的外侧,接收器装于钢轨的内侧。

(5)车轮传感器周围 0.5 m 范围内除钢轨外不能有其他金属异物。

(6)钢轨的钻孔尺寸见图 7-5,单位:mm。

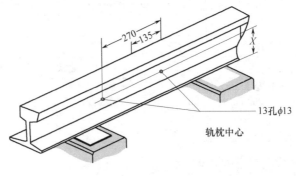

图 7-5

其中:43 kg/m 钢轨 $X=(65\pm1)$ mm;50 kg/m 钢轨 $X=(68.5\pm1)$ mm; 60 kg/m 钢轨 $X=(92.5\pm1)$ mm;75 kg/m 钢轨 $X=(103\pm1)$ mm。

(7)车轮传感器的接收器、发送器用两个 M12 螺栓与两个屏蔽板一起固定在轨腰上(见图 7-6)。

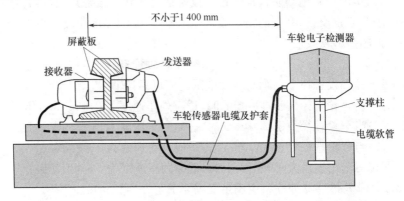

图 7-6

7.3.3 车轮电子检测器的安装应满足下列要求：

（1）车轮电子检测器安装时其外沿距所属线路侧钢轨内侧为不小于 1 400 mm（见图 7-6）。

（2）车轮传感器和车轮电子检测器之间应用专用连接电缆连接，中间不得有接头。

（3）车轮电子检测器底面距基础平台面高度不小于 200 mm。

（4）轨道箱外壳应接地。

注：车轮电子检测器可垂直安装，此时不需要基础和固定支柱。

7.3.4 室内计轴主机和室外车轮电子检测器之间的传输通道应采用计轴专用电缆，每个计轴点使用对称 2 芯。

7.3.5 室内设备与计轴主机的连接线应使用 2 芯对绞屏蔽线。

7.3.6 室外车轴检测器主要电气参数应符合表 7-3 的要求。

表 7-3

序　号	项　　　目	技术指标（允许范围）
1	工作频率	42.8～43.2 kHz
2	供给计轴点的电压 （外部供电）	DC 30～72 V AC 21～50 V
3	工作电压	DC 21.3～22.4 V
4	信号频率 f_1	3.55～3.65 kHz（无车轮通过）
5	信号频率 f_2	6.42～6.62 kHz（无车轮通过）
6	标准电压 1	DC 5.3～6 V
7	标准电压 2	DC 5.2～5.9 V
8	接收电压 1	60～150 mV
9	接收电压 2	60～150 mV
10	WDE 输出电压 （外部供电）	AC 0.48～1.8 V AC 0.7～2.7 V

7.3.7 室内计轴主机主要电气参数应符合表 7-4 的要求。

表 7-4

序号	项　　目			技术指标（允许范围）
1	供电电压			DC 24～60 V，不间断＋20%～－10%
2	计轴点	通道 1	f_1	3.55～3.65 kHz
			U_1	DC 2.9～3.1 V
		通道 2	f_2	6.42～6.62 kHz
			U_2	DC 2.9～3.1 V

7.3.8 传输设备主要电气特性应符合表7-5的要求。

表 7-5

序号	项　目		技 术 指 标
1	传输方向		双向
2	传输模式		全双工,异步
3	传输速率		9 600 bit/s 或 1 200 bit/s
4	发送电平		0～－31 dB,可调
5	接收电平(灵敏度)		－43 dB
6	传输可靠性		汉明距离＝9.64 bit 安全码
7	调制解调器与运算单元的连接		接口按 CCITT V.24/V.28 和 DIN66020
8	调制解调器之间的连接		电缆/光缆
9	电　码	数据位	8 bit
		停止位	1 bit
		奇偶位	0 bit

7.3.9 计轴设备用于站间闭塞区间空闲检查时,通道应采用点对点连接的方式。通道主要电气特性应符合表7-6的要求。

表 7-6

	项　目		指　标	备　注
电缆,2芯(扭绞或星绞通信线对),不加感	环阻(20 ℃)		≤ 57 Ω/km	0.9 mm
	工作线对不平衡电阻		≤1 Ω	—
	绝缘电阻		≥5 000 MΩ·km	—
	绝缘强度	芯线与外护套间	1 800 V	2 min
		芯线间	1 000 V	2 min
	近端串音衰减		≥ 74 dB	800 Hz
	远端串音防卫度		≥ 52 dB	—
	杂音计电压		≤ 1.5 mV$_\text{P-P}$	800 Hz
光缆,2芯(单模)	工作波长		1 300 nm	—

7.3.10 计轴系统采用分散接地时接地电阻不大于 4 Ω;采用共用综合接地体时,接地电阻值不应大于 1 Ω。计轴设备的分散接地见图7-7。

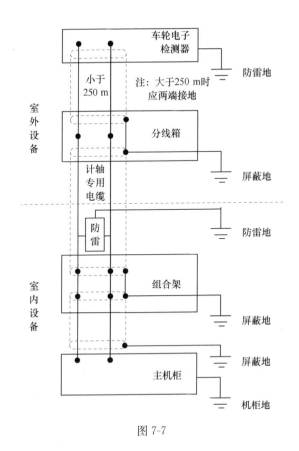

图 7-7

7.4 JZ1-H、JZ·GD-1、DK·JZ 型微机计轴设备

7.4.1 JZ1-H 型微机计轴设备主要用于自动站间闭塞、自动闭塞、轨道区段检查;JZ·GD-1 型微机计轴设备主要用于站内轨道区段检查;DK·JZ 型微机计轴设备主要用道口检查。

7.4.2 微机计轴设备在下列情况下应可靠计轴:

(1)当车轮最小直径为 830 mm,列车速度为 0~350 km/h 时,应可靠工作;

(2)当车轮最小直径为 470 mm,列车速度为 0~200 km/h 时,应可靠工作;

(3)当车轮最小直径为 350 mm,列车速度为 0~100 km/h 时,应可靠工作;

(4)对通过钢轨的牵引电流和其谐波等干扰,均不应导致检测器误动。

7.4.3 计轴主机应满足下列要求。

(1)应对车轴检测器传送的轴脉冲进行准确计数;

(2)应能鉴别车列走行方向;

(3)应能输出区段的空闲条件;

(4)在车轴计入和计出相等后,才能给出空闲信息,其应变时间不应大于 2 s;

(5)一旦车轴到达车轴检测器所监视的区段,在其未出清该区段之前,均应表示为占用,其应变时间不应大于 1 s;

(6)当有其他条件判定计轴点无车经过时,设备应具有±1 轴的干扰判断功能;

(7)计轴设备计轴容量不低于 4 096 轴(循环计轴);

(8)应具有自检功能及故障提示功能。

7.4.4 计轴电源。

(1)计轴电源输入一般采用电源屏稳压交流 220 V,并采用专用 UPS 电源供电。

(2)交流停电后,应能保证设备正常工作时间不低于 30 min。

7.4.5 室内计轴主机和室外车轮电子检测器之间的传输通道应采用计轴专用综合电缆、光缆、通信对称电缆。每个计轴点使用对称 4 芯。室内设备与计轴主机的连接线应使用 2 芯对绞屏蔽线。计轴专用电缆和 2 芯对绞屏蔽线的屏蔽层都要求单端接专用屏蔽地。

7.4.6 CC32K 型磁头应符合下列技术要求。

(1)工作频率:交流 20~40 kHz 之间的各种频率,工作点频率允许变动不大于 2%。

(2)磁头接收灵敏度:当发送电压大于或等于 20 V 时,(交流有效值),接收磁头负载为 20 kΩ 时,磁头接收灵敏度应大于或等于 50 mV。

(3)适用于 43 kg/m、50 kg/m、60 kg/m 等标准轨,安装方式采用单轨纵向安装。

7.4.7 JCH 电子检测盒和轨道传感器(CC32K 磁头)的安装应满足下列要求。

(1)JCH 电子检测盒和轨道传感器(CC32K 磁头)的安装见图 7-8。

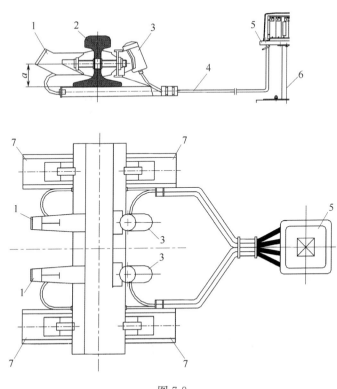

图 7-8

1—接收磁头;2—钢轨;3—发送磁头;4—防护管;

5—JCH 电子检测盒;6—支架底座;7—枕木

（2）JCH 电子盒安装在轨道边的支座上,电子监测盒在站内其外沿距所属钢轨内侧不小于 1 350 mm,在其他地方不小于 2 100 mm。电子检测盒底面距基础平台面高度不小于 200 mm。

（3）电子检测盒和磁头之间应用磁头附带专用电缆连接,并用防护管进行防护,固定在电缆固定架上,电缆中间不得有接头。

（4）磁头须安装在两个枕木之间,并且发送磁头应在钢轨的外侧,接收磁头应在钢轨内侧,金属部分必须与钢轨绝缘。

（5）CC32K 磁头安装孔的尺寸严格应符合图 7-9 的规定。

其中:h=钢轨高度;b=(13±1.0) mm;c=(148±1.0) mm。

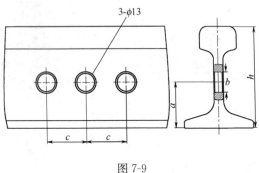

图 7-9

对应不同钢轨类型时,a 的尺寸如下(a 的允许误差为±1 mm):

43 kg/m:a＝59 mm;

50 kg/m:a＝64 mm;

60 kg/m:a＝70 mm。

7.4.8 计轴设备室外电子检测盒主要电气特性应符合表 7-7 的要求。

表 7-7

TD 测试头位置号及 接线端子号	项 目	正 常 值
接线端子 6,8	JCH 的电源电压	AC 90～121V
TD-GM1	接收电压 1 无模拟轮	DC＋55～＋400 mV,绿 LED 亮,红 LED 灭
	接收电压 1 有模拟轮	DC－55～－400 mV,绿 LED 灭,红 LED 亮
TD-GM2	接收电压 2 无模拟轮	DC＋55～＋400 mV,绿 LED 亮,红 LED 灭
	接收电压 2 有模拟轮	DC－55～－400 mV,绿 LED 灭红 LED 亮
接线端子 1,3	通道传输电压	≥AC 700 mV
接线端子 19,20	发送电压 1	AC 20～50 V
接线端子 21,22	发送电压 2	AC 20～50 V
接线端子 19,20	发送 1 频率	30～31.25 kHz
接线端子 21,22	发送 2 频率	27.4～28.6 kHz

7.4.9 计轴设备室内主机电气指标应符合表 7-8 的要求。

表 7-8

项　目	标准值	测试端子	备　注
24 V 电源电压	DC (24±0.5) V	24 V 直流电源输出端子	
远供电源电压	AC 90～121 V	远供电源输出端子	
JCH 返回信号	≥AC 700 mV	主机柜 D0-A3、A4 和 B3、B4	(区间双套机柜)
静态模值 M_1	≥DC 3 V	CJB 面板测孔 M1 与 GND	
静态模值 M_2	≥DC 3 V	CJB 面板测孔 M2 与 GND	
门槛值 J_1	DC 1.5～3 V	CJB 面板测孔 J1 与 GND	
门槛值 J_2	DC 1.5～3 V	CJB 面板测孔 J2 与 GND	

7.4.10 DK·JZ 型计轴设备用于道口轨道区段检测时,当列车计入 4 个轴后,给出占用信息;当列车通过检测点后,延时(40±1) s 后解除占用。

7.4.11 接地应满足下列要求:

(1)室外电子盒 JCH 外壳必须做专用地线接地,也可和贯通地线、计轴专用防雷地线共用。

(2)JCH 的地线必须采用截面积大于 25 mm^2 的铜线或截面积大于 50 mm^2 的铁线。

(3)JCH 的地线应与钢轨走向成直角,并不得与钢轨、接触网杆塔连接,也不能与计轴传输电缆的屏蔽地线连接。

(4)室内主机应采用专用防雷地线,可与计算机联锁的防雷地线共用。屏蔽地线和防雷地线分设。

7.5　JWJ-C2 型微机计轴设备

7.5.1 JWJ-C2 型微机计轴设备适用于自动闭塞区段、自动站间闭塞区段及站内轨道区段的占用检测。室内设备由计轴主机由运算器、计轴电源及防雷组匣组成,室外设备由车轮传感器(主传感器和辅助传感器)轨道箱组成,室外设备布置见图 7-10。

7.5.2 设备安装。

(1)轴数显示器与计轴主机之间的布线长度不得大于 100 m。

(2)车轮传感器适用钢轨类型为 43 kg/m、50 kg/m、60 kg/m;

车轮传感器在两根枕木之间居中安装,主传感器与辅助传感器的水平中心位置相对偏差不得大于 50 mm。主传感器、辅助传感器安装示意图见图 7-11、图 7-12。

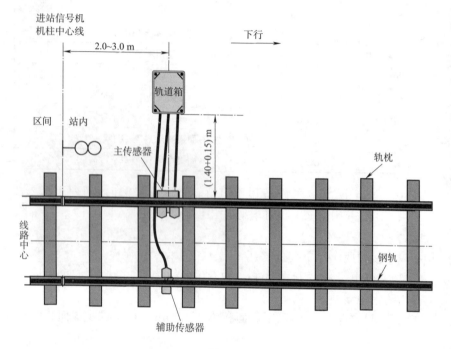

图 7-10

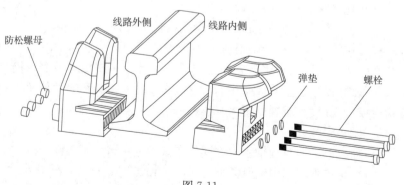

图 7-11

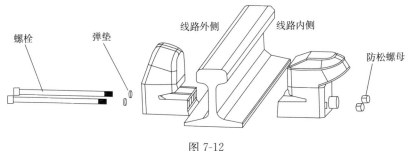

图 7-12

（3）用于进站的主传感器,应安装在进站信号机内方 2～3 m 处、下行方向左侧钢轨上;辅助传感器应设在与主传感器同一枕木的右侧钢轨上。

（4）用于闭塞分区和站内轨道区段的主传感器,应安装在绝缘节±2 m 位置内。

（5）车轮传感器发送磁头安装在钢轨的外侧,接收磁头安装在钢轨内侧。

（6）安装车轮传感器时,应清除钢轨上的铁锈及其他杂物,车轮传感器上固定连接的电缆不得切断,电缆护套弯曲时半径不得小于 70 mm。石砟回填后应保证车轮传感器底座下面有 50 mm 以上的空隙。

（7）轨道箱基础采用 BE-400/25 型扼流变压器基础;轨道箱与钢轨外侧距离不小于 1.4 m;轨道箱底座面应与钢轨面高度一致。

（8）轨道箱外壳应可靠接地。

7.5.3 设备配线

（1）室内设备配线除尾纤或同轴电缆外,其他应采用阻燃型铜线。配线规格见表 7-9。

表 7-9

序号	配 线 名 称	建议的配线规格	备 注
1	电源屏至防雷组匣间的电源线	1.0 mm² 电力电缆	
2	防雷组匣至计轴电缆通信接续线	0.3 mm² 2 芯对绞屏蔽线	
3	运算器（ACE）至维护机间通信线	（2×16/0.15 mm）	

序号	配线名称	建议的配线规格	备注
4	运算器(ACE)至站间通道连接线	2×FC接口单模尾纤	站间采用独立光纤通道
		专用线束3	站间采用2M通道主机机柜附带
5	不间断电源(UPS)至防雷组匣电源线	专用线束1	主机机柜附带
6	运算器(ACE)至防雷组匣电源线		主机机柜附带
7	不间断电源(UPS)至维护机	专用线束2	主机机柜附带
8	防雷组匣至运算器(ACE)通信线	绞合屏蔽线(RVSP-2×16/0.15 mm)	主机机柜附带
9	防雷组匣至计轴电缆电源接续线	0.75 mm² 绞合塑料软线(2×42/0.15 mm)	
10	运算器(ACE)至结合电路间的条件采集及继电器驱动线	0.5 mm² 塑料软线(1×28/0.15 mm)	
11	运算器(ACE)至轴数显示器通信线及电源线	0.3mm² 6芯对绞屏蔽线 2×16/0.15 mm(3对)	
12	计轴主机的地线端子与接地体之间的地线	4.0 mm²塑料软线(1×77/0.26 mm)	
13	防雷组匣及运算器(ACE)柜内接地线(包含设备地线和防雷地线)	4.0 mm²阻燃塑料线 RV-105-56/0.3mm	主机机柜附带

(2)室外设备配线

①计轴电缆及车轮传感器电缆均直连到车轮电子检测器(ADE)的配线端子上,计轴传感器附带的电缆长度不许改变。

②计轴通信通道和电源(AC 220 V)通道,分别使用计轴电缆一对芯线,通信线必须单独使用一个四线组的对绞线对,电源线应使用另一个四线组的对绞线对。

7.5.4 地线应符合下列要求:

(1)设备地线引入主机机柜内的汇流排上,防雷地线应引入到防雷组匣对应端子上,接地电阻值不应大于1 Ω。

(2)在电气化区段,接地应采用贯通地线方式,接地电阻不大于1 Ω。非电气化区段可采用分散接地方式,接地电阻值不大于4 Ω;特殊时可采用贯通地线方式,接地电阻值也不大于1 Ω。

7.5.5 站间通道应符合下列要求。

(1)站间通道可以采用专用光缆和 2 M 通道两种类型。

(2)专用光缆通信距离一般为 20 km,最大距离为 100 km,计轴主机中的接口设备为光猫(工业级)。

(3)采用专用光纤通道时,必须满足下列要求:

　　①光纤模式:单模光纤;

　　②接口类型:采用 FC 接口;

　　③数量及连接:需要 2 芯 FC 接口单模尾纤引至主机机柜内,与运算器光通信接口连接。具体连接见图 7-13。

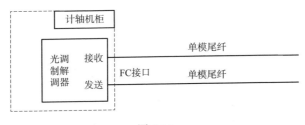

图 7-13

(4)当站间通道采用 2 M 数字通道时,计轴主机中的接口设备为协议转换器,并满足下列要求:

　　①应符合 ITU-T G.703 标准的 E1 通道;

　　②通信机械室至信号机械室应采用 BNC 接头、75 Ω 非平衡同轴电缆;

　　③通信机械室至信号机械室电缆长度超过 50 m,应采用光纤通道和光接口设备连接。

7.5.6 计轴设备供电

(1)计轴设备使用信号电源屏提供的 AC 220 V,功耗为 1 000 V·A 稳压电源;

(2)计轴设备可在工作电源为 AC 220 V(+10%～−15%)、50 Hz 条件下正常工作。

7.5.7 设备主要技术指标

(1)室内设备主要技术指标应符合表 7-10 的要求。

表 7-10

序号	项 目		标准值	测试点	
1	系统输入电源 AC(V)		187~242	防雷组匣 J1-1、J1-3	
2	计轴运算器工作电源	+5 V	5.0±0.2	测试卡(TSU) 面板测试孔	
		+12 V	12.0±0.5		
		-12V	-12.0±0.5		
		C5 V	5.0±0.2		
3	第1路安全信息传输继电器驱动电压 DC(V)		24.0±2.0	测试卡(TSU) 面板测试孔	JDQ1
4	第2路安全信息传输继电器驱动电压 DC(V)				JDQ2
5	区间轨道继电器(QGJ)驱动电压 DC(V)				JDQ3
6	第3路安全信息传输继电器驱动电压 DC(V)				JDQ4
7	第4路安全信息传输继电器驱动电压 DC(V)				JDQ5
8	第5路安全信息传输继电器驱动电压 DC(V)				JDQ6

(2)室外设备主要技术指标应符合表 7-11 的要求。

表 7-11

序号	项 目		标准值	测试点
1	车轮电子检测器输入电源 AC(V)		187~242	220 V-L、220 V-N
2	车轮电子检测器工作电源 DC (V)	C5 V	5.0±0.2	测试卡(TSU) 面板测试孔
		+5 V	5.0±0.2	
		+12 V	12.0±0.5	
		48 V	48.0±2.0	
3	车轮传感器发送磁头电压 (V)	T1	≥65.0	FS1A、FS1B
		T2		FS2A、FS2B
		T3		FS3A、FS3B
4	车轮传感器发送磁头频率 (kHz)	T1	27.5~28.5	FS1A、FS1B
		T2	23.5~24.5	FS2A、FS2B
		T3	19.5~20.5	FS3A、FS3B
5	车轮传感器接收磁头电压 (mV)	R1	≥45.0	JS1A、JS1B
		R2	≥40.0	JS2A、JS2B
		R3	≥35.0	JS3A、JS3B
6	车轮传感器接收磁头频率 (kHz)	R1	27.5~28.5	JS1A、JS1B
		R2	23.5~24.5	JS2A、JS2B
		R3	19.5~20.5	JS3A、JS3B

8 驼峰专用设备

8.1 通　则

8.1.1 自动集中系统的分路道岔,因故不能转换到底时,应保证在车辆未占用道岔区段时,电空转辙机经 1.0～1.2 s,电动转辙机经 1.2～1.4 s 后,道岔能自动返回原来位置。

8.1.2 分路道岔轨道电路保护区段长度,应保证已启动的道岔能在车组压上尖轨前转换到底。各分路道岔保护区段长度应符合表 8-1 的要求。

表 8-1

驼峰类型	道分类型	道岔类型	转辙机类型	有蓄电池浮充供电时		无蓄电池浮充供电时	
				岔前短轨长度(m)	保护区段长度(m)	岔前短轨长度(m)	保护区段长度(m)
自动、半自动、机械化驼峰	第一分路道岔	6 号对称	ZK	5.000	6.308	6.250	7.558
			ZD(快速)	6.250	7.558	7.000	8.308
		6.5 号对称	ZK	5.000	6.022	6.250	7.272
			ZD(快速)	6.250	7.272	7.000	8.022
	其余分路道岔	6 号对称	ZK	6.250	7.558	8.000	8.508
			ZD(快速)	7.000	8.308	8.000	9.308
		6.5 号对称	ZK	6.250	7.272	7.500	8.522
			ZD(快速)	7.000	8.022	8.000	9.022
非机械化驼峰	第一分路道岔	6 号对称	ZD(快速)	5.000	6.308	6.250	7.558
		6.5 号对称	ZD(快速)	5.500	6.522	6.250	7.272
	其余分路道岔	6 号对称	ZD(快速)	6.250	7.558	7.000	8.308
		6.5 号对称	ZD(快速)	6.250	7.272	7.000	8.022
简易驼峰	第一分路道岔	6 号对称	ZD(快速)	5.000	6.308	6.250	7.558
		6.5 号对称	ZD(快速)	5.500	6.522	6.250	7.272
		9 号单开	ZD(快速)	5.000	7.658	6.250	8.908
	其余分路道岔	6 号对称	ZD(快速)	6.250	7.558	7.000	8.308
		6.5 号对称	ZD(快速)	6.250	7.272	7.000	8.022
		9 号单开	ZD(快速)	6.250	8.908	6.250	8.908

8.1.3 驼峰分路道岔区段及减速器区段轨道电路,当在轨道电路入口处分路时,轨道继电器应可靠落下,其落下时间不应大于 0.2 s。

8.1.4 溜放车组的钩距不小于 20 m,车组过岔的最大速度:在自动化、半自动化、机械化驼峰为 6.4 m/s,非机械化驼峰为 5.5 m/s,各种设备应可靠工作。

8.1.5 车辆限界检查器安装位置正确,各部螺栓紧固,轴在轴架上转动灵活,检查板应在同一轴线上,并与轨道垂直,接点接触可靠,当检查板倾斜 10°~15°时,接点断开应大于 2 mm。

8.1.6 驼峰信号机由开放转为关闭时,或装设了车辆限界检查器的驼峰调车场有超限车辆通过时,峰顶报警设备应向峰顶调车人员发出警报。

8.1.7 测长轨道电路区段,在道床漏泄电阻大于 1 Ω·km 的条件下,应能保证轨道电路正常工作;减速器区段两基本轨间的绝缘电阻,在最不利的条件下不应小于 30 Ω。

8.1.8 驼峰机车信号及机车遥控系统应与地面信号联锁,正确表示推峰进路前方信号机显示或控制命令;当两台以上机车同时作业时,不得错误接收信息,产生误动。

8.1.9 驼峰调车场信号设备所使用的电源设备,除应符合电源设备的有关规定外,自动化及半自动化驼峰用于控制的计算机系统应经电源隔离,并由不间断电源(UPS)供电;动作道岔及继电器的直流电源要分别设置(包括蓄电池或一次电池)。

8.1.10 液压和风压设备的耐压试验标准应符合表 8-2、表 8-3 的规定。

表 8-2

设备名称	耐压试验	持续时间(min)	要 求
电空阀机体	1.5 倍额定压力	1	无开裂、永久变形和其他损坏
气缸	1.5 倍额定压力	1	无开裂、永久变形和其他损坏
风压调整器弹簧管	1.5 倍额定压力	1	无开裂、永久变形和其他损坏
油缸	1.5 倍额定压力	2	无外渗漏和零件损坏
电液阀	1.5 倍额定压力	2	无外渗漏和零件损坏

表 8-3

设 备 名 称	水 压 试 验	持续时间(min)	要　求
蓄压器	1.5 倍额定压力	1	无渗漏现象
空、液压管路	1.5 倍额定压力	1	无渗漏现象
油水分离器	1.25 倍额定压力	10～30	无渗漏现象
储风缸	1.25 倍额定压力	10～30	无渗漏现象

8.1.11 滤油器、滤尘器应作用良好,能防止铁锈及其他杂质进入蓄压器、风缸内。

8.1.12 风压表、油压表、氮气表应指示正确,各表的最大量程以工作压力指示在其满量程的 2/3 左右为宜。

8.1.13 减速器基础施工应符合设计规定,并满足下列要求。

(1)减速器下部混凝土基础施工,应按设计标高预留 30～50 mm 的沉降量。

(2)两台减速器串联安装时,上部基础间的伸缩缝不应小于 20 mm,缝中填充浸油物。

(3)重力式减速器,轨枕板下部的工字钢或钢筋网,在浇注混凝土前应将枕板与钢轨紧固;轨枕板上的挡台侧面应安装在面对车辆进入方向一侧,承轨槽、支架座的顶面标高允许偏差为 ±2 mm,轨枕板横向偏差不得大于 3 mm、纵向偏差(n+1)L 不得大于 5 mm(其中 n 为节数,L 为节距);螺旋道钉锚固后,其位置允许偏差为 ±1.5 mm。

(4)减速器基础不得有变形、破损等现象。使用中的减速器基础下沉量一般不应大于 10 mm。

8.1.14 编组场道岔应采用额定电压为直流 180～200 V(或三相交流 380 V)的快速电动、电空转辙机牵引;亦可采用额定电压为直流 20 V 的快速电空转辙机牵引。

8.1.15 编组场使用的快速转辙机可不设表示杆检查表示。设表示杆时,在道岔牵引点处有 7 mm 及其以上间隙时,不得接通道岔表示。

8.2　快速转辙机

8.2.1 ZK3 型、ZK3-A 型、ZK4 型电空转辙机。

(1)电空转辙机必须满足下列要求:

①ZK3 型和 ZK3-A 型主要特性应符合表 8-4 的要求;ZK4 型主

要特性应符合表 8-5 的要求。

表 8-4

类型	活塞杆行程(mm)	额定风压(MPa)	锁闭风压(MPa)	解锁风压(MPa)	电磁阀电压 DC（V）				转换时间(s)	额定负载(N)
					额定	工作	吸起	释放		
ZK3	170±2	0.55	≥0.25	≤0.40	20	18～28	≤16	≥3.5	≤0.6	1 960
	200±2			≤0.42						2 450
ZK3-A	170±2	0.55	≥0.25	≤0.40						1 960
	200±2			≤0.42						2 450
工作风压 MPa	0.45～0.60									

表 8-5

型号	活塞杆动程(mm)	适用道岔类型	额定转换力(N)	额定风压(MPa)	工作风压(MPa)	换向阀控制电压 DC(V)				动作时间(s)	电磁锁闭阀吸起电压 DC(V)
						额定电压	工作电压	吸起电压	释放电压		
ZK4-170	170±2	单开及对称道岔	2 450	0.55	0.45～0.6	24	20～28	≤16	≥1.5	≤0.6	≤13
ZK4-200	200±2	三开道岔									

注:压力开关两触点通断指标:两触点接通的风压不应大于 0.32 MPa;两触点断开的风压不应小于 0.23 MPa。

②道岔表示与道岔实际位置一致。

③部件安装牢固、方正,管路平直。

④各部件动作灵活、协调,无机械卡阻。

⑤各部件及连接处气密性良好,无漏气;整机加压至 0.55 MPa,突然断风,从 0.55 MPa 降至 0.20 MPa 的时间不应小于 8 min。

⑥遮断器断、接动作良好,不能自复。

（2）气源处理元件应满足下列要求：

①气源处理元件应作用良好,无漏气、返油现象。

②减压阀调压平稳、可靠,调压范围为 0.05～1 MPa。

③油雾器油杯中油量不应少于油杯容积的 1/3,电空转辙机每动作一次,油雾器滴油不应小于一滴。

（3）ZK3 型、ZK3-A 型气动锁闭阀、小锁闭阀及 ZK4 型电磁锁闭阀的解锁和锁闭应可靠、灵活,无卡阻和撞击现象。

(4)换向电磁阀应满足下列要求:

　①在常温条件下,ZK3 型、ZK3-A 型换向电磁阀的线圈电阻为(85±5) Ω,ZK4 型换向电磁阀的线圈电阻为(68±4) Ω,ZK4 型电磁锁闭阀的线圈电阻为(102±6) Ω。

　②ZK3 型、ZK3-A 型换向电磁阀动铁芯行程为(1.8±0.3) mm。

　③换向电磁阀在正常位置及通电时不得漏气。

　④按动操作按钮,无卡阻及漏气现象。

(5)表示系统应满足下列要求:

　①动接点转接顺利、一致,接触面及压力均匀,接点压力不小于 5 N;

　②动接点与静接点座不得相碰,动接点在静接点片中的接触深度不小于 4 mm;

　③动接点和静接点沿插入方向中心偏差不大于 0.5 mm。

8.2.2　ZD7-A、ZD7-C 型电动转辙机。

(1)ZD7-A、ZD7-C 型电动转辙机应满足第 3 章 3.1 节和 3.2 节中相关条款的要求。

(2)电动转辙机的主要技术特性应符合表 8-6 的要求。

表 8-6

型　　号	额定转换力(N)	额定电压(V)	动作电流≤(A)	转换时间≤(s)	动作杆动程(mm)	表示杆动程(mm)	摩擦电流(A)	备　注
ZD7-A165/150	1 470(150)	DC 180	6	0.8	165+2	86~167	7.8~8.7	不可挤
ZD7-C165/250	2 450(250)	DC 180	11	0.8	165+2	86~167	13.5~16	不可挤

(3)检查柱落下检查块缺口内两侧间隙为(3±1) mm(见第 3 章图 3-3)。

(4)直流电动机的电气参数应符合表 8-7 的要求。

(5)机内应采用 $\phi 18$ 的专用圆形连接销,抗剪切力应大于 9 t。

表 8-7

型　号	额定电压(V)	额定转矩(N·m)	工作电流(A)	转速(r/min)	短时工作输出功率(W)	刷间总电阻(Ω)	单定子电阻(Ω)
ZD7-A	DC 180	2.403(0.245)	≤5.6	≥3 000	750	2.5	0.41
ZD7-C	DC 180	4.2(0.428)	≤10.6	≥3 250	1 420	1.46	0.22

8.3 车辆减速器

8.3.1 共同要求

（1）减速器安装牢固、方正，部件无变形、无裂纹；各部螺栓完好并处于紧固状态，制动轨（或夹板）固定螺栓应采取防松措施；各转动部分转动灵活，不得有卡滞不转现象；减速器经常保持外观整洁。

（2）走行基本轨轨高应满足：43 kg/m 轨为 $140 ^{+0}_{-6}$ mm，50 kg/m 轨为 $152 ^{+0}_{-6}$ mm，60 kg/m 轨为 $176 ^{+0}_{-6}$ mm。

（3）浮轨重力式减速器在制动位置时，基本轨底部距钢轨承座承轨面应保持 2～6 mm 的间隙。

（4）应采用机械加工成型的制动轨和制动夹板（不允许热加工）。

（5）各种管路接头及阀门密封作用良好，不得漏气、不得漏油成滴。

（6）气缸、油缸连接使用的高压胶管不得有漏气、漏油、变形及其他异状，外表面不得有严重龟裂老化，不得与其他零件相碰。

（7）电空换向阀、电液换向阀、快速排气阀应动作灵活，无卡阻、漏泄；空气过滤器作用良好，油水应及时排除，滤芯应及时清理，保持清洁；油雾器油量充足，作用良好。

（8）减速器制动、缓解表示接点动作良好，接触可靠，接点位置与制动、缓解位置相一致。

（9）减速器控制阀箱内阀体安装牢固，清洁无杂物。

（10）减速器阀箱、阀门、管路油饰均匀，保持完好。

（11）减速器的动作时间（不包括继电器动作时间）应符合表 8-8 的要求。

表 8-8

减速器类型	动作时间（s）		
	全制动时间 t_{QZ}	全缓解时间 t_{QH}	缓解时间 t_H
重力式	≤0.9	≤0.8	≤0.4
非重力式	≤1.2	≤1.3	≤0.9

（12）减速器制动时，允许车辆最大入口速度，目的制动减速器不应大于 6.5 m/s（23.4 km/h），间隔制动减速器不应大于 7 m/s（25.2 km/h）。

（13）减速器制动时制动轨（制动夹板）入口（喇叭口）外端的尺寸应大于 195 mm；缓解时制动轨（制动夹板）间的开口尺寸应大于 160 mm。

（14）减速器工作气缸的额定压力为 0.8 MPa；工作压力范围为 0.6～0.8 MPa；在空载状态下，最低启动压力应小于 0.1 MPa。

（15）电动减速器电动机额定工作电压为三相交流 380 V，工作电压范围为 AC 304～418 V。

（16）减速器工作油缸的额定工作压力为 8.0 MPa；在空载状态下，最低启动压力应小于 0.5 MPa。

（17）气动减速器的电空换向阀和电动减速器控制继电器分交流和直流：交流额定电压为 220 V，工作电压波动范围为 $-15\%\sim+10\%$；直流额定电压为 24 V，工作电压范围为 20～30 V。

8.3.2　T·JK1 系列（含 T·JK1-C、T·JK1-C50、T·JK1-D、T·JK1-D50 型）、T·JK4 系列（含 T·JK4、T·JK4-50 型）、T·JCD 系列（含 T·JCD-50、T·JCD1-50 型）车辆减速器应满足下列要求

（1）减速器制动、缓解尺寸应符合表 8-9 的要求。

（2）制动轨磨耗后的极限高度不低于：50 kg/m 制动轨为 144 mm，60 kg/m 制动轨为 160 mm。曲拐滚轮的最大磨耗量不超过 2 mm；轴套的最大磨耗量不超过 2 mm。

表 8-9

运用状态	测量位置		尺寸（mm）		
			T·JK1-C(50)	T·JK1-D(50) T·JCD-50	T·JK4(50) T·JCD1-50
制动位	入口第一钳中心处		129^{+5}_{0}	129^{+5}_{0}	129^{+5}_{0}
	其他钳中心处		126^{+6}_{0}	126^{+6}_{-4}	126^{+6}_{-4}
	制动轨上侧面至基本轨顶面距离	外侧	72^{-4}	70～89	66～95
		内侧	78^{+6}_{0}	70～89	68～95
	两内侧制动轨轨顶间最小距离		$1\ 351^{+3}_{-6}$	$1\ 351^{+3}_{-6}$	$1\ 351^{+3}_{-6}$
缓解位	制动轨上侧面至基本轨顶面距离	外侧	≤72	≤93	≤98
		内侧	≤76	≤93	≤98
注：每个型号都包含两种规格，例 T·JK4(50) 是 T·JK4 和 T·JK4-50 的合成。					

8.3.3 T·JK2 系列[T·JK2 型、T·JK2-(50)型、T·JK2-(50)型]、T·JY2 系列[T·JY2 型、T·JY2-(50)型、T·JY2-(50)型]、T·JK3 系列[T·JK3-A(50)型、T·JK3-(50)型、T·JK3-(50)型]、T·JY3 系列[T·JY3-(50)型、T·JY3-(50)型、T·JY3-(50)型]和 T·JD2-(50)型减速器应符合下列要求。

(1)减速器制动、缓解尺寸应满足表 8-10 的要求。

(2)60 kg/m 制动轨磨耗后的极限高度不低于 160 mm,75 kg/m 制动轨为 176 mm。曲拐滚轮的最大磨耗量不得超过 2 mm;轴套的最大磨耗量不得超过 2 mm。

(3)护轮轨内侧距钢轨内侧的距离为 46～52 mm,护轮轨应高于钢轨顶面 20～25 mm。

表 8-10

运用状态	测量位置		尺寸(mm)				
			T·JK2 T·JY2 T·JK2-A(50) T·JY2-A(50)	T·JK2-B(50) T·JY2-B(50) T·JD2-B(50)	T·JK3-(50) T·JY3-(50)	T·JK3-A(50) T·JY3-A(50)	T·JK3-B(50) T·JY3-B(50)
制动位	入口第一钳中心处		129^{+5}_{0}	129^{+5}_{0}	129^{+5}_{0}	129^{+5}_{0}	129^{+5}_{0}
	其他钳中心处		126 ± 4	126 ± 4	126 ± 4	126 ± 4	126 ± 4
	制动轨上侧面至基本轨顶面距离	外侧	72^{+6}_{-4}	67～85	72^{+6}_{-4}	68^{+6}_{-4}	70～85
		内侧	80^{+6}_{-4}	67～85	72^{+6}_{-4}	72^{+6}_{-4}	70～85
制动位	两内侧制动轨轨顶间最小距离		$1\,351^{+3}_{-6}$	$1\,351^{+3}_{-6}$	$1\,351^{+3}_{-6}$	$1\,351^{+3}_{-6}$	$1\,351^{+3}_{-6}$
	内侧制动轨顶面至基本轨侧面最大距离		41^{+4}_{0}	41^{+4}_{0}	41^{+4}_{0}	41^{+4}_{0}	41^{+4}_{0}
缓解位	制动轨上侧面至基本轨顶面的距离	外侧	≤73	≤82	≤75	≤78	≤82
		内侧	≤78	≤85	≤80	≤82	≤82

8.3.4 TJDY 分级制动减速器

(1)TJDY 分级制动减速器由执行系统、分级控制中心、电气系统三部分组成(见图 8-1)。

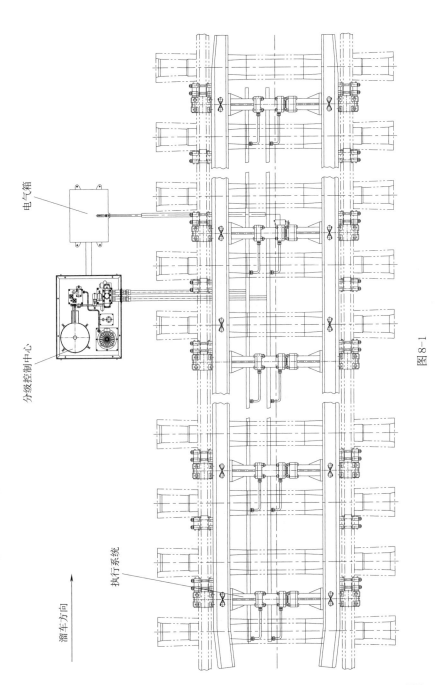

电气箱

分级控制中心

执行系统

溜车方向

图8-1

①执行系统由制动轨、制动轨座、表示开关、油缸、油管、托梁、防爬卡等组成(见图8-2)。

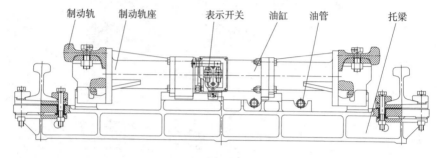

图 8-2

②分级控制中心由集成模块、蓄能装置、油泵电机组件、压力测试和控制元件、连接管路等组成(见图8-3)。

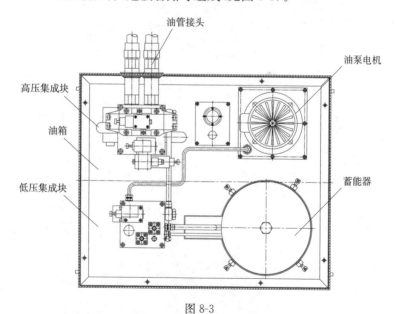

图 8-3

③电气系统由电气控制箱、压力控制元件、表示元件、电气绝缘、电气接线端子、连接电线路等组成。

(2)TJDY 分级制动减速器共有一级、二级、三级制动位和缓解位四种工作位。减速器平时定位在一级制动位,通过控制电磁换向阀的不同通电状态,实现各种工作位的转换。电磁换向阀通电状态组合如表 8-11 所示,主要设备技术指标应符合表 8-12 的要求,制动能高符合表 8-13 的要求。

表 8-11

序号	工作状态	电磁换向阀		
		1CT	2CT	3CT
1	三级制动位	无电	有电	有电
2	二级制动位	无电	有电	无电
3	一级制动位	无电	无电	无电
4	缓解位	有电	无电	无电

表 8-12

序号	内 容		参 数
1	适用基本轨型		50 kg/m
2	节数		6 节
3	单位制动能高	一级	0.03 m/m
		二级	0.07 m/m
		三级	0.10 m/m
4	单台制动能高	6 节	0.84 m
5	有效制动长	6 节	8.4 m
6	两制动轨摩擦面距离	制动位	(1 370±3) mm
		缓解位	≤1 333 mm
7	缓解时间		0.25 s
8	全制动时间		≤1.0 s
9	全缓解时间		≤1.2 s
10	供电电源		AC 380 V
11	控制电源		DC 220 V
12	单台电机功率		1.1 kW
13	适应环境温度		−40 ℃～70 ℃

冶金企业铁路信号维护规则

561

表 8-13

节数	有效制动长	制动等级	单位能高	单台能高
6	8.4 m	一级制动	0.03 m/m	0.25 m
		二级制动	0.07 m/m	0.59 m
		三级制动	0.10 m/m	0.84 m

(3)动力及控制供电应符合下列要求：

①系统电源和动力供电均应由两路独立的电源供电。动力电源为三相四线 AC 380 V 电源当供电电源发生断电、错序、断相时，两路电源应自动切换；

②电动机启动时，电压的波动不应大于额定电压的 10%；

③每个线束设一个专用电力方向盒向所属股道供电；

④主电力电缆采用 3×10+1×6 铜芯铠装电力电缆，每股道减速器第一个电气控制箱以及每股道减速器电气控制箱之间的电力电缆，采用 3×6+1×4 铜芯铠装电力电缆；

⑤信号楼控制柜的控制直流电源，工作电压为 DC（220±22）V，每台可同时通电控制 2 个电磁换向阀。

(4)直流电磁换向阀线圈温度+150 ℃，动作频率 15 000 次/h。电气特性符合表 8-14 的要求。

表 8-14

型号	数量	功率	工作电压	接通时间	断开时间
3WE6	2	30 W	DC（220±22）V	50 ms	50 ms
4WEH16	1	30 W		80 ms	80 ms

(5)TJDY 减速器制动与缓解状态，由集中控制柜提供 DC 24V 电源及表示灯，利用行程开关（或接近开关）对每股道二台减速器分别进行表示。

(6)安装减速器的线路应符合下列要求：

①减速器选用 6+6 配置时，采用 25 m 长钢轨。

②减速器安装区段线路坡度一般为 2‰为宜，最大不超过 3‰，安装区段坡度应均匀。

③减速器的安装区段线路轨距应符合（1 435±3）mm，同一横断

面两基本轨水平误差不得超过 3 mm。

④减速器的安装区段线路钢轨垂直磨耗≤5 mm。

⑤线路应为混凝土轨枕结构。同时减速器安装区段的轨道电路两端邻轨(12.5 m),也应采用混凝土轨枕。

⑥减速器安装区段,混凝土轨枕中心间距两挡之和应为 1.3 m,以保证各组托梁伸缩臂 1.3 m 的相等距离。

⑦道砟必须捣固密实,扣件拧紧,重车通过时,线路下沉量应≤5 mm。

8.4 动力设备

8.4.1 动力站动力设备应满足下列要求:

(1)动力设备安装牢固,外部清洁,油润良好,无渗漏,操纵灵活。

(2)机组传动平稳,不过热,无异状。

(3)各种压力表显示正确,动作可靠,并定期校验。

(4)各类阀动作良好,无泄漏现象。

8.4.2 动力站控制设备应满足下列要求:

(1)动力站保证不间断向全场供给动力,动力电源能自动倒换和人工切换。

(2)根据系统管网压力的变化能自动、手动控制启机和停机。

(3)主机、辅机和备用机(泵)应能自动或人工倒换,任一机组(油泵)能随时转入手动控制状态。

(4)压力、状态表示及报警装置均应处于良好状态,安全保护电路工作可靠。

8.4.3 空气压缩机(以下简称空压机)应满足下列要求:

(1)空压机运行时应无异常声响。

(2)活塞上的活塞环与气缸不旷动、不漏气,吸气阀和排气阀关闭时不应漏气。

(3)冷却器作用正常,不漏气,不漏油,不漏水,经水套排出的冷却水温度不得超过 40 ℃。

(4)安全阀的最高自动排气气压应为额定工作气压加 0.04 MPa。

(5)输出端的逆止阀作用良好。

(6)空压机油箱内的润滑油存量适当,油脂温度不超过 65 ℃,工作时油压在 0.1~0.2 MPa 范围内。

(7)空压机输出的压缩空气的温度应符合出厂标准,但一般不超过170 ℃。

(8)最低启动压力为 0.65 MPa。

8.4.4 空压机用水应采用足够流量的循环冷却水,无冷却水不得启机。冷却塔安装牢固,作用良好;冷水池水质清洁,池盖完整、严密,溢水孔不堵塞。冷却水循环系统工作非正常时,采用自来水直接冷却。

8.4.5 液压油泵电机组轴承及泵壳的温升不应大于 60 ℃;油泵应保证提供油路所需流量和压力的液压油。

8.4.6 高压空压机应符合表 8-15 的要求。

表 8-15

型　　号	排气量(m³/min)	最大排气压力(MPa)	润滑油耗量(g/h)	冷却水耗量(m³/h)
L-0.27/150	0.27	15	50	0.6
L-0.42/150	0.42	15	70	0.9

8.5　气压、液压输送装置

8.5.1 共同要求

(1)供气、输油管路密封良好,不漏气,不漏油,不漏水,管道内介质清洁无污物、异物。

(2)安装在管沟内的管路应用麻丝沥青包扎。安装在地面上的管底距地面不应小于 100 mm。管路横越铁路应有防护设施。

(3)各类管接头、阀门不松动,无外伤;密封圈作用良好,无漏气、漏油现象。

(4)各种管路油饰均匀,不得锈蚀。

(5)管路支架及管卡作用良好,管卡、固定铁板或角钢不得直接和管路接触,并固定牢固。

(6)管沟无坍塌,沟内无过多尘土、杂物,沟盖板完整。

(7)储气罐、蓄压器按有关规定定期进行检修和探伤检查。

8.5.2 供气管路及管路内气压降应符合下列规定:

(1)管路采用 10～15 号冷拔无缝钢管或低压流体输送焊接管(镀锌钢管)。

(2)当管路与储气罐遮断时,工作气压在 10 min 内漏泄压降不超过0.025 MPa。

（3）当储气罐气压为 0.75 MPa 时,最远端车辆减速器管路内的气压不应低于 0.7 MPa。

（4）采用集中调压方式的 ZK3、ZK4 型电空转辙机,其供气管路内最远端的气压不小于 0.55 MPa。

8.5.3 液压管道应满足下列要求:

（1）压力油管应采用 10～15 号冷拔无缝钢管和钢丝编织胶管,钢丝编织层不少于 2 层。

（2）回油管、油泵吸油管应采用 10～15 号冷拔无缝钢管。

（3）控制油管应采用 10～15 号冷拔无缝钢管,必要时采用拉制紫铜管。

8.5.4 储气罐应满足下列要求:

（1）储气罐应安装在空压机室外的遮阳棚内;气压表显示正确;安全阀作用良好,当罐内压力超过规定值时,安全阀应能自动排气。

（2）储气罐、油水分离器的排污阀作用良好,冬季应有防寒措施;气管路向油水分离器的方向应有适当的向下坡度。

8.5.5 蓄压器应满足下列要求:

（1）蓄压器的油位高度应与油压力相对应。

（2）液压系统工作压力范围:

T·JY2 系列减速器[T·JY2 型、T·JY2-(50)型和 T·JY2-(50)型]$P_主$＝6.3～7.5 MPa,$P_辅$＝5.8～7.5 MPa,$P_安$＝5.3～8.0 MPa,$P_溢$＝$P_{安上限压力}$＋0.3 MPa;

T·JY3 系列减速器[T·JY3 型、T·JY3-(50)型和 T·JY3-(50)型]的工作压力可适当上调,上调量不大于 0.5 MPa。

（3）蓄压器及上部各液压、气管接头应密封良好,不得漏油和漏气。

（4）更换油位指示连通管、油位指示浮子、油位指示器磁钢等部件时应符合 TB 1552《车辆减速器液压传动系统技术条件》的要求。

8.5.6 液压用油应满足下列要求:

（1）液压用油应保持清洁,不允许有沉淀,含水量不得超过 0.025%。

（2）有适宜的黏度和良好的黏温性能,油箱油温不应大于 60 ℃。

（3）具有良好的润滑性能及较高的化学稳定性,不含有水溶性酸和碱。

（4）各地区及冬、夏季用油标号规格应符合 TB/T 1552《车辆减速器液压传动系统技术条件》的要求。

8.5.7 油箱应满足下列要求：

(1)油箱的油位高度应为油箱高度的 1/2～2/3。

(2)箱盖严密，防尘良好。向油箱加油时，应通过 60 目以上的滤油器。

(3)油箱油位指示器动作可靠，油位低于规定时应能自动报警。

8.5.8 TJDY 减速器使用皮囊式蓄能器，氮气压力小于 1.7 MPa 应补气到 2.0 MPa，正常情况下使用 3～4 年补一次气；液压系统使用的液压油每年更换一次，储油箱内存油量不足时应补油，在北方寒冷地区，应使用 10 号航空液压油，其他地区视气温情况可选择使用 32 号液压油或 32 号低凝液压油。

8.6 雷达测速装置

8.6.1 共同要求

(1)雷达箱箱体前端至减速器入口(或出口)处不应有箱盒等高于轨面的设备、杂草或其他障碍物。

(2)雷达箱内无污物，防潮、通风良好；配线、插接件连接牢固，地线符合要求，防雷器件作用可靠。

(3)雷达有效作用距离不少于 50 m。

(4)雷达测速范围 3～30 km/h。

8.6.2 T・CL 型及 T・JL1-8 型驼峰测速雷达(8 mm 波段)

(1)雷达箱室外安装应满足下列要求：

①安装于轨道两旁任一侧时，箱体后侧面距轨道线路中心不小于 1 800 mm，窗口朝向减速器最远端线路中心处，并向本线路适当倾斜。

②箱体顶端距轨面不应超过(300±10) mm。

③雷达天线箱一般应安装在减速器入口处，天线箱窗口距减速器入口第一制动钳中心 12～18 m；若受条件限制时，也可安装在减速器出口处、天线箱窗口距减速器最末制动钳中心约 12～15 m 处；当站场布置特殊或控制系统对雷达安装有特殊要求时，雷达安装位置可参照设计文件。雷达天线箱安装，在减速器入口位置示意图见图 8-4、在减速器出口位置示意图见图 8-5、高度示意图见图 8-6。

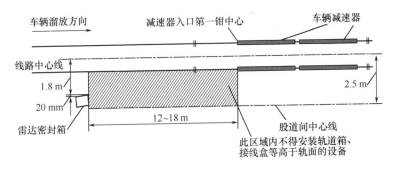

图 8-4

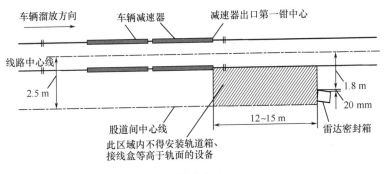

图 8-5

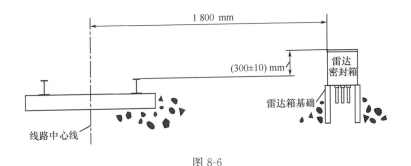

图 8-6

④箱内的减震架调整范围为水平方向±10°,垂直方向 4°。

⑤雷达天线箱与减速器之间不得设置跨越线路的人行道路。

(2)测速雷达技术性能及运用指标应满足下列要求:

①雷达工作频率：$f_0\pm0.1$ GHz（f_0 为 35.1 GHz 和 37.5 GHz）。雷达输出功率不小于 30 mW。

多普勒整形信号输出：交流电压输出不小于 8 V（空载峰-峰值），电流输出不小于 10 mA。

自检信号频率：相当于被测运动目标速度为 30～32 km/h 的多普勒频率值±1 Hz。

自检电压：+6～+24 V。

②调整雷达最大辐射方向时，应将专用测试仪置于减速器出口轨道中心处，仪器高度应与车辆车钩一致；调整雷达在箱内的位置，当测试仪接收到最大雷达信号时，确认该雷达方向已调好，同时将固定螺栓拧紧。

③测量雷达灵敏度时，应将专用测试仪置于雷达箱前方 10 m 处并调整测试仪方位，使其对准雷达。

T·CL 型雷达：用测试仪分别发送 3 km/h、6 km/h、12 km/h、24 km/h 调试信号，在雷达输出端应接收到相应的 195 Hz、390 Hz、780 Hz、1 560 Hz 频率信号（对应计算速度为 3 km/h、6 km/h、12 km/h、24 km/h）。

T·JL1 型雷达：用测试仪分别发送 3.7 km/h、7.4 km/h、14.8 km/h、29.6 km/h 调试信号，在雷达输出端应接收到相应的 256 Hz、512 Hz、1 024 Hz、2 048 Hz 频率信号（对应计算速度为 3.7 km/h、7.4 km/h、14.8 km/h、29.6 km/h）。

(3)雷达电源应满足下列要求：

①输入电源电压允许范围：AC(220±22) V，(50±2) Hz。

②输出电源

振荡器电源电压：T·CL 型为+4.0～5.5 V 可调；

T·JL1 型为(5±0.2) V。

放大器电源电压：±6 V，允许误差±0.5 V。

③输出电源纹波电压：≤0.5 mV。

8.6.3 T·JL 型驼峰测速雷达(3 cm 波段)

(1)雷达箱安装应满足下列要求：

①雷达箱安装在线路中间，箱体基础前后枕木间距(700±50) mm。

②雷达箱顶部最高点应与轨面取齐,误差不超过±5 mm。

(2)测速雷达技术性能应满足下列要求:

　　①工作频率(9 375±30) MHz。

　　②体效应振荡器输出功率为50～100 mW。

　　③雷达天线发射功率测量:综合测试仪距天线前方 2 m 处,放在线路中心枕木上,表头指示应大于 50 格。

　　④雷达天线前方没有运动目标时,放大器整形输出应无稳定的电压指示。

　　⑤雷达天线前方有运动目标时,放大器整形输出不小于 6 V(峰-峰值)。

　　⑥自检频率为(505±50) Hz。

(3)雷达室外电源应满足下列要求:

　　①振荡器电源+12 V,调节范围 10～14 V。

　　②放大器电源+12 V,允许误差±0.5 V。

　　③输出电压稳定度[输入(220±22) V]不应大于 1‰,温度稳定度(−40～+50 ℃)不应大于±0.5 V。

8.7　驼峰测长装置

8.7.1　驼峰测长设备共同要求

(1)测长设备的测量范围自调车线减速器出口轨道绝缘节起,到系统目的调速区的终端。

(2)驼峰测长轨道电路应采用双接续线并保持良好状态。

(3)在车辆停稳后,显示的长度数字信息不应跳闪。

8.7.2　T·CW 型电脑测长器

(1)各股道连续测量的有效空闲长度范围为 950 m。

(2)安装在测长轨道内钢轨上的其他设施均应与钢轨采取绝缘措施。

(3)道床漏泄电阻大于 5 Ω·km 时,全场各点的长度误差均值不大于±5 m,方差不大于 15 m,且统计样本数不得少于 300 个,在走行中的测速误差为±1.5 km/h。

(4)道床漏泄电阻大于 1 Ω·km 时,600 m 以内的长度误差同(3)项,600 m 以上和 750 m 以上最大误差分别为−25 m 和−50 m。

(5)股道传感器一、二次间的绝缘电阻不低于 0.1 MΩ。

8.7.3　TGWC 驼峰工频微机测长器

(1)一个测长轨道电路区段极限长度不大于 1 000 m,道床漏泄电阻大于 1 Ω·km。

(2)测量长度在 350 m 以内,误差的平均值不应大于±10 m,均方差不应大于 10 m;测量长度大于 350 m 均方差不应大于 20 m。

(3)测长轨道电路交流稳压电源应符合表 8-16 的要求。

表 8-16

输入电压	输入频率	输出电压	输出频率	输出波形失真度
AC (220±44) V	(50±1.5) Hz	AC (220±2.2) V	50 Hz(或 25 Hz、175 Hz)	≤3%

(4)测长轨道电路送电端回路电流为 3.5~4.5 A,受电端(室内分线盘处)最大采集电压小于或等于 1.8 V。

(5)电气化区段应采用频率为 25 Hz 或 175 Hz 测长轨道电路。

(6)非电气化区段宜采用 50 Hz 测长轨道电路。

8.7.4 T·CJ 型音频测长器。

(1)一个测长区段长度不大于 850 m,道床漏泄电阻不小于 1 Ω·km、轮对接触电阻小于 0.03 Ω 时,测试误差应满足下列要求:

①测量长度在 350 m 以内均方差 σ≤10 m,90% 以上测量误差小于 20 m,其余不大于 30 m;

②测量长度在 350~650 m 范围内均方差 σ≤15 m;

③测量长度在 650~850 m 范围内均方差 σ≤20 m。

(2)电压长度转换系数为 100 m/V、200 m/V(分线控制系统)。

(3)音频振荡器应满足下列要求:

①工作频率:

(133±1) Hz、(163±1) Hz、(183±1) Hz、(233±1) Hz;

②输出电压幅度:

0~5 V(有效值)可调;负载电阻不应小于 1.2 kΩ,波形失真度小于等于 0.5%。

(4)功率放大器应满足下列要求:

①在负载电阻 50 Ω 时,恒流输出为(100±2) mA,最大不失真恒流输出为 110 mA,波形失真度小于 5%。

②在 10 Ω 取样电阻两端测量的交流电压应为(1±0.02) V。

(5)接收放大器应满足下列要求:

①零电平校正电压范围:0~0.5 V。

②输出电压范围：0~3 V(交流不失真)，AC—DC 线性转换误差小于 1%。

③输入为零时，输出纹波电压小于 10 mV。

④放大量应有一定的调整范围，交流放大倍数变化应小于±4%。

(6)电源应符合表 8-17 的要求。

表 8-17

输出电压标值 (V)	负载电流(A)		纹波电压 (mV)	稳定度	标值误差 (V)
	16 股道以下 (含 16 股道)	30 股道以下 (含 30 股道)			
+12	≥3	≥4	≤20	≤1%	±0.5
−12	≥3	≥4	≤20	≤1%	±0.5

(7)音频测长轨道电路应满足下列要求。

①测长轨道电路末端应设绝缘，并用双根连接线短路。

②峰尾有电力牵引区段时，测长区段应避开供电区段末端 30 m，同时供电区段应设置扼流变压器，以便供电回流。

③在最恶劣的条件下，音频轨道电路道床漏泄电阻不小于 1 Ω·km。

④当轨道电流为 100 mA、650 m 空线时，从接收电路输入测试孔测得的交流电压应在(100±15) mV 范围内。

(8)对防雷电路的要求：测长防雷电路宜采用变压器隔离及多级横向保护电路，不采用纵向防护。

8.8 驼峰测重装置

8.8.1 T·ZY 型测重机应满足下列要求。

(1)测量范围：轮重负荷 1~13 t。

(2)测量精度：静态测量误差不大于±2.5 t，动态测量误差不大于±5 t。

(3)测量时，车组经过传感器的允许速度不大于 23 km/h。

(4)传感器允许最大负荷 20 t。

(5)传感器应密封良好，正常绝缘电阻不小于 25 MΩ。

(6)传感器使用寿命：不低于 1 000 万次。

8.8.2 测重传感器安装应满足下列要求。

(1)测重传感器应安装在驼峰加速坡的任意轨道区段的两根轨枕之间的中间位置，距钢轨接头不小于 2 m，钢轨长度不应小于 4.5 m。两轨枕间距:43 kg/m 钢轨为 360～380 mm;50 kg/m 钢轨为 400 mm。传感器安装孔中心距轨底距离:43 kg/m 钢轨为(68.5±1.0) mm;50 kg/m 钢轨为(71.0±1.0) mm。安装孔为直径 32 mm,带有 1:30 锥度,外大内小的圆孔;安装孔应有较好的水平度、垂直度和符合要求的表面粗糙度;传感器的定位槽与轨面应保持平行或垂直,角度偏差不得大于 10°。

(2)传感器必须与钢轨腹板上的安装孔壁密贴;与钢轨固定的螺栓要保持紧固,不得锈蚀。

(3)电缆插头接触良好,不得松动,引接线应有防护管保护。

(4)传感器前后各两根轨枕处道砟应捣固夯实。

8.8.3 测重电路应满足下列要求。

(1)取消自动补偿功能时,直流零信号小于 100 mV。

(2)调试"过零"信号电压为+0.2～+1.2 V。

(3)当输入"零"信号时,传感器信号线圈的输出电压不大于 300 mV,电源电压不小于 2.5 V;用人工方式分别踩压传感器两侧钢轨时,信号线圈在这两侧的输出电压差值应在 4～20 mV 之间变化。

(4)调整重量电位器应满足:当空车通过传感器时,显示 20 t 左右;当重车通过传感器时,显示 80 t 左右。

8.9 驼峰专用车轮传感器

8.9.1 用 500 V 兆欧表测量传感器线圈与外壳间的绝缘电阻不应小于 20 mΩ。

8.9.2 传感器适应车速范围分为 0～40 km/h 和 3～40 km/h 两种。

8.9.3 传感器表面无铁屑、杂物;传感器插头、插座接触可靠,无锈蚀;固定螺栓紧固;周围无杂草;引入线安装、防护良好。

8.9.4 传感器特性应符合表 8-18 的要求。

表 8-18

传感器型号	类型	电源(V)	负载(Ω)	车辆占用时的信号		安装高度(传感器顶面至轨面)(mm)
				电压(V)	电流(mA)	
CYL	无源	—	1 000	$V_{P\text{-}P}\geq2$	—	40±2
T·LJS	有源	8	1 000	—	≤1.45	44±2
ACCUTECT	有源	19～28	—	$V_{P\text{-}P}=10$ V (7 000 Hz)	—	44±2

8.10 驼峰溜放进路和溜放速度控制设备的共同要求

8.10.1 驼峰溜放进路和溜放速度控制设备有溜放进路自动集中控制设备、溜放速度半自动控制设备和自动控制设备。

采用计算机作控制设备时,计算机系统应采用双机热备同步工作方式。两套设备互为主、备,可以人工方式和自动方式相互切换。自动切换时,不应影响设备的正常工作。当工作机故障时,自动切换至备机,故障机修复并通电后,能自动与工作机实现同步。

以人工方式切换主、备机时,必须确认全场没有办理任何作业。

8.10.2 驼峰溜放进路控制设备。

(1)驼峰溜放进路自动集中控制设备应符合 TB/T 1557《驼峰进路控制技术条件》的要求,采用计算机控制时还应满足下列要求:

    ①自动或人工输入、储存、显示及允许人工修改调车作业计划,并提示当前作业钩序和目的股道。

    ②人工启动、取消、暂停或恢复执行调车作业计划。

    ③按作业计划,自动排列溜放进路,跟踪溜放车组,判别钓鱼、追钩、途停、失速、道岔故障、错钩,预测侧撞,发出报警并采取相应的安全措施。

    ④调速设备发生故障时,应人工或自动开通安全进路。

(2)进路控制计算机发生故障时,驼峰信号机应自动关闭,道岔不得转换,且应发出报警。

(3)具有监测功能的进路控制设备应对溜放进路控制过程、作业计划、人工操作干预内容、道岔手柄位置及设备状态进行自动监测、显示、记录,并打印动态数据,监测数据保存时间为不少于 2 天。

8.10.3 驼峰溜放速度控制设备。

(1)车组经过间隔制动位(峰下和线束)减速器时,应调整其溜放速度,确保车组间合理的间隔。在满足溜放间隔的前提下,应保证车组进入下一制动位时的车速符合设计要求。

车组经过目的制动位(调车线)减速器时应调整其溜放速度,使车组到达目的地与停留车连挂时的速度,或追及前方动车组与之连挂时的相对速度不超过安全连挂速度(5 km/h)。若减速器出口与停留车之间还有调速设备时,打靶控制应保证车组进入下一级调速设备时的速度符合系统设计要求。溜放车组经过调速制动位减速器时,若出现无测重信息(有测重设备的站场)或无雷达测速信息,应能对车组进行粗略控制,尽力防止失控。

(2)间隔制动位。

①半自动控制设备对减速器采用人工控制或半自动控制,在溜放间隔能保证时,可定速出口;在溜放间隔不能保证时,可人工变更定速或手控干预。自动控制设备对减速器实行自动控制,车组出口速度控制精度为90%以上的车组达到±1.5 km/h。

②间隔制动位的定速(或计算出口速度)值按车组的重量等级确定,在正常情况下,一般划分为4个速度等级。

③对自动控制设备,当发生间隔紧张情况时,应能根据紧张程度对计算出口速度进行自动修正。

④出现异常情况时,应自动或人工关闭驼峰信号机。

⑤测重器显示溜放车组的重量,车组重量等级分为4级:1级、2级、3级、4级,1级为空车,4级为重车。自动控制设备应自动划分重量等级,在无测重信号时,应导向安全控制。

(3)目的制动位。

①半自动控制设备对减速器采用半自动控制,但人工控制优先,定速范围为5~18 km/h,定速等级不应小于10个。

②自动控制设备对减速器实行自动控制,车组出口速度控制精度为90%以上车组达到±1.0 km/h。自动控制设备还应具备半自动控制功能和人工定速功能。

(4)具有监测功能的控制设备,应对车组溜放过程自动监测、显示、记录并打印有关数据、信息记录保存时间不少于2天。

(5)自动控制设备应能判别和诊断故障;信号楼操作部位应有实际车速、计算速度、空闲长、设备状态、系统控制方式等显示。

8.10.4 驼峰溜放进路和溜放速度控制设备应有完善的设备状态表示。故障时应有相应的报警并在值班员控制台的显示器上给出文字及语音提示。

8.10.5 具有电务维护设备的控制系统,能实时监测系统的运行状态,记录操作人员的操作过程、信号设备状态信息和自诊断信息,信息记录保存时间不少于 7 天。

8.10.6 驼峰自动控制设备应能与有关信号系统结合,并能与有关信息管理系统交换数据。

8.10.7 驼峰控制计算机的电源应采用不间断供电电源(UPS)。UPS 应有备用。UPS 通电 30 s 后方可加负载。UPS 的放电时间不应少于 5 min,其容量应符合设计要求。UPS 电源应按设备要求定期进行充、放电,保证 UPS 电源性能良好。

8.10.8 驼峰控制系统启动与关机应按下列要求进行。

(1)系统启动时应先开启电源柜内各设备的 UPS 电源,待 UPS 电源工作正常后再开启各设备的电源。

(2)在关闭各设备电源时,作业机、维修机应首先退出 Windows 操作系统,再关闭计算机电源。

(3)系统关机时应先关闭各设备电源,再关闭 UPS 电源。

8.10.9 驼峰控制计算机机房应有可靠的接地装置,接地电阻、地线埋设应符合标准,有特殊要求时,应符合设计规定。

8.10.10 驼峰半自动控制设备对线路平面及纵断面应符合规定;驼峰自动控制设备对线路平面及纵断面的要求应符合 TB/T 2182《半自动化驼峰技术条件》有关规定;单辆或小组车脱钩点范围内推送线不宜有弯道;调车线内线路坡度误差不超过±0.25‰。

8.10.11 检查核准驼峰计算机控制系统时钟。

8.10.12 驼峰计算机控制系统机柜中各种板、件不得带电插拔。

8.10.13 驼峰计算机控制系统,除易耗件、易损件外,电子设备的平均无故障周期 MTBF 不应小于 50 000 h,机械设备(指机柜内的非电子设备)的平均无故障周期 MTBF 不应小于 40 000 h。

8.10.14 不得用绝缘测试仪表对驼峰计算机控制系统的板件进行绝缘测试。

8.11 TW 系列驼峰自动控制系统

8.11.1 TW 系列驼峰自动控制系统由控制级(工作站)、管理级(上层管理机)、操作级(下层控制机)三级体系构成,完成进路联锁、溜放进路控制、溜放速度控制等功能,系统结构见图 8-7。

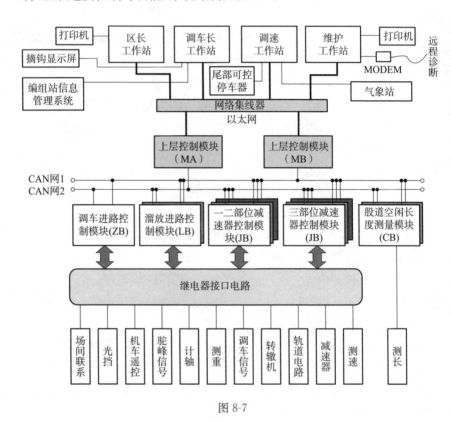

图 8-7

8.11.2 TW 系列驼峰自动控制系统应满足以下主要技术指标。

(1)调速控制技术指标。

　　①点连式目的调速控制距离小于或等于 900 m。

　　②间隔制动位调速精度在±1.5 km/h 范围内的不少于 90%。
　　目的制动位调速精度在±1.0 km/h 范围的不少于 90%。

　　③系统雷达测速误差:±0.2 km/h。

　　④采用无源车轮传感器计轴器时,系统接口处理电路适应测量钩车速度范围 1.5~30 km/h。

　　⑤减速器入口处车轮传感器的最大允许丢轴个数:1+钩车总轴

数×8%。

⑥系统测重等级划分:1级11~28 t;2级28~40 t;3级40~58 t;4级58 t以上。

⑦测长轨道电路空线故障报警限:>60 m。

⑧测长轨道电路空线自动微调范围:±40 m。

(2)系统管理级及控制级 MTBF$\geqslant 10^6$ h,操作级 MTBF$\geqslant 10^5$ h。

(3)系统开关量驱动电压为 DC(24±1) V,每个驱动对象的电流驱动能力大于或等于19 mA。

(4)系统开关量采集电压为 DC(24±1) V,每个采集对象的电流大于或等于15 mA。

(5)交流净化电源输出电源电压为 AC(220±2) V。

(6)进路控制机箱内电路插板报故障或上层管理机发生断点时,主机应自动切换至备机。

8.11.3 系统电源技术标准应符合表8-19的要求。

表 8-19

序号	电源名称	位　　置	输 入 电 压	输 出 电 压	用　　途
1	5 V	机柜电源插件	AC (220±6.6) V	DC (5±0.1) V	电路板工作电源
2	15 V	机柜电源插件		DC (15±0.3) V	
3	12 V	机柜开关电源		DC (12±1) V	
4	24 V	机柜开关电源		DC (24±1) V	采集、驱动
5	UPS	系统电源	AC 220$^{+22}_{-44}$ V	AC (220±6.6) V	不间断供电

8.11.4 当检查、校对仿真终端窗雷达测速速度值和测长轨道电路测长值不符合标准时,进行调整。

8.11.5 当检查、校对重量等级和重量数值不符合标准时,进行调整。

8.12　TYWK型驼峰信号计算机一体化控制系统

8.12.1 TYWK型系统结构为典型的 DCS 集散式控制系统,由计算机与道岔、轨道电路、信号机、车辆减速器、测重、场间联系等全电子模块组成,直接完成对信号基础设备的控制。系统结构见图8-8。

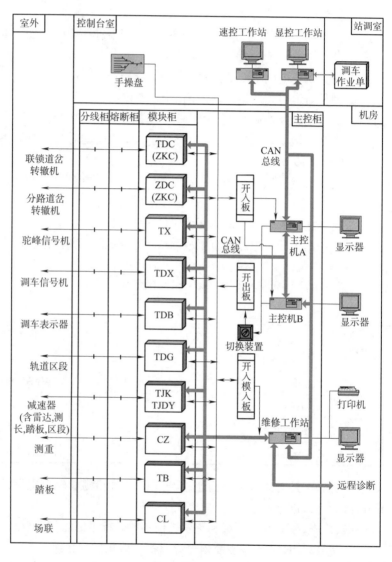

图 8-8

8.12.2 系统电源应符合表 8-20 的要求。

表 8-20

序号	电源名称	电源电压波动范围	用　　途	注　　释
1	WJZ、WJF	AC(220±6.6) V	微机工作电源	电源屏 UPS 输出
2	MJZ、MJF	AC(220±6.6) V	机柜电源	电源屏 UPS 输出
3	DZ、DF	DC 210～240 V	电动转辙机工作电源	电源屏输出浮充
4	KDZ、KDF	DC 24～28 V	电空转辙机工作电源	电源屏 UPS 输出
5	DZ24、DF24	DC(24±2) V	电空转辙机锁闭阀	电源屏 UPS 输出
6	BZ、BF	DC(24±2) V	道岔表示电源	电源屏 UPS 输出
7	FJZ、FJF	AC(220±22) V	风动减速器电磁阀控制电源	电源屏输出(浮充)
8	FZ、FF	DC(220±22) V	液压减速器电磁阀控制电源	电源屏输出(浮充)
9	JBZ、JBF	DC(24±2) V	减速器表示电源	电源屏 UPS 输出
10	XJZ、XJF	AC180～220 V	信号点灯电源	电源屏输出
11	GJZ、GJF	AC(220±22) V	轨道、雷达送电电源	电源屏输出
12	LZ、LF	DC(24±2) V	场间联系电源	电源屏 UPS 输出
13	JZ、JF	AC(220±22) V	稳压备用电源	电源屏输出
14	CJZ、CJF	AC(220±6.6) V	175 Hz 测长送电电源	电源屏输出(不稳压)
15	UPS	AC(220±6.6) V	不间断供电	电源屏输出
16	KZ、KF	DC(24±2) V	控制模块及接口电源	机柜电源输出

8.12.3　在主控工作站上有微机设备及控制模块的在线工作状态的显示;维修工作站上有站场显示、数据记录、设备测试、故障时的报警和提示、信息查阅及历史记录回放。

8.12.4　驼峰电子轨道电路。

　　(1)在室内分线柜端子处测量,应符合以下要求:

　　　　①调整状态电压:DC 2.04～4.8 V。

　　　　②分路状态电压:小于(DC 2.04～4.8 V)×70%或低于 2.04 V。

　　　　③调整状态预警电压:DC 4.5～4.8 V。

　　　　④故障高压报警电压:大于 4.8 V。

　　　　⑤泄漏预警电压:DC 2.04～2.2 V。

　　　　⑥故障断线报警电压:小于 0.1 V。

(2)采用 0.5 Ω 标准分路电阻线短路时,轨道区段最大残压:分路道岔 DG 区段最大残压小于 DC 1.8 V,其他轨道区段最大残压小于 DC 1.0 V。

(3)出清和占用响应时间:小于 0.2 s。

(4)道床漏泄电阻:不小于 1 Ω·km。

(5)电子轨道盒电气参数应满足下列要求

  ①输入电压:AC 180～250 V, 50 Hz。

  ②输出直流恒流:峰下轨道区段为 0.5 A,峰上轨道区段为 1.0 A。

8.12.5 175 Hz 测长轨道电路应满足下列要求。

(1)全线连续测长最大 900 m。

(2)道床漏泄电阻:≥1 Ω·km。

(3)测长误差:正常情况下,测长误差的标准偏差 $\sigma \leqslant 7$ m,最大不超过 30 m。

(4)发送频率:175 Hz。

(5)轨面最大工作电流 3.0 A。

(6)测长变压器技术指标:

  ①输入电压:220 V,输入频率:175 Hz;

  ②输出电压:25～55 V 分挡可调,每挡 1 V;

  ③额定输出功率:250 V·A。

(7)测长电感技术指标:$L = 17$ mH,为线性电感。

(8)GD 5V/4～50 mA 交流测长电压－直流电流变送器技术指标:接收测长区段的交流测长电压 0～5 V,转换为 4～50 mA 直流电流,精度为 0.5%。

(9)变频交流稳压电源技术指标:

  ①输入电压:(220±44) V;

  ②输入频率:(50±1.5) Hz;

  ③稳压精度:(220±2.2) V;

  ④输出功率:4 kV·A;

  ⑤输出频率:(175±3.5) Hz;

  ⑥输出波形:正弦波;

  ⑦具有输出过压、短路、过温保护,故障消除自动恢复。

8.13 FTK-3 型驼峰自动控制及 TWT、FYJK、DCD 系统

8.13.1 FTK-3 型驼峰自动控制系统

(1)FTK-3 型驼峰自动控制系统为双机热备系统,系统结构见图 8-9。

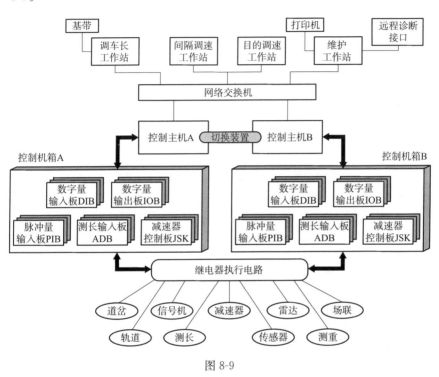

图 8-9

(2)系统电源应符合表 8-21 的要求。

表 8-21

序号	项　目	输入电源	输出电源
1	系统输入电源 UPS	AC(220±22) V	AC(220±6.6) V
2	控制电源 JKZ、JKF	UPS 输出	DC(24±0.12) V
3	机箱电源	UPS 输出	DC(5±0.025) V;DC(12±0.06) V
4	车轮传感器处理电源	UPS 输出	DC(15±0.15) V

(3)系统 4 种工作状态的表示见表 8-22。

表 8-22

序号	工作状态	双机控制表示灯	
		A 机	B 机
1	双机热备,A 机主控	主控灯亮,其余灯灭	备用灯亮,其余灯灭
2	双机热备,B 机主控	备用灯亮,其余灯灭	主控灯亮,其余灯灭
3	A 机单机	主控灯亮,其余灯灭	离线或故障灯亮
4	B 机单机	离线或故障灯亮	主控灯亮,其余灯灭

(4)系统主要技术指标同 TW 系列驼峰自动控制系统。

8.13.2 TWT 型调车场尾部停车器自动控制系统

(1)TWT 型调车场尾部停车器自动控制系统为双机热备系统。系统通过采集驼峰头部及调车场尾部作业条件,自动控制各股道停车器处于制动或缓解状态。

(2)系统分为自动和手动运行方式,运行方式的转换通过手动作业盘来完成。

(3)系统电源应符合表 8-23 的要求。

表 8-23

序号	项 目	输 入	输 出	用 途
1	UPS	AC 220^{+33}_{-44} V (50±2.5) Hz	AC(220±6.6) V	不间断供电
2	机箱电源	AC(220±6.6) V; (50±2.5) Hz	DC(24±0.48) V	采集、驱动工作电源
3	机箱电源	AC(220±6.6) V; (50±2.5) Hz	DC(5±0.1) V	印制电路板工作电源

8.13.3 FYJK 型驼峰空压站风源监控系统

(1)FYJK 型驼峰空压站风源监控系统采用标准工业控制 PC 机,双机冷备,实现对空压机等设备的监测和控制。

(2)系统应满足以下要求:

①能对活塞式或螺杆式空压机(3～5 台机组)、水泵、冷却塔等设备进行自动控制。

②有自动、手动控制功能,符合"自动控制手动优先的原则"。

③根据规范及标准建立监测记录和报警功能,运行设备出现重故障时,应立即报警停机。

④能自动循环设定空压机主、辅、备机,实现空压机均衡运行;也

可由人工进行设置。

⑤空压机、水泵等设备运行故障时,能实现自动倒机。

⑥每台机组的累计运行时间、故障记录信息等均能在线检索并打印。

⑦设有手动应急控制板,实现对现场各设备的操作。

(3)监测参数指标:活塞式空压机应符合表 8-24、螺杆式空压机应符合表 8-25 的要求。

表 8-24

序号	指标	序号	指标
1	一级气压:≥0.23 MPa 时报警并停机	8	油压:≥0.3 MPa 时报警并停机
2	二级气压:≥0.8 MPa 时报警并停机	9	油温:≥60 ℃时报警并停机
3	一级气温:≥160 ℃时报警并停机	10	空压机运行故障时报警并停机
4	二级气温:≥160 ℃时报警并停机	11	电机过流过载时报警并停机
5	水压:≤0.1 MPa 时报警并停机	12	罐压:≤0.6 MPa 时报警
6	水温:≥40 ℃时报警并停机	13	罐压:≥0.82 MPa 时报警并停机
7	油压:≤0.1 MPa 时报警	—	—

表 8-25

序号	指标	序号	指标
1	排气温高时报警	6	空压机电源故障时报警并停机
2	油过滤器堵塞时报警	7	断水故障(水冷型空压机)时报警并停机
3	油气分离器堵塞时报警	8	罐压:≤0.6 MPa 时报警
4	空压机电气故障时报警并停机	9	罐压:≥0.82 MPa 时报警并停机
5	空压机运行故障时报警并停机	—	—
注:以上参数可根据现场实际情况予以调整。			

8.13.4 驼峰 DCD 型调车作业通知单系统

(1)驼峰 DCD 型调车作业通知单系统是以工业控制机为主体的分布式一发多收数据传输系统,能够和驼峰自动控制系统联机使用,能人工输入调车作业单,也能与车站信息管理系统联机使用。

(2)当主机和分机之间线路阻抗小于 200 Ω 时,通道电源电压应调到 13~16 V 之间。

8.14 TBZK 系列驼峰自动化控制系统

8.14.1 TBZK 系列驼峰自动化控制系统采用分散控制、集中管理的模式,结构上分为操作维护层和控制应用层。操作维护层包括操作计算机、维护计算机和数据库服务器,控制应用层由双机热备的进路、速度控制计算机组成,层间采用双以太网通信,系统结构见图 8-10。

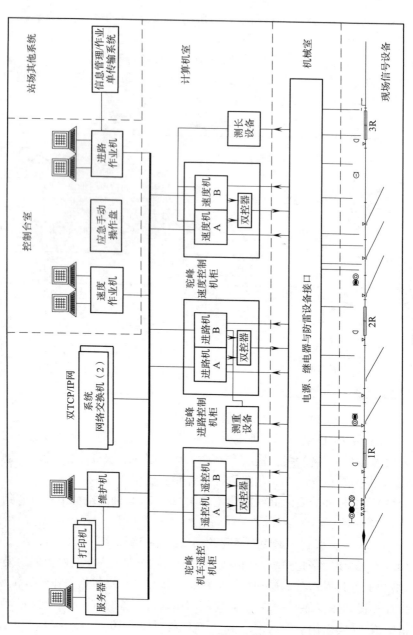

图 8-10

8.14.2 TBZK 系列驼峰自动化控制系统应符合以下技术指标。

(1)间隔制动位调速精度:在满足入口速度限制情况下,90%以上溜放车组控制误差不超过±1.5 km/h。

(2)目的制动位调速精度:在满足入口速度限制情况下,90%以上溜放车组控制误差不超过±1.0 km/h。

(3)测速精度:在 3～30 km/h 速度范围内,误差不超过±1% 即±0.1 km/h。

(4)测重:在整车 10～105 t 范围内,车组通过传感器的速度不大于20 km/h 和道床"夯实不吊板"的条件下,动态测量误差不应大于±5 t。

(5)测长精度:在有效测长范围内,满足道床泄漏电阻大于 1 Ω·km,轮对接触电阻小于 0.06 Ω 的条件下,对股道上的任意一点长度的测量值误差 90%以上应在±50 m 内。

8.14.3 系统电源技术标准应符合表 8-26 的要求。

表 8-26

序号	项　　目	输　　入	输　　出	用　　途
1	UPS	AC(220±22) V	AC(220±6.6) V	不间断电源
2	控制计算机主机电源	AC(220±22) V	DC(5±0.25) V	计算机电源
3	控制计算机接口电源	AC(220±22) V	DC(12±0.6) V	采集电源

8.15　驼峰推峰机车遥控

8.15.1 共同要求

(1)驼峰推峰机车遥控不应影响机车司机的正常工作。

(2)处于遥控工作方式时,由值班员或编组站自动控制设备直接对推峰机车的推峰方式及速度进行控制,司机对机车工作进行监督;在任何方式下,司机均可优先操纵机车。

(3)机车起动时,若起动困难,应能自动停车,后退一定距离后再重新起动。

(4)在推峰作业中,设备具有自动起动、鸣笛、自动调速、自动制动及自动停车等功能。

8.15.2 T·Y 型无线遥控

(1)在值班员控制台上,应有机车工作回执表示信息(机车工作股道、作业峰别及实际推峰速度)。

(2)对机车推峰作业的全过程进行监测,检测信息和有关故障信息均可存盘保存。地面设备为双机热备工作,具有故障报警功能;车上设备具有预停超限报警功能。

(3)在机车推峰作业的全过程中,司机显示器将复示机车运行前方的驼峰复示信号机及驼峰信号机的显示。司机显示器满足驼峰信号的四灯八显示要求,同时显示值班员或驼峰自动控制设备发送的推峰控制命令及作业计划。

系统与自动化联网时,具有推峰速度自动控制功能。

(4)控制命令与驼峰信号、机车推峰速度的对应关系应满足下列要求:

①由值班员发送控制命令时,控制信号对照表见表 8-27。

表 8-27

作业方式	驼峰信号显示	遥控控制命令	要求机车走行速度	车上显示
预推	红	预推	5～11 km/h	预推
		预减	减速推送	预减距离≥180 m(递减显示)
		预停	预推停车	预停距离 80 m(递减显示)
主推	绿闪	12 km/h	11～13 km/h	12 km/h
		10 km/h	9～11 km/h	10 km/h
	绿灯	7 km/h	6～8 km/h	7 km/h
	黄闪	5 km/h	4～6 km/h	5 km/h
		3 km/h	2～4 km/h	3 km/h
	白闪	禁快	≤5 km/h	禁快
		禁慢	≤3 km/h	禁慢
	红闪	后退	≤7 km/h	后退
	红灯	停车	停车	停车
	白灯	下峰	手动	下峰

②由控制计算机控制驼峰信号开放时,控制信号对照表见表 8-28。

表 8-28

作业方式	驼峰信号显示	遥控控制命令	要求机车走行速度	车上显示
预推	红	预推	10 km/h	预推
		预减	减速推送	预减距离≥180 m(递减显示)
		预停	预推停车	预停距离80 m(递减显示)
主推	绿闪	9~15 km/h	9~15 km/h	9~15 km/h
	绿灯	6~8 km/h	6~8 km/h	6~8 km/h
	黄闪	3~5 km/h	3~5 km/h	3~5 km/h
	白闪	禁快	≤5 km/h	禁快
		禁慢	≤3 km/h	禁慢
	红闪	后退	≤7 km/h	后退
	红灯	停车	停车	停车
	白灯	下峰	手动	下峰

(5)控制命令变化时,系统应变时间应为 2~4 s,超过 6 s 转为停车命令。

(6)推峰速度调整精度应满足下列要求:

①推峰速度误差为±0.5 km/h 的占解体钩数的 80%;

②推峰速度误差为±1.0 km/h 的占解体钩数的 90%;

③其余推峰速度误差为±2.0 km/h;

④预推停车距离误差为±15 m。

(7)在遥控调速制动及停车制动过程中,应能实现 4 个等级的压力自保制动,制动等级能实现逐级制动及逐级缓解。DF$_5$、DF$_7$ 型机车制动压力应调整在:

一级制动　(70±10) kPa;

二级制动　(140±10) kPa;

三级制动　(200±10) kPa;

四级制动　(280±10) kPa。

(8)驼峰推峰机车无线遥控系统机车股道识别装置(轨道电路模式):

①股道号发送装置设在到达场入口端。股道号信息采用双音频编码方式,其编码表应符合表 8-29 的要求。

表 8-29

股 道	频率(Hz)	股 道	频率(Hz)
1	2 046;2 148	9	2 255;2 983
2	2 046;2 255	10	2 486;2 706
3	2 046;2 486	11	2 486;2 983
4	2 148;2 255	12	2 706;2 983
5	2 148;2 486	13	2 706;2 046
6	2 148;2 706	14	2 983;2 046
7	2 255;2 486	15	2 983;2 148
8	2 255;2 706	—	—

②股道号发送装置输出电压及电流应符合表 8-30 的要求。

表 8-30

振荡器输出(V)	发送信号(V)	轨道短路电流(mA)	发送频率误差
正弦波 0.8～1.3	双频正弦波 >30	>450	≤±2%

③机车接收线圈的直流电阻应小于或等于 40 Ω,电感量为(0.5
±0.1) H。

④机车接收线圈底部距钢轨面为(150±10) mm、线圈中心距钢
轨轨面中心为(0±5) mm、钢轨音频电流为 400 mA 时,接收
音频信号电压应大于或等于 200 mV。

(9)驼峰推峰机车无线遥控系统机车股道识别装置(查询应答器模式)。

①应答器设置在到达场股道两端入口处、推峰线峰顶下峰处及峰
顶迂回线出口前端,安装在股道中间的轨枕上中心位置。

②机车查询器应悬吊于机车纵轴线中心。吊装时查询器底面与
轨面垂直距离为(160±10) mm。

(10)设备电源

①地面设备

输入:AC (220±22) V,50 Hz;功率小于或等于 400 W。

输出:主机 DC (5±0.25) V;接口 DC (12±1) V;电台 DC (12±1) V。

②车上设备

输入:DC (110±3.85) V;功率小于或等于 200 W。

输出：主机 DC (5±0.25) V；转换电源 DC (24±1) V；接口 DC (12±1) V。
电台 DC (12±1) V。

8.15.3 TY-2 型移频遥控。

(1)移频遥控系统通过 18 信息移频轨道电路向机车发送控制信息，机车根据收到的控制信息自动进行推峰作业。

(2)移频遥控的移频信息发送采用与已有轨道电路叠加发送的方式，只发送推送进路被车列占用的最后一个区段，随车列走行自动改变发送区段。

(3)移频信息发送装置设在到达场及驼峰场信号机械室内，移频命令发送先发峰号，再发命令信号。

(4)移频低频信息编码、机车推峰命令与机车推峰速度的对应关系应符合表 8-31 的要求。

表 8-31

低频信息(Hz)	峰号/信号	推峰速度命令(km/h)	峰号/股道号
7	1峰		1峰
8	2峰		2峰
8.5	3峰		3峰
9	4峰		4峰
9.5	白	下峰	1股道
11	白闪	<3	2股道
12.5	红闪(快)	<5 *	3股道
13.5	红闪	<3	4股道
15	黄闪(快)	10	5股道
16.5	黄闪	5〔3〕*	6股道
17.5	绿(快)	10	7股道
18.5	绿	7〔5〕*	8股道
20	绿闪(快)	10	9股道
21.5	绿闪	10〔7〕*	10股道
22.5	黄	10〔5〕*	11股道
23.5	预黄	定距离减速	12股道
24.5	预红	定距离停车	13股道
26	红	0	14股道
注：带 * 的具体取值可根据《站细》。			

①预先推送作业时有黄、预黄、预红命令,黄灯命令表示按 10 km/h 或 5 km/h 预推。预黄命令(预推减速区段)表示机车在固定的距离范围内按预定的控制曲线减速运行。预红命令(预推停车区段)表示机车在固定的距离范围内按预定的控制曲线减速停车。机车按预黄、预红命令推送时,均应在显示器上显示出车列头部距峰顶主体信号机的距离。

②主推作业时以定速方式并能根据信号变化实现变速推送。其中绿闪(快)、绿(快)、黄闪(快),表示车列头部在到达场未压入减速区段时,遥控按较高速度推送。绿闪、绿、白闪表示按正常定速推送。

③红闪(快)表示机车未出清到达场时,按较高速度后退。红闪表示按规定速度后退。

④下峰遥控只显示白灯,不控制机车,由司机手动操作。

(5)当控制命令变化时,应变时间应为 2~4 s,超过 6 s 转为停车命令。

(6)系统推峰速度调节精度应符合如下要求:

①推峰速度误差为 ±1.0 km/h 的车列占 90% 以上;

②预推停车距离指定停车点误差为 ±10 m。

(7)遥控设备有如下的报警和保护功能:

①定距离停车过程中当速度大于停车曲线要求速度 2.5 km/h 或两组定距离停车的软、硬件不一致时,显示器上给出出错显示并报警;

②机车在走行时,当动轮发生空转时,遥控能自动减载,待空转停止时,自动转为正常控制;

③车上设备具有预停超限报警功能。

(8)在遥控调速制动过程中,能实现 6 个等级的压力自保制动。机车制动压力分别调整为:

一级制动　(45±10) kPa;

二级制动　(75±10) kPa;

三级制动　(120±10) kPa;

四级制动　(160±10) kPa;

五级制动　(200±10) kPa;

六级制动　(240±10) kPa。

(9)遥控设备的电源电压、移频接收线圈电气参数及安装尺寸、移频信息发送装置等应符合如下要求。

①电源电压

输入电源电压:(110±16.5) V。

输出电源电压:(5±0.25) V,(−5±0.25) V,(12±1) V。

②接收线圈的电气参数和安装尺寸等应满足第 10 章有关要求。

③移频发送装置设在到达场及驼峰场各轨道区段入口端,低频信息编码应符合表 8-31 的要求。

④移频发送装置允许载频频偏:±0.15 Hz。允许低频频率漂移:低频频率的±0.12%;移频输出电压应大于 10 V(负载电阻 20 Ω)。

(10)移频遥控可以与无线设备相结合使用。

①移频遥控叠加无线回执时,在车上及驼峰场设有无线回执设备,对机车推峰作业的全过程进行监测并存盘保存,同时在值班员控制台有机车工作回执表示信息。

②当信号命令通过无线方式发送峰号、股道号时,移频低频信号信息编码与峰号、股道号的对应关系应符合表 8-31 的要求;其余应符合 8.15.2 条 T·Y 型无线遥控的要求。

8.16 BDZ 型编组站调机自动化系统

8.16.1 系统技术指标

(1)推峰遥控时,驼峰信号与控制速度对应关系应如表 8-32 所示。

表 8-32

驼峰主体信号	默认目标速度(km/h)	目标速度范围(km/h)	目标速度方向
黄闪	3 *	3~5	朝向峰顶
绿灯	5 *	5~8	朝向峰顶
绿闪	7 *	7~15	朝向峰顶
红闪	3	3	背离峰顶
白闪	3	3~5	朝向峰顶
白灯(手动下峰)	0	0	中立
红灯	0	0	中立
红灯(预推)	12 *	5~15	朝向峰顶
注:带 * 的具体取值可根据站细调整。			

（2）进入自动控制功能后，平调信令对应的自动控制目标速度应如表
8-33。

表 8-33

平调信令	目标速度（km/h）	目标距离	备注说明
停车	0	0	
起动	3	后方进路距离	
推进	16	前方进路距离	
减速（驼）	4	保持当前	驼峰推峰
减速（常）	5	保持当前	前一信令为推进
减速（低）	1	保持当前	前一信令非推进
溜放	减速至 1 保持 3 s，之后急加速到 10，到达 10 后减至 0	保持当前	
十车	10	前方 110 m	前方防护距离置为 165 m
五车	7	前方 55 m	前方防护距离置为 88 m
三车	5	前方 33 m	前方防护距离置为 55 m
一车	3	前方 11 m	前方防护距离置为 22 m
连接（高）	12	前方进路距离	前一信令为推进
连接（低）	2	前方 33 m	前一信令非推进
紧急停车	0	0	
解锁	0	0	
无码	0	0	包括其他
未连接	推峰作业，按照驼峰信号、命令给目标速度赋值。		
	非推峰作业，按无码处理。		
试拉	同"起动"		
牵引	同"无码"		

（3）通过电空制动机控制的机车制动缸压力应满足表 8-34。

表 8-34

制动等级	制动风缸压力
一级制动	（40±10）kPa
二级制动	（80±10）kPa

制动等级	制动风缸压力
三级制动	(120±10) kPa
四级制动	(160±10) kPa
五级制动	(200±10) kPa
六级制动	(240±10) kPa
七级制动	(280±10) kPa

8.16.2 电源指标。

(1)地面设备

输入:AC (220±6.6) V;功率≤1 500 W。

输出:服务器等计算机设备 AC (220±6.6) V;WLAN 设备 DC (24±1) V。

(2)车载设备

输入:DC (110±33) V;功率≤300 W。

输出:主机 DC (24±1) V;WLAN 设备 DC (24±1) V。

8.17 驼峰推峰无线机车信号。

8.17.1 无线机车信号复示机车运行前方的驼峰信号和驼峰辅助信号机的显示。当机车信号显示变换时,应有语音提示功能。

8.17.2 地面信号故障或机车信号设备故障时,均应显示停车信号。

8.17.3 地面设备应设有故障报警;机车设备应有无线接收中断报警。

8.17.4 无线机车信号的信号应变时间为 2~4 s,超过 6 s 时变为红灯。

8.17.5 在值班员控制台及地面设备上应有机车信号回执表示。

8.17.6 推峰无线机车信号系统机车股道识别装置(轨道电路模式)。

(1)股道号发送装置设在到达场入口端,采用轨道发送方式。股道号信息采用双音频编码方式,其编码表应符合表 8-35。

表 8-35

股 道	频 率(Hz)	股 道	频 率(Hz)
1	2 046;2 148	5	2 148;2 486
2	2 046;2 255	6	2 149;2 706
3	2 046;2 486	7	2 255;2 486
4	2 148;2 255	8	2 255;2 706

股 道	频 率(Hz)	股 道	频 率(Hz)
9	2 255;2 983	13	2 706;2 046
10	2 486;2 706	14	2 983;2 046
11	2 486;2 983	15	2 983;2 148
12	2 706;2 983		

（2）股道号发送装置输出电压及电流应符合表 8-36 要求。

表 8-36

振荡器输出(V)	发送信号(V)	轨道短路电流(mA)	发送频率误差
正弦波 0.8～1.3	双频正弦波 ＞30	＞450	≤±2%

（3）机车接收线圈的直流电阻应小于或等于 40 Ω，电感量为（0.5±0.1）H。

（4）机车接收线圈底部距钢轨面为（150±10）mm、线圈中心与钢轨轨面中心的距离为（0±5）mm，钢轨音频电流为 400 mA 时，接收音频信号电压应大于或等于 200 mV。

8.17.7 推峰无线机车信号系统股道识别装置（查询应答器模式）。

（1）应答器设置在到达场股道两端入口处、推峰线峰顶下峰处及峰顶迂回线出口前端，安装在股道中间的轨枕中心位置上。

（2）机车查询器应悬吊于机车纵轴线中心。吊装时查询器底面与轨面垂直距离为（160±10）mm。

8.17.8 设备电源。

（1）地面设备

输入：AC（220±22）V；频率为 50 Hz；功率小于或等于 400 W。

输出：主机 DC（5±0.25）V；接口 DC（12±1）V；电台 DC（12±1）V。

（2）车上设备

输入：DC（110±3.85）V；功率小于或等于 400 W。

输出：主机 DC（5±0.25）V；转换电源 DC（24±1）V；

接口 DC（12±1）V；电台 DC（12±1）V。

9 TDCS 和 CTC 系统设备

9.1 通 则

9.1.1 列车调度指挥系统（TDCS）和调度集中系统（CTC）直接涉及行车安全，必须自成体系，单独组网，独立运行，严禁与其他系统直接联网。

9.1.2 CTC 设备应保证调度员能对所辖区段内的行车、调车作业进行集中控制；能下放或收回车站对行车、调车作业的控制权。

9.1.3 TDCS、CTC 设备应能实时向调度员和其他有关人员提供所辖区段内车站及区间信号设备状态和列车运行情况的表示信息。

9.1.4 TDCS、CTC 设备各种显示屏（表示盘）上所显示的图形符号应与车站、区间联锁设备所表示的含义和状态相符。

9.1.5 TDCS、CTC 系统应实时显示：轨道电路占用与空闲、区间占用与空闲、信号开放与关闭、道岔位置的状态，系统信息变化的响应时间不应大于 3 s。

9.1.6 应实现车站信息站间传输，能显示与本站相邻的车站及区间的列车运行状况。

9.1.7 TDCS、CTC 系统应能完成运输计划、调度命令的下达，车次号自动追踪、传递与修改，运行图自动描绘及有关运输指挥管理图、表等内容的显示、存储和打印等功能。

9.1.8 TDCS 采集信号设备状态时，不得影响相关信号设备的正常工作；CTC 实现各种功能时，应符合其管辖范围内相关的集中联锁、闭塞以及列控系统的正常工作要求。

9.1.9 TDCS、CTC 设备故障时，不影响车站联锁设备和区间闭塞设备的正常工作，不应导致车站联锁设备和区间闭塞设备的错误动作。

9.1.10 TDCS、CTC 系统应实行系统冗余、可靠性技术和网络安全技术，局部故障不得影响整个系统。

9.1.11 TDCS、CTC 设备应具有从其他系统接收数据和向其他系统传送数据的安全接口。在保证网络安全的基础上，TDCS 系统还应符合本单位信息共享的有关规定。

9.1.12 TDCS、CTC 信息传输应分别采用冗余、独立的不小于 2M 数字通道。

9.1.13 TDCS、CTC 系统应设置时钟同步设备,并纳入铁路统一时钟同步系统。

9.1.14 TDCS、CTC 系统应具有自检、诊断、报警、存储再现等功能。

9.1.15 TDCS、CTC 系统应采用防火墙、入侵检测、防病毒、身份鉴别、漏洞评估、安全接入控制、安全审计、补丁分发等网络和信息安全措施,并应设置网络安全集中管理中心对以上网络安全装备进行集中管理,构成统一的网络安全防御体系。

9.1.16 TDCS 系统应为 CTC 系统提供平台和接口。

9.1.17 同一调度中心的 TDCS 和 CTC 应能共用查询系统。

9.1.18 TDCS 系统核心设备平均无故障时间(MTBF)不应小于 1×10^5 h。CTC 系统的平均无故障时间(MTBF),子系统及设备不应小于 2×10^5 h;主要外围设备不应小于 1×10^5 h。

9.2 TDCS 系统设备

9.2.1 TDCS 系统应具备以下主要功能:

(1)列车动态跟踪:系统依据现场采集的信号设备状态信息,自动进行列车位置的实时跟踪和显示,并提供列车紧跟踪报警。

(2)列车运行宏观显示:采用电子地图方式宏观显示列车运行相关信息。

(3)信号设备状态实时监视:系统提供所管辖车站的进路排列、信号显示、轨道电路实际占用以及列车车次号信息、列车早晚点信息的显示。

(4)列车运行时刻自动采集:系统根据列车的实时追踪情况自动实现列车报点。

(5)无线车次号校核:系统从 450 MHz 无线通信系统或 GSM-R 系统实时接收无线车次号信息,并将接收到的信息与系统中的列车车次号、位置信息进行核对。

(6)运行图管理:列车调整计划的编制、调整和下达,以及列车实际运行图的生成、浏览和打印。

(7)调度命令管理:调度命令的编辑、存储、下达、接收、打印与查询。

(8)列车编组管理:列车确报信息的查询、修改和打印。

(9)站存车管理:站存车信息的查询、修改和打印。

（10）甩挂作业管理：甩挂作业信息的查询、修改和打印。

（11）数据统计和分析：包括分界口交接车、干线列车运行正点率、干线列车运行密度、早晚点原因统计。

（12）行车日志管理：系统应根据自动采集到的列车到发点、股道情况和列车车次号自动生成车站的行车日志（运统二、运统三）。

（13）技术资料管理：行调专业相关技术资料的查询。

（14）调度命令无线传送：采用无线传输通道（无线列调或 GSM-R），实现中心向列车传送调度命令等数据信息。

（15）防火墙：包括数据包过滤、连接状态检查、会话检查等，能够根据用户定义允许或拒绝某些数据包通过防火墙，保护内部网络关键设备及系统不受非法攻击及访问的影响。

（16）入侵检测：根据入侵行为特征表对每个数据包的行为特征进行检查，一旦发现符合已知攻击行为特征的数据包，入侵检测系统立即断掉该连接并进入相应的管理员定义的处理系统。

（17）动态口令身份认证：提供动态口令方式登录功能。

（18）防病毒：阻止病毒在本地的扩散传染以及不通过端口方式传播的病毒的扩散。

（19）漏洞评估：完成基于主机的安全漏洞评估和基于网络的安全漏洞评估。

（20）时钟校核：通过基于 GPS 的高精度授时仪，获取准确的时钟，通过网络配置，能自动校时，统一整个系统内所有计算机的时钟。

（21）网络管理：监视整个系统网络拓扑结构上的各节点及通信信道的工作状态，能够及时准确地提供故障位置。

（22）系统维护：系统中各子系统运行状态监视、记录、故障报警；系统软件和配置数据的更新。

（23）基础数据维护：各种基础数据的生成、修改和导入更新。

（24）通信质量监督：实时监视和记录通信电路状态。

9.2.2　TDCS 应采用网络安全技术，在与其他系统交换信息时，应采用安全可靠的网络隔离设备和措施，确保 TDCS 网络安全和信息安全。

9.2.3　系统热备性能应符合下列要求。

(1)数据库服务器、应用服务器双机切换时间不应超过 3 min；

(2)通信服务器、TDCS 车站服务器双机切换时间不应超过 30 s；

(3)车站综合处理机双机切换时间不应超过 10 s；

(4)车站电源切换装置切换时间不应超过 20 ms；

(5)中心电源系统负载切换设备(STS)切换时间不应超过 15 ms。

9.2.4 系统实时性应符合下列要求：

(1)信号设备信息表示延时，调度中心、车站不应超过 3 s；

(2)信号设备全体信息刷新间隔不应超过 60 s；

(3)计划和命令传输延时不应超过 60 s。

9.3 CTC 系统设备

9.3.1 CTC 在具有 TDCS 全部功能的基础上，还应具备下列功能。

(1)基本图和日班计划管理、列车计划人工和自动调整、列车进路自动控制和人工控制、施工计划查询和施工调度命令自动生成。

(2)分散自律行车约束条件检查和提示。

(3)接车进路预告、发车自动预告。

(4)调车作业管理、调车进路控制。

(5)信号设备控制。

(6)列车行车辅助报警。

(7)接触网停电状态标记和显示。

(8)轨道区段分路不良状态标记和显示。

(9)设备封锁状态标记和显示。

(10)控制模式管理。

(11)CTCS-2 级列控系统相关功能。

9.3.2 CTC 系统应符合以下技术原则。：

(1)CTC 系统对车站信号设备进行控制时,联锁关系应由车站联锁设备保证。

(2)CTC 系统实现各种功能时,应保证车站、区间信号设备既有联锁关系的完整性。

(3)CTC 系统在办理列车、调车进路时,应受到车站(场)相应联锁关系、照查条件的限制和有关行车特殊要求的约束。对违反安全控制条件的人工操作,系统应能进行安全提示。

(4)CTC系统与车站联锁的接口,应按继电联锁和计算机联锁分类,采用统一标准。

(5)CTC系统所需现场信号、联锁、闭塞设备信息均应从车站联锁设备以及TDCS系统获得。

(6)CTC的控制信息依据不同处理阶段应分为计划、指令和命令三个层次:

①形成指令队列前处理阶段的信息为计划层控制信息;

②车站机(自律机)存储的进路信息为指令层控制信息;

③车站机(自律机)输出的进路操作信息为命令层控制信息。

9.3.3 系统容量满足要求:保存历史运行图、调度命令等运输数据时间不应少于三年时间;正常情况下,系统处理能力利用率不应超过50%;至少五年的应用扩展能力和升级能力。

9.3.4 系统热备性能应符合下列要求。

(1)数据库服务器、应用服务器双机切换时间不应超过3 min;

(2)通信服务器双机切换时间不应超过30 s;

(3)车站自律机双机切换时间不应超过10 s;

(4)电源以及UPS双机切换时间不应超过150 ms。

9.3.5 系统实时性应符合要求:信号设备信息表示延时不应超过3 s;控制命令传输延时不应超过3 s。

9.4 TDCS和CTC系统通道

9.4.1 TDCS,CTC系统组网要求:

(1)TDCS/CTC系统应分别组网,独立运行,系统间通过各层的系统间接口完成信息交互;

(2)TDCS、CTC系统应采用光纤通过RS232、RS422、RS485等串行接口与计算机联锁、车站列控中心系统设备相连,采用带光电隔离的RS232、RS422、RS485等串行接口通信方式与无线车次号校核、调度命令无线传送、无线调车机车信号和监控装置、信号集中监测等系统设备相连;

(3)TDCS、CTC系统应采用TCP/IP协议与GSM-R、RBC、TSRS、TDMS、运调等系统接口,须在TDCS、CTC系统一侧安装网闸。

(4)车站通信机房至信号机房采用光纤通道和光接口设备连接。

9.4.2 CTC系统信息传输通道应符合下列要求：

（1）调度集中系统网络系统应由网络通信设备和传输通道构成双环自愈网络，应采用迂回、环接、冗余等方式提高其可靠性。

（2）数字通道应不小于 2 M。

9.4.3 TDCS网络传输通道应符合下列要求。

（1）基层网站间和基层网到调度指挥中心应使用不小于 2 M 的数字通道，协议转换接口为 V. 35 等。

（2）基层网通道按环形方式组网，每 8～15 个车站（不超过 100 km）应有一套通道返回调度中心。

（3）电务、机务、站调等终端设备通道为实回线时，长度应小于 5 km，采用宽带调制解调器（EDSL 等）传输方式接入最近车站的 TDCS 网络设备。

9.5 TDCS 和 CTC 系统机房

9.5.1 供电应满足下列要求：

（1）调度中心系统引入两路独立的 380 V 或 220 V 电源。

（2）车站子系统从信号机械室电源引入端引入两路独立的 220 V 电源。

（3）交流电源电压允许偏差为－10％～＋10％；

交流电源频率为 50 Hz，允许偏差±5％；

交流电源波形为正弦波，谐波含量小于 5％。

（4）调度中心系统和车站子系统各配置两套互为热备的在线式 UPS 电源设备。调度中心的 UPS 放电时间不小于 30 min，车站子系统的 UPS 放电时间不小于 10 min。

9.5.2 机房应满足下列要求：

（1）系统中的计算机设备场地应符合国家计算机机房场地标准要求。

（2）在系统电源引入和通信通道引入接口上均应安装防雷设施。

（3）系统应有符合有关标准要求的接地系统。

（4）防雷保安器（防雷元件）接入应不影响系统的性能和信息传输，防雷保安器（防雷元件）故障不得影响系统正常工作。

（5）室内无线电干扰场强：在频率范围为 0.5～1 000 MHz 时不大于 120 dB，磁场干扰场强不大于 800 A/m。

10 机车信号与电码化设备

10.1 通 则

10.1.1 当机车接收到与地面信号相对应的电码、频率(以下简称信息)时,机车信号应显示相应的信号灯光;信息不变时,机车信号显示保持不变;地面或机车上的信号设备故障时,机车信号不得出现升级的错误显示。

10.1.2 机车信号机构完整,各发光体完整,颜色正常,亮度均匀。

10.1.3 机车信号应安装牢固,应有防振、防松动、防潮湿、防磨卡、防冲击、防高低温等保护措施,能承受使用时的振动和冲击。接收线圈(含车外的接收线圈接线盒)应密封、防尘、防水良好。

10.1.4 安装于机车上的机车信号设备的导电部分与机车车体的绝缘电阻(切断电源),用 500 V 兆欧表测试时,绝缘电阻不应小于 25 MΩ。

10.1.5 列车运行监控装置接入机车信号接收线圈时,其输入阻抗不应小于 100 kΩ。

10.2 机车信号车载设备

10.2.1 机车信号车载系统应满足下列要求。

(1)接收钢轨(或环线)中传输的 ZPW-2000(UM71)系列、移频(4 信息、8 信息、18 信息)、交流计数和微电子交流计数(25 Hz、50 Hz)机车信号信息,给出相应的机车信号显示。

(2)机车信号输出以下信息:

　　①八个灯位信息;

　　②速度信息 SD1、SD2、SD3;

　　③过绝缘节信息,当接收信号频率为 750 Hz、850 Hz、2 300 Hz、
　　　2 600 Hz 或交流计数长周期(1.9 s)时,过绝缘节信息 JY 应为
　　　高电平,其余为低电平;

　　④制式信息,接收 ZPW-2000 系列信息时制式 ZS 为高电平脉动;
　　　接收其他信息时制式 ZS 为低电平。

(3)具有数据记录功能。

(4)应采用可靠性高、防振性好的弹簧夹持式接线端子。

(5)设备线缆连接应采用压接工艺。

(6)设备及连接电缆应安装牢固,并应有防振、防松动、防磨的措施。

(7)机箱应可靠接地,接地编织线截面积不低于 6 mm²;连接电缆应采用屏蔽电缆,屏蔽层应单点接地。

(8)设备的整机返还系数不应小于 75%。

(9)当设备供电电压在规定范围内,信号输出动作两台机车信号机时,接收各种制式信息的正确率为 100%。

(10)主机的平均无故障服务时间(MTBSF)不应低于 10^6 h。

10.2.2 机车信号车载系统由双路接收线圈、车载主机(含记录器)、八显示机车信号机等部分构成。

(1)接收线圈接收钢轨(或环线)中传输的机车信号信息。

(2)主机将接收到的机车信号信息进行处理后控制机车信号显示,并将处理后的信息提供给列车运行监控装置。

(3)机车信号机给出机车信号显示。

(4)记录器采集和储存机车信号动态运行数据。

10.2.3 机车信号输入信息及输出信号应符合表 10-1 规定。

表 10-1

输入信息				输出信号			
TB/T 3060—2002 移频	"1.9"移频	交流计数	ZPW-2000	信号显示	SD1	SD2	SD3
Hz	Hz	—	Hz/代码				
无码	无码	无码	无码	B 白	0	0	1
—	—		21.3/L5	L 绿	1	1	0
—	—		23.5/L4	L 绿	1	1	0
9.5	9.5		10.3/L3	L 绿	1	1	0
8.5	8.5		12.5/L2	L 绿	1	0	1
11	11	绿码	11.4/L	L 绿	0	0	1
—	9		—	LU 绿黄	1	1	0
—	12.5		—	LU 绿黄	0	1	0
13.5	13.5		13.6/ LU	LU 绿黄	0	0	1
12.5	—	黄码	15.8/LU2	U 黄	1	0	1
15	15	—	16.9/U	U 黄	0	1	0

输入信息				输出信号			
TB/T 3060—2002 移频	"1.9"移频	交流计数	ZPW-2000	信号显示	SD1	SD2	SD3
Hz	Hz	—	Hz/代码				
18.5	—	—	—	U 黄	0	0	1
17.5	17.5	—	20.2/U2S	U2S 黄2闪	1	0	1
16.5	16.5	—	14.7/U2	U2 黄2	0	0	1
—	—	双黄码	—	UU 双黄	1	0	1
—	22.5	—	—	UU 双黄	0	1	0
21.5	21.5	—	19.1/UUS	UUS 双黄闪	1	0	1
20	20	—	18/UU	UU 双黄	0	0	1
24.5	—	—	24.6/HB	HUS 红黄闪	1	0	1
—	23.5	—	—	HU 红黄	1	1	0
—	24.5	—	—	HU 红黄	0	1	0
26	26	红黄码	26.8/HU	HU 红黄	0	0	1
23.5	—	—	29/H	H 红	1	0	0
无码	无码	无码	无码	H 红	0	0	1

10.2.4 接收信息的应变时间应符合下列要求：

（1）接收 ZPW-2000 系列信息时,应变时间不应大于表 10-2 所规定的时间。

表 10-2

低频信息（Hz）	10.3	11.4	12.5	13.6	14.7	15.8	16.9	18	19.1
应变时间（s）	2.0	2.0	1.9	1.7	1.6	1.5	1.4	1.3	1.2
低频信息（Hz）	20.2	21.3	22.4	23.5	24.6	26.8	29	从有信息到无信息	
应变时间（s）	1.2	1.2	1.0	1.0	1.0	0.9	0.8	4	

（2）接收移频信息时,其应变时间为:转换为 L,LU 时的应变时间不应大于 2 s,其他不应大于 1.5 s;从有信息到无信息的应变时间不应大于 4 s。

（3）接收交流计数信息时,其应变时间不应大于 7 s;从 HU 信息到无信息的应变时间不应大于 7 s,从 L、U、UU 信息到无信息应变时间不应大于 9 s。

冶金企业铁路信号维护规则

(4)接收信息从其他制式转为移频或 ZPW-2000 系列时,信号显示的应变时间不应大于 2 s;接收信息从其他制式转为交流计数时,信号显示的应变时间应符合(3)的规定。

10.2.5 机车信号输入阻抗:(4 ± 0.4)kΩ,其灵敏度应符合下列规定。

(1)在 ZPW-2000、UM71 制式下,钢轨最小短路电流及机车信号灵敏度应符合表 10-3 的要求。

表 10-3

载频		(Hz)	1 700	2 000	2 300	2 600
钢轨最小短路电流		(mA)	500	500	500	450
机车信号灵敏度	钢轨短路电流值	(mA)	310 ± 47	275 ± 41	255 ± 38	235 ± 35
	主机电压值	(mV)	100 ± 7.5	100 ± 7.5	100 ± 7.5	100 ± 7.5

(2)在移频制式下,钢轨最小短路电流及机车信号灵敏度应符合表 10-4 的要求。

表 10-4

载频			(Hz)	550	650	750	850
电气化区段	钢轨最小短路电流		(mA)	150	120	92	66
	机车信号灵敏度	钢轨短路电流值(mA)		113 ± 17	90 ± 15	69 ± 10	50 ± 8
		主机电压值	(mV)	15.9 ± 1.2	14.6 ± 1.1	12.4 ± 0.9	10 ± 0.8
非电气化区段	钢轨最小短路电流		(mA)	50	40	33	27
	机车信号灵敏度	钢轨短路电流值(mA)		40 ± 6	32 ± 5	26 ± 4	22 ± 3
		主机电压位	(mV)	5.6 ± 0.42	5.1 ± 0.38	4.7 ± 0.35	4.5 ± 0.34

(3)在交流计数(含微电子交流计数)制式下,钢轨最小短路电流及机车信号灵敏度应符合表 10-5 的要求。

表 10-5

载频		(Hz)	50(非电气化区段)	25(电气化区段)
钢轨最小短路电流		(A)	1.2	1.4
机车信号灵敏度	钢轨短路电流值 (A)		0.75 ± 0.15	1.05 ± 0.16
	主机电压值	(mV)	10~20	9.3 ± 0.7

10.2.6 在轨道回流为 1 000 A、不平衡系数 10% 的电气化区段,设备应能正确译码。对于特殊区段,不平衡电流达到 200 A 时设备应能正确译码。

10.2.7 载频锁定切换应符合下列要求:

(1)设备由 25.7 Hz 信息实现的载频自动锁定或切换,按自动锁定或切换和既有手动切换并存的模式工作。

(2)设备在开机后按照载频选择(上下行)开关设定状态工作。

(3)地面提供载频切换信息码时(信息码的时间不应小于 2 s),设备应自动实现载频锁定或切换,其载频切换信息码使用应符合表 10-6 的规定。

表 10-6

标　号	载频及低频	功　能
D1	1700-1,25.7 Hz	设备锁定接收 1 700 Hz
D2	2000-1,25.7 Hz	设备锁定接收 2 000 Hz
D3	2300-1,25.7 Hz	设备锁定接收 2 300 Hz
D4	2600-1,25.7 Hz	设备锁定接收 2 600 Hz
S1	1700-2,25.7 Hz	设备切换到接收 1 700/2 300 Hz
S2	2000-2,25.7 Hz	设备切换到接收 2 000/2 600 Hz
S3	2300-2,25.7 Hz	设备切换到接收 1 700/2 300 Hz
S4	2600-2,25.7 Hz	设备切换到接收 2 000/2 600 Hz

(4)收到 UU/UUS 码,可以接收载频切换信息码,并进行相应载频锁定或切换。如果没有接收到载频切换信息码,按照载频选择(上下行)开关进行信息接收。没有收到 UU/UUS 码时,仍可以接收标号为 S1~S4 的载频切换信息码,并进行相应载频切换。

(5)在接收 ZPW-2000 系列信息时,如果设备处于载频锁定或自动切换状态,机车信号掉码大于 10 s 后,恢复按照载频选择(上下行)开关进行信息接收。

(6)载频切换开关应设载频切换结果指示灯,指示切换后的载频组(下行载频组为 1 组载频,上行载频组为 2 组载频),用稳定灯光指示人工操作后的载频切换结果,用闪烁灯光指示自动载频切换后的结果。

冶金企业铁路信号维护规则

（7）预留完全的载频自动锁定或切换功能，并可通过更改主机设置或升级程序来实现。

10.2.8 接收线圈应满足下列要求：

（1）接收线圈要求结构牢固，能抗最高允许车速下冰雪、飞石等冲击，具有良好的密封、防尘、防水、防潮性能。

（2）单个接收线圈的每路电感量不应小于 60 mH；直流电阻不应大于 8 Ω；品质因数不应小于 5.5。

（3）机车接收线圈的底部距钢轨轨面为（155±5）mm，接收线圈底面中心在钢轨轨面垂直投影点，与钢轨轨面纵向中心线之间的距离不大于 5 mm，当两个接收线圈串联并与主机相连接时，接收线圈感应电压应符合表 10-7 的要求。当一路接收线圈开路时，另一路的接收电压变化不应大于接收电压标准中值的 20%。

表 10-7

频率(Hz)	25	550	650	750	850	1 700	2 000	2 300	2 600
钢轨短路电流(mA)	1 050	113	90	69	50	310	275	255	235
接收电压(mV)	9.3±0.7	15.9±1.2	14.6±1.1	12.4±0.9	10.0±0.8	100±7.5	100±7.5	100±7.5	100±7.5

10.2.9 主机应满足下列要求：

（1）车载设备采用冗余热备结构，并满足"故障—安全"原则。

①工作机故障应自动切换到备用机，切换时间不应大于 0.5 s。工作机和备用机都应有工作正常或故障表示。

②主机采用"二乘二取二"或"三取二"结构。

（2）主机应有内部自检及接收线圈断线检查功能，自检正常给出工作正常表示。当主机双套故障或双路接收线圈双路故障时，控制机车信号机灭灯，表示车载系统设备失效。

（3）主机对外应具有并行和串行接口。主机输出信息：

①输出信息电平指标：35～60 V 为高电平（"1"），低于 10 V 为低电平（"0"）；

②输出信息驱动能力：继电器输出驱动能力为 0.15 A，内阻不应大于 50 Ω；光耦输出驱动能力为 12～20 mA，内阻不应大于

200 Ω,杂音电压应小于5%。

（4）主机应具有良好的可测试性,可通过便携式测试仪对车载系统设备进行系统测试,可通过测试台检测各项功能及指标。

（5）主机应安装在机车内便于操作、维护的地方。

（6）具有记录数据转储功能。

10.2.10 机车信号机应满足下列要求:

（1）采用 LED 信号灯显示方式,各 LED 信号灯当输入电压为 DC 35～60 V 时应正常发光表示;输入电压为 DC 48 V 时,单个 LED 信号灯的工作电流应为 10～20 mA。

（2）下部设载频切换开关及状态显示。

（3）应安装在司机室前挡风玻璃中间或两侧,信号机下方的开关和指示灯不应被遮挡。

（4）应密封、防尘、防水。

10.2.11 机车信号记录器应满足下列要求:

（1）记录器应记录下列信息:

　①从接收线圈收到的机车信号信息的信号波形;

　②机车载频切换装置状态、机车运行方向信息;

　③机车信号输出信息;

　④主机工作状态;

　⑤设备输入电源电压状态、机箱内工作温度;

　⑥来自 TAX 箱通信接口的时刻、线路公里标、车站编号、信号机
　　编号等定位信息;

　⑦主机的故障信息;

　⑧ZPW-2000 系列译码模式选择开关状态。

（2）累计连续记录时间不应低于 70 h,原始波形累计记录时间不应低于 8 h。

（3）开关量采集接口输入阻抗应不小于 30 kΩ。

（4）接入接收线圈的输入阻抗应不小于 200 kΩ。

（5）地面处理分析系统应具有故障分析和统计功能。

（6）记录数据应读取方便,采用移动存储器时应有防止数据丢失的措施。

(7)应具有通信接口扩展功能,此接口可用于机车信号无线远程监测数据传送。

(8)记录数据日期、时间。

10.2.12 电源

(1)电源取自机车上直流控制电源系统,机车电源电压在−30%～+25%范围内变化时,系统应正常工作。

(2)电源应采用双套冗余,一套故障时另一套能保证系统正常工作。

10.3 机车信号测试环线

10.3.1 机车信号测试环线安装应满足下列要求:

(1)环线使用多股铜质非铠装或非屏蔽护套电缆,芯线截面积不小于6 mm²,额定工作电压250 V以上。

(2)测试环线股道内及两旁,不应有大型金属板或多处构成闭合环路的金属网线。

(3)环线发码器的信号输出端应有防雷措施。

(4)股道环线铺设的一般要求:

① 使用非金属护套作为环线电缆的外护套。

② 环线电缆要求铺设在股道两根钢轨的内侧。

③ 环线电缆的固定位置应在钢轨的中间腰部位置。保护管安装平整,固定挂钩齐全(相邻挂钩的间距不大于1.2 m)、固定良好,保护管路无外荷载的冲击和挤压。

④ 铺设的环线单股道长度不大于100 m。

⑤ 多股道环线铺设时应选用多通道环线发码器,不得多路股道环线并联使用环线发码器的一路通道。环线发码器到各股道的连接电缆去线和回线应并行紧邻铺设。

⑥ 各股道上的环线电缆应分别引至接线盒,便于与股道外的环线电缆相连接。

⑦ 当股道环线较长,在同一条股道上同时停放多辆机车导致机车信号接收不良时,采用铺设"8"字交叉环线。

(5)"8"字交叉环线是指将股道上的两根电缆经一定距离平行铺设后相互交叉方法铺设的股道环线,除(4)的各项要求外,要求每个交叉的间隔距离约为15 m,交叉点的两根电缆使用一根金属管作外防护。

10.3.2 环线发送电流模拟量,应以机车信号可靠工作最小的电流±15%为准,因股道条件不利或其他特殊情况可适当提高室内环线发码设备的发送电流。

10.3.3 测试环线应安装、固定可靠,走线平直,电缆外皮无破损,连接良好,环线的导线对保护管间、导线对地间绝缘电阻不小于 2 MΩ。电缆防护良好,电缆盒固定可靠,盒内洁净、密封良好,接线端子螺丝紧固,螺帽、垫圈齐全,配线连接可靠,防雷元件良好。发送箱放置固定可靠,外表清洁,接插件插接良好,指示灯显示正确,开关、按键操作灵活,接触良好,显示屏清洁、无破损、显示清晰。

10.3.4 室内环线发码设备应满足下列要求:

(1)电源电压范围为 AC (220±22) V,电源引入需有防雷措施。

(2)移频制式载频误差小于±0.5 Hz,ZPW-2000 系列制式载频误差小于±2 Hz,调制低频周期误差小于±0.05 Hz。

(3)具备自动循环发送功能,可以发出机车信号所在运用区段应接收的所有信息的低频、载频,给出相应的频率和对应的机车信号显示,并具备能够满足现场一般测试的简易循环的发码模式。

(4)具备手动发送功能,可以发出机车信号所在运用区段应接收的所有信息的低频、载频,并给出相应的频率和对应的机车信号显示。

(5)具备三路及以上的多通道输出能力,每路输出电流 0~1.5 A,连续可调,并有明确显示。

(6)应具有限流电阻调整输出回路阻抗功能。

10.3.5 多股道环线发码分束使用时,室内环线发码设备至室外股道环线电缆盒应采用数字屏蔽电缆,每一束发码应采用不同的屏蔽组。

10.4 车站股道电码化

10.4.1 车站股道电码化应满足下列要求。

(1)经道岔直向的接车进路和自动闭塞区段经道岔直向的发车进路中的所有轨道电路区段、列车占用的股道区段、半自动闭塞区段及自动站间闭塞区段进站信号机的接近区段,应实施股道电码化。色灯电锁器车站,一般在股道区段实施电码化。

(2)在最不利条件下,入口电流应满足机车信号可靠工作的要求。各种制式电码化的钢轨最小短路电流,ZPW-2000、UM71 系列电码化使用

0.15 Ω标准分路电阻线,4、8、12、18信息移频系列电码化和交流计数(含微电子交流计数)电码化使用0.06 Ω标准分路电阻线进行测试时应符合10.2.5条规定。ZPW-2000(UM)系列电码化载频频率为1 700 Hz、2 000 Hz、2 300 Hz时,入口电流不应大于1 200 mA;载频频率为2 600 Hz时,入口电流不应大于1 100 mA。

(3)在最不利条件下,出口电流不损坏电码化轨道电路设备。4、8、12、18信息移频系列电码化,非电气化区段出口电流值不应大于3 A,电气化区段出口电流值不应大于6 A;ZPW-2000(UM)系列电码化,出口电流值不应大于6 A。

(4)有效电码中断的最长时间,不应大于机车信号允许中断的最短时间。

(5)股道占用时,不终止发码。

(6)已发码的区段,当区段空闲后,轨道电路应能自动恢复到调整状态。

(7)列车冒进信号时,至少其内方第一区段发禁止码或不发码。

(8)与电码化轨道电路相邻的非电码化区段,应采取绝缘破损防护措施,当绝缘破损时不导向危险侧。

(9)电码化应采取机车信号邻线干扰防护措施。

(10)机车信号机显示除按《铁路技术管理规程》执行外,还应满足TB/T 3060《机车信号信息定义及分配》的规定。

(11)电路必须满足铁路信号故障—安全的原则。室内故障或室外电缆一处混线时,不应发送升级显示的信息和向其他区段发码。

(12)电码化电缆和配线应采取防移频干扰措施。

(13)预叠加电码化的发码设备应冗余设置,主机和备机均应设工作状态表示。

(14)电码化应采用双套电源,一套故障时另一套应保证系统正常工作。

(15)在钢轨回流为1 000 A、不平衡系数10%的电气化区段,电码化设备应正常工作。

10.4.2 移频电码化轨道电路原理图见附录。

10.4.3 四信息移频电码化发送及检测设备。

(1)电源盒的主要技术指标应符合表10-8和表10-9的要求(电气化及非电气化区段通用)。

表 10-8

项目\n名称及型号	交流输入			功放电源			稳压电源（整机负载）		整机绝缘电阻（MΩ）
	电压（V）	失真度	周波偏差	电阻负载电流（A）	直流输出电压（V）	纹波电压（整机负载）(mV)	直流输出电压（V）	纹波电压（mV）	
移频站内电源盒 ZP·HYN	187~242	≤2.5%	≤0.4%	1~2.8	22~25.5	≤900	24±1	≤150	≥25

表 10-9

项目\n名称及型号		电网输入交流电压（V）	失真度	直流稳压输出电压（V）	直流接近输出电压（V）	功放负载电流（A）	负载纹波电压（mV）	输出功放电压（V）
电源盒	ZP·HYM2-D	187~253	≤2.5%	24±0.5		1~8	≤500	24±0.5
	ZP·HYM3-D	187~253	≤2.5%	24±0.5	37±1	1~8	≤500	24±0.5

(2)发送盒的主要技术指标应符合表 10-10 和表 10-11 的要求（电气化及非电气化区段通用）。

表 10-10

项目\n名称及型号	功放输出电压（V）						移频频率变化（Hz）	低频周期变化	绝缘电阻（MΩ）
	负载电阻3.3 Ω时	负载电阻0.85 Ω时	负载电阻17 Ω时	负载电阻18 Ω时	负载电阻14 Ω时	负载电阻131 Ω时			
非电气化移频发送盒 ZP·HF	≥6	≤2.6	≤13.2（基波）	—	—	—	±6	±2%	≥25
电气化移频发送盒 ZP·HF-D	—	—	—	≥20.5	≤23	≤47	±6	±2%	≥25

表 10-11

项目\n名称及型号		功出电压（V）				低频频率变化	移频频率变化（Hz）	功放边频失真度	绝缘电阻（MΩ）
		电源电压为22.5~24.5 V，负载为24 Ω							
电码化发送盒	ZP·HFM2-D	10±3	15±3	25±3	30±3	≤±0.2%	≤±0.5	≤8%	≥25
	ZP·HFM3-D	10±3	15±3	25±3	30±3	≤±0.2%	≤±0.5	≤8%	≥25
		电源电压为22.5~24.5 V，负载为50 Ω							
	ZP·HFM5-D	15±3	23±3	27±3	32±4	≤±0.2%	≤±0.5	≤8%	≥25
	ZP·HFM6-D	15±3	23±3	27±3	32±4	≤±0.2%	≤±0.5	≤8%	≥25
ZP·HFM2-D 和 ZP·HFM5-D		650 Hz、750 Hz 两种载频通用							
ZP·HFM3-D 和 ZP·HFM6-D		550 Hz、850 Hz 两种载频通用							

冶金企业铁路信号维护规则

（3）发送检测盒的主要技术指标应符合表10-12的要求（电气化及非电气化区段通用）。

表 10-12

设备型号 项目		ZP·HCFM3-D	ZP·HCFM4-D	ZP·HCFM5-D	
		继电器	继电器	继电器	
				吸起（V）	落下（V）
电源检测	功放电压降低时	—	—	≤20	≥18
	功放电压升高时			≥25	≤27
	稳压电压降低时			≤22	≥20
	稳压电压升高时			≥25	≤27
稳压电源	直流输出电压　（V）	24±1	24±1	24±1	
发送检测	触发值　　　（V）	≤10	≤20	≤4	
	不触发值　　（V）	≥4	≥11	≥1.3	
	各报警继电器电压（V）	≥16.8	≥16.8	≥16.8	

10.4.4 电气化及非电气化区段 25 Hz 相敏轨道电路叠加四信息电码化配套设备。

（1）隔离器端子使用规定应符合表10-13的要求。

表 10-13

型号	端子使用		
DGL2-F	25 Hz 轨道电源（BMT）	钢轨侧	移频发送
	AT$_1$、AT$_{11}$	AT$_4$、AT$_{14}$	AT$_7$、AT$_{17}$
DGL2-R	继电器	钢轨侧	移频发送
	AT$_2$、AT$_{12}$	AT$_5$、AT$_{15}$	AT$_8$、AT$_{18}$
注：DGL2-R 型受电端隔离器频率端子使用：550 Hz 连接端子 AT$_{16}$-AT$_9$（AT$_{16}$-AT$_9$、AT$_{11}$-AT$_3$）；650 Hz 连接端子 AT$_{16}$-AT$_{10}$（AT$_{16}$-AT$_{10}$、AT$_{11}$-AT$_4$）；750 Hz 连接端子 AT$_{16}$-AT$_{19}$（AT$_{16}$-AT$_{19}$、AT$_{11}$-AT$_{13}$）；850 Hz 连接端子 AT$_{16}$-AT$_{20}$（AT$_{16}$-AT$_{20}$、AT$_{11}$-AT$_{14}$）。			

（2）隔离器技术指标应符合表10-14的要求。

表 10-14

序号	型 号	项 目		技术指标	备 注
1	DGL2-F	25 Hz (V)	输入:$U_{1\text{-}11}$	120	310 Ω 负载
			输出:$U_{4\text{-}14}$	≥90	
		移频信号 (V)	输入:$U_{7\text{-}17}$	300	移频(Hz):550
			输出:$U_{4\text{-}14}$	300±10	
2	DGL2-R	25 Hz (V)	输入:$U_{5\text{-}15}$	15~50	继电器负载
			输出:$U_{2\text{-}12}$	14~51	
		移频信号 (V)	输入:$U_{8\text{-}18}$	300	移频(Hz):550,650, 750,850
			输出:$U_{5\text{-}15}$	>300	
3	BMT (适用于多信息)	空载电压 (V)	输入:$U_{1\text{-}2}$	220	电源 25 Hz
			输出	5~246	25 Hz
		空载电流 (mA)	$I_{1\text{-}2}$	≤30	
4	BMT1 (适用于多信息)	空载电压 (V)	输入:$U_{1\text{-}2}$	220	电源 25 Hz
			输出	5~245	25 Hz
		空载电流 (mA)	$I_{1\text{-}2}$	≤30	

(3)站内防雷单元的主要技术指标应符合表 10-15 的要求。

表 10-15

型 号	测 试 内 容		技术指标	备注/测试条件
ZP·DFZ-D	空载特性	变压器 1、2 端子输入电压	20 V、550 Hz	短接变压器端子 4、5
		变压器 3、6 端子输出电压	98~108 V	
		初级空载电流应不大于	90 mA	
	负载特性	变压器 1、2 端子输入电压	20 V、550 Hz	输入端子、短接端子、输出端子同空载特性测试
		负载电阻	460 Ω	
		变压器效率不小于	85%	

10.4.5 非电气化区段 50 Hz 交流连续式轨道电路叠加四信息电码化配套设备。

(1)隔离器端子使用规定应符合表 10-16 的要求。

表 10-16

型　号	端子使用		
FGL2-F	轨道侧	50 Hz 轨道电源（AC220 V）	电码化控制电路
	AT_1、AT_{11}	AT_3、AT_{13}	AT_5、AT_{15}
FGL2-R	轨道侧	轨道继电器（JZXC-480）	电码化控制电路
	AT_2、AT_{12}	AT_4、AT_{14}	AT_6、AT_{16}

（2）隔离器的主要技术指标应符合表 10-17、表 10-18 的要求。

表 10-17

序号	型　号	项　目			技术指标
1	FGL2-F	交流电源 50 Hz	输入：$U_{3\text{-}13}$		120 V
			输出	$U_{1\text{-}11}$	（120±5）V
				$U_{5\text{-}15}$	≤6 V
		移频信号	输入：$U_{5\text{-}15}$		130 V
			输出：	$U_{1\text{-}11}$	≥130 V
				$U_{3\text{-}13}$	≤2 V
2	FGL2-R	交流电源 50 Hz	输入：$U_{2\text{-}12}$		10 V
			输出	$U_{4\text{-}14}$	（10±1）V
				$U_{6\text{-}16}$	≤3 V
		交流电源 50 Hz	输入：$U_{2\text{-}12}$		15 V
			输出：	$U_{4\text{-}14}$	（15±1.5）V
				$U_{6\text{-}16}$	≤4.5 V
		移频信号	输入：$U_{6\text{-}16}$		130 V
			输出：	$U_{2\text{-}12}$	（130±10）V
				$U_{6\text{-}16}/U_{4\text{-}14}$	≥500 V
3	BMT2	空载电压	输入：$U_{1\text{-}2}$		220 V 50 Hz
			输出：		5～180 V，±5%
		空载电流	$I_{1\text{-}2}$		≤30 mA

614

表 10-18

型号	测试内容			技术指标	备注/测试条件
FGL1-F	50 Hz测试	空载	AT_3、AT_{13}输入空载电流	≤100 mA	AT_3、AT_{13}输入 50 Hz、220 V AT_1、AT_{11}空载
		负载	AT_1、AT_{11}的输出电压	(120±5) V	AT_3、AT_{13}输入 50 Hz、220 V AT_1、AT_{11}接 240 Ω负载
	移频测试		AT_{10}、AT_{15}电流	≥100 mA	AT_{10}、AT_{15}输入 50 Hz、5 V 电压
			AT_{10}、AT_{15}电流	≥200 mA	AT_{10}、AT_{15}输入 50 Hz、15 V 电压
FGL1-R	50 Hz测试	AT_4、AT_{14}短接 AT_2、AT_{12}电流		≥10 mA	AT_2、AT_{12}输入 50 Hz、1 V 时
				≥20 mA	AT_2、AT_{12}输入 50 Hz、2 V 时
				≥30 mA	AT_2、AT_{12}输入 50 Hz、3 V 时
	移频测试	AT_4、AT_{14}接 JZXC-480 继电器，AT_2、AT_{12}与 AT_4、AT_{14}的电压比值 $U_{2\text{-}12}/U_{4\text{-}14}$应不小于		250	AT_2、AT_{12}分别输入载频 550～850 Hz(低频为 11 Hz、15 Hz、26 Hz)的移频信号 30～250 V 时

(3)站内防雷单元的主要技术指标应符合表 10-19 的要求。

表 10-19

型号	测试内容		技术指标	备注/测试条件
DML3	空载特性	变压器 3、4 端输出电压	(210±10) V	输入电压 35 V、650 Hz 输入端子:变压器 1、2 端 短接端子:变压器 4、5 端
		变压器 5、6 端输出电压	(71.5±3) V	
		初级空载电流应不大于	≤90 mA	
	负载特性	变压器 1、2 端输入电压	35 V、650 Hz	输入端子、短接端子、输出端子同空载特性测试
		负载电阻	1 100 Ω	
		变压器效率不小于	85%	

10.4.6 8信息、12信息移频电码化(通用于电气化区段及非电气化区段)

(1)ZP·YM 型移频电码化电源盘的主要技术指标应符合表 10-20 的要求。

表 10-20

项 目	指 标	备 注
直流输出电压	(24±1) V	交流输入 187～242 V,常温开机 3 min,高低温开机 30 min 后测试
交流纹波电压	<350 mV	
工作负载电流	0～5.0 A	

（2）移频电码化发送盘的主要技术指标应符合表 10-21 的要求。

表 10-21

项目 名称及型号	低频频率变化	移频频率变化(Hz)	功放输出电压(V)					
			负载电阻 3.3Ω时	负载电阻 0.85Ω时	负载电阻 17Ω时	负载电阻 15Ω时	负载电阻 30Ω时 电气化	负载电阻 30Ω时 非电气化
正线组匣非电化发送盘 ZP·XZ-F	±0.5%	±1	≥6	≤2.6	≤13.2（基波）	—	—	—
移频站内发送盘 ZP·PFN	±0.2%	±0.5	—	—	—	≥12	—	—
移频电码化发送盘 ZP·FM2	±0.2%	±0.5	—	—	—	—	≥18	≥13
移频电码化发送盘 ZP·FM3	±0.2%	±0.5	—	—	—	—	≥18	≥13
移频电码化发送盘 ZP·FM1-T	±0.2%	±0.5	—	—	—	—	≥18	≥13
移频电码化双功出发送盘 ZP·FSM-DA	±0.2%	±0.5	—	—	—	—	≥18	≥13
移频电码化双功出发送盘 ZP·FSM-T	±0.2%	±0.5	—	—	—	—	≥18	≥13

（3）移频双机检测盘的主要技术指标应符合表 10-22 的要求。

表 10-22

项目 名称及型号	稳压电源		电源检测			发送检测				
	直流输出电压(V)	纹波电压(mV)	测试内容	稳压电压降低(V)	稳压电压升高(V)	触发值(V)	不触发值(V)	输入信号 6~20 V 继电器电压(V)	输入信号 6~34 V 继电器电压(V)	输入信号 10~60 V 继电器电压(V)	输入信号 1.4~13 V 继电器电压(V)
移频检测盘 ZP·PC1	24±1	≤150	继电器吸起	≤23	≥25	≤5	≥1.8	≥18	—	—	—
			落下	≥20	≤27.5						
正线组匣检测盘 ZP·XZ-JC	24±1	≤150	继电器吸起	≤23	≥25	≤1.4	≥0.5	—	—	—	≥18
			落下	≥20	≤27.5						

项目 名称及型号	稳压电源		电源检测			发送检测					
	直流输出电压(V)	纹波电压(mV)	测试内容	稳压电压降低(V)	稳压电压升高(V)	触发值(V)	不触发值(V)	输入信号6~20 V继电器电压(V)	输入信号6~34 V继电器电压(V)	输入信号10~60 V继电器电压(V)	输入信号1.4~13 V继电器电压(V)
移频检测盘 ZP·CSM	24±1	≤150	继电器吸起	≤23	≥25	≤3	≥1.3	—	≥18	—	—
			继电器落下	≥20	≤27.5						
电化移频检测盘 ZP·CSM-D	24±1	≤150	继电器吸起	≤23	≥25	≤3	≥1.3	—	—	≥18	—
			继电器落下	≥20	≤27.5						
移频检测盘 ZP·PCM-Y	5±0.2	—	继电器吸起	≤23	≥25	≤3.8	≥0.7	≥21	—	—	—
			继电器落下	≥20	≤27.5						
移频检测盘 ZP·PCM	5±0.2	—	继电器吸起	≤23	≥25	≤3.8	≥0.7	≥21	—	—	—
			继电器落下	≥20	≤27.5						

（4）移频发送检测盘的主要技术指标应符合表10-23的要求。

表 10-23

项目 名称	触发值(V)	不触发值(V)	返还系数	报警延迟时间(s)	稳压电源输出电压(V)
移频发送检测盘 ZP·PCF1	≤17	≥9	≥70%	7~15	24±1
移频发送检测盘 ZP·PCF	≤20	≥11	≥70%	7~15	24±1
移频发送检测盘 ZP·CFM	≤17	≥9	≥70%	7~15	24±1
电化移频发送检测盘 ZP·CFM-D	≤5	≥1	≥70%	7~15	24±1
移频发送检测盘 ZP·PCM-C	≤3.8	≥0.7	≥70%	7~15	5±0.2

（5）发送及检测设备的主要技术指标应符合表10-24的要求。

表 10-24

名称及型号	测试内容		技术指标	测试条件	备　注
双功出集成发码器 M·QFS 单功出集成发码器 M·QFD	低频频率变化		≤±0.2%	负载电阻 100 Ω,输入电压 50 Hz,200 V	发码器的工作电压为 50 Hz,187～253 V,失真度不大于 2.5%
	移频频率变化		≤±0.5 Hz		
	功出电压(V)	功率 1 挡	30±5	常温、高温开机 3 min 测试,低温开机 30 min 后测试	
		功率 2 挡	35±5		
		功率 3 挡	40±5		
		功率 4 挡	50±5		
	绝缘电阻测试		≥25 MΩ	封连所有接插件端子对机壳间进行测试	
双套双机热备检测器 M·QCS	电压检测(V)	触发值	≤20	输入 550 Hz、650 Hz、750 Hz、850 Hz 移频信号 20～50 V	检测器的工作电压为 50 Hz,187～253 V,失真度不大于 2.5%
		不触发值	≥8		
		报警继电器电压	≥18.0		
		切换继电器电压	≥18.0		
	频率检测	上下边频变化范围	≤±12 Hz		
	绝缘电阻测试		≥25 MΩ	所有接插件端子对机壳进行测试	
侧线检测器 M·QCD	触发值		≤20 V	输入移频信号 20～50 V	检测器的工作电压为 50 Hz,187～253 V,失真度不大于 2.5%
	不触发值		≥8 V		
	报警继电器电压		≥18.0 V		
	返还系数		≥70%	(不触发值/触发值)×100%	
	报警延迟时间		3～12 s	检测器不触发至继电器落下的时间	

（6）多信息电码化站内防雷单元的主要技术指标应符合表 10-25 的要求。

表 10-25

型号	测试内容		技术指标	备注/测试条件
FP1-M	空载特性	变压器 3、4 端输出电压	43～47 V	输入电压 40 V、650 Hz 输入端子：变压器 1、2 端 短接端子：变压器 4、5 端
		变压器 3、6 端输出电压	88～96 V	
		初级空载电流	≤10 mA	
	负载特性	变压器 1、2 端输入电压	40 V、650 Hz	输入端子、短接端子、输出端子同空载特性测试
		负载电阻	920 Ω	
		变压器效率不小于	≥85%	

(7)多信息电码化隔离器与 10.5.4、10.5.5 中的四信息隔离器(DGL2-F、DGL2-R、FGL1-F、FGL1-R、FGL2-F、FGL2-R)型号及技术指标相同。

10.4.7 ZPW-2000 系列移频电码化发送设备

(1)ZPW·F 型发送器和 ZP·F-G 型发送器主要技术指标应符合表 10-26 的要求。

表 10-26

项 目		指标范围	备 注
低频频率 F_c		$F_c\pm0.03$ Hz	F_c 为 $(10.3+n\times1.1)$Hz,$n=0\sim17$
载频频率 (Hz)	1700-1	$1\ 701.4\pm0.15$	—
	1700-2	$1\ 698.7\pm0.15$	
	2000-1	$2\ 001.4\pm0.15$	
	2000-2	$1\ 998.7\pm0.15$	
	2300-1	$2\ 301.4\pm0.15$	
	2300-2	$2\ 298.7\pm0.15$	
	2600-1	$2\ 601.4\pm0.15$	
	2600-2	$2\ 598.7\pm0.15$	
输出电压 (V)	1 电平	$161.0\sim170.0$	直流电源电压为 (24 ± 0.1) V,400 Ω 负载,$F_c=18.0$ Hz
	2 电平	$146.0\sim154.0$	
	3 电平	$128.0\sim135.0$	
	4 电平	$104.5\sim110.5$	
	5 电平	$75.0\sim79.5$	
发送报警继电器电压		≥20 V	—
绝缘电阻		≥200 MΩ(500 V)	输出端子对机壳
绝缘耐压		50 Hz,AC 1 000 V,1 min	输出端子对机壳

(2)ZPW·FN 型发送器主要技术指标应符合表 10-27 的要求。

表 10-27

项 目	指标范围	备 注
低频频率变化范围	$\pm0.12\%$	F_c 为 $(10.3+n\times1.1)$ Hz,$n=0\sim17$
中心频率变化	±0.4 Hz	1 700 Hz、2 000 Hz、2 300 Hz、2 600 Hz
发送器功出电压	(5.5 ± 0.1) V	功出负载电阻 10 kΩ
报警继电器电压	$20\sim26$ V	1-2 线圈 850 Ω 负载
整机输入电流	$\leqslant0.25$ A	—
检测报警电压	$10.5\sim12.0$ V	X120-1 和 X121 间

（3）ZPW-2000R 电码化发送设备主要技术指标应符合表 10-28 的要求。

表 10-28

型号及名称	项 目		技术指标及范围	备 注
ZPW·FN1 发送器	低频频率变化率		±0.15%	
	载频上下边频变化 （Hz）		±0.15	1700-1、2000-1、2300-1、2600-1、1700 -2、2000-2、2300-2、2600-2
	移出电压 AC （V）		5.50±0.10	负载电阻 10 kΩ
	报警电压 DC （V）		22.0±2.0	JWXC1-1700 型继电器，1～4 线圈 1 700 Ω 负载
	整机输入电流 DC （A）		≤0.25	
ZPW·AN1 站内功放器	功出电压 AC （V）	1 挡	106～121	载频 1700-1、2000-1、2300-1、2600-1,低频 19.1 Hz 分别测试，负载 283 Ω
		2 挡	120.5～134.5	
		3 挡	134～149	
		4 挡	147～162	
		5 挡	160～173	
	48 V 输入电流 DC （A）		≤3.6	负载 283 Ω,5 挡功率输出
	功放器输入阻抗 （kΩ）		7～18	2 300 Hz,(5.50±0.05) V 时测试
ZPW·AN 站内功放器	功出电压 AC （V）	1 挡	106～121	载频 1700-1、2000-1、2300-1、2600-1,低频 19.1 Hz 分别测试，负载 400 Ω
		2 挡	120.5～134.5	
		3 挡	134～149	
		4 挡	147～162	
		5 挡	160～173	
	48 V 输入电流 DC （A）		≤2.7	负载 400 Ω,5 挡功率输出
	功放器输入阻抗 （kΩ）		7～18	2 300 Hz,(5.50±0.05) V 时测试
ZPW·F-R 型发送器	低频频率变化率		±0.15%	
	载频上下边频变化 （Hz）		±0.15	
	移出电压 AC （V）		5.50±0.10	负载电阻 5 kΩ
	报警电压 DC （V）		22.0±2.0	1～4 线圈负载电阻 1 700 Ω
	绝缘电阻		≥200 MΩ	
	绝缘耐压		设备无闪络现象	50 Hz,AC 500 V,时间 1 min

型号及名称	项 目		技术指标及范围	备 注
ZPW·A-R型功放器	功出电压 AC (V)	1 电平	161.0~170.0	负载电阻 400 Ω
		2 电平	146.0~154.0	
		3 电平	128.0~135.0	
		4 电平	104.5~110.5	
		5 电平	75.0~79.5	
	绝缘电阻		≥200 MΩ	
	绝缘耐压		设备无闪络现象	50 Hz,AC 1 000 V,时间 1 min
ZPW·F1-R型发送器	低频频率变化范围		±0.15%	
	载频上、下边频频率变化（Hz）		±0.15	
	移出电压 AC (V)		5.50±0.10	负载电阻 5 kΩ
	通信冗余功能	DPA1 关闭，DPB1 正常	低频频率变化范围，载频上、下边频频率变化，移出电压，报警继电器电压	符合本器材对应的指标
		DPA1 正常，DPB1 关闭		
	通信中断功能	DPA1、DPB1 同时关闭	报警电压	小于 1 V	主发送器时测试
			低频频率变化范围，载频上、下边频频率变化，移出电压，报警继电器电压	符合本器材对应的指标	备发送器时测试
	通信地址设置功能检查		低频频率变化范围，载频上、下边频频率变化，移出电压，报警继电器电压	符合本器材对应的指标
	报警继电器电压 DC (V)		22.0±2.0	线圈电阻(480±5)Ω
	绝缘电阻		≥200 MΩ	
	绝缘耐压		设备无闪络现象	50 Hz,AC 500 V,时间 1 min

10.4.8 ZPW-2000 系列、MPB-2000G、UM71 二线制电码化接口器材

（1）调整电阻盒的主要技术指标应符合表 10-29 的要求。

表 10-29

型号	测试内容	技术指标	测试条件	备 注
RT-F	各端子电阻值	$R_{1-2}=100\ \Omega$，$R_{1-3}=150\ \Omega$，$R_{1-4}=200\ \Omega$，$R_{1-5}=300\ \Omega$，允许误差±10%	用数字万用表测试	电气化区段、非电气化区段通用；RT-F 型送电阻盒内部安装三套独立的固定抽头分段调整电阻；RT-R 型受电阻盒内部安装五套独立的固定抽头分段调整电阻。
RT-R				

（2）室内调整变压器的主要技术指标应符合表 10-30 的要求。

表 10-30

型号	测试内容		技术指标	测试条件	备 注
BMT	空载特性	空载电流	≤30 mA	I_{1-2}输入 25 Hz、220 V 电压	用于电气化区段 25 Hz 相敏轨道电路叠加 ZPW-2000 系列电码化
		空载电压（V）	$U_{II1-II2}=71$，$U_{II2-II3}=142$，$U_{II4-II5}=5.4$，$U_{II5-II6}=16.2$，$U_{II6-II7}=11$，$U_{II2-II7}=246.6$（连接 3-4），±5%		
	半载特性	调负载电流为 0.3 A 时，负载电压	≥210 V	输入：同空载；II_{1-7} 接负载（连接 3-4）	
BMT1-25	同 BMT 技术指标，用于非电气化区段 25 Hz 相敏轨道电路叠加 ZPW-2000 系列电码化				
BMT-25	空载特性	空载电流	≤50 mA	I_{1-2}输入 25 Hz 220 V 电压；	用于电气化区段及非电气化区段 25 Hz 相敏轨道电路叠加 ZPW-2000 系列电码化
		空载电压（V）	$U_{1-2}=2.5$，$U_{2-3}=5$，$U_{4-5}=10$，$U_{5-6}=20$，$U_{7-8}=50$，$U_{8-9}=100$，$U_{1-9}=187.5$（连接 3-4、6-7），±5%		
	负载特性	调负载电流为 0.44 A，负载电压	≥165 V	输入：同空载；II_{K-Z} 接负载（连接万可端子的 0-1、3-4、6-7、9-10）	
BMT2-50	空载特性	空载电流	≤30 mA	I_{1-2}输入 50 Hz 220 V 电压	用于非电气化区段 50 Hz 轨道电路叠加 ZPW-2000 系列电码化
		空载电压（V）	$U_{II1-II2}=50$，$U_{II2-II3}=100$，$U_{II4-II5}=5$，$U_{II5-II6}=10$，$U_{II6-II7}=15$，$U_{II2-II7}=180$（连接 3、4），±5%		
	负载特性	调负载电流为 0.55 A，负载电压	≥(180±9) V	输入：同空载；II_{1-7} 接负载（连接 3、4）	

型号	测试内容		技术指标	测试条件	备　注
BMT-50	空载特性	空载电流	$\leqslant 80$ mA	$\mathrm{I}_{1\text{-}2}$输入 50 Hz 220 V 电压	用于非电气化区段 50 Hz 轨道电路叠加 ZPW-2000 系列电码化
		空载电压 (V)	$U_{1\text{-}2}=2.5, U_{2\text{-}3}=5, U_{4\text{-}5}=10,$ $U_{5\text{-}6}=20, U_{7\text{-}8}=50, U_{8\text{-}9}=100,$ $U_{1\text{-}9}=187.5$（连接 3-4、6-7）, $\pm 5\%$		
	负载特性	调负载电流为 0. 44 A，负载电压	$\geqslant 165$ V	输入：同空载；$\mathrm{II}_{K\text{-}Z}$接负载（连接万可端子的 0-1、3-4、6-7,9-10）	

（3）室内隔离盒的主要技术指标应符合表 10-31 的要求。

表 10-31

型号	测试内容		技术指标 (V)	测试条件	备　注
NGL-U	送电端特性	输出端子 $AT_{5\text{-}15}$接 1 kΩ $\lvert U_{5\text{-}15}\text{-}U_{2\text{-}12}\rvert$	$\leqslant 2$	$AT_{2\text{-}12}$输入 25 Hz，220 V 短接 $AT_{8\text{-}18}$、$AT_{13\text{-}17}$	用于电气化区段 25 Hz 相敏轨道电路叠加 ZPW-2000 系列电码化
	受电端特性	输出端子 $AT_{2\text{-}12}$并接 JRJC1-70/240 和 HF$_{2\text{-}25}$ $\lvert U_{5\text{-}15}\text{-}U_{2\text{-}12}\rvert$	$\leqslant 0.5$	$AT_{5\text{-}15}$输入 25 Hz，25 V 短接 $AT_{8\text{-}18}$、$AT_{13\text{-}17}$	
	移频测试	AT_2、AT_{12}输出电压 $AT_{16\text{-}13}$短接	$\leqslant 10$	$AT_{8\text{-}18}$输入 2000 Hz，200 V $AT_{2\text{-}12}$、$AT_{5\text{-}15}$开路	
NGL1-U	送电端特性	输出端子 $AT_{5\text{-}15}$接 1 kΩ $\lvert U_{5\text{-}15}\text{-}U_{2\text{-}12}\rvert$	$\leqslant 1$	$AT_{2\text{-}12}$输入 25 Hz，220 V 短接 $AT_{8\text{-}18}$、$AT_{13\text{-}7}$	用于非电气化区段 25 Hz 相敏轨道电路叠加 ZPW-2000 系列电码化
	受电端特性	输出端子 $AT_{2\text{-}12}$并接 JRJC1-70/240 和 HF3-25, $\lvert U_{5\text{-}15}\text{-}U_{2\text{-}12}\rvert$	$\leqslant 0.5$	$AT_{5\text{-}15}$输入 25 Hz，25 V 短接 $AT_{8\text{-}18}$、$AT_{13\text{-}17}$	
	移频测试	AT_2、AT_{12}输出电压 $AT_{16\text{-}13}$短接	$\leqslant 2$	$AT_{8\text{-}18}$输入 2 000 Hz，100 V $AT_{2\text{-}12}$、$AT_{5\text{-}15}$开路	
NGL-T	送电端特性	输出端子 $AT_{5\text{-}15}$接 1 kΩ $\lvert U_{5\text{-}15}\text{-}U_{2\text{-}12}\rvert$	$\leqslant 1$	$AT_{2\text{-}12}$输入 25 Hz，220 V 短接 $AT_{8\text{-}18}$、$AT_{13\text{-}7}$	用于电气化区段及非电气化区段 25 Hz 相敏轨道电路叠加 ZPW-2000 系列电码化
	受电端特性	输出端子 $AT_{2\text{-}12}$并接 JRJC1-70/240 和 HF$_{3\text{-}25}$, $\lvert U_{5\text{-}15}\text{-}U_{2\text{-}12}\rvert$	$\leqslant 0.5$	$AT_{5\text{-}15}$输入 25 Hz，25 V 短接 $AT_{8\text{-}18}$、$AT_{13\text{-}17}$	
	移频空载测试	输出电压 $U_{2\text{-}12}$	$\leqslant 2$	$AT_{8\text{-}18}$输入 2 000 Hz、(100 ± 2)V，$AT_{2\text{-}12}$、$AT_{5\text{-}15}$开路	
		输出电压 $U_{5\text{-}15}$	100 ± 2		
	移频负载测试	输出电压 $U_{2\text{-}12}$	$\leqslant 2$	$AT_{8\text{-}18}$输入 2 000 Hz、100 V，$AT_{2\text{-}12}$开路	
		$AT_{5\text{-}15}$接 1 kΩ,输出电压 $U_{5\text{-}15}$	100 ± 2		

型号		测试内容	技术指标(V)	测试条件	备注
FNGL-U	送电端特性	输出端子 $AT_{4\text{-}14}$ 接 1.5 kΩ $\|U_{1\text{-}11}\text{-}U_{4\text{-}14}\|$	≤5	$AT_{1\text{-}11}$ 输入 50 Hz、220 V 短接 $AT_{7\text{-}17}$	用于非电气化区段 50 Hz 轨道电路叠加 ZPW-2000 系列电码化
	受电端特性	输出端子 $AT_{1\text{-}11}$ 接 JZXC₁-480 $\|U_{1\text{-}11}\text{-}U_{4\text{-}14}\|$	≤0.5	$AT_{4\text{-}14}$ 输入 50 Hz、11V 短接 $AT_{7\text{-}17}$	
	移频测试	AT_4、AT_{14} 输出电压	100±2	$AT_{7\text{-}17}$ 输入 2 000 Hz、100 V $AT_{1\text{-}11}$、$AT_{4\text{-}14}$ 开路	
FNGL-T	送电端特性	输出端子 $AT_{5\text{-}15}$ 接 1.5 kΩ $\|U_{1\text{-}11}\text{-}U_{4\text{-}14}\|$	≤5	$AT_{1\text{-}11}$ 输入 50 Hz、220 V 短接 $AT_{7\text{-}17}$	
	受电端特性	输出端子 $AT_{1\text{-}11}$ 接 JZXC₁-480 $\|U_{1\text{-}11}\text{-}U_{4\text{-}14}\|$	≤0.5	$AT_{4\text{-}14}$ 输入 50 Hz、11V 短接 $AT_{7\text{-}17}$	
	移频空载测试	输出电压 $U_{1\text{-}11}$	≤0.25	$AT_{7\text{-}17}$ 输入 2000 Hz、100 V，$AT_{1\text{-}11}$、$AT_{4\text{-}14}$ 开路	
		输出电压 $U_{4\text{-}14}$	100±2		
	移频负载测试	输出电压 $U_{1\text{-}11}$	≤0.25	$AT_{7\text{-}17}$ 输入 2 000 Hz、100 V，$AT_{1\text{-}11}$ 开路	
		$AT_{4\text{-}14}$ 接 1 kΩ，输出电压 $U_{4\text{-}14}$	100±2		

（4）室外隔离盒的主要技术指标应符合表 10-32 的要求。

表 10-32

型号		测试内容	技术指标(V)	测试条件	备注
WGL-U	送电端特性	$\|U_{7\text{-}8}\text{-}U_{5\text{-}6}\|$	≤2.5	$I_{1\text{-}2}$ 输入 25 Hz、220 V $I_{7\text{-}8}$ 接 2.2 Ω 负载	用于电气化区段 25 Hz 相敏轨道电路叠加 ZPW-2000 系列电码化
		$\|U_{1\text{-}2}\text{-}U_{3\text{-}4}\|$	≤10		
	受电端特性	$\|U_{7\text{-}8}\text{-}U_{5\text{-}6}\|$	≤0.2	$I_{7\text{-}8}$ 输入 25 Hz、3 V $I_{1\text{-}2}$ 接 1.2 kΩ 负载	
		$\|U_{1\text{-}2}\text{-}U_{3\text{-}4}\|$	≤1.0		
	移频测试	$I_{7\text{-}8}$ 输出电压	25±2	$I_{1\text{-}2}$ 输入 2 000 Hz、100 V	
WGL1-U	送电端特性	$\|U_{II1\text{-}2}\text{-}U_{II3\text{-}4}\|$	≤4	$I_{1\text{-}2}$ 输入 25 Hz、220 V $II_{1\text{-}2}$ 接 0.5Ω 负载	用于非电气区段 25 Hz 相敏轨道电路叠加 ZPW-2000 系列电码化
		$\|U_{I1\text{-}2}\text{-}U_{I3\text{-}4}\|$	≤50		
	受电端特性	$\|U_{II1\text{-}2}\text{-}U_{II3\text{-}4}\|$	≤0.5	$II_{1\text{-}2}$ 输入 25 Hz、3 V $I_{1\text{-}2}$ 接 1.5 kΩ 负载	
		$\|U_{I1\text{-}2}\text{-}U_{I3\text{-}4}\|$	≤10		
	移频测试	$II_{1\text{-}2}$ 输出电压	15±1	$I_{1\text{-}2}$ 输入 2 000 Hz、100 V	

型号	测试内容		技术指标	测试条件	备 注
WGL-T	送电端特性	$\|U_{II1-2}-U_{II3-4}\|$	≤2.5 V	I$_{1-2}$输入 25 Hz、220 V II$_{1-2}$接 2.2 Ω负载	用于电气化区段及非电气化区段 25 Hz 相敏轨道电路叠加 ZPW-2000 系列电码化
		$\|U_{I1-2}-U_{I3-4}\|$	≤10 V		
	受电端特性	$\|U_{II1-2}-U_{II3-4}\|$	≤0.2V	II$_{1-2}$输入 25 Hz、3 V I$_{1-2}$接 1.2 kΩ负载	
		$\|U_{I1-2}-U_{I3-4}\|$	≤1.0 V		
	移频空载测试	空载电流	≤35 mA	I$_{1-2}$输入 2 000 Hz、 (100±2) V	
		连接 T-D,II$_{1-2}$输出电压	(25±1) V		
		连接 T-F,II$_{1-2}$输出电压	(15±1) V		
	移频负载测试	连接 T-D,II$_{1-2}$输出电压	≥24 V	I$_{1-2}$输入 2 000 Hz、 (100±2) V II$_{1-2}$接 1 kΩ负载	
		连接 T-F,II$_{1-2}$输出电压	≥13.5 V		
FWGL-U	送电端特性	$\|U_{II1-2}-U_{II3-4}\|$	≤10 V	I$_{1-2}$输入 50 Hz、110 V II$_{1-2}$接 0.5 Ω负载	用于非电气化区段 50 Hz 轨道电路叠加 ZPW-2000 系列电码化
		$\|U_{I1-2}-U_{I3-4}\|$	≤10 V		
	受电端特性	$\|U_{II1-2}-U_{II3-4}\|$	≤0.75 V	II$_{1-2}$输入 50 Hz、1.5 V; I$_{1-2}$接 2 kΩ负载	
		$\|U_{I1-2}-U_{I3-4}\|$	≤0.75 V		
	移频测试	II$_{1-2}$输出电压	(14±1) V	I$_{1-2}$输入 2 000 Hz、100 V	
FWGL-T	送电端特性	$\|U_{II1-2}-U_{II3-4}\|$	≤10 V	I$_{1-2}$输入 50 Hz、110 V; II$_{1-2}$接 0.5 Ω负载	
		$\|U_{I1-2}-U_{I3-4}\|$	≤10 V		
	受电端特性	$\|U_{II1-2}-U_{II3-4}\|$	≤0.75 V	II$_{1-2}$输入 50 Hz、1.5 V I$_{1-2}$接 2 kΩ负载	
		$\|U_{I1-2}-U_{I3-4}\|$	≤0.5 V		
	移频空载测试	空载电流	≤35 mA	I$_{1-2}$输入 2 000 Hz、 100 V	
		II$_{1-2}$输出电压	(14.3±0.5) V		
	移频负载测试	II$_{1-2}$输出电压	≥13.5 V	I$_{1-2}$输入 2 000 Hz、 100 V II$_{1-2}$接 1 kΩ负载	

(5)匹配防雷单元的主要技术指标应符合表 10-33 的要求。

表 10-33

型号	测试内容		技术指标	测试条件	备注
FT-U	空载特性	空载电流	≤130 mA	变压器1,2输入2 000 Hz 110 V 电压	电气化区段、非电气化区段通用
		空载电压	$U_{3-4}=(165\pm8.25)$ V		
	负载特性	初级电流	≤380 mA	输入:同空载;输出为3、6端子	
		变压器效率不小于	85%		
FT1-U	空载特性	空载电流	≤30 mA	I_{1-2}输入2 000 Hz 170 V 电压(连接相应的1-3,7-5)	
		空载电压,V	$U_{\text{II}1-\text{II}2}=100,U_{\text{III}1-\text{III}2}=100,\pm5\%$		
	负载特性	电压调整率	≤10%	I_{1-2}输入2000 Hz 170 V 电压,输出$U_{\text{II}1-\text{II}2}$,$U_{\text{III}1-\text{III}2}$分别接700 Ω负载(连接相应的1-3,7-5)	
		变压器效率不小于	85%		
ZPW.TPG	空载特性	空载电流	≤20 mA	I_{1-2}输入2 000 Hz 170 V 电压	
		$U_{\text{III}1,2}$,$U_{\text{III}1,2}$输出电压,V	20(连1-2、7-3),40(连1-3、7-4) 60(1-4、7-5),120(连1-3、7-6),$\pm5\%$		

10.4.9 ZPW-2000(UM)系列、MPB-2000G 四线制电码化接口器材

(1)调整电阻盒的主要技术指标应符合表 10-34 的要求。

表 10-34

型号	测试内容	技术指标(1～5 为调节端子序号)	备注/测试条件
SRTH	各端子电阻值	$R_{1-2}=100$ Ω,$R_{1-3}=150$ Ω,$R_{1-4}=200$ Ω,$R_{1-5}=300$ Ω,$\pm5\%$	用数字万用表测试

(2)室外隔离盒的主要技术指标应符合表 10-35 的要求。

表 10-35

型号	测试内容		技术指标	备注/测试条件
DWG-F	25 Hz 电气特性	II$_{1-2}$输出电压	(220 ± 6) V	I_{1-2}输入25 Hz、220 V
	移频空载测试	I$_{1-2}$输出电压,(V)	$U_{\text{I}1-\text{I}2}\leq2$	II$_{1-2}$输入650 Hz,220 V
	移频负载测试	I$_{1-2}$输出电压	≤1 V	输入:同空载;I$_{1-2}$接50 Ω负载

型号	测试内容		技术指标	备注/测试条件
FWG-F	50 Hz 电气特性	$\text{II}_{1\text{-}2}$输出电压	(220 ± 5) V	$\text{I}_{1\text{-}2}$输入 50 Hz、220 V
	移频空载测试	$\text{I}_{1\text{-}2}$输出电压,V	$1\leqslant U_{\text{I}1,2}\leqslant2$	$\text{II}_{1\text{-}2}$输入 650 Hz、220 V
	移频负载测试	$\text{I}_{1\text{-}2}$输出电压	$\leqslant1$ V	输入:同空载;$\text{I}_{1\text{-}2}$接 50 Ω 负载
DWGL-2000	25 Hz 空载电气特性	BG2-130/25 轨道变压器$\text{I}_{1\text{-}4}$电压	(220 ± 2) V	I_1、II_4 输入 25 Hz、220 V
	25 Hz 负载电气特性	BG2-130/25 轨道变压器$\text{I}_{1\text{-}4}$电压	$\geqslant186$V	I_1、II_4 输入 25 Hz、220 V
	移频电气特性测试	$\text{II}_2\text{-}\text{II}_3$ 接 1 kΩ 负载,负载电压	$\geqslant24$V	$\text{I}_{3\text{-}4}$输入 2 000 Hz、100 V 电压
DWGL1-2000	25 Hz 空载电气特性	BG2-130/25 轨道变压器$\text{I}_{1\text{-}4}$电压	(220 ± 2) V	I_1、II_4 输入 25 Hz、220 V
	25 Hz 负载电气特性	BG2-130/25 轨道变压器$\text{I}_{1\text{-}4}$电压	$\geqslant186$V	I_1、II_4 输入 25 Hz、220 V
	移频电气特性测试	$\text{II}_2\text{-}\text{II}_3$ 接 1 kΩ 负载,负载电压	(14 ± 1) V	$\text{I}_{3\text{-}4}$输入 2 000 Hz、100 V 电压
FWGL-2000	50 Hz 空载电气特性	BG1-80 轨道变压器 $\text{I}_{1\text{-}4}$电压	(220 ± 2) V	I_1、II_4 输入 50 Hz、220 V
	50 Hz 负载电气特性	BG1-80 轨道变压器 $\text{I}_{1\text{-}4}$电压	$\geqslant186$V	I_1、II_4 输入 50 Hz、220 V
	移频电气特性测试	$\text{II}_2\text{-}\text{II}_3$ 接 1 kΩ 负载,负载电压	(14 ± 1) V	$\text{I}_{3\text{-}4}$输入 2 000 Hz、100 V 电压
WGFH	送端 25 Hz 电气特性	II_1、II_3 接 1 kΩ,负载电压	$\geqslant200$ V	$\text{I}_{1\text{-}2}$输入 25 Hz、220 V
	送端 50 Hz 电气特性	II_1、II_3 接 1 kΩ,负载电压	$\geqslant180$ V	$\text{I}_{1\text{-}2}$输入 50 Hz、220 V
	受端 25 Hz 电气特性	I_1、I_2 接 2 kΩ,负载电压	$\geqslant15$ V	$\text{II}_{1\text{-}2}$输入 25 Hz、20 V
	受端 50 Hz 电气特性	I_1、I_2 接 1 kΩ,负载电压	(15 ± 1) V	$\text{II}_{1\text{-}2}$输入 50 Hz、15 V
SGLH	送端 25 Hz 电气特性	II_1、II_3 接 1 kΩ,负载电压	$\geqslant190$ V	$\text{I}_{1\text{-}2}$输入 25 Hz、220 V
	送端 50 Hz 电气特性	II_1、II_3 接 1 kΩ,负载电压	$\geqslant180$ V	$\text{I}_{1\text{-}2}$输入 50 Hz、220 V

型号	测 试 内 容		技术指标	备注/测试条件
SGLH	受端 25 Hz 电气特性	I_1、I_2 接 2 kΩ,负载电压	≥15 V	II_{1-2}输入 25 Hz,20 V
	受端 50 Hz 电气特性	I_1、I_2 接 1 kΩ,负载电压	(15±1) V	II_{1-2}输入 50 Hz,15 V
	移频电气特性测试	II_4、D 接 1 kΩ 负载,负载电压	≥24 V	I_{3-4}输入 2 000 Hz、100 V 电压
		II_4、F 接 1 kΩ 负载,负载电压	≥13.5 V	

10.4.10 电气化及非电气化区段不对称高压脉冲轨道电路叠加 4、8、12、18 信息电码化配套器材。

(1)高压脉冲隔离盒使用规定应符合表 10-36 的要求。

表 10-36

型号	匝　数	使　用	匝　数	使　用
GM·HG	300	I_1、II_1	400	I_1、III_1
	350	I_1、II_2	750	I_1、III_2
注:首次开通使用时,建议先接 300 匝,然后根据入口电流进行调整。					

(2)高压脉冲隔离盒主要技术指标应符合表 10-37 的要求。

表 10-37

型　号	测试内容		技术指标	备注/测试条件
GM·HG	电容测试	I_1、I_2 电容容量	(0.33±0.016 5)μF	
	电感测试	I_2、III_2 电压	23.88～26.39 V	I_2、III_2 输入 50 Hz、 100 mA 时

(3)抑制器 2 端子使用规定应符合表 10-38 的要求。

表 10-38

型号	端子使用		跨线(频率选择)	
GM·QY2	轨道侧	轨道继电器侧(JCRC)	650 Hz	750 Hz
	I_1	I_2	I_2-II_1	I_2-II_2

(4)抑制器 2 的主要技术指标应符合表 10-39 的要求。

表 10-39

型号	测试内容	技术指标	备注/测试条件
GM·QY2	I_1、I_2 电流	≤40 mA	I_1、I_2 分别输入 650 Hz,750 Hz,20 V,I_2 对应跨接 II_1、II_2

10.4.11 电气化及非电气化区段不对称高压脉冲轨道电路叠加 ZPW-2000(UM)系列电码化配套器材。

(1)室内/外隔离匹配盒端子使用规定应符合表 10-40 的要求。

表 10-40

型号	使用端子		选频跨接端子			
	移频侧	轨道侧	1 700	2 000	2 300	2 600
GM·HPG1-ZD(/N)	I_1-I_2	II_1-II_2	TL-1700 TC-C1	TL-2000 TC-C2	TL-2300 TC-C3	TL-2600 TC-C4

(2)室内/外隔离匹配盒技术指标应符合表 10-41 的要求。

表 10-41

型号	测试项目	性能指标	备 注
GM·HPG1-ZD(/N)	空载电流	≤15 mA	I_1-I_2 输入 60 V/50 Hz,II_1～II_2 开路
	I 次侧对 II 次侧的变比	3∶1	I 次输入(60±1) V/50 Hz 时,TC-TL 间电压为(20±0.5) V(空载)
	1 700 Hz 指标	I 次输入 1 700 Hz,(30±0.5) V 时 II 次侧电压大于 4 V	跨接:TL-1700,TC-C1,TC 与 II_1 间加载 6.6 Ω
	2 000 Hz 指标	I 次输入 2 000 Hz,(30±0.5) V 时 II 次侧电压大于 4 V	跨接:TL-2000,TC-C2,TC 与 II_1 间加载 6.6 Ω
	2 300 Hz 指标	I 次输入 2 300 Hz,(30±0.5) V 时 II 次侧电压大于 4 V	跨接:TL-2300,TC-C3,TC 与 II_1 间加载 6.6 Ω
	2 600 Hz 指标	I 次输入 2 600 Hz,(30±0.5) V 时 II 次侧电压大于 4 V	跨接:TL-2600,TC-C4,TC 与 II_1 间加载 6.6 Ω
	II_2-TC 电容	1 μF	偏差值不能大于电容值的 5%
	II_2-C1 电容	1 μF	偏差值不能大于电容值的 5%
	II_2-C2 电容	0.5 μF	偏差值不能大于电容值的 5%
	II_2-C3 电容	0.3 μF	偏差值不能大于电容值的 5%
	端子对地绝缘电阻	大于 100 MΩ	

(3)抑制器 1 端子使用规定应符合表 10-42 的要求。

表 10-42

型号	电感量	使用端子	电感量	使用端子
GM·QY1	50 mH	I_1-III_1	150 mH	I_1-II_2
	100 mH	I_1-I_2	200 mH	II_1-II_2

(4)抑制器 1 的主要技术指标应符合表 10-43 的要求。

表 10-43

型号	测试内容	技术指标	备注/测试条件
GM·QY1	I_1,III_1 电压	9～11 V	各测试项目两端子间分别输入 50 Hz、640 mA 电流,测试相应两端子电压
	I_1,I_2 电压	18～22 V	
	I_1,II_2 电压	27～33 V	
	II_1,II_2 电压	36～44 V	

10.5 ZPW-2000(UM)系列闭环电码化

10.5.1 闭环电码化系统由闭环电码化和载频自动切换锁定设备构成,原理图见附录。

10.5.2 闭环电码化系统根据车站联锁条件及地面信号显示通过钢轨传输机车信号信息,须满足以下要求:

(1)闭环电码化是主体机车信号系统的地面设备,钢轨内应提供正确的机车信号信息。

(2)列车信号开放后,道岔直向的接车进路和自动闭塞区段经道岔直向的发车进路中的所有轨道电路区段、经道岔侧向的发车进路中的最末一个区段、列车占用的股道区段、半自动闭塞区段及自动站间闭塞区段进站信号机的接近区段,闭环电码化设备应提供连续的机车信号信息。

(3)站内正线接、发车进路,到发线股道应采用与区间同制式的电码化发送设备,实现闭环电码化,向机车提供连续的机车信号信息。

(4)在钢轨回流为 1 000 A、不平衡系数 10%的电气化区段,闭环电码化设备应正常工作。

(5)电路必须满足铁路信号故障—安全的原则。室内故障或室外电缆一处混线时,不应发送晋级显示的信息和向其他区段发码。

(6)轨道电路在最不利条件下,入口电流应满足机车信号的工作需要,出口电流应不损坏电码化轨道电路设备。

(7)与电码化轨道电路相邻的非电码化区段,应采取绝缘破损防护措施,当绝缘破损时不导向危险侧。

(8)相邻线路的电码化采用不同的 ZPW-2000 信号发送载频,由车载设备锁定接收本线载频来防止邻线干扰;当与邻线载频相同或车载设备不能锁定某一载频时,电路应保证邻线干扰不会造成机车信号错误显示。

(9)已发码的区段,当区段空闲后,轨道电路应能自动恢复到调整状态。

(10)列车冒进信号时,至少其内方第一区段发禁止码或不发码。

(11)相邻股道应采用不同载频并交错设置。股道占用时,不终止发码。

(12)有效电码中断的最长时间,应不大于机车信号允许中断的最短时间。

(13)闭环检测设备未收到检测信息时系统应报警,条件具备时应关闭防护该进路的列车信号机。

10.5.3 ZPW-2000 系列闭环电码化发送和检测设备载频频率应满足下列要求。

(1)载频为 1 700 Hz、2 000 Hz、2 300 Hz、2 600 Hz 时,载频偏移范围应小于 1.5 Hz。

(2)载频为 1700-1、2000-1、2300-1、2600-1 时,载频偏移应在 +1.4 Hz ±0.1 Hz 范围内。

(3)载频为 1700-2、2000-2、2300-2、2600-2 时,载频偏移应在 -1.3 Hz ±0.1 Hz 范围内。

10.5.4 ZPW-2000 系列闭环电码化调制频率应为:10.3 Hz、11.4 Hz、12.5 Hz、13.6 Hz、14.7 Hz、15.8 Hz、16.9 Hz、18 Hz、19.1 Hz、20.2 Hz、21.3 Hz、22.4 Hz、23.5 Hz、24.6 Hz、25.7 Hz、26.8 Hz、27.9 Hz、29 Hz,调制频率的频率偏移应小于 0.1 Hz。

10.5.5 ZPW-2000 系列闭环电码化低频信息分配及机车信号显示应符合表 10-44 的要求。

表 10-44

序 号	信息名称	低频频率(Hz)	机车信号显示	备 注
1	L3 码	10.3	L	绿
2	L2 码	12.5	L	绿
3	L 码	11.4	L	绿
4	LU 码	13.6	LU	绿黄
5	LU2 码	15.8	U	黄
6	U 码	16.9	U	黄
7	U2S 码	20.2	U2S	黄2闪
8	U2 码	14.7	U2	黄2
9	U3 码	22.4	U	黄
10	UUS 码	19.1	UUS	双黄闪
11	UU 码	18.0	UU	双黄
12	HB 码	24.6	HUS	红黄闪
13	HU 码	26.8	HU	红黄
14	H 码	29.0	H	红
15	载频切换码	25.7	—	—
16	闭环检测码	27.9	—	—
17	无码	—	H 红	—
18	无码	—	B 白	—

10.5.6 闭环电码化设备应和车站联锁设备结合,发生故障时应给出表示。

10.5.7 电码化设备应能发送正确的载频切换信息码,使车载设备实现接收载频锁定或载频自动切换。

(1)机车接收到 UU、UUS 码后如果接收不到信息,在点白灯前只接收 HU、HUS 码;在点白灯后只接收载频切换信息码。

(2)车站开放侧向接车进路时,在车载设备接收股道信息前电码化设备应发送载频切换信息码。

(3)车站开放侧向发车进路时,在列车到达区间前电码化设备应发送载频切换信息码。

(4)其他进路需要实现车载设备载频自动切换时,电码化设备应发送载频切换信息码。

(5)发送载频切换信息码的时间不应小于 2 s,发送载频切换信息码的频率和载频切换信息码的功能应符合表 10-45 的要求。

表 10-45

载　频	低　频	功　　能
1700-1	25.7 Hz	车载设备锁定接收 1 700 Hz
2000-1	25.7 Hz	车载设备锁定接收 2 000 Hz
2300-1	25.7 Hz	车载设备锁定接收 2 300 Hz
2600-1	25.7 Hz	车载设备锁定接收 2 600 Hz
1700-2	25.7 Hz	车载设备切换到接收 1 700/2 300 Hz
2000-2	25.7 Hz	车载设备切换到接收 2 000/2 600 Hz
2300-2	25.7 Hz	车载设备切换到接收 1 700/2 300 Hz
2600-2	25.7 Hz	车载设备切换到接收 2 000/2 600 Hz

10.5.8 ZPW-2000 系列闭环电码化,轨道电路在最不利条件下,入口电流值应满足表 10-46 的规定。且载频频率为 1 700 Hz、2 000 Hz、2 300 Hz 时,入口电流不应大于 1 200 mA;载频频率为 2 600 Hz 时,入口电流不应大于 1 100 mA。

表 10-46

载频频率(Hz)	1 700	2 000	2 300	2 600
入口电流(mA)	≥500	≥500	≥500	≥450

10.5.9 ZPW-2000 系列闭环电码化,轨道电路在最不利条件下,出口电流值不大于 6 A。

10.5.10 闭环电码化设备应采用冗余结构。

10.5.11 应具有和计算机联锁交换数据的安全接口和向微机监测传送数据的通信接口。

10.5.12 电源应为双套,一套故障时另一套能保证系统正常工作。

10.5.13 载频频谱的排列应符合下列要求:

(1)下行正线,咽喉区正向接车,发车进路的载频为 1700-2。

为防止进、出站处钢轨绝缘破损,-1、-2 载频可与区间 ZPW-2000 轨道电路-1、-2 载频交错配置。正线股道的载频为 1700-2。

(2)上行正线,咽喉区正向接车、发车进路的载频为 2000-2。

为防止进、出站处钢轨绝缘破损,-1、-2 载频可与区间 ZPW-2000 轨道电路-1、-2 载频交错配置。正线股道的载频为 2000-2。

(3)到发线股道

下行正方向,各股道按下行方向载频 2300-1、1700-1 交错排列。

上行正方向,各股道按上行方向载频 2600-1、2000-1 交错排列。

到发线股道以 1700-1/2000-1 或 2300-1/2600-1 选择载频配置。

10.5.14 补偿电容的设置

(1)当电码化区段超过 300 m 时,应设置补偿电容:

发送载频为 1700-1、1700-2、2000-1、2000-2,补偿电容采用 80 μF;

发送载频为 2300-1、2300-2、2600-1、2600-2,补偿电容采用 60 μF。

(2)入口电流不满足要求时,可增设补偿电容。

(3)补偿电容应按等间距设置,间距不应小于 50 m。

(4)补偿电容技术指标应符合表 10-47 的要求。

表 10-47

序 号	项 目	指标及范围	备 注
1	电容容量	标称值±5%	测试频率:1 000 Hz
2	损耗角正切值	≤90×10⁻⁴	测试频率:1 000 Hz
3	绝缘电阻	≥500 MΩ	两极间,直流 100 V

10.5.15 电缆使用应符合下列原则:

(1)1700-1、1700-2、2300-1、2300-2 视为同频。

(2)2000-1、2000-2、2600-1、2600-2 视为同频。

(3)同频的发送线对不能同四芯组。

(4)同频的检测线对不能同四芯组。

(5)同频的发送线对与检测线对不能同缆。

(6)发送线对、检测线对按四芯组对角成对使用。

10.5.16 闭环电码化发送和检测设备防雷应采用带有劣化指示的防雷模块,当劣化指示由正常色转为失效色后,或测试不合格的应及时更换。

10.5.17 正线电码化的闭环检测原理见图 10-1 所示。

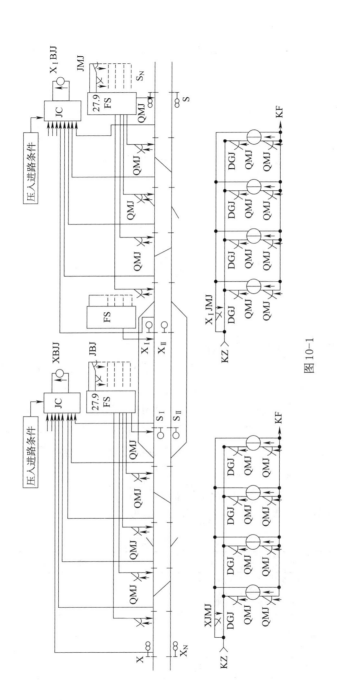

图10-1

冶金企业铁路信号维护规则

10.5.18 到发线股道电码化的闭环检测原理见图 10-2 所示。

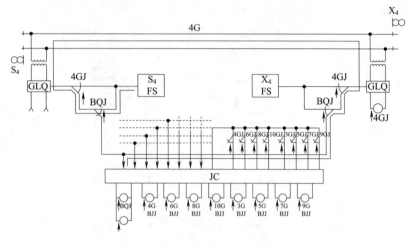

图 10-2

10.5.19 ZPW·F 型发送器应符合下列要求：

（1）适用于非电气化、电气化区段 25 Hz 相敏轨道电路或交流连续式轨道电路电码化。正线、侧线电码化通用。

（2）发送器采用（ZPW·F）与区间相同,发送器功率调整在 1 电平,即将输出端子 12 与 9 连接,11 与 1 连接,S1、S2 输出端子为 1 电平(161～170 V)。S1、S2 端子与 ZPW·TFD 道岔发送调整器或 ZPW·TFG 股道发送调整器的 I_1、I_2 连接。

10.5.20 ZPW·JFM 型电码化发送检测盘。

（1）端子代号及使用应符合表 10-48 要求。

表 10-48

序　号	端子代号	用　　途
1	1、3	1 发送功出
2	27、29	2 发送功出
3	13	1 发送＋24 直流电源
4	17	2 发送＋24 直流电源
5	15	024 电源

序　号	端子代号	用　　途
6	5、7	1 发送报警继电器 FBJ1-1、FBJ1-2
7	23、25	2 发送报警继电器 FBJ1-1、FBJ1-2
8	2	移频报警继电器 YBJ
9	4	移频报警检查电源 YB+
10	9、11	1 发送报警条件 BJ-1、BJ-2
11	19、21	2 发送报警条件 BJ-3、BJ-4
12	24、26、28	监测预留

(2)绝缘应符合表 10-49 的要求。

表 10-49

序号	项　目	指标范围	备　注
1	绝缘电阻	≥200 MΩ	输出端子对机壳
2	绝缘耐压	交流 50 Hz,(1 000±1) V,漏流 1 mA	输出端子对机壳

10.5.21 电码化配套器材的技术指标应符合表 10-50 的要求。

表 10-50

序号	型　号	项　　目		技术指标	备　　注
1	FNGL-T 型 室内隔离盒	送电端 50 Hz(V)	输入：$U_{1\text{-}11}$	220	1.5 kΩ 负载
			输出：$|U_{1\text{-}11}\text{-}U_{4\text{-}14}|$	≤5	
		受电端 50 Hz(V)	输入：$U_{4\text{-}14}$	11	JZXC-480 负载
			输出：$|U_{1\text{-}11}\text{-}U_{4\text{-}14}|$	≤0.5	
		移频空载 (V)	输入：$AT_{7\text{-}17}$	100	2 000 Hz
			输出：$U_{1\text{-}11}$	≤0.25	
			输出：$U_{4\text{-}14}$	$U_{7,17}\pm2$	
		移频负载 (V)	输入：$AT_{7\text{-}17}$	100	1 kΩ 负载
			输出：$U_{1\text{-}11}$	≤0.25	
			输出：$U_{4\text{-}14}$	$U_{7,17}\pm2$	

冶金企业铁路信号维护规则

序号	型号	项目			技术指标	备注
2	NGL-T型室内隔离盒	送电端 25 Hz(V)	输入:U_{2-12}		220	1 kΩ负载
			输出:$\|U_{5-15}-U_{2-12}\|$		≤1	
		受电端 25 Hz(V)	输入:U_{5-15}		25	JRJC$_1$-70/240 负载
			输出:$\|U_{5-15}-U_{2-12}\|$		≤0.5	
		移频空载电压(V)	输入:AT_{8-18}		100	2 000 Hz AT_{13-16}短路
			输出	U_{2-12}	≤2	
				U_{5-15}	$U_{8-18}±2$	
		移频负载电压	输入:AT_{8-18}		100	AT_{13-16}短路 1 kΩ负载
			输出	U_{2-12}	≤2	
				U_{5-15}	$U_{8-18}±2$	
3	WGL-T型室外隔离盒	送电端 25 Hz(V)	输入	I_1-I_2	220	电源 25 Hz 2.2 Ω负载
			输出	$\|U_{II1-II2}-U_{II3-II4}\|$	≤2.5	
				$\|U_{I1-I2}-U_{I3-I4}\|$	≤10	
		受电端 25 Hz(V)	输入	II_1-II_2	3	电源 25 Hz 1.2 kΩ负载
			输出	$\|U_{II1-II2}-U_{II3-II4}\|$	≤0.2	
				$\|U_{I1-I2}-U_{I3-I4}\|$	≤1	
		移频空载	电化	输入(V):U_{I1-2}	100	2 000 Hz
				输出(V):$U_{II1-II2}$	25±1.5	
				空载电流(mA)	≤35	
			非电化	输入(V):U_{I1-2}	100	2 000 Hz
				输出(V):$U_{II1-II2}$	14.3±1	
				空载电流(mA)	≤35	
		移频负载电压(V)	电化	输入:U_{I1-2}	100	2 000 Hz 1 kΩ负载
				输出	≥24	
			非电化	输入:U_{I1-2}	100	2 000 Hz 1 kΩ负载
				输出	≥13.5	

序号	型 号	项 目			技术指标	备 注
4	WGFH 型室外隔离防护盒	送电端 50 Hz(V)	输入:I_1-I_2		220	1 kΩ 负载
			输出:II_1-II_3		≥180	
		受电端 50 Hz(V)	输入:II_1-II_3		15	1 kΩ 负载
			输出:I_1-I_2		15±1	
		送电端 25 Hz(V)	输入:I_1-I_2		220	1 kΩ 负载
			输出:II_1-II_3		≥200	
		受电端 25 Hz(V)	输入:I_1-II_3		20	2 kΩ 负载
			输出:I_1-I_2		≥15	
5	SGLH 型四线制隔离盒	送电端 50 Hz(V)	输入:U_{I1-I2}		220	II 级接 1 kΩ
			输出:U_2		≥180	
		受电端 50 Hz(V)	输入:$U_{II1-II2}$		15	I 级接 1 kΩ
			输出:U_2		15±1	
		送电端 25 Hz(V)	输入:U_{I1-I2}		220	II 级接 1 kΩ
			输出:U_2		≥190	
		受电端 25 Hz(V)	输入:$U_{II1-II2}$		20	I 级接 2 kΩ
			输出:U_2		≥15	
		移频负载	电气化区段	输入(V):I_3-I_4	100	2 000 Hz 1 kΩ 电阻
				输出(V):	U_{II4-D}≥13.5	
				输入电(mA)	≤35	
			非电气化区段	输入(V):I_3-I_4	100	2 000 Hz 1 kΩ 电阻
				输出(V):	U_{II4-F}≥24	
				输入电(mA)	≤35	
6	FWGL-T 型室外隔离盒	送电端 50 Hz(V)	输入:U_1		110	0.5 Ω 负载
			输出:	$|U_{II1,2}-U_{II3,4}|$	≤10	
				$|U_{I1-I2}-U_{I3-I4}|$	≤10	
		受电端 50 Hz(V)	输入:II_1—II_2		1.5	2 kΩ 负载
			输出:	$|U_{II1-II2}-U_{II3-II4}|$	≤0.75	
				$|U_{I1-I2}-U_{I3-I4}|$	≤0.5	

冶金企业铁路信号维护规则

序号	型　号	项　　目		技术指标	备　注
6	FWGL-T型室外隔离盒	移频空载	输入:I_1-I_2	100	2 000 Hz
			输出:$U_{II1-II2}$	14.3±0.5	
			空载电流(mA)	≤35	
		移频负载(V)	输入:I_1-I_2	100	2 000 Hz 1 kΩ 负载
			输出:$U_{II1-II2}$	≥13.5	
7	ZPW·TFD型道岔发送调整器	空载电压(V)	输入:U_{1-11}	170	2 000 Hz
			输出	40～60	
		空载电流(mA)	输出	≤18	
		负载电压(V)	空载输入	60	400 Ω 负载
			输出	≥55	
8	ZPW·TFG型股道发送调整器	空载电压(V)	输入:U_{I1-I2}	170	2 000 Hz
			输出	20～140	
		空载电流(mA)	输出	≤20	
		负载电压(V)	输入 U_{I1-I2}	170	2 000 Hz 700 Ω 负载
			输出 U_{II1-2}	≥105	
			输出 U_{III1-2}	≥105	
9	BMT-25型室内调整变压器	空载电压(V)	输入:I_1-I_2	220	电源 25 Hz
			输出	2.5～187.5	
		空载电流(mA)	I_{1-2}	≤50	
		负载电压(V)	输入:I_1-I_2	220	负载电流 0.44 A
			输出	≥165	
		效率	η	≥85%	—
10	BMT-50型室内调整变压器	空载电压(V)	输入:I_1-I_2	220	电源 50 Hz
			输出	2.5～187.5	—
		空载电流(mA)	I_{1-2}	≤80	
		负载电压(V)	输入:I_1-I_2	220	负载电流 0.44 A
			输出	≥165	
		效率	η	≥90%	—

640

序号	型　号	项　目		技术指标	备　注
11	BG1-80A 型轨道变压器	空载电压(V)	输入:I$_1$-I$_4$(I$_2$-I$_3$ 连接)	110	电源 50 Hz
			输出	0.75～18	—
		空载电流(mA)	初级 I$_{1-4}$	≤75	电源 50 Hz,110 V
		效率	η	≥90％	—
12	BZ4-U 型中继变压器	空载电压(V)	输入	0.5	电源 50 Hz
			输出	9.4～11	
		负载电压(V)	输入	0.5	电源 50 Hz
			输出	≥9.2	
		空载电流(mA)	初级	250±20	电源 50 Hz,0.5 V
		空载电流(A)	初级	≤1.3	电源 50 Hz,2 V
13	HF4-25 型防护盒	谐振电压(V)	输入:U$_{1-3}$	10	电源(50±1) Hz
			输出:|U$_L$-U$_C$|	≤5	
		品质因数		≥15	—

10.5.22 RT-F 型送电调整电阻盒阻值误差±10％,电阻调整应符合表 10-51 的要求。

表 10-51

电阻(Ω)	连接端子
0	1-5
50	1-2、3-5
100	2-5
150	3-5
200	2-4
250	3-4
300	不接线

10.5.23 RT-R 型受电调整电阻盒阻值误差为±10％,电阻调整应符合表 10-52 的要求。

冶金企业铁路信号维护规则

表 10-52

电阻(Ω)	连接端子
0	1-5
50	1-2、3-5
100	2-5
150	3-5
200	2-4
250	3-4
300	不接线

10.5.24 ZPW-2000A 电码化闭环检测设备由 ZPW·GJMB 型闭环电码化检测柜、ZPW·PJZ 正线检测盘、ZPW·PJC 侧线检测盘、ZPW·TJD 单频检测调整器、ZPW·TJS 双频检测调整器、ZPW·XJ 检测组匣、ZPW·XTJ 检测调整组匣等组成。

10.5.25 ZPW-2000A 型闭环电码化检测设备应满足下列要求：

（1）检测设备在检测允许的时间内对接、发车进路上各区段（除股道）叠加的移频信号分别按闭环方式进行实时检测,对股道按闭环方式进行两端分时检测。

（2）检测电路故障不应影响主设备正常工作。

（3）检测设备应考虑冗余设计。

（4）检测设备应具有报警功能,同时具备与计算机联锁、微机监测等设备通信的数据接口。

（5）系统应具有防雷功能。

（6）系统应满足铁路信号系统电磁兼容的要求。

（7）每块检测板应有灯光显示各区段的状态及检测设备状态。

10.5.26 ZPW-2000A 型电码化闭环检测盘。

（1）ZPW·PJZ 型正线检测盘（96 芯底座）端子定义见表 10-53。

表 10-53

端子号	端子名称	说　　明
A1	+24	+24 V 电源输入
A2	024	024 V 电源输入

端子号	端子名称	说　　明
A31	+24C	+24 V 电源输出
A32	024C	024 V 电源输出
A3~A10	F1~F8	载频选择条件输出；F1 为 1700-1，F2 为 1700-2，F3 为 2000-1，F4 为 2000-2，F5 为 2300-1，F6 为 2300-2，F7 为 2600-1，F8 为 2600-2
A11~A18	FCIN1~FCIN8	载频输入；FCIN1~FCIN8 为轨道区段 1~8 载频输入
A21~A22	ZJ2~FJ2	表示区段 8 的方向，A21 接 24 V 时，接收载频同载频输入，A22 接 24 V 时，接收载频与载频输入相反。载频输入为 1700-x 时，相反载频为 2000-x；载频输入为 2000-x 时，相反载频为 1700-x；载频输入为 2300-x 时，相反载频为 2600-x；载频输入为 2600-x 时，相反载频为 2300-x
A25	JBJ+	检测故障报警条件+
A26	JBJ−	检测故障报警条件−
A29	YBJ+	闭环报警检测电源
A30	YBJ	闭环检测报警继电器，与+24 间可接 1700 设备报警继电器
A27	1CANH	1CAN 总线高位输出
A28	1CANL	1CAN 总线低位输出
B1、B2 ~B15、B16	SIG1，GND ~ SIG8，GND	检测信号输入；SIG1~SIG8 为轨道区段 1~8 信号输入，GND 为信号输入回线
B17~B24	G1~G8	检测允许控制条件；G1~G8 为轨道区段 1~8 检测允许控制条件
B25~B31	ADR1~ADR7	CAN 地址选择
B32	VCC	5 V 电源，用于 CAN 地址选择
C1、C2	1G 1GH	轨道区段 1 闭环检查继电器输出线；轨道区段 1 闭环检查继电器输出回线
C5、C6	2G 2GH	轨道区段 2 闭环检查继电器输出线；轨道区段 2 闭环检查继电器输出回线
C9、C10	3G 3GH	轨道区段 3 闭环检查继电器输出线；轨道区段 3 闭环检查继电器输出回线
C13、C14	4G 4GH	轨道区段 4 闭环检查继电器输出线；轨道区段 4 闭环检查继电器输出回线

冶金企业铁路信号维护规则

端子号	端子名称	说　　明
C17、C18	5G 5GH	轨道区段 5 闭环检查继电器输出线；轨道区段 5 闭环检查继电器输出回线
C21、C22	6G 6GH	轨道区段 4 闭环检查继电器输出线；轨道区段 4 闭环检查继电器输出回线
C25、C26	7G 7GH	轨道区段 4 闭环检查继电器输出线；轨道区段 4 闭环检查继电器输出回线
C29、C30	8G 8GH	轨道区段 8 闭环检查继电器输出线；轨道区段 8 闭环检查继电器输出回线
C3、C4	2J、2JH	轨道区段 2 检查输入；轨道区段 2 检查输入回线
C7、C8	3J、3JH	轨道区段 3 检查输入；轨道区段 3 检查输入回线
C11、C12	4J、4JH	轨道区段 4 检查输入；轨道区段 4 检查输入回线
C15、C16	5J、5JH	轨道区段 5 检查输入；轨道区段 5 检查输入回线
C19、C20	6J、6JH	轨道区段 6 检查输入；轨道区段 6 检查输入回线
C23、C24	7J、7JH	轨道区段 7 检查输入；轨道区段 7 检查输入回线
C27、C28	8J、8JH	轨道区段 8 检查输入；轨道区段 8 检查输入回线
C31	+24	+24 V 电源输出
C32	024	024 V 电源输出

说明：

1. 载频选择：F1～F8 为由检测设备输出的 8 种载频，轨道区段 1 至轨道区段 8 的载频选择使用 FCIN1～FCIN8，将各个轨道区段载频输入端子直接连接到相应的载频输出端子。

2. 检测允许条件控制：G1～G8 为 8 个区段的检测允许控制条件。检测允许时机的定义：当 +24 V 条件断开时，为允许检测；当 +24 V 条件接通时为不允许检测。

3. JBJ+、JBJ− 为检测板报警条件，根据实际应用可将多块检测板的报警条件串接起来接入检测总报警。

4. 轨道区段闭环检测输出：2J、2JH～8J、8JH 为咽喉区段输入检查条件，可根据需要将几路输出串接起来，给出总的闭环检测继电器条件，正线股道应单独给出一路 BJJ。

(2)ZPW·PJC 型侧线检测盘(96 芯底座)端子定义应符合表 10-54 的要求。

表 10-54

端子号	端子名称	说　　明
A1	+24	+24 V 电源输入
A2	024	024 V 电源输入

端子号	端子名称	说明
A31	+24C	+24 V 电源输出
A32	024C	024 V 电源输出
A3~A10	F1~F8	载频选择条件输出；F1 为 1700-1，F2 为 1700-2，F3 为 2000-1，F4 为 2000-2，F5 为 2300-1，F6 为 2300-2，F7 为 2600-1，F8 为 2600-2
A11~A18	FCIN1~FCIN8	载频输入；FCIN1~FCIN8 为轨道区段 1~8 载频输入
A19	(+24)	检测板+24 V 直流电源
A20	BQJ	闭环切换继电器条件
A21	MASKZ	屏蔽备机 BQJ 输出
A22	MASKF	屏蔽备机 BQJ 输出回线
A23	MASKIN	屏蔽备机 BQJ 输入
A24	(024)	检测板 024 V 直流电源
A25	JBJ+	检测故障报警条件+
A26	JBJ-	检测故障报警条件-
A27	1CANH	1CAN 总线高位输出
A28	1CANL	1CAN 总线低位输出
B1、B2 ~B15、B16	SIG1,GND~ SIG8,GND	检测信号输入；SIG1~SIG8 为轨道区段 1~8 信号输入，GND 为信号输入回线
B17~B24	G1~G8	检测允许控制条件；G1~G8 为轨道区段 1~8 检测允许控制条件
B25	G9	到发线股道发码方式选择条件，当 G9 接通+24V 条件时，到发线股道为单端发码方式，当 G9 断开+24V 条件时，到发线股道为双端发码方式
B26~B31	ADR1~ADR6	CAN 地址选择
B32	VCC	5 V 电源，用于 CAN 地址选择
C1、C2	1G 1GH	轨道区段 1 闭环检查继电器输出线；轨道区段 1 闭环检查继电器输出回线
C3、C4	2G 2GH	轨道区段 2 闭环检查继电器输出线；轨道区段 2 闭环检查继电器输出回线
C5、C6	3G 3GH	轨道区段 3 闭环检查继电器输出线；轨道区段 3 闭环检查继电器输出回线
C7、C8	4G 4GH	轨道区段 4 闭环检查继电器输出线；轨道区段 4 闭环检查继电器输出回线

冶金企业铁路信号维护规则

端子号	端子名称	说　　明
C9、C10	5G 5GH	轨道区段 5 闭环检查继电器输出线； 轨道区段 5 闭环检查继电器输出回线
C11、C12	6G 6GH	轨道区段 6 闭环检查继电器输出线； 轨道区段 6 闭环检查继电器输出回线
C13、C14	7G 7GH	轨道区段 7 闭环检查继电器输出线； 轨道区段 7 闭环检查继电器输出回线
C15、C16	8G 8GH	轨道区段 8 闭环检查继电器输出线； 轨道区段 8 闭环检查继电器输出回线
C17	1ZJ	到发线股道 1 正向输入控制条件
C18	1FJ	到发线股道 1 反向输入控制条件
C19	2ZJ	到发线股道 2 正向输入控制条件
C20	2FJ	到发线股道 2 反向输入控制条件
C21	3ZJ	到发线股道 3 正向输入控制条件
C22	3FJ	到发线股道 3 反向输入控制条件
C23	4ZJ	到发线股道 4 正向输入控制条件
C24	4FJ	到发线股道 4 反向输入控制条件
C25	5ZJ	到发线股道 5 正向输入控制条件
C26	5FJ	到发线股道 5 反向输入控制条件
C27	6ZJ	到发线股道 6 正向输入控制条件
C28	6FJ	到发线股道 6 反向输入控制条件
C29	7ZJ	到发线股道 7 正向输入控制条件
C30	7FJ	到发线股道 7 反向输入控制条件
C31	8ZJ	到发线股道 8 正向输入控制条件
C32	8FJ	到发线股道 8 反向输入控制条件

说明：

1. 载频选择：F1～F8 为由检测设备输出的 8 种载频，轨道区段 1 至轨道区段 8 的载频选择使用 FCIN1～FCIN8，将各个轨道区段载频输入端子直接连接到相应的载频输出端子上。

2. 检测允许条件控制：G1～G8 为 8 个区段的检测允许控制条件，检测允许时机的定义：当＋24 V 条件断开时，为允许检测；当＋24 V 条件接通时为不允许检测。

3. 轨道区段闭环检测输出：1G、1GH～8G、8GH 分别输出 8 路闭环检测继电器条件，来驱动各股道对应的闭环检测继电器(BJJ)。

4. JBJ＋、JBJ－为检测板报警条件，根据实际应用可将多块检测板的报警条件串接起来接入检测总报警。

5. 1ZJ、1FJ～8ZJ、8FJ 为到发线股道方向控制条件，当到发线股道为单端发码时，通过 1ZJ、1FJ～8ZJ、8FJ 来改变检测信号的频率。

6. BQJ＋、(＋24)作为 BQJ 的励磁电源，BQJ 继电器线圈并联使用。

7. MASKZ、MASKF 为主备机切换条件输出端子，即：当检测板作为主机时使用 MASKZ、MASKF 两个端子，通过 MASKZ、MASKF 来控制 QJ 继电器，当 QJ 吸起时由主机来控制 BQJ，当 QJ 落下时由备机来控制 BQJ。

（3）正、侧线检测盘技术指标应符合表 10-55 的要求。

表 10-55

名称及型号 项目	吸起灵敏度(mV)	落下灵敏度(mV)	继电器电压(V)	吸起延时(s)	落下延时(s)	绝缘电阻(MΩ)	备注
正线检测盘ZPW·PJZ	200～210	170～180	≥20	3～5	≤2	≥500	测试电源(24±0.1) V
侧线检测盘ZPW·PJC	200～210	170～180	≥20	3～5	≤2	≥500	

10.5.27 ZPW-2000A 型检测调整器用于站内闭环检测设备轨入信号的防雷、移频轨道电路调整。每块调整器应包括四路信号输入的调整。调整器分单频检测调整器和双频检测调整器。

（1）双频检测调整器底座端子定义应符合表 10-56 的要求。

表 10-56

端子号	端子名称	说　　明
J3 1～12	1R1～1R12	轨道区段 1 正向输入调整
J4 1～12	2R1～2R12	轨道区段 1 反向输入调整
J5 1～12	3R1～3R12	轨道区段 2 正向输入调整
J6 1～12	4R1～4R12	轨道区段 2 反向输入调整
A21	ZFJ1＋	正方向控制条件 1
A22	FFJ＋	反方向控制条件 1
A8、A15	024	方向回线
A29	ZFJ2＋	正方向控制条件 2
A30	FFJ2＋	反方向控制条件 2
A5、A13	＋24(Z)	主机＋24 V 电源
A6、A14	＋24(B)	备机＋24 V 电源
A7	＋24C	引出的＋24 V 电源
A1、A2	1SR1 1SR2	轨道区段 1 信号输入；轨道区段 1 信号输入回线
B1、B2	2SR1 2SR2	轨道区段 2 信号输入；轨道区段 2 信号输入回线
A9、A10	FLD	防雷地线

端子号	端子名称	说　　明
A17、A18	1R13 1R14	轨道区段1信号输出； 轨道区段1信号输出回线
A25、A26	3R13 3R14	轨道区段2信号输出； 轨道区段2信号输出回线
注:J3、J4、J5、J6、J7、J8、J9为万可接线端子排。		

（2）单频检测调整器底座端子定义应符合表10-57的要求。

表 10-57

端子号	端子名称	说　　明
J3 1~12	1R1~1R12	轨道区段1输入调整
J4 1~12	2R1~2R12	轨道区段2输入调整
J5 1~12	3R1~3R12	轨道区段3输入调整
J6 1~12	4R1~4R12	轨道区段4输入调整
A5、A13	+24(Z)	主机+24电源
A6、A14	+24(B)	备机+24电源
A7	+24C	引出的+24电源
A1、A2	1SR1 1SR2	轨道区段1信号输入； 轨道区段1信号输入回线
B1、B2	2SR1 2SR2	轨道区段2信号输入； 轨道区段2信号输入回线
C1、C2	3SR1 3SR2	轨道区段3信号输入； 轨道区段3信号输入回线
A3、A4	4SR1 4SR2	轨道区段4信号输入； 轨道区段4信号输入回线
A9	FLD	防雷地线
A17、A18	1R13 1R14	轨道区段1信号输出； 轨道区段1信号输出回线
A21、A22	2R13 2R14	轨道区段2信号输出； 轨道区段2信号输出回线
A25、A26	3R13 3R14	轨道区段3信号输出； 轨道区段3信号输出回线
A29、A30	4R13 4R14	轨道区段4信号输出； 轨道区段4信号输出回线
注:J3、J4、J5、J6、J7、J8、J9为万可接线端子排。		

10.5.28 ZPW-2000R 电码化主要技术指标应符合表 10-58 的要求。

表 10-58

型号及名称	项 目		技术指标及范围	备 注
ZPW·C 发送采集器	直流电压 DC	(V)	1.173~1.193	
	模拟输入 AC	(V)	0.815~0.850	输入(200.0±0.1) V, 2 001.4 Hz 正弦信号
	输入阻抗	(Ω)	100~110	
ZPW·CF-R 发送采集器	低频采集精度	(Hz)	±0.1	
	载频采集精度	(Hz)	±0.1	
	电压采集精度		±1%	
	电流采集精度		±2%	
	绝缘电阻		≥200 MΩ	
	绝缘耐压		无击穿或闪络	50 Hz,AC 500 V,时间 1 min

10.5.29 四线制 ZPW-2000(UM)系列叠加 25 Hz(50 Hz)轨道电路电码化感容盒整机技术指标应符合表 10-59 的要求。

表 10-59

型号	频率 (Hz)	输入电压 U_{13}(V)	$\|U_L-U_C\|$ (V)	Q	C (μF)	L (mH)	备 注
HLC-Y	25	10	<3	>15	4.4~5	2~2.3	25 Hz 叠加用
HLC-G					11.4~12.6		
HLC-R	50	10	<3	>15	3.9~4.2	2.4~2.6	50 Hz 叠加用

10.5.30 四线制 ZPW-2000(UM)系列叠加 25 Hz(50 Hz)轨道电路电码化匹配盒整机技术指标应符合表 10-60 的要求。

表 10-60

型号	频率 (Hz)	发送器 输出电压 (V)	发送器串 联电阻 (Ω)	输入电压 U_1 (V)	输入电流 I_1 (mA)	输出电压 U_2 (V)	输出电流 I_2 (mA)	变比 N	效率 η (%)	负载电阻 (Ω)
HBP-A	2 000	135	270	135	< 6	22.5		6:1		空载
				102		14.9±0.5			>80	20 Ω
HBP-R	2 000	135	270	135	< 6	11.2		12:1		空载
				100		7.6±0.5			>80	5Ω

10.5.31 四线制 ZPW-2000(UM)系列叠加 25 Hz(50 Hz)轨道电路电码化防雷匹配组合整机技术指标应符合表 10-61 的要求。

表 10-61

型号	测试频率(Hz)	电压 U_1 (V)	电流 I_1 (mA)	电压 U_2 (V)	电压 U_3 (V)	负载电阻(Ω)	变比	变压器输出路数	组合输出路数
ZBPU-BA1	2 000	135	<23	40.5±0.5		空载	3.3:1	输出 7 路	14 路
		135	41±1		28.5±1	300			
		135	<23	44.5±0.5		空载	3:1	调整 2 路	
ZBPU-BA2	2 000	110	<23	117±2		空载	1:1.06	输出 1 路	6 路
		110	283±3		76±1	300			
ZBPU-1B	2 000	78	<15	117±2		空载	1:1.5	输出 1 路	8 路
		78	358±3		70±1	300			
ZBPU-2B	2 000	78	<15	120±2		空载	1:1.54	输出 1 路	8 路
		78	365±15		70±2	300			

10.5.32 不对称高压脉冲轨道电路叠加 ZPW-2000(UM)系列闭环电码化配套器材。

　　(1)室内/外隔离匹配盒端子使用规定应符合表 10-62 的要求。

表 10-62

型　　号	使用端子		本端发送器选频跨接端子			
	移频侧	轨道侧	1700	2000	2300	2600
GM·HPG2-ZD (/N)	I_1-I_2	II_1-II_2	TL-1700 TL-K TC-C1	TL-2000 TL-K TC-C2	TL-2300 TL-K TC-C3	TL-2600 TL-K TC-C4
备注:本区段另一端移频发送器发送频率为 K;						

　　(2)室内/外隔离匹配盒技术指标应符合表 10-63 的要求。

表 10-63

型　　号	测试项目	性能指标	备　　注
GM·HPG2-ZD(/N)	空载电流	≤15 mA	I_1-I_2 输入 60 V/50 Hz,II_1-II_2 开路
	I 次侧对 II 次侧的变比	3:1	I 次输入(60±1) V/50 Hz 时,TC-TL 间电压为 20±0.5 V (空载)

型　号	测试项目	性能指标	备　注
GM·HPG2-ZD(/N)	1 700 Hz 指标	Ⅰ次输入 1 700 Hz,(30±0.5) V 时Ⅱ次侧电压大于 4 V	跨接：TL-1700,TC-C1,TC 与Ⅱ1 间加载 6.6 欧
	2 000 Hz 指标	Ⅰ次输入 2 000 Hz,(30±0.5) V 时Ⅱ次侧电压大于 4 V	跨接：TL-2000,TC-C2,TC 与Ⅱ1 间加载 6.6 欧
	2 300 Hz 指标	Ⅰ次输入 2 300 Hz,(30±0.5) V 时Ⅱ次侧电压大于 4 V	跨接：TL-2300,TC-C3,TC 与Ⅱ1 间加载 6.6 欧
	2 600 Hz 指标	Ⅰ次输入 2600 Hz,(30±0.5) V 时Ⅱ次侧电压大于 4 V	跨接：TL-2600,TC-C4,TC 与Ⅱ1 间加载 6.6 欧
	Ⅱ2-TC 电容	1 μF	偏差值不能大于电容值的 5%
	Ⅱ2-C1 电容	1 μF	偏差值不能大于电容值的 5%
	Ⅱ2-C2 电容	0.5 μF	偏差值不能大于电容值的 5%
	Ⅱ2-C3 电容	0.3 μF	偏差值不能大于电容值的 5%
	端子对地绝缘	大于 100 MΩ	

(3)抑制器 1 端子使用规定应符合表 10-64 的要求。

表 10-64

型号	电感量	使用端子	电感量	使用端子
GM·QY1	50 mH	Ⅰ1-Ⅲ1	150 mH	Ⅰ1-Ⅱ2
	100 mH	Ⅰ1-Ⅰ2	200 mH	Ⅱ1-Ⅱ2

(4)抑制器 1 的主要技术指标应符合表 10-65 的要求。

表 10-65

型号	测试内容	技术指标	备注/测试条件
GM·QY1	Ⅰ1,Ⅲ1 电压	9～11 V	各测试项目两端子间分别输入 50 Hz、640 mA 电流,测试相应两端子电压
	Ⅰ1,Ⅰ2 电压	18～22 V	
	Ⅰ1,Ⅱ2 电压	27～33 V	
	Ⅱ1,Ⅱ2 电压	36～44 V	

冶金企业铁路信号维护规则

651

11 继 电 器

11.1 通 则

11.1.1 继电器的外罩须完整、清洁、明亮、封闭良好,封印完整,外罩应采用阻燃材料。继电器的可动部分和导电部分,不能与外罩相碰。

11.1.2 所有金属零件的防护层,不得有龟裂、融化、脱落及锈蚀等现象,但对防护层脱落部分(除导电部分外),可用涂漆方法防锈。端子板、线圈架应无影响电气性能、机械强度的破损及裂纹。

11.1.3 线圈应安装牢固、无较大旷动,线圈封包良好,无短路、断线及发霉等现象。线圈引出线及各部连接线须无断根、脱落、开焊、假焊及造成混线的可能。

11.1.4 磁极应保持清洁平整,不得有铁屑或其他杂物。衔铁动作灵活,不得卡阻。

11.1.5 接点须清洁平整,不得有严重的烧损或发黑。接点引接线应不影响接点动作,并无歪斜、碰混及脱落、腐蚀等现象。

11.1.6 继电器的同类型接点应同时接触或同时断开,其齐度误差:普通接点与普通接点间不应大于 0.2 mm;加强接点与加强接点间不应大于 0.1 mm。

11.1.7 接点的接触电阻见表 11-1。

表 11-1

继电器类型	接点材料及类型		接触电阻(Ω)
传输继电器	银-银	普通接点	$\leqslant$0.03
	银氧化镉-银氧化镉	加强接点	$\leqslant$0.1
安全型继电器、电源屏继电器、动态继电器、时间继电器	银-银氧化镉	普通接点	$\leqslant$0.05
	银氧化镉-银氧化镉	加强接点	$\leqslant$0.1
JRJC-66/345 二元继电器	银-银氧化镉	—	$\leqslant$0.05
JRJC-70/240 二元继电器	银氧化镉-银氧化镉		$\leqslant$0.1
继电式发码器	银氧化镉-银氧化镉	加强接点	
灯丝转换继电器	银-银氧化镉	—	$\leqslant$0.05

接点的接触电阻应采用低电阻测试仪或电流表—电压表法测量,电流表—电压表法测量方法即在接点及插座簧片上通以 0.5 A 电流,测量接点及插座簧片上的电压降,并用下列公式计算接触电阻:

$$R_j = \frac{U}{I} - R_i$$

式中　R_j——接触电阻值,Ω;

R_i——引接线电阻值,Ω;

I——电流值,A;

U——电压值,V。

注:1. 测试接点的接触电阻时,待测接点不加负载,继电器施加额定值,动作两次后再开始测量,共测三次,取其数据的最大值。

2. 测接点簧片与接点单元或电源片单元接触电阻时,待测的两者先插拔五次后再开始测量,共测三次,取其数据的最大值。

11.1.8 继电器的线圈电阻应单个测量,并将测量的电阻值按下式换算为 +20 ℃ 时的数值。5 Ω 以上者,其误差不得超过 ±10%,5 Ω 及其以下者(用双臂电桥或低电阻测试仪),其误差不得超过 ±5%。

$$R_{20} = \frac{R_t}{1 + \alpha(t - 20)}$$

式中　R_{20}——换算到 +20 ℃ 时的电阻值,Ω;

R_t——环境温度为 t 时测得的电阻值,Ω;

t——测量时的环境温度,℃;

α——在 0 ℃ 时被测线圈导体材料的电阻温度系数(铜为 0.004,1/℃)。

11.1.9 在试验的标准大气条件下,继电器和插座的绝缘电阻不应小于 100 MΩ。

11.1.10 电气特性指标是环境温度为 +20 ℃ 的数值,在其他环境温度下,电压继电器的电气特性应按下式换算:

$$U_t = U_{20}[1 + \alpha(t - 20)]$$

式中　U_{20}——温度为 +20 ℃ 时的电压值,V;

U_t——环境温度为 t 时测得的电压值,V;

t——测量时的环境温度,℃;

α——在 0 ℃ 时被测线圈导体材料的电阻温度系数(铜为 0.004,1/℃)。

11.1.11 当继电器超过电寿命规定次数,或超过继电器的寿命管理周期时,继电器不能继续使用。

11.1.12 继电器中使用的电子元器件,其特性发生变化不能保证其使用时,不得继续使用。

11.1.13 继电器检修测试应采用专用的测试设备(XAJ、XRF、XJZ 等),测试精度应符合要求。

11.2 安全型继电器

11.2.1 衔铁与轭铁间左右的横向游间不应大于 0.2 mm,钢丝卡应无影响衔铁正常活动的卡阻现象。

11.2.2 银接点应位于动接点的中间,偏离中心时,接触处距动接点边缘不得小于 1 mm;银接点端部伸出动接点圆心不得小于 1.2 mm,如图 11-1 所示。

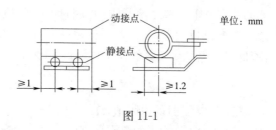

图 11-1

11.2.3 接点插片须间隔均匀,伸出底座外不小于 8 mm。

11.2.4 拉杆应处于衔铁槽口中心,衔铁运动过程中与拉杆均应保持不小于 0.5 mm 的间隙。

11.2.5 极保磁钢、偏极 L 型磁钢、有极 L 型磁钢及加强接点熄弧磁钢的剩余磁通量应符合表 11-2 的要求。

表 11-2

名　称	剩余磁通量(Wb)
熄弧磁钢	$6.5 \times 10^{-6} \sim 8 \times 10^{-6}$
偏极 L 型磁钢、有极 L 型磁钢	$> 6 \times 10^{-5}$
极保磁钢	$1.5 \times 10^{-4} \sim 1.8 \times 10^{-4}$

11.2.6 极性保持继电器在铁芯极面中心或拉杆中心相对应的衔铁上测

量,其定位或反位的保持力不应小于 2 N(JYJXC-135/220、JYJXC-X135/220、JYJXC-160/260 型及 JYJXC-J3000 型不小于 4 N)。

11.2.7 加强接点的熄弧磁钢应在熄弧器夹上安装牢固,其极性的安装应符合图 11-2 的要求(箭头方向为电路中的电流方向)。

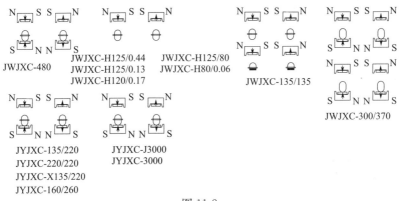

图 11-2

11.2.8 无极继电器的规格及型号见表 11-3。

表 11-3

序号	继电器名称	继电器型号	鉴别销号码	接点组数	线圈连接	电源片连接方式	
						连接	使用
1		JWXC-1000	11、52				
2		JWXC-7	11、55	8QH			
3		JWXC-1700	11、51		串联	2、3	1、4
4	无极继电器	JWXC-2.3	11、54	4QH			
5		JWXC-2000	12、55	2QH			
6		JWXC-370/480	22、52	2QH、2Q	单独	—	1、2 3、4
7		JWJXC-480	15、51	2QH、2QHJ	串联	2、3	1、4
8	无极加强	JWJXC-160	11、52	2QHJ			
9	接点继电器	JWJXC-135/135	31、53	2QH、4QJ 2H	单独	—	1、2 3、4
10		JWJXC-300/370	22、52	4QHJ			

序号	继电器名称	继电器型号	鉴别销号码	接点组数	线圈连接	电源片连接方式 连接	电源片连接方式 使用
11	无极缓动继电器	JWXC-H310	23、54	8QH			1、4
12		JWXC-H850	11、52	4QH			
13	无极缓放继电器	JWXC-H340	12、52	8QH	串联	2、3	1、4
14		JWXC-H600	12、51				
15		JWXC-H1200	14、42				
16		JWXC-500/H300	12、53				
17	无极加强接点缓放继电器	JWJXC-H125/0.44	15、55	2QH、2QJ、2H	单独	—	1、2、3、4
18		JWJXC-H125/0.13	15、43				
19		JWJXC-H125/80	31、52				
20		JWJXC-H80/0.06	12、22				
21		JWJXC-H120/0.17	15、55				

11.2.9 无极继电器的机械特性应符合表 11-4 的要求。

表 11-4

序号	继电器型号	接点间隙不小于(mm) 普通接点	接点间隙不小于(mm) 加强接点	普通接点压力不小于(mN) 动合接点	普通接点压力不小于(mN) 动断接点	加强接点压力不小于(mN) 动合接点	加强接点压力不小于(mN) 动断接点	托片间隙(mm) 普通接点不小于	托片间隙(mm) 加强接点
1	JWXC-1000	1.3		250	150	—		0.35	—
2	JWXC-7								
3	JWXC-1700								
4	JWXC-2.3								
5	JWXC-2000	1.2							
6	JWXC-370/480								
7	JWJXC-480	3		150		400	300		0.1~0.3
8	JWJXC-160	—	5	—	—	600	600	—	
9	JWJXC-135/135	3.5		250	200	400	300	0.35	0.2~0.4
10	JWJXC-300/370	—	4	—	—	450	350		0.1~0.3

序号	继电器型号	接点间隙不小于(mm)		普通接点压力不小于(mN)		加强接点压力不小于(mN)		托片间隙(mm)	
		普通接点	加强接点	动合接点	动断接点	动合接点	动断接点	普通接点不小于	加强接点
11	JWXC-H310								
12	JWXC-H340			250		—	—		
13	JWXC-H850								
14	JWXC-H600	1.3	—					0.35	
15	JWXC-H1200				150				
16	JWXC-500/H300								
17	JWJXC-H125/0.44								
18	JWJXC-H125/0.13								0.1~0.3
19	JWJXC-H125/80	2.5	150			400	300		
20	JWJXC-H80/0.06								
21	JWJXC-H120/0.17								

11.2.10 无极继电器在环境温度为＋20 ℃时的线圈参数、电气和时间特性应符合表 11-5 的要求。

表 11-5

序号	继电器型号	线圈电阻(Ω)	时间特性					缓放时间不小于(s)	
			额定值	充磁值	释放值不小于	工作值不大于	反向工作值不大于	18 V	24 V
1	JWXC-1000	500×2	24 V	58 V	4.3 V	14.4 V	15.8 V		
2	JWXC-7	3.5×2	250 mA	600 mA	45 mA	150 mA	165 mA		
3	JWXC-1700	850×2	24 V	67 V	3.4 V	16.8 V	18.4 V		
4	JWXC-2.3	1.15×2	280 mA	750 mA	实际工作值50%	170~188 mA	206 mA		—
5	JWXC-2000	1000×2	12 V	30 V	2.4~3.2 V	7.5 V	—		
6	JWXC-370/480	370/480	180 mA / 17.2 mA	48 mA / 46 mA	3.8 mA / 3.6 mA	12 mA / 11.5 mA	14.4 mA / 13.8 mA		
7	JWJXC-480	240×2	24 V	64 V	4.8 V	16 V	17.6 V		
8	JWJXC-160	80×2		40 V	2.5 V	10 V	—		见注2

序号	继电器型号	线圈电阻(Ω)	时间特性						
			额定值	充磁值	释放值不小于	工作值不大于	反向工作值不大于	缓放时间不小于(s)	
								18 V	24 V
9	JWJXC-135/135	$\frac{135}{135}$	24 V	$\frac{48\ V}{48\ V}$	$\frac{5.5\ V}{5.5\ V}$	$\frac{15\ V}{15\ V}$	$\frac{16.5\ V}{16.5\ V}$		—
10	JWJXC-300/370	$\frac{300}{370}$	$\frac{75\ mA}{75\ mA}$	$\frac{200\ mA}{200\ mA}$	$\frac{15\ mA}{15\ mA}$	$\frac{50\ mA}{50\ mA}$	$\frac{55\ mA}{55\ mA}$	—	
11	JWXC-H310	310×1	24 V	60 V	4 V	15 V	—		见注3
12	JWXC-H850	850×1		67 V	3.4 V	16.8 V	18.4 V	—	0.3
13	JWXC-H340	170×2		46 V	2.3 V	11.5 V	12.6 V	0.45	0.50
14	JWXC-H600	300×2		52 V	2.6 V	13 V	14.3 V		0.32
15	JWXC-H1200	600×2		66 V	4 V	16.4 V	18 V	—	见注4
16	JWXC-500/H300	$\frac{500}{300}$		$\frac{54\ V}{54\ V}$	$\frac{2.7\ V}{2.7\ V}$	$\frac{13.5\ V}{13.5\ V}$	$\frac{14.8\ V}{14.8\ V}$	—	0.16
17	JWJXC-H125/0.44	$\frac{125}{0.44}$	$\frac{24\ V}{2\ A}$	48 V	2.5 V	12 V	13.2 V	0.35	0.45
								后圈电流由5 A降至1.5 A断电时0.3	
18	JWJXC-H125/0.13	$\frac{125}{0.13}$	$\frac{24\ V}{3.75\ A}$	$\frac{44\ V}{5\ A}$	$\frac{2.3\ V}{<1\ V}$	$\frac{11\ V}{2.5\ V}$	$\frac{12.1\ V}{2.7\ V}$	0.35	0.4
								后圈电流由4 A降至1 A断电时0.2	
19	JWJXC-H125/80	$\frac{125}{80}$	24 V	48 V	$\frac{2.5\ V}{2.5\ V}$	$\frac{12\ V}{12\ V}$	$\frac{13.2\ V}{13.2\ V}$	$\frac{0.4}{0.4}$	$\frac{0.5}{0.5}$
20	JWJXC-H80/0.06	$\frac{80}{0.06}$	$\frac{24\ V}{11\ A}$	$\frac{40\ V}{8\ A}$	$\frac{2.5\ V}{<1.5\ A}$	$\frac{11.5\ V}{4\ A}$	$\frac{12.6\ V}{4.4\ A}$	0.35	0.45
								后圈电流由5 A降至1.5 A断电时0.2	
21	JWJXC-H120/0.17	120	—	—	2.4 V	12 V	—	—	0.55
								电流圈电流由4 A降至1 A断电时0.4	

注:1. JWXC-H340 型继电器缓吸时间当电压 18 V 时不大于 0.35 s、24 V 时不大于 0.3 s;

2. JWJXC-160 型继电器在 24 V 时缓放时间不大于 0.03 s,缓吸时间不大于 0.07 s;

3. JWXC-H310 型继电器在 24 V 时,缓放时间(0.8±0.1) s,缓吸时间(0.4±0.1)s;

4. JWXC-H1200 型继电器在 24 V 时,缓吸时间不小于 0.6 s;

5. JWJXC-H125/80 型继电器是专为交流道岔改进设计的全电压缓放继电器。

11.2.11 整流继电器的规格及型号见表 11-6。

表 11-6

序号	继电器名称	继电器型号	鉴别销号码	接点组数	线圈连接	电源片连接方式		备注
						连接	使用	
1	整流继电器	JZXC-480	13、55	4QH、2Q	串联	1、4	73、83	
2		JZXC-0.14	13、54		并联	1、3 2、4		—
3		JZXC-H156	22、53				53、63	
4		JZXC-H62	13、53	4QH	串联	1、4		
5		JZXC-H18						用于 LED 发光管为光源的信号点灯电路
6		JZXC-H142						
7		JZXC-H138						
8		JZXC-H60						
9		JZXC-H0.14/0.14	22、53	2QH、2H			32、42 53、63	—
10		JZXC-16/16	13、53	4QH	单独	—	1、2	
11		JZXC-H18F					53、63	
12		JZXC-H18F1					1、2	代替 JJXC-15
13		JZXC-480F	13、55	4QH、2Q			71、81	

11.2.12 整流继电器的机械特性应符合表 11-7 的要求。

表 11-7

序号	继电器型号	接点间隙不小于(mm)	接点压力不小于(mN)		托片间隙不小于(mm)
			动合	动断	
1	JZXC-480	1.3	250	150	0.35
2	JZXC-0.14				
3	JZXC-H156				
4	JZXC-H62				
5	JZXC-H18				
6	JZXC-H142				
7	JZXC-H138				
8	JZXC-H60				

序号	继电器型号	接点间隙不小于(mm)	接点压力不小于(mN) 动合	动断	托片间隙不小于(mm)
9	JZXC-H0.14/0.14	1.2			
10	JZXC-16/16				
11	JZXC-H18F	1.3	250	150	0.35
12	JZXC-H18F1				
13	JZXC-480F				

11.2.13 整流继电器在环境温度为+20 ℃时的线圈参数、电气特性和时间特性应符合表11-8的要求。

表11-8

序号	继电器型号	线圈电阻(Ω)	电气特性 额定值	充磁值	释放值 不小于	工作值 不大于	时间特性 释放时间 不小于(s)
1	JZXC-480	240×2	AC 18 V	AC 37 V	AC 4.6 V	AC 9.2 V	—
2	JZXC-0.14	$\frac{0.28}{0.28}$	AC 2.1 A	AC 2.16 A	AC 0.4 A	AC 1.1 A	
3	JZXC-H156	78×2	AC 51 mA	AC 136 mA	AC 12 mA	AC 34 mA	AC 34 mA 时 0.1
4	JZXC-H62	31×2	继电器与BX-30变压器配合的稳定回路中,冷丝吸起(12 V,15 W灯泡)时不大于AC 110 V;断丝落下(12 V,25 W灯泡)时不小于AC 240 V				当电源220 V用12 V、15 W灯泡时0.15
5	JZXC-H18	9×2	AC 150 mA	AC 400 mA	AC 40 mA	AC 100 mA	AC100 mA 时 0.15
6	JZXC-H142	71×2		AC 180 mA	AC 23 mA	AC 45 mA	AC 50 mA 时 0.15
7	JZXC-H138	69×2					
8	JZXC-H60	30×2		AC 240 mA	AC 30 mA	AC 60 mA	AC 60 mA 时 0.15
9	JZXC-H0.14/0.14	$\frac{0.14}{0.14}$	AC 2.08 A	$\frac{AC\,2.08}{AC\,2.08}$	$\frac{AC\,0.3}{AC\,0.3}$	$\frac{AC\,1.4}{AC\,1.4}$	AC 2.08 A 时 0.2
10	JZXC-16/16	$\frac{16}{16}$		AC 400 mA	AC 80 mA	AC 140 mA	—
11	JZXC-H18F	$\frac{480}{16}$		AC 400 mA	AC 40 mA	AC 140 mA	AC 140 mA 时 0.15
12	JZXC-H18F1	$\frac{480}{16}$		AC 400 mA	AC 40 mA	AC 140 mA	AC 140 mA 时 0.15
13	JZXC-480F	480	AC 18 V	AC 37 V	AC 4.6 V	AC 9.2 V	—

注:1. JZXC-0.14型继电器测试时应串联12 V、25 W灯泡;
　　2. JZXC-H0.14/0.14型继电器测试时应串联12 V、25 W灯泡。

11.2.14 有极继电器的规格及型号见表 11-9。

表 11-9

序号	继电器名称	继电器型号	鉴别销号码	接点组数	线圈连接	电源片连接方式 连接	电源片连接方式 使用
1	有极继电器	JYXC-660	15、52	6DF	串联	2、3	1、4
2		JYXC-270	15、53	4DF			
3	有极加强接点继电器	JYJXC-135/220	15、54	2DF、2DFJ	单独	—	1、2 3、4
4		JYJXC-X135/220	12、23				
5		JYJXC-220/220	15、54				
6		JYJXC-3000	13、51	2F、2DFJ	串联	2、3	1、4
7		JYJXC-J3000					
8		JYJXC-160/260	15、54	2DF、2DFJ	单独	—	1、2 3、4

11.2.15 有极继电器的机械特性应符合表 11-10 的要求。

表 11-10

序号	继电器型号	接点间隙不小于(mm) 普通	接点间隙不小于(mm) 加强	普通接点压力不小于(mN) 定位	普通接点压力不小于(mN) 反位	加强接点压力不小于(mN) 定位	加强接点压力不小于(mN) 反位	托片间隙(mm) 普通接点不小于	托片间隙(mm) 加强接点	备注
1	JYXC-660	1.3	—	250	250	—	—		—	定位或反位保持力不小于 2 N
2	JYXC-270									
3	JYJXC-220/220	4.5	7	150	150	400	400	0.35	0.1~0.3	
4	JYJXC-3000			—						
5	JYJXC-J3000									定位或反位保持力不小于 4 N
6	JYJXC-135/220					2 200	2 200		—	
7	JYJXC-X135/220			150						
8	JYJXC-160/260									

11.2.16 有极继电器在环境温度为+20 ℃时的线圈参数、电气特性应符合表 11-11 的要求。

表 11-11

序号	继电器型号	线圈电阻 Ω	电气特性		
			额定值	充磁值	转极值
1	JYXC-660	330×2	24 V	60 V	10~15 V
2	JYXC-270	135×2	48 mA	120 mA	20~32 mA
3	JYJXC-135/220	$\frac{135}{220}$	4 V	$\frac{64 V}{64 V}$	正向 10~16 V 反向 10~16 V
4	JYJXC-X135/220	$\frac{135}{220}$		$\frac{64 V}{64 V}$	
5	JYJXC-J3000	1 500×2	80 V	160 V	正向 30~65 V 反向 20~55 V
6	JYJXC-220/220	$\frac{220}{220}$	24 V	$\frac{64 V}{64 V}$	正向 10~16 V 反向 10~16 V
7	JYJXC-3000	1 500×2	80 V	160 V	正向 25~58 V 反向 25~58 V
8	JYJXC-160/260	$\frac{160}{260}$	24 V	$\frac{64 V}{64 V}$	正向 10~16 V 反向 10~16 V

注：1. JYJXC-3000 型继电器临界不转极电压应大于 120 V；

2. JYJXC-J3000 型继电器临界不转极电压应大于 160 V；

3. JYJXC-X135/220 型继电器是在 JYJXC-135/220 型的加强接点上罩一个专用的熄电弧装置。

11.2.17 偏极继电器的规格及型号见表 11-12。

表 11-12

序号	继电器名称	继电器型号	鉴别销号码	接点组数	线圈连接	电源片连接方式	
						连接	使用
1	偏极继电器	JPXC-1000	14、51	8QH	串联	2、3	1、4

11.2.18 偏极继电器的机械特性应符合表 11-13 的要求。

表 11-13

序号	继电器型号	接点间隙 不小于(mm)	接点压力不小于(mN)		托片间隙不小于(mm)
			动合	动断	
1	JPXC-1000	1.3	250	150	0.35

11.2.19 偏极继电器在环境温度为＋20 ℃时的线圈参数、电气特性应符合表 11-14 的要求。

表 11-14

序号	继电器型号	线圈电阻(Ω)	电气特性			
			额定值	充磁值	释放值 不小于	工作值 不大于
1	JPXC-1000	500×2	24 V	64 V	4 V	16 V

注：JPXC-1000 型继电器反向不吸起电压应大于 200 V。

11.2.20 单闭磁继电器的规格及型号见表 11-15。

表 11-15

序号	继电器名称	继电器型号	鉴别销 号码	接点 组数	线圈 连接	电源片连接方式	
						连接	使用
1	单闭磁继电器	JDBXC-550/550	13、52	8QH	单独	—	1、2 3、4
2		JDBXC-A550/550	13、42	4QH			
3		JDBXC-1500	13、42				

11.2.21 单闭磁继电器的机械特性应符合表 11-16 的要求。

表 11-16

序号	继电器型号	接点间隙 不小于(mm)	接点压力不小于(mN)		托片间隙不小于(mm)
			动合	动断	
1	JDBXC-550/550	1.3	250	150	0.35
2	JDBXC-A550/550				
3	JDBXC-1500				

11.2.22 单闭磁继电器在环境温度为 +20 ℃时的线圈参数、电气特性应符合表 11-17 的要求。

表 11-17

序号	继电器型号	线圈电阻(Ω)	电气特性(V)			
			额定值	充磁值	释放值不小于	工作值不大于
1	JDBXC-550/550	550/550	24	64	4	16
2	JDBXC-A550/550	550/550		56	3.5	14
3	JDBXC-1500	1500/1500		92	6	23

注：1. 继电器局部线圈加 20 V 电压；
　　2. JDBXC-1500 缓放时间 t≤0.025 s。

11.2.23 继电器接点的允许容量及电寿命应符合表 11-18 的规定。

表 11-18

接点名称	继电器型号	负载性质	电压(V)	电流(A)	动作	接通	断开
					电寿命次数		
普通接点	无极、整流、单闭磁		24	1	2×10^6	—	
	有极				4×10^5		
	偏极				1×10^6		
无极加强接点	JWJXC-480	电阻	220	5	2×10^5	—	—
	JWJXC-135/135						
	JWJXC-300/370						
	JWJXC-H125/0.44						
	JWJXC-H125/0.13				—	2×10^5	
	JWJXC-H80/0.06						
	JWJXC-160	AC220	AC5		2×10^5	—	
	JWJXC-H125/80	AC380				2×10^5	
	JWJXC-H120/0.17		220	5			
有极加强接点	JYJXC-J3000	电感 0.05 H	220	7.5	—	定位反位 1×10^5	定位反位 1×10^3
	JYJXC-220/220						
	JYJXC-135/220						
	JYJXC-X135/220		180	15			
	JYJXC-160/260		220	7.5		定位反位 2×10^5	定位反位 2×10^3

注:普通接点在交流回路中使用时容量为 AC 24 V、1.5 A,阻性负载。

664

11.3 电源屏系列继电器

11.3.1 继电器的规格及型号见表 11-19。

表 11-19

序号	继电器名称	继电器型号	鉴别销号码	接点组数	线圈连接	电源片连接方式 连接	电源片连接方式 使用
1	无极加强接点继电器	JWJXC-100	22、54	4QJ、2H	串联	2、3	1、4
2		JWJXC-7200	14、55	4QJ、2H			
3		JWJXC-440	23、51	2Q、4HJ			
4		JWJXC-6800	15、42	2QHJ、2QH			
5	整流加强接点继电器	JZJXC-100	22、32	4QJ、2H			
6		JZJXC-7200	12、54	4QJ、2H			
7	整流继电器	JZXC-20000	23、55	6QH		1、4	7、8
8	交流继电器	JJJC	22、32	4QJ、2H	单独	—	1、2
9		JJJC1	12、54	4QJ、2H			
10		JJJC3	31、43	2QJ、2QH			
11		JJJC4	14、43	2QHJ、2QH			
12		JJJC5	13、43	2QHJ、2QH			
13		JJC	23、55	4QH、2Q			

11.3.2 继电器的机械特性应符合表 11-20 的要求。

表 11-20

序号	继电器型号	接点间隙不小于(mm) 普通接点	接点间隙不小于(mm) 加强接点	接点压力不小于(mN) 普通 动合接点	接点压力不小于(mN) 普通 动断接点	接点压力不小于(mN) 加强 动合接点	接点压力不小于(mN) 加强 动断接点	托片间隙不小于(mm) 普通接点	托片间隙不小于(mm) 加强接点
1	JWJXC-100	4.5	7	—	200	600	—	0.35	0.1～0.3
2	JWJXC-7200								
3	JWJXC-440	3	5	250	—	—	400		
4	JWJXC-6800				150		300		
5	JZJXC-100	1.3	7		600				
6	JZJXC-7200				200				
7	JZXC-20000				250	—		—	

序号	继电器型号	接点间隙不小于(mm)		接点压力不小于(mN) 普通		加强		托片间隙不小于(mm)	
		普通接点	加强接点	动合接点	动断接点	动合接点	动断接点	普通接点	加强接点
8	JJJC		4						
9	JJJC$_1$		5			600			
10	JJJC$_3$	1.3		250	150			0.35	0.1~0.3
11	JJJC$_4$								
12	JJJC$_5$		4				300		
13	JJC		—		—		—		—

11.3.3 继电器在＋20 ℃时线圈电阻、电气特性及时间特性应符合表 11-21 的要求。

表 11-21

序号	继电器型号	线圈电阻（Ω）	电气特性(V) 额定值	工作值不大于	释放值不小于	额定值时测时间特性不大于(s) 吸起	释放	返回时间
1	JWJXC-100	50×2	24	10	3.5	0.1	0.1	
2	JWJXC-7200	3600×2	220	85	30			—
3	JWJXC-440	220×2	24	16	3.5	0.15	0.15	
4	JWJXC-6800	3400×2	220	100	30			
5	JZJXC-100	50×2	AC 24	AC 11	AC 4	0.1	0.1	
6	JZJXC-7200	3600×2	AC 220	AC 90	AC 35			—
7	JZXC-20000	10 000×2		AC 105				
8	JJJC	3.5	AC 24	AC 18	AC 5.5			0.05
9	JJJC$_1$	190	AC 220	AC 180	AC 54	0.05		0.05
10	JJJC$_3$	185		AC 175	AC 70		—	
11	JJJC$_4$	150		AC 180	AC 70			
12	JJJC$_5$	3.2	AC 24	AC 18	AC 8	0.04		0.08
13	JJC	400	AC 220	AC 180	AC 54	0.05		0.05

11.3.4 继电器接点的允许容量及电寿命应符合表 11-22 的规定。

表 11-22

序号	继电器型号	接点容量		负载性质	电寿命次数
		加强接点	普通接点		
1	JWJXC-100	220 V、10 A	24、1 A	电阻	1×10^5
2	JWJXC-7200				
3	JWJXC-440	220 V、5 A			
4	JWJXC-6800	220、10 A			
5	JZJXC-100	AC 220、10 A	AC 24、1.5 A		
6	JZJXC-7200				
7	JZXC-20000	—			2×10^6
8	JJJC	AC 24、30 A			1×10^5
9	$JJJC_1$	AC 220、10 A			
10	$JJJC_3$	AC 220、20 A			
11	$JJJC_4$	AC 220、5 A			
12	$JJJC_5$	AC 24、5 A			
13	JJC	—			

11.3.5 加强接点的熄弧磁钢应在熄弧器夹上安装牢固,其极性的安装应符合图 11-3 的要求(箭头方向为电路中的电流方向)。

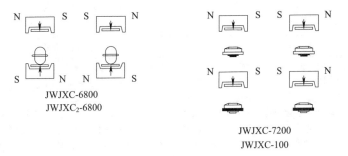

JWJXC-6800
$JWJXC_2$-6800

JWJXC-7200
JWJXC-100

图 11-3

11.4 交流二元继电器

11.4.1 翼板在任何位置时,翼板和铁芯极面的间隙不应小于 0.35 mm。

11.4.2 继电器接点系统的机械特性应符合表 11-23 的要求。

表 11-23

继电器型号	接点间隙 不小于(mm)	托片间隙 不小于(mm)	接点压力不小于(N)		接点组数	鉴别销号码
			动合接点	动断接点		
JRJC-66/345	2.5	0.2	0.15	0.15	2Q、2H	12、32
JRJC₁-70/240	1.8	0.35	0.25	0.2	2Q、2H	11、22

注:1. 对于 JRJC-66/345 型继电器,翼板开始接触上滚轮时测试动合接点压力;翼板开始接触下滚轮时测试动断接点压力;
   2. 对于 JRJC₁-70/240 型继电器,手动使翼板与上止挡轮接触至限位时,测试动合接点压力、接点间隙及托片间隔;继电器在释放状态时,测试动断接点压力、接点间隙、托片间隙;
   3. 继电器应动作灵活,无机械卡阻现象;
   4. 继电器接点齐度误差要求:当继电器局部线圈加额定电压,轨道线圈在理想相位角时加 25 Hz、15 V 电压,其不同时接触时间不大于 10 ms。

11.4.3 继电器的线圈参数及电气特性应符合表 11-24 的要求。

表 11-24

继电器型号	线圈	线圈电阻 (Ω)	工作频率 (Hz)	局部线圈		轨道线圈			轨道电流滞后于局部电压理想相位角
				额定电压 (V)	电流 不大于 (A)	工作值不大于		释放值 不小于	
						电压 (V)	电流 (A)	电压 (V)	
JRJC-66/345	局部	345	25	110	0.08	—	—	—	160°±8°
	轨道	66	25	—	—	15	0.038	7.5	
JRJC₁-70/240	局部	240	25	110	0.10	—	—	—	157°±8°
	轨道	70	25	—	—	15	0.04	8.6	

注:1. 对于 JRJC-66/345 型继电的工作值为继电器翼板辅助夹开始接触上滚轮时的电压值;
   2. 对于 JRJC₁-70/240 型继电器的工作值为继电器主轴止挡开始接触上止挡轮时的电压值;
   3. 释放值为继电器全部动合接点断开时的电压值;
   4. 电气特性是在理想相位角条件下测试;
   5. 继电器的理想相位角也可按电压-电压方式,此时 JRJC-66/345 型继电器的轨道电压滞后于局部电压的角度为 88°±8°;JRJC₁-70/240 型继电器的轨道电压滞后于局部电压的角度为 87°±8°;
   6. 常温电气特性应在 20 ℃条件下测试。测试电气特性时,25 Hz 测试电源的失真度应不大于 5%;
   7. 继电器磁路平衡要求:当 JRJC₁-70/240 型继电器局部线圈通以 50 Hz、220 V 电压时,轨道线圈并 5 μF 电容后其感应电压应不大于 5 V。

668

11.4.4 继电器接点的允许容量为直流 24 V、1 A。继电器线圈按表 11.4.3 的规定通电,接点通以直流 24 V、1 A,阻性负载,其电寿命为 2×10^5 次

11.5 灯丝转换继电器

11.5.1 固定衔铁尾部弹簧的螺母及固定轭铁与铁芯的螺钉不得松动。

11.5.2 铁芯头部短路环不得松动及超出铁芯极面,以免影响衔铁的动作。

11.5.3 继电器的机械特性应符合表 11-25 的要求。

表 11-25

序号	继电器型号	接点间隙不小于（mm）	接点压力不小于(mN)		托片间隙不小于(mm)	接点组数
			动合	动断		
1	JZCJ	0.6			—	2QH
2	*JZSC-0.16	0.8			0.1	4QH
3	JZSJC	0.8	150	150		
4	*JZSJC$_1$	0.6			—	2QH
5	JZSJC$_2$	0.8				
注:表中 * 号为暂行标准。						

11.5.4 继电器电气特性应符合表 11-26 的要求。

表 11-26

序号	继电器型号	电气特性			转换时间不大于(s)
		额定值	工作值不大于	释放值不小于	
1	JZCJ	AC 2.1 A			—
2	*JZSC-0.16	—			—
3	JZSJC		AC 1.5 A	AC 0.35 A	0.1
4	*JZSJC$_1$	AC 2.1 A			—
5	JZSJC$_2$				0.1
注:1. 表中 * 号为暂行标准; 2. JZSJC、JZSJC$_2$型线圈压降应不大于 1.6 V。接点允许容量为 AC 12 V、2.1 A					

11.5.5 继电器的电寿命：继电器在点灯电路中转换，其电寿命为 3×10^5 次。

11.6 时间继电器

11.6.1 继电器的规格及型号见表 11-27。

表 11-27

序号	继电器名称	继电器型号	鉴别销号码	接点组数	线圈连接	电源片连接方式	
						连接	使用
1	半导体时间继电器	JSBXC-780	14、55	2QH、2Q	单独	1、81 2、13 3、71 4、23	73、62
2		JSBXC-820					
3		JSBXC-850					
4	单片机时间继电器	JSDXC-850					
5	可编程时间继电器	JSBXC₁-850				—	
6		JSBXC₁-870B01					
7	道口时间继电器	JSC-30	11、12	4QH			

11.6.2 继电器的机械特性应符合表 11-28 的要求。

表 11-28

序号	继电器型号	普通接点间隙不小于(mm)	普通接点压力不小于(mN)		托片间隙不小于(mm)
			动合	动断	
1	JSBXC-780	1.20	250	150	0.35
2	JSBXC-820				
3	JSBXC-850				
4	JSDXC-850				
5	JSBXC₁-850				
6	JSBXC₁-870B01				
7	JSC-30	1.25			

11.6.3 继电器的线圈参数及电气特性应符合表 11-29 的要求。

表 11-29

序号	继电器型号	线圈电阻(Ω)	电气特性		
			充磁值	释放值不小于	工作值不大于
1	JSBXC-780	390×2	56 mA	4.5 mA	14 mA
2	JSBXC-820	410×2	56 mA	4.5 mA	14 mA
3	JSBXC-850	370/480	56 mA / 54 mA	4 mA / 3.8 mA	14 mA / 13.4 mA
4	JSDXC-850	370/480			14 mA / 13.4 mA
5	JSBXC₁-850	370/480			
6	JSBXC₁-870B01	370/500			16 mA / 15.5 mA
7	JSC-30	370/370			14.5 mA / 13.8 mA

JSBXC-780、JSBXC-820、JSBXC-850 重复动作时间应在 2 min 以上。JSBXC-850 型继电器的后接点压力在延时过程中不小于 0.1 N。

注:1. 测缓吸时间时,73 接 24 V 电源正极,62 接 24 V 电源负极;

2. 线圈连接方式为单独,1、3 接正极,2、4 接负极。

11.6.4 继电器的时间特性应符合表 11-30 的要求。

表 11-30

继电器型号	连接端子	51-11、53-12			
		51-52	51-61	51-63	51-83
JSBXC-780	动作时间(s)	60±6	30±3	13±1.3	3±0.3
JSBXC-820		45±4.5	30±3	13±1.3	3±0.3
JSBXC-850		180±27	30±4.5	13±1.95	3±0.45
JSDXC-850		180±9	30±1.5	13±0.65	3±0.15
JSBXC₁-850		180±9	30±1.5	13±0.65	3±0.15
JSBXC₁-870B01		3±0.15	2±0.1	1±0.05	0.6±0.03

JSBXC-780、JSBXC-820 和 JSBXC-850 三个月至少使用 1～2 次,长期不使用时,初次使用延时时间有所增长。

11.6.5 JSC-30 型道口时间继电器的时间特性:当连接端子 11-52、12-51、13-61 时,动作时间应为(30±0.3) s。

11.6.6 继电器接点的允许容量为 24 V、1 A。接点通以 24 V、1 A,阻性负载,其电寿命为 $2×10^6$ 次。

11.7 传输继电器、发码器及微电子交流计数电码盒、发送盒

11.7.1 传输继电器的规格及型号见表 11-31。

表 11-31

序号	继电器名称	继电器型号	鉴别销号码	接点组数	线圈连接	电源片使用
1	传输继电器	JCZC$_3$-150	14、31	2QHJ	单独	73、83
2		JCZC$_5$-140	14、31	2QHJ,2H		53、63

11.7.2 传输继电器的机械特性应符合表 11-32 的要求。

表 11-32

继电器型号	接点间隙不小于(mm)		接点压力不小于(mN)			接点共同行程不小于(mm)		衔铁游程 (mm)		
	普通接点	加强接点	普通接点	加强接点		普通接点	加强接点	径向	垂直	轴向
				动合接点	动断接点					
JCZC$_3$-150	—	1.5	—	450	400	—	0.1	0.3～0.7	0.3～0.5	0.05～0.15
JCZC$_5$-140	0.8		250			0.25		0.3～0.7	0.3～0.5	0.05～0.15

注：接点在传动板及绝缘支板上的压力不小于 0.1 N。

11.7.3 传输继电器在＋20 ℃时的线圈参数及电气特性应符合表 11-33 的要求。

表 11-33

继电器型号	线圈电阻(Ω)	电气特性		
		额定值(V)	释放值不小于(V)	工作值不大于(V)
JCZC$_3$-150	150	24	4.8	16
JCZC$_5$-140	140	24	4.8	16

11.7.4 继电器普通接点通以直流 24 V、0.5 A,阻性负载;加强接点通以直流 220 V、1.5 A,阻性负载;继电器的电寿命为 $5×10^6$ 次。

11.7.5 继电式发码器的规格及型号见表 11-34。

表 11-34

序号	继电器名称	继电器型号	鉴别销号码	接点组数	线圈连接	电源片使用
1	继电式发码器	FJ-1	11、32	2QHJ	单独	73、83
2		FJ-4				

11.7.6 继电式发码器的机械特性应符合表 11-35 的要求。

表 11-35

发码器型号	加强接点间隙不小于(mm)	加强接点压力不小于(mN)		接点共同行程不小于(mm)	衔铁游程(mm)		
		动合	动断		径向	垂直	轴向
FJ-1	1.5	450	400	0.1	0.3~0.7	0.3~0.5	0.05~0.15
FJ-4			450				

注:接点在传动板及绝缘支板上的压力不小于 0.1 N。

11.7.7 继电式发码器在环境温度为 +20 ℃时的线圈参数、电气特性和脉冲时间应符合表 11-36 的要求。

表 11-36

发码器型号	线圈电阻(Ω)	电气特性			脉冲时间	
		额定值(V)	释放值不小于(V)	工作值不大于(V)	间隔时间(s)	脉冲时间(s)
FJ-1	150	24	4.8	16	0.6±0.03	4.2±0.63
FJ-4	150	24	4.8	16	0.6±0.03	6±0.9

11.7.8 继电式发码器加强接点通以直流 220 V、1.5 A,阻性负载,继电式发码器的电寿命为 $5×10^6$ 次。

11.7.9 微电子交流计数电码盒(DMH)、发送盒(FSH)应符合下列要求:

(1)电码盒(DMH)输出的信息:HU、U、UU、L。

①工作电源:AC(220±33) V、(50±1) Hz。

②输入交流 220 V 时 +5 V 稳压输出电压 +5 V±0.2 V。

③功放电源 72、71 在静态时为 +24 V±2 V,动态时为 18~25 V。

④振荡器振荡频率 EPROM 第 18 管脚(2±0.5) kHz,幅值大于或等于 4 V。

⑤用示波器测试信息码,波形整齐,幅值大于或等于 2.5 V。

冶金企业铁路信号维护规则

(2)发送盒(FSH)输入交流 220 V 时,端子 52、51、53、32、31、33 分别为 6 路,其中 BG1～BG6 三极管集电极电压 V_c 稍有尖顶方波,幅值大于 20 V,小于 80 V。

(3)一个 DMH 带 2 个 FSH,FSH 的每一路至少可以带动 5 个轨道区段,用示波器测试发至轨道的波形,该波形为正弦波。

(4)每一路 FSH 输出串 200 Ω、150 W 电阻接入轨道发码变压器的一次侧。

11.7.10 电动发码器有 FDC_1 及 FDC_2 两种类型,由感应电动机、减速器及接点系统组成,电动机由 50 Hz、220 V 供电。电动发码器电气特性应符合表 11-37 的要求。接点系统的脉冲与间隔的时间特性如图 11-4 所示。

表 11-37

电源频率 (Hz)	额定电压 (V)	电流 (A)	无负荷运转		有负荷运转	
			启动电压 (V)	空载转数 (r/min)	启动电压 (V)	转数 (r/min)
50	220	<0.065	<60	>975	<85	970

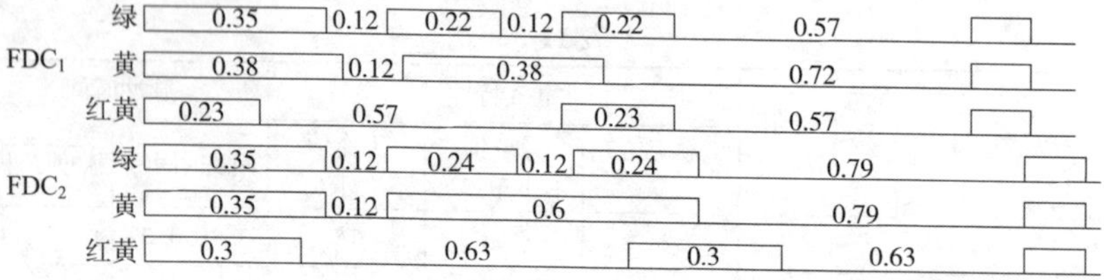

图 11-4

注:各脉冲与间隔时间允许误差±0.01 s,而超过 0.5 s 的长间隔,允许误差 0.02 s。

11.8 其他继电器

11.8.1 继电器的规格及型号见表 11-38。

表 11-38

序号	继电器名称	继电器型号	鉴别销号码	接点组数	电源片连接方式	
					连接	使用
1		JPXC-H270				
2	偏极缓放继电器	JPXC₁-H270	32、55	4QH	2,3	53,63
3		JPXC₂-H270				

11.8.2 继电器的机械特性应符合表 11-39 的要求。

表 11-39

序号	继电器型号	接点间隙 不小于(mm)	接点压力不小于(mN)		托片间隙不小于 (mm)
			动合	动断	
1	JPXC-H270		250	150	
2	JPXC$_1$-H270	1.3			0.35
3	JPXC$_2$-H270				

11.8.3 继电器在环境温度为 +20 ℃时的线圈参数、电气特性应符合表 11-40 的要求。

表 11-40

序号	继电器型号	线圈电阻(Ω)	电气特性(V)			时间特性
			额定值	释放值 不小于	工作值 不大于	释放时间 不小于(s)
1	JPXC-H270					180±9
2	JPXC$_1$-H270	135×2	24	2.1	＊7	
3	JPXC$_2$-H270					30±1.5
注：＊为参考值。						

11.8.4 继电器接点的允许容量为 24 V、1 A。接点通以 24 V、1 A,阻性负载,电寿命为 $2×10^6$ 次。

11.9 计算机联锁动态驱动单元

11.9.1 DTB-4 型动态驱动单元电气特性应满足下列要求。

(1)吸起特性

①输入高电平、低电平信号,不应使继电器吸起。

②输入正、负单脉冲信号,不应使继电器吸起。

③输入 5 Hz 峰值大于 8 V 占空比为 1：1 的脉冲信号时,输出电压应大于 18 V,继电器可靠吸起。

④驱动吸起值为 16 V 的 JPXC-1000 型偏极继电器,在非缓吸/缓放工作状态下,吸起时间为 0.4～0.8 s。

⑤驱动吸起值为 16 V 的 JPXC-1000 型偏极继电器,在缓吸/缓放工作状态下,吸起时间为 0.6～1 s。

(2)落下特性

①输入 5 Hz 峰值小于 6 V 占空比为 1∶1 的脉冲信号,继电器应可靠落下。

②驱动落下值为 4 V 的 JPXC-1000 型偏极继电器,在非缓吸/缓放工作状态下,落下时间为 0.7~1.5 s。

③驱动落下值为 4 V 的 JPXC-1000 型偏极继电器,在缓吸/缓放工作状态下,落下时间为 2~3 s。

(3)电气特性测试应满足表 11-41 的要求。

表 11-41

输入条件				输出特性				
电源电压 (V)	控制信号(方波)			电压(V)	非缓吸/缓放		缓吸/缓放	
	频率 (Hz)	峰值 (V)	占空比		吸起时间 (s)	落下时间 (s)	吸起时间 (s)	落下时间 (s)
30	5	12	1∶1	18	$0.4<t<0.8$	$0.7<t<1.5$	$0.6≤t<1$	$2.0<t<3$

11.9.2 DS6-DTH2 型动态驱动单元电气特性应满足表 11-42 的要求,DS6-DTH2-TW 型动态驱动单元电气特性应满足表 11-43 的要求。

表 11-42

输入条件				输出特性		
电源电压 (V)	控制信号(方波)			输出电压峰值 (V)	缓吸时间 (s)	缓放时间 (s)
	频率 (Hz)	峰值 (V)	占空比			
25	5	24	1∶1	>18	$t<1.6$	$2<t<3$

表 11-43

输入条件				输出特性		
电源电压 (V)	控制信号(方波)			输出电压 (有效值) (V)	缓吸时间 (s)	缓放时间 (s)
	频率 (Hz)	电压 DC (V)	占空比			
25±0.1	5±0.1	24±0.2	1∶1	≥18	$t<1.6$	$2.0≤t≤3.0$

12 电源设备

12.1 通　则

12.1.1　电源设备外观良好,部件齐全作用良好,各指示灯及仪表应指示正确。

12.1.2　设备内部配线与配线图一致,各接线端子及紧固零件无松动,焊头焊接牢固。

12.1.3　电源设备所用元器件均须与设计规定的规格相符。

12.1.4　各熔断器及断路器接触良好,其规格应与设计图相符。

12.1.5　三相交流电源各相负荷应力求平衡,以改善三相电源的使用条件,应有错序、断相监督和报警设备。

12.1.6　信号设备的专用交、直流电源,均应采用对地绝缘系统,并有必要的配电设备和可靠的保安系统。

12.2 电　源　屏

12.2.1　电源屏共同要求。

（1）电源屏应有两路独立的交流电源供电,两路输入电源允许偏差范围应符合表 12-1 的要求。电源屏输入、输出设置的电磁断路器(熔断器),在短路、过流时断路器应可靠断开;断路器(熔断器)应根据设备实际用电负载进行选择,输入电源选择的断路器(熔断器)应不大于负载电流的 2 倍,输出应不大于 1.5 倍。

表 12-1

序号	输入电源	允许偏差
1	电压	AC 220 V_{-44V}^{+33V}（+15％～−20％）
2		AC 380 V_{-76V}^{+57V}/220 V_{-44V}^{+33V}（+15％～−20％）
3	频率	(50±0.5) Hz
4	三相电压不平衡度	≤5％
5	电压波形失真度	≤5％

（2）输入电源供电方式转换时间应符合:

　　①一主一备的工作方式:正常情况下应用可靠性较高的一路电源供电,一路电源故障时,自动切换到另一路电源供电,并应有手

动转换和直供功能。

②两路同时供电方式:两路电源同时向电源屏供电;当其中一路断电时,另一路自动承担全部负荷供电。

③两路输入交流电源,当其中一路发生断电或断相时,转换时间(包括自动或手动)不大于 0.15 s;智能电源屏模块之间转换时,转换时间应不大于 0.15 s。在两路输入交流电源转换期间,采用续流技术的直流电源(不含直流电动转辙机电源、闭塞电源)、25 Hz 电源应保证不间断供电。

(3)当输入电源屏的交流电源在+15%～−20%范围内变化时,经稳压(调压)后的电源允许波动范围应不大于±3%。当稳压(调压)系统出现故障时,应能断电维修,且应不影响信号设备的继续供电。

(4)信号电源屏主、备装置转换过程中,应不影响信号设备的正常使用,备用电源屏应能完全断电。

(5)三相交流输出电源应确保相序正确,若相序错误,应报警;当车站装有三相交流电动(电液)转辙机时,电源屏的三相交流输出电源相序检测装置在三相断相或错相时能发出报警信号。

(6)电源屏的输出闪光电源,其通断比约为 1∶1,其闪光频率在室内作表示使用时,宜采用 90～120 次/min;在室外作信号点灯用时,宜采用 50～70 次/min。

(7)不间断供电装置应定期检查,确保工作正常。

(8)电流互感器二次侧不得开路,并应可靠接地。

(9)各种电源屏的表示和声光报警装置均应正常工作。智能电源屏输入电源过压、欠压,电源模块故障、过温,输出电源过载,三相电源缺相、错相(有相序要求的输出回路),稳压(调压)装置故障均应报警。智能电源屏模块的互换应符合有关标准的规定,各种输入、输出电源的端子应统一。

(10)机架应焊接牢固,不得有假焊、漏焊,门板要平整,无凹凸现象,零部件安装牢固。

(11)电源屏应采用具有横向和纵向防护功能的防雷组合单元。

12.2.2　15 kV・A 电源屏

(1)交流调压屏的调压速度约为 1.5 V/s;当稳压控制系统发生故

障,输出电压升至(420±5)V时,过压保护装置应及时动作,切断升压回路,但不应造成停电。

(2)交流调压屏在调压结束时,调压电机应立即停转,不应有惯性转动。

(3)当交流调压屏发生故障时,应能断开调压屏输入电源,由外电网直接供电。

(4)供调压屏伺服电机的输出电源应有断相保护,当断相时,切断电机电源,并报警。

(5)当稳压设备正常工作,继电器回路负载在70%～80%范围内变化时,直流电压应调至(24±1)V。

(6)输出电源额定电压及额定电流见表12-2。

表 12-2

类 别	电 压(V)	电 流(A)
信号机点灯电源	AC 220、180	5(×4)
轨道电路电源	AC 220	4(×4)
道岔表示电源	AC 220	4
表示灯电源	AC 24、19.6(DC 6)	50(20)
闪光灯电源	AC 24(DC 6)	4(2)
电动转辙机电源	DC 220	30
继电器电源	DC 24	40
闭塞电源	DC 24、36、48、60	1(×3)
稳压备用电源	AC 220	10
不稳压备用电源	AC 220	10

12.2.3 10 kV·A、5 kV·A、2.5 kV·A 电源屏。

(1)当稳压设备故障输出至 250^{+5}_{-10} V 时,过压保护装置动作,切断升压回路,但不应造成停电。

(2)交流调压屏在调压结束时,调压电机应立即停转,不应有惯性转动。

(3)当稳压设备正常工作,继电器回路负载在70%～80%范围内变化时,直流电压应调至(24±1)V。

(4)输出电源额定电压及额定电流见表12-3。

表 12-3

容量\类别	2.5 kV·A		5 kV·A		10 kV·A	
	电压(V)	电流(A)	电压(V)	电流(A)	电压(V)	电流(A)
信号机点灯电源	AC 220	2.5	AC 220	2.5(×2)	AC 220	5(×2)
轨道电路电源	AC 220	2.5	AC 220	2(×2)	AC 220	4(×2)
道岔表示电源			AC 220	1	AC 220	2
表示灯电源	AC 24	3.0	AC 24	15	AC 24	20
闪光灯电源			AC 24	2	AC 24	2
电动转辙机电源	DC 220	6	DC 220	12	DC 220	16
继电器电源	DC 24	8	DC 24	15	DC 24	15
闭塞电源	DC 24,36,48,60	2	DC 24,36,48,60	2	DC 24,36,48,60	2
稳压备用	AC 220	1	AC 220	2	AC 220	5
不稳压备用	AC 220	1	AC 220	5	AC 220	5

12. 2. 4 计算机联锁电源屏。

(1)应能满足电气化区段和非电气化区段计算机联锁系统控制的车站信号设备的供电要求。

(2)具有抗干扰、可靠性高等性能。

(3)各供电支路有任一电源不能正常供电时,应能自动或手动转换至备用电源,在转换过程中,不能影响设备正常工作。

(4)转换后的原电源支路应能断电维修。

(5)供 UPS 电源的两路主备电源,须具有稳压、净化功能。

12. 2. 5 25 Hz 电源屏。

(1)25 Hz 电源屏(旧型)

①电源屏的容量见表12-4。

表 12-4

型 号	额定容量(V·A)	容量分配	
		局部电源(V·A)	轨道电源(V·A)
PXT-600/25	600	300	300
PZT-900/25	900	300	600
PDT-1 800/25	1 800	600	1 200
PTT-4 200/25	4 200	1 400	2 800

②电气特性应符合如下要求：

输入电源：AC 220 V（+15%～−20%）、50 Hz。

输出电源：轨道 AC（220±11）V、25 Hz；

局部 AC（110±5.5）V、25 Hz。

局部电源电压超前轨道电源电压角度 90°。

③轨道电源应有短路切除功能。

(2)97 型 25 Hz 轨道电源屏：

①电源屏容量见表 12-5。

②电气特性应符合下列要求：

输入电源：AC 160～260 V、50 Hz。

输出电源：轨道 AC（220±6.6）V、25 Hz；

局部 AC（110±3.3）V、25 Hz。

局部电源电压超前轨道电源电压角度 90°。

③任何一束 25 Hz 轨道电源发生短路故障时，能自动将该束的供
　电切除，保证不影响其他束的正常供电。

表 12-5

| 类别 | 型　号 | 额定容量 (V·A) | 容量分配 | | 适用轨道 区段数区段 |
			局部电源 (V·A)	轨道电源 (V·A)	
Ⅰ型屏	PXT-800/25	800	400	400	≤20
Ⅱ型屏	PZT-1600/25	1 600	800	800	≤40
Ⅲ型屏	PZT-2000/25	2 000	800	1 200	≤60
Ⅳ型屏	PDT-4000/25	4 000	800×2	1 200×2	≤120

12.2.6　驼峰电源屏

(1)供驼峰转辙机用的直流电源,应设有备用电池,交流停电应延时
供电 2 s,以保证已启动的转辙机继续转换到底。

(2)镉镍电池组额定容量为 5 A·h。

(3)镉镍电池组最大冲击放电电流 20 A,时间 2 s。镉镍电池组最大
冲击放电电流终止电压不得低于 1.1 V/只。

(4)长期保存的蓄电池组,使用前用 10 h 率电流充电 12～14 h,单只

充电电压不得超过 1.6 V;以 5 h 率电流放电,单只终止电压不低于 1.0 V,循环 2~3 次,检查容量达到额定容量后才能浮充电。浮充电流一般为 30~50 mA。

(5)蓄电池组使用时发现容量和电压低于技术要求时,可打开蓄电池组盒外盖,测量每只单体电池放电电压,若低于 0.5 V 者应停止放电,并进行个别更换。

(6)输出电源额定电压及额定电流见表 12-6。

表 12-6

类 别	电压(V)	电流(A)	电源所属	
			电动型	电空型
电动转辙机电源	DC 220	30	有	—
直流电源	DC 24	30	有	有
直流电源	DC 24	30	有	有
信号点灯电源	AC 220、180	5(×4)	有	有
轨道电路电源	AC 220	4(×4)	有	有
道岔表示电源	AC 220	4	有	有
表示灯电源	AC 24	50	有	有
闪光灯电源	AC 24	4	有	有
稳压备用电源	AC 220	10	有	有
不稳压备用电源	AC 220	10	有	有
备用电池	DC 24、5 AH	20 A、2 s	有	有
备用电池	DC 220、5 AH	20 A、2 s	有	—

12.2.7 计轴电源屏

(1)计轴直流输出电源应符合下列要求:(60±3) V;(24±0.48) V;纹波电压不大于 200 mV。

(2)由交流供电转为蓄电池供电时应不影响计轴设备的正常工作;交流电源断电后,蓄电池可靠工作时间应不小于 30 min。

12.2.8 多信息移频电源屏

(1)移频区间柜、站内电码化及点式柜的直流开关电源应符合下列要求:

①输入电源:50 Hz、AC 220^{+33}_{-44} V。

②额定输出电压:DC(48±0.3) V、DC 48~50 V 连续可调。

③纹波电压:峰-峰值小于 200 mV,有效值小于 50 mV。

④直流开关电源过压、过热、过流保护功能可靠。

(2)区间信号机点灯的交流稳压电源应符合下列要求:

①输入电压:50 Hz、AC 220^{+33}_{-44} V。

②输出电压:AC(220±6.6) V。

③交流稳压电源应具有软启动功能。

12.2.9 区间信号电源屏

(1)两路输入交流电源当其中一路发生断电或断相时,转换时间(包括自动或手动)不大于 0.15 s。

(2)区间信号电源屏应满足区间轨道、站内电码化、信号点灯、站间联系、灯丝报警设备供电要求。

(3)输出额定电压:

区间轨道、站内电码化,DC 23.5~27.5 V;

信号点灯,AC(220±10) V;

站间联系、灯丝报警,DC(24~60 V)±0.6 V。

(4)屏内安装 BGY-80 系列远程隔离变压器远程供电按照下列要求进行输出调整,输出电压允许波动范围为±5%。

点灯距离为 0~3 km(含 3 km)内,输出 200 V;

点灯距离为 3~7 km(含 7 km)内,输出 230 V;

点灯距离为 7~10 km(含 10 km)内,输出 260 V;

点灯距离为 10~15 km(含 15 km)内,输出 295 V;

点灯距离为 15~18 km 内,输出 310 V。

12.2.10 交流提速电源屏

(1)交流提速电源屏采用隔离直供的方式供电。两路输入交流电源当其中一路发生断电或断相时,转换时间(包括自动或手动)不大于 0.15 s。

(2)提速屏的容量有 10 kV·A、15 kV·A、20 kV·A、30 kV·A。

(3)交流电源输入采用三相四线制。

(4)电流互感器二次线圈严禁开路。

(5)错相、缺相、过欠压应报警。

12.2.11　智能电源屏

输出电源额定电压和额定电流应满足下列要求。

(1)继电联锁信号电源屏输出额定电压和额定电流见表12-7。

表 12-7

序号	名　　称	电　压	电压波动范围	电　流			
				5 kV·A	10 kV·A	20 kV·A	30 kV·A
1	直流转辙机电源	DC 220 V	＋20 V −10 V	12.5 A	16 A	30 A	40 A
2	继电器电源	DC 24 V	＋3.5 −0.5 V	16 A	16 A	40 A	50 A
3	信号机点灯电源	AC 220 V	±10 V	2.5 A×2	5 A×2	5 A×4	5 A×6
4	道岔表示电源	AC 220 V	±10 V	1 A	2 A	4 A	6.3 A
5	电码化电源	AC 220 V	±10 V	2.5 A	5 A	5 A×2	5 A×2
6	闭塞电源	DC 24 V～60 V	±5 V	1 A×4	1 A×4	1 A×4	1 A×4
7	稳压备用电源	AC 220 V	±10 V	4 A	5 A	10 A	16 A
8	非稳压备用电源	AC 220 V	同外电网	5 A	5 A	10 A	20 A
9	表示灯电源	AC 24 V	±3 V	16 A	20 A	50 A	50 A
10	闪光灯电源	AC 24 V	60～120 次/min	2 A	2 A	4 A	4 A
11	轨道电源	AC 220 V	±10 V	2 A×2	4 A×2	4 A×4	4 A×6

注：5 kV·A 电源屏适用于 25 组道岔以下的车站；
　　10 kV·A 电源屏适用于 25～50 组道岔以下的车站；
　　20 kV·A 电源屏适用于 50～100 组道岔以下的车站；
　　30 kV·A 电源屏适用于 100～120 组道岔以下的车站。

(2)计算机联锁信号电源屏输出额定电压和额定电流见表12-8。

表 12-8

序号	名　　称	电　压(V)	电压波动范围	电　流			
				10 kV·A	15 kV·A	20 kV·A	30 kV·A
1	计算机联锁电源	AC 220 V	±10 V	12.5 A	12.5 A	12.5 A	12.5 A
2	信号点灯电源	AC 220 V	±10 V	2.5 A×2	5 A×2	5 A×4	5 A×6
3	轨道电路电源	AC 220 V	±10 V	2 A×2	4 A×2	4 A×4	4 A×6
4	道岔表示电源	AC 220 V	±10 V	1 A	2 A	4 A	6.3A
5	动态电源	AC 220 V	±10 V	2.5 A	2.5 A	2.5 A	2.5 A
6	稳压备用电源	AC 220 V	±10 V	4 A	5 A	10 A	10 A

序号	名　　称	电　压(V)	电压波动范围	电　流			
				10 kV·A	15 kV·A	20 kV·A	30 kV·A
7	表示灯电源	AC 24 V	±3 V	16 A	20 A	50 A	50 A
8	闪光灯电源	AC 24 V	60～120 次/min	2 A	2 A	4 A	4 A
9	电动转辙机电源	DC 220 V	+20 V −10 V	12.5 A	16 A	30 A	40 A
10	继电器电源	DC 24 V	+3.5 V −0.5 V	16 A	16 A	20 A	20 A
11	闭塞电源	DC 24 V～60 V	±5 V	1 A×4	1 A×4	1 A×4	1 A×4
12	不稳压备用电源	AC 220 V	同外电网	5 A	5 A	10 A	10 A

（3）20 kV·A 以下容量驼峰信号电源输出额定电压和额定电流见表 12-9；20 kV·A 及以上容量驼峰信号电源输出额定电压和额定电流见表 12-10。

表 12-9

序号	类　　型	电压(V)	电流(A)	电源所属	
				电动型	电空型
1	电动转辙机电源	DC 220$^{+20}_{-10}$	15～30	有	无
2	直流继电器电源	DC 24$^{+3.5}_{-0.5}$	16	有	有
3	电控阀电源	DC 24$^{+3.5}_{-0.5}$	5	有	有
4	计算机采集电源	DC 24$^{+3.5}_{-0.5}$	10	有	有
5	信号点灯电源	AC 220±15	8	有	有
6	轨道电路电源	AC 220$^{+20}_{-10}$	10	有	有
7	道岔表示电源	AC 220$^{+20}_{-10}$ 或 DC 24±3	4	有	有
8	表示灯电源	DC 24±3 或 DC 6±1	5	有	有
9	闪光灯电源	DC 24±3 或 DC 6±1	4	有	有
10	动态继电器电源	AC 220±10，AC 24$^{+3.5}_{-0.5}$ 或 DC 24$^{+3.5}_{-0.5}$	4	有	有
11	场间联系电源	AC 220±10 或 DC 24±3(24 至 28 可调)	1×4	有	有
12	雷达电源	AC 220±10	5	有	有
13	雷达自检电源	DC 24±3	4	有	有

序号	类　型	电压(V)	电流(A)	电源所属	
				电动型	电空型
14	减速器控制电源	AC 220±10 或 DC 24±3	5	有	有
15	测长电源	AC 220(波动范围随输入变化)	10	有	有
16	熔丝报警	AC 220±10 或 DC 24±3	1 或 5	有	有
17	摘钩显示系统电源	AC 220±10	10	有	有
18	计算机系统电源	AC 220±10	12.5	有	有
19	应急备用电源	AC 220±10	10	有	有
20	稳压备用电源	AC 220±10	10	有	有
21	不稳压备用电源	AC 220(波动范围随输入变化)	5	有	有
22	后备电源	DC 24	20,2 s	有	有
23	后备电源	DC 220	20 或 30*,2 s	有	无

注:1. 对于有浮充供电源要求的输出回路,可根据用户需求提供;
　　2. * 使用大功率电动转辙机时取该数值。

表 12-10

序号	类　型	电压(V)	电流(A)	电源所属	
				电动型	电空型
1	电动转辙机电源	DC 220^{+20}_{-10}	15~50	有	无
2	直流继电器电源	DC $24^{+3.5}_{-0.5}$	30	有	有
3	电控阀电源	DC $24^{+3.5}_{-0.5}$	16	有	有
4	计算机采集电源	DC $24^{+3.5}_{-0.5}$	20	有	有
5	信号点灯电源	AC 220±15	10	有	有
6	轨道电路电源	AC 220^{+20}_{-10}	10×2	有	有
7	道岔表示电源	AC 220^{+20}_{-10} 或 DC 24±3	5	有	有
8	表示灯电源	DC 24±3 或 DC 6±1	5	有	有
9	闪光灯电源	DC 24±3 或 DC 6±1	4	有	有
10	动态继电器电源	AC 220±10, AC $24^{+3.5}_{-0.5}$ 或 DC $24^{+3.5}_{-0.5}$	5	有	有
11	场间联系电源	AC 220±10 或 DC 24±3(24 至 28 可调)	1×4	有	有

序号	类　型	电压(V)	电流(A)	电源所属	
				电动型	电空型
12	雷达电源	AC 220±10	5	有	有
13	雷达自检电源	DC 24±3	4	有	有
14	减速器控制电源	AC 220±10 或 DC 24±3	5	有	有
15	测长电源	AC 220(波动范围随输入变化)	15	有	有
16	熔丝报警电源	AC 220±10 或 DC 24±3	1 或 5	有	有
17	摘钩显示系统电源	AC 220±10	10	有	有
18	计算机系统电源	AC 220±10	20	有	有
19	应急备用电源	AC 220±10	10	有	有
20	稳压备用电源	AC 220±10	16	有	有
21	不稳压备用电源	AC 220(波动范围随输入变化)	10	有	有
22	后备电源	DC 24	20,2 s	有	有
23	后备电源	DC 220	20 或 30*,2 s	有	无

注:1. 对于有浮充供电源要求的输出回路,可根据用户需求提供;
　　2. *使用大功率电动转辙机时取该数值。

(4)区间信号电源屏输出额定电压和额定电流见表12-11。

表 12-11

8 信息			
序号	名　称	电压(V)	电流(A)	电压波动范围(V)
---	---	---	---	---
1	区间轨道电源	DC 24	15×5	+2
2	站内轨道电码化电源	DC 24	6×3	+2
3	信号点灯电源	AC 220	3×2	±10
4	站间联系电源	DC 48	2	±5
5	灯丝报警电源	DC 24~60	2	±5

多信息				
序号	名　　称	电　压(V)	电　流(A)	电压波动范围(V)
1	区间轨道电源	DC 48	9×6	+2
2	站内轨道电码化电源	DC 48	6×2	+2
3	信号点灯电源	AC 220	3×2	±10
4	站间联系电源	DC 48	2	±5
5	灯丝报警电源	DC 24～60	2	±5

U-T 区间信号电源				
序号	名　　称	电　压(V)	电　流(A)	电压波动范围
1	轨道电源 (包括点式设备)	DC 24	60(100)	+4 -1
2	信号点灯电源	AC 220	3×2	±10
3	站间联系电源	DC 48	2	±5

(5)25 Hz 信号电源屏输出额定电压和额定电流见表 12-12。

表 12-12

序号	名　称	电　压 (V)	电压波动范围 (V)	电　流			
				800 V·A	1600 V·A	2000 V·A	4000 V·A
1	25 Hz 轨道电源	AC 220	±6.6	0.9A×2	0.9A×4	1.37A×4	2.7A×4
2	25 Hz 局部电源	AC 110	±3.3	1.8A×2	3.63A×2	3.63A×2	3.6A×4

12.2.12 PZ 系列铁路信号智能电源屏。

(1)两路交流输入电源一主一备,且应能以自动或手动方式切换。

①交流输入欠压切换/保护点的电压为(159±5) V(相电压)。

②欠压切换/保护回差电压为(20±5) V(相电压)。

③交流输入过压切换/保护点的电压为(281±5) V(相电压)。

④过压切换/保护回差电压为(20±5) V(相电压)。

(2)直流模块的各路输出电流的限流点应在其标称值的 105%～115%之间。

(3)轨道电路一路输出发生短路故障时,系统应能自动切除该路电源,且不影响其他各路的正常工作;短路故障排除后应能自动恢复供电。

(4)各种电源模块的电气参数符合表 12-13 的要求。

表 12-13

序号	模块名称	额定输出参数	负载类型	输出电压允许范围(V)	绝缘电阻(DC 500 V)	备 注
1	DHXD-A1	AC 220 V/5 A	信号点灯稳压备用电码化等	AC 220±10	≥25 MΩ	
	DHXD-A2	AC 220 V/5 A	50 Hz 轨道电路	AC 220±10	≥25 MΩ	
	DHXD-A3	AC 220 V/10 A	微机电源	AC 220±10	≥25 MΩ	只在计算机联锁电源系统出现
2	DHXD-B1	AC 220 V/2 A	道岔表示	AC 220±10	≥25 MΩ	只在电气集中电源系统出现
		AC 220 V/2 A	稳压备用	AC 220±10	≥25 MΩ	
		AC 24 V/20 A	表示灯	AC 24±3	≥25 MΩ	
		AC 24 V/2 A	闪光灯	AC 24±3	≥25 MΩ	
	DHXD-B3	AC 24 V/50 A	表示灯	AC 24±3	≥25 MΩ	
		AC 24 V/5 A	闪光灯	AC 24±3	≥25 MΩ	
3	DHXD-C	AC 220 V/1200 V·A	25 Hz 轨道电路	AC 220±6.6；25 Hz±0.5 Hz	≥25 MΩ	输出相位差：局部电源超前轨道电源90度
		AC 110 V/800 V·A	25 Hz 局部电路	AC 110±3.3；25 Hz±0.5 Hz	≥25 MΩ	
4	DHXD-D1	DC 220 V/16 A	直流转辙机	DC(220±1.1)	≥25 MΩ	
	DHXD-D2	AC 380 V 15 kV·A	交流转辙机	电网电压	≥25 MΩ	三相四线制
5	DHXD-E	DC 24 V/20 A	继电器	DC 24±0.48	≥25 MΩ	
		DC 24~60 V/2 A	半自动闭塞 1 或站间继电器电源	DC 24~60±0.6	≥25 MΩ	
		DC 24~60 V/2 A	半自动闭塞 2 或站间条件电源	DC 24~60±0.6	≥25 MΩ	
		DC 24~60 V/2 A	半自动闭塞 3	DC 24~60±0.6	≥25 MΩ	
6	DHXD-F1	AC 220 V/2 A	道岔表示	AC 220±10	≥25 MΩ	用于 10 kV·A 微机联锁电源系统
		AC 220 V/2 A	稳压备用	AC 220±10	≥25 MΩ	
		AC 220 V/1 A	电码化电源	AC 220±10	≥25 MΩ	
	DHXD-F2	DC 24~60 V/2 A	站内继电器电源	DC 24~60±0.6	≥25 MΩ	
		DC 24~60 V/2 A	站间条件电源	DC 24~60±0.6	≥25 MΩ	

冶金企业铁路信号维护规则

序号	模块名称	额定输出参数	负载类型	输出电压允许范围(V)	绝缘电阻(DC500 V)	备 注
7	DHXD-G1	DC 48 V/50 A	区间闭塞电源	DC 24±1	≥25 MΩ	
	DHXD-G2	DC 24 V/50 A		DC 24±0.6	≥25 MΩ	
8	DHXD-H	AC 220 V/6.5 A		AC 220±10	≥25 MΩ	

12.2.13 PMZ 系列铁路信号智能电源屏。

(1)采用集中无触点器稳压或高频电源模块"1+1"分散稳压方式,在无触点稳压器故障时应自动旁路。集中无触点器稳压方式的外部设有手动旁路直供功能。

(2)自动转换系统(ATS)的旁路开关平时应处于两路电源正常供电状态。当需要转换到Ⅰ路电源直供工作时,则应确认其工作状态:Ⅰ路工作,将旁路开关从"正常位"转换至"直供位"。

(3)各种电源模块的电气参数应符合表 12-14、表 12-15 的要求。

表 12-14

序号	模块名称	额定输出参数	负载类型	输出电压允许范围(V)	绝缘电阻(DC 500 V)	备 注
1	MZR-J220/23	AC 220 V/23 A	—	同外电网	≥25 MΩ	单相 5 kV·A 输入转换模块
	MZR-J220/46	AC 220 V/46 A	—	同外电网	≥25 MΩ	单相 10 kV·A 输入转换模块
	MZR-J380/23	AC 380 V/23 A	—	同外电网	≥25 MΩ	三相 15 kV·A 输入转换模块
	MZR-J380/46	AC 380 V/46 A	—	同外电网	≥25 MΩ	三相 30 kV·A 输入转换模块
2	MW-J220/16	AC 220 V/16 A	稳压器模块	AC 220±6.6	≥25 MΩ	用于集中稳压
	MW-J220/23	AC 220 V/23 A	稳压器模块	AC 220±6.6	≥25 MΩ	
	MW-J220/46	AC 220 V/46 A	稳压器模块	AC 220±6.6	≥25 MΩ	

序号	模块名称	额定输出参数	负载类型	输出电压允许范围（V）	绝缘电阻（DC 500 V）	备注
3	MP-J220/2.5	AC 220 V/2.5 A	信号电源 动态电源 道岔表示 稳压备用	AC 220±10	≥25 MΩ	
	MP-J220/5	AC 220 V/5 A				
	MP-J220/10	AC 220 V/10 A				
	MP-J220/3×2	AC 220 V/3 A×2				
	MP-J220/5×2	AC 220 V/5 A×2				
	MPV-J220/5×2	AC 220 V/5 A×2	轨道电源			50 Hz 轨道用
	MP-J24/20	AC 24 V/20 A	表示灯	AC 24±3	≥25 MΩ	只在电气集中电源系统出现
		AC 24 V/2 A	闪光灯		≥25 MΩ	
	MP-J24/50	AC 24 V/50 A	表示灯	AC 24±3	≥25 MΩ	
		AC 24 V/4 A	闪光灯		≥25 MΩ	
	MP-J220/20	AC 220 V/15 A	计算机联锁电源	AC 220±10	≥25 MΩ	只在计算机联锁系统出现
4	MW-Z24/20	DC 24 V/20 A	继电器	DC 24±0.5	≥25 MΩ	
	MP-Z24/20	DC 24 V/20 A	继电器	DC 24$^{+3.5}_{-0.5}$	≥25 MΩ	
	MP-Z24/40	DC 24 V/40 A	继电器	DC 24$^{+3.5}_{-0.5}$	≥25 MΩ	
	MP-Z24/1×2	DC 24~60 V/1 A×2	半自动闭塞或站间联系电源	DC 24~60±5	≥25 MΩ	
	MP-Z24/1×4	DC 24-60 V/1 A×4	半自动闭塞或站间联系电源	DC 24-60±5	≥25 MΩ	
	MP-Z220/12.5	DC 220 V/12.5 A	直流转辙机	DC 220$^{+20}_{-10}$	≥25 MΩ	
	MP-Z220/16	DC 220 V/16 A	直流转辙机	DC 220$^{+20}_{-10}$	≥25 MΩ	
	MP-Z220/30	DC 220 V/30 A	直流转辙机	DC 220$^{+20}_{-10}$	≥25 MΩ	
5	MP-J380/7.5	AC 380 V/5 kV·A	交流转辙机	同外电网	≥25 MΩ	
	MP-J380/15	AC 380 V/10 kV·A	交流转辙机	同外电网	≥25 MΩ	
	MP-J380/23	AC 380 V/15 kV·A	交流转辙机	同外电网	≥25 MΩ	三相四线制
	MP-J380/30	AC 380 V/20 kV·A	交流转辙机	同外电网	≥25 MΩ	
	MP-J380/46	AC 380 V/30 kV·A	交流转辙机	同外电网	≥25 MΩ	

冶金企业铁路信号维护规则

序号	模块名称	额定输出参数	负载类型	输出电压允许范围(V)	绝缘电阻(DC 500 V)	备注
6	MBD-2000	AC 220 V/1200 V·A	25 Hz 轨道电路	AC 220±6.6	≥25 MΩ	局部电源超前轨道电源90°
		AC 110 V/800 V·A	25 Hz 局部电路	AC 220±3.3	≥25 MΩ	
	MBD-4000	AC 220 V/2400 V·A	25 Hz 轨道电路	AC 220±6.6	≥25 MΩ	
		AC 110 V/1600 V·A	25 Hz 局部电路	AC 220±3.3	≥25 MΩ	
7	MP-Z24/20(2)	DC 24 V/20 A,2 s	后备电源			只在驼峰屏系统出现
	MPT-Z24/40	DC 24 V/40 A	电空阀电源	DC 24$^{+3.5}_{-0.5}$	≥25 MΩ	
	MPT-Z220/30	DC 220 V/30 A	直流转辙机	DC 20$^{+20}_{-10}$	≥25 MΩ	

表 12-15

序号	模块名称	额定输出参数	负载类型	输出电压允许范围(V)	绝缘电阻(DC 500 V)	备注
1	JYJ-220/10	AC 220 V/10 A	信号点灯、道岔表示、稳压备用、电码化、微机联锁、微机监测等		≥25 MΩ	隔离模块
2	JYB-220/06	AC 220 V/6 A	25 HZ 轨道电路	AC 220±6.6(轨道)	≥25 MΩ	相位差90°
3	JYB-110/08	AC 110 V/8 A	25 HZ 轨道电路	AC 110±3.3(局部)	≥25 MΩ	相位差90°
4	JYB-220/11	AC 220 V/11 A	25 HZ 轨道电路	AC 220±6.6(轨道)	≥25 MΩ	相位差90°
5	JYB-110/15	AC 110 V/15 A	25 HZ 轨道电路	AC 110±3.3(局部)	≥25 MΩ	相位差90°
6	JYZ-220/20	DC 220 V/20 A	直流转辙机	DC 220±5	≥25 MΩ	
7	JYZ-24/50	DC 24 V/50 A	继电器、区间轨道、站内电码化等	DC 24$^{+3.5}_{-0.5}$	≥25 MΩ	
8	JYZ2-24/50	DC 24 V/50 A	继电器、区间轨道、站内电码化等	DC 24$^{+3.5}_{-0.5}$	≥25 MΩ	
9	JYZ-24/20	DC 24 V/20 A	继电器、电空转辙机等	DC 24$^{+3.5}_{-0.5}$	≥25 MΩ	
10	JYZ2-24/20	DC 24 V/20 A	继电器、电空转辙机等	DC 24$^{+3.5}_{-0.5}$	≥25 MΩ	

12.2.14 PDZ 系列铁路信号智能电源屏

(1)过、欠压监测器动作响应时间的调整范围为 0.1~20 s,一般调整为 2 s。

(2)欠压保护值的调整范围为 0.75～0.85 V;过压保护值的调整范围为 1.1～1.2 U(U 为输入电源电压值)。

(3)各种电源模块主要电气参数应符合下列要求:

①交流稳压器主要电气参数见表 12-16。

表 12-16

序号	模块名称	额定输入电源	额定输出参数	负载类型	输出电压允许范围	绝缘电阻(DC 500 V)	备 注
1	AFD-03B	AC 220 V	AC 220 V/14 A		±3%	≥25 MΩ	
2	AFD-05B	AC 220 V	AC 220 V/23 A	信号点灯轨道电路等	±3%	≥25 MΩ	
3	AFD-08B	AC 220 V	AC 220 V/37 A		±3%	≥25 MΩ	
4	AFD-10B	AC 220 V	AC 220 V/46 A		±3%	≥25 MΩ	

②25 Hz 电源模块主要电气参数见表 12-17。

表 12-17

序号	模块名称	额定输入电源	额定输出参数	负载类型	输出电压允许范围(V)	绝缘电阻(DC 500 V)	备注
1	AMA-25-2000	AC 220 V	AC 220 V/6 A AC 110 V/7.3 A	25 HZ轨道电路	AC 220±6.6(轨道) AC 110±3.3(局部)	≥25 MΩ	相位差90°
2	AMA-25-4000	AC 220 V	AC 220 V/12 A AC 110 V/14.6 A	25 HZ轨道电路	AC 220±6.6(轨道) AC 110±3.3(局部)	≥25 MΩ	相位差90°
3	AMA-25-6000A	AC 220 V	AC 220 V/18 A	25 HZ轨道电路	AC 220±6.6(轨道)	≥25 MΩ	相位差90°
4	AMA-25-6000B		AC 110 V/22 A	电路	AC 110±3.3(局部)		

③175 Hz 电源模块主要电气参数见表 12-18。

表 12-18

模块名称	额定输入电源	额定输出参数	负载类型	输出电压允许范围(V)	绝缘电阻(DC 500 V)	备注
AMA-175-4000	AC 220 V	AC 220 V/18 A	工频测长	AC 220±6.6	≥25 MΩ	

④AMZ 系列直流模块主要电气参数见表 12-19。

表 12-19

序号	模块名称	额定输入电源	额定输出参数	负载类型	输出电压允许范围（V）	绝缘电阻（DC 500 V）	备注
1	AMZ-024C-30	AC 220 V	DC 24 V/30 A	区间轨道、继电器等	±0.5	≥25 MΩ	
2	AMZ-024C-50	AC 220 V	DC 24 V/50 A	区间轨道、继电器等	±0.5	≥25 MΩ	
3	AMZ-024C-85	AC 220 V	DC 24 V/85 A	区间轨道、继电器等	±0.5	≥25 MΩ	
4	AMZ-220C-20	AC 220 V	DC 220 V/20 A	直流转辙机	±10	≥25 MΩ	短时输出
5	AMZ-072C-08	AC 220 V	24～100 V/2A×4	站间联系、闭塞等	±5 V	≥25 MΩ	

⑤隔离电源模块主要电气参数见表 12-20。

表 12-20

序号	模块名称	额定输入电源	额定输出参数	负载类型	输出电压允许范围（V）	绝缘电阻（DC 500 V）	备注
1	BX-52B	AC 220 V	AC 220 V/5 A×2	信号机点灯、轨道等	±10	≥25 MΩ	
2	BX-10B	AC 220 V	AC 220 V/10 A	信号机点灯、轨道等	±10	≥25 MΩ	
3	BX-15B	AC 220 V	AC 220 V/15 A	信号机点灯、轨道等	±10	≥25 MΩ	
4	BX-024S	AC 220 V	AC 24 V/30 A/4 A	表示、闪光等	±3	≥25 MΩ	

12.2.15 DS 系列铁路信号智能电源屏。

(1)两路交流输入电源一主一备工作方式,且能自动或手动切换,并具有直供功能。

(2)具有主路跟踪功能:正常情况下可靠性较高的一路电源作为Ⅰ路供电电源,另一路作为Ⅱ路电源;Ⅰ路电源故障时,自动切换到Ⅱ路电源供电,Ⅰ路电源恢复后,自动转为Ⅰ路电源供电。

(3)采用集中无触点稳压方式,当稳压器故障时,自动旁路,稳压器外部设置手动旁路直供开关,实现断电维修。

(4)交、直流电源模块采用1+1或 $N+M$ 冗余方式,交流模块自动转换,直流模块并联均流。

（5）各种电源模块电气参数应符合表 12-21 的要求。

表 12-21

序号	模块名称	额定输出参数	负载类型	输出电压允许范围	绝缘电阻(DC 500 V)	备注
1	DSJL-1100/220G	AC 220 V/5 A	信号点灯、道岔表示、稳压备用、电码化、50 Hz 轨道电路等	AC(220±10) V	≥25 MΩ	
2	DSJL-1500/220G	AC 220 V/6 A			≥25 MΩ	
3	DSJL-2200/220G	AC 220 V/10 A			≥25 MΩ	
4	DSJL-3500/220G	AC 220 V/15 A			≥25 MΩ	
5	DSJL-5000/220	AC 220 V	稳压器模块	AC(220±6.6) V	≥25 MΩ	
6	DSBS-20/24	AC 24 V/20 A+2 A	表示及闪光	AC(24±3) V	≥25 MΩ	闪光频率 90～120 次/min
7	DSBS-50/24	AC 24 V/50 A+4 A	表示及闪光	AC(24±3) V	≥25 MΩ	闪光频率 90～120 次/min
8	DSZSL-2/24	DC 24 V/2 A	直流闪光电源	DC 24 V	≥25 MΩ	闪光频率 60～120 次/min
9	DSJSL-2/110	AC 110 V/2 A	交流闪光电源	AC 110 V	≥25 MΩ	闪光频率 60～120 次/min
10	DSZL-20/24	DC 24 V/20 A	继电器、区间轨道、电码化	DC(24±0.5) V	≥25 MΩ	
11	DSZL-30/24	DC 24 V/30 A			≥25 MΩ	
12	DSZL-50/24	DC 24 V/50 A			≥25 MΩ	
13	DSZL-100/24	DC 24 V/100 A			≥25 MΩ	
14	DSZL-50/48	DC 48 V/50 A	ATP 电源	DC(48±0.5) V	≥25 MΩ	
15	DSZL-16/220	DC 220 V/16 A	直流电转机	DC(220±10) V	≥25 MΩ	
16	DSFL-2000/25	AC 220 V/1 200 V·A	25 Hz 轨道电路	AC(220±6.6) V	≥25 MΩ	局部电源超前轨道电源 90℃
		AC 110 V/800 V·A	25 Hz 局部电源	AC(110±3.3) V		
17	DSFL-4000/25	AC 220 V/2 400 V·A	25 Hz 轨道电路	AC(220±6.6) V	≥25 MΩ	
		AC 110 V/1 600 V·A	25 Hz 局部电源	AC(110±3.3) V		
18	DSJL-10K/380G	AC 380 V/10 kV·A	交流电转机	电网电压	≥25 MΩ	三相四线制
19	DSJL-15K/380G	AC 380 V/15 kV·A	交流电转机	电网电压	≥25 MΩ	
20	DSJL-30K/380G	AC 380 V/30 kV·A	交流电转机	电网电压	≥25 MΩ	
21	DSZL-2/24-120	DC 24 V～120 V/2 A	闭塞电源	DC 24 V～120 V±5 V	≥25 MΩ	

序号	模块名称	额定输出参数	负载类型	输出电压允许范围	绝缘电阻(DC500 V)	备注
22	DSDC-20/24/2S	DC 24 V/20 A/2S	后备电源	2 秒/20 A	≥25 MΩ	驼峰电源专用
23	DSBY-4000/25	AC 220 V/4 000 V·A/25 Hz	25 Hz 测长电源	AC 220 V±3%	≥25 MΩ	驼峰测长电源
24	DSBY-4000/175	AC 220 V/4 000 V·A/175 Hz	175 Hz 测长电源	AC 220 V±3%	≥25 MΩ	驼峰测长电源
25	DSBY-4000/175C	AC 220 V/4 000 V·A/175 Hz	175 Hz 测长电源	AC 220 V±3%	≥25 MΩ	驼峰测长电源

12.3 变 压 器

12.3.1 变压器线圈、铁芯(信号、轨道变压器用 C 型铁芯,中继变压器用 C 型或 E 型叠片式铁芯)及配件应装配牢固,标志及文字清晰;接线端子具有可靠防松措施;焊点应光洁牢固,引接线采用耐高温阻燃线,无断股和碰伤,并加绝缘套管;变压器一次线圈与二次线圈之间,一次线圈、二次线圈与铁芯、外壳之间的绝缘电阻值均不应小于 1 000 MΩ。

12.3.2 变压器输入额定电压空载时,二次端子电压的误差不大于端子额定电压值的+5%。在变压器额定负载条件下,一次线圈施加额定电压时,100 V·A 以下变压器输出电压不小于端子额定电压值的 85%,100~300 V·A 变压器输出电压不小于端子额定电压值的 90%。

12.3.3 信号变压器。

(1)BX 型信号变压器各线圈电压如图 12-1 所示。

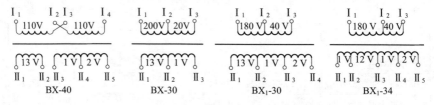

图 12-1

(2)BXY-60 型远程点灯信号变压器各线圈电压如图 12-2 所示。

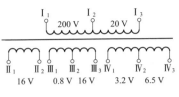

图 12-2

（3）BXQ-80 型远程点灯信号变压器各线圈电压如图 12-3 所示。

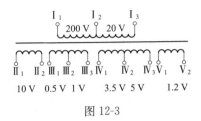

图 12-3

（4）信号变压器电气特性应符合表 12-22 的要求。

表 12-22

型号	额定容量 (V·A)	一次线圈			二次线圈	
		额定电压 (V)	空载电流不大于 (A)	额定电流 (A)	额定电压 (V)	额定电流 (A)
BX-40	40	110	0.08	0.44	10~16	2.5
		220	0.04	0.21		
BX-30	30	200	0.012	—	13、14	2.15
		220				
BX₁-30	30	180	0.012	—	13、14、16	2.31、2.14、1.88
		220				
BX₁-34	34	180	0.011	—	1、12、1、2、16	2.1
		220				
BXY-60	60	200	0.011	—	16、0.8、1.6、3.2、 6.5、28.1	2.1
		220				
BXQ-80	80	200	0.013	—	10、0.5、1、3.5、 5、1.2、20	2.1
		220				

12.3.4 轨道变压器

(1)BG 型轨道变压器各线圈电压如图 12-4 所示,电气特性应符合表 12-23 的要求。

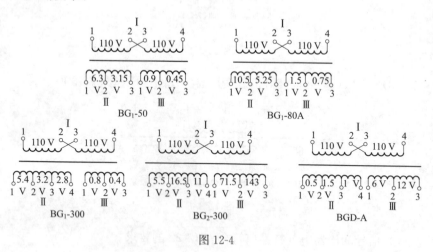

图 12-4

表 12-23

型号	额定容量 (V·A)	一次线圈		二次线圈	
		额定电压 (V)	空载电流 不大于 (A)	额定电压 (V)	额定电流 (A)
BG₁-50	50	110、220	0.020	0.45、0.9、3.15、6.3、10.80	4.5
BG₁-80A	80	110、220	0.015	0.75、1.5、5.25、10.5、18	4.5
					6 (2 000 Hz 允许电流)
BG₁-300	300	110、220	0.200	0.4、0.8、2.8、8.2 、5.4、17.6	18
BG₂-300	300	110、220	0.200	5.5、16.5、11、71.5、143、247.5	1.21
BGD-A		220	—	0.5、1.0、1.5、6.0、12、21	12
注:BG₁-80A 二次线圈允许电流值 6 A,是保证当移频电码化出口电流小于等于 6 A 时,不损坏变压器。					

(2)25 Hz 轨道变压器各线圈电压如图 12-5 所示,电气特性应符合表 12-24 的要求。

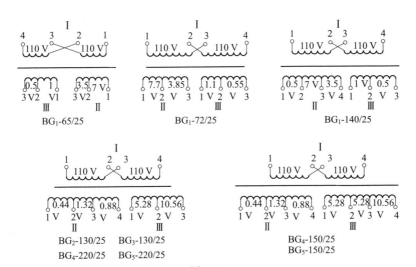

图 12-5

表 12-24

型　　　号	额定容量(V·A)	额定频率(Hz)	铁芯频率(Hz)	一次线圈			二次线圈	
				额定电压(V)	空载电流不大于(mA)	激磁阻抗不小于(kΩ)	额定电压(V)	额定电流(A)
BG₁-65/25	65	25	—	220	20	—	0.5～12.0	5.4
BG₁-72/25	72	25	50	220	15	14.67	0.55、 1.1、 3.85、7.7、13.2	5.4
BG₁-140/25	140	25	—	220	40	—	0.5～17.5	8
BG₂-130/25	130	25	400	220	30	7.35	0.44、 0.88、 1.32、5.28、10.56、18.48	7
BG₃-130/25	130	25	50	220	30	7.35	0.44、 0.88、 1.32、5.28、10.56、18.48	7
BG₄-150/25	150	25	400	220	40	5.50	0.44、 0.88、 1.32、3.52、5.28、10.56、22	7
BG₄-220/25	220	25	400	220	40	5.50	0.44、 0.88、 1.32、5.28、10.56、18.48	12
BG₅-150/25	150	25	50	220	40	5.50	0.44、 0.88、 1.32、3.52、5.28、10.56、22	7
BG₅-220/25	220	25	50	220	40	5.50	0.44、 0.88、 1.32、5.28、10.56、18.48	12

冶金企业铁路信号维护规则

（3）电码化轨道电路变压器线圈电压如图 12-6 所示，电气特性应符合表 12-25 的要求。

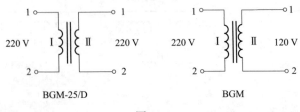

图 12-6

表 12-25

型　号	额定容量 (V·A)	频率 (Hz)	额定电压(V)		额定电流(A)	空载电流不大于 (mA)
			一次	二次	二次	
BGM-25/D	50	25	220	220	0.22	40
BGM	500	50	220	120	4.2	400
注：1. BGM-25/D 型用于 25Hz 轨道电路移频叠加(隔离变压器)； 　　2. BGM 用于非电气化电码化区段(电源变压器)。						

（4）BGP 型轨道变压器，当 40 匝线圈开路，对于 500 匝线圈串入 200 Ω 电阻，送入 500 Hz 振荡频率，变压器开路电压比应为 12.5：1，开路阻抗不小于 2 600 Ω。

12.3.5 BZ 型中继变压器各线圈电压见图 12-7，电气特性应符合表 12-26 的要求。

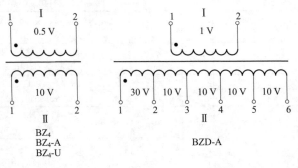

图 12-7

表 12-26

型号	额定容量 (V·A)	额定频率 Hz	一次线圈 额定电压 (V)	二次线圈 空载电压 (V)	二次线圈 负载电压 (V)	一次线圈 空载电流 (A)	一次线圈 额定电流 (A)	额定负载 (Ω)
BZ$_4$	1	50	0.5	≤10.5	≥9.2	0.20~0.30	2.5	410
BZ$_4$-A	2	50	0.5	≤11	≥9.4	0.25~0.27	3.5	410
	20	650	≥8	220	—	—		—
BZ$_4$-U	3	50	0.5	≤11	≥9.4	0.25~0.27	6	410
	50	2 000	≥8	220	—	—		—
BZD-A	12	50	1	—	≥63	—	12	3 000

12.3.6 道岔表示变压器的电气特性应符合表 12-27 的要求。

表 12-27

类 别	容量 (V·A)	一次线圈 额定电压 (V)	一次线圈 空载电流 不大于(mA)	二次线圈 额定电压 (V)	二次线圈 额定电流 (mA)
BD$_1$-7	7	220	15	110	65
BD$_1$-10	10	220	15	220	46

12.3.7 电码变压器的电气特性应符合表 12-28 的要求。

表 12-28

类 型	容量 (V·A)	一次线圈 额定电压 (V)	一次线圈 空载电流 不大于(A)	一次线圈 额定电流 (A)	二次线圈 额定电压 (V)	二次线圈 额定电流 (A)
BM-150/25(50)	150	220	0.05	0.65	10~250	0.6
BM$_1$-100/25(50)	100	220	0.02	0.55	20~240	0.45
BM$_1$-100/50	100	220	0.02	0.55	20~240	0.45
BM$_1$-A72/25	72	220	0.034	—	5.5~132	0.55

12.3.8 扼流变压器

(1)25 Hz 轨道电路用 BE 型扼流变压器的线圈结构如图 12-8 所示；其电气特性应符合表 12-29 和表 12-30 的要求。

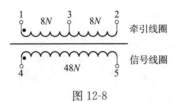

图 12-8

表 12-29

变压器类型			BE-400/25	BE-600/25
中点允许通过连续总电流		(A)	400	600
同名端			1、4	1、4
匝比(牵引线圈 1-2/信号线圈 4-5)		(N)	1:3	1:3
牵引线圈未经 50 Hz 电源磁化阻抗	未经 50 Hz 电源磁化的牵引线圈加 25 Hz 、0.3V 电压,其阻抗应不小于 (Ω)		0.5	1.5
	未经 50 Hz 电源磁化的牵引线圈加 25 Hz 、3V 电压,其阻抗应不小于 (Ω)		1.5	—
牵引线圈经 50 Hz 电源磁化阻抗	经 50 Hz 7.5 V 电源磁化的牵引线圈加 25 Hz、4V 电压,其阻抗应不小于 (Ω)		0.7	—
	经 50 Hz 9.5 V 电源磁化的牵引线圈加 25 Hz、5 V 电压,其阻抗应不小于 (Ω)		—	2.5
不平衡牵引电流不小于 50A 时,信号线圈的开路电压不大于 (V)			95	95
信号线圈加 50 Hz、30 V 电压,牵引线圈的开路电压 (V)			10±0.5	

表 12-30

变压器类型			BE₁-400/25 BE₂-400/25	BE₁-600/25 BE₂-600/25	BE₁-800/25 BE₂-800/25	BE₁-1000/25 BE₂-1000/25	BE₁-1600/25 BE₂-1600/25
中点允许通过连续总电流(A)			400	600	800	1 000	1 600
同名端			1、4	1、4	1、4	1、4	1、4
匝比(牵引线圈 1-2/信号线圈 4-5)(N)			1:3	1:3	1:3	1:3	1:3
牵引线圈未经磁化阻抗	牵引线圈加 25 Hz、0.4 V 电压	阻抗不小于(Ω)	0.8	0.8	0.8	0.9	0.9
		阻抗角不小于	75°	75°	75°	75°	75°
	牵引线圈加 25 Hz 、2.5 V 电压,其阻抗应不大于(Ω)		1.2	1.2	1.2	1.3	1.3
牵引圈经 50Hz 电源磁化阻抗	经 50 Hz 、15 V 电源磁化的牵引线圈加 25 Hz、2.5 V 电压,其阻抗不小于(Ω)		1.0	1.0	1.0	1.0	1.0
不平衡度应小于			0.5%	0.5%	0.5%	0.5%	0.5%
注:BE₁ 型为 400 Hz 铁芯,BE₂ 型为 50 H 铁芯,BE₁、BE₂ 型用于 97 型 25 Hz 相敏轨道电路。							

(2)25 Hz 轨道电路用 BES 型抗干扰扼流变压器：

①BES₁、BES₂型抗干扰扼流变压器的线圈结构如图 12-9 所示，其电气特性应符合表 12-31 的要求；适配器电气特性应符合表 12-32 的要求；适配器抗干扰线圈抽头的使用方法连接调整表见表 12-33。

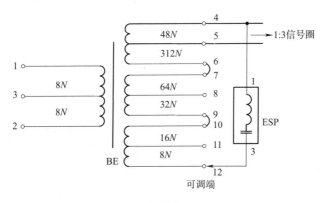

图 12-9

表 **12-31**

变压器类型		BES₁-400/25 BES₁-600/25	BES₂-600/25 BES₂-800/25
中点允许通过连续总电流	(A)	400、600	600、800
同名端		1、4、7、10	1、4、7、10
匝比(牵引线圈 1-2/信号线圈 4-5)	(N)	1：3	1：3
牵引线圈未经磁化阻抗	牵引线圈加 25 Hz、0.5～1.5 V 电压，其阻抗值(误差±5%) (Ω)	0.327	0.218
不平衡度应小于		0.5%	0.5%

表 **12-32**

类　　型		ESP1	ESP2
适配器槽路谐振品质因数 Q		＞20	＞18
电容 C：容量/耐压	(μF/V)	20/450	30/630
电感线圈：电感量/饱和电流	(H/A)	0.506 6/2	0.337 7/3
谐振阻抗不大于	(Ω)	8	5.6

表 12-33

序号	区段长度(m)	连接端	使用端	匝比	序号	区段长度(m)	连接端	使用端	匝比
1	30~100	6-7,9-10	4、12	30.0	17	120~1 500	6-12,9-10	4、11	22.0
2	35~180	6-7,9-10	4、11	29.5	18	130~1 500	6-11,9-10	4、10	21.5
3	40~260	6-7,9-11	4、12	29.0	19	140~1 500	6-12,9-10	4、10	21.0
4	45~340	6-7,9-10	4、9	28.5	20	160~1 500	6-9,9-10	4、8	20.5
5	50~420	6-7,8-10	4、12	28.0	21	180~1 500	6-12,9-11	4、8	20.0
6	55~500	6-7,8-10	4、11	27.5	22	200~1 500	6-11,9-10	4、8	19.5
7	60~580	6-7,8-11	4、12	27.0	23	240~1 500	6-12,9-10	4、8	19.0
8	65~660	6-7,9-10	4、8	26.5	24	280~1 500	6-8,9-10	4、7	18.5
9	70~740	6-8,9-10	4、12	26.0	25	320~1 500	6-12,8-11	4、7	18.0
10	75~820	6-8,9-10	4、11	25.5	26	360~1 500	6-11,8-10	4、7	17.5
11	80~900	6-8,9-11	4、12	25.0	27	400~1 500	6-12,8-10	4、7	17.0
12	85~1 000	6-8,9-10	4、9	24.5	28	450~1 500	6-9,9-10	4、7	16.5
13	90~1 100	6-9,9-10	4、12	24.0	29	500~1 500	6-12,9-11	4、7	16.0
14	95~1 200	6-9,9-10	4、11	23.5	30	550~1 500	6-11,9-10	4、7	15.5
15	100~1 300	6-9,9-11	4、12	23.0	31	600~1 500	6-12,9-10	4、7	15.0
16	110~1 400	6-7,9-10	4、6	22.5					

②BES-600/25 型、BES₁-800/25 型抗干扰扼流变压器的线圈结构如图 12-10 所示,其电气特性应符合表 12-34 的要求;适配器电气特性应符合表 12-35 的要求;适配器端子连接调整表见表 12-36。

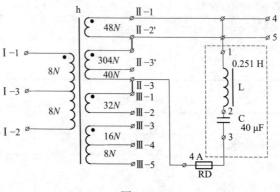

图 12-10

表 12-34

变压器类型		BES-600/25	BES₁-800/25
中点允许通过连续总电流	(A)	600	800
匝比(牵引线圈1-2/信号线圈4-5)	(N)	1：3	1：3
牵引线圈未经磁化阻抗	牵引线圈加 25 Hz、0.3～6.5 V 电压,其阻抗 (Ω)	0.22±0.02	0.16±0.02
不平系数应小于		0.1％	0.1％

表 12-35

类　型	BES-600/25 适配器	BES₁-800/25 适配器
适配器槽路谐振品质因数 Q	＞20	＞20
电容 C:容量/耐压　(μF/V)	30/630	30/630
电感线圈:电感量/饱和电流(H/A)	0.251/4	0.377/4
谐振阻抗不大于　(Ω)	5.6	5.6

表 12-36

序号	长度(m)	连接端	使用端	匝比	序号	长度(m)	连接端	使用端	匝比
1	30～120	Ⅱ-3、Ⅲ-1 Ⅲ-2、Ⅲ-3	Ⅱ-1 Ⅲ-5	28	9	250～700	Ⅱ-3、Ⅲ-5	Ⅱ-1 Ⅲ-4	24
2	50～150	Ⅱ-3、Ⅲ-1 Ⅲ-2、Ⅲ-3	Ⅱ-1 Ⅲ-4	27.5	10	300～800	Ⅱ-3、Ⅲ-4	Ⅱ-1 Ⅲ-3	23.5
3	80～200	Ⅱ-3、Ⅲ-1 Ⅲ-2、Ⅲ-4	Ⅱ-1 Ⅲ-5	27	11	400～900	Ⅱ-3、Ⅲ-5	Ⅱ-1 Ⅲ-3	23
4	100～250	Ⅱ-3、Ⅲ-1	Ⅱ-1 Ⅲ-2	26.5	12	500～1 000	Ⅱ-3、Ⅲ-2	Ⅱ-1 Ⅲ-3	22.5
5	120～300	Ⅱ-3、Ⅲ-1 Ⅲ-2、Ⅲ-5	Ⅱ-1 Ⅲ-4	26	13	600～1 100	Ⅱ-3、Ⅲ-1 Ⅲ-2、Ⅲ-4	Ⅱ-1 Ⅲ-3	22
6	140～400	Ⅱ-3、Ⅲ-1 Ⅲ-3	Ⅱ-1 Ⅲ-3	25.5	14	700～1 300	Ⅱ-3、Ⅲ-1 Ⅲ-2、Ⅲ-4	Ⅱ-1 Ⅲ-3	21.5
7	150～500	Ⅱ-3、Ⅲ-1 Ⅲ-2、Ⅲ-5	Ⅱ-1 Ⅲ-3	25	15	800～1 500	Ⅱ-3、Ⅲ-5 Ⅲ-2、Ⅲ-3	Ⅱ-1 Ⅲ-1	21
8	200～500	—	Ⅱ-1 Ⅱ-3	24.5	16		—		

(3)移频轨道电路 BEP-400 型和 BE₁ 型扼流变压器的线圈结构如图 12-11 所示,其电气特性应符合表 12-37 的要求。

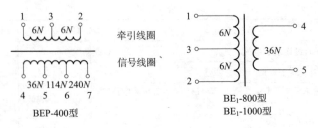

牵引线圈

信号线圈

BEP-400型

BE₁-800型
BE₁-1000型

图 12-11

表 12-37

变压器类型		BEP-400	BE₁-800	BE₁-1000
中点允许通过连续总电流　　(A)		400	600(干式) 800(油式)	800(干式) 1 000(油式)
变比(牵引线圈/信号线圈)		1:3、1:9.5、1:20	1:3	1:3
牵引线圈空 载阻抗不小于 (Ω)	牵引线圈加 850 Hz 130 mV 电压	1.8		
	牵引线圈加 495 Hz 130 mV 电压		1.4	1.4
	牵引线圈加 495 Hz 4 V 电压		2.5	2.5
不平衡系数应小于		5%	0.3%	0.3%

(4)BET 型通用扼流变压器的线圈结构如图 12-12 所示,其电气特性应符合表 12-38 的要求。

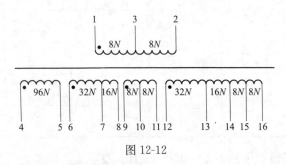

图 12-12

706

表 12-38

类 型 项 目		BET-400	BET-600	BET-800
中点允许通过连续总电流 (A)		400	600	800
变比(牵引线圈/信号线圈)			$1:6,1:2,1:(2+1),1:(0.5+0.5),1:$ $(2+1+0.5+0.5)$	
牵引线圈加 25 Hz、 0.3 V 电压	牵引线圈阻抗 (Ω)	0.9	1.0	1.03
	牵引线圈电流 (A)	0.33	0.3	0.29
零引线圈加 25 Hz、 3 V 电压	牵引线圈阻抗 (Ω)	1.3	1.3	1.29
	牵引线圈电流 (A)	2.3	2.29	2.32
不平衡牵引电流不小于 50 A 时,变比 $n=3$ 时信号线圈开路电压不大于 (V)		90	90	90
额定电流作用下,空载两线圈的不平衡系 数小于		0.5%	0.5%	0.5%

(5)BE1K-800 型抗干扰扼流变压器:

①BE1K-800 型扼流变压器适用于 UM71、ZPW-2000 轨道电路,平衡或连通牵引电流。电气原理如图 12-13。

②电气参数应符合下列要求:

牵引线圈中点允许通过连续总电流为 800 A(即每个线圈可达 400 A);

牵引线圈和信号线圈匝数比为 1:3;

牵引线圈加 1 700 Hz、0.4~4 V 开路阻抗大于 17 Ω;

不平衡系数:1%。

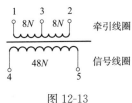

图 12-13

12.3.9 BGY-80 系列远程隔离变压器:

BGY₁-80、BGY₂-80 远程隔离变压器主要用于区间通过信号机点灯室内送电,能够起到隔离及远距离点灯调整作用。一台 BGY₂-80 变压器可同时供室外两个信号点灯变压器工作,传输距离为 0~18 km,输出电压调整见 12.2.9 条第(4)款。

(1)BGY₂-80 远程隔离变压器电气参数应符合下列要求:

①空载电流:Ⅰ 次侧输入交流 220 V 时,空载电流小于 15 mA。

②负载电流:Ⅰ 次侧输入交流 220 V;Ⅱ 次额定电流为 0.32 A。

③绝缘耐压:Ⅰ 次侧对 Ⅱ 次侧及 Ⅰ 次侧、Ⅱ 次侧分别对外壳测试,

冶金企业铁路信号维护规则

绝缘耐压 50 Hz、2 000 V,测试时间 30 s 无击穿闪络现象。

④绝缘电阻: Ⅰ 次侧对 Ⅱ 次侧及 Ⅰ 次侧、Ⅱ 次侧分别对外壳,用 ZC-7 兆欧表 500 V 挡测试,绝缘电阻 $R \geqslant 1\ 000$ MΩ。

⑤空载电压误差不应大于 5%。

(2)BGY$_2$-80 远程隔离变压器电气原理图见图 12-14;Ⅱ 次的输出电压及电压调整见表 12-39。

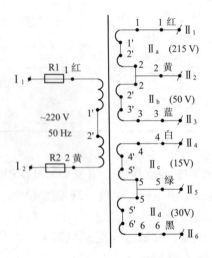

图 12-14

表 12-39

输入电压: Ⅰ$_1$-Ⅰ$_2$,50 Hz、220 V		
输出(V)	使用端子	连接端子
200	Ⅱ$_{1-4}$	Ⅱ$_{2-5}$
215	Ⅱ$_{1-2}$	—
230	Ⅱ$_{1-5}$	Ⅱ$_{2-4}$
245	Ⅱ$_{1-6}$	Ⅱ$_{2-5}$
260	Ⅱ$_{1-6}$	Ⅱ$_{2-4}$
265	Ⅱ$_{1-3}$	—
280	Ⅱ$_{1-5}$	Ⅱ$_{3-4}$
295	Ⅱ$_{1-6}$	Ⅱ$_{3-5}$
310	Ⅱ$_{1-6}$	Ⅱ$_{3-4}$

12.4   25 Hz 分频器

12.4.1   25 Hz 分频器的容量,旧型为:100 V・A、300 V・A、600 V・A、1 400 V・A;97 型为:400 V・A、800 V・A、1 200 V・A。

12.4.2   25 Hz 分频器的主要技术指标应符合表 12-40 的要求。

表 12-40

技 术 指 标		旧 型	97 型
额定输入/输出频率	(Hz)	50/25	50/25
额定输入电压	(V)	220	220
允许输入电压波动范围	(V)	176~253	160~260
额定输出电压	(V)	110、220	110、220
允许输出电压波动范围		±5%	±3%
在额定负载条件下起振电压	(V)	176~253	160~260
当电源电压在 176~253 V 范围内,负载从零至满载变化时,分频器输出的 220 V、110 V(25 Hz)电压中 50 Hz 谐波分量不大于		4%	4%
当环境温度为 +40 ℃,输入电压为额定值时,分频器温升不大于	(℃)	65	65
分频器线圈对地正常绝缘电阻,不应小于	(MΩ)	25	25

12.5   整 流 器

12.5.1   整流器共同要求:

(1)整流器的变压器应符合第 12.3.2 条的要求。

(2)整流元件的特性,应符合有关技术标准的规定,并应选用特性相近的元件组成整流器。整流器在正常工作时,每个整流元件的正向电压降不大于 1 V。

(3)整流器在额定输出电流时,其直流电压不应低于额定值。

12.5.2   ZG 型、ZG_1 型、ZG_2 型硅整流器主要电气特性应符合表 12-41 的要求。

表 12-41

型　　号	容量 (V·A)	变压器额定电压(V)		空载电流 不大于 (mA)	额定直流输出	
		初级	次级		电压不小于(V)	电流(A)
ZG-2.2/2.2 ZG$_1$-2.2/2.2	24	220	3.6～9	30 20	2.2	2.2
ZG-13.2/0.6 ZG$_1$-13.2/0.6	24	220	10.5～23.5	40 20	13.2	0.6
ZG-13.2/1.2 ZG$_1$-13.2/1.2	35	220	10.5～23.5	40 30	13.2	1.2
ZG-13.2/2.4 ZG$_1$-13.2/2.4	72	220	10.5～23.5	50 30	13.2	2.4
ZG-24/2.4 ZG$_1$-24/2.4	100	220	28～41	30	24	2.4
ZG-130/0.1	10	110/220	—	—	50、80、130	0.1
ZG$_2$-42/0.5 ZGC$_2$-R42/0.5	21	220		10	24、28、 32、36、42	0.5
ZGC$_1$-R130/0.1	10	110/220		10	50、80、130	0.5

12.5.3 ZG$_1$-220/0.1、ZG$_1$-100/0.1 及 ZG$_2$-220/0.2、ZG$_2$-100/0.1 型整流器的主要电气特性应符合表 12-42 的要求。

表 12-42

型　　号	容量 (V·A)	输入 (Ⅰ线圈) 电压(V)	空载电流 不大于 (mA)	直流输出			
				方向回路 (Ⅱ线圈)		监督回路 (Ⅲ线圈)	
				电压不小于(V)	电流 (mA)	电压不小于(V)	电流 (mA)
ZG$_1$-220/0.1 ZG$_1$-100/0.1 ZGC$_2$-R220/0.1 ZGC$_2$-R100/0.1	32	220	20	130、160、220	100	60、80、100	100
ZG$_2$-220/0.2 ZG$_2$-100/0.1 ZGC$_2$-R220/0.2 ZGC$_2$-R100/0.1	54	220	30	130、160、220	200	60、80、100	100

12.6　电抗器、变阻器和电感线圈

12.6.1 Z-13.5 型和 Z-2 型电抗器特性应符合表 12-43、表 12-44 的要求。

表 12-43

型　　号	频率(Hz)	阻抗(Ω)	阻抗相位角	允许电流(A)
Z-13.5	50	0.74(±0.5%)	88°	13.5
Z-2	50	5~45(+5%)	81°	2

表 12-44

型　　号	Z-13.5 型					Z-2 型				
不同间隙的阻抗值(Ω)	0.1	0.2	0.4	0.6	0.74	5	10	20	30	45
对应的间隙板厚度(mm)	8	3	1.5	0.8	0.6	20	5.5	1.9	1.1	0.65

12.6.2 R 型信号专用变阻器特性应符合表 12-45 的要求。

表 12-45

型　　号	线径(mm)	额定电流(A)	允许温升(℃)
R-2.2/220	1.63	10	105
R-6/65	1.2	3.3	65
R-0.6/15	1.63	5	65
R-1.2/10	1.22	3	45
R-14/14	0.61	1	65
R-40/10	0.417	0.5	65
R-400/16	0.193	0.2	45

注:环境温度为+55 ℃时。

12.6.3 R1 型信号专用变阻器特性应符合表 12-46 的要求。

表 12-46

型　　号	额定功率 (V·A)	标称电阻 (Ω)	变阻器抽头间电阻(Ω)					电阻值允许误差
			1-2	2-3	3-4	4-5	5-6	
R₁-2.2/220	220	2.2	0.2	0.4	0.4	1.0	0.2	±10%
R1-4.4/440	440	4.4	0.5	0.4	2.2	0.2	1.1	
R1-4.4/630	630	4.4	0.5	0.4	2.2	0.2	1.1	

12.6.4 R-C 型信号专用变阻器特性应符合表 12-47 的要求。

表 12-47

型　号	额定功率 (V·A)	标称电阻 (Ω)	变阻器抽头间电阻(Ω)						电阻值 允许误差
			1-2	2-3	3-4	4-5	5-6	6-7	
R-C2.2/220	220	2.2	1.2	0.1	0.2	0.4	0.5		±10%
R-C4.4/440	440	4.4	2.2	1.2	0.1	0.2	0.4	0.5	

12.6.5 LGM 型电码化隔离电感线圈(铁芯)的电感量如图 12-15 所示，其误差为±5%。

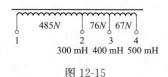

图 12-15

12.7　断路器、熔断器、接触器、断相保护器及电源导线

12.7.1 液压电磁断路器

（1）共同要求：

①断路器端子及顶部排气孔周围不得残留线头、金属屑、灰尘等杂物。

②外壳无裂纹或损伤。

③电气连接处应紧固，无松动。

④断路器应具有阻燃性，在使用中应无不正常温升。

⑤脱扣器应动作灵活，无卡阻、迟滞现象。

⑥脱扣特性指标应符合表 12-48 的要求：

表 12-48

试验电流	起始条件	脱扣时间(s)	结　果	温　度
$1.05I_n$	冷态	1 h	不脱扣	+25 ℃
$1.30I_n$	紧接着试验	≤1 h	脱扣	+25 ℃
$1.5I_n$	冷态	$t≤60$ s(短延时)	脱扣	+25 ℃
		$t≤160$ s(中延时)		
		$t≤400$ s(长延时)		

试验电流	起始条件	脱扣时间(s)	结　果	温　　度
$2I_n$	冷态	$0.5 \leqslant t \leqslant 20$(短延时)	脱扣	$+70\ ℃$
		$2 \leqslant t \leqslant 30$(中延时)		
		$8 \leqslant t \leqslant 50$(长延时)		
		$2 \leqslant t \leqslant 20$(短延时)		$+25\ ℃$
		$15 \leqslant t \leqslant 50$(中延时)		
		$30 \leqslant t \leqslant 100$(长延时)		
		$8 \leqslant t \leqslant 140$(短延时)		$-40\ ℃$
		$20 \leqslant t \leqslant 240$(中延时)		
		$50 \leqslant t \leqslant 480$(长延时)		
$8I_n$	冷态	$\leqslant 0.2$(短延时)	脱扣	$+25\ ℃$
$10I_n$		$\leqslant 0.2$(中延时)		
$12I_n$		$\leqslant 0.2$(长延时)		
注:$10I_n$ 以上要求可按制造厂与用户之间的协议来设计和使用。				

(2)CBI 液压电磁式断路器及隔离器，除 SA-B 外必须安装在垂直平面上，垂直角度 90°±10°。技术参数应符合表 12-49～表 12-53 的要求。

表 12-49

型　　号	SF1-G3	SF2-G3	SF3-G3	SF1-G0	SF2-G0	SF3-G0
极　　数	1	2	3	1	2	3
额定电流(A)	1、5、10、15、20、25、30、35、40、45、50、60、70、80、90、100	1、5、10、15、20、25、30、35、40、45、50、60、70、80、90、100	1、5、10、15、20、25、30、35、40、45、50、60、70、80、90、100	60、100	60、100	60、100
额定分断能力(kA)	6	6	6	—	—	—
耐受电流(kA)	—	—	—	6	6	6
额定电压 AC(V)	240	240	415	240	240	240
最大电流额定(A)	100	100	100	100	100	100
尺寸 (mm) 高	107	107	107	107	107	107
尺寸 (mm) 宽	26	52	78	26	52	78
尺寸 (mm) 深	66	66	66	66	66	66
手柄颜色	橙色或白色	橙色或白色	橙色或白色	绿色	绿色	绿色
注:1. 6 kA SF 系列断路器可用于电动机保护及防雷单元保护等; 2. 橙色为长延时，白色为标准延时，绿色为隔离器。						

表 12-50

型 号	SF1-H3	SF2-H3
额定电流(A)	1、5、10、15、20、25、30、35、40、45、50	1、5、10、15、20、25、30、35、40、45、50
极 数	1	2
额定电压 DC(V)	125	250
额定分断能力(kA)	1.5	1.5
手柄颜色	白色	白色

表 12-51

型 号	QA-A-1(13)	QA-A-3(13)	QDC-A-1(13)	QDC-A-2(13)	QDC-AT-1(13)
极 数	1	3	1	2	1
额定电流 A)	0.5、1、2、3、5、6、8、10、15、20、25、30、40、50	0.5、1、2、3、5、6、8、10、15、20、25、30、40、50	0.5、1、2、3、5、6、8、10、15、20、25、30、40、50	0.5、1、2、3、5、6、8、10、15、20、25、30	0.5、1、2、3、5、6、8、10、15、20、25、30、40、50
额定分断能力(kA)	3	3	10	5	10
额定电压(V)	AC 240	AC 415	DC 80	DC 220	DC 80
环境温度(℃)	−40~85	−40~85	−40~85	−40~85	−40~85
手柄颜色	橙色	橙色	绿色	绿色	灰色

表 12-52

型 号	BS(DC)	BS(AC)	SA-B
额定电压(V)	DC 65	AC 240	AC 240
额定电流(A)	0.15、0.3、0.5、1、2、3、5、10、15、20、25	0.15、0.3、0.5、1、2、3、5、10、15、20、25	0.5、1、2、3、5、6、8、10、15、20、25
额定分断能力(kA)	0.5	1	1
环境温度(℃)	−40~85	−40~85	−40~85
手柄颜色	红色	红色	红色
主要用途	控制台	控制台	室外轨道、扼流变压器箱

表 12-53

型　号	QF-1(19)	QF-2(19)	QF-3(19)	AT
极　数	1	2	3	1
额定电流(A)	0.5、1、2、3、5、6、8、10、15、20、25、30、40、50、60	0.5、1、2、3、5、6、8、10、15、20、25、30、40、50、60	0.5、1、2、3、5、6、8、10、15、20、25、30、40、50、60	
额定电压(V)	240	415	415	DC 110 AC 250
额定分断能力(kA)	6	6	6	
环境温度(℃)	−40～85	−40～85	−40～85	−40～85
手柄颜色	橙色	橙色	橙色	白色

（3）KXD 系列液压电磁式断路器分室内 KXD1 型和室外 KXD2 型二种型号，其技术参数应符合表 12-54 要求。

表 12-54

名　称	交　流	直　流
额定电压(V)	240/415	65/80/220
额定电流(A)	0.5～60	0.5～60
额定分断能力	1 kA/KXD2；3 kA/KXD1	3 kA
机械寿命	10 000 次	10 000 次
电气寿命	6 000 次	6 000 次
绝缘电阻	100 mΩ	100 mΩ
工频耐压	2 500 V/min	2 500 V/min
极　数	1 极/2 极(KXD2)/3 极	1 极/2 极(串联)
手柄颜色	橙色	绿色

12.7.2 DR 系列多功能熔丝装置应符合下列要求：

（1）DR 系列多功能熔丝装置电气参数应符合表 12-55 的要求。

（2）主熔丝断路时，应可靠切换至备熔丝，并使红色指示灯点亮，告警触点闭合。备熔丝断路时，黄色指示灯点亮(或闪光)。

冶金企业铁路信号维护规则

表 12-55

| 型　　号 | 额定电压 (V) | 电流性质 | 工作电流 | | 切换时间(s) |
			最大容量 (A)	切换启动 电流(mA)	
DR-12	12	交、直流两用	10	≤150	<0.1
DR-24	24	交、直流两用	10	≤35	<0.1
DR-110	110	交、直流两用	10	≤20	<0.1
DR-220	220	交、直流两用	10	≤20	<0.1
DR-380	380	交流	10	≤15	<0.1

12.7.3 JHJ-40 型电源转换接触器应符合下列要求:

(1)所有运动部分应灵活、无卡阻;导轨部分及铁芯极面无污物,无黏着可能。

(2)灭弧罩应完好无破损,罩内清洁无碳化物。

(3)触点位置不应有歪扭现象,应保持接触面在 2/3 以上,并紧密接触。三个主触点应同时闭合和分断,误差不大于 0.5 mm。

(4)磨损后的触头厚度不小于原厚度的 1/4。

(5)控制线圈的热态吸合(工作)电压不应超过 170 V;冷态释放电压不应小于 70 V。

(6)动作时间:吸合时间不大于 0.03 s,释放时间不大于 0.05 s。

(7)机械特性参数如下:

主触点:初压力 3.8~4.2 N;终压力 4.5~5.0 N。

开距不小于 4.5 mm;超行程不小于 1.5 mm。

辅助触点:压力不小于 0.3 N;间隙不小于 2.5 mm;超行程不小于 0.8 mm。

(8)主触点额定值:AC 380 V、50 Hz、40 A。

(9)辅助触点额定值:AC 380 V(220 V)、50 Hz、1 A。

(10)控制线圈额定电压:AC 220 V、50 Hz。

(11)长期工作制,使用类别 AC_2 类。

12.7.4 3TF 系列交流接触器应符合下列要求:

(1)吸引线圈额定工作电压(U_S):交流 50 Hz,电压 24 V、42 V、110 V、220 V、230 V、380 V、400 V。

(2)吸引线圈工作电压范围(AC):(0.8-1.1)U_S;

吸引线圈吸合电压不大于0.775 U_S;

吸引线圈释放电压不小于0.477 U_S。

(3)接触器主要技术指标见表12-56。

表 12-56

型号	额定绝缘电压(V)	额定工作电流(A)		机械寿命(×10⁶次)	电寿命(×10⁶次)		操作频率(次/h)		吸引线圈功率消耗(V·A)		约定发热电流(A)	辅助触点约定发热电流(A)	辅助触点额定工作电流(A)		辅助触点额定绝缘耐压(V)
		AC₃	AC₄		AC₃	AC₄	AC₃	AC₄	吸合	启动			AC-15 380/220	DC-13 110/220	
3TF40	690	9	3.3	15	1.2	0.2	1000	250	10	68	20	10	6/10	0.9/0.45	690
3TF41	690	12	4.3	15	1.2	0.2	1000	250	10	68	20	10	6/10	0.9/0.45	690
3TF42	690	16	7.7	15	1.2	0.2	750	250	10	68	30	10	6/10	0.9/0.45	690
3TF43	690	22	8.5	15	1.2	0.2	750	250	10	68	30	10	6/10	0.9/0.45	690
3TF44	690	32	15.6	10	1.0	0.2	750	250	12.1	101	55	10	4/6	1.14/0.48	690
3TF45	690	38	18.5	10	1.0	0.2	600	200	12.5	101	55	10	4/6	1.14/0.48	690
3TF46	1000	45	24	10	1.0	0.2	1200	400	17	183	80	10	4/6	1.14/0.48	690
3TF47	1000	63	28	10	1.0	0.2		300	17	183	80	10	4/6	1.14/0.48	690
3TF48	1000	75	34	10	1.0	0.2	1000	300	32	330	100	10	4/6	1.14/0.48	690
3TF49	1000	85	42	10	1.0	0.2	850	250	32	330	100	10	4/6	1.14/0.48	690
3TF50	1000	110	54	10	1.0	0.2	1000	300	39	550	160	10	4/6	1.14/0.48	690

(4)3TF46、3TF47型交流接触器的线圈直流电阻值:额定电压220 V时为145~160 Ω;额定电压380 V时为420~460 Ω。

(5)3TF46、3TF47型交流接触器的吸合时间不大于30 ms;释放时间不大于20 ms。

(6)3TF46型交流接触器的主触点接触电阻为1.89 mΩ;3TF47型交流接触器的主触点接触电阻为1.51 mΩ。

12.7.5 D2系列交流接触器(带"铁路专用"标志)(暂行)

(1)额定控制电压为AC 220 V时:

吸合电压≤AC(140±5) V;

释放电压≥AC(115±5) V。

（2）额定控制电压为 AC380 V 时：

吸合电压≤AC(235±5) V；

释放电压≥AC(195±5) V。

（3）动作时间：

吸合时间 20～26 ms；

释放时间 8～12 ms。

（4）主触点接触电阻：

额定电流 AC 40～50 A 时为 1.5 mΩ；

额定电流 AC 65 A 及以上时为 1.0 mΩ。

（5）线圈直流电阻值：

控制额定电压 AC 220 V 时为 111～122 Ω；

控制额定电压 AC 380 V 时为 338～379 Ω。

（6）线圈长时间工作相对温升：≤60 ℃。

（7）当海拔高度高于 3 000 m 时，额定电流（I_e）按下列折减系数计算：

3 500 m 及以下 $0.92 \times I_e$；

4 000 m 及以下 $0.90 \times I_e$；

4 500 m 及以下 $0.88 \times I_e$；

5 000 m 及以下 $0.86 \times I_e$。

12.7.6 断相保护器电气特性应符合表 12-57 的要求。

表 12-57

型　号	DBQ	DCBHQ	DBQX	QDB-S
额定电压（三相 AC）（V）	380	380	304～437	380
输入电流 AC(A)	1.5～3.5	1～3.5	1～5	1～4
输出电压 DC(V)	15～22	20～30	17.5～28	18～29
断相输出电压 DC(V)	≤0.5	≤0.5	≤0.5	≤0.1
动作时间(s)	<0.2	<0.2	≤0.3	≤0.3
限时时间(s)	—	—	13±0.5	13±0.5

12.7.7 电源屏内布线以绑线把或线槽方式布设，安全载流量应符合表 12-58 的要求。

表 12-58

导线截面 （mm²）	长期连续负荷 安全载流量（A）	电线表面最高 允许工作温度（℃）	周围环境 温度（℃）
0.75	4	+60	+40
1.0	6		
1.5	10		
2.5	15		
4	20	+60	+40
6	30		
10	55		
16	80		
25	120		

13 交流电力牵引区段信号设备的防护和要求

13.1 电缆线路

13.1.1 在信号电缆的同一芯线上,任何两点间的感应纵电动势(有效值):在接触网正常供电状态下,不大于 60 V;在接触网故障状态下,感应纵电动势不得超过电缆直流耐压试验电压值的 60%,或交流耐压试验电压值的 85%。

13.1.2 室外的信号干线电缆应使用铝护套信号电缆,分支电缆可使用综合护套或铝护套信号电缆。

13.1.3 装设在箱、盒等设备中的电缆金属外皮和终端套管,通信干线分支电缆金属外皮和套管,必须与箱、盒等设备的金属外壳绝缘。

13.1.4 信号及闭塞设备的电路,不准采用一线一地构成回路。

13.2 设备接地

13.2.1 信号设备的金属外缘与接触网带电部分的距离不得小于 2 m;与回流线、架空地线、保护线距离不得小于 1 000 mm,当在 700～1 000 mm 时,应对回流线、架空地线、保护线加绝缘防护。

13.2.2 信号设备的金属外缘距接触网带电部分 5 m 范围内的金属结构物(如信号机构、梯子、安全栅网等),以及继电器箱箱体、转撤握柄均应接向安全地线。

13.2.3 信号干线电缆,其金属护套和钢带互相间必须逐一顺次焊(拧)接起来,并在区间信号机(含分割点)、车站两端和车站值班员室(或信号楼)等电缆始或终端处接向屏蔽地线;其中的分支电缆的金属护套和钢带也必须与干线电缆的金属护套和钢带焊(拧)接起来。电缆金属外皮严禁接至扼流变压器的中心连接板或钢轨上。

双动道岔的导管,应分段装设绝缘。

13.2.4 进出信号机械室的信号电缆应在分线盘(柜)成端,进行屏蔽连接并接地。需进入信号机械室直接接至设备的室外信号电缆,应在室内电缆井口处成端。

13.2.5 光缆进入室内终端应制作绝缘节,进行绝缘和接地处理。在绝缘节内将光缆金属结构(光缆的加强芯、金属外护套等,电缆的屏蔽钢带、外护层护套等)断开接地。

13.2.6 室内的盘、架、台、屏等设备均须接至安全地线。严禁使用钢轨、电缆金属护套和钢带作为地线。

13.2.7 安全地线和屏蔽地线的接地电阻不应大于 10 Ω。不同性质的地线不得合用(除综合接地体和贯通地线外),并应与电力、通信及其他建筑物的地线分开。

13.2.8 信号电缆与接触网地线的距离最近处不得小于 2 m,否则应采用水泥槽,并灌注绝缘胶加以绝缘防护。特殊情况下,电缆与杆塔基础交叉时,须采取绝缘防护措施。

13.3 轨道电路

13.3.1 轨道电路应符合第 4 章轨道电路通则的有关规定。

13.3.2 轨道电路应能防护牵引电流的基波、谐波干扰,应采用非工频、双轨条轨道电路,并应能适应最大牵引电流和牵引电流纵向不平衡系数不大于 5% 的条件。

13.3.3 交叉渡线(包括复式交分道岔)道岔的直股线上通过牵引电流时,应在渡线上增加钢轨绝缘节,将相邻轨道电路区段隔开。增设绝缘时应尽量缩短轨道死区段的长度。交叉渡线上加装钢轨绝缘见图 13-1 之 a、b 处。

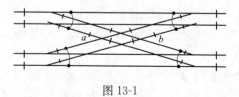

图 13-1

13.3.4 钢轨接续线应采用双焊接式接续线(其截面积应符合设计规定),或一塞一焊式接续线。

13.3.5 道岔跳线、钢轨引接线应采用镀锌钢绞线,其截面积不小于 $42~mm^2(\phi 1.2~mm\times 37)$。钢轨引接线宜采用等阻连接线。

横向连接线、扼流连接线、Z 型线等牵引电流连接线的规格应符合设计要求,穿越钢轨时,应进行防护,距轨底不应小于 30 mm。

13.3.6 高柱信号机的安全地线、接触网的塔杆地线、桥梁等建筑物的地线不得直接与设有轨道电路的钢轨相连接,也不应接至扼流变压器中心点。严禁经火花间隙与设有轨道电路的钢轨连接。

13.3.7 有电力机车走行的站内轨道电路尽头处(如牵出线、货物线、尽头线、专用线、机车出入库线等)的扼流变压器中心点应与该轨道电路外侧的两根钢轨相连接,以沟通牵引电流。

半自动闭塞区段,应将预告信号机处的扼流变压器中心点与钢轨绝缘区间一侧的两根钢轨相连接,以沟通牵引电流。

13.3.8 交流电力牵引区段的吸上线、PW 保护线接向轨道时应符合下列要求。

(1)在设有轨道电路的区段上,吸上线或 PW 保护线应接至扼流变压器中心端子板上。

(2)特殊情况下,吸上线或 PW 保护线设置地点距轨道电路的接收、发送端的距离大于 500 m 时,允许在轨道电路上加设一台扼流变压器,吸上线或 PW 保护线安装在扼流变压器中心端子板上。相邻轨道电路不得连续加设,且该轨道电路两端不得再接其他吸上线。

(3)采用 ZPW-2000(UM)系列轨道电路时,吸上线或 PW 保护线应接在空芯线圈(容量符合要求时)中点,轨道电路中间需设扼流变压器时,吸上线或 PW 保护线接至扼流变压器中心端子板上。

13.3.9 由接触网供电作为车站电源的 25 kV 变压器接地端的回流线,不应接在有轨道电路的钢轨上;当附近轨道电路无扼流变压器时,应在该轨道电路上加设扼流变压器,并将该端子接在扼流变压器中心端子上。

13.3.10 加设扼流变压器的轨道区段,应保证轨道电路可靠工作。

13.3.11 交流电力牵引区段牵引电流回流、等电位连接、接地(包括非交流电力牵引区段)等因素,不得影响轨道电路的分路、机车信号接收特性。

13.3.12 电气化区段 ZPW-2000 系列无绝缘轨道电路横向连接防护要求。

　　(1)横向连接分类:

　　　　①简单横向连接:两线轨道间的等电位连接,不直接接地(通过防雷元件接地)。

　　　　②完全横向连接:两线轨道间的等电位连接,并接地。

　　　　③用于牵引电流返回的完全横向连接:是一个完全横向连接,同时提供牵引电流回流线的连接。

　　(2)横向连接线应满足下列要求:

　　　　①轨道接地须通过完全横向连接实现(单线区段通过空芯线圈中点或扼流变压器中点接地)。

　　　　②两个完全横向连接的距离不得小于 1 500 m,而且中间必须包含不少于两个轨道电路区段(见图 13-2)。

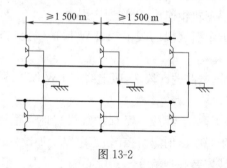

图 13-2

　　　　③两个完全横向连接的距离大于等于 2 000 m 时(见图 13-3)。

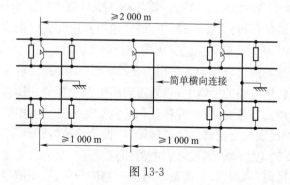

图 13-3

722

④如果两轨道电路终端不能通过绝缘节方式完成横向连接时,应通过增设一个空扼流变压器完成(见图13-4)。

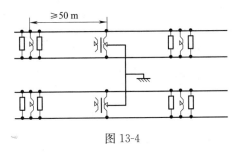

图 13-4

在规定范围内的不平衡电流条件下,空扼流变压器的阻抗(轨道电路载频下)不得小于 17 Ω。

⑤如果电气绝缘节之间的距离超过 100 m,就必须增加一个空扼流变压器完成横向连接(见图13-5)。

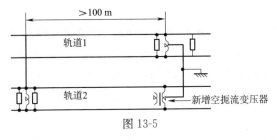

图 13-5

⑥三条线路,一条横向连接线禁止连接两段同一频率的轨道电路(见图 13-6)。

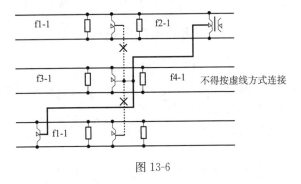

图 13-6

⑦横向连接线材料采用截面积为 70 mm² 带绝缘护套的多股铜线,线长小于 105 m。连接位置:

在电气绝缘节终端,连接空芯线圈中心点;

在机械绝缘节终端,连接扼流变压器中心点;

在区间线路增设的空扼流变压器中心点。

⑧牵引电流回流见图 13-7。

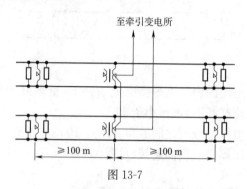

图 13-7

钢轨牵引回流通过附近的扼流变压器返回牵引变电所。

空扼流变压器在规定范围内的不平衡电流条件下其阻抗(轨道电路载频下)大于或等于 17 Ω。

如图 13-7 箭头所示,连接线虽然为两根分置,但仍可视为横向连接线。

⑨两相同运行方向载频区段之间不能进行简单横向连接或完全横向连接;

⑩完全横向连接处扼流变压器中心点需要接地良好。

14 区间道口信号设备

14.1 通　则

14.1.1　当列车进入道口接近区段时,道口自动通知设备,应能自动向道口看守员发出报警;道口自动通知及道口自动信号设备,应能自动向道口看守员和道路通行方向的车辆、行人发出报警,报警方式为音响和灯光信号。

当列车通过道口后,报警音响应及时停止,道口信号机应及时恢复定位

14.1.2 道口应采用列车接近一次通知方式。

单线或双线区段有人看守道口,列车接近通知时间不应少于 40 s,遇特殊情况,根据计算可适当延长。

当采用轨道电路方式采集列车接近信息时,若轨道电路长度不能满足接近时分要求,应适当延长,但不得超过 90 s。

列车接近通知时间 T 的计算公式:

$$T = t_1 + t_2 + t_3$$

式中 t_1——道路车辆以规定最低速度通过道口(在列车接近通知开始,保证使已经闯入道口的车辆能完全出清道口)的时间(s);

t_2——道口栏杆关闭动作时间,以 10 s 计;

t_3——道口栏杆关闭动作后至列车到达道口的时间,以 10 s 计。

$$t_1 = \frac{l_1 + l_2 + l_3}{v} \times 3.6$$

式中 l_1——两道口信号机之间或两停止线间的距离(多架信号机时,以远端计算)(m);

l_2——道路车辆确认信号显示的最小距离,以 5 m 计;

l_3——道路车体长度(m);机动车车体长度取 16 m;牛、马车车体长度取 7 m;

v——非机动车辆通过道口的规定最低速度,以 5 km/h 计算;机动车通过道口的规定最低速度,以 10 km/h 计算。

注:当道路方面行驶机动车和非机动车时,应按非机动车通过道口时的最低速度计算。

接近区段长度 L 的计算公式:

$$L = \frac{10}{36} v T$$

式中 L——接近区段长度(m);

v——列车在接近区段内运行的最高速度(km/h);

T——列车接近通知时间(s)。

14.1.3 区间道口信号设备在发出接近通知后,自动闭塞区段有续行列车接近道口,或者其他线路(两线或两线以上区段的道口)又有列车接近道口时,应能连续或再次发出通知。

14.1.4 在道口看守房内,便于看守员瞭望和操纵的地点,应设有道口控

冶金企业铁路信号维护规则

制盘。设有副看守房的道口,还应设有道口表示盘。

14.1.5 有人看守道口应设置遮断信号和遮断预告信号。双方向运行的线路,应在每条线路的道口两侧分别设置上、下行道口遮断信号机和遮断预告信号机。

14.1.6 道口音响报警信号,声音应调整适当,满足 GB 3096《城市区域环境噪声标准》。

14.1.7 道口设备须有可靠的供电电源。

14.1.8 道口信号设备布置(以单线为例)见图 14-1。

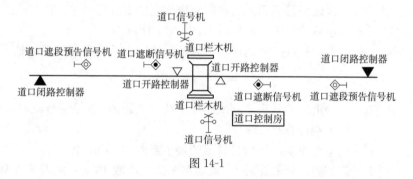

图 14-1

14.2 道口自动通知

14.2.1 当列车进入道口接近区段时,道口看守房室内、外音响器应发出列车接近报警音响,道口控制盘上列车接近通知灯应点亮。道口看守员确认列车接近后,按压确认按钮,切断室内音响。

列车通过道口后,室外音响报警应停止,接近通知灯应熄灭。

14.2.2 追踪列车进入道口接近区段,道口控制盘上追踪表示灯应点亮;室内音响器再次发出报警,道口看守员确认后,再次按压确认按钮,切断室内音响。

14.2.3 列车接近道口控制器应采用闭路式道口控制器,也可采用轨道电路或其他列车传感装置,采集列车接近通知信息,其安装位置由道口接近区段长度决定。

14.2.4 列车到达控制器应采用开路式道口控制器,也可采用其他道口传感设备(或轨道绝缘节),采集列车到达道口和通过道口的信息。安装位置应距道路边缘 10~30 m 处。

14.2.5 道口轨道电路与微电子交流计数电码轨道电路或移频轨道电路叠加时,道口控制器安装地点应距轨道电路送、受电端 50 m 以上。与 ZPW-2000 系列无绝缘轨道电路叠加时,开路式控制器距调谐区不小于 50 m,闭路式控制器距调谐区不小于 100 m。

14.2.6 在双线区段,上、下行相邻的道口控制器应采用不同的频率。

14.2.7 闭路式道口控制器的引接线电阻不大于 1 Ω;开路式道口控制器的引接线电阻不大于 0.2 Ω。

14.3 道口自动信号

14.3.1 道口信号机应设在道路车辆驶向道口方向的右侧,便于车辆驾驶员和行人确认的地点,距离最近钢轨不得少于 5 m。

14.3.2 道口信号机,在无列车接近时为灭灯状态,准许道路车辆、行人通过道口;当列车进入道口接近区段及通过道口时,显示两个红色灯交替闪光的停车信号(道口信号闪光电源故障时显示红色稳定灯光),禁止道路车辆、行人越过道口信号机;当列车通过道口后,红色灯光自动熄灭。

14.3.3 设有道口信号复示器的道口控制盘,当列车进入道口接近区段时,复示器点亮红色表示灯。当道口信号机内某一红灯灯泡主灯丝断丝或灯泡灭灯时,复示器红灯应闪亮。

14.3.4 道口信号机的红色灯光的直线显示距离应不得少于 100 m,偏散角不小于 40°。

14.3.5 道口信号机红灯闪光信号的闪光频率应为 60 次/min±10 次/min,两个红灯应交替亮、灭、亮、灭比为 1∶1。

14.3.6 道口信号机构的安装应符合如下要求。

机柱高为 5 500 mm,埋深 1 200 mm,红色灯光中心距路面高度应为 (3 120+100) mm。

14.3.7 道口信号机上安装的交叉板标注的"小心火车"字迹应完整、清晰。

14.3.8 道口自动信号还应满足 14.2 节的要求。

14.4 道口信号器材

14.4.1 DK·SW 型道口控制器(无绝缘轨道电路收发器)的电气性能应符合下列要求:

(1)电源电压为直流 24 $^{+2.4}_{-3.6}$ V。

(2)工作电流不大于 160 mA。

(3)工作频率应符合表 14-1 的要求。

表 14-1

类　型	型　号	工作电流(mA)	工作频率(kHz)
闭路式	DK·SWB-14	—	14±1.0
	DK·SWB-20	—	20±1.0
	DK·SWB1-14	≤AC 45	14±1.0
	DK·SWB1-20	≤AC 45	20±1.0
开路式	DK·SWK-30	—	30$^{+1.0}_{-0.5}$
	DK·SWK-40	—	40$^{+1.0}_{-0.5}$

(4)工作灵敏度应符合表 14-2 的要求。

表 14-2

类　型	工作灵敏度	
	轨道继电器吸起电阻	轨道继电器落下电阻
闭路式	1.7~2.7 Ω	不小于吸起电阻的 50%
开路式	不小于落下电阻的 50%	2.5~3.5 Ω

(5)轨道继电器端电压,闭路式和开路式均为 30~38 V。

(6)作用距离为 20~60 m。

14.4.2 DK·Y4C 型和 DK·Y4 型道口音响器的电气性能应符合表 14-3 的要求。

表 14-3

特性＼类别	电源电压(V)	振荡频率(Hz)	音响频率(次/min)	连续音响输出电压(V)	输出功率(W)	工作电流(A)	幅比
室内音响	24	700±100		≥0.5	≥0.03	≤0.1	
	7.5(故障时)	—	90~120(断续)	—	—	≤0.03	
室外音响	24	700±50	90~120	—	3~10	≤1.5	3∶1

14.4.3 DK·S1C 型和 DK·S1 道口闪光器的电气性能应符合表 14-4 的要求。

表 14-4

电源电压(V)	输出电压(V)	最大输出功率(W)	闪光频率(次/min)	亮、灭比
AC 220$^{+33}_{-44}$	AC 220$^{+33}_{-44}$	140	60±10	1∶1

14.4.4 ZDDK·WY 型道口交直流稳压电源应符合表 14-5 的要求。

表 14-5

型号	容量 (V·A)	输入电压 (V)	额定交流输出		额定直流输出		充电电流 (mA)	充电终止 (电压 V)
			电压(V)	电流(A)	电压(V)	电流(A)		
ZDDK·WY	500	220$^{+33}_{-44}$	220±3%	1.8	24±3%	3	250±100	7±0.5

14.4.5 DK·YC 道口交流稳压电源应符合表 14-6 的要求。

表 14-6

型　号	容　量 (V·A)	输入电压 (V)	额定交流输出	
			电压(V)	电流(A)
DK·YC	500	220$^{+33}_{-44}$	220±6.6	2.2

14.4.6 DK·YZ 道口直流稳压电源应符合表 14-7 的要求。

表 14-7

型　号	容　量 (V·A)	输入电压 (V)	额定直流输出	
			电压　(V)	电流　(A)
DK·YZ	100	220$^{+33}_{-44}$	24±0.72	4

14.4.7 DK·L4 型道口电动栏木应符合下列要求。

(1)电动栏木主要技术特性见表 14-8。

表 14-8

额定电压(V)	动作电流(A)	动作时间(s)	水平角度	垂直角度
AC 220	≤0.8	8±1	0°±3°	87°±2°

(2)电动栏木用的电动机主要技术特性见表 14-9。

表 14-9

额定电压（V）	额定转矩（N·m）	额定电流（A）	额定转速（r/min）
AC 220	35	0.8	50

(3)电动机后端部装有电磁制动器,其主要技术特性见表 14-10。

表 14-10

额定电压（V）	额定功率（W）(20℃)	额定转矩（N·m）	最高转速（r/min）
DC 99	11	5	6 000

14.4.8　DX06 型道口闪光音响器

闪光音响器由闪光电路、音响电路(包括室外和室内)及充放电电路组成。

(1)闪光电路电气性能应符合表 14-11 的要求。

表 14-11

输入电压(V)	最大输出功率(W)	闪光频率(次/min)	亮、灭比
AC 220	140	60±10	1∶1

(2)音响电路电气性能应符合表 14-12 的要求。

表 14-12

特性 类别	额定电压 （V）	振荡频率 （Hz）	音响频率 （次/min）	输出功率 （W）	工作电流 （A）	幅比
室内音响	24±4.8	600～800	—	≥0.05	≤0.15	—
	12 (故障时)	—	90～120	—	≤0.07	—
室外音响	24	600～800	90～120	3～10	≤1.5	3∶1

(3)充放电电路电气性能应符合表 14-13 的要求。

表 14-13

电源电压 （V）	供电电流 （mA）	充电恒流 （mA）	充电终止 （V）	放电终止 （V）	允许放电 电压（V）
DC(24±4.8)	≤700	500～650	13.5～13.8	10.5～10.8	11.3～11.7

14.4.9 DX06 道口信号电源配电箱

DX06 道口信号电源配电箱用于两路供电的铁路道口信号设备,作为两路交流 220 V 电源的防雷和自动切换。电气性能应符合表 14-14 的要求。

表 14-14

供电电源(V)	输出电流(A)	切换时间(ms)	排流量(kV·A)
AC 220±44	30	50	15

14.4.10 DX06 电动栏木机应符合下列要求:

(1)电动栏木机主要技术特性见表 14-15。

表 14-15

额定电压 (V)	额定负载 (N·m)	动作电流 (A)	摩擦电流 (A)	动作时间 (s)	水平角度	垂直角度
AC 220$^{+20}_{-15}$	250	≤2.5	1.8~1.9	升,<7 落,<10	0°~5°	90°±3°

(2)电动栏木机用的电动机主要技术特性见表 14-16。

表 14-16

额定电压 (V)	额定转矩 (N·m)	空载电流 (A)	额定电流 (A)	额定转速 (r/min)
AC 220	2.4	<1.2	≤2.5	700(8 极),450(12 极)

(3)电动机后端部装有电磁制动器,其主要技术特性见表 14-17。

表 14-17

额定电压(V)	制动电流(A)	制动力(N)
DC 24	≤0.4	350

(4)电动机的配线如图 14-2 所示。

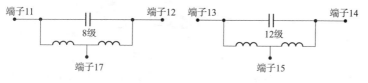

图 14-2

(5)电动机转子的轴向间隙不大于 0.11 mm,轴伸端径向跳动不应大于 0.04 mm。

(6)电磁制动器的配线如图 14-3 所示。

端子9 ●━━━━━━━━━〰〰〰━━━━━━━● 端子10

图 14-3

14.4.11 DX06 道口 LED 信号机主要技术特性应符合表 14-18 的要求。

表 14-18

额定电压 (V)	闪光频率 (次/min)	音响频率 (次/min)	灯光显示距离 (m)	灯光偏散角
AC 12	60±10	90~120	≥100	≥40°

LED 道口信号灯分为光源部分与稳压点灯两部分:

(1)光源部分由 LED 发光管组成,每路发光管电流达到 18~20 mA。

(2)稳压点灯部分内部有报警单元,当输入电压在正常工作范围(AC,≥9 V)时,正常发光的 LED 数目大于整个光源板 LED 数目的 75%时,光耦导通,不报警;正常发光的 LED 数目小于整个光源板 LED 数目的 75%时,光耦断开,报警。当输入电压(AC,<9 V)时,信号灯灭灯。报警单元中的光耦通过的最大电流应不得大于 100 mA,报警延时时间为 1.5~3 s。

14.4.12 DK·X3 型 LED 道口信号机的主要技术特性应符合表 14-19 的要求。

表 14-19

类 型	电源电压(V)	工作电流(A)	显示距离(m)	灯光偏散角
DK·X3 红灯	AC 12~14	≥1.8	≥100	≥40°

15 信号集中监测

15.1 通 则

15.1.1 信号集中监测(简称集中监测)系统包括主机、站机、各级终端及数据传输设备,应全程联网,实现远程诊断和故障报警功能。

15.1.2 集中监测设备与相关信号系统的被测设备应具备良好的电气隔离,当集中监测设备工作或故障时,不得影响被监测设备的正常工作。

15.1.3 集中监测系统是信号设备的综合集中监测平台,其监测范围包括联锁、闭塞、列控地面设备(除无源应答器外)、TDCS/CTC、驼峰、电源屏、计轴等信号系统和设备。同时还包括与防灾、环境监测等其他系统接口监测。

15.1.4 监测系统应采用成熟可靠的技术手段,实现信号设备运用过程的动态实时监测、数据记录、统计分析。

15.1.5 集中监测系统应能监测信号设备的主要电气特性,当电气特性偏离预定界限或信号设备不能正常工作时应及时预警或报警。

15.1.6 集中监测系统应通过标准协议接口,集中采集信号电子系统设备监测对象的状态信息。信号电子系统设备 TDCS、CTC、CTCS、计算机联锁系统、ZPW-2000、智能电源屏、智能点灯单元主机、转辙机表示缺口、计轴等,必须按标准协议向集中监测系统提供监测对象数据接口,所提供的监测对象状态、数据精度应符合标准。

15.1.7 集中监测系统应能及时记录监测对象的异常状况,具有一定的预警分析和故障诊断功能。

15.1.8 集中监测系统应能监督、记录信号设备与电力、车务、工务等结合部的有关状态。

15.1.9 集中监测系统应具有抗电气化干扰能力,在电气化区段能正常工作。

15.1.10 集中监测系统应采用模块化、网络化结构,可分散、集中设置,适应不同站场的要求;具有良好的人机界面,操作简单,易于维护,具备一定的自诊断功能。

15.1.11 集中监测系统的采集传感器经过标准计量器具校核后,应保证1年内各项精度指标符合标准。

15.1.12 集中监测系统应采用冗余技术、可靠性技术和网络安全技术,确保网络与信息安全。

15.1.13 集中监测信息传输应具有实时性和可靠性,应采用独立的 2M 或更高速率的数字通道。

15.1.14 集中监测系统应采用统一的底层通信平台以及标准广域网通

信协议,能实现互联互通。

15.1.15 集中监测系统供电电源应与被监测对象电源可靠隔离;监测系统采用工频单相交流供电,站机电源应从电源屏两路转换稳压后经 UPS 引入,其容量不低于 2.2 kV·A。应采用在线式 UPS 供电设备,在外电断电时,UPS 设备可以保证监测系统可靠工作 10 min 以上。

15.1.16 集中监测系统应具有统一的时钟校核功能,确保系统中各个节点的时钟统一。网络中各网络节点应采用统一的 GPS 时钟。

15.1.17 集中监测系统网络节点 IP 地址应统一进行编码。

15.1.18 集中监测中心应采用防火墙、入侵检测、病毒防护、身份认证、漏洞评估等安全设施,保证系统不被非法入侵。

15.1.19 集中监测系统中的计算机设备场地应符合国家计算机机房场地标准要求。

15.1.20 集中监测系统设备、电源、通道防雷应满足有关铁路信号设备雷电及电磁兼容综合防护的相关规定。

15.1.21 集中监测系统接地要求:

(1)监测系统地线应利用信号机械室的接地装置(地网)。

(2)信号机械室未设置地网的,监测系统应设置设备保护接地系统和设备防雷接地系统,两种地线的间隔距离应在 20 m 以上。两个接地系统之间不得互相连通。设备保护地接地电阻≤4 Ω,设备防雷地接地电阻≤10 Ω,因条件限制以上两组接地不能分开时,可共用一组接地体,接地电阻应小于 1 Ω。

15.1.22 集中监测系统在设备适用环境条件下设备绝缘电阻≥25 MΩ。

15.2 系统体系结构及通道

15.2.1 集中监测系统为"三层"结构:中心电务监测子系统、电务监测子系统(含车间和工区监测点)、车站监测网。

15.2.2 应根据需要设置:通信管理机、应用服务器、数据库服务器、监测终端、维护工作站、网络设备、电源设备、防雷设备等;应具有系统设置、系统诊断报警、系统调试、网络管理、远程维护与技术支持等功能。

15.2.3 车站监测网应满足下列要求:

(1)车站应设置主机(简称站机)、采集机柜、采集及控制单元、网络设备、电源设备、防雷设备及其他接口设备。

（2）站机应有监测系统所需开关量、模拟量、报警信息、环境数据的采集、分类、逻辑分析处理、报警输出、数据统计汇总和存储回放等功能,形成实时测试表格、历史数据表格、日报表、实时曲线、日曲线、月曲线、年曲线等。站机应将车站实时的数据和报警信息传送到上层,并接受上级的控制命令。

（3）开关量和模拟量滚动数据存储,存储时间不得少于 30 天。

15.2.4 集中监测系统网络应采用迂回、环状、抽头等冗余方式构成环形自愈网络。

15.2.5 集中监测系统网络结构包括局域网以及连接各局域网的广域网络。

15.2.6 车站局域网、车间班组局域网应采用集线器或交换机进行组网,采用星型连接方式。传输速率要求不低于 100 Mbit/s。

15.2.7 车站与车站之间的基层局域网应采用不低于 2 Mbit/s 数字通道环形连接,每隔 5～12 个车站形成一个环,并以不低于 2 Mbit/s 通道抽头方式与电务星型连接。环内具体车站数量可以结合通信传输系统节点确定。

15.2.8 车间/工区接入监测网的方式应采用:

（1）点对点通过不低于 2 Mbit/s 通道连接到局域网中。

（2）通过局域网接入到车站局域网中。

15.2.9 调度中心、电务局域网采用交换机进行组网,采用星型连接方式。传输速率不应低于 1 000 Mbit/s。

15.2.10 调度中心、电务局域网之间应通过不低于 2 Mbit/s 通道星型连接。

15.2.11 监测系统网络各个节点之间的通信应采用 TCP/IP 协议和统一的数据格式。

15.2.12 监测系统基层网应采用不低于 2 Mbit/s 通道单独组网,独立运行。

15.2.13 基层网采用 IP 数据网时,应具备相应的网络隔离和安全措施,其覆盖范围包括所有车站、班组。

15.2.14 局域网可采用 RJ45 接口方式,传输介质为超五类双绞线或光纤。局域网布线应符合《建筑与建筑群综合布线系统工程设计规范》

(GB/T 50311)的有关规定。

15.2.15 通信通道传输系统指标：

(1)广域网数据传输通道的带宽不应低于 2 Mbit/s,误码率应≤10^{-7};

(2)当使用 E1 电路传输时,误码率应≤10^{-7};

(3)当使用数据网传输时,网络端到端的主要性能指标符合《IP 网络技术要求—网络性能参数与指标》YD/T 1171 中 QOS I 级(交互式)标准。

15.3 模拟量测试

15.3.1 信号集中监测系统模拟量测试采样、精度应符合要求,对各种信号设备的电气参数和使用环境等实时进行监测,发现异常应报警并记录。

15.3.2 电源监测

(1)外电网综合质量监测

①监测内容:外电网输入相电压、线电压、电流、频率、相位角、功率。

②监测点:配电箱(电务部门管理)闸刀外侧。

③监测精度:电压±1%;电流±2%;频率±0.5 Hz;相位角±1%;功率±1%。

(2)电源屏监测

①监测内容:各电源屏输入电压、电流,电源屏各路输出电压、电流;25 Hz 电源输出电压、频率、相位角。

②监测点:非智能电源屏的转换屏输入端、其他非智能屏的电压输出保险后端。

③监测精度:电压±1%;电流±2%;频率±0.5 Hz;相位角±1%。

15.3.3 轨道电路监测

(1)交流连续式轨道电路监测

①监测内容:轨道继电器交流电压、直流电压。

②测量精度:±1%。

③监测点:轨道继电器端或分线盘。

(2)25 Hz 相敏轨道电路监测

①监测内容:轨道接收端交流电压、相位角。

②测量精度:电压±1%,相位角±1%。

③监测点:轨道测试盘侧面端子或二元二位轨道继电器端、局部
电压输入端,相敏轨道电路电子接收器端。

(3)高压不对称脉冲轨道电路监测

①监测内容:接收端波头、波尾有效值电压,峰值电压,电压波形。

②测量精度:±2%。

③监测点:接收设备相应端子。

(4)驼峰 JWXC-2.3 轨道电路监测

①监测内容:驼峰 JWXC-2.3 轨道继电器工作电流。

②测量精度:±3%。

③监测点:轨道继电器。

15.3.4 转辙机监测

(1)直流转辙机监测

①监测内容:道岔转换过程中转辙机动作电流、故障电流、动作时
间、转换方向。

②测量精度:电流±3%,时间≤0.1 s。

③监测点:动作回线。

(2)交流转辙机监测

①监测内容:道岔转换过程中转辙机动作电流、功率、动作时间、
转换方向。

②测量精度:电流±2%,功率±2%,时间≤0.1 s。

③监测点:电压采样在断相保护器输入端,电流采样在断相保护
器输出端。

(3)驼峰 ZD7 型直流快速道岔转辙机

①监测内容:道岔转换过程中转辙机动作电流、故障电流、动作时
间、转换方向。

②测量精度:电流±3%,时间≤0.1 s。

③监测点:动作回线。

15.3.5 电缆绝缘监测。

(1)监测内容:各种信号电缆回线(提速道岔只测试 X4,X5;对耐压低
于 500 V 的设备,如 LEU 等不纳入测试)全程对地绝缘;测试电压:
DC 500 V。

（2）测量精度：±10％。

（3）监测点：分线盘或电缆测试盘处。

15.3.6 电源对地漏泄电流监测

（1）监测内容：电源屏各种输出电源对地漏泄电流。

（2）测量精度：±10％。

（3）监测采样点：电源屏输出端。

15.3.7 列车信号机点灯回路电流的监测

（1）监测内容：列车信号机的灯丝继电器(DJ、2DJ)工作交流电流。

（2）测量精度：±2％。

（3）监测点：信号点灯电路始端。

15.3.8 道岔表示电压监测。

（1）监测内容：道岔表示交、直流电压。

（2）测量精度：±1％。

（3）监测点：分线盘道岔表示线。

15.3.9 集中式移频监测。

（1）站内电码化监测

①监测内容：站内发送器(盒、盘)功出电压、发送电流、载频及低频频率。

②测量精度：电压±1％，电流±2％，载频频率±0.1 Hz,低频频率±0.1 Hz。

③监测点：发送器(盒、盘)功出端。

（2）集中式有绝缘移频轨道电路监测

①监测内容：发送端功出电压、发送电流、载频及低频频率；接收端限入电压、移频频率及低频频率。

②测量精度：电压±1％，电流±2％，载频频率±0.1 Hz；低频频率±0.1 Hz。

③监测点：发送器(盒、盘) 功出、接收器(盒、盘) 限入。

（3）ZPW-2000、UM 系列等集中式无绝缘移频自动闭塞轨道电路监测

①监测内容：区间移频发送器发送电压、电流、载频、低频；区间移频接收器轨入(主轨、小轨)电压、轨出 1、轨出 2 电压、载频、低频；区间移频电缆模拟网络电缆侧发送电压、接收电压、发送

电流。

②测量精度:电压±1%,电流±2%,载频频率±0.1 Hz;低频频率±0.1 Hz。

③监测点:发送器(盒、盘)功出端,接收器(盒、盘)输入端,接收衰耗器输入,模拟网络电缆侧。

15.3.10 半自动闭塞监测

(1)监测内容:半自动闭塞线路直流电压、电流,硅整流输出电压。

(2)测量精度:电压±1%,电流±1%。

(3)监测点:分线盘半自动闭塞外线、硅整流输出端。

15.3.11 环境状态的模拟量监测

(1)温度监测

①监测内容:信号机械室、电源屏室、机房环境温度。

②测量精度:±1 ℃。

③监测点:信号机械室、电源屏室、机房等处。

(2)湿度监测

①监测内容:信号机械室、电源屏室、机房湿度。

②测量精度:±3%RH。

③监测点:信号机械室、电源屏室、机房等处。

(3)空调电压、电流、功率监测

①监测内容:空调电压、电流、功率。

②测量精度:电压±1%,电流±2%,功率±2%。

③监测点:信号机械室、电源屏室、机房等空调工作电源线。

15.3.12 站(场)间联系电压监测

(1)监测内容:站(场)间联系电压、自闭方向电路电压、区间监督电压。

(2)监测点:分线盘。

(3)测量精度:±1%。

15.4 开关量监测

15.4.1
开关量监测是对信号设备的按钮状态、控制台表示状态、关键继电器状态、区间轨道及信号机运用状态等开关量变化进行实时监测。

15.4.2
开关量监测点应满足下列要求。

(1)列、调车按钮原则上采集按钮的空接点。没有空接点时,可从按钮表示灯电路采集;对于列、调车按钮继电器有空接点的,可从该空接点采集;有半组空接点的,可用开关量采集器采集。

(2)其他按钮状态原则上从按钮表示灯电路采集。无表示灯电路时,可从按钮空接点采集。控制台所有表示灯从表示灯电路采集。集中式自动闭塞的区间信号机点灯和区间轨道电路占用状态,应从移频接口电路采集。信号电子系统设备开关量从提供的接口采集。

(3)根据系统软件实现监测功能的需要,具体选定功能性关键继电器进行采集。原则上从关键继电器空接点采集;只有半组空接点的,可采用开关量采集器采集;无法从空接点进行采集的关键性继电器,可采用安全、可靠的电流采样方案进行采集。

15.4.3 其他开关量监测点应满足下列要求。

(1)监测列车信号主灯丝断丝状态并报警,报警应定位到某架信号机或架群。通过智能灯丝报警装置接口获取主灯丝断丝报警等信息,应定位到灯位。

(2)对组合架零层、组合侧面以及控制台的主副熔丝转换装置进行监测、记录并报警。

(3)对道岔表示缺口状态进行监测、记录并报警。

(4)环境监控开关量:

电源室、微机室、机械室等处的烟雾、明火、水浸、门禁、玻璃破碎等报警开关量信息的采集、记录并报警。

15.5　监测报警

15.5.1 集中监测系统根据设备故障性质产生三类报警和预警。

(1)一级报警:涉及行车安全的信息报警。报警方式:声光报警,人工确认后停止报警,并通过网络上传到各级终端。

(2)二级报警:影响行车或设备正常工作的信息报警。报警方式:声光报警,报警后延时适当时间自动停报,并通过网络上传到各级终端。

(3)三级报警:电气特性超限或其他报警。报警方式:红色显示报警,电气特性恢复正常后自动停报,可通过网络上传到车间/工区终端。

(4)预警:根据电气特性变化趋势、设备状态及运用趋势等进行逻辑判断并预警。报警方式:预警显示为蓝色。预警可通过网络上传到车间/

工区终端。

15.5.2 一、二、三级报警和预警规定如下：

（1）一级报警：挤岔报警、列车信号非正常关闭报警、故障通知按钮报警、火灾报警、防灾异物侵限报警、SJ 锁闭封连报警（仅限于 6502 站）。

（2）二级报警：外电网输入电源断相/断电报警、外电网三相电源错序报警、外电网输入电源瞬间断电报警、电源屏输出断电报警、列车信号主灯丝断丝报警、熔丝断丝报警、转辙机表示缺口报警、环境监测温度/湿度/明火/烟雾/玻璃破碎/门禁/水浸等报警、计算机联锁系统报警、列控系统报警、ZPW-2000 系统报警、TDCS/CTC 系统报警、道岔无表示报警、智能电源屏报警。

（3）三级报警：各种模拟量的电气特性超限报警、轨道长期占用报警（占用超过 72 h 后报警）、监测系统与计算机联锁/TDCS/CTC/列控中心/ZPW-2000/智能电源屏（UPS）/智能灯丝等系统通信接口故障报警、监测系统采集系统采集机/智能采集器通信故障报警。

（4）预警：各种设备模拟量变化趋势、突变、异常波动预警，道岔运用次数超限预警。

15.6　采集设备及监测系统接口

15.6.1 数据采集设备应符合下列要求。

（1）采集机或采集器（板卡）应具有良好的可靠性和实时性，并具备抗干扰及自检、自诊断能力。

（2）采集设备与被测设备之间必须具有良好的电气隔离措施，任何情况下不得影响被监测设备的正常工作，符合故障—安全原则。

（3）采集器及采集板卡须具有良好的阻燃性。

（4）采集器及采集板卡输入部分与电源、通信部分通过 DC/DC 变换器和隔离光耦进行电气隔离，隔离耐压 DC 2 500 V。

（5）采集设备对被测对象的数据采集须满足完整性、准确性、安全性的要求。

15.6.2 采集接口应满足下列要求。

（1）分散安装的模拟量、开关量传感器与监测系统集中安装的模入板、开入板之间应采用标准电气接口；集中监测系统各种板应采用统一型号。

（2）新增采集分机与车站主机之间应采用 CAN 通信接口协议。

（3）监测系统与智能电源屏之间应采用带光电隔离 RS485 通信接口相连。

（4）监测系统与 TDCS、CTC 系统通信应采用带光电隔离的 RS422 方式。

（5）监测系统与计算机联锁之间应采用带光电隔离的 RS422/485 接口方式，由计算机联锁维护台单向发送，监测系统接收。

（6）监测系统与独立的列控中心维修机之间应采用 RJ45 接口方式，列控中心维修机侧增如隔离措施及防病毒措施。

（7）监测系统与灯丝报警之间应采用带光电隔离的 CAN 接口方式。

（8）监测系统应预留对计轴设备、视频监控、电务管理信息系统等接口。

15.6.3 开关量采集器应满足下列要求。

（1）继电器半组空接点的采样使用开关量采集器（见图 15-1）。

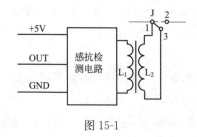

图 15-1

（2）主要技术指标：

工作电压：DC 4.75～5.25 V。

逻辑电路工作电流：0.2 A。

采样对象：继电器半组空接点。

15.6.4 ZD6 系列电动转辙机电流综合采集器应满足下列要求：

（1）主要技术指标：

工作电压：DC±12 V。

输出纹波：<2.0%（峰—峰值）。

辅助电源：额定电压的±10%。

响应时间：<40 ms。

（2）采样原理见图 15-2。

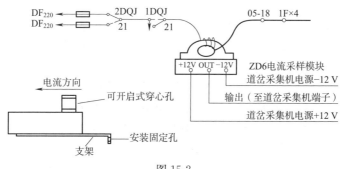

图 15-2

(3)安装应满足下列要求：

①电流采集模块可分散安装，也可集中安装。集中安装时，每 3 个一组通过卡座安装在分线盘附近。分散安装时，就近将每个采集模块安装在每个道岔组合旁。

②采样形式为将道岔动作共用回线 X_4 穿过道岔电流采集模块的穿心孔后接到端子上(穿线必须为三圈，同时注意电流方向)。

③采样次序与道岔 1DQJ 状态采样次序一一对应。

15.6.5 提速道岔(S700K、ZDJ9 以及电液转辙机)电流采集器应符合下列要求。

(1)主要技术指标：

工作电压：±DC 12 V。

工作频率：标称频率的±10%。

响应时间：≤30 ms。

(2)采样原理见图 15-3。

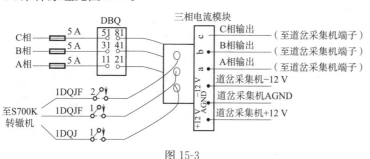

图 15-3

(3)安装应符合下列要求：

　　①道岔电流采集模块分散安装在每组道岔保护器附近。

　　②采样形式为将道岔动作回线穿过道岔电流采集模块的穿心孔后接到原有端子上(穿线只需要一圈即可)。

　　③采样次序与道岔 1DQJ 状态采样次序一一对应。

15.6.6　25 Hz 相敏轨道电路电压相位角综合采集器

(1)TC6VX2 轨道电压相位角综合采集器应符合下列要求：

该采集器是一种能分离出两路混频电压信号(如 25 Hz 有用信号中含有 50 Hz 或其他无用频率成分)中有用的频率,并分别测量出两路电压的相位角和其中一路电压的幅度,输出两个相对应的 DC 0～20 mA 监测信号,供计算机采集的传感器。

(2)主要技术指标：

　　①输入电压　V_x:U_1:0～40 V；

　　　U_2:0～110 V。

　　②频率　F_x:25 Hz。

　　③输入阻抗　R_i:$V_x \times 1$(kΩ)。

　　④输出电压、相位角监测信息为 DC 0～20 mA,对应输出为:电压 U_1:0～40 V；

　　　相位角:5°～180°

　　⑤测量精度:电压:±1%；

　　　相角:±1°。

　　⑥工作电源:DC±12 V。

(3)采样原理见图 15-4。

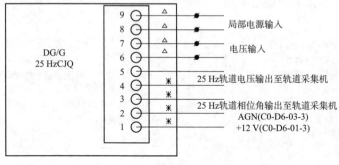

图 15-4

15.6.7 ZPW-2000 一体化采集维护机应满足下列要求：

（1）采集项目、内容、精度应符合集中监测系统规定的标准。

（2）对"ZPW-2000 系列无绝缘移频自动闭塞系统"的运用状态进行实时监测。

（3）发生故障时，对数据进行分析并对故障进行诊断定位。

（4）信号设备指标达到临界值时，给出预警提示。

（5）对 30 天内的监测数据和故障信息进行回放再现。

（6）对故障信息进行统计。

（7）绘制监测数据的趋势曲线。

（8）设备运用状态信息应通过标准接口实时提供给集中监测系统。

15.7 转辙机缺口监测

15.7.1 转辙机缺口监测系统应符合下列要求：

（1）采集装置安装不应对道岔转换设备机械动作及表示电路做任何改动，并与既有道岔动作电路及表示电路部分实现电气隔离。道岔转换设备缺口监测系统的设备工作或故障时，不得影响道岔转换设备的正常工作。

（2）监测系统站机提供缺口超限预警、告警功能，并记录和查询告警信息。系统应具备自诊断能力。

（3）监测系统应通过标准网络接口，向集中监测系统提供数据等信息。同时道岔转换设备缺口监测系统应具备远程操作功能，可在车间、段、调度中心等各节点实现浏览与访问。

（4）道岔转换设备缺口监测系统应采用网络安全技术，确保网络与信息安全，同时应具备网络维护接口。

（5）道岔转换设备缺口监测系统具有抗电气化干扰能力，在电气化区段能正常工作。

（6）道岔转换设备缺口监测系统的计算机设备场地应符合国家计算机机房场地标准要求。

15.7.2 ZQJ-01 型转辙机缺口光电监测报警系统

（1）ZQJ-01 型转辙机缺口光电监测报警系统由缺口视频监测站机（工控机，含 CAN 卡）、通信主机、网络转换器、网络分机、载波分机和图像采集处理器六部分构成。系统结构见图 15-5，主要设备用途见表 15-1。

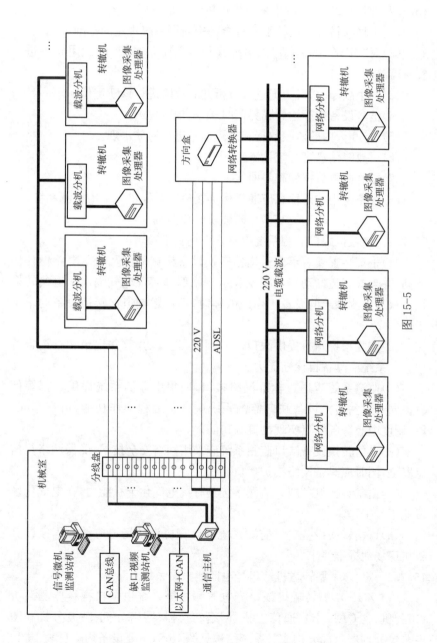

图 15-5

表 15-1

序号	名　称	型　号	用　途
1	缺口视频监测站机		每站 1 台,有载波主机时配 CAN 卡
2	通信主机	A 型(载波主机)	适用于载波传输方式,外线数量可配置 2、4、8 等
		B 型(网络主机)	适用于网络传输方式,外线数量可配置 8、16、24 等
		C 型(综合主机)	适用于同时有载波和网络传输方式
3	网络分机	ZD6、ZDJ9 系列	适用于网络传输方式,每台转辙机配用 1 台
4	网络转换器		适用于网络传输方式,与主干电缆连接的七方向处需配用 1 台
5	载波分机	ZD6、ZDJ9 系列	适用于载波传输方式,每台转辙机配用 1 台
6	图像采集处理器	ZD6、ZDJ9 系列	每台转辙机(有缺口)配用 1 台
备注	站场有 2 对双绞线缆时用网络传输方式,有 1 对双绞线缆时用载波传输方式,有光缆时使用光缆传输方式。		

(2)系统主要技术指标

　①缺口监测精度:0.1 mm。

　②图像分辨率:0.03 mm(具体由转辙机类型决定)。

　③传输距离:≤2 km。

　④传输速率:网络 2 Mbit/s,载波 60 kbit/s。

　⑤视频:网络 30 帧/s(480×480);

　　　　　载波 30 帧/s(240×240)。

　⑥系统容量:每台通信主机带分机总数量≤249 台。

(3)供电电源:单独使用电源屏输出的一路隔离电源,AC(220±22) V/(50±1) Hz;电源容量计算时,不得低于缺口监测系统设备总功率的 2 倍。

15.7.3 JHD 型转辙机缺口监测报警系统。

(1)JHD 型转辙机缺口监测报警系统由系统站机、数据传输设备和室外采集设备构成。设备间利用信号电缆或其他专用通道实现数据交换。

(2)预告警限值符合表 15-2 的要求。

表 15-2

标准表示缺口值(mm)	预警超限值(mm)	告警超限值(mm)
1.5	0.8	1.2
2.0	1.2	1.5
3.5	1.5	2.0
4.0	2.0	2.5

　　(3)主要技术指标

　　　　①采集精度：±0.1 mm。

　　　　②室内设备工作电源 AC(220±22) V。

　　　　③室外设备工作电源 AC 85～242 V 或 DC 24～48 V。

　　　　④功耗(工作模式)：站机小于或等于 270 W；传输中继设备小于
或等于 20 W；采集设备小于或等于 10 W。

16　信号设备雷电电磁脉冲防护与接地

16.1　通　　则

16.1.1　信号设备雷电电磁脉冲防护应根据防护需要，采取等电位连接、
屏蔽、接地、合理布线，安装防雷元器件(浪涌保护器、防雷变压器等)等措
施进行综合防护(简称综合防雷)。

16.1.2　信号设备雷电电磁脉冲防护，应符合下列原则：

　　(1)按照分区、分级、分设备防护原则，采用纵向、横向或纵横向防护
方式，合理选用防雷元器件。

　　(2)采取屏蔽、等电位连接、良好的接地以及合理布线等措施，改善信
号设备电磁兼容环境。

　　(3)信号设备、器材须具有符合规定的耐受过电压、过电流的能力，满
足电磁脉冲抗扰度的要求。

　　(4)防雷元器件应与被防护设备匹配设置，保证雷电感应电磁脉冲过
电压限制到被防护设备的冲击耐压水平以下。

　　(5)防雷装置的设置、动作和故障状态，不得改变被保护系统的电气
性能，不得影响被保护设备的正常工作，并应满足故障导向安全的原则。

16.1.3　雷电活动地区与外线连接的信号设备应安装防雷元器件进行
防护。

16.1.4 对安装电子系统设备(计算机联锁、集中监测、TDCS/CTC、CTCS、ZPW-2000等)的机房应进行有效的室内电磁屏蔽(法拉第笼电磁屏蔽)。

16.1.5 信号设备雷电电磁脉冲防护应符合下列要求。

(1)浪涌保护器的连接线应尽可能短,防雷电路的配线与其他配线应分开,不允许其他设备借用并联型防雷设备的端子。

(2)防雷元器件的安装应牢固,标志清晰,并便于检查。

(3)避雷带、避雷网、引下线、避雷针无腐蚀及机械损伤,锈蚀部位不得超过截面的三分之一。

(4)进出信号机房的信号传输线路不得与电力线路靠近和并排敷设。不得已时电力线路和信号传输线路的间距:电力电缆与信号缆线平行敷设时不小于600 mm;采用接地的金属线槽或钢管防护的,不小于300 mm。条件受限时应采用屏蔽电缆布放,电缆金属护套和电缆屏蔽层应作接地处理。

16.1.6 进入雷电综合防护的机房,严禁同时直接接触墙体(含屏蔽层、金属门窗、水暖管线等)与信号设备。需要接触信号设备时,必须采取穿绝缘鞋或在地面铺垫绝缘胶垫等措施。

16.1.7 信号设备应设安全地线、屏蔽地线和防雷地线。室、内外信号设备设置的综合接地装置、安全地线、屏蔽地线(包括信号计算机和微电子系统保护地线)和防雷地线的接地电阻值应符合以下要求。

(1)综合接地装置(建筑物接地体、贯通地线、地网、其他共用接地体等),其接地电阻值不应大于1 Ω。

(2)分散接地装置,其接地电阻值应符合表16-1的要求。

表 16-1

序号	接地装置使用处所	土壤分类	黑土、泥炭土	黄土、砂质黏土	土加砂	砂土	土加石
		土壤电阻率(Ω·m)	50以下	50~100	101~300	301~500	501以上
		设备引入回线数	接地装置接地电阻值小于(Ω)				
1	防雷地线	—	10	10	10	20	20
2	安全地线	—	10	10	10	20	20
3	屏蔽地线	—	10	10	10	20	20
4	微电子计算机保护地线	—	4	4	4	4	4

16.2 信号设备综合防雷

16.2.1 雷害严重的站(场)或电子设备集中的区域,可在距电子设备和机房 30 m 以外的地点安装一支或多支独立避雷针。避雷针不应设置在信号设备建筑物屋顶。避雷针接地装置应就近单独设置,距信号楼环线接地装置或防护设备边缘间距不小于 15 m。

16.2.2 引入信号机房的电力线应采用多级雷电防护,单独设置电源防雷箱。电源防雷箱设置地点应符合防火要求,连接线应采用阻燃塑料外护套多股铜线。第Ⅰ级(电源配电盘)电源防雷箱应有故障声光报警、雷电计数和状态显示,连接线截面积不小于 10 mm²;第Ⅱ级设在电源屏电源引入侧,连接线截面积不小于 6 mm²;第Ⅲ级设在微电子设备(指计算机终端电源稳压器或 UPS 电源)前,连接线截面积不小于 2.5 mm²。

16.2.3 室外引入信号机房的信号线缆、通信等其他线缆应设置浪涌保护器。浪涌保护器应集中设置在室内防雷柜或分线盘(柜)上。

16.2.4 浪涌保护器的连接线应采用阻燃塑料外护套多股铜线,截面积不小于 1.5 mm²,并联连接方式时长度不大于 0.5 m(条件不允许时可适当延长,但不得大于 1.5 m),大于 1.5 m 时必须采用凯文接线法;浪涌保护器接地线长度不应大于 1 m。

16.2.5 进出信号机房的信号电缆应进行屏蔽连接,并与机房环形接地装置连接。设有贯通地线时,室外电缆钢带(铝护套)可采用多端接地方式,将箱、盒的干线电缆金属护套和钢带相互间顺次连接(拧、焊,并与金属材料箱盒及大地绝缘)或分别接向箱、盒接地汇集端子后连接贯通地线;未设贯通地线时,室外电缆钢带(铝护套)应采用单端接地方式,将单端接地电缆中间的箱、盒的干线电缆金属护套和钢带相互间顺次连接(拧、焊,并与金属材料箱盒及大地绝缘)或分别接向箱、盒接地汇集端子,车站两端等电缆始、终端处连接屏蔽地线,单端接地电缆长度不超过 1 000 m。电气化区段或接地系统有较大干扰时,电缆长度在 1 000 m 以内时可只在机房界面一端接地,电缆超过 1 000 m 时采用分段单端接地方式。

16.2.6 进出机房的其他金属设施应与建筑物环形接地装置连接,并在建筑物界面做等电位连接。

16.2.7 信号设备浪涌保护器(SPD)应符合下列要求。

（1）信号设备浪涌保护器必须取得 CRCC 认证后方可上道使用。

（2）有劣化指示和报警功能的浪涌保护器，当劣化指示由正常色转为失效色或报警后应及时更换。接触不良、漏电流过大、发热、绝缘不良的不得继续使用。

（3）当浪涌保护器处于劣化或损坏状态时，须立即自动脱离电路且不得影响设备正常工作。

（4）浪涌保护器并联使用时，在任何情况下不得成为短路状态；串联使用时，在任何情况下不得成为开路状态。

（5）浪涌保护器对地有连接的，除了放电状态，其他时间不得构成导通状态；否则必须辅以接地检测报警装置。

（6）用于电源电路的浪涌保护器，应单独设置，应具有阻断续流的性能，工作电压在 110 V 以上的应有劣化指示。

（7）室外的电子设备应在缆线终端入口处设置浪涌保护器或防雷型变压器。

（8）室内数据传输线浪涌保护器的设置应根据雷害严重程度确定。

16.2.8 信号设备浪涌保护器设置应满足下列要求：

（1）室内电源浪涌保护器的冲击通流量（放电电流）和限制电压见表 16-2。室外架空交流电源浪涌保护器，冲击通流容量不小于 20 kA，限制电压应单相不大于 700 V，在中雷区以上的地区，限制电压可不大于 1 000 V。

（2）室内信号传输线浪涌保护器应满足：

  ①采集驱动信号传输线，冲击通流量不小于 1.5 kA，限制电压不大于 60 V，信号衰耗不大于 0.5 dB。

  ②视频信号传输线，冲击通流量不小于 1.5 kA，限制电压不大于 10 V，信号衰耗不大于 0.5 dB。

  ③RS232、RS422、RJ45、G.703/V.35 等通信接口，冲击通流量不小于 1.5 kA，限制电压不大于 40 V，信号衰耗不大于 0.5 dB。

  ④其他信号传输线，冲击通流容量不小于 5 kA，限制电压按表 16-3 选取。

（3）室外信号传输线（非架空线）浪涌保护器冲击通流量不小于 10 kA，限制电压按表 16-3 设置。

表 16-2

交流电源浪涌保护器						直流电源浪涌保护器	
信号防雷箱（Ⅰ）		电源屏前（Ⅱ）		微电子设备电源前（Ⅲ）			
冲击通流容量	限制电压	冲击通流容量	限制电压	冲击通流容量	限制电压	冲击通流容量	限制电压
≥40 kA	≤1 500 V	≥20 kA	≤1 000 V	≥10 kA	≤500 V	≥10 kA	注 3

注：1. 微电子设备电源引入前安装的并联型交流电源防雷箱限制电压达不到要求时，应采用带滤波器的串联型电源防雷箱；

　　2. 电源防雷箱的功率应大于被保护设备总用电量的 1.2 倍；

　　3. 直流电源浪涌保护器的选取：工作电压 24 V 时，限制电压 75 V；工作电压 48 V 时，限制电压 110 V；工作电压 110 V 时，限制电压 220 V；工作电压 220 V 时，限制电压 500 V。

表 16-3

序号	信号设备名称（工作电压）	限制电压（V）
1	轨道电路发送和接收端	≤190 、330 、500 、700（注）
2	电码化轨道区段（≥220 V）	≤1 000
3	信号点灯	≤700
4	220 V 交/直流回路	≤700/500
5	110 V 交/直流回路	≤500/220
6	48 V 交/直流回路	≤330/110
7	24 V 以下交/直流回路	≤190/75

注：1. 交流轨道电路：工作电压小于 36 V 时，限制电压应≤190 V；工作电压 36～60 V 时，限制电压应≤330 V；工作电压 60～110 V 时，限制电压应≤500 V；工作电压 110～220 V 时，限制电压应≤700 V；

　　2. 直流轨道电路：工作电压小于 24 V 时，限制电压应≤75 V；

　　3. 站内轨道电路受电端通道浪涌保护器采用横向配置方式。

16.2.9 电源线与信号线、高频线与低频线、进线与出线必须分开敷设。室内信号传输线与设有屏蔽层的建筑物外墙平行敷设距离宜大于 1 m，场地条件不允许时，信号传输线路应采用屏蔽电缆或非屏蔽电缆穿钢管敷设，电缆屏蔽层或钢管应与走线架或与接地汇集线连接。

16.3 直击雷防护和屏蔽

16.3.1 信号机房的建筑物应采用法拉第笼进行电磁屏蔽。法拉第笼由屋顶避雷网、避雷带和引下线、机房屏蔽和接地系统构成。引下线宜采用

40 mm×4 mm 热镀锌扁钢或不小于 $\phi8$ mm 热镀锌圆钢,上端与避雷带焊接连通,焊接处不得出现急弯(弯角不小于 $R90°$),下端与地网焊接。引下线与分线盘(柜)间距不应小于 5 m。

16.3.2 新建机房建筑物还应符合下列要求:

(1)选址应尽量选在土壤电阻率低、腐蚀性小、距变(配)电所大于 200 m 的位置。

(2)房屋结构应采用钢筋混凝土框架结构。在混凝土框架内应设置不小于 $\phi12$ mm 的圆钢为主筋(加强钢筋),主筋间用相同规格的圆钢相互焊接成不大于 5 m×5 m 的网格,并保证电气连接的连续性。主筋上端必须与避雷带焊接,下端必须就近与基础接地网焊接。

(3)应在机房四周室内、室外距地面 0.3 m 处预留与混凝土框架内主筋连接的接地端子板各 4 块。室外接地端子板应与环形接地装置栓接,室内接地端子板应与机房屏蔽层或与防静电地板下的金属支架(或支架下的铜箔带)拴接。

(4)安装电子设备的机房可在墙体内用钢筋网设置屏蔽层。钢筋网应采用不小于 $\phi8$ mm 的圆钢焊接成不大于 600 mm×600 mm 网格,并与主筋焊接连通,窗户设有防盗网的还应与防盗网钢筋焊接。

16.3.3 室外信号设备直击雷防护和屏蔽应符合下列要求。

(1)包含信号设备的箱、盒、柜等壳体应具有良好的电气贯通和电磁屏蔽性能,壳体内应设专用接地端子(板)。室外信号设备的金属箱、盒壳体必须接地。进出金属箱、盒的电源线、信号线宜采用屏蔽电缆或非屏蔽电缆穿钢管埋地敷设,屏蔽电缆的金属屏蔽层或钢管应接地。

(2)高柱信号机点灯线缆应采用屏蔽线缆。

16.4 信号设备接地装置

16.4.1 信号设备的防雷装置应设防雷地线;信号机房内的组合架(柜)、计算机联锁机柜、闭塞设备机柜、电源屏、控制台,以及电气化区段的继电器箱、信号机梯子等应设安全地线;电气化区段的电缆金属护套应设屏蔽地线;安装防静电地板的机房应设防静电地线;微电子设备需要时可设置逻辑地线。

16.4.2 地网应符合下列要求:

(1)地网应由建筑物四周的环形接地装置、建筑物基础钢筋构成的接地体相互连接构成。

（2）环形接地装置由水平接地体和垂直接地体组成,应环绕建筑物外墙闭合成环,受条件限制时可不完全环周敷设,应尽可能沿建筑物周围设置,以便与地网连接的各种引线就近连接。水平接地体距建筑物外墙间距不小于 1 m,埋深不小于 0.7 m。

（3）环形接地装置必须与建筑物四角的主钢筋焊接,并应在地下每隔 5～10 m 与机房建筑物基础接地网连接。

（4）在避雷带引下线处应设垂直接地体,垂直接地体必须与水平接地体可靠焊接;接地电阻不满足要求时,可增设垂直接地体,其间距不宜小于其长度的 2 倍并均匀布置。

（5）垂直接地体可采用石墨接地体、铜包钢、铜材、热镀锌钢材(钢管、圆钢、角钢、扁钢)或其他新型接地材料,电气化区段应采用石墨接地体。

（6）环形接地装置的标志应清晰明了,应在地面上竖立标桩或在墙面上设置铭牌。

16.4.3 贯通地线应符合下列要求:

（1）电气化区段、干线、编组场、强雷区和埋设地线困难地区及微电子设备集中的区段,应设置贯通地线。

（2）贯通地线应采用截面积不小于铜当量 35 mm² 、耐腐蚀并符合环保要求的材料;外护套应为具有耐腐蚀性能的金属或合金材料。

（3）与信号电缆同沟埋设于电缆(槽)下方土壤中,距电缆(槽)底部不少于 300 mm。

（4）隧道、桥梁应两侧敷设;与桥梁墩台接地装置连接的接地连接线应设置成无维修方式。上下行线路分线时,应分别敷设。

（5）引接线(贯通地线与设备接地端子的连接线)采用 25 mm² 的多股裸铜缆焊接或压接,焊接时焊接长度不小于 100 mm,并用热熔热缩带防护 150 mm。

（6）贯通地线任一点的接地电阻不得大于 1 Ω。

（7）贯通地线在信号机房建筑物一侧,采用 50 mm² 裸铜线与环形接地装置连接,信号楼两端各连接两次。

（8）设置贯通地线的区段,室外信号设备的各种接地线均应与就近的贯通地线连接。

16.4.4 接地汇集线及等电位连接应符合下列要求：

(1)控制台室、继电器室、防雷分线室(或分线盘)、计算机室和电源室(电源引入处)应设置接地汇集线。接地汇集线应采用大于宽 30 mm、厚 3 mm 的紫铜排，环形设置时不得构成闭合回路。铜排相互连接应采用 3 个铜螺栓双螺帽进行固定，接触部分长度不少于 60 mm。接地汇集线之间的连接线应与墙体及屏蔽层绝缘。引入信号机房的各种线缆的屏蔽护套应与接地汇集线可靠连接。

(2)电源室电源防雷箱处、防雷分线室(或分线盘)处的接地汇集线应单独设置，与环形接地装置单点冗余连接。其余接地汇集线可采用 2 根截面积不小于 25 mm² 有绝缘外护套的多股铜线或紫铜排相互连接后，再与环形接地装置单点冗余连接。

(3)室内走线架、组合架、电源屏、控制台、机架、机柜等所有室内设备必须与墙体绝缘，其安全地线、防雷地线、屏蔽地线等必须以最短距离就近分别与接地汇集线连接。

(4)走线架应连接良好，不得构成环形闭合回路，已构成闭合回路应加装绝缘。室内同一排的金属机架、柜之间采用截面积大于 10 mm² 多股铜线连接后，再用 2 根不小于 25 mm² 有绝缘外护套的多股铜线或紫铜排与接地汇集线连接。

(5)信号机房面积较大时，可设置与环形接地装置单点冗余连接的总接地汇集线。控制台室、继电器室、计算机房的接地汇集线可分别与总接地汇集线连接，也可相互连接后，用 2 根不小于 25 mm² 有绝缘外护套的多股铜线或紫铜排与总接地汇集线连接。

(6)信号机房分布在几个楼层时，各楼层可分别设置总接地汇集线，总接地汇集线间应采用 2 根不小于 25 mm² 的有绝缘外护套的多股铜线或紫铜排进行连接。

(7)接地汇集线与环形接地装置的连接线，应采用 2 根不小于 25 mm² 的有绝缘护套多股铜线单点冗余连接。以下三种接地汇集线在环形接地装置上的连接点相互间距不应小于 5 m：

①电源室电源防雷箱处(电源引入处)接地汇集线；

②分线盘处接地汇集线；

③其余接地汇集线。

引下线在环形接地装置上的连接点，与以上三种接地汇集线在环形接地装置的连接点的相互间距也不应小于 5 m。

（8）无线天线的接地装置应单独设置，并距环形接地装置 15 m 以上，特殊情况下不应小于 5 m；确因条件限制，间距达不到要求时，与接地汇集线在环形接地装置上的连接点之间的间距不小于 5 m；无线天线设在屋顶的，其接地线可与避雷网焊接。

（9）建筑物内所有不带电的自来水管、暖气管道等金属物体，都必须与环形接地装置（或与建筑物钢筋、计算机室屏蔽层）做等电位连接。

16.4.5 接地导线上严禁设置开关、熔断器或断路器；严禁用钢轨代替地线。

16.5 防雷元器件

16.5.1 铁路信号设备雷电防护浪涌保护器（SPD），按保护特性分为电压限制型、电压开关型和组合型。电压限制型 SPD 的常见器件有压敏电阻、箝位二极管、瞬态二极管等；电压开关型 SPD 通常采用放电间隙，气体放电管、晶闸管（可控硅整流器）和三端双向可控硅等元件；组合型 SPD 由电压开关型器件和限压型器件组合而成。

16.5.2 铁路信号浪涌保护器（经 CRCC 认证）的技术指标应符合下列要求。

（1）电压开关型器件和限压型器件组合而成的组合型 SPD 标称导通电压的容许偏差为 $\pm 20\%$。将放电管和压敏电阻分开测试时，放电管（GDT）直流放电电压容许偏差为 $\pm 20\%$，压敏电阻的压敏电压容许偏差为 $\pm 10\%$。

（2）纯压敏电阻 SPD 的标称导通电压（压敏电阻的压敏电压）容许偏差为 $\pm 10\%$。

（3）模拟和数字信号用 SPD 的标称导通电压，应符合制造商标出的值，容许偏差为 $\pm 10\%$。

16.5.3 气体放电管（GDT）的技术指标应符合下列要求。

（1）二极的 A 极和 C 极之间或三极放电管中任何一个线电极（A 或 B）和地电极（C）之间的火花放电电压应满足表 16-4 规定的范围。

（2）对于三极 GDT，线电极 A-B 之间的火花放电电压不大于两倍的 A-C 或 B-C 之间的火花放电电压，不小于表 16-4 中直流放电电压的最小值。

(3)对于无辐射的 GDT,直流放电电压的上限值应根据实际情况确定。

表 16-4

100 V/s,A-C 或 A/B-C 的直流放电电压(U_G)优选值(V)	直流放电电压(U_G)测试范围(V)	
	100 V/s 到 2 kV/s	
	最小值(min)	最大值(max)
70	56	84
90/1 *	72	108
90/2 *	72	108
150	120	180
200/1 *	160	240
200/2 *	160	240
230/1 *	184	275
230/2 *	180	300
230/3 *	184	276
250	200	300
300	240	360
350/1 *	280	420
350/2 *	265	600
420	300	500
500	400	600
600	480	720
800	640	960
1 000	800	1 200
1 400	1 120	1 680
1 800	1 440	2 160
注: * 表示 GDT 不同的工艺。		

16.5.4 金属氧化物压敏电阻器的技术指标应符合表 16-5 的要求。

表 16-5

压敏电压 U_v(V)	测最偏差	名义等效直径 (mm)	25 ℃以下直流漏电流 $I_{ld}(\mu A)$	85 ℃以下直流漏电流 $I_{ld}(\mu A)$
205 220 240		≤14	≤15	≤30
275 300 330 360		≤20	≤20	≤30
390 430 470 510	≤±0.5%	≤25	≤25	≤40
560 620 680		≤32	≤35	≤40
750 820 910		≤40	≤40	≤40
1 000 1 100 1 200		≤50	≤40	≤60

16.5.5 TVS 瞬态二极管的技术指标应符合表 16-6 的要求。

表 16-6

型　　号	击穿电压(V)	耐受电流(mA)	备　　注
1N5341B	6.2	200	
1N5347B	10	125	
1N5352B	15	75	
1N5356B	19	65	5 Watt 美国 MOTOROLA
1N5363B	30	40	
1N5371B	60	20	
1N5375B	82	15	
1N5377B	91	15	

16.6 ZPW-2000 自动闭塞电磁脉冲防护与接地

16.6.1 ZPW-2000 室外箱盒及信号机等所有相关的金属设备外壳的安全地线、防雷地线及屏蔽地线应用 25 mm² 铜缆与贯通地线可靠连接。也可将各地线用 7 mm² 铜缆环接后接到方向盒地线端子，然后用25 mm² 铜缆连接到贯通地线上（见图 16-1、图 16-2）。未设置贯通地线的接地应用 25 mm² 铜缆与接地体可靠连接（见图 16-3）。

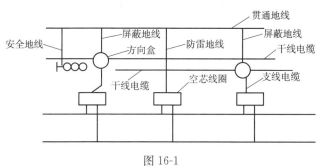

图 16-1

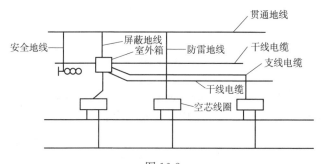

图 16-2

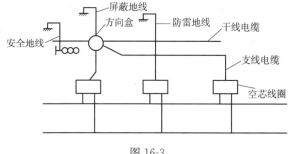

图 16-3

16.6.2 ZPW-2000 横向与贯通接地线连接应满足下列要求:

(1)地线与贯通地线进行 T 型压接或采用焊接,并与贯通地线同深埋设。

(2)完全横向连接处,由构成完全横向连接的扼流或空芯线圈中点接至贯通地线,见图 16-4,空芯线圈或扼流中心点与贯通地线用 25 mm² 铜缆连接,横向连接的中心点之间用 70 mm² 铜线连接。

(3)在有空芯线圈的简单横向连接处,将空芯线圈中心点与防雷单元用 10 mm² 铜缆连接,防雷单元与贯通地线应用 25 mm² 铜缆连接,横向连接的空芯线圈或扼流中心点之间应用 70 mm² 铜线连接(见图 16-5)。

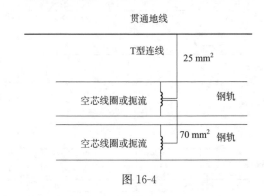

图 16-4

(4)没有做横向连接的空芯线圈,中心点用 10 mm² 铜缆与防雷单元连接,防雷单元与贯通地线连接用 25 mm² 铜缆(见图 16-6)。

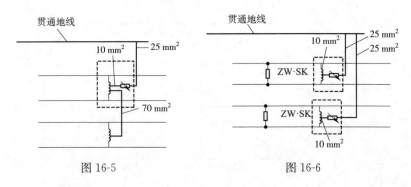

图 16-5   图 16-6

17 信号传输线路及配线

17.1 信号传输线路

17.1.1 信号电缆的导电芯线应采用标称直径为 1.0 mm 的软铜线(专用电缆除外),其允许工作电压不得低于工频 500 V 或直流1 000 V。

17.1.2 集中联锁和自动闭塞区间的信号电缆,应采用综合护套、铝护套信号电缆和数字信号电缆。ZPW-2000 系列轨道电路及电码化等必须使用数字信号电缆。

有特殊要求的设备,如计轴设备、应答器等设备应采用专用数字信号电缆。

遥控、遥信及信息处理等设备的传输线路,宜设于通信干线传输线路中。

17.1.3 音频信号设备的传输通道(含维修电话线)应采用信号电缆中的星绞组或对绞组芯线,用于音频数据传输时,必须采用通信电(光)缆或信号电缆中特设的低频通信四芯组电缆芯线。

17.1.4 信号电缆芯线使用

(1)集中联锁车站,信号机点灯电路、道岔控制电路、轨道电路发送接收使用的信号电缆宜分缆设置。

(2)室外干线信号电缆应有电话芯线(移动通信有保障的区域允许在电缆配线中取消电话芯线)。

(3)信号机械室至远端的信号电缆中应至少有一对贯通备用芯线。

(4)所使用信号电缆应能通过色束、色序区分芯线编号顺序。

17.1.5 信号电缆

(1)信号电缆按护套类型包括塑料护套(PTY03、PTY23 等)、综合护套(PTYA23、PTYA22)、铝护套(PTYL23、PTYL22)信号电缆,电缆规格用电缆芯数表示为:4、6、8、9、12、14、16、19、21、24、28、30、33、37、42、44、48、52、56、61。

(2)电缆的备用芯线数量,不应少于表 17-1 的要求。

表 17-1

芯 数		扭绞型式	备用芯线
4	4×1	星绞	1 对
6	2×3	对绞	1 对
8	2×4(4×2)	对绞(星绞)	1 对
9	2×4+1(4×2+1)	对绞+普通(星绞+普通)	1 对
12	4×3	星绞	1 对
14	4×3+2	星绞+普通	1 对
16	4×4	星绞	1 对
19	4×4+3	星绞+普通	2 对
21	4×4+5(4×5+1)	星绞+普通	2 对
24	4×5+2×1+2(4×6)	星绞+对绞+普通(星绞)	2 对
28	4×7	星绞	2 对
30	4×7+2	星绞+普通	2 对
33	4×7+5	星绞+普通	2 对
37	4×7+2×3+3	星绞+对绞+普通	2 对
42	4×7+2×4+6	星绞+对绞+普通	2 对
44	4×7+2×4+8	星绞+对绞+普通	2 对
48	4×12	星绞	3 对
52	4×12+4	星绞+普通	3 对
56	4×14	星绞	3 对
61	4×14+5	星绞+普通	3 对+2 芯

注:1. 表中圆括号的内容为铁路数字信号电缆的"芯数"和"扭绞型式";

2. 以备用星绞组的线对为原则,如无星绞组时再备用对绞组的线对;

3. 61 芯电缆,当音频与非音频设备合用同一电缆时,其中之"1 芯"作为非音频设备的备用。

(3)信号电缆 A 端的线序、组序及编号规定见图 17-1～图 17-4。

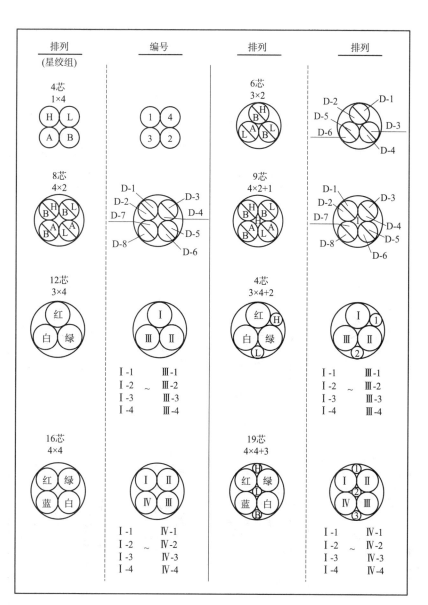

图 17-1

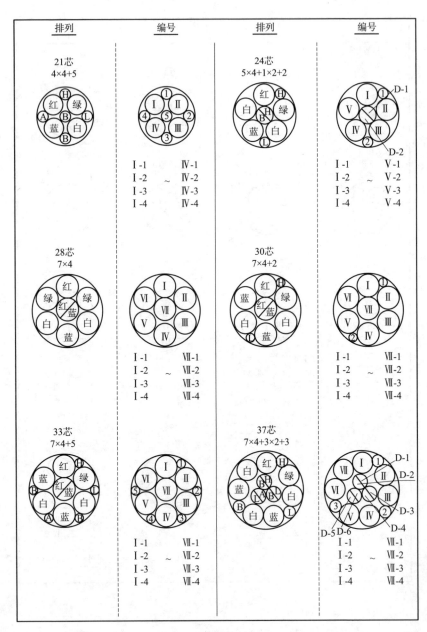

图 17-2

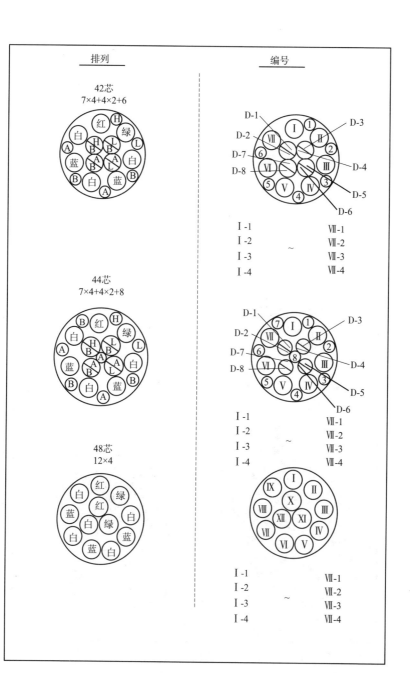

图 17-3

冶金企业铁路信号维护规则

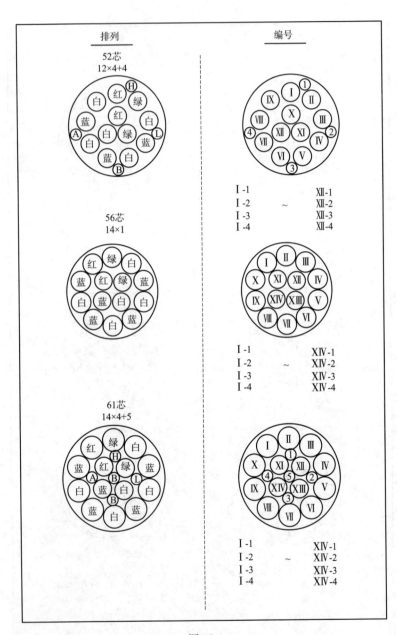

图 17-4

以上 4 幅图说明：

1. 绝缘线芯的色标为：Ⓗ红；Ⓛ绿；Ⓑ白；Ⓐ蓝。

2. Ⓝ表示对绞组线对,其绝缘线芯色标如下：

Ⓗ/Ⓑ红,白；Ⓛ/Ⓑ绿,白；Ⓛ/Ⓐ蓝,绿；Ⓐ/Ⓑ蓝,白。

3. 星绞组扎丝色标：红 绿 白 蓝 红蓝。

(4)主要电气指标应符合表 17-2 的要求。

表 17-2

序号	项　目	单　位	指　标
1	导线线径	mm	φ1.0
2	直流电阻 20 ℃ 　　每根导体直流电阻 　　工作线对导体电阻不平衡	Ω/km	不大于 23.5 不大于 2%
3	绝缘电阻 DC 500 V　20 ℃ 　　每根绝缘线芯对其他绝缘线芯接屏蔽及金属套	MΩ·km	不小于 3 000
4	绝缘耐压 50 Hz　2 min 　　线芯间 　　所有线芯连在一起(或每根线芯)对屏蔽与金属套	V	1 000 1 800
5	电容 　　四线组工作电容 　　对线组工作电容 　　每根绝缘线芯对连接到地的其他绝缘线芯间电容	nF/km	不大于 50 不大于 70 不大于 100
6	屏蔽系数 　　9 芯及以下电缆护套上的感应电压为 50～200 V/km 　　12 芯及以上电缆护套上的感应电压为 35～200 V/km	—	综合护套 0.8 铝护套 0.3

17.1.6　铁路数字信号电缆和计轴、应答器专用电缆

(1)铁路数字信号电缆

实现 1 MHz(模拟信号)、2 Mbit/s(数字信号)及额定电压交流 750 V 或直流 1 100 V 及以下系统控制信息及电能的传输,具有屏蔽性能和高抗干扰能力。分为塑料护套(SPTYW03 或 SPTYW23)、综合护套(SPTYWA23)、铝护套(SPTYWL23)、内屏蔽(SPTYWP03 或 SPTY-

WP23、SPTYWPA23、SPTYWPL23)数字信号电缆。根据用途不同还有应答器、计轴数字信号电缆。

①铁路数字信号电缆的规格应为：4、6、8、9、12、14、16、19、21、24、28、30、33、37、42、44、48、52、56、61。

②内屏蔽铁路数字信号电缆的规格应为：8B、12A、12B、14A、14B、16A、16B、19A、19B、21A、21B、24A、24B、28A、28B、30A、30B、33A、37A、42A、44A、48A。

③电缆结构示意见图 17-5 所示。

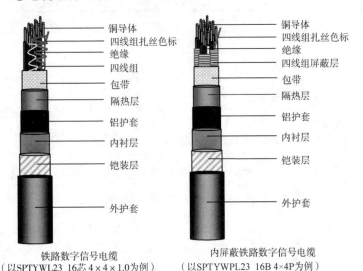

铁路数字信号电缆
（以SPTYWL23 16芯 4×4×1.0为例）

内屏蔽铁路数字信号电缆
（以SPTYWPL23 16B 4×4P为例）

图 17-5

（2）铁路数字信号电缆的备用芯线数量不应小于表 17-1 的要求。内屏蔽数字信号电缆的备用芯线数量不应小于表 17-3 的要求。

表 17-3

序号	芯数	实际规格	组绞型式	备用芯线
1	8B	2×4P	屏蔽星绞	1 对
2	12A	2×4P+1×4	屏蔽星绞+星绞	2 对（一个屏蔽四芯组）

序号	芯数	实际规格	纽绞型式	备用芯线
3	12B	3×4P	屏蔽星绞	2对(一个屏蔽四芯组)
4	14A	2×4P+1×4+2	屏蔽星绞+星绞+普通	2对(一个屏蔽四芯组)
5	14B	3×4P+2	屏蔽星绞+普通	2对(一个屏蔽四芯组)
6	16A	2×4P+2×4	屏蔽星绞+星绞	2对(一个屏蔽四芯组)
7	16B	4×4P	屏蔽星绞	2对(一个屏蔽四芯组)
8	19A	3×4P+1×4+3	屏蔽星绞+星绞+普通	2对(一个屏蔽四芯组)
9	19B	4×4P+3	屏蔽星绞+普通	2对(一个屏蔽四芯组)
10	21A	3×4P+2×4+1	屏蔽星绞+星绞+普通	2对(一个屏蔽四芯组)
11	21B	5×4P+1	屏蔽星绞+普通	2对(一个屏蔽四芯组)
12	24A	4×4P+2×4	屏蔽星绞+星绞	2对(一个屏蔽四芯组)
13	24B	6×4P	屏蔽星绞	2对(一个屏蔽四芯组)
14	28A	4×4P+3×4	屏蔽星绞+星绞	2对(一个屏蔽四芯组)
15	28B	7×4P	屏蔽星绞	2对(一个屏蔽四芯组)
16	30A	4×4P+3×4+2	屏蔽星绞+星绞+普通	2对(一个屏蔽四芯组)
17	30B	7×4P+2	屏蔽星绞+普通	2对(一个屏蔽四芯组)
18	33A	4×4P+4×4+1	屏蔽星绞+星绞+普通	2对(一个屏蔽四芯组)
19	37A	4×4P+5×4+1	屏蔽星绞+星绞+普通	2对(一个屏蔽四芯组)
20	42A	5×4P+5×4+2	屏蔽星绞+星绞+普通	2对(一个屏蔽四芯组)
21	44A	6×4P+5×4	屏蔽星绞+星绞	2对(一个屏蔽四芯组)
22	48A	6×4P+6×4	屏蔽星绞+星绞	3对(含一个屏蔽四芯组)

注:P表示带屏蔽星绞组。

5×4P+5×4+2代表:5×4P表示5个内屏蔽星绞四线组;5×4表示5个星绞四线组;2表示2个普通单线芯。

(3)铁路数字信号电缆星绞四线组A端线序、组序及编号规定见图17-6所示;内屏蔽铁路数字信号电缆A端组序及编号见图17-7所示。

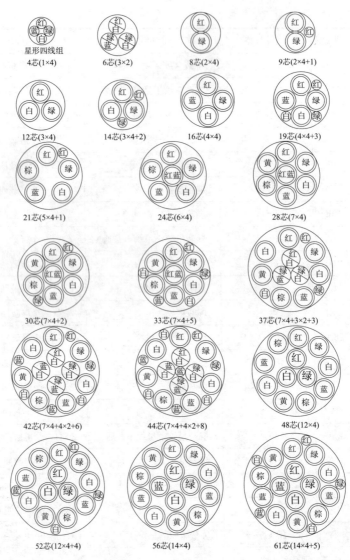

图 17-6

注：红绿白蓝 表示色标为红、绿、白、蓝的皮-泡-皮绝缘线芯；

红白、绿白、蓝白、绿蓝 表示色标为红/白、绿/白、蓝/白、绿/蓝的对线组；

红 绿 白 蓝 棕 黄 红蓝 表示扎丝或扎带色标为红、绿、白、蓝、棕、黄、红蓝的四线组。

770

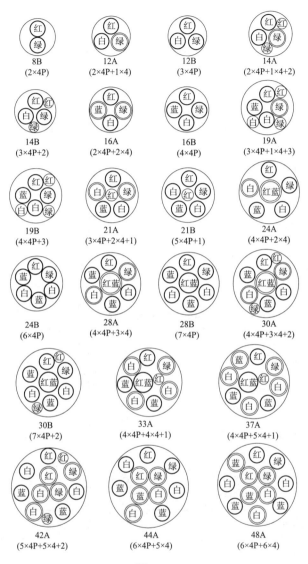

图 17-7

注：表示色标为红、绿、白、蓝的皮-泡-皮绝缘线芯；

表示扎丝或扎带色标为红、绿、白、蓝、红蓝的星形四线组；

表示扎丝或扎带色标为红、绿、白、蓝、红蓝的屏蔽星形四线组。

（4）铁路数字信号电缆主要电气指标应符合表 17-4 的要求。

表 17-4

序号	项　　　目	单　位	标　　准
1	导线线径	mm	$\phi 1.0$
2	直流电阻 20 ℃ 　　每根导体直流电阻 　　工作线对导体电阻不平衡	Ω/km	不大于 23.5 不大于 1%
3	绝缘电阻 DC 500 V　20 ℃ 　　每根绝缘线芯对其他绝缘线芯接屏蔽及金属套	$M\Omega \cdot$ km	不小于 10 000
4	绝缘耐压 50 Hz　2 min 　　线芯间 　　线芯对金属套间	V	不小于 1 000 不小于 2 000
5	工作电容 0.8～1.0 kHz 　　四线组 　　对绞线 　　单根绝缘线芯对连到地的其他绝缘线芯间电容	nF/km	28±3(28±2) 35±4 不大于 70
6	回路间近端串音衰减 　　150 kHz　　组内 　　　　　　　组间 　　1 000 kHz　组内 　　　　　　　组间	dB/km	不小于 51(51) 不小于 55(65) 不小于 37(37) 不小于 42(54)
7	回路间远端串音防卫度 　　150 kHz　　组内 　　　　　　　组间 　　1 000 kHz　组内 　　　　　　　组间	dB/km	不小于 52(52) 不小于 62(72) 不小于 39(39) 不小于 49(59)
8	特性阻抗　20 ℃ 　　0.55 kHz 　　0.85 kHz 　　1.7 kHz 　　2.0 kHz 　　2.3 kHz 　　2.6 kHz 　　150 kHz 　　1 000 kHz	Ω	675±68(54) 550±33(22) 396±24(16) 367±22(15) 343±21(14) 325±20(13) 163±17(17) 155±16(16)

序号	项　　　目	单　位	标　准
9	线对衰减 20 ℃ 　　0.55 kHz 　　0.85 kHz 　　1.7 kHz 　　2.0 kHz 　　2.3 kHz 　　2.6 kHz 　　150 kHz 　　1 000 kHz	dB/km	≤0.45 ≤0.55 ≤0.70 ≤0.75 ≤0.80 ≤0.83 ≤3.5 ≤9.0
10	屏蔽组间线芯接地近端串音衰减 2.6 kHz 最小 300 m 两屏蔽四线组内,各有一线对的一线芯接地,此两 线对间的近端串音衰减; 近端阻抗 55 Ω,远端阻抗 325 Ω	dB	≥(89)
11	屏蔽铜带与泄流线间直流电阻 20 ℃	Ω	≤(0.01)

注:1. 导体电阻不平衡,即工作线对两根导体的电阻之差与其电阻之和的比值;
　　2. 括号内数据为 A 型电缆屏蔽四线组该项电气性能参数误差范围允许值。

(5)计轴专用电缆主要电气指标(20 ℃时)应符合表 17-5 的要求。

表 17-5

屏蔽、铠装绝缘护套电缆			
芯线直径	(mm)	ϕ0.9	ϕ1.4
环路电阻	(Ω/km)	≤56.6	23.4
绝缘电阻	(MΩ·km)	≥5 000	≥5 000
工作电容(800 Hz 时)	(nF/km)	45	≤50
线间耐压(50 Hz)	(V)	>2 500	>2 500
线与屏蔽间耐压(50 Hz)	(V)	>2 500	>2 500
电容不平衡			
—星绞内之间	(pF)	≤400	≤400
—星绞线间	(pF)	≤300	≤300
—电缆对地间	(pF)	≤800	≤800
800 Hz 时特性衰减	(dB/km)	0.65	0.44
工作电压	(V)	≤600	≤600

(6)应答器专用电缆有综合护套、铝护套或编织屏蔽三种类型,主要电气指标(20 ℃时)应符合表 17-6 的要求。

表 17-6

项　　目	单　位	标　准	
		综合护套、铝护套	编织屏蔽
芯线直径	mm	1.53	1.14(绞合结构,参考值)
泄流线直径(共两根)	mm	0.4	—
直流电阻 　每根导体直流电阻 　工作线对导体电阻不平衡	Ω/km	不大于 9.9 不大于 1%	不大于 26.0 —
绝缘电阻 DC 500 V	MΩ·km	不小于 10 000	不小于 10 000
绝缘介电强度　50 Hz 3 min 　线芯间 　线芯对地	V	不小于 1 500 不小于 3 000	不小于 1 000 不小于 2 000
工作电容 0.8～1.0 kHz	nF/km	不大于 42.3	不大于 45.3
特性阻抗 　8.82 kHz 　282.5 kHz、565 kHz 　1 800 kHz	Ω	150±22 120±12 120±5	— — 120±5
线对衰减 　8.82 kHz 　282.5 kHz、565 kHz 　1 800 kHz	dB/km	≤0.8 ≤5.0 ≤8.0	—
理想屏蔽系数 50 Hz 　电缆金属护套上的感应 　电压为 50 V/km～200 V/km	—	≤0.2(铝护套) ≤0.8(综合护套)	—
屏蔽层的连续性	—	电气导通	—

17.1.7　光缆及光纤

(1)进行光缆收发功率测试或检查运用中的光缆纤芯时,禁止将眼睛正对光口或有光的尾纤,避免激光灼伤眼睛。

(2)光缆线路特性指标应符合表 17-7 的规定。

表 17-7

序号	项　　目	指　标
1	中继段光纤通道后向散射信号曲线检查	≤竣工值+0.1 dB/km (最大变动量≤5 dB)(注 2)
2	光缆线路光纤衰减	≤竣工值+0.1 dB/km (最大变动值不超过 5 dB)

774

序号	项 目		指 标
3	直埋接头盒监测电极间绝缘电阻		≥5 MΩ
4	防护接地装置地线电阻	ρ≤100(注1)	≤5 Ω
		100<ρ≤500	≤10 Ω
		ρ>500	≤20 Ω

备注

1. ρ为2 m深的土壤电阻率,单位为:Ω·m。

2. 中继段光纤通道后向散射信号曲线检查,仪表的测试参数应与前次的测试参数相同。光通道损耗增大或后向散射信号曲线上有大台阶(≥0.5 dB)时,应及时采取改善措施;光缆中有若干根光纤的衰减变动量都大于0.2 dB/Km时,或直埋光缆接头盒监测电极间绝缘电阻低于指标时,应尽快处理。

(3)光纤衰减系数、色度色散系数及偏振模色散系数,G.652单模光纤应符合表17-8的要求,G.655单模光纤应符合表17-9的要求。

表17-8

项 目		指 标
1 310 nm 衰耗系数(dB/km)		0.36
1 550 nm 衰耗系数(dB/km)		0.22
1 625 nm 衰耗系数(dB/km)		0.27
色散特性	零色散波长范围(nm)	1 300～1 324
	零色散斜率最大值[ps/(nm² · km)]	0.093
	1 288～1 339 nm 色散系数最大绝对值[ps/(nm · km)]	3.5
	1 271～1 360 nm 色散系数最大绝对值[ps/(nm · km)]	5.3
	1 500 nm 色散系数最大绝对值[ps/(nm · km)]	18
偏振模色散(PDM)系数最大值(ps/$\sqrt{km}$)		0.3

表17-9

项 目	指 标
1 550 nm 衰耗系数(dB/km)	0.22
1 625 nm 衰耗系数(dB/km)	0.27

冶金企业铁路信号维护规则

项　目		指　标
C 波段色散特性	非零色散区(nm)	$1\,530{\leqslant}\lambda_{min}{\leqslant}\lambda_{max}{\leqslant}1\,565$
	非零色散区色散系数绝对值[ps/(nm·km)]	$1.0{\leqslant}D_{min}{\leqslant}D_{max}{\leqslant}10$
	色散符号	正或负
	$D_{max}-D_{min}$[ps/(nm·km)]	${\leqslant}5.0$
	1 500 nm 色散系数最大绝对值[ps/(nm·km)]	18
L 波段色散特性	非零色散区(nm)	$1\,565{\leqslant}\lambda_{min}{\leqslant}\lambda_{max}{\leqslant}1\,625$
	非零色散区色散系数绝对值[ps/(nm·km)]	待定
	色散符号	正
偏振模色散(PDM)系数最大值(ps/$\sqrt{km}$)		0.3

17.1.8 信号电缆敷设须符合下列要求：

(1)电缆埋设深度,站内一般不小于 700 mm,区间不小于 1 200 mm;横穿线路时,防护用钢管或混凝土管的管顶距路基面不得小于 0.4 m。

(2)电缆径路应选择地形平坦和土质良好地带。

(3)电缆径路应避开酸、碱、盐聚集、石灰质、污水、土质松软和承受重压可能发生大量塌陷危险的地带,以及道岔的岔尖、辙岔心、钢轨接头、接触网的杆塔基础等处所。

(4)电缆径路应尽量保持直线。如有弯曲时,电缆的允许弯曲半径:非铠装电缆不应小于电缆外径的 10 倍;铠装电缆不应小于电缆外径的 15 倍;内屏蔽电缆不应小于电缆外径的 20 倍。

(5)贯通地线与信号电缆同沟时,应埋设于电缆(槽)下方土壤中,距电缆(槽)底部不得小于 300 mm。信号电缆与电力电缆不得同沟,应分开敷设;必须交叉时应采取物理隔离措施。

17.1.9 电缆防护和设置电缆标识应满足下列要求：

(1)电缆防护。

①既有线路改向地段电缆须进行同步移设,不得远离线路。

②电缆过桥防护管、槽应涂有黑、白相间斑马线;过涵防护管、槽尽量不得外露。各种外露管、槽应有密封防火措施。

(2)在下列处所应设置电缆埋设标识,电缆标识上应有"信号"字样,并标明电缆走向、埋深字样,地下接头电缆标标明"接续"字样,各种电缆牌标明所防护地点的范围、距离、警示语等字样;电缆牌应平行于线路埋设。

　　①电缆转向、分支处埋设折角、分歧电缆标;

　　②电缆径路上每 50 m 埋设电缆标;

　　③电缆地下接头处埋设地下电缆接头标;

　　④保护区外电缆径路每 100 m 埋设警示牌;

　　⑤电缆穿越障碍物(如大型管路、建筑物、高压电缆等)应设置电缆牌;

　　⑥穿越铁路、公路、河流两侧设置电缆标、牌。

17.1.10　维修更换电缆时,电缆的两端应有 2 m 储备量(设备间实际距离在 20 m 以下时为 1 m);但信号楼(值班员室)内应有 5 m 的储备量。

17.1.11　敷设信号电缆遇有下列情形时,应采取有效的防护措施(如砂、砖、水泥槽、钢管或陶瓷管等),以保护电缆不受损伤。

　　(1)通过铁路、公路、隧道、水沟、坚石、土质不良地带;

　　(2)受条件所限,必须减少电缆敷设深度的地带;

　　(3)与其他电缆、管道交叉时;

　　(4)电缆易受白蚁蛀蚀的地带。

17.1.12　在区间敷设信号电缆时,两根电缆的连接宜采用地下接续方式。地下接续电缆应满足下列要求。

　　(1)地下接续电缆时,应使用专用材料,按规定作业程序施工。

　　(2)地下接续电缆时,电缆的备用量长度不小于 2 m。

　　(3)电缆的地下接头应水平放置,接头两端各 300 mm 内不得弯曲,并应设线槽防护,其长度不应小于 1 m。

　　(4)在电缆径路图上应绘出电缆地下接续处所,并注明与固定参照物的十字交叉距离。

17.1.13　在敷设信号电缆时,电缆的连接接线应为 A 端与 B 端相连。电缆 A、B 端的识别方法是绿色组在红色组的顺时针方向为 A 端。反之,为 B 端。

17.1.14　必须设于路肩上的电缆、集中联锁设备的干线电缆及冻害地区电缆应以水泥电缆槽或其他阻燃材料制造的电缆槽防护。电缆槽应符合设计规定,其埋设深度为上盖板顶面距地面不应小于 300 mm。槽内电缆应排列整齐,互不交叉。

路肩上埋设电缆(电缆槽)时,必须填平夯实,保证路肩完整性。

17.1.15 室外电缆应先引入电缆引入室或电缆引入井,成端后接至防雷分线柜(室),并对电缆采取防雷、防水、防火、防鼠等防护措施。

17.1.16 各种箱、盒须符合下列要求。

(1)引入电缆时,应有保护管及防止电缆下沉措施;封闭处理完好。

(2)各种电缆盒、变压器箱的盘根完整,盖要严密,防尘及防潮作用良好。对潮湿地区应有防潮措施。

(3)各种箱盒的配线端子应清洁,保证绝缘良好。

17.1.17 用 500 V 兆欧表测量全程信号电缆芯线(包括连接的设备,但电子设备除外)与大地间的绝缘电阻值。

(1)区间及各小站不得小于 1 MΩ;

(2)大站由铁路局自定。

17.1.18 在维修更换电缆时,用高阻兆欧表测量电缆芯线间、每芯线对地间的绝缘电阻不小于 3 000 MΩ·km。

注:每千米绝缘电阻值是换算为 1 km 长电缆的实际绝缘电阻值。其换算公式为:

$$R = 0.001L \cdot R_m$$

式中　R——换算到 1 km 长电缆的实际绝缘电阻值,MΩ·km;

　　　L——电缆实际长度,m;

　　　R_m——兆欧表测量值,MΩ。

17.2　配　　线

17.2.1 各种信号设备的配线应采用阻燃电线或电缆,且符合下列要求。

(1)引入线及配线,不破皮、不老化。

(2)配线整齐,绑扎良好,留有余量。

(3)配线无伤痕,同一根配线中间无接头,配线屏蔽网应起到屏蔽作用。

(4)配线与端子连接时,线头可采用爪型线环等可靠的接线方式,并垫以垫圈。线头根部套以塑料管。

(5)一个端子柱上,允许最多上三个线头并用垫圈隔开。

(6)每个端子柱的上部,应用两个螺母紧固。

(7)引入、引出口处要堵塞良好,保持完整清洁,预防动物寄生。

(8)配线用的螺栓、螺母、垫圈、线环等均应采用铜质镀镍材料。

(9)焊接焊头要焊接牢固、光滑、无毛刺(焊接时禁止使用腐蚀性焊剂);插接插头、插座电气连接接触可靠,插座接点间绝缘材料应完整无损,插头插片(针)不歪斜,插头、插座吻合良好、不松动,并有防松措施;压接(弹簧端子)电气接触可靠,弹簧端子连接片压力符合标准,线头不松动。

17.2.2 信号机及表示器、转辙机等的引入线应采用多股软线,中间不得有接头;引入线应采用蛇管或橡皮管引入,并在引入口处用胶带或塑料带包扎防护。

17.2.3 各种箱、盒配线整齐、清洁,并应符合下列要求。

(1)箱、盒内的配线应附有注明线条去向和用途的名牌或端子配线示意图。

(2)电源线、电动转辙机控制线应有明显的标记。

(3)自信号楼方向引来的电缆,进入电缆盒主管,其他方向引来的电缆进入副管。并应尽量采取不使线位搞错的措施。

(4)变压器箱、电缆盒的电缆配线,紧固在相应的端子上,芯线的长度需留有可做2～3次接头的余量。

17.2.4 各种电缆盒、变压器箱的配线端子,应按下列规定确定起始端子,用红点或箭头标明,并安装端子号码。使用弹簧端子的各种电缆盒、变压器箱生产厂家应标明端子号码。

(1)终端电缆盒 HZ6、HZ1-6、HZ12、HZ1-12、HZ24、HZ1-24、HZ1-36 端子编号,从基础开始,顺时针方向依次编号(见图17-8～图17-11)。

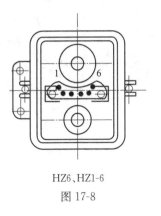

HZ6、HZ1-6

图 17-8

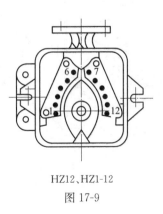

HZ12、HZ1-12

图 17-9

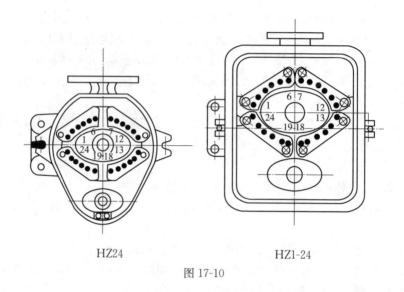

HZ24   HZ1-24

图 17-10

(2)HF-4、HF-7、HF1-5、HF1-7 方向电缆盒端子编号,面对信号楼,以"1 点钟"位置为 1 号端子,顺时针方向依次编号(见图 17-12～图 17-15),图中上方为靠信号楼方向。

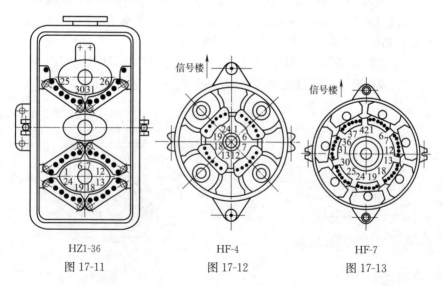

HZ1-36   HF-4   HF-7
图 17-11   图 17-12   图 17-13

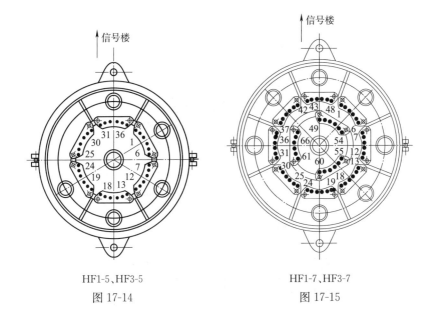

HF1-5、HF3-5

图 17-14

HF1-7、HF3-7

图 17-15

　　HF3-5、HF3-7 型分体式方向电缆盒端子编号分别与 HF1-5、HF1-7
相同。

　　(3)变压器箱端子编号,靠箱子边为奇数,靠设备边为偶数,站在箱子
引线口自右向左依次编号。

17.2.5　各种配线使用的电线规格,一般应符合下列要求。

　　(1)信号机、转辙机、变压器箱(轨道电路用)等内部配线,使用(或代
以相当于) $7×0.52\ mm^2$ 的多股铜芯阻燃塑料线。

　　(2)电源屏的引出配线,根据负载选用不同截面的多股铜芯阻燃塑
料线。

18　信号设备符号、编号及书写

18.0.1　运用中的信号设备,均应具有符合规定的编号及符号(文字、图
形)。

18.0.2　书写在设备上的符号和编号的字体及尺寸,见图 18-1～图 18-3。
设备为白色时写黑字,设备为黑、灰色时写白字。设备体积较小或特大,
不能按标准字样书写时,可按比例适当缩小或放大。

上下行道进站

出路预告通过

38 mm

25 mm

图 18-1

1 2 3 4 5

6 7 8 9 0

b

a

图 18-2

A B C D E F G

H I J K L M N

O P Q R S T

U V W X Y Z

b

a

图 18-3

注:按字的大小,分为四种:小号字 $a=20$ mm,$b=30$ mm;大号字 $a=40$ mm,$b=60$ mm;特
号字 $a=112$ mm,$b=158$ mm,$c=22$ mm(笔道宽度),特大号字 $a=168$ mm,$b=$
240 mm,$c=25$ mm(笔道宽度)。

782

18.0.3 高柱信号机的符号用特号字（下标用大号字），书写在信号机机柱正面，见图 18-4 所示，或在机柱正面安装号码牌（白底黑字）。例如：

上行进站信号机写作"S"；

下行进站信号机写作"X"；

下行Ⅱ道正线出站信号机写作"X$_\text{Ⅱ}$"；

上行 3 道出站信号机写作"S$_3$"。

18.0.4 矮型信号机的符号用大号字（下标用小号字）书写在信号机机构门的中间，见图 18-5 所示。例如：

下行 3 道出站信号机写作"X$_3$"；

下行进路信号机写作"XL"；

调车信号机 3 写作"D$_3$"。

图 18-4

18.0.5 自动闭塞区间通过信号机号码用特大号字书写在机柱正面，见图 18-6，或者制作反光号码牌（白底黑字）安装在机柱的正面，底边距轨面 2 250 mm。

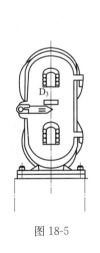

图 18-5

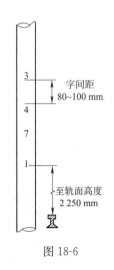

图 18-6

18.0.6 转辙机、驼峰用控制装置、雷达天线箱等的符号用大号字，书写在机盖的中间位置。

道岔转辙机符号的书写见图18-7所示。单机牵引道岔的转辙机符号为"道岔编号"＋"DZ"。双机或多机牵引道岔的转辙机以及可动心轨道岔尖轨各牵引点的转辙机的符号为"道岔编号"＋"DZ"＋"牵引点序号"。例如：13号道岔第二牵引点转辙机的符号写为"13DZ-2"；1号可动心轨道岔尖轨第三牵引点转辙机符号写为"1DZ-3"。可动心轨道岔心轨各牵引点转辙机符号为"道岔编号"＋"DZ"＋"X"＋"牵引点序号"。例如：1号可动心轨道岔心轨第二牵引点转辙机的符号写为"1DZ-X2"。

　　在转辙机动作杆的防尘板面上，还应标明道岔定位位置及转辙机动作杆相应的伸出、拉入状态的箭头符号（见图18-7）。

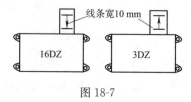

图18-7

注：1. 两平行线表示道岔。

　　2. 一横线，表示转辙机动作杆。

　　3. 箭头表示转辙机的动作杆伸出或拉入时，所反映的道岔定位位置。

　　4. 图18-7左图表示转辙机动作杆拉入为定位；图18-7右图表示转辙机动作杆伸出为定位。

18.0.7　变压器箱、电缆盒可按配线图的名称用小号字将符号书写在箱、盒的盖面上。轨道电路用变压器箱、电缆盒还应标明轨道电路的编号及送、受电端。如5-7道岔区段轨道电路送电端和3股道的送电端，应写作"5-7DG⊙"和"3G⊙"；又如13DG的受电端，应写作"13DG⊕"（见图18-8）。

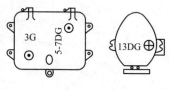

图18-8

18.0.8 轨道电路室外补偿电容编号用大号字书写在补偿电容防护盒上平面中间位置,迎着列车运行方向书写;补偿电容置于电容枕内的,编号书写在电容枕上平面中间位置。编号写作:C1、C2、C3、…,自发送端至接收端从小号至大号依次编号。

18.0.9 继电器箱、控制阀等设备的符号用大号字书写在箱体正面门上。

18.0.10 分线盘、组合架的架号书写在框架正面的上方居中位置。分线盘、组合架的层号以及组合、组匣的符号书写在框架的左侧。

18.0.11 减速器、储气罐等设备的符号用特号字书写在作业人员便于观察的地方。

18.0.12 信号机械室内和继电器箱内设置的变压器、整流器、可调电阻器、电容器等,写明该器件在电路内的符号和编号;继电器应在安全挂钩上挂名牌,名牌上书写其型号和在电路内的设备名称。

18.0.13 下列设备可不书写符号和编号:

(1)自动闭塞区段通过信号机处的继电器箱、电缆盒(只有一个的);

(2)杆上电缆盒;

(3)各种信号表示器;

(4)驼峰风、液压管道及油水分离器等;

(5)控制台;

(6)电气化区段的扼流变压器箱。

18.0.14 信号设备除摩擦面、滑动面、螺扣部分、表面镀层部分、手握部分,混凝土制品外,必须全部涂漆,油漆油层应完整,无剥落现象并保持颜色鲜明,油漆颜色应符合表18-1的要求。

表 18-1

机件名称		颜　色
各种柱类(水泥柱除外)		白色
室内设备		按工厂产品原色
信号机及表示器的遮檐、色灯信号机的机构、背板及透镜式信号机机构内部,各种灯筐外部		黑色(无光漆)
脱轨器	脱轨状态时伸出套外部分	白色
	其他部分	灰色

机件名称	颜　色
遮断信号机机柱	黑白相间，宽 200 mm 的斜线，其斜度为 45°
三显示自动闭塞区段的进站信号机前方的第一架通过信号机的机柱	黑白相间，宽 150 mm 的三条黑斜线（八字第一撇方向），见图 18-9
四显示自动闭塞区段的进站信号机前方的第一、二架通过信号机的机柱	黑白相间，宽 150 mm。第一架：三条黑斜线（八字第一撇方向）。第二架：一条黑斜线（八字第一撇方向）
储风缸	银灰色
室外各种箱、盒的内部	白色或浅蓝(绿)色
以上各栏未列的室外设备外部	一律灰色

注：表中未列的机械内部颜色，均按工厂产品原色。

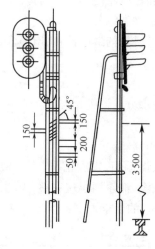

单位：mm

图 18-9

18.0.15　信号标志

(1)轨道电路调谐区标志样式及尺寸

①轨道电路调谐区标志样式及尺寸，调谐区长度为 29 m 的调谐区标志如图 18-10 所示。

Ⅰ型为反方向区间停车位置标，涂有白底色、黑框、黑"停"字、斜红道，标明调谐区长度的反光菱形板标志。

786

Ⅱ型为反方向行车困难区段的容许信号标,涂有黄底色、黑框、黑"停"字、斜红道,标明调谐区长度的反光菱形板标志。

Ⅲ型用于反方向运行合并轨道区段之间的调谐区或因轨道电路超过允许长度而设立分隔点的调谐区,为涂有蓝底色、白"停"字、斜红道,标明调谐区长度的反光菱形板标志。

②立柱柱身涂黑白相间图案。

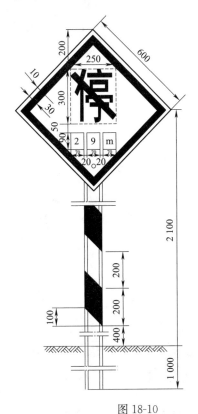

单位：mm

图 18-10

(2)四显示机车信号接通标(机车信号接通标)样式及尺寸

四显示机车信号接通标(机车信号接通标)为涂有白底色、黑竖线、黑框的反光菱形板及黑白相间的立柱标志,样式及尺寸见图18-11。

(3)四显示机车信号断开标样式及尺寸。

四显示机车信号断开标为涂有白底色、中间断开的黑横线、黑框的反光菱形版及黑白相间的立柱标志,样式及尺寸见图 18-12。

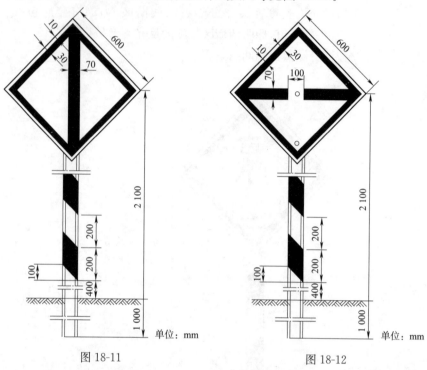

图 18-11　　　　　　　　　　　　　　图 18-12

(4)级间转换标样式及尺寸。

级间转换标为涂有白底色、黑框、写有黑"C0"、"C2"标记的反光菱形板及黑白相间的立柱,CTCS-2 级间转换标志样式及尺寸见图 18-13。

18.0.16 光电缆标牌。

(1)信号电缆标(地下接头电缆标)

　　①电缆标上应有"信号"字样,并标明电缆走向、埋深字样,地下接头电缆标标明"接续"字样。

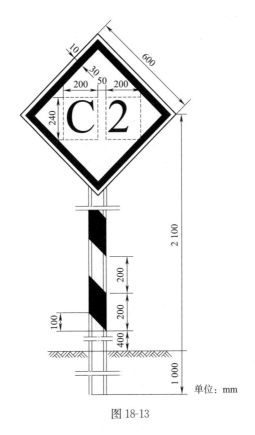

单位：mm

图 18-13

②电缆标可配套安装电缆标座，电缆标座中心留有能够穿过电缆标的方空，电缆标及电缆标座尺寸见图 18-14。

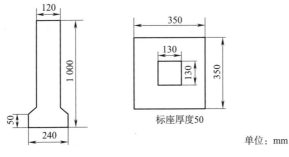

标座厚度50

单位：mm

图 18-14

③埋设时电缆标露出地面 450～500 mm,电缆标座与地面相平或略
高于地面。

(2)电缆警示牌。

①各种电缆警示牌应标明所防护地点的范围、距离、警示语、联系电
话等字样。警示牌为白色表面,黑色文字,"警示牌"三个字的尺寸
为100 mm×80 mm,其他文字的尺寸为 90 mm×70 mm。警示牌
基础刷白。电缆警示牌见图 18-15。

②电缆牌应与线路平行埋设,埋深不小于 600 mm。

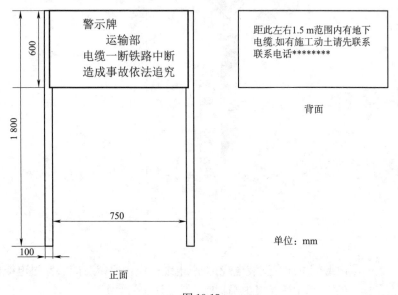

图 18-15

790

附录 移频电码化轨道电路原理图

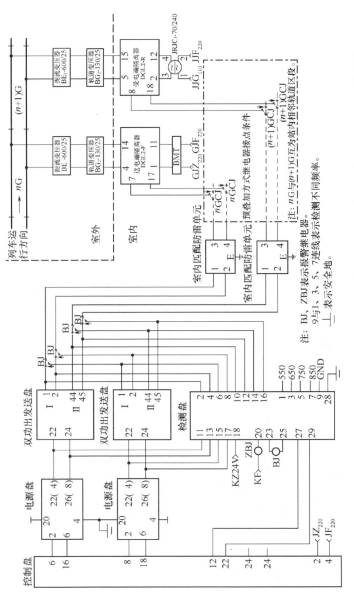

附图1 电气化正线25Hz相敏轨道电路预叠加8、12信息移频电码化原理（采用ZP·PCM-Y型检测盘）

冶金企业铁路信号维护规则

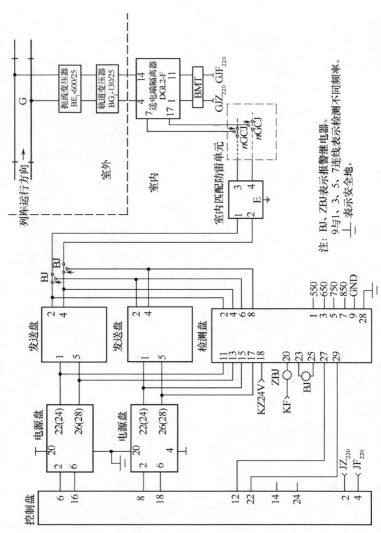

附图2　电气化正线25 Hz相敏轨道电路叠加8、12信息移频电码化原理（采用ZP・PCM型检测盘）

注：BJ、ZBJ表示报警继电器。

9与1、3、5、7连线表示检测不同频率。

⏚ 表示安全地。

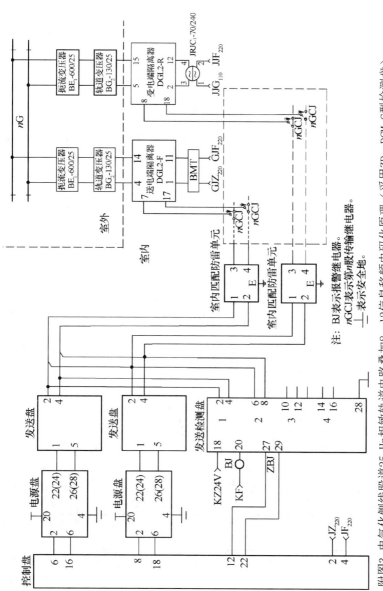

附图3 电气化侧线股轨道25 Hz相敏轨道电路叠加8、12信息总移频电码化原理（采用ZP·PCM-C型检测盘）

注：BJ表示报警继电器。
nGCJ表示第n股传输继电器。
⊥表示安全地。

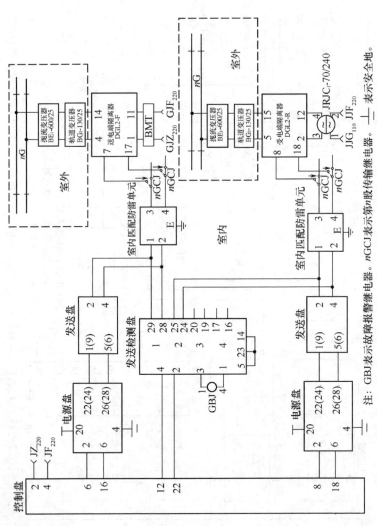

附图4 电气化侧线股股道25 Hz相敏轨道电路叠加8、12信息总移频电码化原理（采用ZP·PCM-D型检测盘）

注：GBJ表示故障报警继电器。nGCJ表示第n股传输继电器。$\perp$ 表示安全地。

794

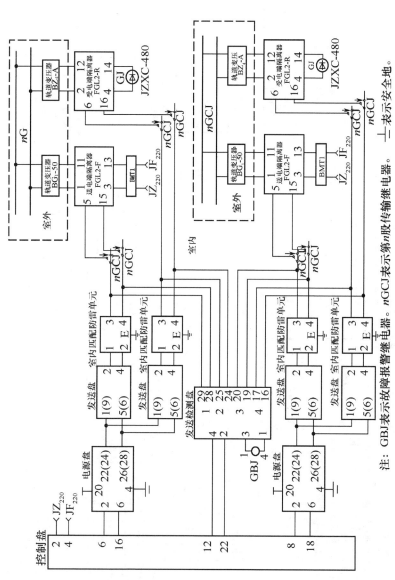

注：GBJ表示故障报警继电器。nGCJ表示第n股传输继电器。nGCJ移频电码化原理（采用ZP·CFM型检测盘）。480轨道股电路置加8、12信息。⊥表示安全地。

附图5 非电气化股道480轨道电路置加8、12信息总移频电码化原理（采用ZP·CFM型检测盘）

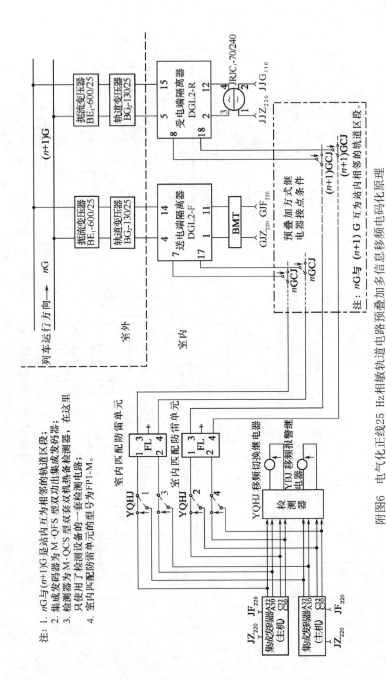

附图6　电气化正线25 Hz相敏轨道电路预叠加多信息移频电码化原理

796

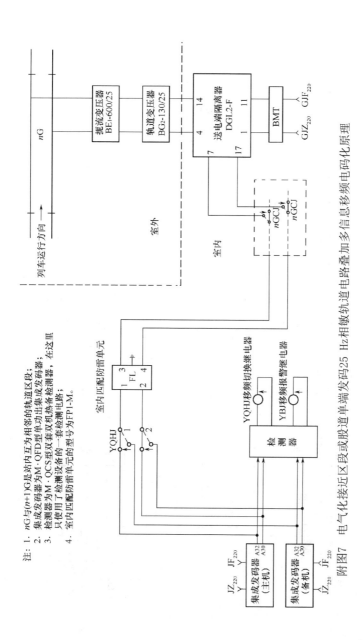

注：1. nG与(n+1)G是站内互为相邻的轨道区段；
  2. 集成发码器为M·QFD型单功出集成发码器；
  3. 检测器为M·QCS型双套双机热备检测器，在这里只使用了检测器的一套检测电路；
  4. 室内匹配防雷单元的型号为FP1-M。

附图7 电气接近区段或股道单端发码25 Hz相敏轨道电路叠加多信息移频电码化原理

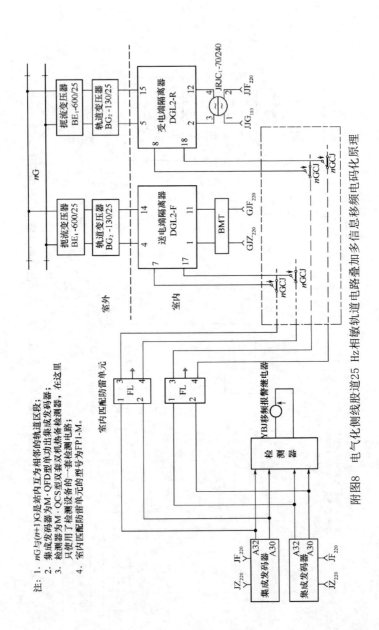

注: 1. nG与(n+1)G是站内互为相邻的轨道区段;
　　2. 集成发码器为M·QFD型单功出集成发码器;
　　3. 检测器为M·QCS型双套双相热备检测器, 在这里
　　　只使用了检测器的一套检测电路;
　　4. 室内匹配防雷单元的型号为FP1-M。

附图8　电气化侧线股道25 Hz相敏轨道电路叠加多信息移频电码化原理

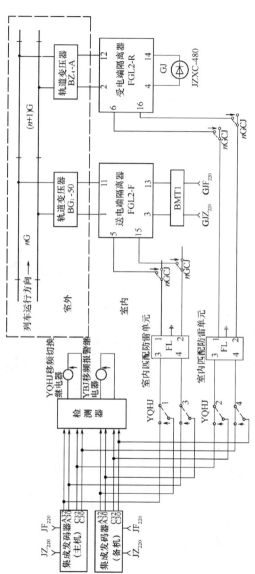

列车运行方向 → nG

室外

室内

$(n+1)G$

轨道变压器 BZ₄-A

变电端隔离器 FGL2-R

JZXC-480

GJ

12 14
2 4
6 16

$nGCJ$
$nGCJ$

轨道变压器 BG₁-50

送电端隔离器 FGL2-F

BMT1

11 13
3
5 15

GJZ_{220} GJF_{220}

$nGCJ$
$nGCJ$

YQHJ移频切换继电器

YBJ移频报警继电器

检测器

室内匹配防雷单元

FL

3 1
4 2

YQHJ 1 3

室内匹配防雷单元

FL

3 1
4 2

YQHJ 2 4

集成发码器A32 C30 A36
(主机)
JZ_{220} JF_{220}

集成发码器A32 C30 A36
(备机)
JZ_{220} JF_{220}

注: 1. nG 与 $(n+1)G$ 是站内互为相邻的轨道区段;
　　2. 集成发码器为M·QFS型双功出集成发码器,检测器为M·QCS型双套双机热备检测器, 在这里只使用了检测设备的一套检测电路;
　　3. 室内匹配防雷单元的型号为FP1-M。

附图9 非电气化正线480轨道电路预留电路叠加多信息移频电码化原理

冶金企业铁路信号维护规则

799

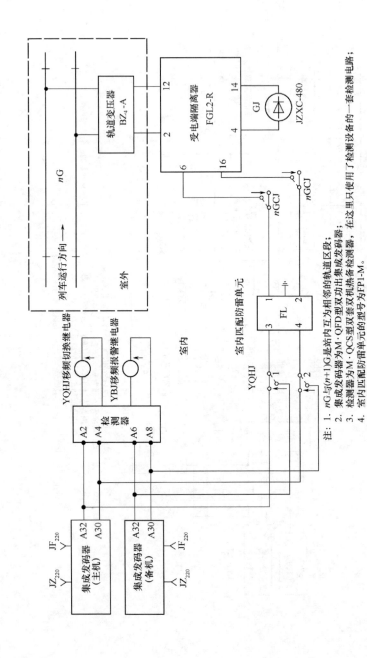

注: 1. nG 与 $(n+1)G$ 是站内互为相邻的轨道区段;
 2. 集成发码器为 M·QFD 型双功出集成发码器;
 3. 检测器为 M·QCS 型双套双机热备检测器, 在这里只使用了检测设备的一套检测电路;
 4. 室内匹配防雷单元的型号为 FP1-M。

附图10 非气电化正线480轨道电路叠加多信息态频电码化原理

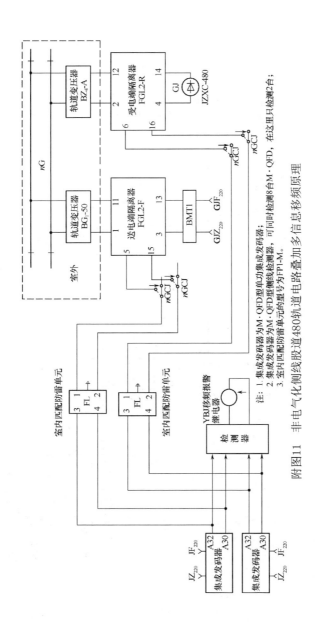

附图11 非电气化侧线胶道480轨道电路叠加多信息移频原理

注: 1. 集成发码器为M·QFD型单功集成发码器;
2. 集成发码器为M·QFD型侧线检测器, 可同时检测8台M·QFD, 在这里只检测2台;
3. 室内匹配防雷单元的型号为FP1-M。

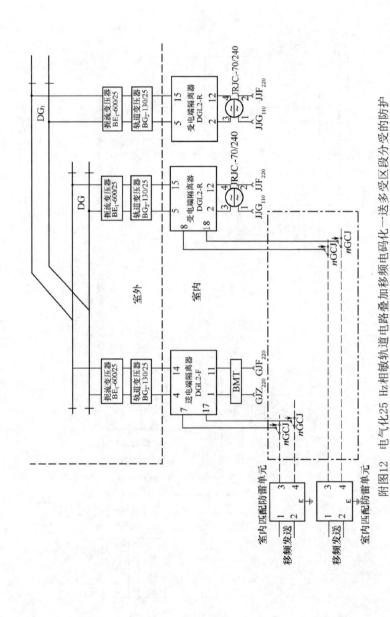

附图12　电气化25 Hz相敏轨道电路叠加移频电码化—送多受区段分受的防护

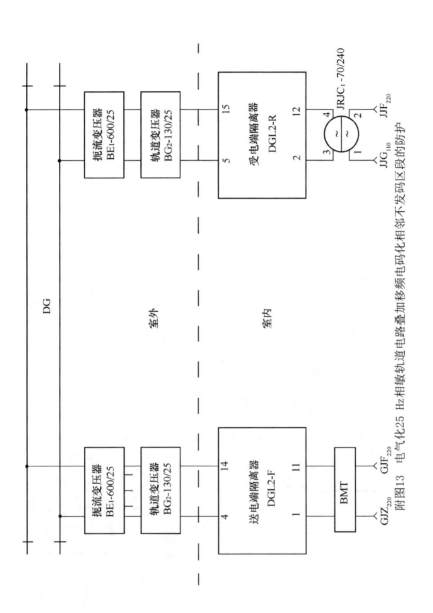

附图13　电气化25 Hz相敏轨道电路叠加移频电码化相邻不发码区段的防护

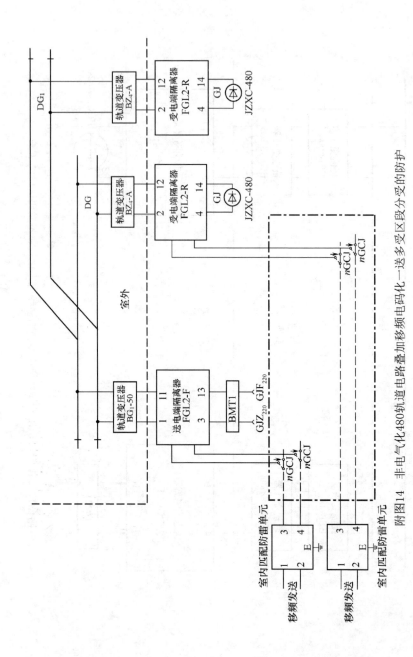

附图14　非电气化480轨道电路叠加移频电码化—送多受区段分受的防护

804

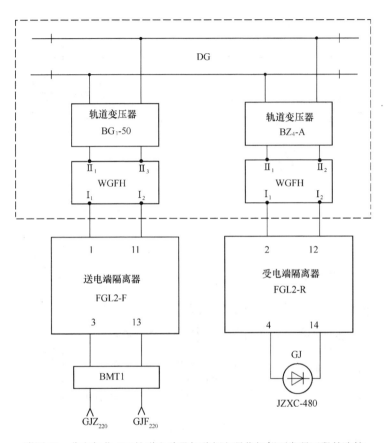

附图 15　非电气化 480 轨道电路叠加移频电码化相邻不发码区段的防护

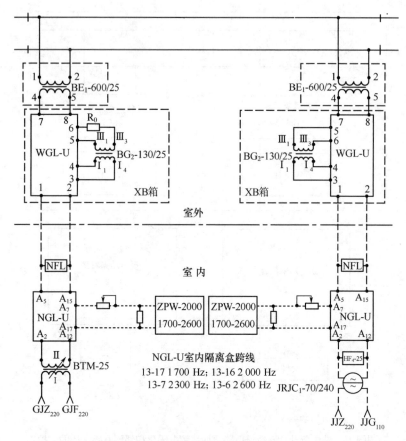

附图 16 电气化 25 Hz 相敏轨道电路预叠加 ZPW-2000A(MPB-2000G)

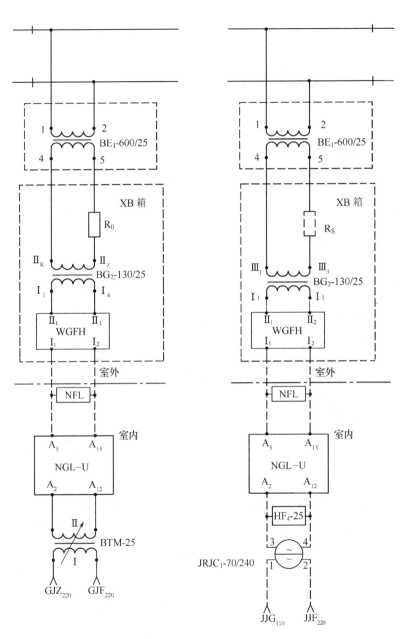

附图 17　电气化 25 Hz 相敏轨道电路预叠加 ZPW-2000A(MPB-2000G)
电码化—送多受区段分受和相邻不发码区段的防护

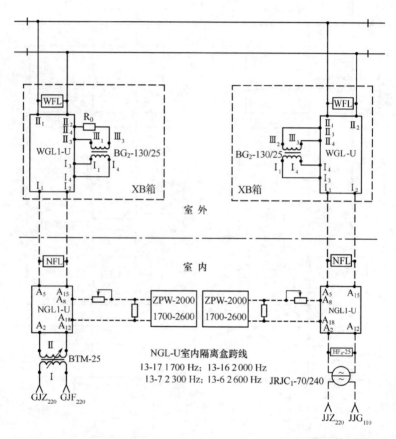

附图 18　非电气化 25 Hz 相敏轨道电路预叠加 ZPW-2000A(MPB-2000G)

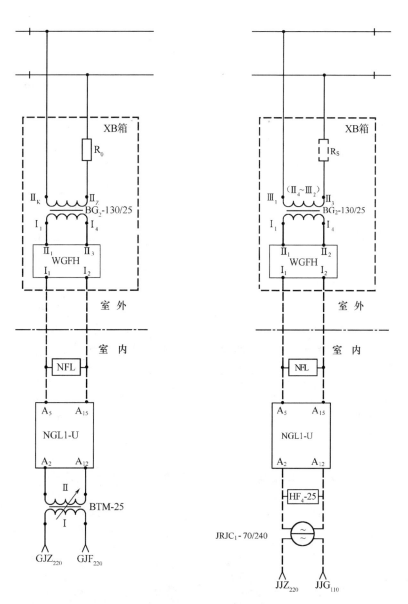

附图 19 非电气化 25 Hz 相敏轨道电路预叠加 ZPW-2000A(MPB-2000G)
电码化一送多受区段分受和相邻不发码区段的防护

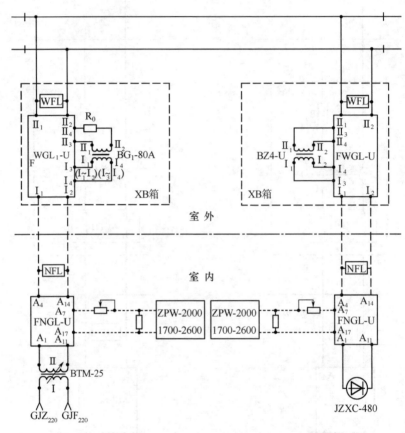

附图 20　480 轨道电路预叠加 ZPW-2000A(MPB-2000G)电码化

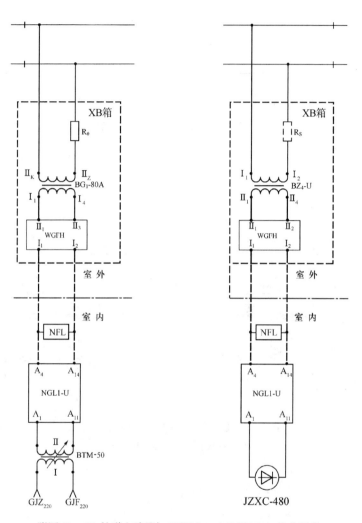

附图 21 480 轨道电路叠加 ZPW-2000A(MPB-2000G)电码化
一送多受区段分受和相邻不发码区段的防护

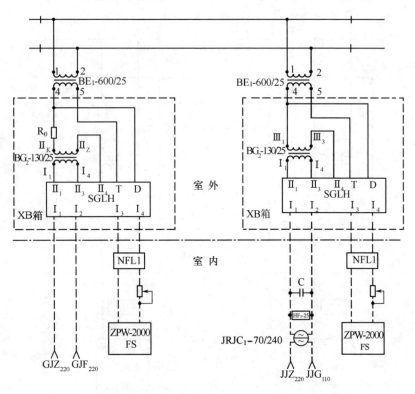

附图 22　电气化 25 Hz 相敏轨道电路叠加
ZPW-2000A(MPB-2000G)四线电码化

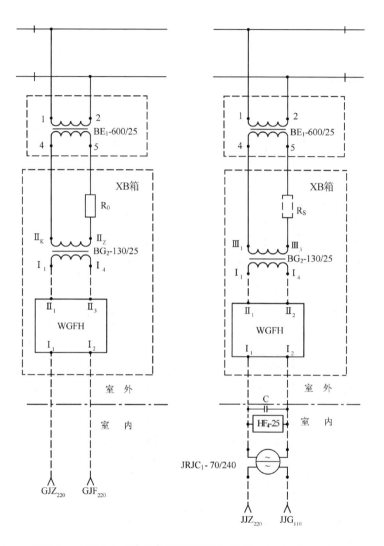

附图 23　电气化 25 Hz 相敏轨道电路叠加 ZPW-2000A(MPB-2000G)
四线电码化一送多受区段分受和相邻不发码区段的防护

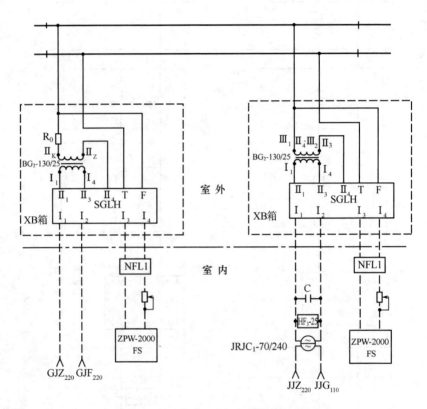

附图 24　非电气化 25 Hz 相敏轨道电路叠加
ZPW-2000A(MPB-2000G)四线电码化

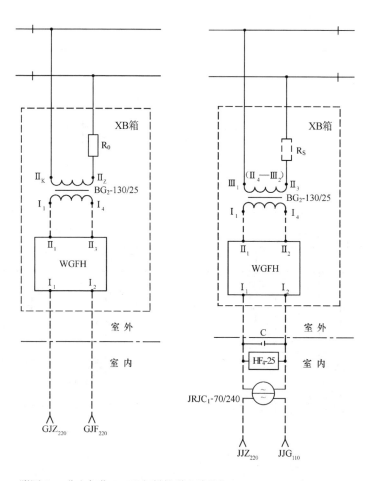

附图 25 非电气化 25 Hz 相敏轨道电路叠加 ZPW-2000A(MPB-2000G)
四线电码化—送多受区段分受和相邻不发码区段的防护

冶金企业铁路信号维护规则

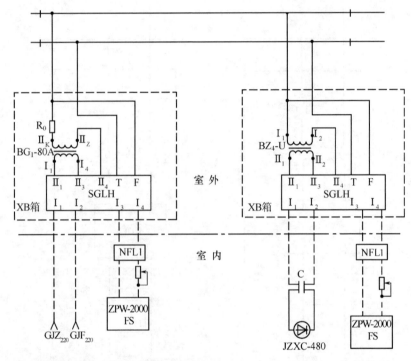

附图 26　非电气化 480 轨道电路叠加 ZPW-2000A(MPB-2000G)四线电码化

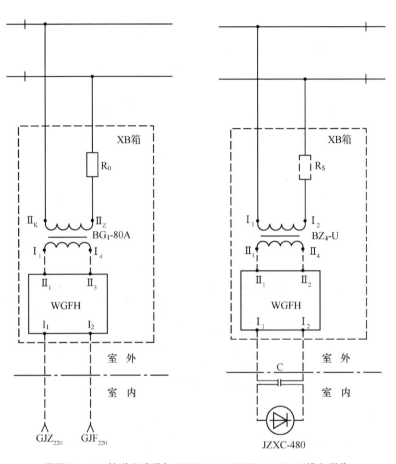

附图 27　480 轨道电路叠加 ZPW-2000A(MPB-2000G)四线电码化
——送多受区段分受和相邻不发码区段的防护

冶金企业铁路信号维护规则

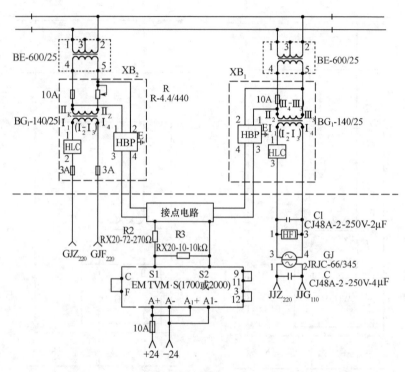

附图 28　25 Hz 相敏轨道电路叠加 UM71 四线电码化原理图

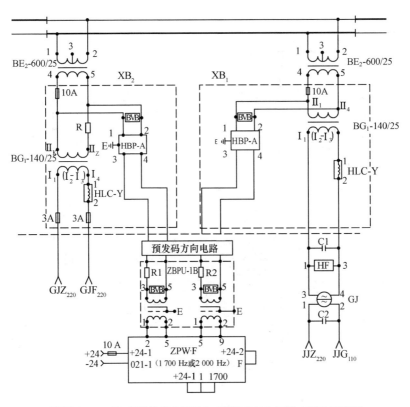

附图 29　25 Hz 相敏轨道电路叠加 ZPW-2000A 四线电码化原理图

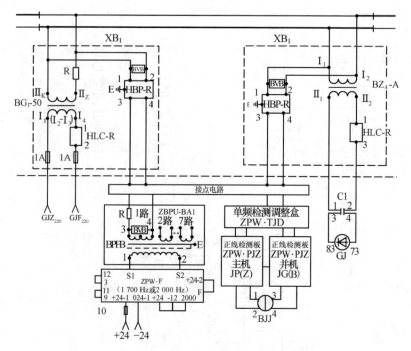

附图 30 480 轨道电路叠加 ZPW-2000A 四线电码化原理图

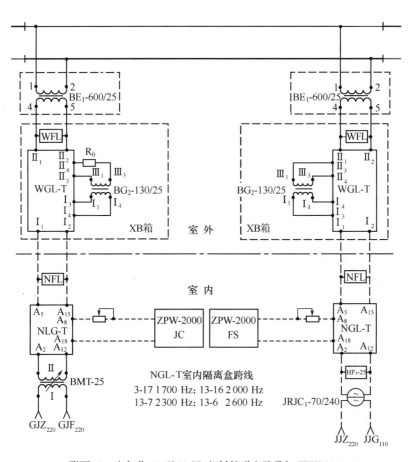

附图 31　电气化 97 型 25 Hz 相敏轨道电路叠加 ZPW-2000
二线闭环电码化构成简图

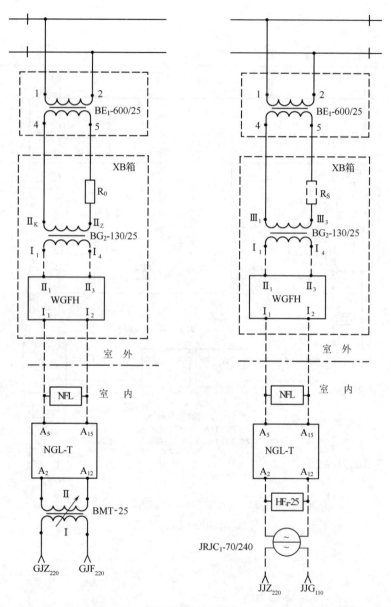

附图 32　电气化 97 型 25 Hz 相敏轨道电路叠加 ZPW-2000 二线闭环电码化
——送多受区段分受和相邻不发码区段的防护

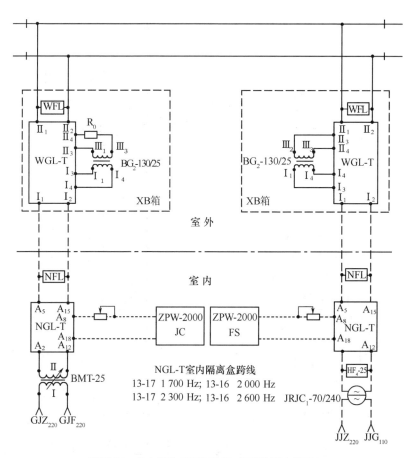

附图 33　非电气化 97 型 25 Hz 相敏轨道电路叠加
ZPW-2000 二线闭环电码化构成简图

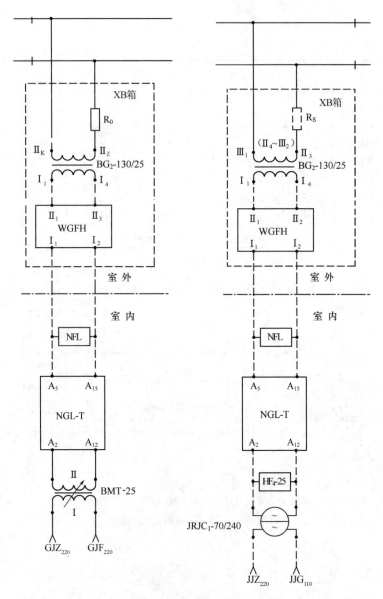

附图 34 非电气化 97 型 25 Hz 相敏轨道电路叠加 ZPW-2000 二线闭环
电码化一送多受区段分受和相邻不发码区段的防护

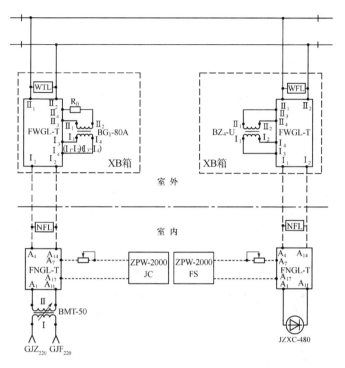

附图 35　非电气化 480 轨道电路叠加 ZPW-2000
二线闭环电码化构成简图

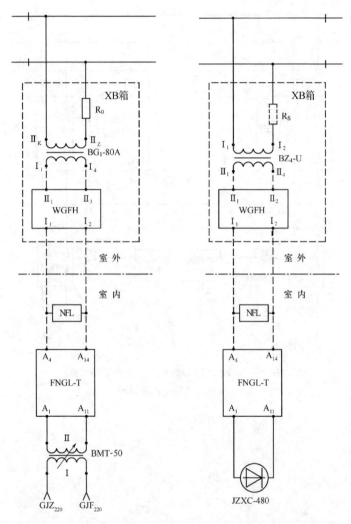

附图 36　非电气化 480 轨道电路叠加 ZPW-2000 二线闭环电码化
一送多受区段分受和相邻不发码区段的防护

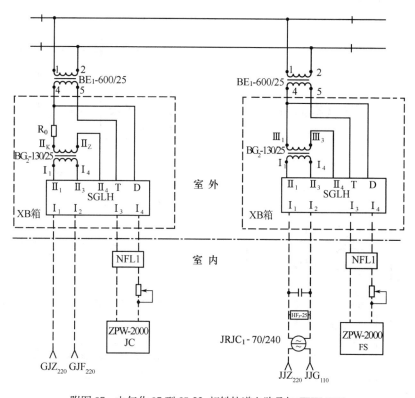

附图 37　电气化 97 型 25 Hz 相敏轨道电路叠加 ZPW-2000
四线闭环电码化构成简图

冶金企业铁路信号维护规则

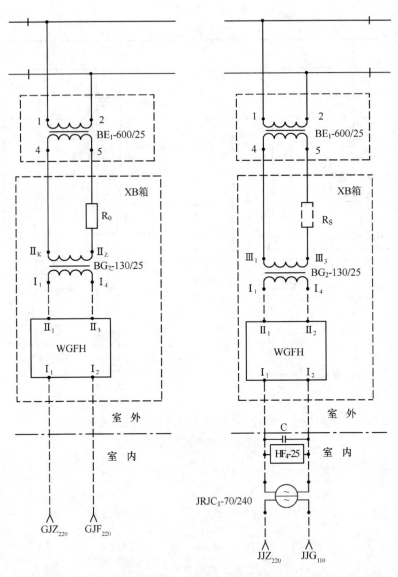

附图 38 电气化 97 型 25 Hz 相敏轨道电路叠加 ZPW-2000A 四线闭环电码化
—送多受区段分受和相邻不发码区段的防护

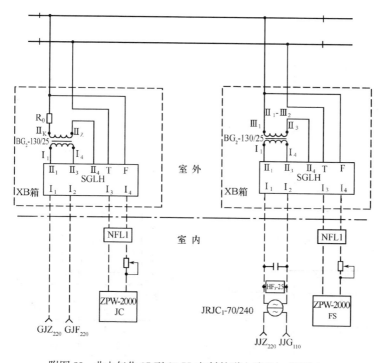

附图 39 非电气化 97 型 25 Hz 相敏轨道电路叠加 ZPW-2000
四线闭环电码化构成简图

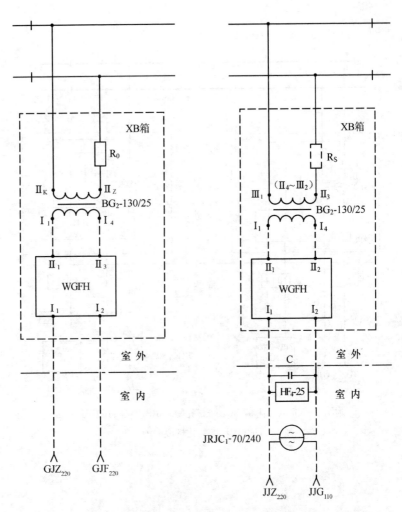

附图 40　非电气化 97 型 25 Hz 相敏轨道电路叠加 ZPW-2000A 四线闭环
电码化—送多受区段分受和相邻不发码区段的防护

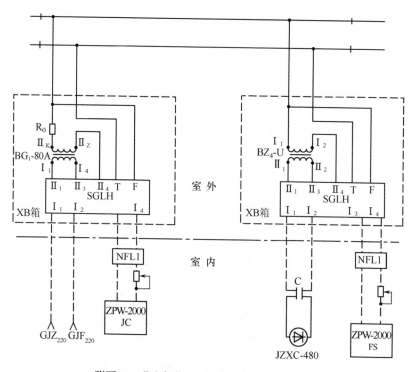

附图 41　非电气化 480 轨道电路叠加 ZPW-2000
四线闭环电码化构成简图

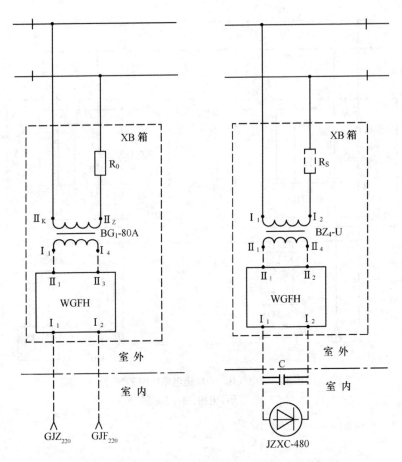

附图 42　非电气化 480 轨道电路叠加 ZPW-2000 四线闭环
电码化—送多受区段分受和相邻不发码区段的防护

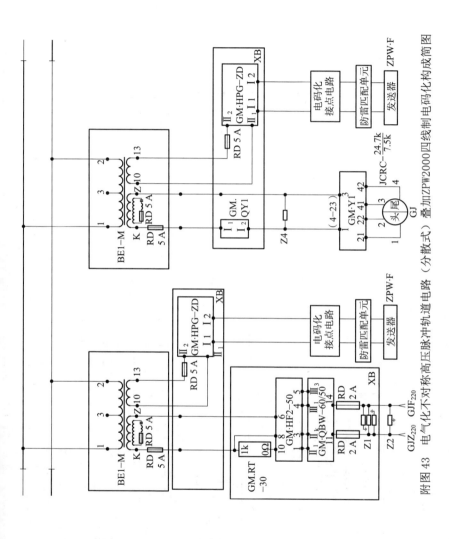

附图 43　电气化不对称高压脉冲轨道电路（分散式）叠加ZPW2000四线制电码化构成简图

833

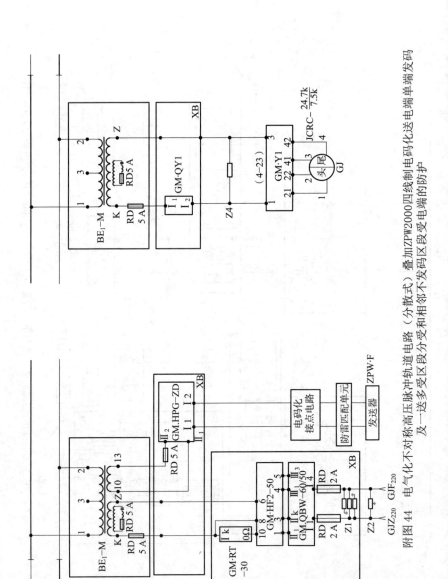

附图44 电气化不对称高压脉冲轨道电路（分散式）叠加ZPW2000四线制电码化电端单端发码及一送多受受区段分受和相邻不发码区段受电端的防护

834

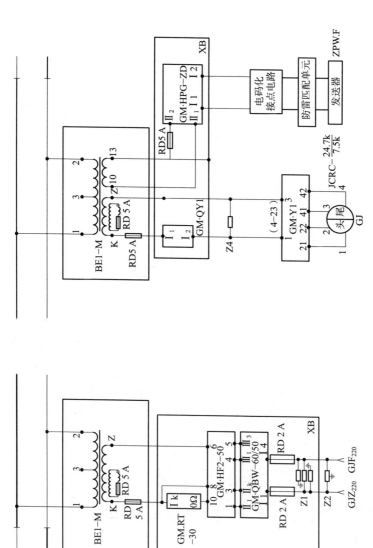

附图 45 电气化不对称高压脉冲轨道电路（分散式）叠加ZPW2000四线制电码化送电端单端发码构成简图

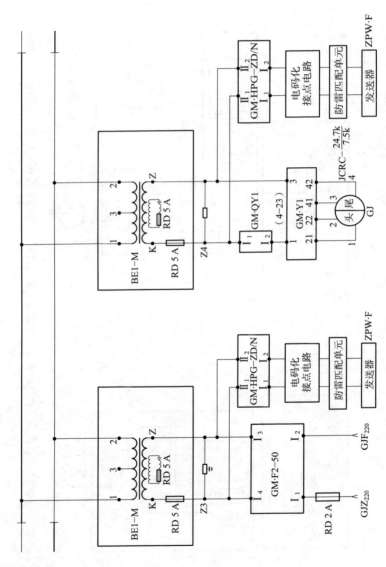

附图46 电气化不对称高压脉冲轨道电路（集中式）叠加ZPW2000二线制电码化构成简图

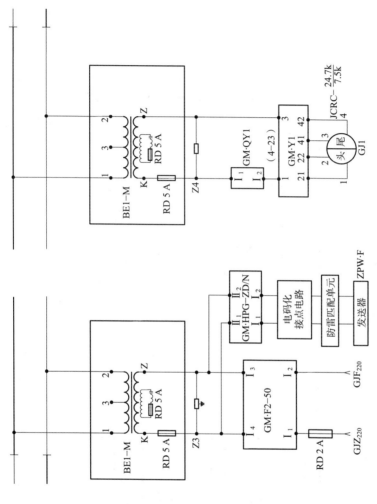

附图 47　电气化不对称高压脉冲轨道电路（集中式）叠加 ZPW2000 二线制电码化送电端单端发
码及一送多受分受码不发码相邻区段受码区段不发码单端的防护

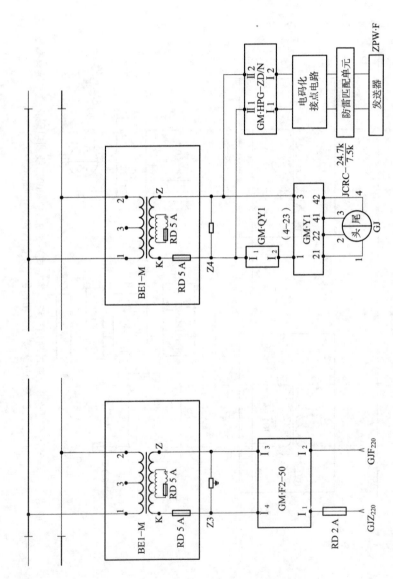

附图 48 电气化不对称高压脉冲轨道电路（集中式）叠加ZPW2000二线制电码化送电端单端发码构成简图

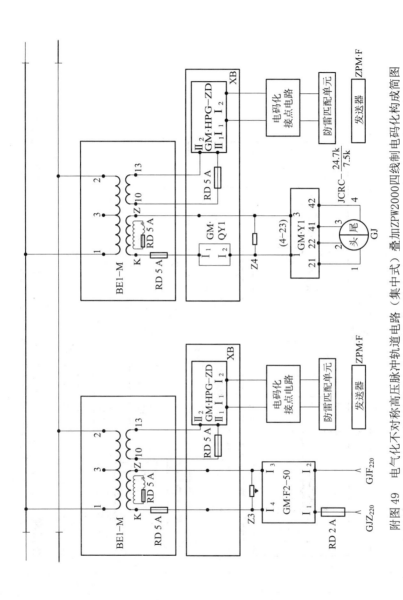

附图49 电气化不对称高压脉冲轨道电路（集中式）叠加ZPW2000四线制电码化构成简图

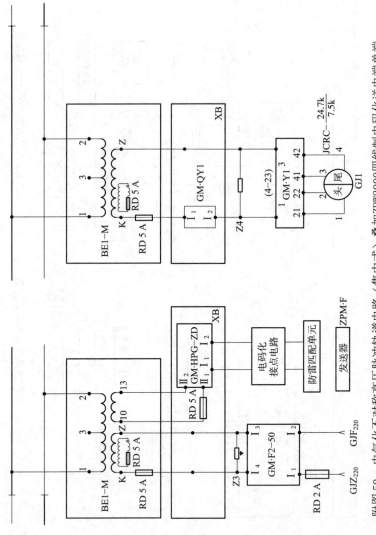

附图 50　电气化不对称高压脉冲轨道电路（集中式）叠加ZPW2000四线制电码化电端单端发码及一送多受区段不发码区段受电端相邻区段分受和不发码区段受电端的保护

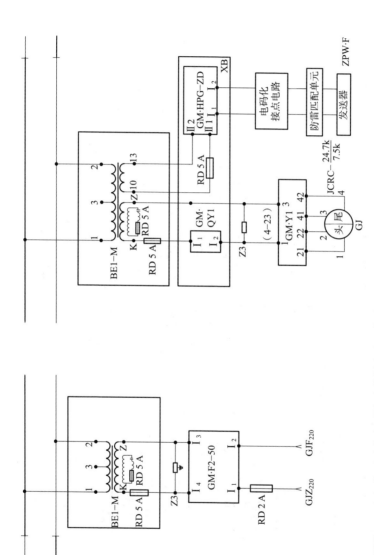

附图 51　电气化不对称高压脉冲轨道电路（集中式）叠加ZPW2000四线制电码化受电端单端发码构成简图

冶金企业铁路信号维护规则

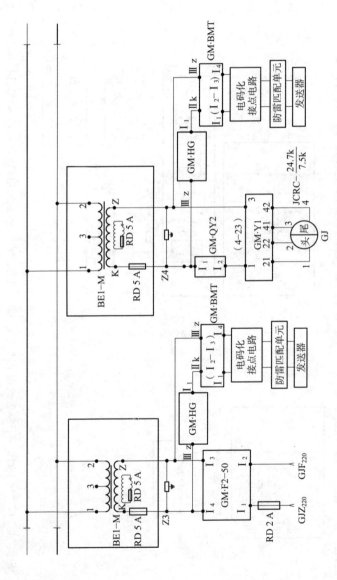

附图52　电气化不对称高压脉冲轨道电路叠加国产移频电码化构成简图

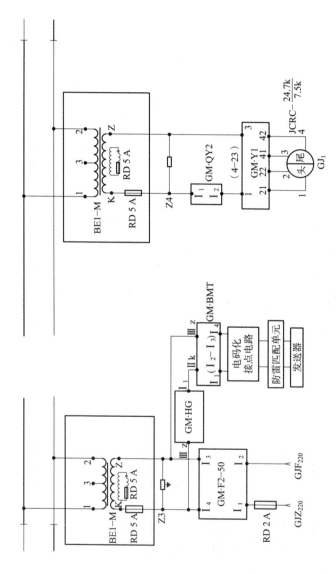

附图53　电气化不对称高压脉冲轨道电路叠加产国移频电码化送电端单端端发码及一送多受电区段分受和相邻不发码区段受电端的防护

冶金企业铁路信号维护规则

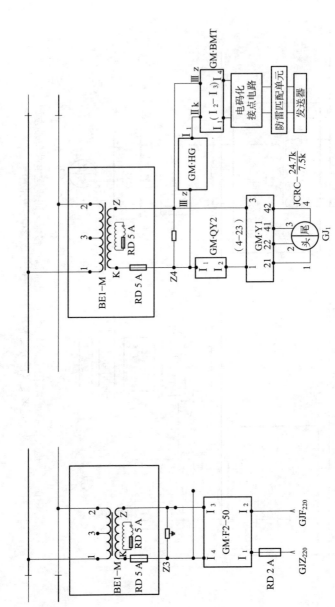

附图54 电气化不对称高压脉冲轨道电路叠加国产移频电码化受电端单端发码构成简图

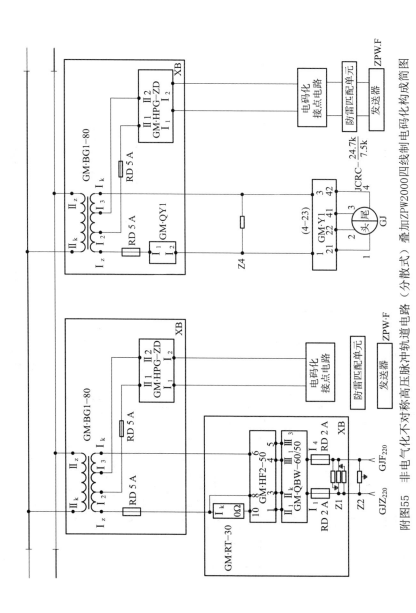

附图55 非电气化不对称高压脉冲轨道电路（分散式）叠加ZPW2000四线制电码化构成简图

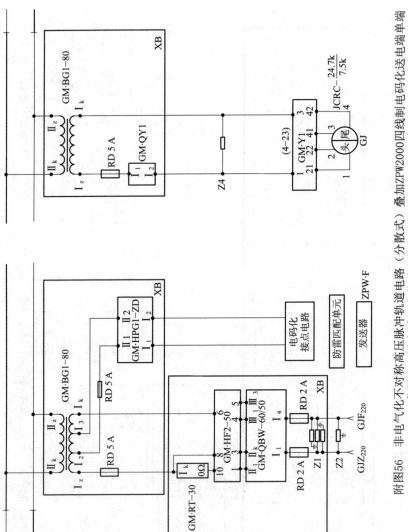

附图56 非电气化不对称高压脉冲轨道电路（分散式）叠加ZPW2000四线制电码化电端单端发码及一送多受区段分受和相邻不发码区段受电端的防护

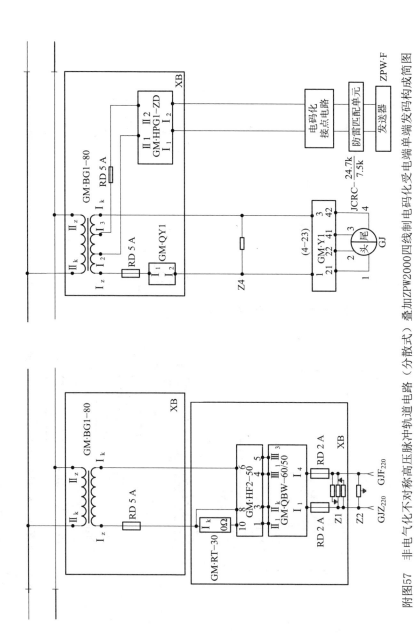

附图57 非电气化不对称高压脉冲轨道电路（分散式）叠加ZPW2000四线制电码化受电端单端发码构成简图

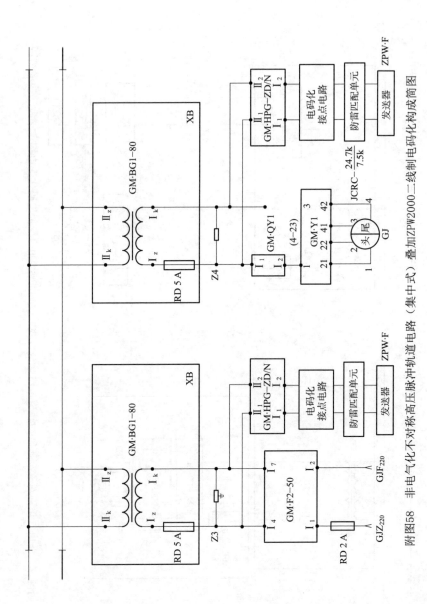

附图58 非电气化不对称高压脉冲轨道电路（集中式）叠加ZPW2000二线制电码化构成简图

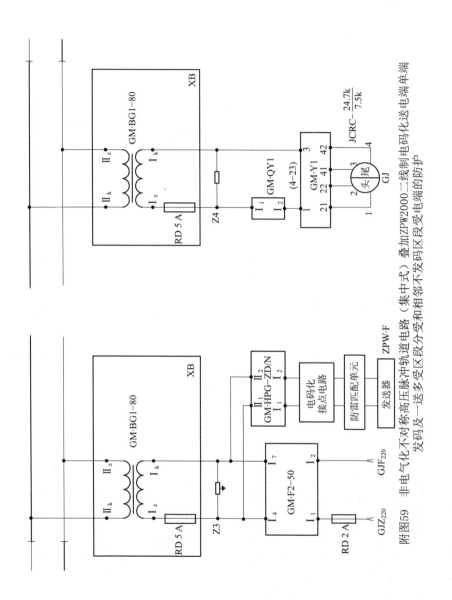

附图59 非电气化不对称高压脉冲轨道电路（集中式）叠加ZPW2000二线制电码化送电端单端
发码又一送多受区段分受和相邻区段不发码区段受电端的防护

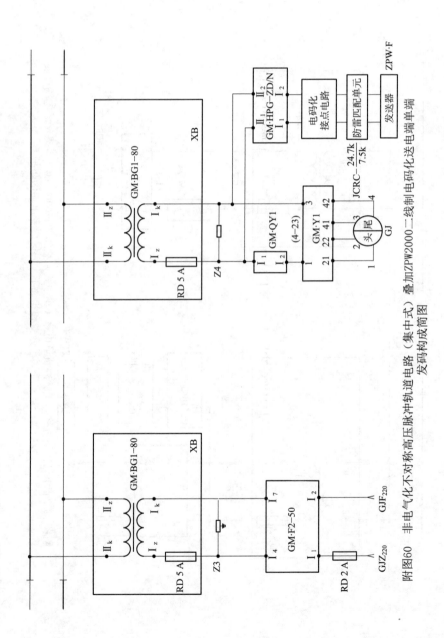

附图60 非电气化不对称高压脉冲轨道电路（集中式）叠加ZPW2000二线制电码化送电码化送电码化送电端单端
发码构成简图

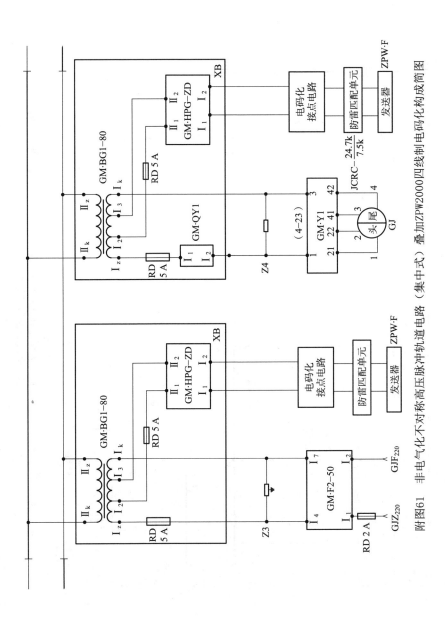

附图61 非电气化不对称高压脉冲轨道电路（集中式）叠加ZPW2000四线制电码化构成简图

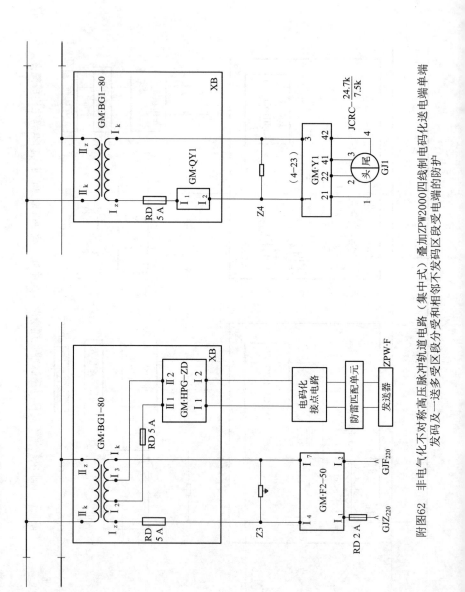

附图62 非电气化不对称高压脉冲轨道电路（集中式）叠加ZPW2000四线制电码化送电端单端发码及一送多受多受区段分受和相邻不发码区段受电端的防护

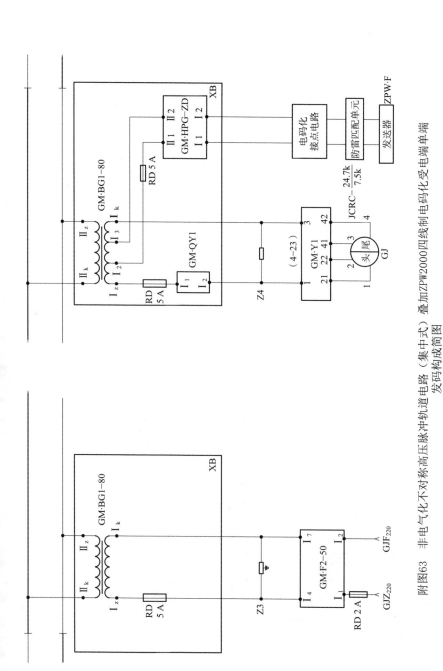

附图63 非电气化不对称高压脉冲轨道电路（集中式）叠加ZPW2000四线制电码化受电端单端发码构成简图

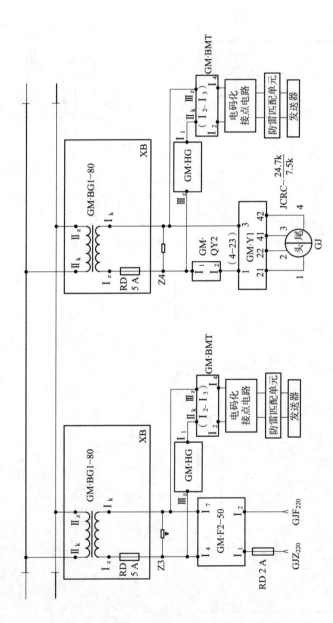

附图64　非电气化不对称高压脉冲轨道电路叠加国产移频电码化构成简图

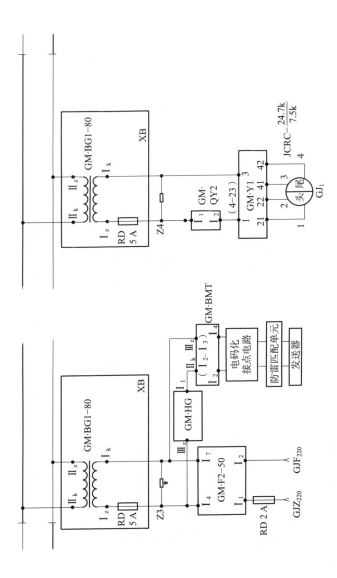

附图65 非电气化不对称高压脉冲轨道电路叠加电码化送电端单端发码及一送多受区段分受和相邻不发码区段受电端的防护

冶金企业铁路信号维护规则

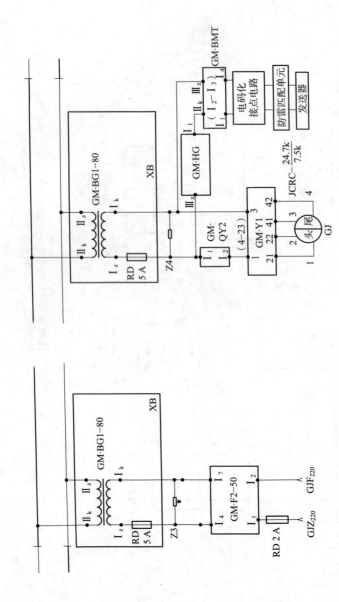

附图66 非电气化不对称高压脉冲轨道电路叠加国产移频电码化受电端单端发码构成简图